高等学校规划教材

计算机在化学化工中的应用

程德军　杜怀明　曾宪光　等编

张　利　杨　虎　黄　斌　主审

（第2版）

化学工业出版社

·北京·

内容简介

《计算机在化学化工中的应用》（第 2 版）以培养应用型、创新型人才为目标，内容涵盖了最新的化学化工网络资源检索；实验设计与统计分析（SPSS 27）；实验数据处理及绘图（OriginPro 2021 和 MATLAB R2020a）；化学结构式的绘制（ChemOffice 2020）；化工设备装配图的绘制（AutoCAD 2021）；工艺流程图的绘制（Office Visio 2021）；化工过程和流程模拟（ChemCAD 7 和 Aspen Plus V11）；化学化工中的图像处理（Photoshop 2021）；文献和科技论文撰写编辑（EndNote 20 和 Office Word 2021）；在 13 章设计了上机操作，以培养学生操作动手能力。相对第 1 版，新增了 SPSS、MATLAB、EndNote、Aspen Plus 的应用。书中增加了大量的实例，并配套了大量二维码数字视频操作讲解及精美的教学配套课件，使教学资源更加多样化、立体化。

《计算机在化学化工中的应用》(第 2 版) 面向化学、化工、制药、材料、环境、安全等专业师生教学及参考使用。

图书在版编目（CIP）数据

计算机在化学化工中的应用/程德军，杜怀明，曾宪光等编. —2 版. —北京：化学工业出版社，2021.6（2023.11重印）
高等学校规划教材
ISBN 978-7-122-38754-7

Ⅰ.①计… Ⅱ.①程… ②杜… ③曾… Ⅲ.①计算机应用-化学-高等学校-教材②计算机应用-化学工业-高等学校-教材 Ⅳ.①O6-39②TQ015.9

中国版本图书馆 CIP 数据核字（2021）第 048847 号

责任编辑：陶艳玲　　文字编辑：吴开亮
责任校对：边　涛　　装帧设计：张　辉

出版发行：化学工业出版社（北京市东城区青年湖南街 13 号　邮政编码 100011）
印　　装：三河市双峰印刷装订有限公司
787mm×1092mm　1/16　印张 21¾　字数 547 千字　2023 年11月北京第 2 版第 4 次印刷

购书咨询：010-64518888　　售后服务：010-64518899
网　　址：http://www.cip.com.cn
凡购买本书，如有缺损质量问题，本社销售中心负责调换。

定　　价：69.00 元

前 言

随着计算机技术的快速发展，计算机不仅仅应用于办公、数据统计等方面，而且不断地渗透于化学化工专业的教学、科研及化工生产领域，并日益发挥着举足轻重的作用。计算机科学技术推动着化学化工科学研究高速发展，如何把计算机技术运用于化学化工行业已成为行业焦点。化学化工人才也面临着竞争与挑战，主要表现在越来越多的化学化工问题需要使用专业软件来解决，如网上资源的检索、实验设计与数据处理、化学化工数据计算、化学化工图形处理、化工过程模拟等方面，计算机技术成为化学化工教育者、学生、科研人员必备的专业技能，国家迫切需要能运用计算机技术解决化学化工中的问题的复合型人才。

本书以培养化学化工专业应用型、复合型人才为目标，主要介绍计算机应用于化学化工专业中常用的基础知识、基础软件，作为化学化工及相关专业课程“计算机在化学化工中的应用”的教材。本书共 13 章。第 1 章化学化工网络资源检索，主要介绍互联网化学化工资源的分类与检索方法，包括中外文期刊、杂志、专利、专著及其他数据库的分类与检索方法，以及互联网上重要中外文检索工具的使用。第 2 章 IBM SPSS 27 统计软件在实验设计中的应用，介绍了实验设计方法，包括单因素实验、正交实验、均匀实验，以及数据的处理方法及 SPSS 应用。第 3 章 OriginPro 2021 在实验数据处理中的应用，利用 Origin 软件绘制图表、进行曲线拟合与数据回归，进行简单数学运算、多条曲线求平均值和插值等。第 4 章 MATLAB R2020a 在工程计算及数值分析中的应用，介绍了 MATLAB 强大的工程绘图、工程计算、算法研究、应用程序开发、数据分析和动态仿真等功能。第 5 章 ChemOffice 2020 绘制分子结构及实验装置，介绍了 ChemDraw 化学结构式、化学实验装置图的绘制方法，以及利用 Chem3D 软件绘制三维分子结构的方法。第 6 章 AutoCAD 2021 绘制化工设备装配图，介绍了 AutoCAD 软件绘图工具的使用和绘图等操作，平面布置图的绘制方法，以及设备装配图的基本表示方法及绘图步骤。第 7 章 Office Visio 2021 绘制工艺流程图，介绍了 Visio 软件绘图工具的使用和绘图基本操作，以及工艺流程图和平面布置图的绘制方法。第 8 章 ChemCAD 7 在化工过程模拟中的应用，介绍了 ChemCAD 等流程模拟软件的工作环境和流程模拟的基本步骤，以及利用流程模拟软件绘制工艺流程图并进行简单的流程模拟。第 9 章 Aspen Plus V11 在化工流程模拟中的应用，介绍了通用的标准大型流程模拟软件 Aspen Plus 进行流程模拟的基本步骤和典型单元过程模拟。第 10 章 Photoshop 2021 在化学化工图像处理中的应用，介绍了 Photoshop 基本操作，包括基本绘图工具使用、图层、路径等基础知识，同时介绍了 Photoshop 运用于化学化工科学绘图等。第 11 章 EndNote 20 在文献管理及论文撰写中的应用，介绍了 Word 中文献的插入与编辑。第 12 章 Office Word 2021 在科技论文撰写中的应用，介绍了科技论文的排版与编辑。第 13 章计算机在化学化工中应用上机实验，通过精选的实验上机操作，熟练地掌握化学化工软件，以适应现代教学、科研的基本要求。

本书同时配套 93 个操作教学视频，可扫描二维码播放，以方便读者的理解与学习。

本书由程德军、杜怀明、曾宪光等编写，张利、杨虎、黄斌、张述林、范华军审稿，杨郭、梁晓锋、娄三钢、余晓鹏、张承红、罗容珍、何琳、刘学、李富兰、付白云、张发兴，卫晓利、王议、杨永彬参加部分章节的编写，杨小利进行了文字校对。

本书参考了大量的教材及科技论文，在此表示衷心感谢。由于编者水平有限，不足之处在所难免，敬请广大读者及专家批评指正。

编者

2021 年 1 月

目录

第1章 化学化工网络资源检索

第2章 IBM SPSS 27统计软件在实验设计中的应用

第 3 章

OriginPro 2021 在实验数据处理中的应用

第4章 MATLAB R2020a 在工程计算及数值分析中的应用

第5章 ChemOffice 2020绘制分子结构及实验装置

第6章 AutoCAD 2021 绘制化工设备装配图

第7章 Office Visio 2021绘制工艺流程图

第8章 ChemCAD 7在化工过程模拟中的应用

第 9 章 Aspen Plus V11 在化工流程模拟中的应用

第 10 章 Photoshop 2021 在化学化工图像处理中的应用

第11章 EndNote 20在文献管理及论文撰写中的应用

第12章 Office Word 2021在科技论文撰写中的应用

第13章 计算机在化学化工中应用上机实验

附录

第1章

化学化工网络资源检索

数据库技术是一种计算机辅助管理数据的方法，它研究如何组织和存储数据，如何高效地获取和处理数据，是信息系统的一个核心技术。数据库技术及应用是计算机技术的发展给科学工作者带来的解决问题的重要手段，文献的检索、常数的查找、谱图的分析再不用去查厚厚的手册，只需键盘的输入和鼠标的点击。因此，化学数据库的建立与应用研究在计算机化学最初发展时就成为广泛关注和重视的一个热点问题。目前，各式各样的数据库（如文献数据库、结构数据库、物质数据库、常用数据库等）已经难以一一罗列。本章将数据库分为国外数据库、国内数据库及网上物性数据库等，并对 Internet 上的常用数据库进行简单介绍。

1.1 化学化工期刊外文数据库

1.1.1 Elsevier Science（爱思唯尔）数据库

荷兰 Elsevier 公司是全球最大的出版商，Elsevier Science 数据库在各学科内具有很高的权威性，其数据量大，更新速度快，使用率高，深受学校师生及科研机构人员欢迎。该公司已有 100 多年的历史，从 1997 年开始，推出 ScienceDirect 电子期刊，并使用基于浏览器开发的检索系统 Science Server，将该公司的全部印刷版期刊转换为电子版，目前该平台上提供自 1995 年以来的电子期刊服务。

Elsevier Science 数据库涉及学科有生命科学、农业与生物、计算机、化学及化学工业、环境医学、地球科学、工程能源与技术、材料科学、数学、物理、天文、社会科学等，共计出版 1600 多种学术期刊。

Elsevier Science 网站搜索页面见图 1.1。

1.1.2 Springer（施普林格）数据库

德国施普林格（Springer-Verlag）出版社有着 150 多年发展历史，是世界上著名的科技出版集团，拥有全球最大的科学、技术和医学在线电子图书数据库，它也是最早将纸质期刊

图 1.1 Elsevier Science 网站搜索页面

做成电子版发行的出版商，以出版学术性出版物而闻名于世。

Springer 每年出版期刊约 2200 种，在线图书馆包括多个出色的学科，分别是生物医学、商业管理学、化学、计算机科学、地域科学、经济学、教育学、工程学、环境科学、地理学、历史学等。

Springer 电子期刊搜索页面见图 1.2。

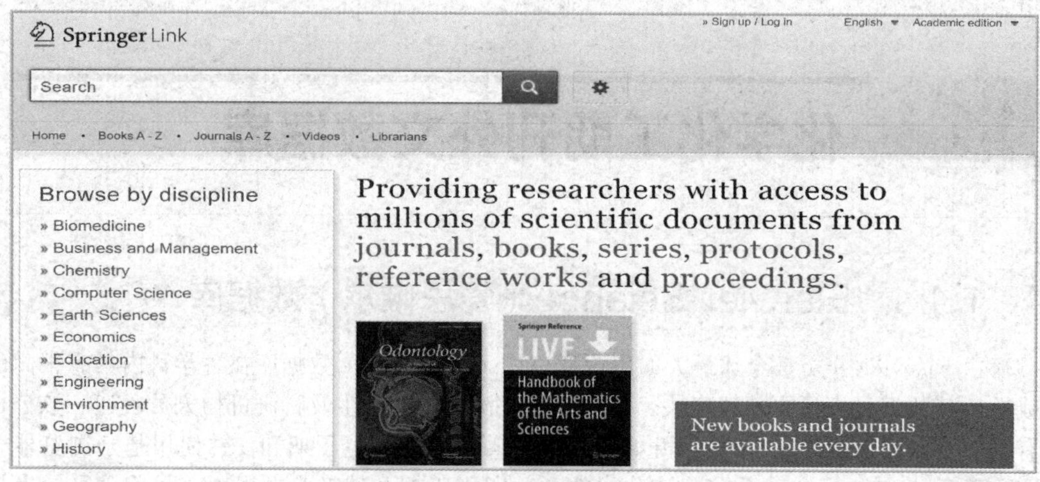

图 1.2 Springer 电子期刊搜索页面

1.1.3 ACS 美国化学学会数据库

美国化学学会（American Chemical Society，ACS）成立于 1876 年，现已成为世界上最大的科技协会之一，有 163000 位来自化学界各个分支的会员，为科学、教育、政策等领域提供了多方位的专业支持，成为享誉全球的科技出版机构。多年来，ACS 一直致力于为全球化学研究机构、企业及个人提供高品质的文献资讯及服务。ACS 的期刊被 ISI 的 Journal Citation Report（JCR）评为“化学领域中被引用次数最多之化学期刊”。

ACS 作为享誉全球的科技出版机构，出版 39 种期刊，内容涵盖了 24 个主要的化学研究领域，在科学、教育、政策等领域提供了多方位的专业支持。

ACS美国化学学会数据库检索页面见图1.3。

图1.3 ACS美国化学学会数据库检索页面

1.1.4 RSC英国皇家化学学会数据库

RSC英国皇家化学学会（Royal Society of Chemistry，RSC）是一个国际权威的化学学术机构，其出版的期刊及数据库主要是权威性的化学领域的核心期刊。SCI收录了RSC期刊的大部分，RSC化学相关期刊的平均影响因子在其所有出版物中最高。

RSC电子图书是一个权威的化学科学数据库，有超过1100册图书上线，跨越40年以上的历史，并且每年不断地更新，包括分子生物、有机化学、环境、食品、基础化学、无机化学、医学、纳米科学、物理、应用和工业、材料和聚合物、数学和科学、工程技术、农业等。

RSC英国皇家化学学会主页见图1.4。

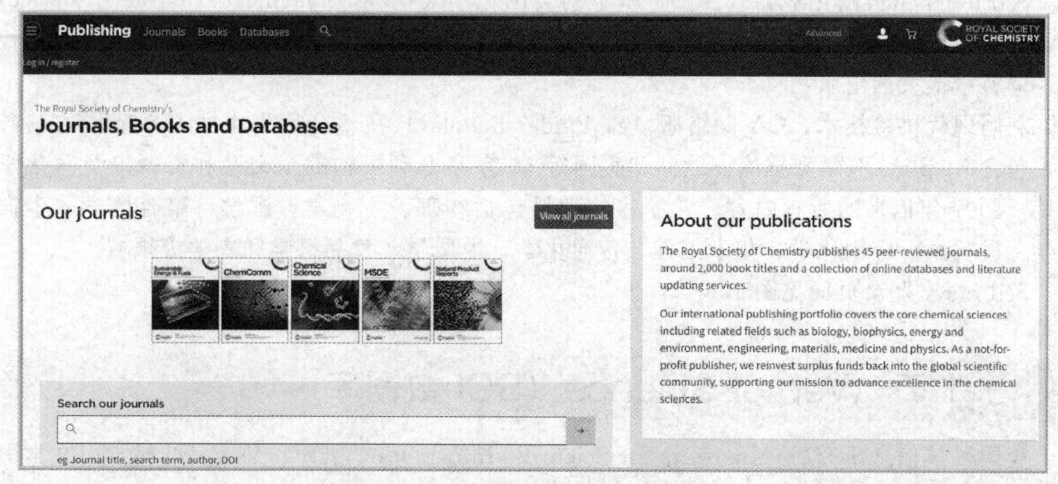

图1.4 RSC英国皇家化学学会主页

1.1.5 Wiley 数据库

1807 年创立于美国的约翰·威利父子出版公司（John Wiley & Sons Inc.），是全球知名、历史悠久的学术出版商之一，2010 年 8 月，Wiley 推出了在线资源平台“Wiley Online Library”。

“Wiley Online Library”作为全球最全面、最大的科学、医学、技术和学术研究的在线资源平台之一，包括 10000 多册在线图书、1500 余种期刊和 400 多万篇文章，覆盖了自然科学、生命科学、健康科学、社会与人文科学等领域。

Wiley Online Library 数据库主页见图 1.5。

图 1.5 Wiley Online Library 数据库主页

1.1.6 SciFinder 化学文摘

SciFinder 由美国化学会（ACS）旗下的美国化学文摘社（Chemical Abstracts Service，CAS）出品，《化学文摘》是生命和化学科学研究领域中不可或缺的研究工具，也是最具权威、资料量最大的出版物。

利用现代机检技术，CA 网络版（SciFinder Scholar）在整合原书本式 CA 精华的基础上，包含 Medline 医学数据库、欧洲和美国等 50 多家专利机构的全文专利资料以及《化学文摘》1907 年以来的所有内容。它涵盖的学科包括物理、生物学、医学、聚合体学、生命科学、材料学、应用化学、化学工程、普通化学、地质学、食品科学和农学等领域。

SciFinder 登录页面见图 1.6。

1.1.7 Web of Science（SCI 数据库）

美国科技信息研究所（Institute for Scientific Information，ISI）是著名的科学引文索引数据库（包含 Science Citation Index，SCI），作为世界范围最权威的科学技术文献的索引工具，ISI 通过严格的选刊标准和评估程序挑选刊源。SCI 收录了全世界出版的数学、物理、

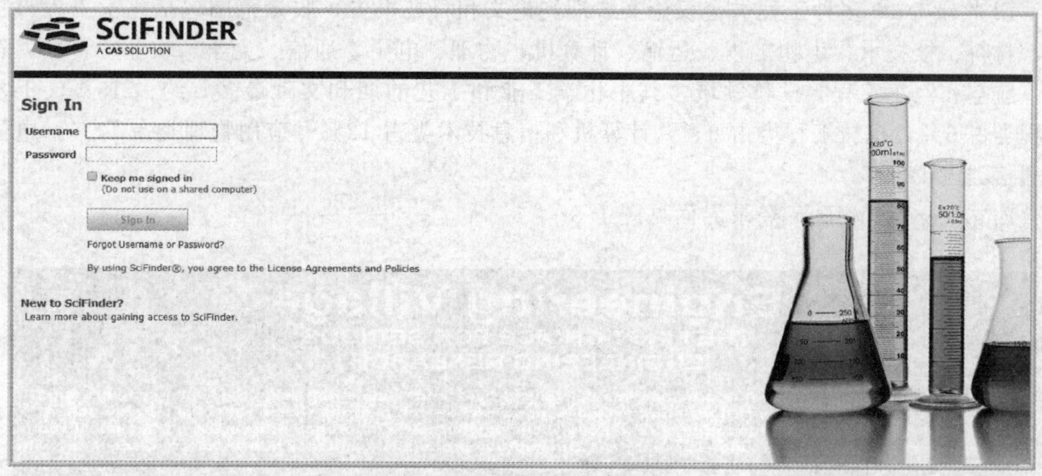

图 1.6 SciFinder 登录页面

化学、天文学、地理学、环境科学、材料科学、医学、生命科学等自然科学的核心期刊约3500种。

美国 Thomson Scientific 公司开发的产品 Web of Science，包括两个化学数据库（CCR、IC）和三大引文库（SCI、SSCI 和 A&HCI）。SCI 引文检索的体系更是独一无二，可以方便地组建研究课题的参考文献，可以通过文献引证评估论文的学术价值。发表的学术论文被 SCI 收录产生的影响因子，已被世界上许多科研机构作为评价学术水平的一个重要标准。

Web of Science 检索结果见图 1.7。

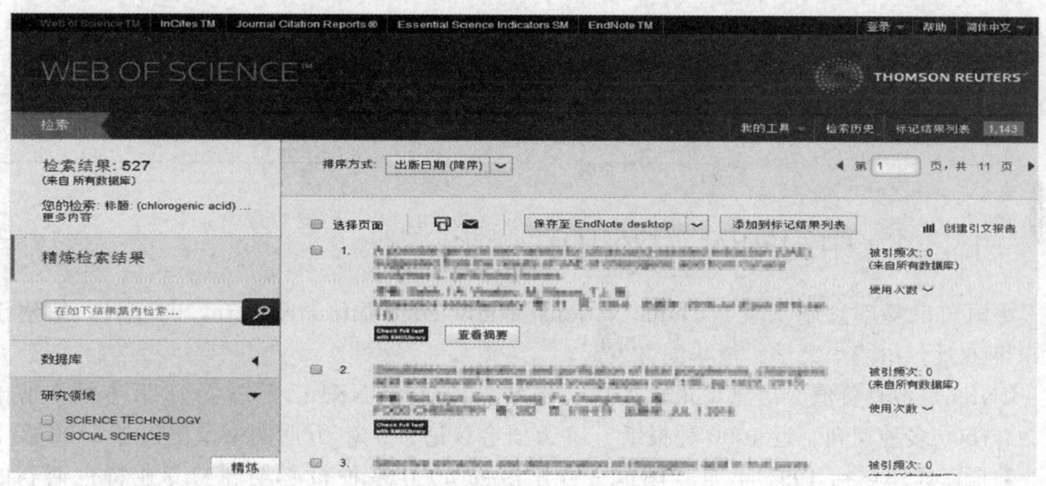

图 1.7 Web of Science 检索结果

1.1.8 EI 工程索引

EI 工程索引（Engineering Index，EI）始建于 1884 年，是世界著名的检索工具，它由美国工程信息公司（Engineering information Inc.）编辑发行，提供世界上最大的工程信息。EI 收录具有面向工程领域、全面及高水平的特点，1969 年开始提供 EI Compendex 数据库服务。1998 年 EI 在清华大学图书馆建立镜像站。

EI收录5000多种工程类会议论文、期刊论文和科技报告，收录范围包括化学工程与工艺、材料、核技术、生物工程、运输、计算机、物理、电子、通信、光学、农业、食品、石油、航空和汽车工程等学科领域，其中化学工业和工艺的期刊文献最多，约占15%，土木工程类占6%，机械工程类占6%，计算机和信息技术类占12%，应用物理类占11%，电子和通信类占12%。

Engineering Village登录界面见图1.8。

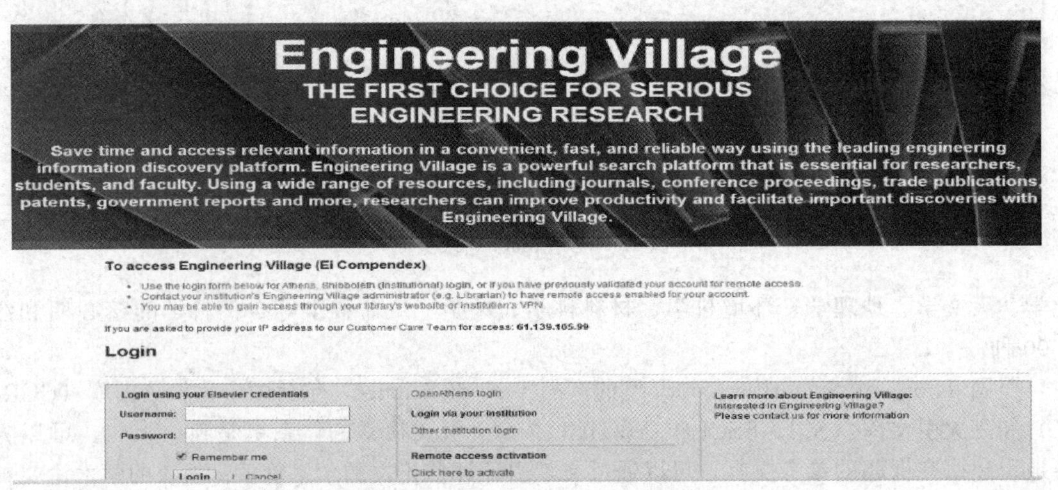

图1.8　Engineering Village登录界面

1.2 化学化工期刊中文数据库

1.2.1 中国知网（CNKI）

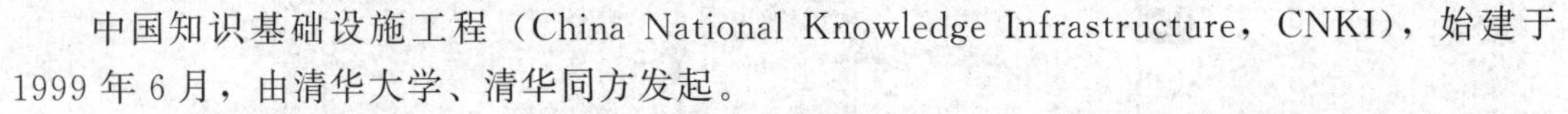

中国知识基础设施工程（China National Knowledge Infrastructure，CNKI），始建于1999年6月，由清华大学、清华同方发起。

CNKI是最具价值、信息量最大的中文网站。目前，CNKI已汇总了18万本硕士博士论文、7000多种期刊、近1000种报纸、16万册会议论文、30万册图书及国内外1100多个专业数据库。还包括1994年至今国内公开出版的6000多种核心期刊与专业特色期刊的全文。

CNKI包括期刊、会议论文、图书、博士硕士论文、专利等，并经过深度加工、整合、编辑，以数据库形式承载，具有管理有序、来源明确、内容可信可靠等特点，可以作为学术研究、科学决策的依据，具有极高的文献收藏价值和使用价值。

CNKI登录主页见图1.9。

（1）多条件高级检索

CNKI提供了多种检索方式：主题、篇名、关键词、摘要、全文等。主题检索为最常用的检索方式，选择“主题”，表示在“题名、关键词、摘

图 1.9　CNKI 登录主页

要”范围中检索，在“题名、关键词、摘要”中包含有检索词的论文都会被检出。

例如：在主题中检索同时包含“绿原酸”和“合成”的论文，共计 381 篇文献，表示在“题名、关键词、摘要”中同时包含“绿原酸”和“合成”的文献被检索出。CNKI 输入检索主题内容后的检索结果见图 1.10。

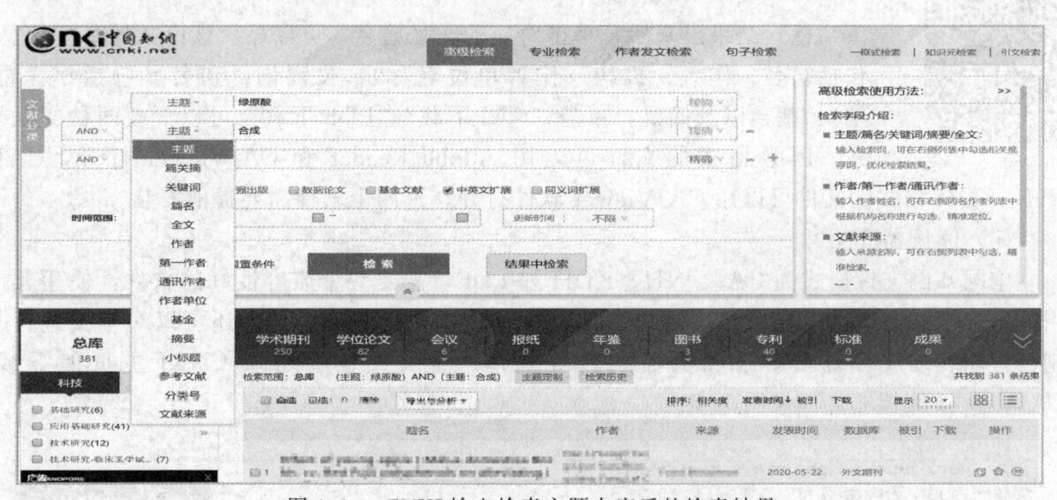

图 1.10　CNKI 输入检索主题内容后的检索结果

（2）二次检索

多条件检索可以表达成另外一种表达形式，就是二次检索。可以在完成一次检索之后，再输入其他检索条件，单击【结果中检索】（图 1.10）按钮，在上次检索的文献中符合条件的才会被检索出来，和多条件检索结果一样。

（3）专业检索

① 选择必要的检索项，专业检索可以自定义检索表达式，专业检索有专用的缩写：SU='主题'，TI='题名'，KY='关键词'，AB='摘要'，FT='全文'，AU='作者'，FI='第一责任人'，AF='机构'，JN='中文刊名'&'英文刊名'，RF='引文'，YE='年'，FU='基金'，CLC='中图分类号'，SN='ISSN'，

CN='统一刊号'，IB='ISBN'，CF='被引频次'。

② 使用“AND”“OR”“NOT”等逻辑运算符，也可以用“（ ）”将检索关键词自由组合。CNKI专业检索页面见图1.11。

图1.11　CNKI专业检索页面

（4）文献下载与保存

检索结果出来后，单击对应的文献篇名，可以显示该论文的基本信息，包括篇名、作者、机构（作者单位名称）、关键词、刊名（包括年、卷、期）、基金以及摘要。单击“CAJ下载”“PDF下载”可以下载两种文献格式。PDF格式的文件可以用Adobe Reader和CAJViewer打开，CAJ、NH、KDH格式的文件可以用CAJViewer软件打开，这两个软件需要提前安装。

（5）阅读器介绍

中国知网文件格式为CAJ、NH、KDH和PDF，需要一个兼容性好的软件，使用其专用的全文格式阅读器才能阅读。可以在线阅读，也可以下载到本地，还可以对全文进行复制、打印、缩放、图文摘录和页面跳转等处理。全文阅读器可从CNKI主页上下载，CAJViewer阅读器界面见图1.12。

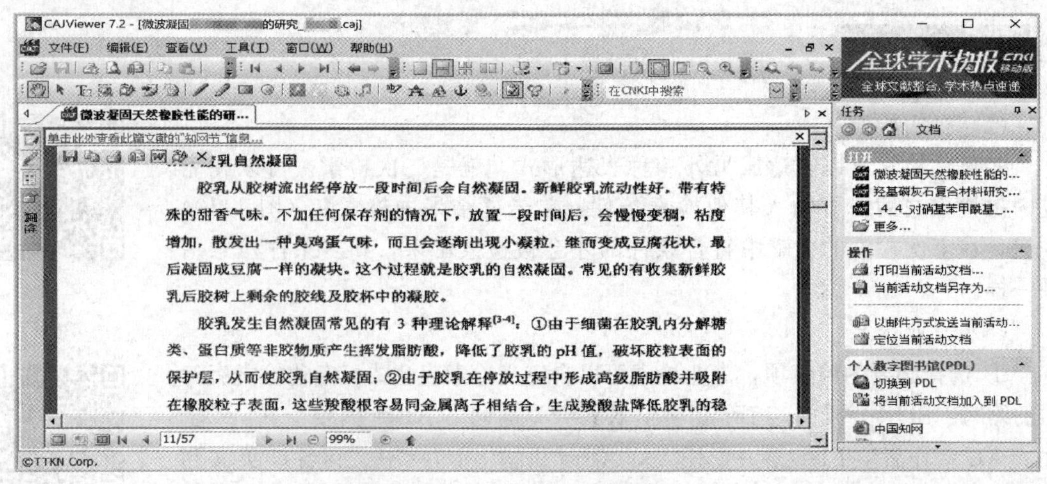

图1.12　CAJViewer阅读器界面

1.2.2 维普中文科技期刊数据库

维普资讯公司推出的“中文科技期刊数据库全文版”是一个功能强大的中文科技期刊检索系统。数据库收录了1989年以来的8000余种中文科技期刊，涵盖自然科学、社会科学、工程技术、医药卫生、农业科学、经济管理、教育科学和图书情报八大专辑。其中，“中文科技期刊数据库”收集自2000年起的社会科学文献。

维普中文科技期刊数据库主页见图1.13。

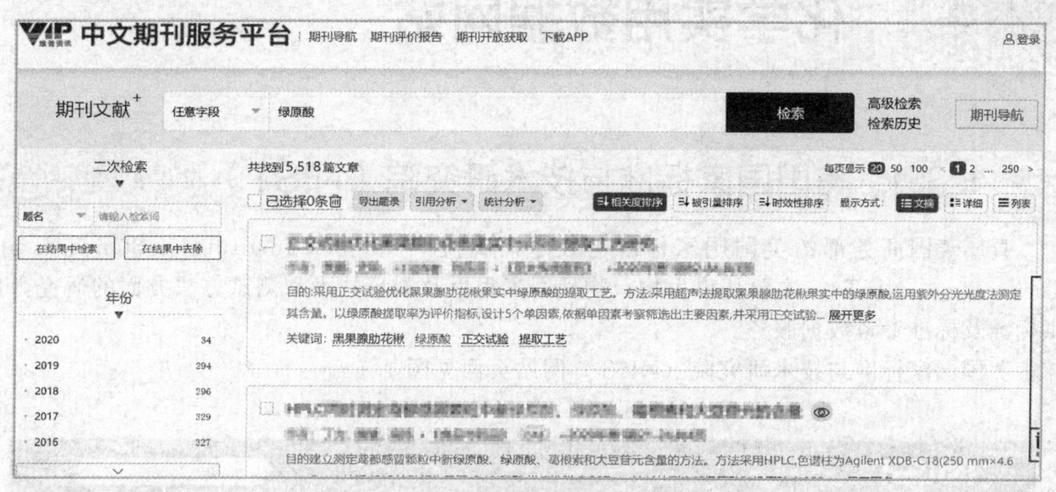

图1.13 维普中文科技期刊数据库主页

“中文科技期刊数据库”在首页列出了检索方式，提供五种检索方式：基本检索、传统检索、高级检索、期刊导航、检索历史。各种检索方式介绍如下。

① 基本检索方式：进入首页以后，默认搜索方式就是基本检索方式，可以输入简单关键词，选择不同的检索条件，进入结果显示页面后，可查看或下载文章的基本信息，以及全文下载。同时，也可以输入其他关键词进行重新检索。

② 传统检索方式：老用户可以采用传统检索方式进入检索界面进行检索操作，属于原网站“中文科技期刊数据库”的检索方式，可以查看或下载文章的基本信息及下载全文。

③ 高级检索方式：运用多条件查询方式和逻辑组配关系，查询同时满足几个检索条件的文献。

④ 期刊导航方式：一种方式是通过名称或ISSN号查找期刊，另外一种方式是采用期刊学科分类或字母顺序查找特定的期刊，可按期查看该刊以时间排序的收录文章，同时可以全文下载。

⑤ 检索历史方式：可以查询近期的检索情况，列出关键词及查询时间，单击它可以再次检索。

1.2.3 万方数据知识服务平台

万方数据股份有限公司开发的万方数据库是涵盖论文、期刊、会议纪要、学术成果、学术会议论文的网络数据库。它与中国知网CNKI齐名，同属于中国专业的学术数据库，是国内一流的品质信息资源出版公司。万方数据股份有限公司是国内第一家以信息服务为核心的股份制高新技术企业，是集信息资源产品、互联网领域、信息增值服务和信息处理方案为一体的综合信息服务商。

万方中国学术期刊数据库（CSPD），收录自1998年以来的7600余种期刊，其中核心期刊3000余种，年增300万篇，每周更新2次，涉及理、工、农、医、教育、文艺、经济、社科、哲学、政法等学科。

1.3 化学实用数据网站

1.3.1 美国国家标准与技术研究院（NIST）

直属美国商务部的美国国家标准与技术研究院（National Institute of Standards and Technology，NIST），主要从事生物、物理、工程以及测量技术和测试方法方面的研究，提供标准及标准参考数据服务。

美国国家标准与技术研究院（NIST）网站页面见图1.14。

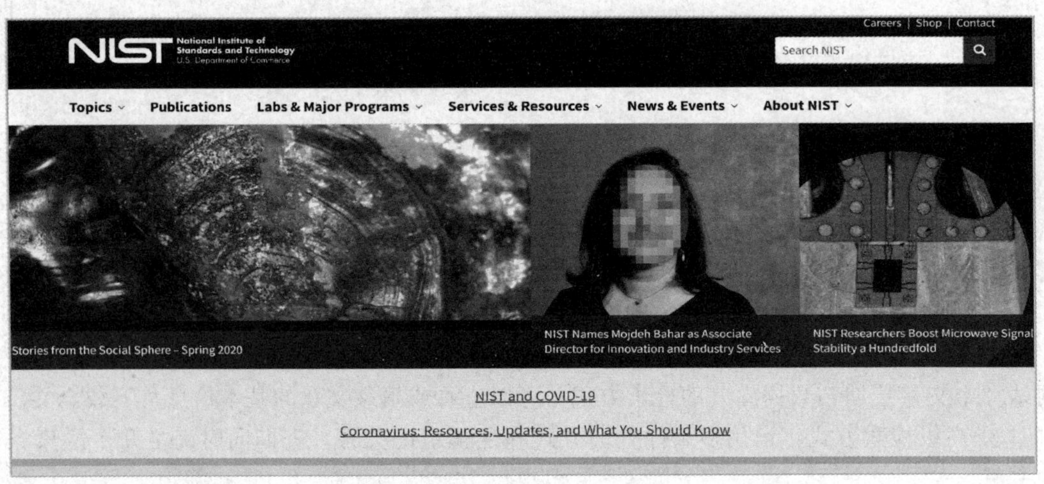

图1.14 美国国家标准与技术研究院（NIST）网站页面

1.3.2 网上元素周期表

① WebElements。英国谢菲尔德大学的Mark Winter博士制作了全面而又精致的化学元素周期表，称为WebElements。WebElements提供了高质量的化学元素信息源，可用于专业的科研、教学。目前大部分的信息关于元素本身，同时也包括化学元素的简单化合物。

WebElements网上元素周期表见图1.15。

② 元素电子字典。为纪念国际化学元素周期表年（IYPT 2019），2019年4月，由厦门

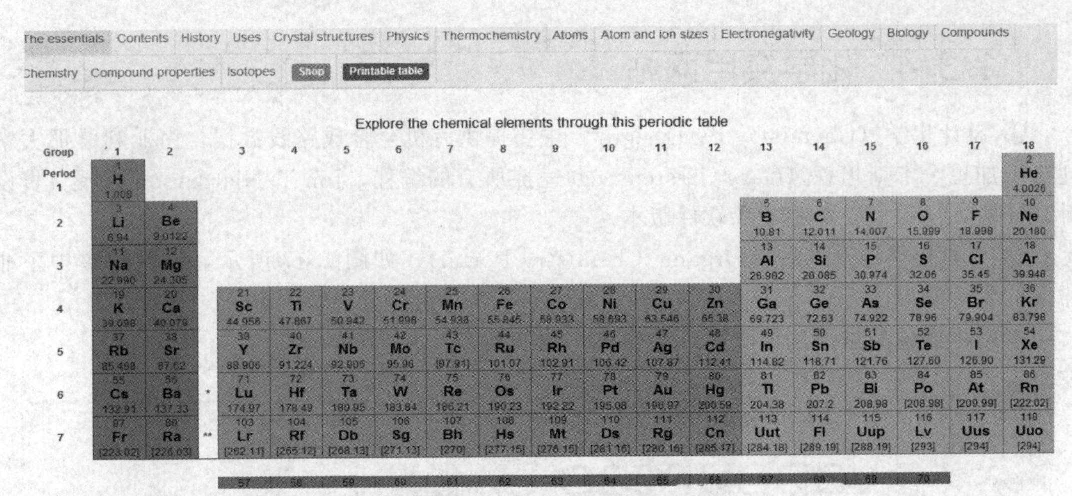

图 1.15　WebElements 网上元素周期表

大学主持，厦门大学、山东大学、吉林大学和大连理工大学四校无机化学教研室启动了“元素电子字典”的开发工作，正式推出“元素电子字典”，为元素数据查阅提供了参考。

1.3.3　化合物谱图数据库

有机结构解析是物质结构分析的必要方法，结构解析的主要依据是 UV-VIS、IR、NMR、MS 四大谱图，同时，可利用计算机及网络辅助结构解析。目前，在国内外的网站上已出现了许多谱图数据库，主要是利用计算机存储和检索化合物的谱图，现在能够在科研工作中运用的相对较少。

上海有机化学研究所化学专业数据库的红外谱图数据库始建于 1978 年，制作的红外光谱数据库于 1998 年 12 月完成，是国内最早的化学类数据库。本数据库收录了常见化合物的红外谱图。

上海化学化工数据中心网页见图 1.16。

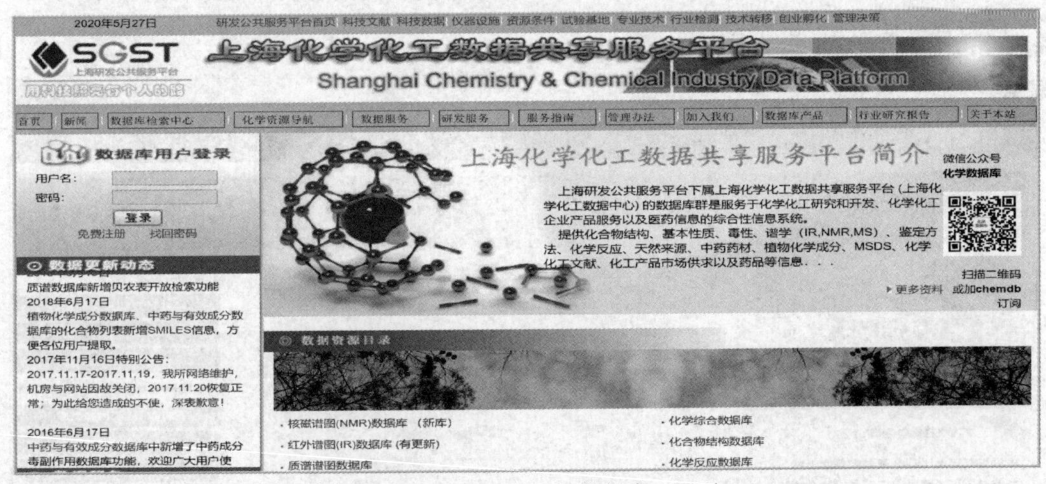

图 1.16　上海化学化工数据中心网页

1.3.4 化学实用网站

① 设计化学（Chemistry By Design），主要提供有机全合成路线数据，由亚利桑那大学建立。加里·卡斯坦森（Gary Carstensen）完成所有的编程，Jon T. Njardarson 教授负责设计，同时，还提供安卓和苹果软件版本。

② 有机化学门户网站（Organic Chemistry Portal），如图 1.17 所示，该网站集中了非常多的化学资源。

网站主要包括以下二级页面：全合成；人名反应；离子液体。

图 1.17 有机化学门户网站（Organic Chemistry Portal）

③ 药物在线网站（Drugfuture），聚焦于提供药物信息资讯、全球药物研发信息、药物开发资源共享、药物科学数据库、专利信息检索下载等，是广泛、快捷的药物信息、药学资源提供平台。该站旨在为广大的从事药物研究、开发的专业人员提供专业、快捷、高效的药物信息数据。

它同时提供各类药物资讯，特别是新药研究、管理、上市及政策信息；提供一系列的药物科学数据库，集成了药物研发数据资源，提供了中国、美国、欧洲等专利数据库。

网站首页如图 1.18 所示。

图 1.18 药物在线网站首页

④ 有机化学综合性资源（Organic Chemistry Data Collection），由威斯康星大学麦迪逊分校提供，是一个网页集合，包含了生物化学、有机化学和药物化学等方面信息，这些页面具有广泛的适用性，主题包括结构信息、命名、有机反应、物理性质和光谱数据等。

⑤ 化学光谱数据库（WebSpectra），是一个光谱学图书馆，由剑桥同位素实验室和加州大学洛杉矶分校化学系和生物化学系提供。光谱解析是一项需要实践的技术，网站提供核磁氢谱、核磁碳谱及红外光谱等，同时提供练习与解答，方便查阅光谱学相关的资源。

1.4 专利检索

专利信息是一类重要的化学信息。由于专利信息与知识产权密切相关，大部分专利信息无法通过技术文献得到，因此查询和利用专利信息显得尤为重要（专利服务一般是收费服务）。

获得 Internet 上的专利信息有两种方式：一是通过专利局或信息服务部门（公司）的主页浏览，以 www 服务方式得到服务；二是通过 E-mail 方式进行通信索取（前一种方式是获得有关专利服务的重要渠道；后一种方式则需要先知道有关的地址和服务内容）。

通过 Internet 的 www 服务，可以访问专利管理或信息服务部门提供的 www 主页信息，在这些主页上一般有专利的知识介绍、其他专利服务站点的链接、专利检索工具以及提供专利服务的方式等信息。通过这些信息，可以方便地进行专利的检索和索取。

下面是一些主要国家的专利服务机构和网站。

欧洲专利局。

美国专利商标局，网站见图 1.19。

图 1.19　美国专利商标局网站

汤森路透专利。

德温特世界专利。

中国国家知识产权局，网页见图 1.20。

中国知识产权网。

中国专利信息中心。

图 1.20　中国国家知识产权局检索网页

中国专利信息网。

中国专利保护协会。

1.5 网上图书馆

网上图书馆信息主要由两部分组成：一是各图书馆的主页，上面有关于图书、杂志的检索和查询工具；二是在 Internet 网站上建立的虚拟图书馆（world wide web virtual library）。

目前 Internet 上的图书馆主页已数不胜数，许多国家图书馆、大学图书馆、科研机构图书馆均在 Internet 上建有自己的主页，几乎每个主页上都有其他图书馆的关联信息，可以从一个主页获得许多图书馆的地址。

在图书馆的主页上一般有该图书馆的介绍、图书、服务指南与文献检索工具及使用说明、一些图书信息、新书预告。

下面是国内外一些重要图书馆。

中国国家图书馆·中国国家数字图书馆。

中国科学院文献情报中心（国家科学图书馆）。

中国科学技术大学图书馆。

清华大学图书馆。

北京大学图书馆。

澳大利亚国家图书馆。

日本国立国会图书馆。

大英图书馆。

英国剑桥大学图书馆。

英国牛津大学图书馆。

新加坡国家大学图书馆。

美国国会图书馆。

第2章

IBM SPSS 27统计软件在实验设计中的应用

实验设计是指一种包括对过程要素进行改变并观测其效果，对这些结果进行统计分析以便确定过程变量之间的关系，从而进行有计划研究的设计。它以数理统计理论、专业知识和实践经验为基础，科学地设计实验。它在科学研究、工程设计和工业生产中起着越来越重要的作用。懂得如何进行科学的实验设计是每一个化学化工类专业的学生必须具备的基本素质。本章简要介绍了SPSS软件基本界面及功能，重点介绍了实验设计方法，包括单因素实验、正交实验、均匀设计实验以及SPSS在设计实验方面的应用。

2.1 IBM SPSS 27界面及基本功能

诞生于1968年的SPSS软件，由斯坦福大学三位学生创建，2010年IBM公司收购后更名为IBM SPSS Statistics，现最高版本为27，主要用于数据挖掘、统计学分析运算、决策支持及预测分析。主要特点为兼容性好、易用性强、功能强大、模块组合及具有可扩展性。但在计算速度及统计模型的创新上相对较慢。

① 数据编辑窗口：SPSS软件是双视图电子表格，与Excel数据编辑不一样的是其左下角有【数据视图】与【变量视图】窗口。【数据视图】窗口用于展示具体的数据内容，界面从上至下分别为文件标题、菜单栏、常用工具栏、数据编辑窗、状态栏，见图2.1(a)。【变量视图】窗口每一行代表了变量的具体定义，展示了数据集的基本结构，见图2.1(b)。

② 结果显示窗口：数据通过运算、分析等将跳出结果显示窗口，输出格式化处理后的表格，见图2.2，同资源管理器窗口类似，它是动态的输出表格，单击左侧目录树，右侧会以红箭头表示具体数据。在结果显示窗口中可以对单个结果表格进行复制、粘贴等操作；也可以导出全部可见结果，输出格式可以自定义为Word或Excel等。

③ 菜单栏：SPSS主菜单共有13个，单击每一个按钮，都会出现下拉菜单，上面有多个子菜单，有的子菜单右边有小箭头，单击小箭头后展开右拉菜单。见图2.3，列出了数据文件窗口部分主菜单及其子菜单。【文件】菜单可以实现打开、保存、导出及打印等功能；

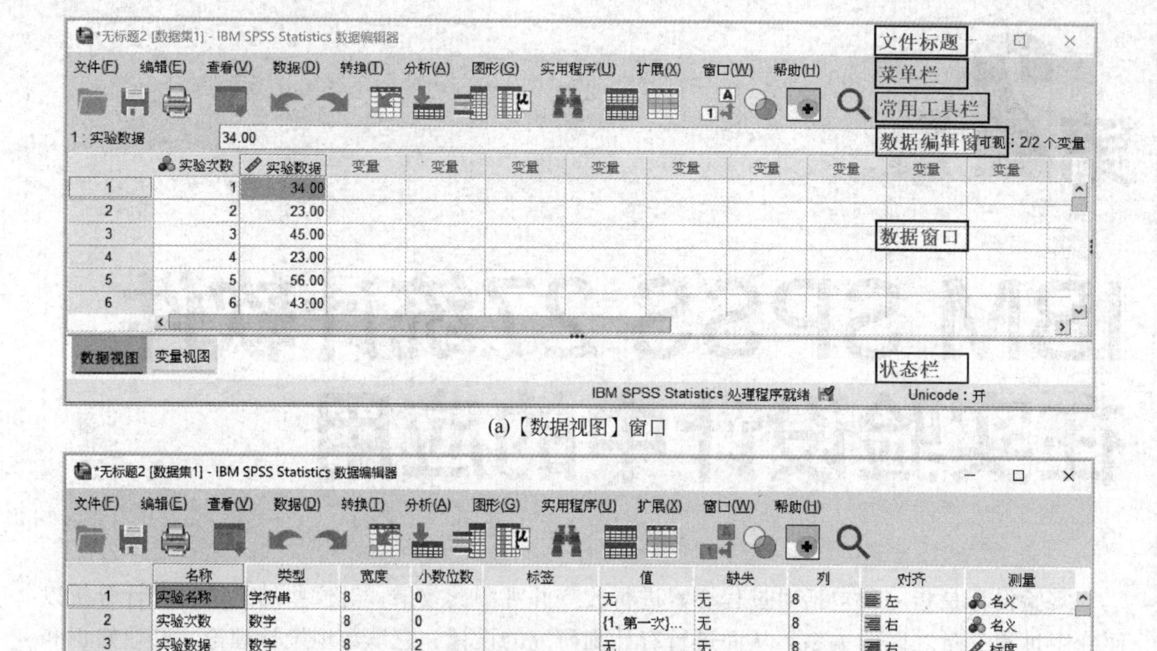

(a)【数据视图】窗口

(b)【变量视图】窗口

图 2.1　IBM SPSS Statistics 的【数据视图】和【变量视图】窗口

图 2.2　IBM SPSS Statistics 27 结果显示窗口

【编辑】菜单有常见的复制、粘贴功能，还有插入变量、转到变量、选项等功能，其中【选项】子菜单中的语言可以设置【输出】及【用户界面】语言，【透视表】可以设置输出表格的式样；【数据】菜单用于对当前数据进行添加、编辑等；【分析】菜单可对数据进行多种分析统计。

④ 常用工具栏：单击菜单【查看】-【工具栏】-【定制】命令可设置常用工具栏，在弹出的窗口中单击【编辑】命令，通过鼠标拖动的方式，实现常见工具的添加、删除及排序。图 2.4 所示为系统默认的常见工具栏的主要功能。这些工具在文件操作、数据处理中常会用到。

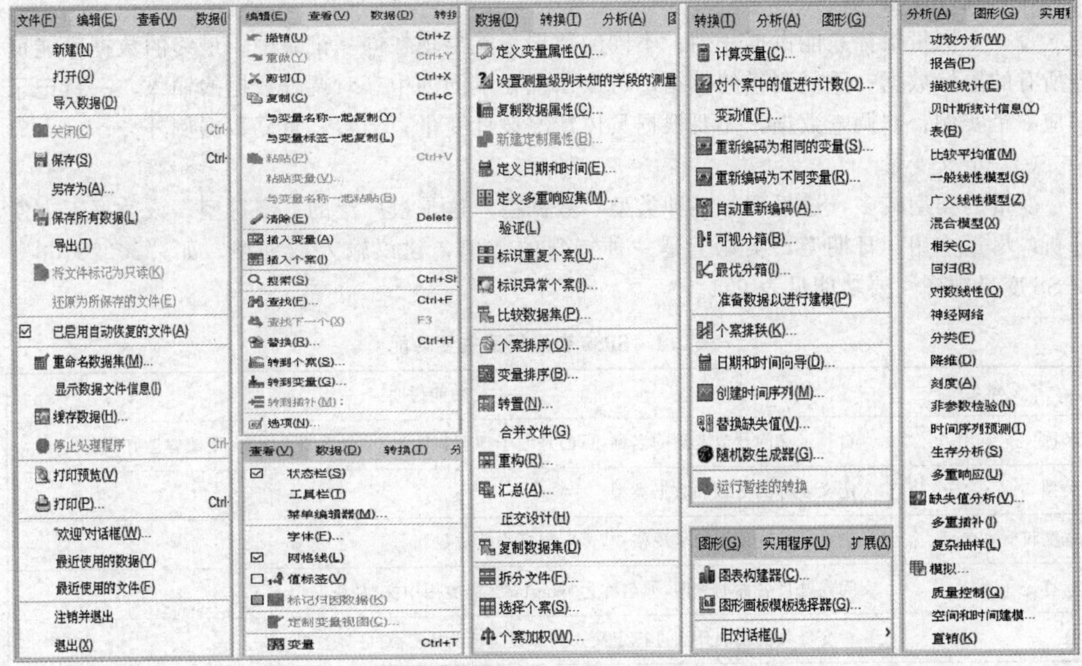

图 2.3　SPSS 27 软件部分菜单

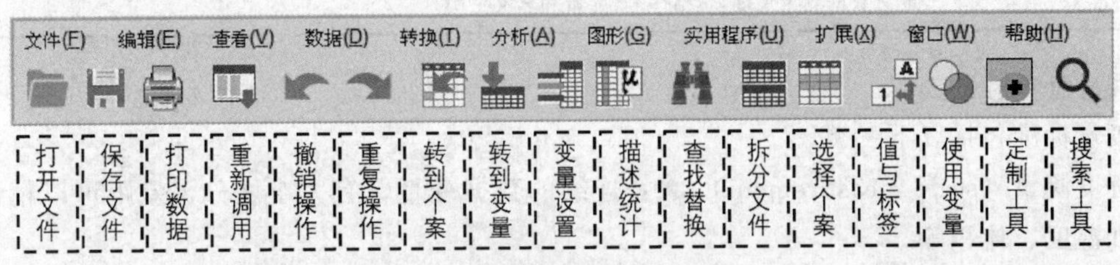

图 2.4　常用工具栏的主要功能

⑤ 数据编辑窗：数据编辑窗中显示了当前选择的数据的行、列名称和数据值。

⑥ 数据窗口：数据窗口包括【数据视图】与【变量视图】窗口。【数据视图】窗口同一般的电子表格 Excel 相似，可以对数据进行复制、粘贴、排序等操作。【变量视图】窗口代表每个变量的具体定义，展示数据集的基本结构。

⑦ 状态栏：当状态栏显示“IBM SPSS Statistics 处理程序就绪”信息时，表示软件是正版可用的，见图 2.1；权重开启也会在状态栏显示。

2.2 SPSS 建立数据库

建立数据库要经过三个阶段。

① 设计变量：考虑哪些变量列入数据库、数据的格式及类型；

② 定义变量：对变量做具体的定义；

③ 输入数据。

（1）设计变量

每一个测量指标只能占据一列；不同的数据不能出现在同一记录中；最终的数据库能覆盖所有的原始数据；重复测量的数据，可以出现在不同列中。对调查数据的输入，一行记录对应一个实例；非调查数据，需要根据具体情况设计变量；当然，重复数据例外。

（2）定义变量

变量的类型较多，这里列举三种类型。数据型，这是最广泛的；字符型，该数据不方便分析，尽量少用；日期型，实际上是一种特殊的数值，建议输入数据型，如“20220108”。SPSS 变量视图主要功能见表 2.1。

表 2.1 SPSS 变量视图主要功能

变量名	主要功能说明
名称	自行定义问卷或变量的名称，目的是便于理解和认识，尽量不要用中文，用兼容性好的英文
类型	定义名称的格式和数据类型
宽度和小数点	主要是设置数据的呈现格式，宽度包括小数位数
标签	问卷题目名称的称谓，如名称为“xingbie”，标签用中文“性别”
值	对变量数值代表什么进行定义。例如设置值为 1、2，对应标签男、女
缺失	对有些没有填写的内容进行定义，可以是离散的或在一定范围内的缺失值
度量标准	定义数据测量尺度，包括序号、度量和名义三类

（3）度量标准

度量标准包括以下三类。

标度测量（scale measurement）：连续的数据变量，有大小之分，差距可以精确计算，如温度、体积等。

有序测量（ordinal measurement）：有大小之分，差距无法精确计算，常用字母顺序表示，如优、良、中、差等级。

名义测量（nominal measurement）：无序多分类，如姓名、血型、民族等。

两分类可以属于以上的任一分类。

（4）数据输入

单击单元格，当前单元格显黄色，表示可以输入数据。带有变量值标签的数据输入方式有两种：一是手工输入变量值；二是打开工具栏中的【值标签】。单击单元格出现下拉标签，选择输入。

2.3 SPSS 数据编辑

编辑个案或变量中的数据时，首先选择要编辑的个案或者变量，或者是单一数据，然后运用菜单【编辑】中的命令来操作，也可以单击鼠标右键调出快捷菜单，数据的常见操作及菜单命令见表 2.2。

表 2.2 数据的常见操作及菜单命令

序号	数据编辑操作	菜单命令	说明
1	打开数据文件	单击菜单【文件】-【打开】-【数据】命令	间接法构建数据：SPSS 支持多种数据文件，默认文件格式为. sav
2	导入数据文件	单击菜单【文件】-【导入数据】(数据共享)命令	间接法构建数据：SPSS 可以导入常见 Excel、TXT 及 SAS 等数据，还有 ODBC 数据库文件
3	数据定位	单击菜单【编辑】-【转至个案】命令；或定位到某列变量后单击菜单【编辑】-【转至变量】命令，然后单击菜单【编辑】-【查找】命令	运用【转至个案】和【转至变量】命令可以快速定位到数据。工具栏也有快速命令
4	插入数据	插入个案：单击菜单【编辑】-【插入个案】命令；插入变量：单击菜单【编辑】-【插入变量】命令	在需要插入的位置，使用鼠标右键单击可以调出快捷菜单实现插入
5	删除数据	单击菜单【编辑】-【清除】命令	这里可以先选择数据、个案或变量，然后运用菜单或使用鼠标右键单击调出快捷菜单清除
6	复制数据	单击菜单【编辑】-【复制】/【粘贴】命令	同样需要先选择数据，也可以使用鼠标右键单击调出快捷菜单，支持 Ctrl＋C 与 Ctrl＋V 快捷键
7	数据纵向合并	单击菜单【数据】-【合并文件】-【添加个案】命令	将其他数据追加到当前数据文件中，前提是要求有相同变量名与变量类型
8	数据横向合并	单击菜单【数据】-【合并文件】-【添加变量】命令	将其他数据的变量追加到当前数据文件中，前提是要求有一个共同变量名为关键字段，以此关键字段升序排序
9	数据排序	单击菜单【数据】-【个案排序】命令	按照某一个或多个变量值的升序或降序重新排列，注意选择变量名的顺序
10	计算变量	单击菜单【转换】-【计算变量】命令	根据用户给出的算术表达式，对选定的样本数据进行加工。注意算术表达式、Spss 函数及 Spss 条件表达式的运用
11	选取数据	单击菜单【数据】-【选择个案】命令	从现有数据中选出部分数据，它有按条件选取、随机选取、指定范围及过滤变量方式 4 种方式
12	加权变量	单击菜单【数据】-【加权个案】命令	增加一个频数变量来表示相同变量值出现的频数，变量加权就可用于设定某个变量为频数变量。状态栏右下角将出现“权重开启”

2.4 SPSS 基本统计分析

实验数据的初级统计包括频率、描述、探索、交叉表及平均值等，能对数据做初步的统计，例如数据个数、最大值、最小值、平均数、中位数、方差、标准差及偏度、峰度等。

实例 2.1 针对一组反应进行描述性分析

解：首先输入数据，单击菜单【数据】-【个案加权】命令，设置第二列为加权值，表示重复的数据个数。单击菜单【分析】-【描述统计】-【频率】命令，见图 2.5(a)；打开【频率】对话框，见图 2.5(b)，把“反应时间”添加到“变量”框；单击【统计（S)】按钮，在【频率：统计】对话框中

勾选需要描述的数据，见图 2.5(c)，然后单击【确定】按钮。

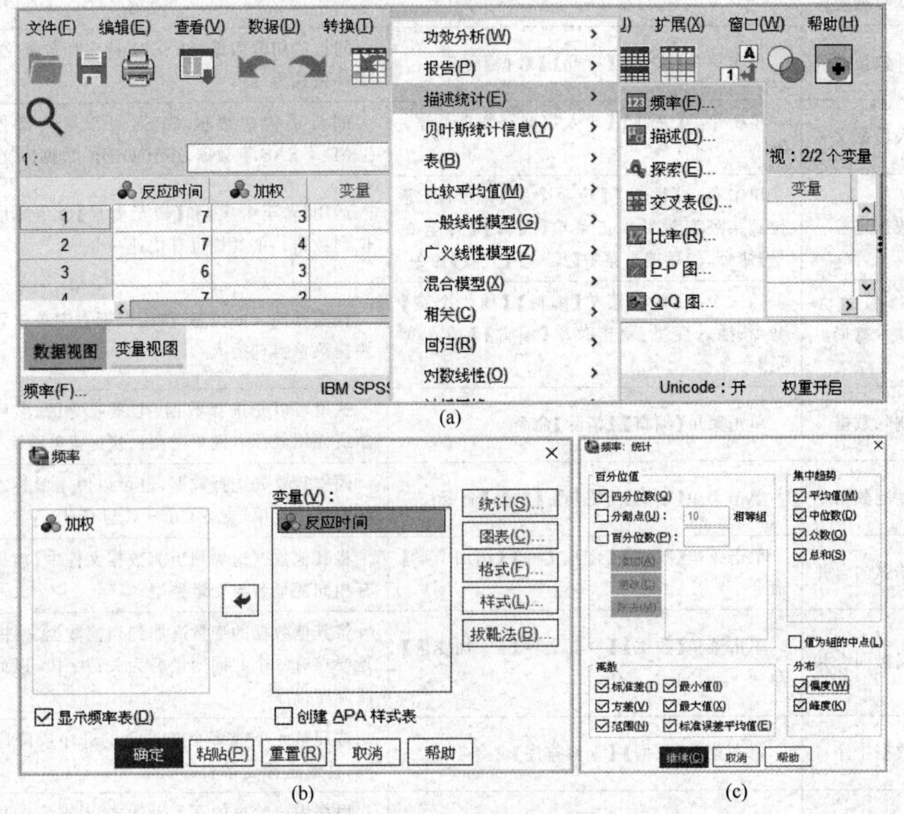

图 2.5 SPSS 初级统计频率描述性分析

在输出数据查看器中弹出分析结果，初级统计频率描述性分析数据见图 2.6，可以直接读出个案数、最大值、最小值、平均数、中位数、方差、标准偏差及偏度、峰度等数据。

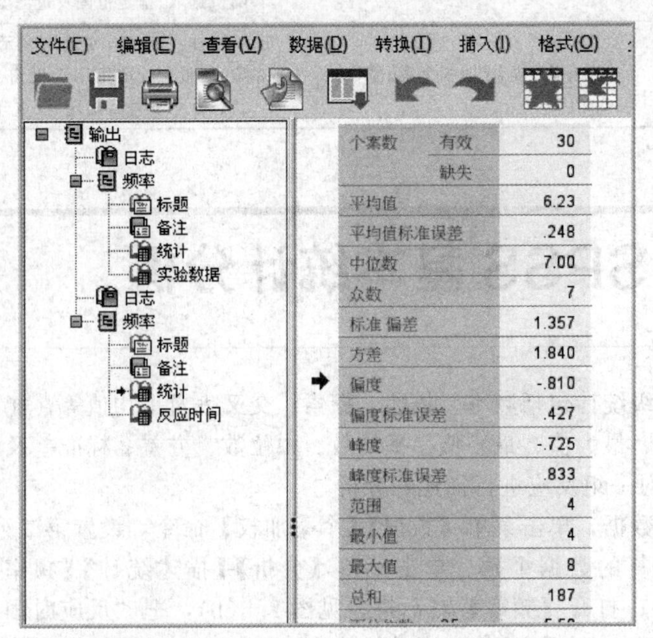

图 2.6 初级统计频率描述性分析数据

2.5 实验数据记录及实验设计

 2.5.1 实验数据记录 

在实验过程中所获得的实验数据，常常需要加工整理或进一步推算出其他参量。这些原始数据和一系列计算结果需要用最合适的方式表示出来。在实验室中，常用的数据处理方法有以下几种。

（1）实验数据列成表格

将实验测得或根据测量值计算得到的一系列数据，按照自变量和因变量的原则，依一定的顺序一一对应列出数据表。所列数据表应注意以下几点。

① 表格要有简明扼要而又符合内容的标题名称。

② 项目应写明名称、符号及单位，当数值很大或很小时，应采用科学记数法记录。例如，$p=1.42\times10^{-3}$ MPa，在列表时，项目名称写为 $p\times10^{-3}$/MPa，而表中数字写为1.42。

③ 数字的写法应注意有效数字的位数，每列之间小数点对齐。

④ 若直接记录实验数据作表，则在实验中应注意自变量尽可能取等距和整数。

（2）实验数据绘成图形

将实验数据的函数关系整理成图形，形式直观，容易理解。绘制图形需注意以下几点。

① 坐标分度的选择，要反映实验数据的有效数字，并与被标数值的精度相吻合，坐标分度不一定从0开始，要使图形尽量占满全坐标纸，注意在坐标轴的两端要标明变量名称、符号和单位。

② 在同一图形中要表示几种测量值，则各点要用不同符号，以示区别。

③ 实验曲线以直线最易标绘，使用方便，因此，数据处理时，应尽量使曲线直化。

例如反应速度常数与温度的关系为指数函数，若两边取对数，则得到线性方程。

$$k_T=k_0\mathrm{e}^{-E/RT}\rightarrow\ln k_T=-\frac{E}{RT}+\ln k_0 \tag{2-1}$$

用对数坐标纸作 k_T-$1/T$ 的关系图，得到一条直线；或在普通直线坐标上绘制 $\ln k_T$-$1/T$ 的关系图，也是一条直线。

2.5.2 实验设计 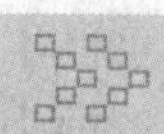

实验设计方法是指安排和组织实验的方法。有了正确的实验设计，才能以较少的实验次数、较短的时间，获得较多和较精确的信息。因此这是在一切实验工作中都必须考虑的一个普遍问题，并不是只涉及某项专门实验的具体实验技术。

常用的实验设计方法有方差分析法、正交实验设计法、均匀设计法和优选法等。从不同的角度出发，实验设计方法又可以有不同的分类方法。例如，做一个三因素三水平的实验

（图 2.7），全面实验法要做 27 次，单因素实验法要做 7 次，正交实验法要做 9 次。科学研究的客观性表现在一个实验必须具备“可复制性、随机性和区组性”三个方面，正交实验就属于这样的一个原则，是一套严谨的测量与统计程序。下面了解一下实验设计方法基本术语。

① 实验指标：实验指标是实验研究过程的因变量，通常为实验结果的特征量（如收率、纯度、合格产品的产量等）。

② 因素：因素是实验研究过程的自变量，通常是造成实验指标按某种规律发生变化的原因，如温度、压力等。

③ 水平：水平是实验中因素所处的具体状态或情况，又称为等级。如要对温度这个因素取 45℃、60℃和 75℃ 3 个水平，分别记为 T_1、T_2 和 T_3。

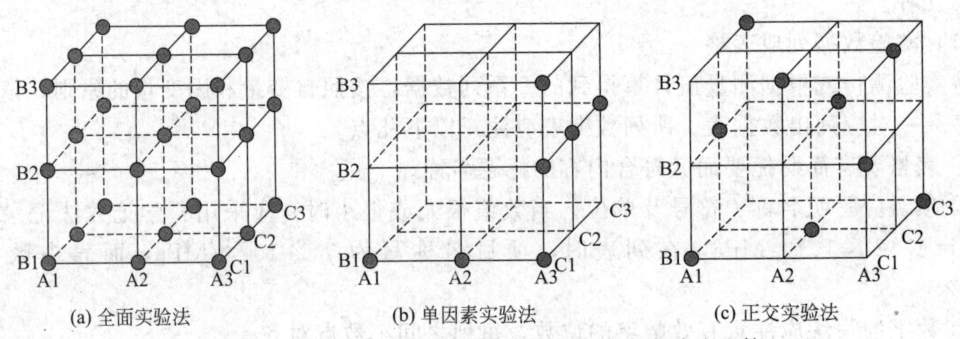

图 2.7　全面实验法、单因素实验法和正交实验法比较

2.6 单因素实验设计及 SPSS 应用

2.6.1 单因素实验

单因素实验（single-factor experiment）是指在整个实验中只变更、比较一个实验因素的不同水平，其他作为实验条件的因素均严格控制一致的实验，实验精确度高。

方差分析的基本思想是通过分析研究中不同来源的变异对总变异的贡献大小，从而确定可控因素对研究结果影响力的大小。方差分析主要用于均数差别的显著性检验，分离各有关因素并估计其对总变异的作用，分析因素间的交互作用和方差齐性检验。

单因素方差分析是在事物变化的若干因素中，只就某一特定因素进行分析，其他因素尽可能不变。其单因素方差分析的目的是检验因变量 y 与自变量 x 是否独立，而实现这个目的的手段是通过方差比较。

设因素 A 有不同水平 $A_1, A_2, \cdots, A_l$，各水平 A_i 对应的总体 ζ_i 服从正态分布 $N(\mu_i, \sigma^2)$ $(i=1,2,\cdots,r)$。这里我们假定各 ζ_i 有相同的标准差 σ，但各总体均值 μ_i 可能不同。在水平 A_i 下进行 n_i 次实验，$i=1,2,\cdots,r$；假定所有的实验都是独立的，表 2.3 是得到的样本观测值 x_{ij}。

表 2.3　单因素方差分析数据结构

水平号	实验指标观测值	均值	方差
1	$x_{11},x_{12},\cdots,x_{1n_1}$	$\overline{x}_1$	s_1^2
2	$x_{21},x_{22},\cdots,x_{2n_2}$	$\overline{x}_2$	s_2^2
…	…	…	…
r	$x_{r1},x_{r2},\cdots,x_{rn_r}$	$\overline{x}_r$	s_r^2

因为在水平 A_i 下的样本观测值 x_{ij} $(i=1,2,\cdots,r)$ 与总体服从相同的分布，所以有 $x_{ij}\sim N(\mu_i,\sigma^2)$ $(i=1,2,\cdots,r)$。

可以根据这 r 组观测值来检验因素 A 对实验结果的影响是否显著。如果因素 A 的影响不显著，则所有样本观测值 x_{ij} 就可以看作是来自同一总体 $N(\mu,\sigma^2)$，因此要检验的原假设是 H_0。

$$\mu_1=\mu_2=\cdots=\mu_r \tag{2-2}$$

令 $n=\sum_{i=1}^{r}n_i$，$\mu=\frac{1}{n}\sum_{i=1}^{r}n_i\mu_i$，$\alpha_i=\mu_i-\mu(i=1,2,\cdots,r)$

当式（2-2）成立时，各 $\mu_i=\mu$，则原假设式（2-2）等价于 $H_0:\alpha_1=\alpha_2=\cdots=\alpha_r=0$。方差分析问题实质上是一个假设检验问题。

2.6.2　方差分析统计量的构造

将每种水平看作一组，令 $\overline{x}_i$ 为第 i 种水平上所有实验值的算术平均值，称为组内平均值，即

$$\overline{x}_i=\frac{1}{n_i}\sum_{j=1}^{n}x_{ij}(i=1,2,\cdots,r) \tag{2-3}$$

总平均值为

$$\overline{x}=\frac{1}{n}\sum_{i=1}^{r}\sum_{j=1}^{n}x_{ij}=\frac{1}{n}\sum_{i=1}^{r}n_i\overline{x}_i \tag{2-4}$$

在单因素实验中，各实验结果之间存在着差异，这种差异可用离差平方和来表示。

总离差平方和为

$$S_T^2=\sum_{i=1}^{r}\sum_{j=1}^{n_i}(x_{ij}-\overline{x}_{\cdot\cdot})^2 \tag{2-5}$$

式中，$\overline{x}_{\cdot\cdot}$ 为总平均值。

总离差平方和表示各实验值与总平均值的偏差的平方和，反映了实验结果之间存在的总差异。

组间离差平方和为

$$S_A^2=\sum_{i=1}^{r}\sum_{j=1}^{n_i}(\overline{x}_{i\cdot}-\overline{x}_{\cdot\cdot})^2=\sum_{i=1}^{r}n_i(\overline{x}_{i\cdot}-\overline{x}_{\cdot\cdot})^2 \tag{2-6}$$

式中，$\overline{x}_{\cdot\cdot}$ 为总平均值；$\overline{x}_{i\cdot}$ 为分组平均值。

由式（2-6）可知，组间离差平方和反映了组内平均值之间的差异程度，这种差异是由因素 A 不同水平的不同作用造成的，所以组间离差平方和又叫水平项离差平方和。

组内离差平方和为

$$S_E^2=\sum_{i=1}^{r}\sum_{j=1}^{n_i}(x_{ij}-\overline{x}_{i.})^2 \tag{2-7}$$

S_T^2 是所有数据到总样本均值的距离平方和；S_A^2 反映各组样本之间的差异程度，即由于因素 A 的不同水平所引起的系统差异；S_E^2 反映各种随机因素引起的实验误差。理论可以证明三种离差平方和之间具有以下关系

$$S_T^2=S_A^2+S_E^2 \tag{2-8}$$

若 H_0 成立，则

$$\frac{S_E^2}{\sigma^2}\sim\chi^2(n-1) \tag{2-9}$$

$$\frac{S_T^2}{\sigma^2}\sim\chi(n-1) \tag{2-10}$$

$$\frac{S_A^2}{\sigma^2}\sim\chi^2(r-1) \tag{2-11}$$

根据 F 统计量的定义

$$F=\frac{S_A^2/(r-1)}{S_E^2/(n-r)}\sim F(r-1,n-r) \tag{2-12}$$

组间平均平方和为 $\overline{S}_A^2=\frac{S_A^2}{r-1}$；误差平均平方和为 $\overline{S}_E^2=\frac{S_E^2}{n-r}$，则统计量 F 值为

$$F=\frac{\overline{S}_A^2}{\overline{S}_E^2} \tag{2-13}$$

如果因素 A 的各水平对总体的影响差不多，则组间离差平方和 S_A^2 较小，因而 F 也较小；反之，如果因素 A 的各水平对总体的影响显著不同，则组间离差平方和 S_A^2 较大，因而 F 也较大。因此可以根据 F 值的大小来检验上述原假设 H_0。

对于给定的显著性水平 α，由 F 分布表查得相应的分位数 F_α。如果由样本观测值计算得到的 F 值大于 F_α，则在水平 α 下拒绝原假设 H_0，即认为因素 A 的不同水平对总体有显著影响；如果 F 值不大于 F_α，则接受 H_0，即认为因素 A 的不同水平对总体无显著影响。

通常还根据计算结果，列出单因素方差分析表，如表 2.4 所示。

表 2.4　单因素方差分析表

方差来源	DF(自由度)	S^2	$\overline{S}^2$	F 值
因素 A	$r-1$	S_A^2	S_A^2	$F=\frac{\overline{S}_A^2}{\overline{S}_E^2}$
随机误差	$n-r$	S_E^2	$\overline{S}_E^2$	
总和	$n-1$	S_A^2		

对给定的显著性水平 α，查表得 $F_{1-\alpha}(n_1,n_2)$，如果 $F>F_{1-\alpha}(n_1,n_2)$，则拒绝 H_0，即认为各水平有差异，可以断定最大值与最小值之间的差异是显著的。值得注意的是，其他各水平比较是否显著，需要进一步统计分析。

2.6.3　SPSS在单因素方差分析中的应用

实例 2.2　假设有4种治疗某疾病的药，为比较它们的疗效，现抽取24个病人，可将他们分成4组，每组6人，同组病人使用一种药，并记录病人从开始服药到痊愈的时间（天），表2.5给出了具体数值（$\alpha=0.05$）。

表 2.5　单因素设计表

药物种类	治疗天数	药物种类	治疗天数
1	7,7,6,7,8,7	3	6,3,4,5,3,4
2	4,6,6,3,6,5	4	7,6,4,6,5,3

解：打开SPSS软件，分别输入"治疗天数"及"药物种类"两列数据。单击菜单【分析】-【比较平均值】-【单因素ANOVA检验】命令，见图2.8。

图 2.8　SPSS软件数据输入及单因素方差分析菜单

打开图2.9所示单因素方差分析对话框，把"治疗天数"载入"因变量列表"；"药物种类"载入"因子"中，设置"事后多重比较"与"选项"，设置完成后单击【确定】按钮。

表2.6为方差齐性检验，从显著性概率看，$p>0.05$，说明各组方差在$\alpha=0.05$水平上没有显著性差异。这个结论在选择"事后多重比较"方法时可作为一个条件。

表 2.6　方差齐性检验

因变量	检验	莱文统计	自由度1	自由度2	显著性
治疗天数	基于平均值	1.933638	3	20	0.156673
	基于中位数	1.414141	3	20	0.268002
	基于中位数并具有调整后自由度	1.414141	3	18.24121	0.270821
	基于剪除后平均值	1.891813	3	20	0.16351

表2.7是一张详细的变异数方差分析表，组间与组内的离差平方和比值为F值，得到显著性p值，$p<0.05$，不同药物之间有显著性差异。

表2.8是LSD法多重比较，药物1和药物2、3、4之间的显著性$p<0.05$，说明有显著性差异；药物2、3、4之间的显著性$p>0.05$，说明没有显著性差异。

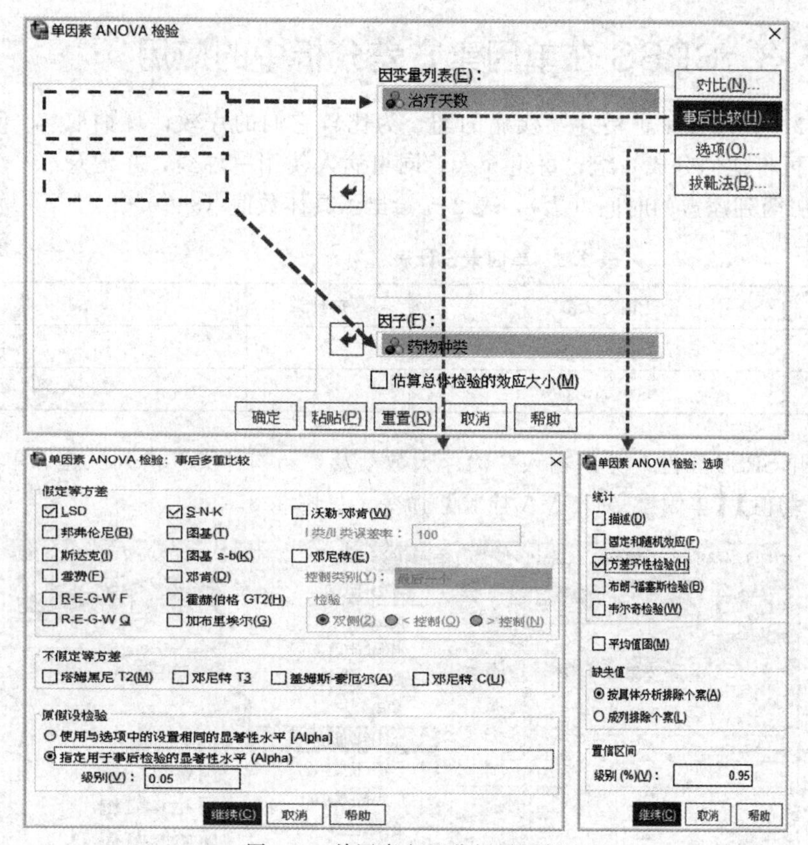

图 2.9　单因素方差分析对话框

表 2.7　变异数方差分析

分析	平方和	自由度	均方	F	显著性
组间	25.66666667	3	8.555556	6.184739	0.003793
组内	27.66666667	20	1.383333		
总计	53.33333333	23			

表 2.8　LSD 法多重比较

药物种类		平均值差值 $(I-J)$	标准错误	显著性	95% 置信区间	
					下限	上限
1	2	2.000①	0.679	0.008	0.58	3.42
	3	2.833①	0.679	0.000	1.42	4.25
	4	1.833①	0.679	0.014	0.42	3.25
2	1	−2.000①	0.679	0.008	−3.42	−0.58
	3	0.833	0.679	0.234	−0.58	2.25
	4	−0.167	0.679	0.809	−1.58	1.25
3	1	−2.833①	0.679	0.000	−4.25	−1.42
	2	−0.833	0.679	0.234	−2.25	0.58
	4	−1.000	0.679	0.156	−2.42	0.42

续表

药物种类		平均值差值（$I-J$）	标准错误	显著性	95% 置信区间	
					下限	上限
4	1	−1.833①	0.679	0.014	−3.25	−0.42
	2	0.167	0.679	0.809	−1.25	1.58
	3	1.000	0.679	0.156	−0.42	2.42

① 平均值差异在 0.05 层级显著。

表 2.9 是 SNK 多种比较，第 2 列为品种，按治疗天数均数由小到大排列。第 3 列列出了计算均数用的样本数。第 4 列列出了在显著水平 0.05 上的比较结果，“Alpha＝0.05 的子集”被分为了两列，药物种类 1 被单独列在第二列中，说明药物种类 1 与其他药物之间有显著性差异。这个结果与 LSD 检验法结果相同。

表 2.9　SNK 多种比较

比较	药物种类	个案数	Alpha＝0.05 的子集	
			1	2
SNK① 多种比较	3	6	4.166667	
	2	6	5	
	4	6	5.166667	
	1	6		7
	显著性		0.324739	1

① 使用调和平均值样本大小＝6.000

2.6.4 Origin 在单因素方差分析中的应用

见 3.6.11 节内容。

2.7 正交实验设计及 SPSS 应用

2.7.1 正交实验设计表

正交实验设计（orthogonal design）简称正交设计，它是利用正交表来科学地安排与分析多因素实验的方法，是最常用的实验设计方法之一。

在正交实验设计中，正交表是一种特殊的表格，它是正交实验设计中安排实验和分析实验结果的基本工具。依照正交表中因素水平数的情况，通常将正交表分为等水平正交表和混合水平正交表两种。现以等水平正交表为例进行说明，见表 2.10。

表 2.10 等水平正交表

实验号	列号		
	1	2	3
1	1	1	1
2	1	2	2
3	2	1	2
4	2	2	1

表 2.10 中各因素的水平数是相等的。即表中任一列，不同的数字出现的次数相同，也就是说每个因素的每一水平都重复相同的次数，如数 1 和 2，它们各出现两次；表中任意两列，把同一行的两个数字看成有序的数字对时，所有可能的数字对出现的次数相同，正交表 $L_4(2^3)$ 中共有的 4 种有序数对（1,1）、（1,2）、（2,1）、（2,2），它们各出现一次。等水平正交表可用如下符号表示：

$$L_n(r^m) \tag{2-14}$$

式中，L 为正交表代号；n 为正交表中的行数；r 为因素的水平数；m 为正交表的列数(最多能安排的因素个数)。

正交表的特点：

① 正交性。正交表中任意两列同一行中各数码搭配所出现的次数相同，这可保证实验的典型性。

② 均衡性。表中任意列中不同水平个数相同，这使得不同水平下的实验次数相同。

③ 独立性。没有完全重复的实验，任意两个结果间不能直接比较。实验点在实验范围内散布均匀，即“整齐可比、均衡分散”。

2.7.2 正交实验设计步骤

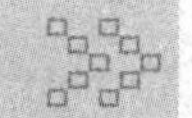

正交实验设计包括实验设计和数据处理两个部分。基本步骤可简单归纳如下。

① 明确实验目的，确定评价指标。

任何一个正交实验都应该有一个明确的实验指标，这是正交实验设计的基础。实验指标是表示实验结果特性的值，如产品的产量、纯度等。可以用它来衡量或考核实验效果。

② 挑选出合适的因素（确定列数），确定水平，并列出因素水平表。

根据实验目的，选择处理因素与不可忽略的交互作用，明确其共有多少个数，如果对研究中的某些问题尚不太了解，列可以多一些，但一般不宜过多。当每个实验号无重复，只有一个实验数据时，可设 2 个或多个空白列，作为计算误差项用。

影响实验指标的因素很多，由于实验条件所限，不可能全面考察，所以应对实际问题进行具体分析，并根据实验目的，选出主要因素，略去次要因素，以减少要考察的因素数。如果对问题了解不够，可以适当多取一些因素。确定因素的水平数时，一般尽可能使因素的水平数相等，以方便实验数据处理。最后列出因素水平表。

③ 由挑选的因素与水平选出合适的正交表。

根据因素数和水平数来选择合适的正交表。一般要求因素数≤正交表列数，因素水平数与正交表对应的水平数一致，在满足上述条件的前提下，选择较小的表。例如，对于 4 因素 3 水平的实验，满足要求的表有 $L_9(3^4)$、$L_{27}(3^{13})$ 等，一般可以选择 $L_9(3^4)$，但是如果要求精确度高，并且实验条件允许，可以选择较大的表。

④ 根据所得正交表做出相应的表头设计。

表头设计就是将实验因素安排到所选正交表相应的列中。

⑤ 根据正交表和表头设计，确定每号实验的方案，组织实施方案。

根据选定正交表中各因素占有列的水平数列，构成实施方案表，按实验号依次进行实验，得到以实验指标形式表示的实验结果。共做 n 次实验，每次实验按表中横行的各水平组合进行。因此整个设计过程可用一句话归纳为“因素顺序上列，水平对号入座，实验横着做”。

⑥ 对实验结果进行统计分析。

对正交实验结果的分析，通常采用两种方法：一种是直接分析法（或称极差分析法）；另一种是方差分析法。通过实验结果分析可以得到因素主次顺序、优方案等有用信息。

⑦ 进行实验验证，做进一步分析。

优方案是通过统计分析得出的，还需要进行实验验证，以保证优方案与实际一致，否则还需要进行新的正交实验。

2.7.3 正交实验分析方法

为了找到好的实验条件，就应对实验结果进行统计处理。正交实验的数据处理方法有直观法（即极差分析法）和方差分析法。

(1) 极差分析法

极差分析法简单易行，直观，计算量少，应用广泛。通过直观法的分析，可判断实验中各因素对指标影响的大小，并根据大小顺序，选择对指标有利的最佳因素与水平。

实例 2.3 表 2.11 所示为 $L_4(2^3)$ 正交实验计算结果，采用极差分析法进行分析，极差指的是各列中各水平对应的实验指标平均值的最大值与最小值之差。从表 2.11 的计算结果引出以下结论。

表 2.11 $L_4(2^3)$ 正交实验计算

实验号	列号			实验指标 y_i
	1	2	3	
1	1	1	1	y_1
2	1	2	2	y_2
3	2	1	2	y_3
4	2	2	1	y_4
Ⅰ_j	$\text{Ⅰ}_1=y_1+y_2$	$\text{Ⅰ}_2=y_1+y_3$	$\text{Ⅰ}_3=y_1+y_4$	
Ⅱ_j	$\text{Ⅱ}_1=y_3+y_4$	$\text{Ⅱ}_2=y_2+y_4$	$\text{Ⅱ}_3=y_2+y_3$	
k_j	$k_1=2$	$k_2=2$	$k_3=2$	
$\text{Ⅰ}_j/k_j$	$\text{Ⅰ}_1/k_1$	$\text{Ⅰ}_2/k_2$	$\text{Ⅰ}_3/k_3$	
$\text{Ⅱ}_j/k_j$	$\text{Ⅱ}_1/k_1$	$\text{Ⅱ}_2/k_2$	$\text{Ⅱ}_3/k_3$	
极差(R_j)	max{ }−min{ }	max{ }−min{ }	max{ }−min{ }	

注：Ⅰ_j——第 j 列“1”水平所对应的实验指标的数值之和。

Ⅱ_j——第 j 列“2”水平所对应的实验指标的数值之和。

k_j——第 j 列同一水平出现的次数。等于实验的次数（n）除以第 j 列的水平数。

$\text{Ⅰ}_j/k_j$——第 j 列“1”水平所对应的实验指标的平均值。

$\text{Ⅱ}_j/k_j$——第 j 列“2”水平所对应的实验指标的平均值。

R_j——第 j 列的极差。等于第 j 列各水平对应的实验指标平均值中的最大值减最小值，即

$R_j=\max\{\text{Ⅰ}_j/k_j,\text{Ⅱ}_j/k_j,\cdots\}-\min\{\text{Ⅰ}_j/k_j,\text{Ⅱ}_j/k_j,\cdots\}$。

① 在实验范围内，如果某列的极差最大，表示该列的数值变化时，实验指标数值变化最大，所以各列对实验指标的影响按从大到小排队，就是各列极差 R 的数值从大到小排队。

② 为了能更直观地看到实验指标随各因素的变化趋势，常将计算结果绘制成图。

③ 采用了使实验指标最好的适宜的操作条件（适宜的因素水平搭配）。

④ 可对所得结论和进一步的研究方向进行讨论。

（2）方差分析法

直观法是常用的实验结果分析方法，但直观法不能估计误差大小及各因素对实验结果影响的重要程度，特别是对水平数≥3 且要考虑交互作用的时候，直观法不便使用。如果对实验结果进行方差分析，就能克服直观法带来的不足。

对于正交实验多因素的方差分析，其基本思想和方法与前面介绍的单因素和双因素的方差分析是一致的，也是先计算出各因素和误差的离差平方和，然后求出自由度、均方、F 值，最后进行 F 检验。

如果用正交表 $L_n(r^m)$ 来安排实验，则因素的水平数为 r，正交表的列数为 m，总实验次数为 n，设实验结果为 y_i（$i=1,2,\cdots,n$），方差分析的基本步骤如下。

① 离差平方和的计算。

a. 总离差平方和。

$$\overline{y}=\frac{1}{n}\sum_{i=1}^{n}y_i \tag{2-15}$$

$$T=\sum_{i=1}^{n}y_i \tag{2-16}$$

$$Q=\sum_{i=1}^{n}y_i^2 \tag{2-17}$$

$$P=\frac{1}{n}(\sum_{i=1}^{n}y_i)^2=\frac{T^2}{n} \tag{2-18}$$

则

$$SS_T=\sum_{i=1}^{n}(y_i-\overline{y})^2=\sum_{i=1}^{n}y_i^2-\frac{1}{n}(\sum_{i=1}^{n}y_i)^2=Q-P \tag{2-19}$$

式中，SS_T 为总离差平方和。它反映了实验结果的总差异，总离差平方和越大，则说明各实验结果之间的差异越大。因素水平的变化和实验误差是引起实验结果之间差异的原因。

b. 各因素引起的离差平方和。

设将因素 A 安排在正交表中的某一列上，则因素 A 引起的离差平方和为

$$SS_A=\frac{n}{r}\sum_{i=1}^{r}(k_i-\overline{y})^2=\frac{r}{n}(\sum_{i=1}^{r}K_i^2)-\frac{T^2}{n}=\frac{r}{n}(\sum_{i=1}^{r}K_i^2)-P \tag{2-20}$$

若将因素 A 安排在正交表的第 j（$j=1,2,\cdots,m$）列上，则有 $SS_A=SS_j$，且称 SS_j 为第 j 列所引起的离差平方和，于是有

$$SS_j=\frac{n}{r}\sum_{i=1}^{r}(k_i-\overline{y})^2=\frac{r}{n}(\sum_{i=1}^{r}K_i^2)-\frac{T^2}{n}=\frac{r}{n}(\sum_{i=1}^{r}K_i^2)-P \tag{2-21}$$

$$SS_T=\sum_{j=1}^{m}SS_j \tag{2-22}$$

也就是说，总离差平方和可以分解成各列离差平方和之和。

c. 实验误差的离差平方和。

为了方便方差分析，在进行表头设计时一般要求留有空列，即误差列，所以误差的离差

平方和为所有空列所对应离差平方和之和。

$$SS_T = \sum SS_{空列} \tag{2-23}$$

d. 交互作用的离差平方和。

由于交互作用在正交实验设计时被看成因素，所以其在正交表中占有相应的列，也会引起离差平方和。如果交互作用只占有一列，则其离差平方和就等于所在列的离差平方和 SS_j；如果交互作用占有多列，则其离差平方和等于所占多列离差平方和之和，例如交互作用 $A \times B$ 在正交表中占有 2 列，则

$$SS_{A\times B} = SS_{(A\times B)_1} + SS_{(A\times B)_2} \tag{2-24}$$

② 自由度的计算。

a. 总平方和的总自由度。

$$\mathrm{d}f_T = 实验总次数 - 1 = n - 1 \tag{2-25}$$

正交表任一列离差平方和对应的自由度

$$\mathrm{d}f_j = 因素水平数 - 1 = r - 1 \tag{2-26}$$

显然

$$\mathrm{d}f_T = \sum_{j=1}^{n} \mathrm{d}f_j \tag{2-27}$$

两因素交互作用的自由度有两种计算方法：一是等于两因素自由度之积，例如

$$\mathrm{d}f_{A\times B} = \mathrm{d}f_A \times \mathrm{d}f_B \tag{2-28}$$

二是等于交互作用所占列的自由度或所占 n 列的自由度之和。

b. 误差的自由度。

$$\mathrm{d}f_e = \sum \mathrm{d}f_{空列} \tag{2-29}$$

③ 计算平均离差平方和（均方）。

A 因素均方：
$$MS_A = \frac{SS_A}{\mathrm{d}f_A} \tag{2-30}$$

$A \times B$ 交互作用的均方：
$$MS_{A\times B} = \frac{SS_{A\times B}}{\mathrm{d}f_{A\times B}} \tag{2-31}$$

实验误差的均方：
$$MS_e = \frac{SS_e}{\mathrm{d}f_e} \tag{2-32}$$

注意：计算完均方之后，如果某因素或交互作用的均方小于或等于误差的均方，则应将它们归入误差，构成新的误差。

④ F 值的计算。

将各因素或交互作用的均方除以实验误差的均方，得到 F 值。例如

$$F_A = \frac{MS_A}{MS_e} \tag{2-33}$$

$$F_{A\times B} = \frac{MS_{A\times B}}{MS_e} \tag{2-34}$$

⑤ 显著性检验。

例如，对于给定的显著性水平 α，检验因素 A 和交互作用 $A\times B$ 对实验结果有无显著影响。先从 F 分布表中查出临界值 $F_\alpha(\mathrm{d}f_A, \mathrm{d}f_e)$ 和 $F_\alpha(\mathrm{d}f_{A\times B}, \mathrm{d}f_e)$，然后比较 F 值与临界值的大小。若 $F_A > F_\alpha(\mathrm{d}f_A, \mathrm{d}f_e)$，则因素 A 对实验结果有显著影响；若 $F_A < F_\alpha(\mathrm{d}f_A, \mathrm{d}f_e)$，则因素 A 对实验结果无显著影响。类似地，若 $F_{A\times B} > F_\alpha(\mathrm{d}f_A, \mathrm{d}f_e)$，则说明交互

作用 $A\times B$ 对实验结果有显著影响；否则无显著影响。同理可以判断其他因素或交互作用对实验结果有无显著影响。一般来说，F 值与对应临界值之间的差距越大，说明该因素或交互作用对实验结果的影响越显著，或者说该因素或交互作用越重要。最后将方差分析结果列在方差分析表中。

（3）可引出的结论

与极差分析法相比，方差分析法可以反映各列对实验指标的影响是否显著、在什么水平上显著等问题。在数理统计上，这是一个很重要的问题。显著性检验强调实验在分析每列对指标影响中所起的作用。如果某列对指标影响不显著，那么，讨论实验指标随它的变化趋势是毫无意义的。

2.7.4 正交实验设计方法的应用

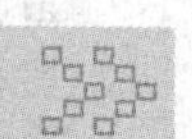

实例 2.4 设有一化学反应，需考察 4 个实验条件（因素）的影响，反应物 1（A）和反应物 2（B）的投入量、反应温度 C、反应时间 D，并设各条件均为 2 个水平。请以正交实验设计安排实验并进行结果分析。

解：①构造因素水平表，指标或目标函数取化学反应中生成物的产率，且产率越高，指标越优，根据初步化学实验，选定了因素和水平，表 2.12 为由此构造的因素水平表。

表 2.12 因素水平表

水平	A	B	C/℃	D/h
1	0.2	12	35	2.5
2	0.7	22	65	4.5

② 选择正交表，设计实验方案并进行实验。

选择 $L_8(2^7)$ 正交表，将所考察的 4 个因素按表头设计分别排列在正交表的第 1、2、4、7 列上，第 3、5、6 列留做进一步考察因素间的交互效应。

每一张正交表都有一张两列间的交互效应表与之对应。表 2.13 给出了 $L_8(2^7)$ 两列间交互效应表，从表中可查出每两列间的交互效应，要查第 i 列与第 j 列间的交互效应列，先在表中找到第 i 列的列号［带括号的数码（i）］，由这个列号横向找到 j，再由 j 往下找到带括号数码（k），即交互效应列 k。表 2.14 所示为实验方案与所得实验结果（即指标产率）。

表 2.13 $L_8(2^7)$ 两列间交互效应表

列号	1	2	3	4	5	6	7
1	(1)	3	2	5	4	7	6
2		(2)	1	6	7	4	5
3			(3)	7	6	5	4
4				(4)	1	2	3
5					(5)	3	2
6						(6)	1
7							(7)

表 2.14 $L_8(2^7)$ 正交实验方案及结果

实验号	A	B	A×B	C	A×C	B×C	D	产率/%
	1	2	3	4	5	6	7	
1	1	1	1	1	1	1	1	56.5
2	1	1	1	2	2	2	2	78.9
3	1	2	2	1	1	2	2	57.2
4	1	2	2	2	2	1	1	61.8
5	2	1	2	1	2	1	2	88.9
6	2	1	2	2	1	2	1	93.5
7	2	2	1	1	2	2	1	69.9
8	2	2	1	2	1	1	2	92.3
T_1	254.4	317.8	297.6	272.5	299.5	299.5	281.7	
T_2	344.6	281.2	301.4	326.5	299.5	299.5	317.3	
极差 R	90.2	−36.6	3.8	54.0	0	0	−35.6	

③ 对实验结果进行直观分析，确定最佳条件。

先计算各因素水平对指标的贡献，将各因素某个水平对应的产率相加即得该水平的效果（或对指标的贡献），记为 T_i。例如因素或条件 A 的 $T_1=254.4$，即因素 A 水平 1 的 4 个结果之和 $=56.5+78.9+57.2+61.8=254.4$；又如 B 的第 2 个水平的效果 T_2 的计算为 $57.2+61.8+69.9+92.3=281.2$ 等。因为正交表的搭配均衡性，计算的 T_1 就代表了第 1 个水平的效果，因而通过比较某因素各个 T_1 的大小就可确定该因素的最佳水平。本实例中最佳条件水平为 $A2B1C2D2$。对照表 2.14，可知这个条件对应的各因素水平不在实验方案中，因此必须补做该最优条件下的实验以检查指标是否确实最优。补做实验后，产物产率为 95.4%，确实是最高的产率。如果补做实验后的结果并不是最优，此时首先应该检验各次实验是否有误、体系是否稳定等。因为正交实验结果分析的基础是每次实验都应当准确无误，否则，会产生误差。因此，对于正交实验，一般应做多次平行实验，以保证结果分析的准确性，便于进行统计。

④ 趋势分析在因素水平较多的情况下，可以作趋势图，判断所选条件之外有无更好的条件。所谓趋势分析，就是依据趋势图（因素水平为横坐标，该因素水平对指标的贡献为纵坐标所作的二维图）的走向决定在实验域外是否可能存在更好的条件，例如在图 2.10 中，图 2.10(a) 表示可能存在更好的条件，而图 2.10(b) 则没有。

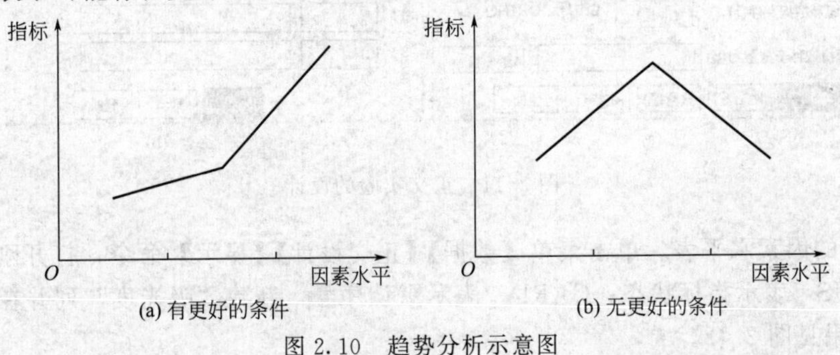

(a) 有更好的条件 (b) 无更好的条件

图 2.10 趋势分析示意图

⑤ 交互效应分析。

上面分析了 A、B、C、D 4 个因素对结果的影响，它们分别来自正交表的 1、2、4、7 列，表 3、5、6 列可以提供有关 A、B、C、D 四个因素间的交互效应的信息。例如第 3 列是 A 与 B 的交互效应列，第 5 列是 A 和 C 的交互效应列，而第 6 列是 B 和 C 的交互效应列，由 T_1 和 T_2 的结果分析可知，A 与 B 之间存在一定的交互效应可看成新因素（$A\times B$）的 4 个水平，即（1,1），（1,2），（2,1），（2,2），按前述方法计算得到各水平对指标的贡献为 135.4、119.0、182.4、162.2。因而因素 A 与 B 的最好搭配应是 $A2B1$。原分析 $A2B1C2D2$ 是最佳条件，这证明原分析结果是正确的，如果这种搭配在方案中不存在，应再安排实验进行检验。

由上述分析可知，用正交实验设计安排实验，虽只做了 8 次实验，却获得了关于 4 个因素及其部分交互效应的丰富信息，正确的实验设计能以最优的方式从较少的实验中最大限度地获取需要的相关信息。

2.7.5 SPSS 在正交实验方差分析中的应用

实例 2.5 设计 4 因素 3 水平正交表 $L_9(3^4)$ 表进行实验，要求找出最优实验组合。

解：① 设计正交表。打开 SPSS，输入数据，单击菜单【数据】-【正交设计】-【生成】命令，打开【生成正交设计】对话框。输入因子，并确定因子的名称，分别输入因子名称及标签 A、B、C、D，然后单击【添加】按钮添加到数据框中，选择数据框中的“A”，单击【定义值】按钮，自动填充 1～3 数据，单击【继续】按钮，依次设置数据框中的 A、B、C，创建新数据文件，完成后单击【确定】按钮，见图 2.11。

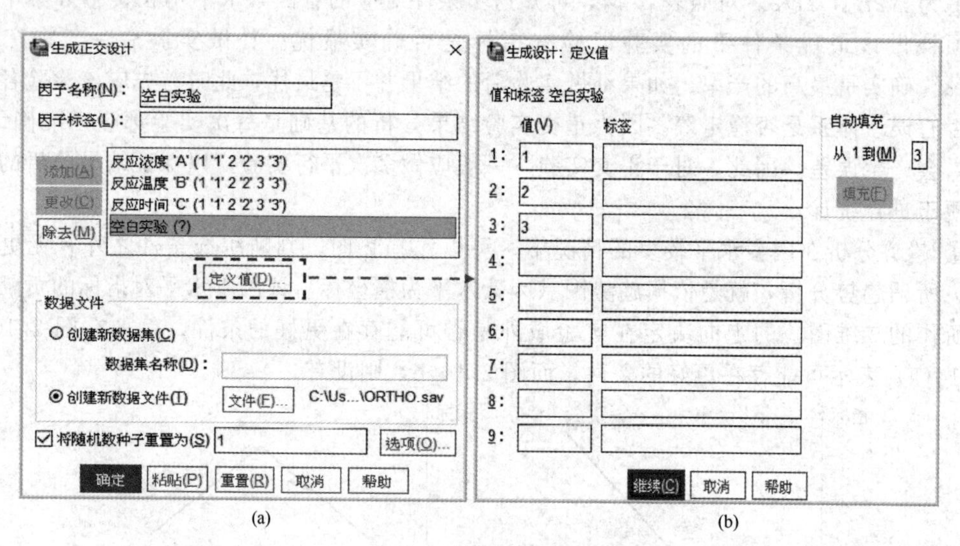

图 2.11 正交实验的设计

② 生成的因素水平表。单击菜单【数据】-【正交设计】-【显示】命令，打开刚才保存的文件，STATUS _ 表示指标状态；CARD _ 表示默认序号，新建“吸光度”列并在其中输入实验数据，效果见图 2.12。

	反应浓度	反应温度	反应时间	空白实验	STATUS_	CARD_	吸光度
1	2.00	1.00	2.00	3.00	0	1	0.17
2	2.00	2.00	3.00	1.00	0	2	0.78
3	3.00	2.00	1.00	3.00	0	3	0.42
4	3.00	1.00	3.00	2.00	0	4	0.38
5	1.00	1.00	1.00	1.00	0	5	0.44
6	1.00	2.00	2.00	2.00	0	6	0.87
7	3.00	3.00	2.00	1.00	0	7	0.83
8	2.00	3.00	1.00	2.00	0	8	0.21
9	1.00	3.00	3.00	3.00	0	9	0.24

图 2.12 SPSS生成的正交表

③ 影响显著性分析。单击菜单【分析】-【一般线性模型】-【单变量】命令，在弹出的【单变量】对话框中，把“吸光度”设为“因变量”，选择 A、B、C 变量使之添加到“固定因子”框中，见图 2.13(a)，单击【模型】按钮，在弹出的【单变量：模型】对话框中选择“构建项”单选项，见图 2.13(b)，“类型”选择“主效应”，如果含有交互作用，则选择“交互”，并在“模型”中添加“反应浓度”“反应温度”“反应时间”。单击【继续】按钮，然后单击【确定】按钮。

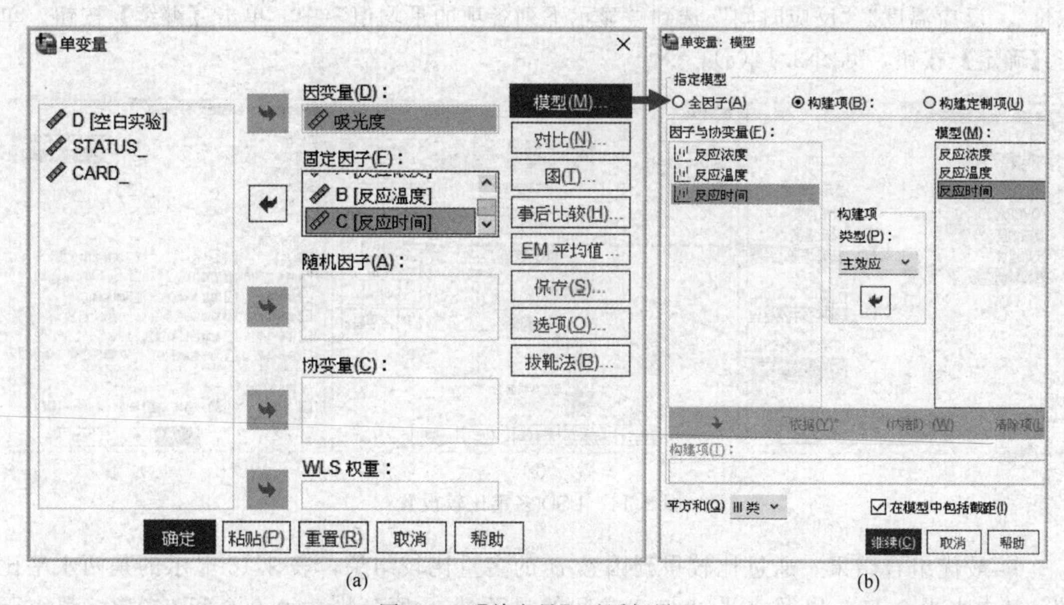

(a) (b)

图 2.13 【单变量】对话框设置

④ 显著性结果。确定后得到运行结果见表 2.15，修正模型显著性水平为 0.034，因此所用模型有统计学意义，可以用于计算模型中的系数有无统计学意义。因素 A、C 的显著性分别为 0.865、0.951，都大于 0.05，那么这两个因素对吸光度的作用不显著。因素 B 的 p 值为 0.011，小于 0.05，说明因素 B 影响显著，最优组合先选择 B 的水平。

表 2.15　主体间效果检定

源	Ⅲ类平方和	自由度	均方	F	显著性
修正模型	0.599	6	0.100	28.725	0.034
截距	2.093	1	2.093	601.776	0.002
反应浓度 A	0.001	2	0.001	0.157	0.865
反应温度 B	0.598	2	0.299	85.968	0.011
反应时间 C	0.000	2	0.000	0.051	0.951
误差	0.007	2	0.003		
总计	2.699	9			
修正后总计	0.606	8			

注：$R^2=0.989$（调整后 $R^2=0.954$）。

⑤ 选择最优组合。从 B 开始选择最优组合：单击菜单【分析】-【一般线性模型】-【单变量】命令，在弹出的【单变量】对话框中，把“吸光度”设为“因变量”，选择 A、B、C 变量使之添加到“固定因子”框中，见图 2.14(b)。

单击【事后比较】按钮，打开【单变量：实测平均值的事后多重比较】对话框，将“反应温度”变量选到“下列各项的事后检验”框中，再勾选“LSD”复选框，单击【继续】按钮，见图 2.14(c)。

单击【EM 平均值】按钮，在弹出【单变量：估算边际平均值】的对话框中，将“反应浓度”“反应温度”“反应时间”选到“显示下列各项的平均值”中，单击【继续】按钮，单击【确定】按钮，见图 2.14(a)。

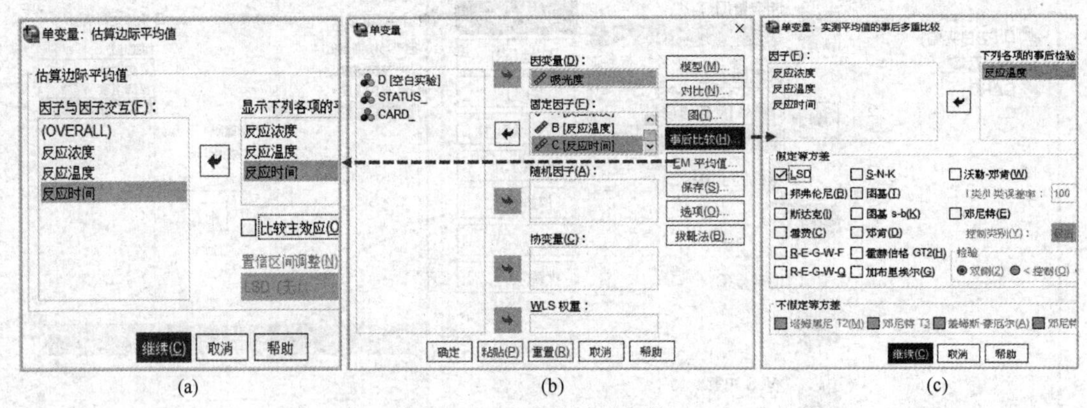

图 2.14　LSD 多重比较设置

⑥ 最优组合结果。通过比较得到因素 B 的多重比较结果，表 2.16 显示的是两水平比较，其中水平 1 与 3 以及水平 2 与 3 之间的显著性 p 值分别为 0.006 和 0.013，都小于 0.05，说明因素 B 的这两组水平之间有显著差异；1、2 的显著性 p 值为 0.05，说明因素 B 的水平 1 和水平 2 之间差异不大。

由表 2.17 中的 B 变量看出，水平 3 最好，因此选择 $B3$；因素 A 和 C 没有显著影响，故可随意选择，而最优组合的选择取决于吸光度的取值方向，这里吸光度越大越好，则最优组合为 $A2B3C1$。

表 2.16　因素 *B* 的 LSD 多重比较

(*I*)*B*	水平	平均值差值(*I*-*J*)	标准误差	显著性	95% 置信区间	
					下限	上限
1	2	−0.2067	0.04815	0.050	−0.4138	0.0005
	3	−0.6200	0.04815	0.006	−0.8272	−0.4128
2	1	0.2067	0.04815	0.050	−0.0005	0.4138
	3	−0.4133	0.04815	0.013	−0.6205	−0.2062
3	1	0.6200	0.04815	0.006	0.4128	0.8272
	2	0.4133	0.04815	0.013	0.2062	0.6205

注：基于实测平均值。误差项是均方（误差）＝0.003。平均值差值的显著性水平为 0.05。

表 2.17　*A*、*B*、*C* 三因素对应的三水平的平均值

A	平均数	标准错误	95%置信区间	
			下限	上限
1	0.480	0.034	0.334	0.626
2	0.497	0.034	0.350	0.643
3	0.470	0.034	0.324	0.616
B	平均数	标准错误	95%置信区间	
			下限	上限
1	0.207	0.034	0.060	0.353
2	0.413	0.034	0.267	0.560
3	0.827	0.034	0.680	0.973
C	平均数	标准错误	95%置信区间	
			下限	上限
1	0.487	0.034	0.340	0.633
2	0.487	0.034	0.340	0.633
3	0.473	0.034	0.327	0.620

2.8　均匀实验设计法及 SPSS 应用

2.8.1　均匀实验设计法

所有的实验设计方法本质上都是在实验范围内给出挑选代表性点的方法，均匀设计也是如此，它能从全面实验点中挑选出部分有代表性的实验点，这些实验点在实验范围内充分均衡分散，但仍能反映体系的主要特征。均匀设计只考虑实验点在实验范围内充分“均匀散布”而不考虑“整齐可比”，因此实验的结果没有正交实验结果的整齐可比性，其实验结果的处理多采用回归分析方法。

2.8.2 均匀实验设计表

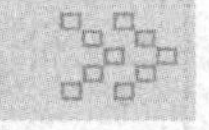

均匀实验设计表用于进行均匀实验设计，每一个均匀实验设计表都有一个代号 $U_n^*(q^s)$ 或 $U_n(q^s)$，其中“U”表示均匀设计，“n”表示要做 n 次实验，“q”表示每个因素有 q 个水平，“s”表示该表有 s 列。表 2.18 所示为均匀实验设计表 $U_9^*(9^4)$，它表示要做 9 次实验，每个因素有 9 个水平，该表有 4 列。

表 2.18 均匀实验设计表 $U_9^*(9^4)$

实验号	列号				实验号	列号			
	1	2	3	4		1	2	3	4
1	1	3	7	9	6	6	8	2	4
2	2	6	4	8	7	7	1	9	3
3	3	9	1	7	8	8	4	6	2
4	4	2	8	6	9	9	7	3	1
5	5	5	5	5					

可以看出，均匀设计具有如下特点：

① 每个因素的每个水平仅做一次实验。

② 任意两个因素的实验点都在平面的格子点上，每行每列只有一个实验点。

这两个特点实质上反映了实验安排上的“均匀性”。

2.8.3 均匀实验设计过程

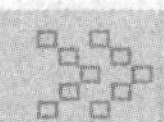

利用均匀实验设计表来安排实验。其步骤和正交设计很相似，但也有一些不同之处。

① 明确实验目的，确定评价指标。如果实验要考察多个指标，还要将各指标进行综合分析。

② 挑选出合适的因素，根据实际经验和专业知识，挑选出对实验指标影响较大的因素。

③ 确定因素的水平，并列出因素水平表，结合实验条件和以往的实践经验，先确定各因素的取值范围，然后在这个范围内取适当的水平。

④ 由挑选的因素与水平选出合适的均匀实验设计表，这是均匀设计法关键的一步，一般根据实验的因素数和水平数来选择，并首选 U_n^* 表。

⑤ 根据所得均匀实验设计表做出相应的表头设计，根据实验的因素和该均匀实验设计表对应的使用表，将各因素安排在均匀实验设计表相应的列中，如果是混合水平均匀实验设计表，则可省去表头设计这一步。

⑥ 根据均匀实验设计表和表头设计，确定每号实验的方案，组织实施方案。实验方案的确定与正交实验设计类似。

⑦ 实验结果统计分析方法有两种：

a. 直接分析法。如果实验目的只是为了寻找一个可行的实验方案或确定适宜的实验范围，就可以采用此法，直接对所得的几个实验结果进行比较，从中挑出实验指标最好的实验点。

b. 回归分析法。均匀设计的回归分析一般为多元回归分析，计算量很大，一般需借助相关的计算机软件进行分析计算。

2.8.4 均匀实验设计方法的应用

实例 2.6 用均匀实验设计表 $U_{13}(13^{12})$ 安排实验，研究灰化温度 T_c、灰化时间 t_c、原子化温度 T_a、原子化时间 t_a 对石墨炉原子吸收分光光度法测定钯吸光度 A 的影响。因研究 4 个因素，根据均匀实验设计表和使用表的要求，实验因素分别安排在第 1、6、8、10 列上。实验具体安排和实验结果列于表 2.19。请找出最优条件，并进行分析。

表 2.19 按 $U_{13}(13^{12})$ 均匀实验设计表安排的实验及其结果

实验号	第 1 列		第 6 列		第 8 列		第 10 列		指标
	水平	T_c/℃	水平	t_c/s	水平	T_a/℃	水平	t_a/s	A
1	1	200	6	26	8	2800	10	8	0.151
2	2	350	12	50	3	2600	7	7	0.113
3	3	500	5	26	11	3000	4	5	0.199
4	4	650	11	50	6	2700	1	4	0.116
5	5	800	4	18	1	2500	11	9	0.091
6	6	950	10	42	9	2900	8	7	0.142
7	7	1100	3	18	4	2600	5	6	0.099
8	8	1250	9	42	12	3000	2	4	0.135
9	9	1400	2	10	7	2800	12	9	0.128
10	10	1550	8	34	2	2500	9	8	0.029
11	11	1700	1	10	10	2900	6	6	0.116
12	12	1900	7	34	5	2700	3	5	0.016

解： ①直观分析。直接观察表 2.19 中 A 的结果，可知第 3 号实验吸光度最大（达 0.199），对应各因素水平即是最优条件：灰化温度 500℃，灰化时间 26s，原子化温度 3000℃，原子化时间 5s。

② 回归分析。即使指标关于因素的关系是非线性函数，一般也不考虑三次项与 3 个因素之间的交互效应。因此，可设指标（响应函数）函数的回归方程为

$$\hat{y}=b_0+\sum_{i=1}^{m}b_ix_i+\sum_{i=1}^{m}\sum_{j=1}^{m}b_{ij}x_ix_j \tag{2-35}$$

式中，m 为因素个数；$x_ix_j(i\neq j)$ 反映了两因素之间的交互效应，而当 $i=j$ 时则反映了该因素二次项的影响，上式写成矩阵形式为

$$Y=\begin{pmatrix}\hat{y}_1\\ \hat{y}_2\\ \vdots\\ \hat{y}_n\end{pmatrix}=\begin{pmatrix}1 & x_{11} & \cdots & x_{1T}\\ 1 & x_{21} & \cdots & x_{2T}\\ \vdots & \vdots & \ddots & \vdots\\ 1 & x_{n1} & \cdots & x_{nT}\end{pmatrix}\begin{pmatrix}b_1\\ b_2\\ \vdots\\ b_T\end{pmatrix}=X_{n\times(T+1)}B_{T+1} \tag{2-36}$$

令 $T=m+\frac{1}{2}(m+1)m$，为方便将式（2-35）中第二个加和项的两因素相乘所得新因素 $x_i x_j$ 记为 x_k（$k=m+1,m+2,\cdots,T$）。应用多元线性回归方法可得

$$B=(X^{\mathrm{T}}X)^{-1}X^{\mathrm{T}}Y \quad n\geqslant(T+1) \tag{2-37}$$

由式（2-37）求得的回归系数 b_k（$k=0,1,2,\cdots,T$），表示在其他因素不变的情况下，x_k 变化一个单位引起 y 值变化的大小。它的绝对值越大，表明该因素对 y 值的影响越大，在回归方程中的重要性也越大，但是，回归系数的绝对值大小与因素所用单位有关，因此，不同单位的各回归系数不能直接进行比较，必须将各回归系数标准化，按式（2-38）求出标准回归系数 b_k^0 后才能比较 b_k 的绝对值，从而判断各因素影响的相对大小。

$$b_k^0=b_k\sqrt{\frac{L_{kk}}{L_{yy}}} \tag{2-38}$$

式中：
$$L_{kk}=\sum_{i=1}^{n}(x_{ik}-\overline{x}_k)^2=\sum_{i=1}^{n}x_{ik}^2-\frac{1}{n}(\sum_{i=1}^{n}x_{ik})^2 \tag{2-39}$$

$$L_{yy}=\sum_{i=1}^{n}(y_k-\overline{y})^2=\sum_{i=1}^{n}y_i^2-\frac{1}{n}(\sum_{i=1}^{n}y_i)^2 \tag{2-40}$$

此时回归系数 b_k 与因素 x_k 所用单位无关，b_x 绝对值越大，该因素 x_k 对 y 的影响越大。

在本实例中，$T=m+(m+1)m/2=14$，即有 $14+1=15$ 个待估计参数（含 b_k），但实验只有 12 次，显然不满足最小二乘解的条件 $[n\geqslant(T+1)]$。为简便，先不考虑交互效应项，则 $T=m+m=8$，仅 9 个参数，满足最小二乘解的条件，可以估计其参数，式（2-36）变为

$$Y=\begin{pmatrix}y_1\\ y_2\\ \vdots\\ y_n\end{pmatrix}=\begin{pmatrix}1 & x_{11} & x_{12} & x_{13}^2 & x_{14}^2\\ 1 & x_{21} & x_{22} & x_{23}^2 & x_{24}^2\\ \vdots & \vdots & \vdots & \vdots & \vdots\\ 1 & x_{n1} & x_{n2} & x_{n3}^2 & x_{n4}^2\end{pmatrix}\begin{pmatrix}b_0\\ b_1\\ \vdots\\ b_8\end{pmatrix}=XB,(n=12) \tag{2-41}$$

由式（2-37）可求得 $\hat{B}$，并按式（2-38）求得标准回归系数，结果全部列入表 2.20。

由表 2.20 可知，因素 x_3 及其二次项 x_3x_3 的标准回归系数绝对值最大，分别为 -1.25876、1.93313，影响最显著，也就是说原子化温度影响最大，其次是灰化时间，其值为 -0.948411。

根据所得的回归方程，可对最佳实验条件进行预测，将回归方程分别对各因素求一阶导数并令其等于 0，可得

$$\hat{y}=b_0+b_1x_1+b_2x_2+b_3x_3+b_4x_4+b_5x_1^2+b_6x_2^2+b_7x_3^2+b_8x_4^2 \tag{2-42}$$

$$\frac{\partial y}{\partial x_k}=b_k+2x_kb_{k+m}=0$$

$$x_{\mathrm{opt},k}=-\frac{b_k}{2b_{k+m}} \tag{2-43}$$

表 2.20 回归系数 b_k 和标准回归系数 b_k^0

No.	因素	b_k	b_k^0	No.	因素	b_k	b_k^0
0	1	0.383603	0	5	x_1x_1	−3.5841e−8	−0.83733
1	x_1	1.0005e−5	0.109605	6	x_2x_2	4.03424e−5	0.7036
2	x_2	−3.32405e−3	−0.948411	7	x_3x_3	9.85159e−8	1.93313
3	x_3	−3.52943e−4	−1.25876	8	x_4x_4	−1.07631e−3	−0.502161
4	x_4	0.01421	0.506797				

由此可得出其最优条件应为 $T_c=1400$、$t_c=41s$、$T_a=1790$、$t_a=7s$。这个条件与原来直观分析所得的第 3 号实验是不同的，应再安排一次实验得出其指标，并与计算值相比。如果小于或等于实验误差，则结束；否则，应将该实验值加入回归方程继续计算增加实验值的回归方程，再预测，再实验，如此循环，直到前后两次实验结果相差很小或两实验条件在实验允许范围内变化不大为止。

2.8.5 SPSS 在均匀设计实验中的应用

显然均匀设计数据的回归处理仅凭手算或计算器进行计算是比较费时且困难的，特别是当数据量增大时尤其如此，这里推荐使用软件 SPSS 进行数据处理。

实例 2.7 某化学反应转化率与很多因素有关，考察的实验因素为温度（X1）、时间（X2）、两种物质比例（X3）以及催化剂用量（X4），每个因素取 9 个水平。选取均匀实验设计表为 $U_9(9^5)$，在 SPSS 软件中输入数据，见图 2.15。

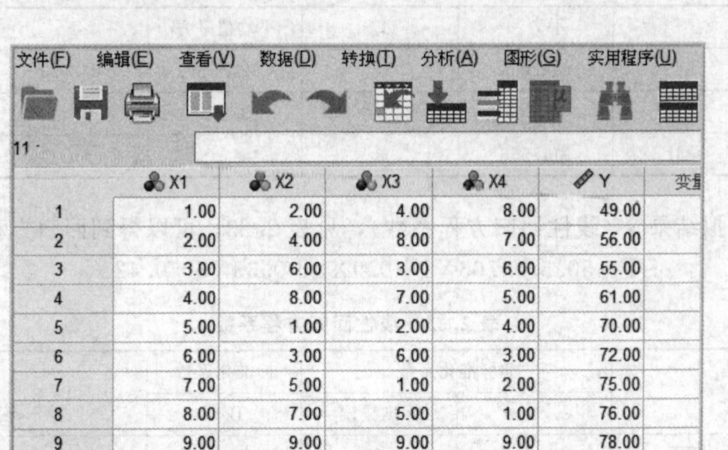

	X1	X2	X3	X4	Y
1	1.00	2.00	4.00	8.00	49.00
2	2.00	4.00	8.00	7.00	56.00
3	3.00	6.00	3.00	6.00	55.00
4	4.00	8.00	7.00	5.00	61.00
5	5.00	1.00	2.00	4.00	70.00
6	6.00	3.00	6.00	3.00	72.00
7	7.00	5.00	1.00	2.00	75.00
8	8.00	7.00	5.00	1.00	76.00
9	9.00	9.00	9.00	9.00	78.00

图 2.15 SPSS 软件数据输入

单击菜单【分析】-【回归】-【线性】命令，打开【线性回归】对话框，见图 2.16。把变量 Y 选入“因变量”框中，把自变量 X1～X4 选入“自变量”框中，其他选项保留默认值。单击【确定】按钮。

解：① 线性模拟结果 1（线性回归模型摘要），见表 2.21，线性相关度 R^2 等于 0.985，说明 Y 和 X1、X2、X3、X4 高度线性相关。

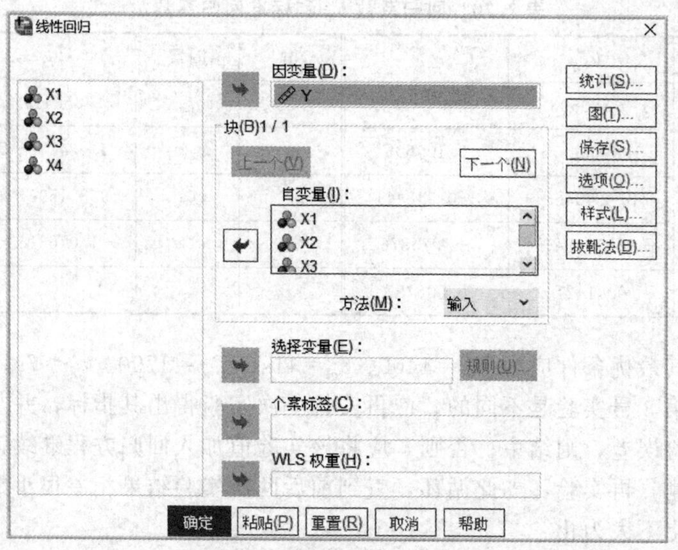

图 2.16　SPSS 线性回归设置

表 2.21　线性回归模型摘要

模型	R	R^2	调整后 R 平方	标准偏斜度错误
1	0.993	0.985	0.970	1.83712

② 线性模拟结果 2（线性回归变异数分析），见表 2.22，即方差分析，经检验回归方程有显著性（$F=66.532$，$p=0.001$），$p<0.05$，说明方程具有显著性。

表 2.22　线性回归变异数分析

模型		平方和	df	平均值平方	F	显著性
1	回归	898.056	4	224.514	66.523	0.001
	残差	13.500	4	3.375		
	总计	911.556	8			

③ 线性模拟结果 3（线性回归方程系数），见表 2.23，可以得到回归方程为

$$Y=50.5+4.03X1-0.9X2+0.33X3-0.42X4$$

表 2.23　线性回归方程系数

模型		非标准化系数		标准化系数	T	显著性
		B	标准错误	Beta		
1	（常数）	50.500	2.250		22.444	0.000
	$X1$	4.028	0.323	1.033	12.480	0.000
	$X2$	−0.889	0.323	−0.228	−2.754	0.051
	$X3$	0.333	0.323	0.086	1.033	0.360
	$X4$	−0.417	0.323	−0.107	−1.291	0.266

“T”列记录了各回归系数 t 检验的 t 统计量，而“显著性”列记录了相应的显著性值。这里只有 $X1$ 和 $X2$ 的显著性值小于或接近于 0.05，可知因素的主次顺序为 $X1>X2>$

$X4>X3$，回归方程的常数项显著，回归常数代表了响应变量的基本水平。$X3$、$X4$ 影响很小，因此，可以考虑 Y 和 $X1$、$X2$ 之间的关系而忽略其他预测变量。在图 2.16 中删除自变量 $X3$、$X4$，重新拟合回归方程 $Y=49+4.21X1-0.86X2$，考虑得到最大转化率 Y 值，因此，$X1$ 考虑最高温度的水平，$X2$ 考虑最短时间的水平，$X3$、$X4$ 影响不显著，可以随意选择。

2.9 SPSS 在一元线性回归中的应用

2.9.1　一元线性回归方程

一元线性回归法在化学化工研究中经常用到，常以 X 为自变量、Y 为因变量，以 X 为横坐标、Y 为纵坐标绘制平面直角坐标图。

首先是根据 X、Y 值绘制散点图，利用自变量与因变量变化的数据，然后找出一条代表这种发展趋势的直线，这条直线是无限延长的，最后根据直线方程就可以推算出未知数据的因变量值，此即一元线性回归预测法。例如下列的一元一次方程。

$$Y=a+bX \tag{2-44}$$

式中，b 为斜率；a 为截距。

在一元线性回归中，a 和 b 是待定系数，可以通过公式求出的待定系数 a 和 b 的值，此直线方程即为预测模型。用 y_i 表示各个因变量值，X_i 表示各个自变量值，n 为数据个数，按最小二乘法的原则，待定系数 a 和 b 的值为

$$a=(\sum y_i-b\sum X_i)/n$$

$$b=[\sum X_i y_i-(1/n)\sum X_i\sum y_i]/[\sum X_i^2-(1/n)(\sum X_i)^2] \tag{2-45}$$

2.9.2　SPSS 在一元线性回归中的应用实例

在化学化工实验中，由于样本数据比较大，无法直接用以上公式计算，经常需要借助软件来绘制回归方程，并对数据的显著性、相关度做全面的评估。

实例 2.8　配制不同铁离子标准溶液，分别测定其吸光度值，要求用 SPSS 拟合一元线性方程，回归的过程就是要确定回归系数 b 和截距 a 的具体值，考查模型是否具备统计学意义。

解：① 数据输入。在【变量视图】窗口中设置："铁离子浓度"与"吸光度"两列变量，设置小数位数；在【数据视图】中输入数据，见图 2.17(a)。

② 绘制线性方程。单击菜单【图形】-【旧对话框】-【散点/点图】-【简单散点图】命令，在弹出的对话框中设置"吸光度"为 Y 轴，"浓度"为 X 轴，确定后跳出结果浏览窗口；双击绘制的散点图，打开【图表编辑器】，单击菜单【元素】-【总计拟合线】-【线性】命令，设置置信区间为 95%，勾选"将标签附加到线"复选框，关闭窗口，一元线性方程就绘制出来了，见图 2.17(b)。

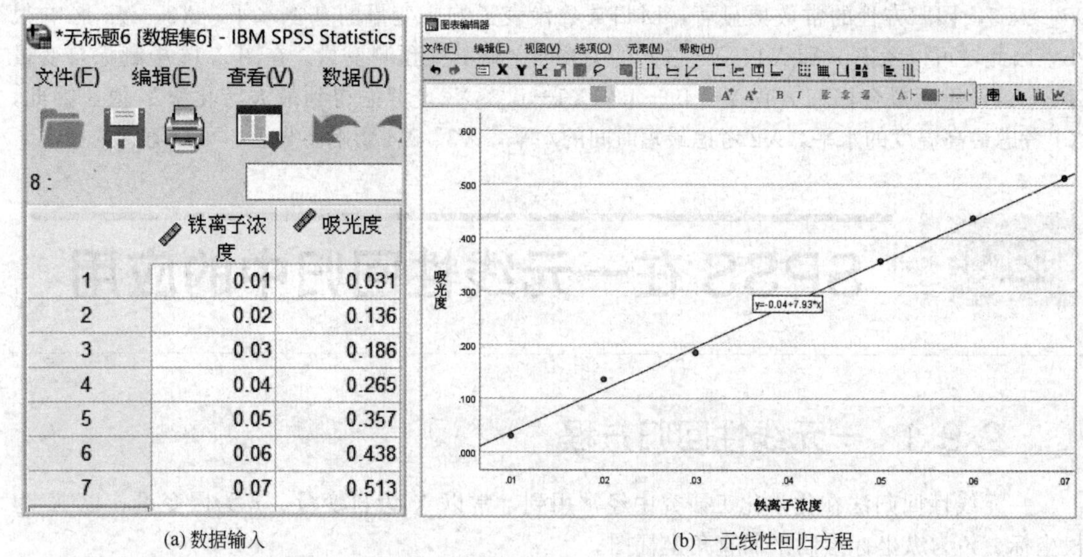

(a) 数据输入　　(b) 一元线性回归方程

图 2.17　数据输入与一元线性回归方程

③ 线性回归分析。在【数据视图】窗口单击菜单【分析】-【回归】-【线性】命令，在弹出的【线性回归】对话框中设置“吸光度”为“因变量”，“铁离子浓度”为“自变量”，“方法”默认为“输入”，见图 2.18(a)。

【统计】选项卡中勾选“模型拟合”（建议回归模型是否具有统计学意义，必选参数）、“估算值”（可以输出回归系数，必选参数）和“德宾-沃森”（模型残差进行 Durbin Watson 检验，判断残差是否独立，判断数据是否适合做线性回归）。

【图】选项卡中勾选“直方图”和“正态概率图”，便于输出标准化残差图，同样可以判断数据是否适合进行线性回归。

【保存】选项卡中勾选“残差-‘未标准化’”，其目的是利用吸光度值预测浓度。

【选项】选项卡中默认设置即可，确定后跳出结果浏览窗口。

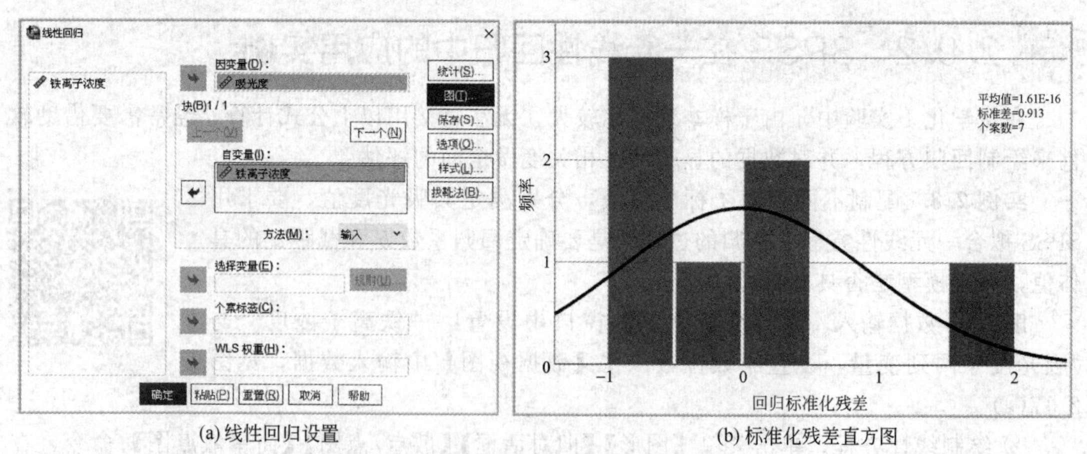

(a) 线性回归设置　　(b) 标准化残差直方图

图 2.18　线性回归设置和标准化残差直方图

④ 分析结果解释。

a. 模型摘要表：R^2 线性回归系数是判定线性方程拟合度的重要指标，至少认为 R^2 需达到 60%，当然是接近 1 更好，这里 $R^2=0.996$，拟合效果好，散点集中于回归线上，见表 2.24。

表 2.24 模型摘要表

模型	R	R^2	调整后 R^2	标准估算的错误	德宾-沃森
1	0.998a	0.996	0.996	0.011331	2.650

b. 方差分析表（Anova）：显著性＝0.000，由于 0.000＜0.01＜0.05，表明由自变量（铁离子浓度）和因变量（吸光度）建立的线性关系回归模型具有极显著的统计学意义，见表 2.25。

表 2.25 方差分析表

模型		平方和	自由度	均方	F	显著性
1	回归	0.176	1	0.176	1372.139	0.000
	残差	0.001	5	0.000		
	总计	0.177	6			

c. 回归系数表：读取未标准化系数 B 值，得到表达式 $Y=0.037+7.93X$；t 检验原假设回归系数没有意义；自变量浓度的回归系数通过检验，最后一列显著性＝0.000，由于 0.000＜0.01＜0.05，具有统计学意义，表明回归系数 b 存在，浓度与吸光度为显著的正比关系，见表 2.26。

表 2.26 回归系数表

模型		未标准化系数		标准化系数	t	显著性
		B	标准错误	Beta		
1	（常量）	0.037	0.008		4.815	0.005
	浓度	7.932	0.214	0.998	37.042	0.000

d. 残差正态性检验：标准化残差直方图见图 2.18(b)，它是不完全对称图形，有一定不足；再对比拟合的一元线性方程［图 2.17(b)］，散点基本上靠近斜线，还算不错，综合而言，残差正态性结果一般。

e. 残差独立性检验：从表 2.24 可知，德宾-沃森（DW）＝2.650，查询 Durbin Watson table，DW 在无自相关性的值域之中，接受零假设，残差不存在一阶正自相关。认定残差独立，通过检验，数据适合做线性回归。

第3章

OriginPro 2021在实验数据处理中的应用

实验数据的处理就是将实验测得的一系列数据经过计算整理后用最适宜的方式表示出来，现在使用的专业数据处理软件有 Excel、Origin、Foxtable、MATLAB、SPSS 等。每个数据处理软件使用时都有各自的优势，本章将重点介绍通用的数据处理软件 OriginPro 2021 的使用。

3.1 Origin 功能简介

Origin 是 OriginLab 公司开发的，定位于基础级和专业级之间的科技绘图和数据分析软件，是国际科技出版界公认的通用作图软件，也是工程及科学研究人员的必备软件之一。它支持在 Windows 下运行，现最新版本为 OriginPro 2021，主要功能有三个方面，见图 3.1。

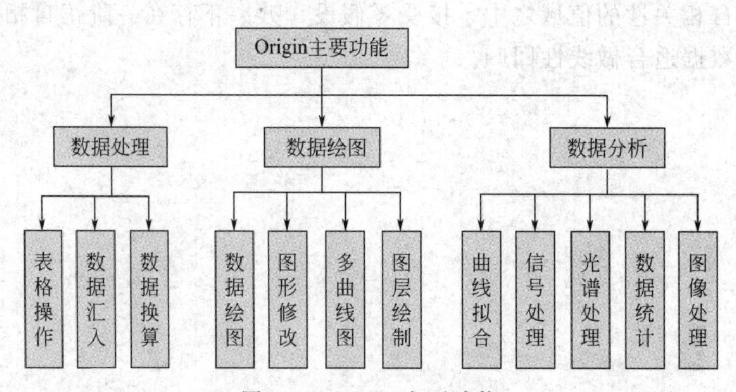

图 3.1　Origin 主要功能

① 数据处理：Origin 创建了一整套功能，包括数据汇入、数据分析、转换、处理、制图以及发布研究结果的工具，可以导入其他程序生成及科学仪器记录的数据，再运用内置的 2D、3D 模板作图，实现 Origin 的拓展能力。

② 数据绘图：基于模板的 Origin 的绘图具有操作灵活、功能强大、简单易学的特点，包括几十种 2D 和 3D 绘图模板，数据绘图只需要选择模板即可；用户也可以自定义图形样式、数学函数和绘图模板；软件兼容各种 2D/3D 图形，可以调用其他数据库、办公、图像处理等软件。

③ 数据分析：Origin 主要包括图像处理、统计、信号处理、峰值分析和曲线拟合等数据分析功能。还可以运用拟合函数、内置的插值，LabTalk、Python、Origin C 等编程语言对其进行数学分析。

本章重点介绍 OriginPro 2021 版本的科学绘图及数据处理功能。

3.2 Origin 工作环境

打开 OriginPro 2021 数据处理软件，它具有多文件协同窗口，可以同时打开多个文件及文件夹，将显示模块化的工作界面，包括丰富的菜单命令、标准工具、绘图工具、新的工作表（Worksheet）等，在 Origin 的编辑区，除了支持 Origin 工作簿（Worksheet）窗口，还支持矩阵工作簿（Matrix）、版面布局（Layout）、Excel 等窗口，见图 3.2。

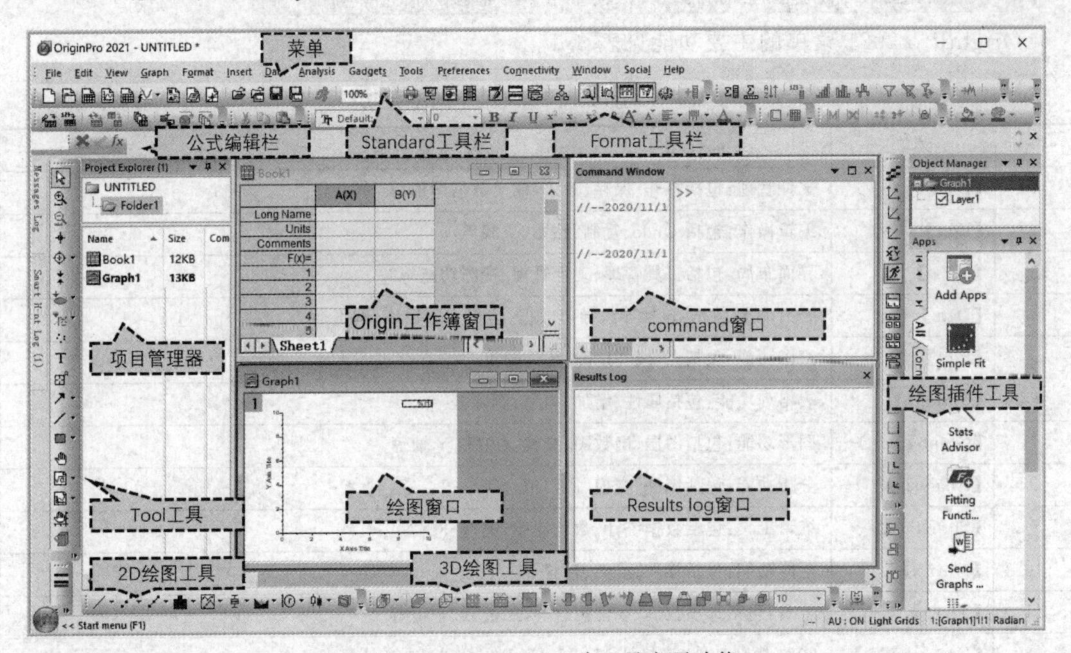

图 3.2 OriginPro 2021 窗口及主要功能

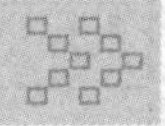

3.2.1 菜单

（1）上下文敏感菜单

OriginPro 2021 的菜单采用上下文敏感菜单（context sensitivity），会根据 OriginPro 2021 程序的当前窗口状态决定菜单内容和可用性，即激活不同类型子窗口会自动调整、隐藏或改变菜单项。

当操作对象在工作表窗口、绘图窗口或矩阵窗口之间变化时，处理内容和方法也会发生变化，当然不同主菜单及其各子菜单的内容并不完全相同，如果初学者没有注意这一点，就会经常出现错误。Origin 不同活动窗口主菜单的结构如下。

① Origin 工作簿窗口（Worksheet）的主菜单：

File Edit View Data Plot Column Worksheet Format Analysis Statistics Image Tools Preferences Connectivity Window Help

② 绘图窗口（Graph）的主菜单：

File Edit View Graph Format Insert Data Analysis Gadgets Tools Preferences Connectivity Window Help

③ 矩阵工作簿窗口（Matrix）的主菜单：

File Edit View Data Plot Matrix Format Image Analysis Tools Preferences Connectivity Window Help

④ Excel 工作簿窗口的主菜单：

File Plot Window

⑤ 备注窗口（Notes）的主菜单：

File Edit View HTML Tools Preferences Connectivity Window Help

⑥ 版面布局窗口（Layout）的主菜单：

File Edit View Layout Insert Format Tools Preferences Connectivity Window Help

⑦ 函数图（Function）窗口的主菜单：

File Edit View Graph Format Insert Data Analysis Gadgets Tools Preferences Connectivity Window Help

OriginPro 2021 菜单的主要功能见表 3.1。

表 3.1　OriginPro 2021 菜单的主要功能

序号	菜单	主要功能
1	【File】	文件管理：包括打开、保存、输入/输出数据图形等
2	【Edit】	编辑操作：包括 Undo、复制、粘贴、查找等
3	【View】	界面布局：包括工具管理、工程管理、视图功能等
4	【Data】	2021 版新数据：包括导入导出数据，连接到数据库、网页
5	【Plot】	绘图功能：包括点、线、3D 图、统计图等
6	【Column】	表格列功能：包括属性、增加、填充、删除等
7	【Graph】	图形功能：包括图层、函数图、交换 X 轴和 Y 轴等
8	【Analysis】	分析功能：包括统计、变换、回归拟合等
9	【Statistics】	统计工具：包括数据统计、数值检验、方差分析等
10	【Matrix】	矩阵功能：包括维数、属性、转置等
11	【Tools】	工具：包括选项控制、线性拟合等，层控制、平滑等
12	【Connectivity】	2021 版新功能，连接到 MATLAB、Python 控制台
13	【Format】	绘图窗口：包括菜单格式、图层、线条样式等，工作表、菜单格式控制，工作表显示控制等
14	【Window】	窗口功能：包括控制、切换窗口显示
15	【Help】	帮助、升级

相比之前版本，OriginPro 2021 整合了菜单，取消了简捷菜单，【Data】（数据）菜单整合了文件导入，连接到文件、数据库、网页；【Connectivity】菜单可以连接到 MATLAB、

Python 控制台；部分菜单后面跟有黑色三角箭头，可以打开后面隐藏的子菜单；增加了 Apps 绘图拓展工具。

（2）快捷菜单

在 Origin 中大量使用了快捷菜单，在某一对象上使用鼠标右键单击会出现快捷菜单，同 Windows 中的快捷菜单一样，在 Origin 中也有大量的上下文敏感快捷菜单。由于初学者经常找不到具体的菜单命令，快捷菜单能方便地提供所需要的命令。

例如：在绘制的坐标轴或曲线上用鼠标右键单击，会弹出快捷设置菜单，见图 3.3(a)；在表格列上使用鼠标右键单击，会出现一个快捷菜单，这个快捷菜单与【Column】功能相似，包括表格列的主要功能，如属性、增加、填充、删除等，见图 3.3(b)；使用鼠标右键单击图形窗口，会出现一个快捷菜单，这个快捷菜单可以修改当前绘出的图形，见图 3.3(c)。

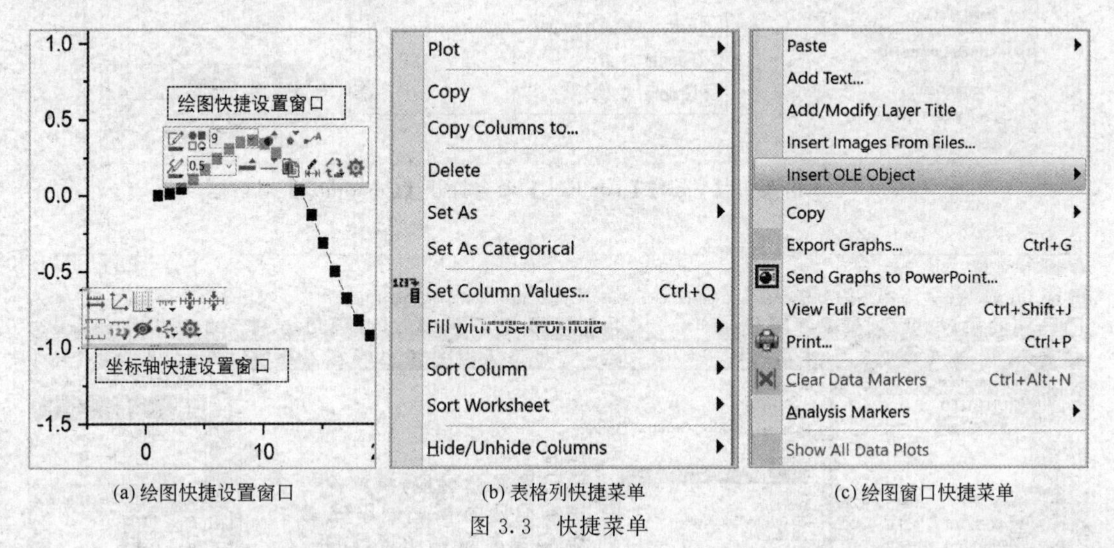

(a) 绘图快捷设置窗口　　(b) 表格列快捷菜单　　(c) 绘图窗口快捷菜单

图 3.3　快捷菜单

3.2.2　工具栏

（1）显示或隐藏工具栏

运用菜单命令可以显示或隐藏工具栏，单击菜单【View】-【Toolbars】命令，打开【Customize】对话框，见图 3.4，点击前面的复选框可以显示或隐藏工具，也可以设置常用工具栏。

（2）定制工具栏

用户可以根据个人习惯安排常用工具栏并调节组合工具顺序，单击菜单【View】-【Toolbars】命令，打开【Customize】对话框，进入【Button Groups】选项卡，见图 3.5。将需要的工具按钮从“Buttons”区域直接拖到工具栏，然后将不需要的工具按钮拖到“Buttons”区，同时也可以拖动工具按钮调节其在工具栏中的位置。

（3）调整工具栏位置

固定工具栏转换浮动显示：要将固定工具栏切换为浮动显示，可以直接将其拖离工具栏区；或者双击固定工具栏的最左端部位，见图 3.6(a)，原图将工具栏 2 浮动后得到图 3.6(b)。

浮动显示转换固定工具栏：拖动浮动显示的工具栏到工具栏区可将其转换为固定工具

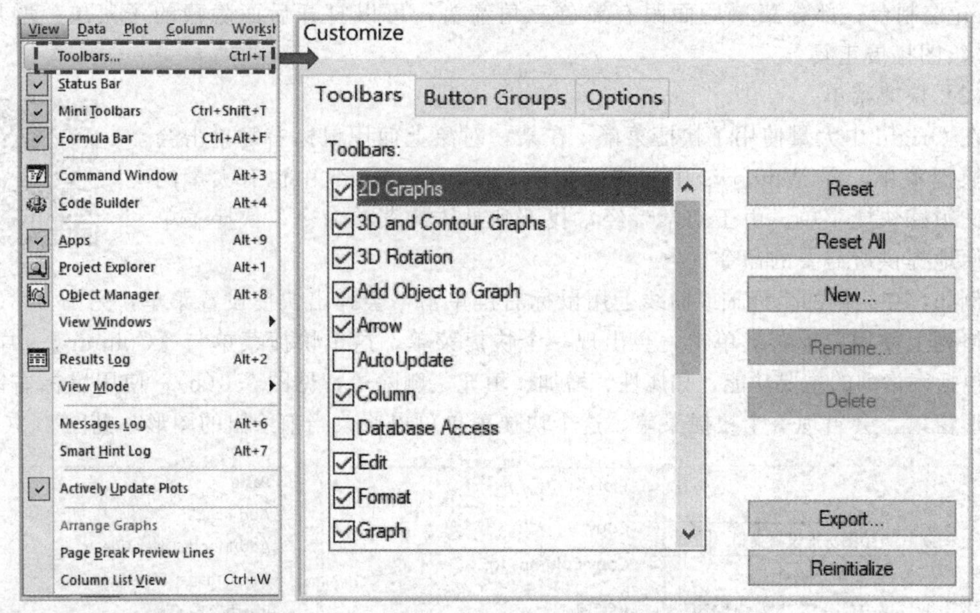

图 3.4　单击菜单【View】-【Toolbars】命令打开【Customize】对话框

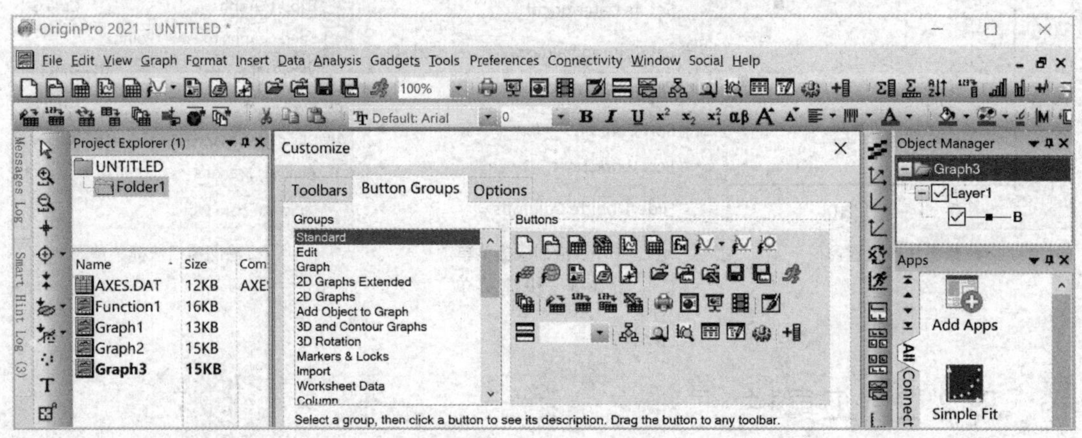

图 3.5　【Button Groups】定制工具栏

栏；或双击浮动显示的工具栏的标题栏可将其转换为固定工具栏。

调整工具栏位置：直接拖动工具栏从初始位置到目的位置即可，见图 3.6(a)，原图经过改变工具栏 1 位置后得到图 3.6(b)。

3.2.3　项目管理器

Origin 设置了项目管理器（Project Explorer）管理文件夹与文件，它包含很多的文件夹与文件，可以建立表格、图像、函数、矩阵等文件，整个项目文件可以保存为扩展名为“.opju”的文件。

显示或隐藏项目管理器：单击菜单【View】-【Project Explorer】命令，或单击 Standard 工具栏上的【Project Explorer】按钮，或按快捷键 Alt+“1”，或者单击界面左边的【Project Explorer】，见图 3.7 中 a，界面左侧将出现管理器窗

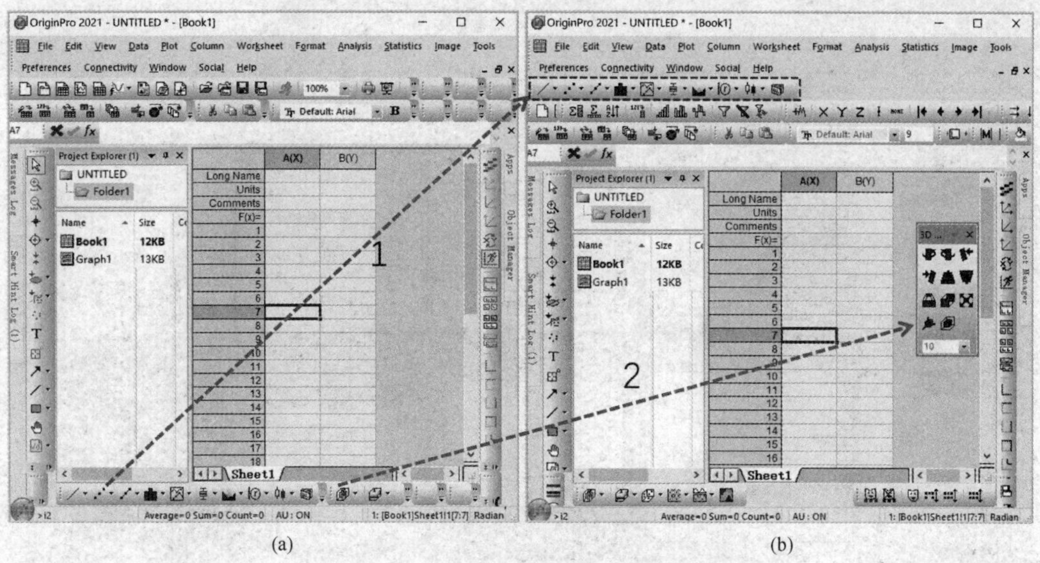

图 3.6　改变工具栏位置 1 与浮动工具栏 2

口，见图 3.7 中 b。

Project Explorer 创建：打开 Origin，单击菜单【File】-【New】-【Project】命令，创建后命名。

Project Explorer 新建窗口：建立相应的文件夹与子文件夹，使用鼠标右键单击新建窗口，见图 3.7 中 c。

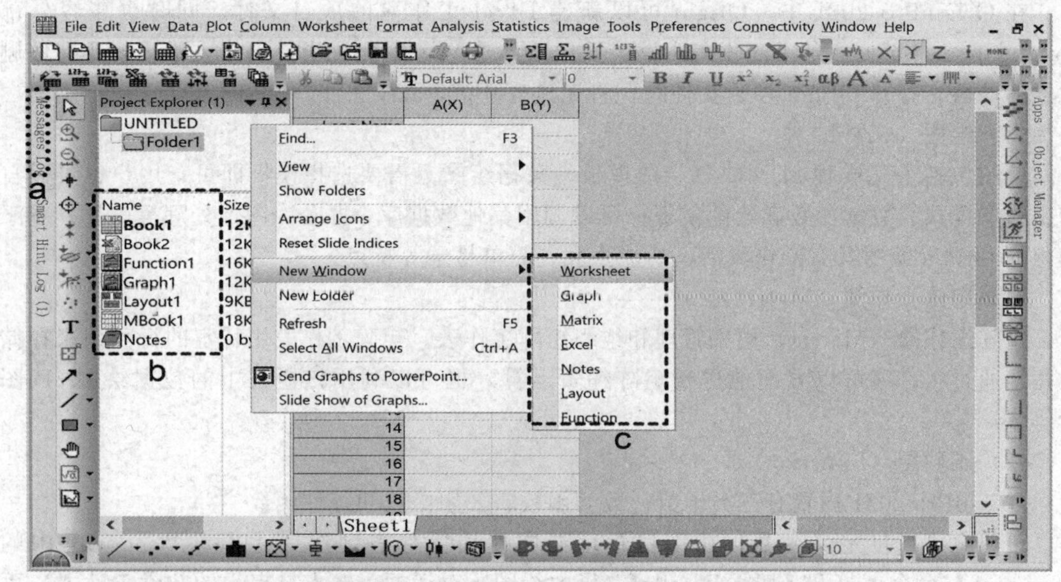

图 3.7　项目管理器【Project Explorer】（a、b）与新建窗口（c）

3.2.4　编辑窗口 

Origin 的编辑窗口主要有 Workbook（Origin 工作簿）、Graph（绘图）、Matrix（矩阵工作簿）、Excel（工作簿）、Notes（备注）、Layout（版面布局）和 Function（函数图），见图 3.8。

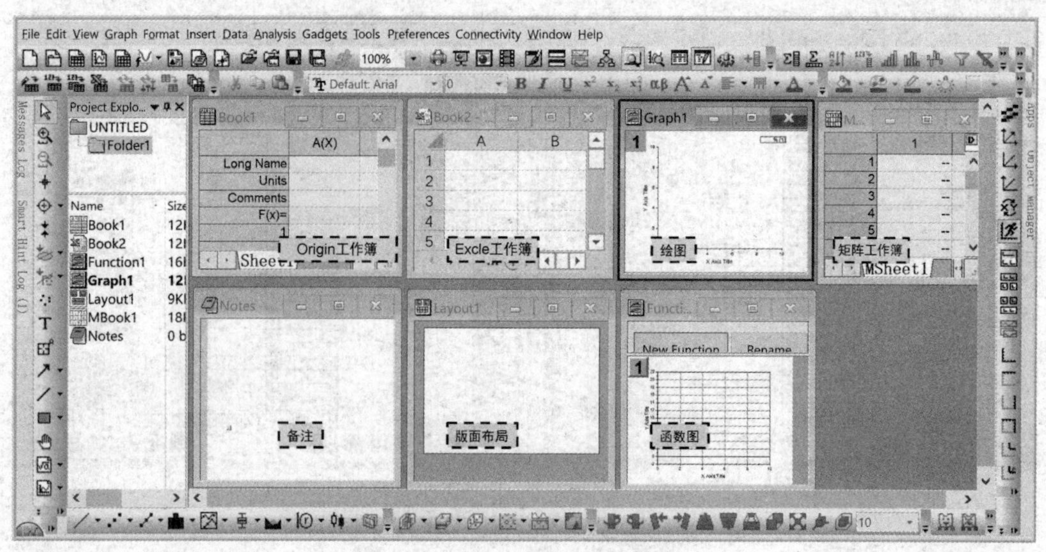

图 3.8　OriginPro 2021 的编辑窗口

（1）Origin 工作簿（Workbook）

Origin 工作簿与 Excel 工作簿很相似，一个工作簿中可以包含多个表格。在一个工作表中不同的数据列（Column）有不同的列属性（包括 X、Y、Z、Error 和 Label 等）。

（2）Excel 工作簿（Excel）

在 OriginPro 2021 中，Origin 可以新建 Excel 工作簿的项目文件，同时也兼容外部 Excel 文件。外部嵌入的 Excel 文件关联于 Origin 文件，因此，当外部嵌入的 Excel 文件删除或移动后，打开 Origin 项目文件时，将无法打开该 Excel 文件。

（3）绘图（Graph）

绘图包括了几十种 2D 和 3D 绘图模板，数据绘图只需要选择模板即可；用户也可以自定义图形样式、数学函数和绘图模板；可以调用其他数据库、办公、图像处理等软件。基于模板的 Origin 绘图具有操作灵活、功能强大、简单易学等特点。

（4）矩阵工作簿（Matrix）

矩阵工作簿（Matrix）用来管理和组织矩阵工作表。矩阵工作表用特定的行和列来存储数据，通过工作簿可以方便地进行矩阵编辑运算，也可以利用该矩阵中的数据绘制 3D 图形等。

（5）函数图（Function）

OriginPro 2021 内置有三类函数：数学函数、公用函数和统计函数。

用户也可以自定义函数。在项目管理器中使用鼠标右键选择【New Window】中的【Function】命令，打开【Plot Details】（函数绘图）对话框，输入自定义的数学表达式，可以插入内置的函数，单击【OK】按钮即可绘制出新的函数图。

（6）版面布局（Layout）

为方便打印或输出，可以运用版面布局编辑和排列 Origin 的数据、图形后再输出打印。

（7）备注（Notes）

Notes 主要用于记录、标注数据输入、编辑及绘制图像的经过等。

3.2.5　命令窗口 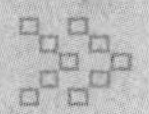

单击菜单【View】-【Command Window】命令，或单击 Standard 工具栏上的【Command Window】按钮，或者按快捷键 Alt+“3” 可隐藏或显示命令窗口，见图 3.9。

命令窗口用于运行 LabTalk 脚本和交互输入，它由历史记录（History）和命令（Command）两个面板组成。

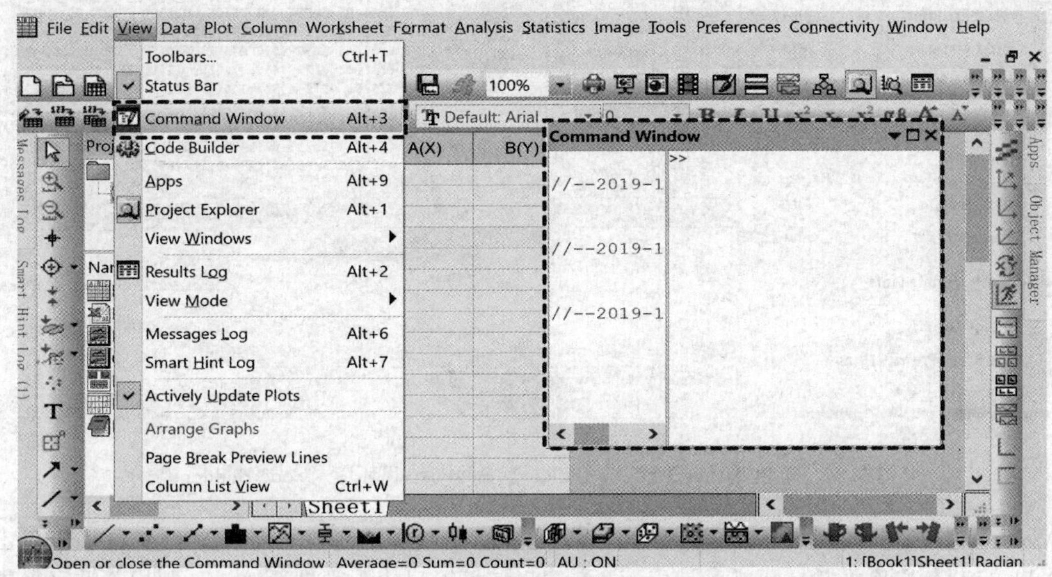

图 3.9　菜单【View】-【Command Window】命令与命令窗口（Command Window）

3.2.6　编程环境 

单击菜单【View】-【Code Builder】命令，或者单击 Standard 工具栏上的【Code Builder】按钮，或者按快捷键 Alt+“4”，见图 3.10(a) 可以隐藏或显示编程环境。

Origin 编程环境主要用于 Origin C 程序代码的开发和调试。主要步骤：进入【Code Builder】界面，新建，选择第一个 C File，在程序区域编写所需代码，单击【Bulid】按钮进行编译，在【LabTalk Console】窗口中输入程序的名称及参数，至此，一个 C 程序产生。

3.2.7　事件记录 

单击菜单【View】-【Results Log】命令，或者单击 Standard 工具栏上的【Results Log】按钮，或者按快捷键 Alt+“2” 可隐藏或显示事件记录。

3.2.8　绘图拓展 Apps 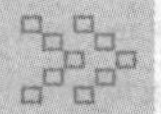

新版 Origin 提供了绘图 Apps，单击菜单【View】-【Apps】命令，或者单击工具栏

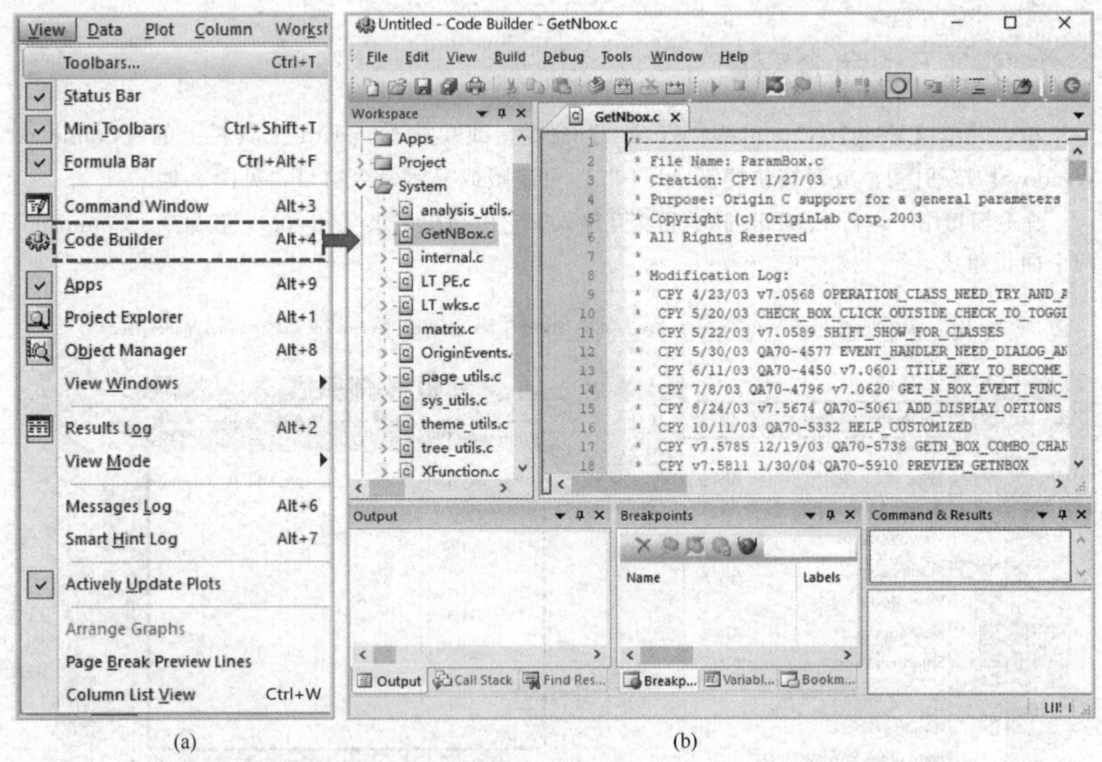

图 3.10　菜单【View】-【Code Builder】命令与编程环境（Code Builder）

【Apps-All】按钮，或者按快捷键 Alt+“9”可以隐藏或显示窗口。在【Apps】窗口中单击【Add Apps】选项可以打开【App Center】窗口，该窗口用于管理新 App、利用关键字检索 App 以及浏览可用的 App，单击相应的 App 可以安装与更新，见图 3.11(a)。还允许 Origin 直接从网页中获取数据，见图 3.11(b)。

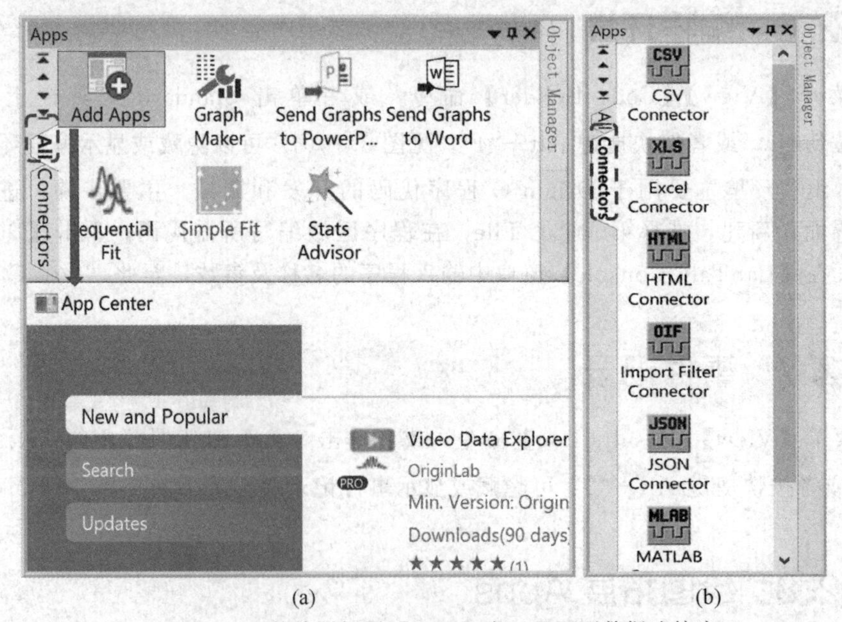

图 3.11　Origin 的绘图拓展【Apps】窗口和网页数据连接窗口

3.3 Origin 表格数据的输入与编辑

OriginPro 2021 工作表格的操作与 Excel 很相似，支持包括数字、文本、时间、日期等多种不同的数据类型。Origin 输入数据的方法主要有手动输入与外部导入，工作表分区功能见图 3.12。

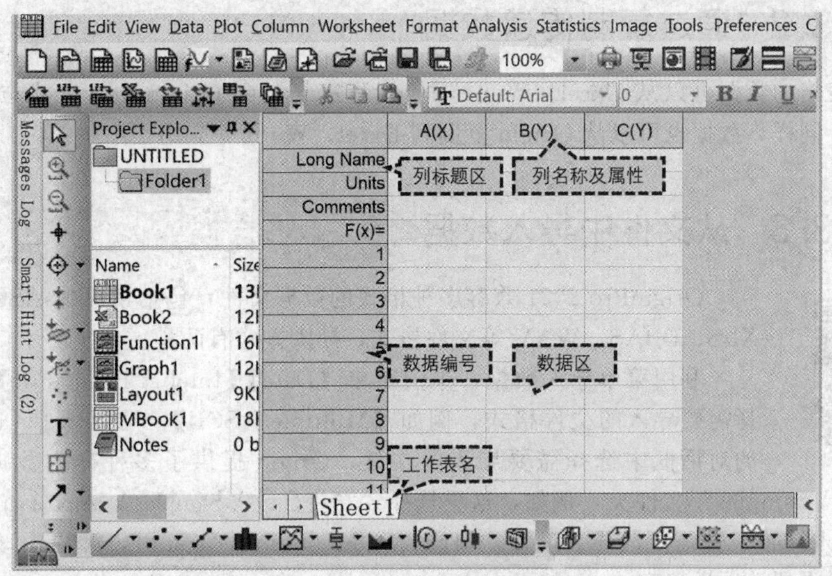

图 3.12 工作表分区的功能

3.3.1 手动键盘输入数据

在工作簿的左下端选择需要输入的工作表格，单击需要输入数据的单元格，键盘输入数据，按 Enter 键（或光标↓键）确认并移动到下一行；或者按 Tab 键（或光标→键）确认并移动到下一列；数据的修改操作与输入相同，鼠标单击需要修改数据的单元格，键盘输入数据；同时，数据也支持复制、剪切操作；如果撤销修改，可以按快捷键 Ctrl＋Z 或单击菜单【Edit】-【Undo】命令撤销刚进行的更改。键盘操作见表 3.2。

表 3.2 键盘操作光标移动键

按键	功能	按键	功能
Enter	确认输入并将光标向下移动一个单元格	Backspace	删除光标左侧的一个值或所有选定的数据
←	确认输入并将光标向左移动一个单元格		
→或 Tab	确认输入并将光标向右移动一个单元格	Home	移到单元格的最左端
Delete	删除光标右侧的一个值或所有选定的数据	End	移到单元格的最右端或光标移到当前列的最后一个单元格

续表

按键	功能	按键	功能
Ctrl＋Home	光标移到最左列的第一个单元格	Ctrl＋↑	光标移到当前列的第一个有值的单元格或第一个单元格
Ctrl＋End	光标移到最右列的最后一个单元格		
Ctrl＋↓	光标移到当前列的最后一个有值的单元格	Ctrl＋←	光标移到最左列同行的单元格
		Ctrl＋→	光标移到最右列同行的单元格

3.3.2 通过复制传递数据

工作表格的数据可以从 Excel、Word 等应用程序复制到 Origin 中，方式与一般复制、粘贴一样，同样，数据也可以从 Origin 复制到 Excel、Word 等应用程序中。

3.3.3 从文件中导入数据

OriginPro 2021 兼容多种格式的数据文件，包括常见的 ASCII、DAT、XLS、DBAS、WAV 等文件格式，导入方式有两种。

利用菜单导入数据：单击菜单【Data】-【Import From File】命令，选择需要导入的文件格式，例如【Multiple ASCII】，见图 3.13(a)。在打开的对话框中选择需要导入的文件，Origin 提供了多种样本数据，存放于“安装目录\Samples”文件夹，例如，这里选择“安装目录\Samples\Import and Export\ASCII Simple.dat”，如需更改导入设置，勾选“Show Options Dialog”，弹出图 3.13(b) 所示对话框，设置选项后确定。

拖动文件到窗口导入数据：例如打开“安装目录\Samples\Import and Export\”，选择“ASCII Simple.dat”文件，拖动文件到 Origin 面板中，实现数据的导入。

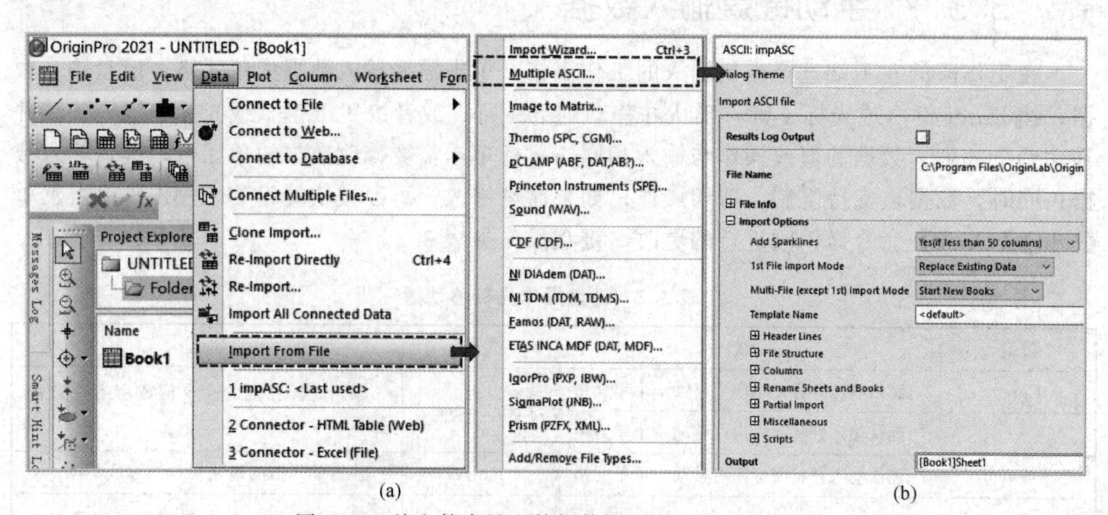

图 3.13　从文件中导入外部数据和导入选项对话框

3.3.4 连接到数据文件

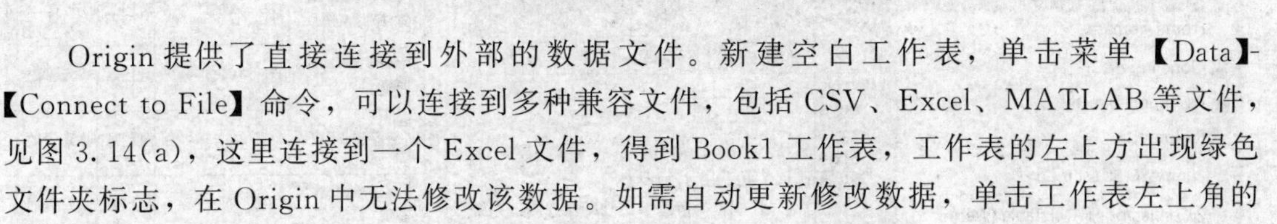

Origin 提供了直接连接到外部的数据文件。新建空白工作表，单击菜单【Data】-【Connect to File】命令，可以连接到多种兼容文件，包括 CSV、Excel、MATLAB 等文件，见图 3.14(a)，这里连接到一个 Excel 文件，得到 Book1 工作表，工作表的左上方出现绿色文件夹标志，在 Origin 中无法修改该数据。如需自动更新修改数据，单击工作表左上角的文件夹标志，选择【Auto Import】-【On Change】选项，见图 3.14(b)，当外部 Excel 文件修改并关闭后，工作表中的数据将自动更新。

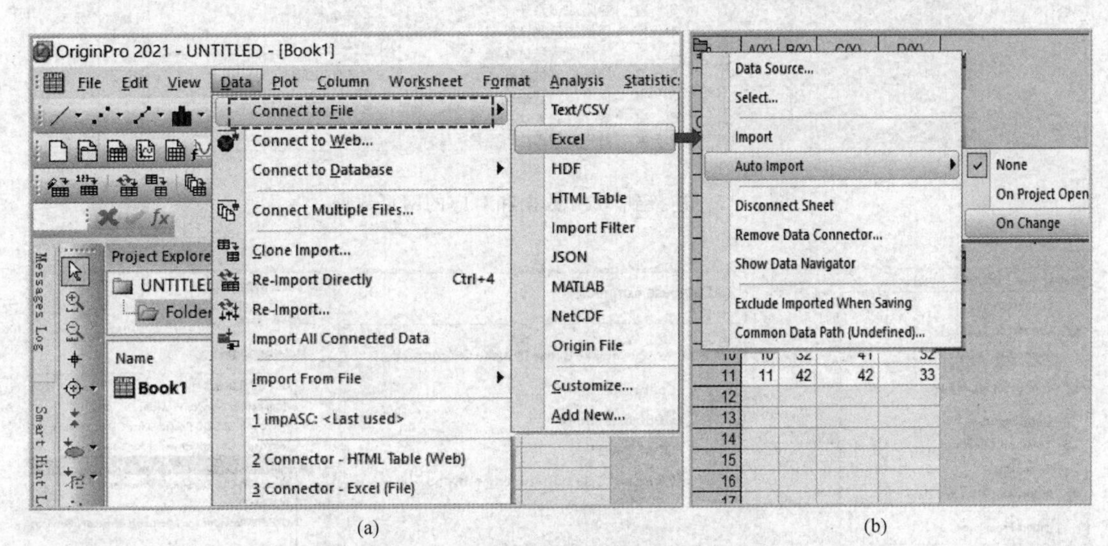

(a) (b)

图 3.14 连接到数据文件和修改自动更新选项

3.3.5 连接到网页数据

新版 Origin 提供了直接连接到网页数据表格功能。新建空白工作表，见图 3.15(a)，单击菜单【Data】-【Connect to Web】命令，在弹出的对话中输入网址［图 3.15(b)］，选择对应行列数的数据，就连接到 Web 数据了。如需自动更新修改数据，单击工作表左上角的绿色文件夹标志，单击【Auto Import】-【On Change】命令。

3.3.6 连接到本地或服务器数据库文件

Origin 可以直接连接到外部数据库文件。新建空白工作表，见图 3.16(a)，单击菜单【Data】-【Connect to Database】-【New】命令，选择打开或者创建一个新的数据源［图 3.16(b)］，这里可以建立 SQL 查询语句，在弹出的对话框中选择数据库类型，并建立数据库连接，见图 3.16(c)。

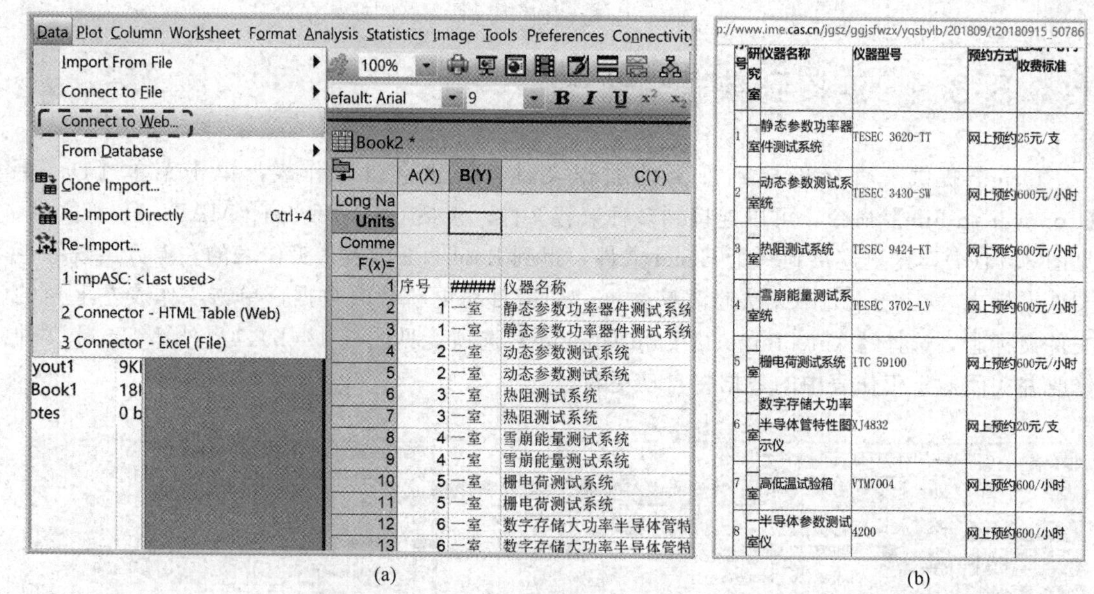

(a) (b)

图 3.15　连接到 Web 数据和对应的网页数据

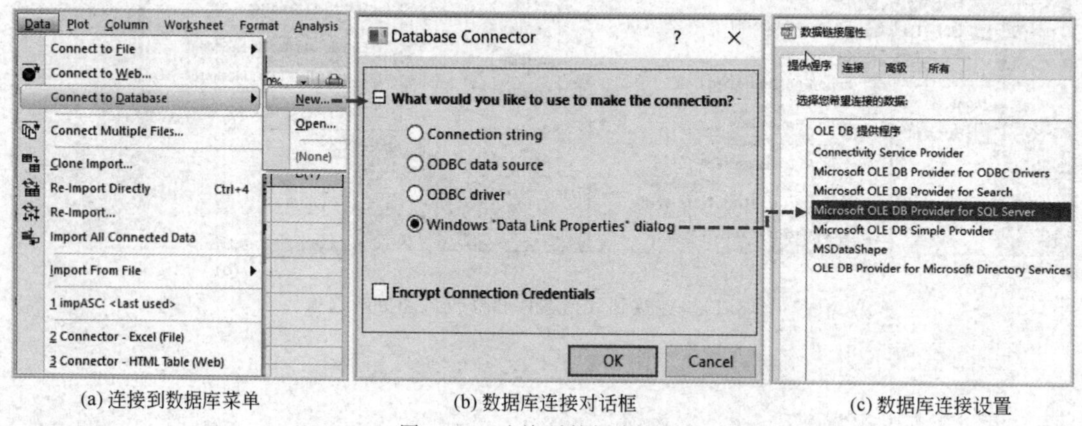

(a) 连接到数据库菜单　(b) 数据库连接对话框　(c) 数据库连接设置

图 3.16　连接到数据库文件

3.3.7　顺序、随机及间隔填充数列

① 顺序、随机填充：选择需要填充的单元格区域，单击菜单【Column】-【Fill Column With】命令，然后单击【Row Numbers】命令顺序填充数据；或单击【Unform Random Numbers】命令按均匀随机数填充数据；或单击【Normal Random Numbers】命令按正态随机数填充数据，见图 3.17。也可以使用鼠标右键单击列数据，选择【Fill Column With】选项填充数据。

② 间隔填充 X 轴数值：Origin 为列提供了【Sampling Interval】功能，其功能是以采样等差数列的方式，为指定的 Y 轴设置一套隐藏的 X 轴数值。单击菜单【Column】-【Set Sampling Interval】命令［图 3.18(a)］，弹出对话框，见图 3.18(b)。在“Initial X Value”中设定初始值，“X Increment”中设置等差值，“Units”中设置单位，“Long Name”中设置 X 坐标标题，确定，列的左上角出现黄色标记，见图 3.18(c) F 列，下面输入序号数值

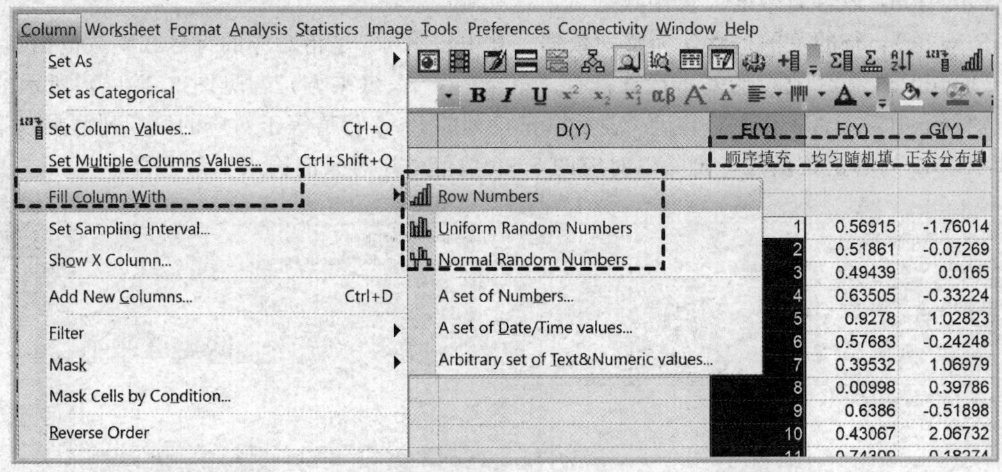

图 3.17 顺序、均匀随机填充及正态随机填充数列

1～10，该数据只是序号，不代表真实数据。这时可以运用 F 列绘图，隐藏的真实数据是以 4 为初始值、间隔为 5 的时间数据。如需显示隐藏的 X 轴数值，可选择列，单击菜单【Column】-【Show X Column】命令，见图 3.18(c) E 列。

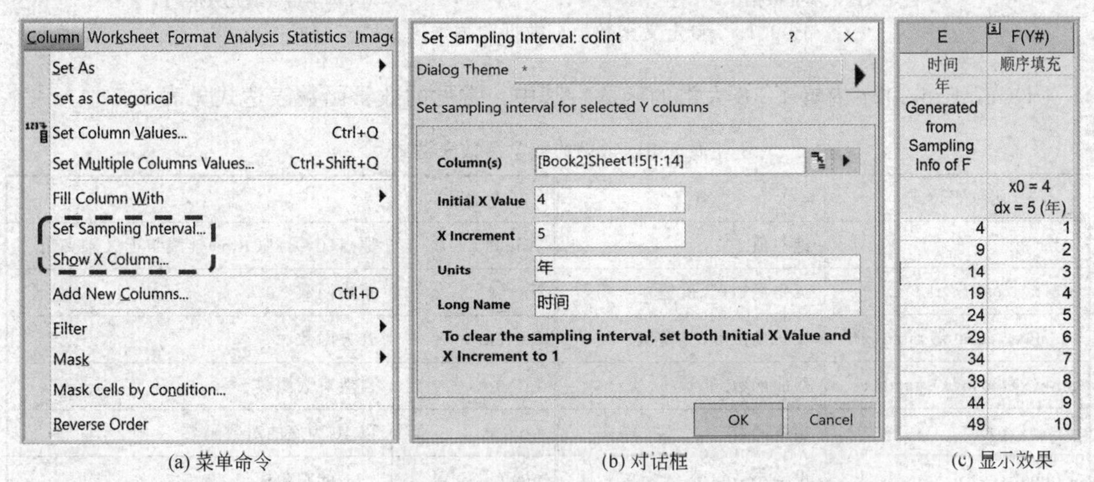

(a) 菜单命令　　(b) 对话框　　(c) 显示效果

图 3.18 间隔填充 X 轴数值图

3.3.8 函数、LabTalk 及 Python 脚本输入

① 用数学函数表达式设置列值：单击菜单【Column】-【Set Column Values】命令，或者单击快捷工具，还可以在列上使用鼠标右键单击，在弹出的快捷菜单选择【Set Column Values】选项，弹出的对话框见图 3.19(a)。

Formula：保存和通过模板读取已有的公式。

wcol（1）：代表第几列的数据。

Col（A）：代表第几列的数据［与 wcol（1）相似，一个用 A、B、…编号，另一个用 1、2、…编号］。

Function：软件自带的大量函数。

Row（i）：行的范围，默认为整列数据。其中，字母 i 是指对应的行号或整数范围。

OriginPro 2021 支持的基本运算符有“+、-、*、/、^(乘方)”，见图 3.19(a) 所示的表达式“(wcol(5) * A * sin(A))/i”，表示填充 C 列的 5～9 行值等于对应的第 5 列值乘以第 A 列值乘以 A 列的正弦函数，再除以对应的 5～9 数值，注意只能输入半角字符。

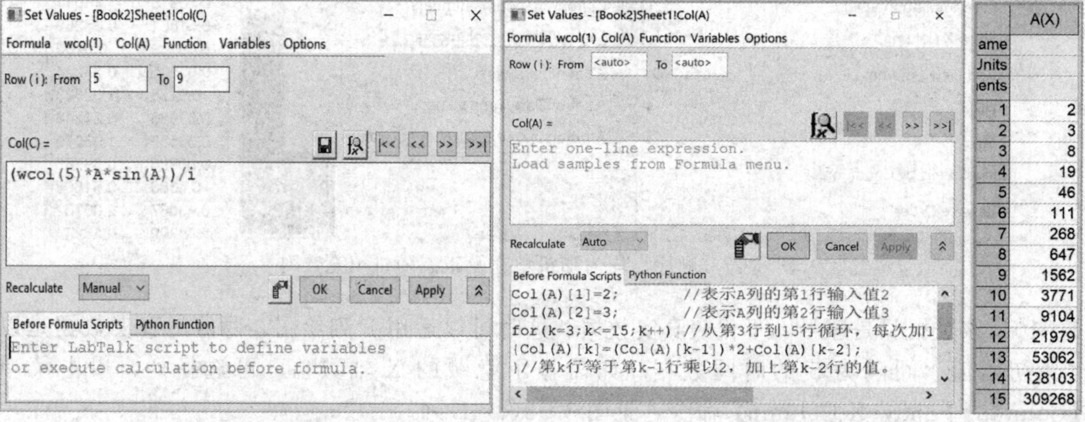

(a) 自定义函数填充数据　　(b) 脚本语言填充数据

图 3.19　自定义函数填充数据和脚本语言填充数据

OriginPro 2021 内置了 18 大类的函数，其中，常见的数学函数表达式见表 3.3。

表 3.3　常见的数学函数表达式

函数表达式	含义	函数表达式	含义
Abs(x)	绝对值	Angle(x,y)	原点(0,0)到(x,y)连线与正 X 轴夹角
sin(x),cos(x),tan(x)	三角函数(弧度值)	Exp(x)	指数函数
Asin(x),acos(x),atan(x)	反三角函数(弧度值)	Sqrt(x)	开方函数
sinh(x),cosh(x),tand(x)	双曲函数	In(x)	自然对数函数
Prec(x,p)	精度函数	Log(x)	以 10 为底的对数函数
Round(x,p)	设定小数位数	mod(x,y)	x/y 的整数模
rmod(x,y)	x/y 的实数模	int(x)	取整函数，如 int(7.9)=7

② 脚本语言输入数据：LabTalk 是 Origin 的传统编程语言，可以运用脚本语言给数列赋值。单击函数赋值窗口右侧的 ☐ 按钮，可以打开或隐藏脚本语言对话框，数据赋值是先执行脚本语言，再执行函数赋值。

下面以简单的实例来说明，见图 3.19(b)，运行脚本语言输入一列数据，脚本语言表达的结果如下：

```
Col(A)[1]=2;                                   //表示 A 列的第 1 行输入值 2
Col(A)[2]=3;                                   //表示 A 列的第 2 行输入值 3
for(k=3;k<=15;k++)                             //从第 3 行到 15 行循环,每次加 1
{Col(A)[k]=(Col(A)[k-1])*2+Col(A)[k-2];}       //第 k 行等于第 k-1 行乘以 2,加上第 k-2 行的值。
```

3.3.9 数据的编辑与保存

① 清除表格内的数值：选择需要清除的表格，单击菜单【Edit】-【Clear】命令或使用鼠标右键单击选择快捷菜单【Clear】命令，该工作表格中的内容均被清除，被清除数据的表格显示“–”表示没有数值。

② 删除工作表格中的单元格：选择需要删除的一个或多个表格，单击菜单【Edit】-【Delete】命令或使用鼠标右键单击选择快捷菜单【Delete】命令，删除后下面的单元格将会上移。如果只是想删除数据而不删除单元格，选择好相应单元格，按【Delete】键，这种效果与【Clear】键相同。

③ 插入单元格：选择需要插入的一个或多个单元格位置，单击菜单【Edit】-【Insert】命令或使用鼠标右键单击选择快捷菜单【Insert】命令，可以在当前单元格上面插入一个或多个单元格。

④ 文件及数据的保存：Origin 整个项目文件可以保存成扩展名为“.opju”的文件，包含多个文件夹与文件，文件类型有数据、图像、函数、矩阵等。

如果想把 Worksheet 中的表格数据单独保存，选择 Worksheet 窗口，单击菜单【File】-【Export】-【ASCII】命令，可以保存成扩展名为“.dat”的数据文件。

3.3.10 表格的调整与列属性

完成数据输入后，需要调整工作表格，包括列属性设置、移动、删除、增加、插入等基本操作。

① 设置列属性：双击列标或使用鼠标右键单击列标并在快捷菜单中选择【Properties】命令，打开【Column Properties】对话框，见图 3.20。

设置列名称单位：用户可以修改对应的 Short Name、Long Name 等。

改变列宽：在【Column Properties】对话框中，在“Column Width”处输入宽度数值即可，见图 3.20。

设置列的属性：在【Column Properties】对话框中，在“Plot Designation”选项框中可以设定列的属性，不同于 Excel，Origin 有列名称，还必须定义列的格式，分别为 X、Y、Z、L 和 xEr 列等，该定义决定这些值是否可以作为 X、Y 或 Label 用于绘图；列的格式也可以单击【Column】-【Set AS】命令或使用鼠标右键单击，在弹出的快捷菜单中对【Set AS】选项进行设置，设置的列属性显示在列名称的后面。

设置列的数据类型：在【Column Properties】对话框中，可以在“Format”选项框中设置数据类型【数据类型包括 numeric（数据）、text（文本）、time（时间）、data（日期）、month（月份）、day of week（星期）和 Text&Numeric（数据）】，并设置数据显示类型和小数位数等，完成后单击【OK】按钮。

② 移动列位置：单击菜单【Column】-【Move Columns】命令选择需要移动的列，见图 3.21。单击【Move Columns】-【Move to First】命令可将之移动到最左边；单击【Move to Last】命令可将之移到最右边；单击【Move Left】命令可将之左移一格。如果想实现两列互换位置，先选择要互换位置的两列，单击菜单【Column】-【Swap Columns】命令，交换两列数据。

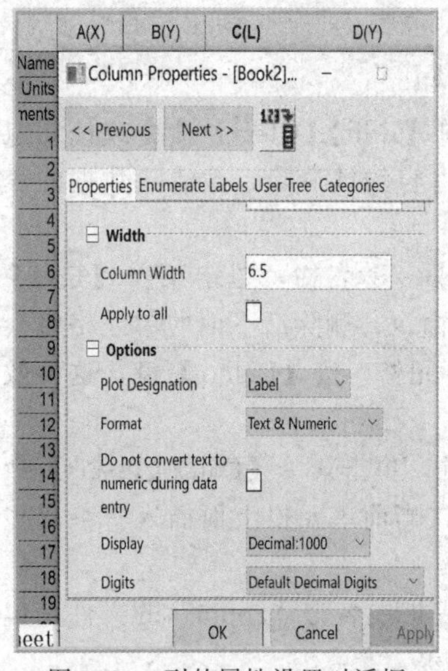

图 3.20　列的属性设置对话框

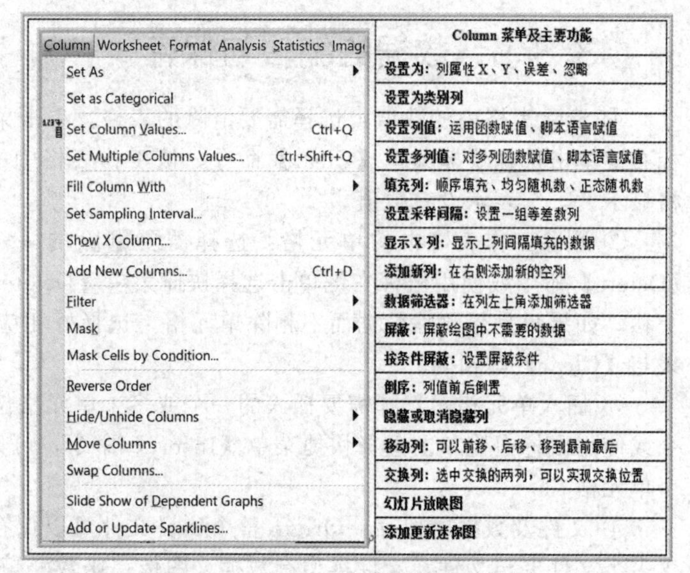

图 3.21　Column 菜单主要功能介绍

③ 清除行（列）：先选择需要清除的列或行，然后单击【Edit】-【Clear】命令，或使用鼠标右键单击调出快捷菜单中的【Clear】命令，所选定的列（行）数据将被清除；如想删除列或行，可单击菜单【Edit】-【Delete】命令。

④ 插入、增加列：如果需要在当前位置插入一列（行），选择当前列，单击菜单【Edit】-【Insert】命令，或使用鼠标右键单击，在弹出的快捷菜单中单击【Insert】命令，插入的新列（行）在选定列的左（上）侧。

增加列（行）：单击【Column】-【Add New Columns】命令，打开【Add New Columns】对话框，输入要增加的列数，增加的列（行）显示在最后。

⑤ 行列互换：选择当前工作表，单击菜单【Worksheet】-【Transpose】命令，结果将行列互换。

3.4 图形的绘制

3.4.1 【Plot Setup】对话框绘图法

工作表格数据建立后，运用表格中的数据绘图。表格中的数据与图是相关的，修改或删除数据时，数据图也做相应的修改与删除，数据图可以运用【Plot Setup】对话框绘图法。

先不选择数据，直接单击菜单【Plot】命令，选择数据图类型，弹出【Plot Setup: Select Data to Create New Plot】对话框，在对话框中选择相应的曲线以及相应的数据绘图。

实例 3.1 导入数据 AXES.DAT，运用绘图对话框绘制线图。

解：① 导入数据：参考 3.3.3 节介绍的方法，单击菜单命令【Data】-【Import From File】-【Multiple ASCII】命令导入数据，数据位于“安装目录\Samples\Graphing\AXES.DAT”，建立工作表数据，见图 3.22(a)。

② 绘图：不选择任何数据，单击菜单【Plot】-【Basic 2D】-【Line】命令，弹出【Plot Setup：Select Data to Create New Plot】对话框，见图 3.22(b)，选择“Plot Type”为“Line”，在右边的对话框中指定绘图的自变量 X 轴数据为 A 列，因变量 Y 轴数据为 B 列，然后单击【OK】按钮，得到图 3.22(c) 所示线图。这种绘图方法与原工作表格数据的列的属性的设定没有关系。

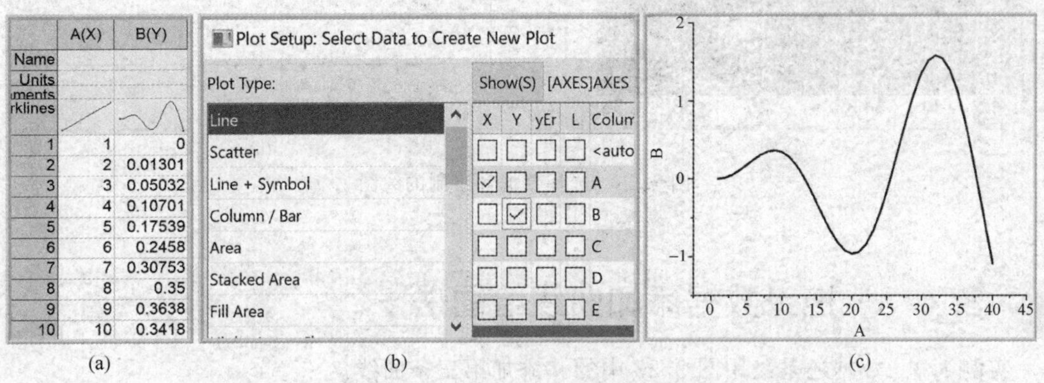

(a) (b) (c)

图 3.22 导入数据并通过【Plot Setup】对话框绘制线图

3.4.2 选择数据绘图法

打开工作表格，框选对应的 X、Y、Z 或 L 列数据的单元格。在【Plot】菜单中选择绘图的类型（或使用鼠标右键单击选择【Plot】命令中的绘图类型，或单击绘图工具栏中的按钮），根据选择的数据绘制图形。

实例 3.2 手动输入数据，运用选择的数据绘制样条曲线图。

解：① 输入数据及列属性设置：实例中采用了手动输入数据方法，输入的为两组数据。A、B、C 列为第一组数据，对应列属性设置为 X1 轴、Y1 轴和由字母表示的标签列 L1；第二组数据 D、E、F 列，对应的属性设置为 X2 轴、Y2 轴和由纵坐标 Y 值表示的标签列 L2，见图 3.23(a)。需要注意的是 Y1 和 Y2 的归属问题，Y1 对应的自变量是它左边最近的 X1；Y2 对应的自变量是它左边最近的 X2，Y2 对应自变量不是 X1。

② 绘图：框选 A～F 列前 10 行的数据，单击菜单【Plot】-【Basic 2D】-【Spline Connected】命令绘制样条曲线图（或使用鼠标右键单击并选择【Plot】命令中的绘图类型，或单击绘图工具栏中的按钮），绘制效果见图 3.23(b)，X 值在 0～10 为第一条曲线，用上了 A、B、C 列数据，对应为 X1 轴、Y1 轴和由字母表示的标签列 L1，数据点由黑色的方块表示；X 值在 10～19 为第二条曲线，数据对应 D、E、F 列，即 X2 轴、Y2 轴和由纵坐标 Y 值表示的标签列 L2，数据点由红色的圆点表示。

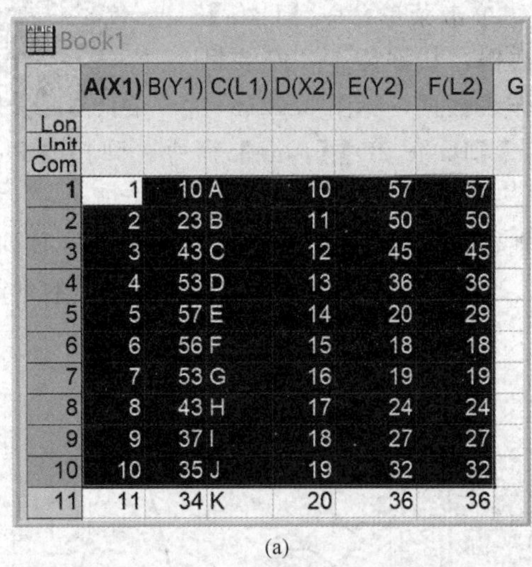

	A(X1)	B(Y1)	C(L1)	D(X2)	E(Y2)	F(L2)	G
Lon							
Unit							
Com							
1	1	10	A	10	57	57	
2	2	23	B	11	50	50	
3	3	43	C	12	45	45	
4	4	53	D	13	36	36	
5	5	57	E	14	20	29	
6	6	56	F	15	18	18	
7	7	53	G	16	19	19	
8	8	43	H	17	24	24	
9	9	37	I	18	27	27	
10	10	35	J	19	32	32	
11	11	34	K	20	36	36	

(a)

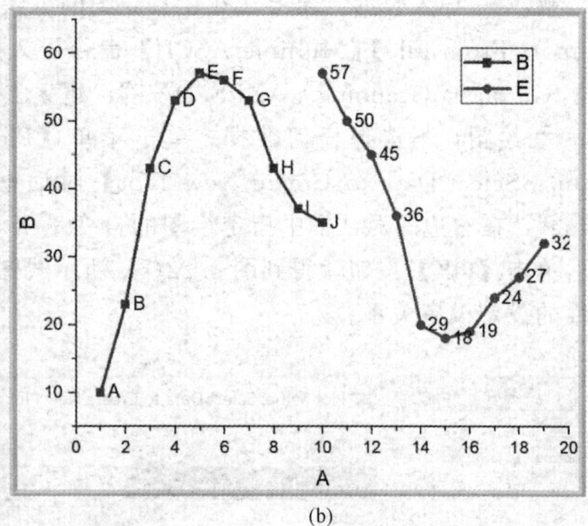

(b)

图 3.23　选择数据和绘制的线图

3.4.3　拖曳数据添加曲线绘图法

实例 3.3　数据还是采用图 3.23 中的，添加第三条曲线。

解：为方便数据拖动，先把数据窗口与绘图窗口还原并排，见图 3.24(a)，在工作表中添加两列数据 G、H，设置属性，得到 G（X3）、H（Y3）列。

框选需要绘制或添加的数据，然后将鼠标指针移到所选数据的右侧，鼠标指针变为图中所示形状时，按住鼠标左键将数据拖动到绘图窗口，松开鼠标指针完成数据绘图，见图 3.24(b)。

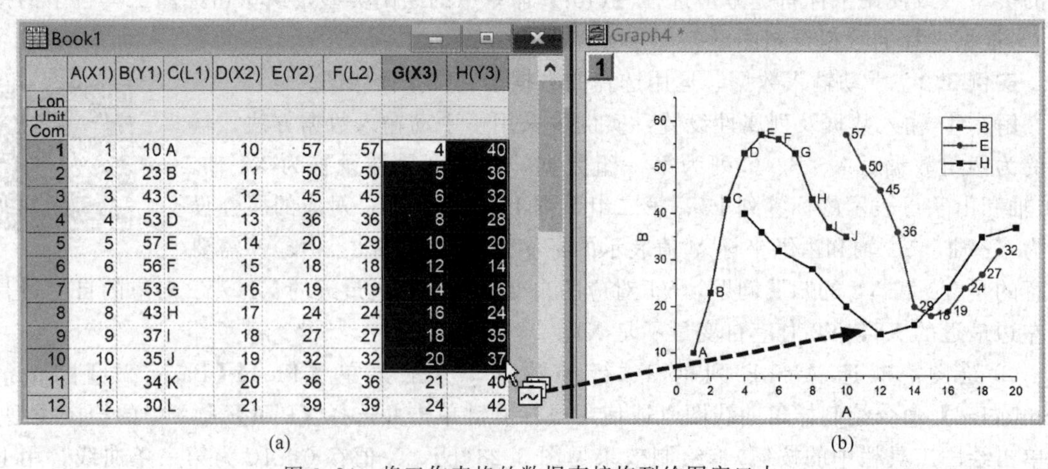

	A(X1)	B(Y1)	C(L1)	D(X2)	E(Y2)	F(L2)	G(X3)	H(Y3)
Lon								
Unit								
Com								
1	1	10	A	10	57	57	4	40
2	2	23	B	11	50	50	5	36
3	3	43	C	12	45	45	6	32
4	4	53	D	13	36	36	8	28
5	5	57	E	14	20	29	10	20
6	6	56	F	15	18	18	12	14
7	7	53	G	16	19	19	14	16
8	8	43	H	17	24	24	16	24
9	9	37	I	18	27	27	18	35
10	10	35	J	19	32	32	20	37
11	11	34	K	20	36	36	21	40
12	12	30	L	21	39	39	24	42

(a)　　(b)

图 3.24　将工作表格的数据直接拖到绘图窗口中

重新组合曲线：新增的曲线的方块数据点与第一条曲线相同，需要修改，设置方法在后面【Layer Contents】中一并介绍。

3.4.4 【Layer Contents】添加曲线绘图法

在绘图窗口下，双击绘图界面左上角的图层图标“1”，或者单击菜单【Graph】-【Layer Contents】命令，打开【Layer Contents】(图层内容）对话框；从左侧“Worksheets in Folder”中选择需要的工作表数据，从中间选择绘图类型，单击 → 按钮，向绘图窗口中添加曲线，完成从【Layer Contents】对话框向已绘图中添加数据。

实例 3.4 运用【Layer Contents】对话框为图 3.23(b) 再添加一条曲线。

解：① 输入数据：采用图 3.24 中的数据。

② 添加曲线：双击图 3.25(a) 窗口左上角的图层图标“1”，打开【Layer Contents】对话框，现右边的数据只有 B、C、E、F，单击选择左边工作表中的数据 H（Y3），选择中间的绘图类型，单击 → 按钮，把 H 列数据添加到右边，右边数据变为 B、C、E、F、H，见图 3.25(c)，完成从【Layer Contents】对话框向已绘图中添加图形。

③ 曲线重新组合：新增曲线的方块数据符号与第一条图形相同，需要修改，需要把 B、E 解组合后，将 B、E、H 重新组合。单击 g1，单击【Ungroup】按钮解开组合，单击

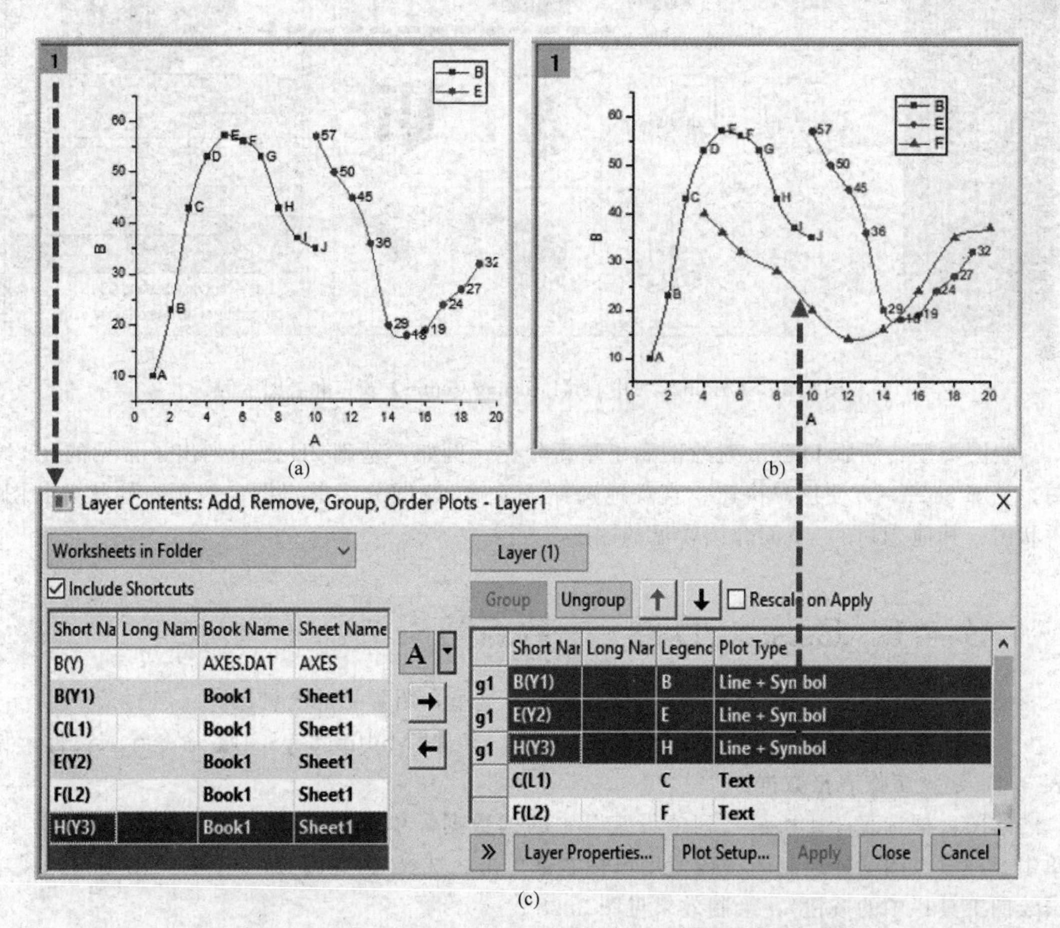

图 3.25 运用【Layer Contents】对话框向已绘制的图中添加曲线

H 列，单击向上箭头上移，按住 Ctrl 键并选中 B、E、H 三项，单击【Group】按钮进行组合，单击 OK 按钮，3 条曲线将重新分配颜色与数据图标，完成曲线的添加，见图 3.25(b)。

【Layer Contents】对话框下面有两个重要的设置选项：【Layer Properties】按钮用于打开【Plot Details】对话框；【Plot Setup】按钮用于设置每条曲线的类型与数据。详细内容将在图形修改中进行介绍。

3.4.5 绘图学习中心和绘图类型

Origin 学习中心：新版软件提供了【Learning Center】窗口，包括绘图示例、分析示例及学习资源，方便初学者快速掌握绘图技巧。单击菜单【Help】-【Learning Center】命令，见图 3.26(a)，点开绘图示例，将列出绘图数据、绘图及操作说明，见图 3.26(b)。

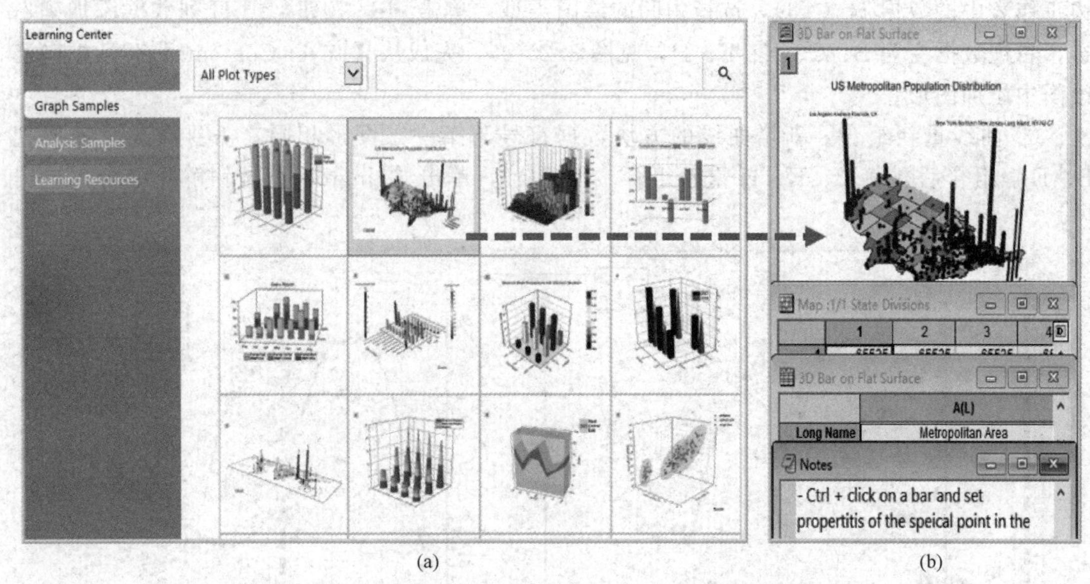

(a) (b)

图 3.26 Origin 学习中心【Learning Center】窗口和绘图示例

绘图类型：新版 Origin 对绘图做了重新分类，例如，基础 2D 图中列出了常见的 2D 绘图，见图 3.27，方便用户快速、直观地选择。基础 2D 图分为散点图、线图、柱状条状图、饼状图、其他 2D 图，下面介绍常见的图形。

3.4.6 Basic 2D 图——散点图

图 3.27 Basic 2D 第一行包含 10 种点状图，这里介绍常见的 8 种图。

绘图数据：单击菜单【Data】-【Import From File】-【Multiple ASCII】命令导入文件，见表 3.4，建立工作表格数据。

绘图：框选表 3.4 所示“列值设定”中的列数据，单击菜单【Plot】-【Basic 2D】命令，单击 8 种散点图图标绘制图（或使用鼠标右键单击，选择【Plot】命令中的绘图类型，或单击绘图工具栏中的按钮），绘制效果见图 3.28。

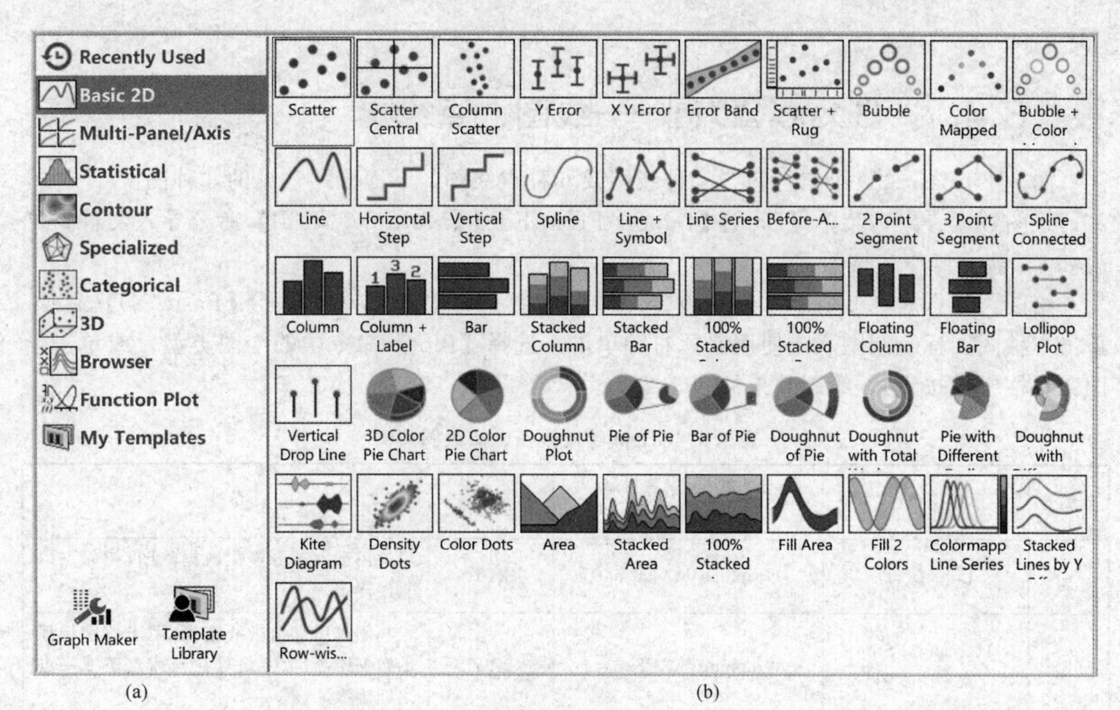

(a) (b)

图 3.27 基础 2D 图

表 3.4 Origin 散点图绘制实例

分图号	绘图类型	导入数据(安装目录\Samples\)	列值设定	备注
(a)	Scatter(散点图)	Graphing\AXES. dat	X、Y	适用于离散性质的数据绘图。只绘制点,不绘制线条
(b)	Scatter Central(中心散点图)	Graphing\AXES. dat	X、Y	适用于离散性质的数据绘图。坐标轴原点在图形中心
(c)	Y Error(Y 误差)	Curve Fitting\Gaussian. dat	X、Y、yEr	误差线是数理统计概念,与置信区间相似。设置 C 列属性为 Y Error
(d)	Error Band(误差带图)	Curve Fitting\Gaussian. dat	X、Y、yEr	误差线是数理统计概念。设置 C 列属性为 Y Error
(e)	XY Error(XY 误差)	Curve Fitting\Gaussian. dat	X、Y、xEr、yEr	增加一列,复制上面 yEr 数据,设定属性为 X Error
(f)	Bubble(气泡)	Curve Fitting\Gaussian. dat	X、Y、Y	基于样式的平面 3D 图。第 1 个 Y 列用于设定气泡纵向位置,第 2 个 Y 列用于设定气泡的大小
(g)	Color Mapped(彩标)	Curve Fitting\Gaussian. dat	X、Y、Y	基于样式的平面 3D 图。第 1 个 Y 列用于设定点的纵向位置,第 2 个 Y 列用于设定点的颜色
(h)	Bubble+Color(气泡+彩标)	Curve Fitting\Gaussian. dat	X、Y、Y、Y	基于样式的平面 4D 图。第 1 个 Y 列用于设定气泡的纵向位置,第 2 个 Y 列用于设定气泡的大小,第 3 个 Y 列用于设定颜色

3.4.7 Basic 2D 图——线图、点线图

图 3.27 Basic 2D 第二行包含 4 种线图及 6 种点线图，下面介绍常见的 6 种图。

绘图数据：单击菜单【Data】-【Import From File】-【Multiple ASCII】命令导入文件，见表 3.5，建立工作表格数据。

绘图：框选表 3.5 所示“列值设定”中的列数据，单击菜单【Plot】-【Basic 2D】命令，单击 6 种图图标绘制图（或使用鼠标右键单击，选择【Plot】命令中的绘图类型，或单击绘图工具栏中的按钮），绘制效果见图 3.29。

表 3.5　Origin 绘制线图、点线图实例

分图号	绘图类型	导入数据(安装目录\Samples\)	列值设定	备注
(a)	Line(线图)	Graphing\AXES. dat	X、Y	适用于大部分模拟数据绘图，相邻点以直线连接
(b)	Horizontal Step(水平阶梯图)	Graphing\AXES. dat	X、Y	相邻点用直角折线连接，用于数字特征的数据绘图，数字信号在当前点至下一点之间为水平线段
(c)	Spline(样条曲线图)	Graphing\AXES. dat	X、Y	给定一组控制点而得到一条光滑的曲线，曲线的大致形状由这些控制点通过插值或逼近来控制
(d)	Line+Symbol(点线图)	Graphing\AXES. dat	X、Y	点线图是线图与散点图的结合，相邻点以直线连接
(e)	Line Series(线组)	Curve Fitting\Gaussian. dat	Y、Y	只选择两个 Y 列，表示两个 Y 值的匹配关系。可以有多个 Y 列
(f)	2 Point Segment(2 点线段)	Graphing\AXES. dat	X、Y	数据点每两个点以线段连接

3.4.8 Basic 2D 图——柱状饼状图

图 3.27【Basic 2D】第三行和第四行包含了 11 种柱状图及 9 种饼状图，下面介绍常见的 5 种图。

绘图数据：先手动输入 3 列数据，并设置“列值设定”为 A(X)、B(Y) 和 C(Y)，建立工作表格数据，见图 3.30(a)。

绘图：框选图 3.30(a) 所列的数据，这里只框选 Y 列，如果绘图需要 X 列数据支持，系统会自动识别，单击菜单【Plot】-【Basic 2D】命令，单击 5 种图图标绘图（或使用鼠标右键单击选择【Plot】命令中的绘图类型，或单击绘图工具栏中的按钮），绘制效果见图 3.30。

3.4.9 多曲线图 Multi-Curve

OriginPro 2021 包含有多种多曲线（Multi-Curve），这里包含了【Plot】-【Basic 2D】第

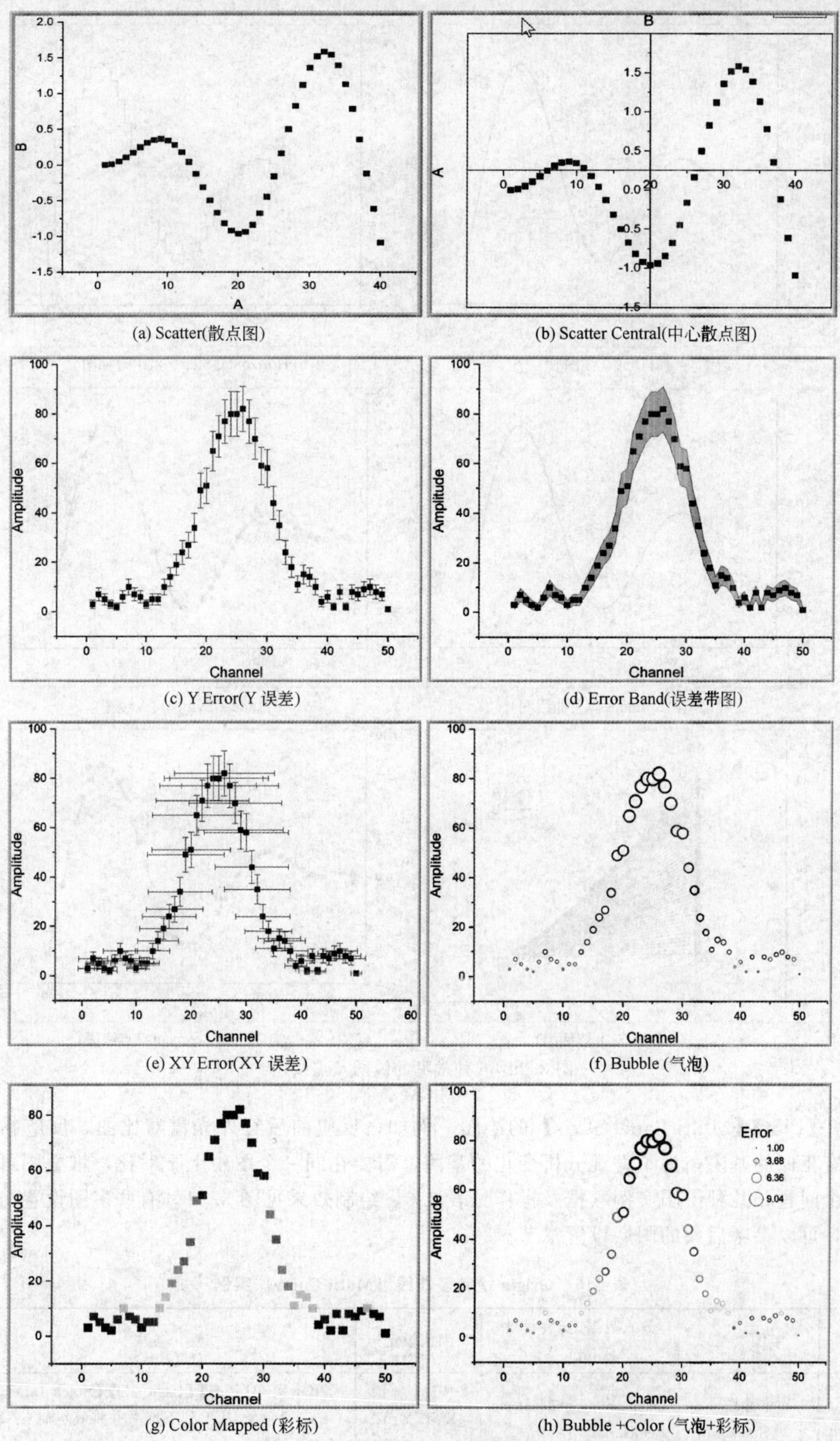

(a) Scatter(散点图)　(b) Scatter Central(中心散点图)

(c) Y Error(Y 误差)　(d) Error Band(误差带图)

(e) XY Error(XY 误差)　(f) Bubble (气泡)

(g) Color Mapped (彩标)　(h) Bubble +Color (气泡+彩标)

图 3.28　8 种散点图的绘制

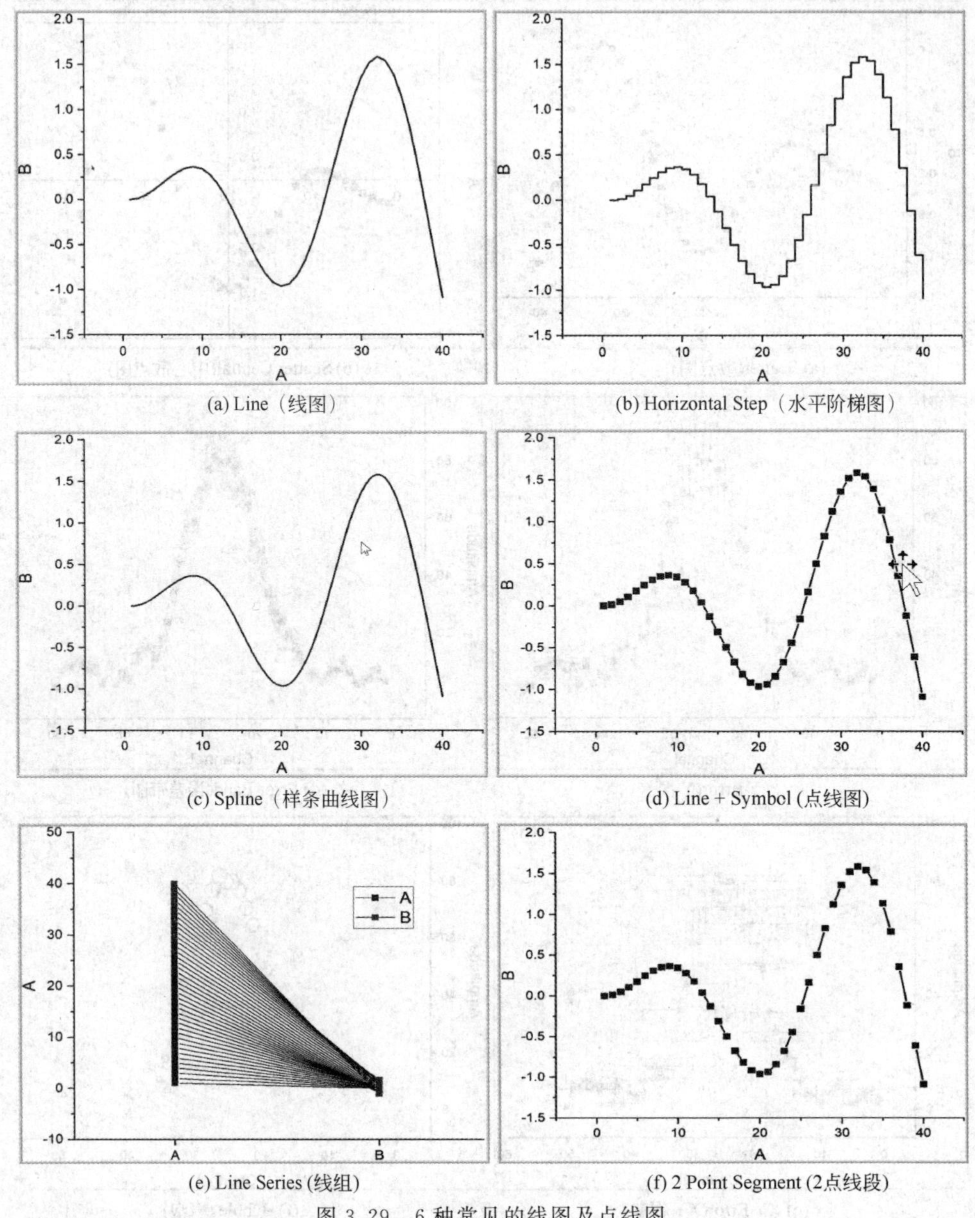

(a) Line（线图）　(b) Horizontal Step（水平阶梯图）

(c) Spline（样条曲线图）　(d) Line + Symbol (点线图)

(e) Line Series (线组)　(f) 2 Point Segment (2点线段)

图 3.29　6 种常见的线图及点线图

5 行和【Plot】-【Multi Panel/Axis】的绘图。例如，反应前后红外光谱对比图，反应物与生成物有相似的基团，为了直观分析变化的基团，需要在同一个图中上下对比，堆叠图可以解决这个问题，几种绘图实例数据及操作见表 3.6，绘制效果见图 3.31，有些多图设置与图层有关，可以参考后面的图层设置章节。

表 3.6　Origin 绘制多曲线（Multi-Curve）实例

分图号	绘图类型	导入数据(安装目录\Samples\)	列值设定	备注
(a)	堆叠图 (Stack)	Curve Fitting\Multiple Peaks. dat	X、Y、Y、Y	单击菜单【Plot】-【Basic 2D】-【Stack Lines by Y Offsets】命令，从上到下堆垒并将其纵轴(Y 轴)做适当的错位

续表

分图号	绘图类型	导入数据(安装目录\Samples\)	列值设定	备注
(b)	双Y轴图(Double Y)	Graphing\wind. dat	X、Y、Y	单击菜单【Plot】-【Multi Panel/Axis】-【Double Y】命令，并设置成Spline图，共用X坐标轴，两个Y轴分别列于左右两边
(c)	局部放大图(Zoom)	Graphing\wind. dat	X、Y、Y	单击菜单【Plot】-【Multi Panel/Axis】-【Zoom】命令，下部图像是上面的局部放大图，便于观看
(d)	4窗格图(4 Panel)	Curve Fitting\Multiple Peaks. dat	X、Y、Y、Y、Y	单击菜单【Plot】-【Multi Panel/Axis】-【4 Panel】命令，以4窗格同时展示4张图片，便于比较

	A(X)	B(Y)	C(Y)
Long Name	月份	产量	产量
Units	月	吨	吨
Comments		化工一厂	化工二厂
1	1	23	12
2	2	35	20
3	3	46	28
4	4	34	34
5	5	32	48

(a) 绘图数据

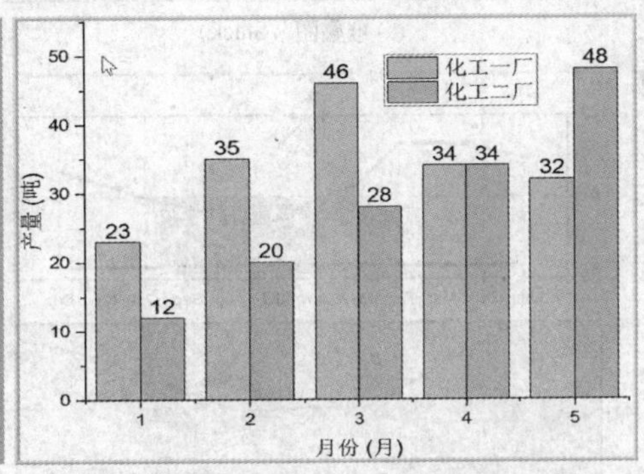

(b) 标签柱状图 (Columns + Lable)

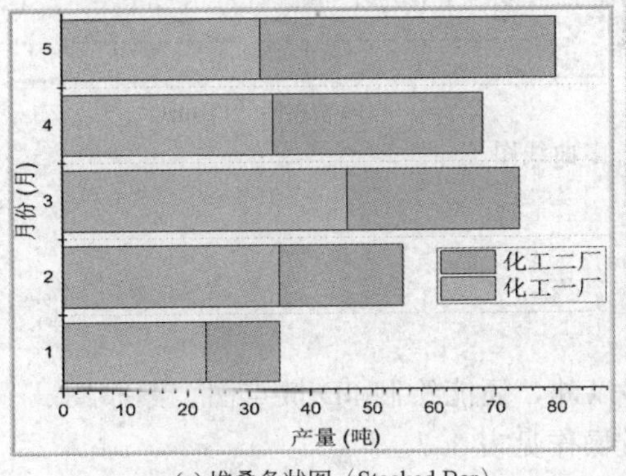

(c) 堆叠条状图 (Stacked Bar)

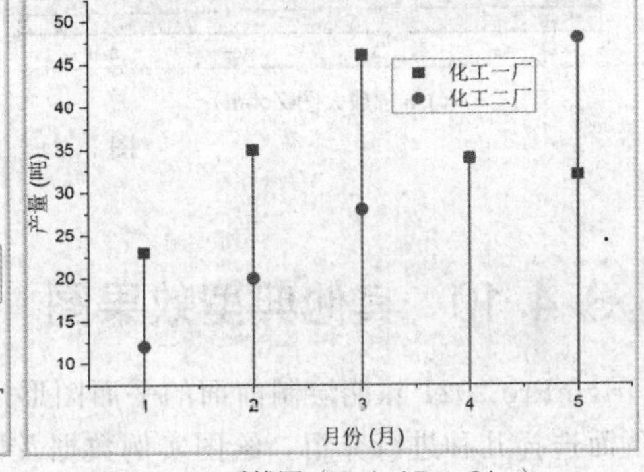

(d) 垂线图 (Vertical Drop Line)

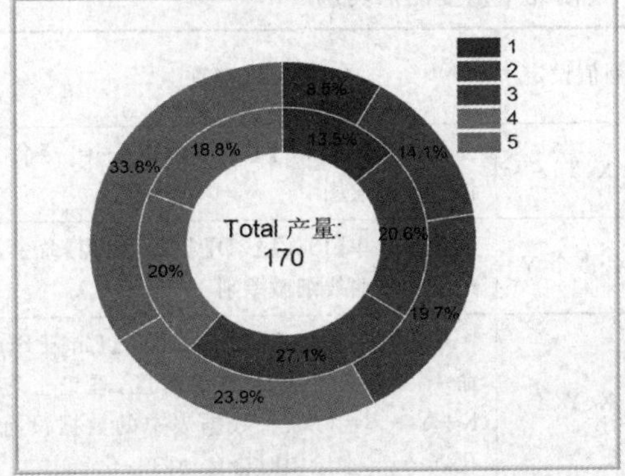

(e) 甜甜圈图 (Doughnut Plot)

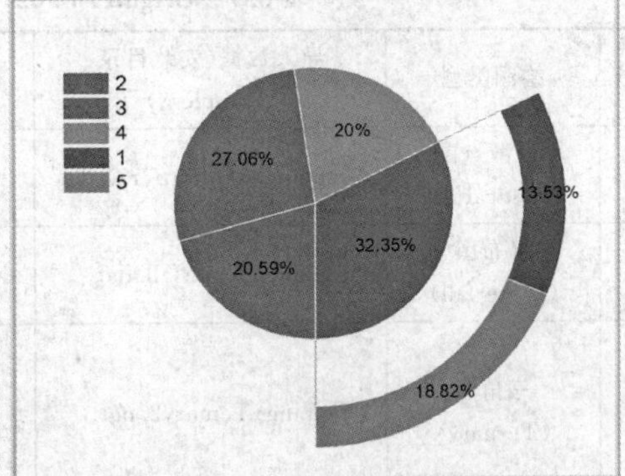

(f) 馅饼圈图 (Doughnut of Pie)

图 3.30　柱状图条形图和饼状图的绘制

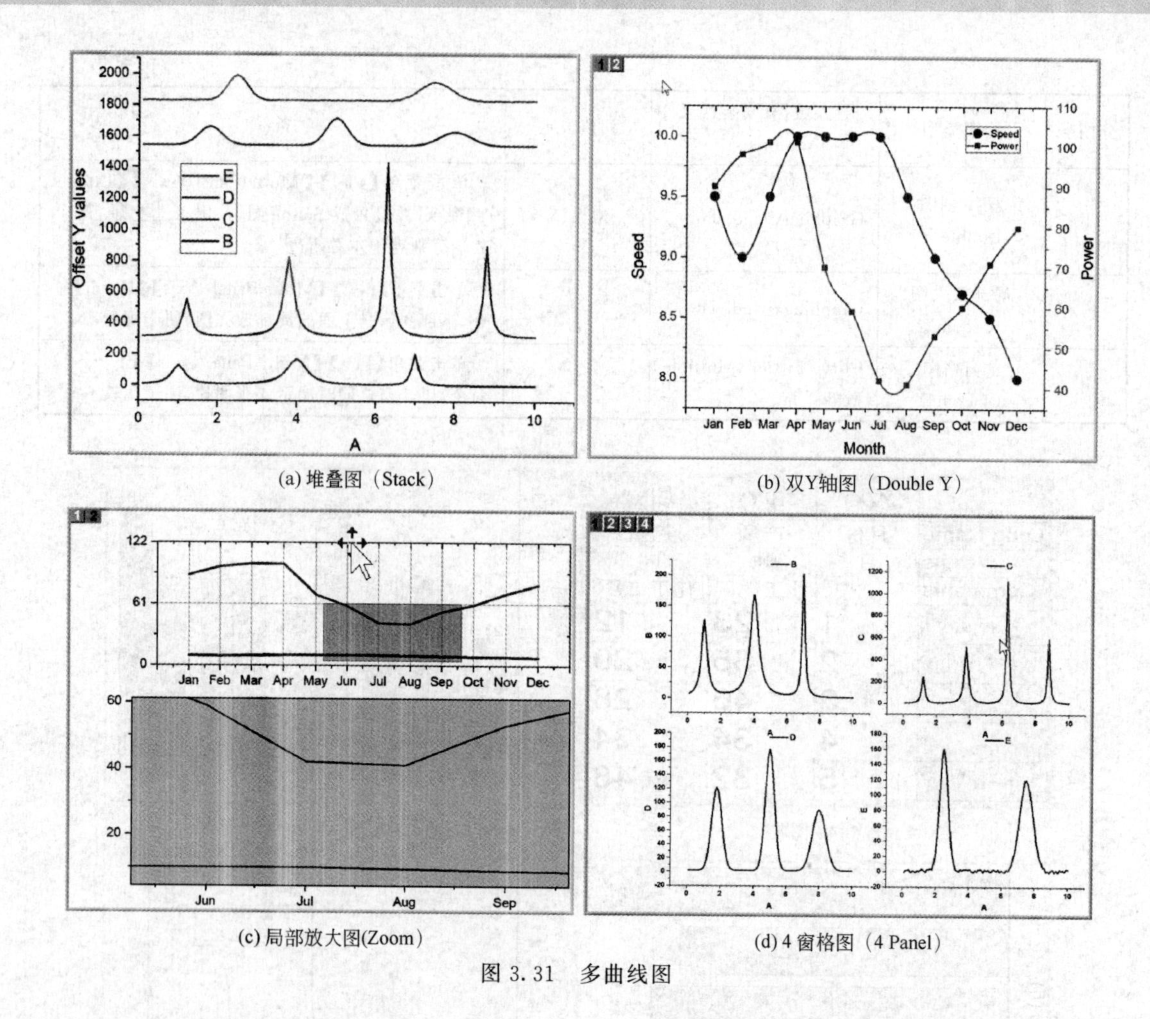

(a) 堆叠图（Stack）　(b) 双Y轴图（Double Y）

(c) 局部放大图(Zoom)　(d) 4 窗格图（4 Panel）

图 3.31　多曲线图

 3.4.10　其他典型效果图

OriginPro 2021 除能绘制前面的平面图形以外，还能绘制 3D 散点图、瀑布图、三角图等，下面选择几种进行介绍，绘图实例数据及操作见表 3.7。

表 3.7　OriginPro 2021 绘制几个重要图形实例

分图号	绘图类型	导入数据（安装目录\Samples\）	列值设定	备注
(a)	3D 散点图（3D Scatter）	Graphing\3D Scatter 2. dat	X、Y、Z	单击菜单【Plot】-【3D】-【3D Scatter】命令，立体直观地绘图
(b)	瀑布图（Waterfall）	Graphing\Waterfall. dat	X、多个 Y	单击菜单【Plot】-【3D】-【Waterfall】命令，清晰地显示各曲线细微差别
(c)	三角图（Ternary）	Graphing\Temary2. dat	X、Y、Z	单击菜单【Plot】-【Specialized】-【Line＋Symbol】命令，绘制三元盐水系溶解度，理论上应满足 X＋Y＋Z＝1，如果数据表中的数据没有归一化，Origin 在绘图时会自动归一化
(d)	函数绘图（Function Plot）	直接在绘图对话框中输入 Y＝sin(X)＋cos(X)	X、Y	单击菜单【Plot】-【Function Plot】-【New 2D Plot】命令，可以快速绘制函数方程

绘图方法采用框选数据，单击菜单【Plot】命令-对应绘图工具（或使用鼠标右键单击选择【Plot】命令中的绘图类型，或单击绘图工具栏中的按钮），函数绘图时打开绘图菜单，在弹出的对话框中输入函数表达式及自变量的范围，绘制效果见图 3.32。

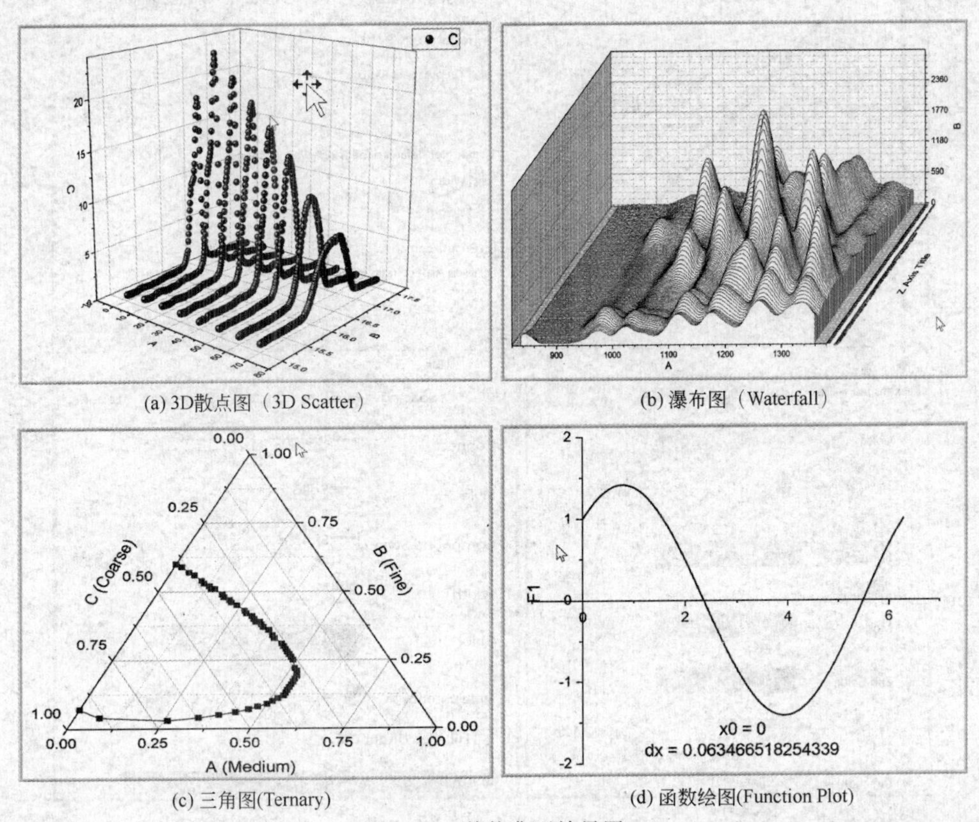

(a) 3D散点图（3D Scatter）

(b) 瀑布图（Waterfall）

(c) 三角图(Ternary)

(d) 函数绘图(Function Plot)

图 3.32 其他典型效果图

3.5 数据图设置与编辑

在绘图窗口菜单下，单击菜单【Format】-【Page】命令打开绘图设置，单击文件夹 Graph1 时，弹出【Page Properties】(绘图区页面）设置窗口［图 3.33(a)］；当单击 Layer1 时，弹出【Layer Properties】(图层属性）设置窗口［图 3.33(b)］；当单击图层下的数据图时，弹出【Plot Properties】(绘图属性）窗口［图 3.33(c)］。本节分别介绍页面设置、图层管理及绘图属性设置。

3.5.1 页面设置

(1) 设置页面尺寸

打开需要修改页面尺寸的图形窗口。在绘图区边缘双击，或单击菜单【Format】-【Page】-【Print/Dimensions】命令，在“Dimensions”选项中设置页面高度、宽度，见图 3.33(a)。

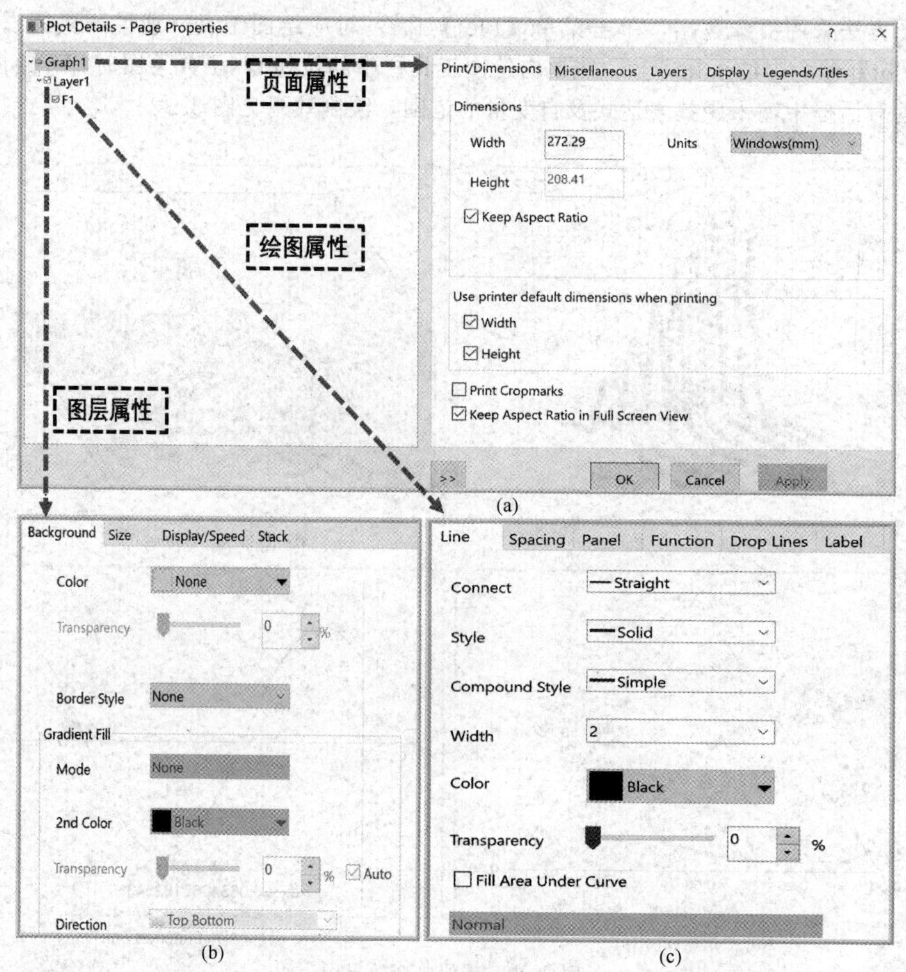

图 3.33　绘图区页面设置、图层属性设置与绘图属性设置

（2）更改绘图背景

打开需要修改页面尺寸的图形窗口，在打开的【Plot Details】对话框中，选择【Display】选项卡，见图 3.33(a)，在“Color”标题项中设定绘图区的背景颜色及其过渡等。

（3）改变页面视图模式

打开需要修改页面尺寸的图形窗口。在打开的【Plot Details】，对话框中选择【Miscellaneous】选项卡，见图 3.33(a)，“Performance”绘图区的视图模式可以设置为页面视图（Page View）、打印视图（Print View）、窗口视图（Windows）和草稿视图（Draft View）等。

（4）标注栏设置

在绘图区边缘双击或单击菜单【Format】-【Page】-【Legends/Titles】命令，见图 3.33(a)，可以设置标注栏。

3.5.2　图层管理

（1）图层增加、删除与组合【Layer Contents】

实例 3.5　绘制双 Y 轴图。

解：双Y轴图（Double Y）的绘制一般有两种方法：第一种方法是在3.4.9节绘制多曲线（Multi-Curve）中运用的绘图工具的方法，即单击菜单【Plot】-【Multi Panel/Axis】-【Double Y】命令，公用X坐标轴，两个Y轴分别列于左右两边；另一种方法是在新的图层中添加右边的Y轴，再添加数据，步骤如下。

导入数据：单击菜单【Data】-【Import From File】-【Multiple ASCII】命令导入数据，数据位于“安装目录\Samples\Graphing\WIND.DAT”。

绘制左边的曲线：框选A、B列数据，单击菜单【Plot】-【Basic 2D】-【Line＋Symbol】命令绘制点线图，见图3.34(a)。

在新的图层中添加右边的Y轴：在绘图窗口下，单击菜单【Insert】-【New Layer】-【Right-y】命令，绘图窗口的左上角除原有的图层1，新增加了图层2，右边的Y轴放于图层2中，见图3.34(b)。

在新图层中添加数据：在图层2处使用鼠标右键单击，选择【Layer Contents】选项，在【Layer Contents】窗口的左边选项框中选择需要添加的数据WIND.DAT的C列，中间选择图形类型，单击向右箭头，将数据添加到右框中，单击【OK】按钮，见图3.34(d)，图层2中添加了一条曲线。

运用【Layer Contents】对话框，可以方便地管理图层数据，通过图中的绘图类型选项和左右箭头，可以方便地对图层数据内容进行添加、删除；右边的【Plot Setup】按钮用于对几条曲线进行组合与解组合，注意同一图层的才能组合与解组合。

曲线修改：由于两条曲线符号相同，需要修改，双击新添加的曲线，修改符号与曲线颜色，见图3.34(c)。

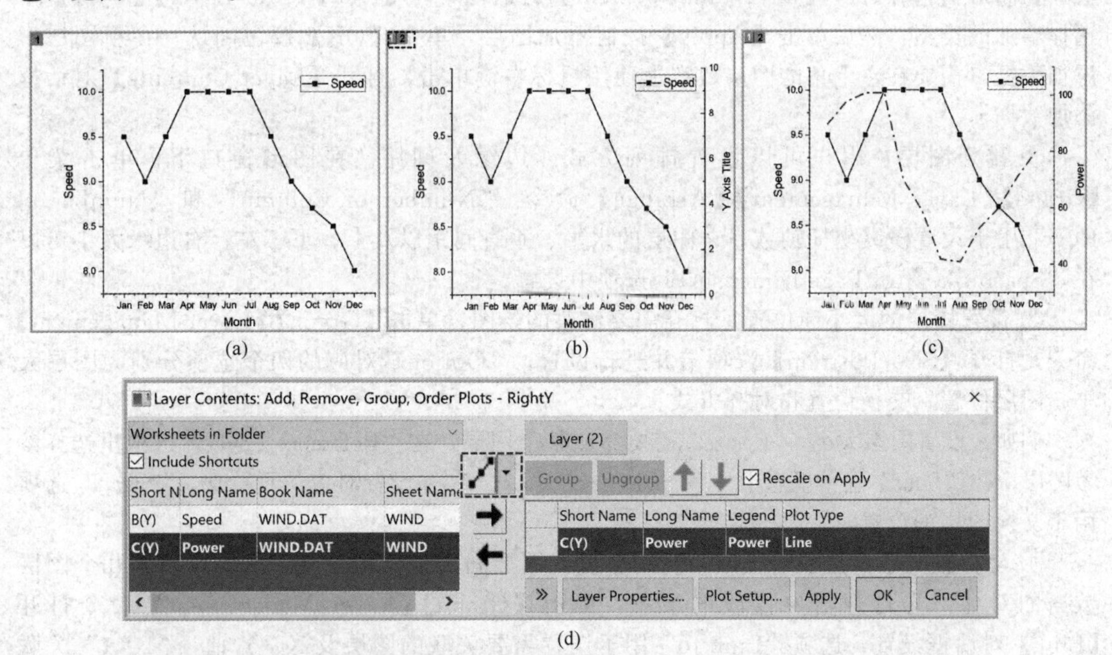

(a) (b) (c)

(d)

图3.34 在点线图添加右侧Y轴，通过图层内容对话框添加数据绘制双Y图

(2) 图层管理工具【Layer Management】

图层的编辑主要有添加、排列、大小和位置设置以及坐标轴关联等操作，可以通过【Layer Management】(图层管理）对话框实现。

打开图层管理工具有两种方法：一种是在图形窗口左上角的数字图层上使用鼠标右键单击并在弹出的快捷菜单中选择【Layer Management】选项；另一种是在图形窗口为活动窗口的状态下，单击菜单【Graph】-【Layer Management】命令。

【Layer Management】对话框包含【Add】(添加图层)、【Arrange】(排列图层)、【Size/Position】(设置图层大小和位置）和【Link】(坐标轴关联）等选项卡，见图 3.35。

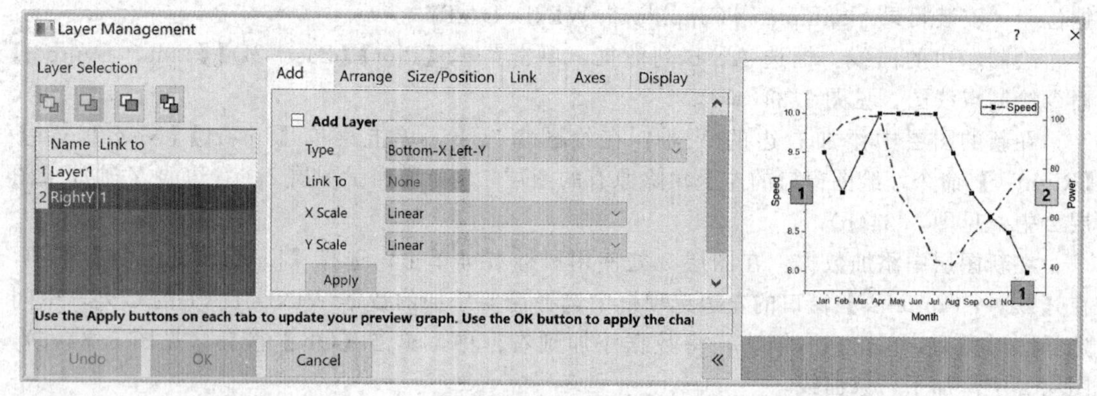

图 3.35　图层管理工具【Layer Management】

① 添加图层：添加图层有两种方法，其中一种方法是在图层属性设置中运用【Layer Contents】工具添加图层，还有一种方法就是运用【Layer Management】对话框添加图层。主要操作如下。

在图形窗口中打开【Layer Management】对话框，在【Add】-【Add Layer】-【Type】中选择增加的类型，然后单击【Apply】按钮添加图层，单击【OK】按钮确认；在新图层中添加数据，需要在左上角的图层数字上使用鼠标右键单击，打开【Layer Contents】对话框添加数据。

② 排列图层：用户可以设置排列方式、边缘及间距。在图形窗口下，单击菜单【Graph】-【Layer Management】-【Arrange】命令。“Number of Column”和“Number of Row”用于设置横纵坐标轴数量；图层的水平、垂直间距以及上、下、左、右边缘大小可以在“Spacing（% of Page Dimensin)”选项中设置。

③ 设置图层的大小和位置：打开需要修改的绘图，单击【Graph】-【Layer Management】命令，打开【Size/Position】选项卡并进行设置，“Option”对应的四个选项分别为图层大小、图层位置、交换位置和对齐方式。

例如，设置图层大小，“Resize”需要参照某个图层，在“Reference Layer”选项里选择参考图层，在“Unit”选项里选中“% of Reference Layer”并设置对应的百分比，“Swap”选项用于交换图层的位置。

④ 坐标轴关联：选项卡【Link】用来设置图层间的坐标轴关联，主要应用于几个图层数据的对比。先打开需要修改的绘图，单击【Graph】-【Layer Management】命令打开【Link】对话框设置，选项“Link to”用于设置需要关联的图层及 X、Y 轴，“1∶1”关联选择“Straight（1 to 1)”，“Custom”为手动设置。

⑤ 坐标轴设置：选项卡【Axes】用来设置坐标轴，“Modify Axes”选项用于设置 X、Y 轴标尺模式，例如选择线性、对数坐标、自然对数坐标等；双击坐标轴还可以修改坐标轴的刻度，见后面的绘图属性设置。

用户可以设置隐藏与显示坐标轴及刻度等；隐藏/显示图层元素还可以通过单击菜单

【Format】-【Layer】命令，在【Display】选项卡中设置，在“Show Elements”选项中隐藏或显示 X、Y 轴等图层元素，见图 3.33(b) 中图层设置；数据图边框显示与隐藏还可以单击菜单【View】-【Show】-【Frame】命令实现。

⑥ 设置图层背景：图层背景包括背景颜色和边框，先打开需要修改的绘图，再单击菜单【Graph】-【Layer Management】-【Display】命令设置。

还有一种方法：单击菜单【Format】-【Layer】-【Background】命令，或在左上角的图层上使用鼠标右键单击调出【Layer Properties】窗口，设置图层背景颜色和边框，见图 3.33 (b) 图层设置。

⑦ 多层图分解与合并：将多层图分解为多个单层图的主要操作步骤：将多层图设置为活动图层，单击菜单【Graph】-【Extract to Graphs】命令，在弹出的【Graph Manipulation：Layextract】对话框中设置要提取的图层、是否保留原图、新图是否扩充至整个页面。

将多个单图层图形合并为含多图层的单图，单击菜单【Graph】-【Merge Graph Windows】命令，弹出【Graph Manipulation：Merge Graph】对话框，选择当前活动图形并设置排列方式，同时设置左、右、上、下边缘及水平、垂直间距，单击【OK】按钮应用，得到合并的多层图形。

3.5.3 图层属性设置

图层属性用于对当前图层进行详细设置，见图 3.33(b)。单击菜单【Format】-【Layer】命令，或者使用鼠标右键单击绘图窗口左上角的图层数字，在弹出的快捷菜单中选择【Layer Properties】选项（包括多个设置选项）可以打开图层属性。

【Background】选项卡：用于设置图层背景、边框样式，背景可以渐变填充，见图 3.36(a)。

【Size】选项卡：用于设置左边、上边边距，图层的宽度、高度，以及是否随框架一同缩放，见图 3.36(b)。

【Display/Speed】选项卡：用于设置数据绘制时的选项，右下角设置 X、Y 及标签等显示元素，见图 3.36(c)。

【Link Axes Scales】选项卡：用于设置关联 X 轴或 Y 轴，实现多图层双 Y 轴等。

【Stack】选项卡：图 3.31(a) 制作了一个堆叠图，可以对堆叠图的偏移做相应的设置，见图 3.36(d)。

3.5.4 绘图坐标轴设置

数据绘图：导入数据“安装目录 \ Samples \ Graphing \ Master Page. dat”，通过 A、B 列绘制点线图，单击菜单【Format】-【Axes】-【X Axis】-【Scale】命令，或双击需要设置的坐标轴（X 轴或 Y 轴），打开【Scale】选项卡；新版的 Origin 提供了快捷设置窗口，需要在曲线上单击，见图 3.37。

(1) 坐标轴刻度范围及类型【Scale】

刻度范围：在打开的【Scale】选项卡中，“From-To”用于设置 X 轴刻度范围，“Major Ticks”用于设置主刻度类型及数值，“Minor Ticks”用于设置次刻度类型及数值，见图 3.37，单击【OK】按钮确认或单击【Apply】按钮完成修改；坐标轴刻度范围也可以通过

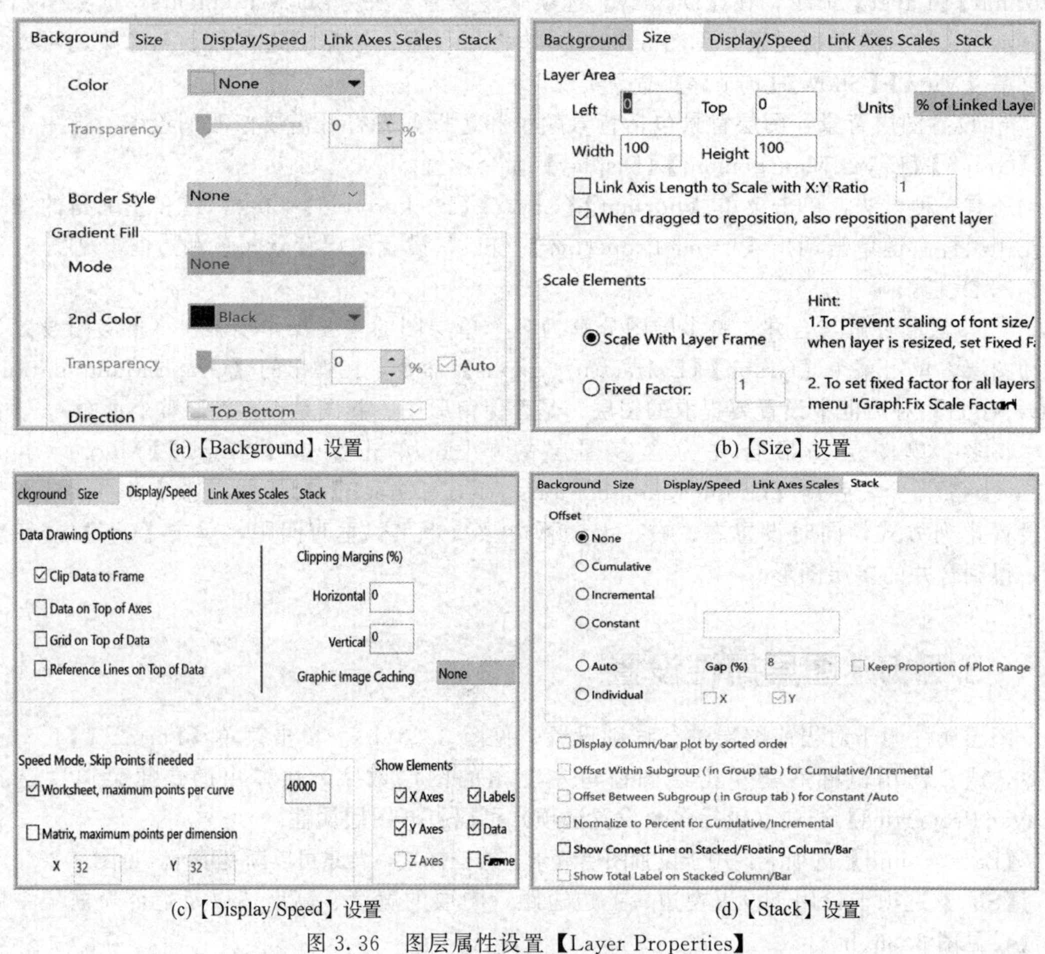

(a)【Background】设置　　(b)【Size】设置

(c)【Display/Speed】设置　　(d)【Stack】设置

图 3.36　图层属性设置【Layer Properties】

右键快捷菜单修改，在坐标轴上单击鼠标右键，利用快捷菜单【Axis Zoom In】或【Axis Zoom Out】可放大或缩小刻度。

坐标轴刻度类型：在打开的【Scale】选项卡中修改“Type”选项，选择刻度类型，如选择对数 Log10，见图 3.37，单击【OK】按钮确认或单击【Apply】按钮完成修改。

（2）刻度标签的显示、字体与旋转【Tick Labels】

双击需要设置的坐标轴，打开【X Axis】设置对话框，见图 3.38，进入【Tick Labels】选项卡，“Show”用于设置显示或隐藏刻度标识；【Display】选项卡用于设置数据类型、小数点位、前后缀等；【Format】用于设置字体格式，见图 3.38，在“Rotate”选项中设置标签的旋转角度。单击【OK】按钮确认或单击【Apply】按钮完成修改。

（3）标题【Title】

进入【Title】选项卡，“Show”用于设置标题的显示与隐藏；“Text”及“Color”用于设置字体。

（4）网格显示设置

双击需要设置的坐标轴，打开【X Axis】设置对话框，进入【Grids】选项卡，左边选择需要修改的坐标轴；“Show”用于设置主、次网格是否显示，并设置网格线的类型，见图 3.39。

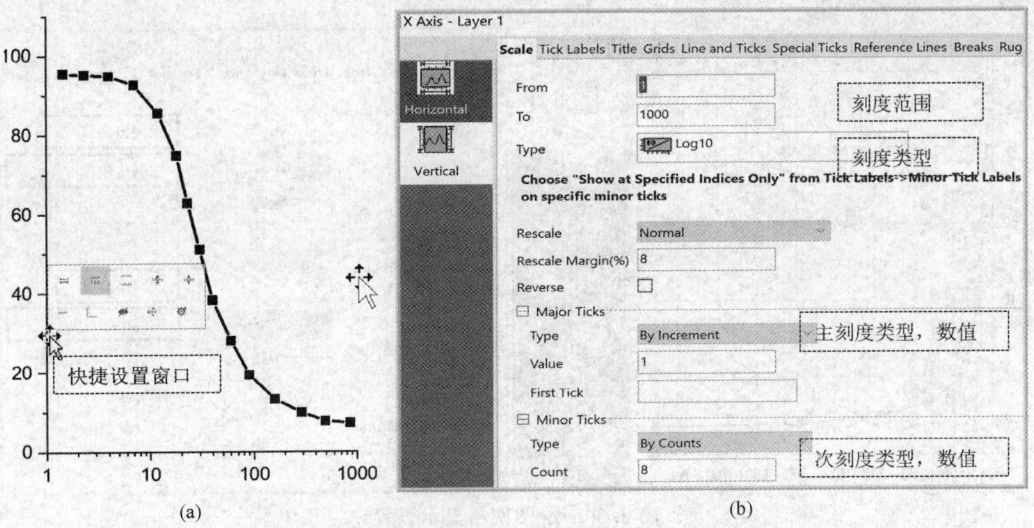

图 3.37 坐标轴快捷设置与刻度设置

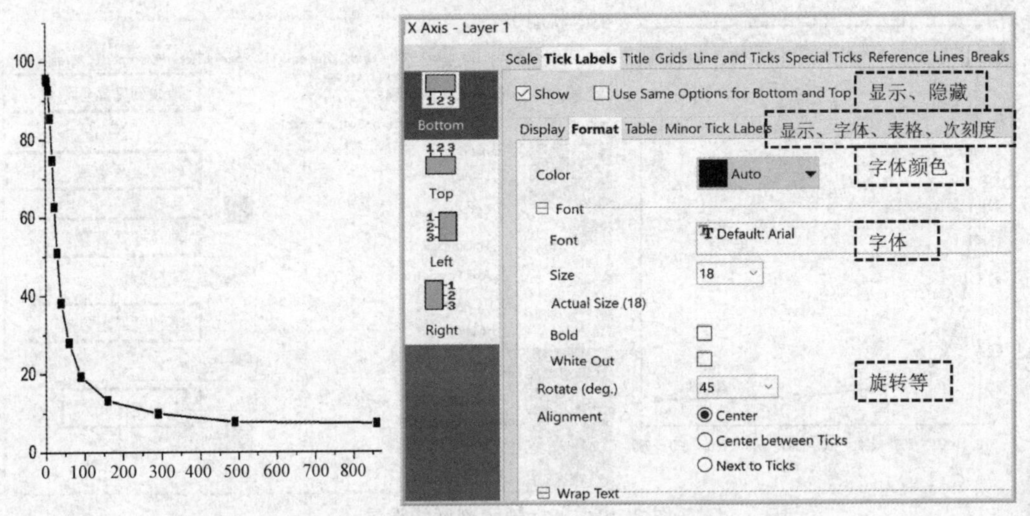

图 3.38 刻度标签的显示、隐藏与旋转

（5）轴线与刻度【Line and Ticks】

打开需要修改的图形，单击菜单【Format】-【Axes】-【X Axis】-【Line and Ticks】命令，或双击需要设置的坐标轴（X 轴或 Y 轴），进入【Line and Ticks】选项卡，见图 3.40。在左边的列表框中选择需要修改的坐标轴，“Show Line and Ticks”用于显示或隐藏当前坐标轴；“Use Same Options for Bottom and Top”用于设置 X、Y 坐标轴分别在底部和顶部显示；直接拖动坐标轴可以改变坐标轴的位置。

在“Line”选项组中可以设置坐标轴的显示、颜色、宽度及箭头，“Major Ticks”和“Minar Ticks”分别用于设置主、次刻度属性，其中“Style”用于设置刻度方向或隐藏刻度，设置上方坐标轴及刻度见图 3.40。

（6）坐标轴断点设置【Breaks】

双击需要设置断点的坐标轴，打开【X Axis】设置对话框，进入【Breaks】选项卡，勾选“Enable”复选框，在“Break Half Length”中输入断点标记长度；然后在“Number of Break”中输入断点数，同时对断点区间进行设置，单击【OK】按钮确认。

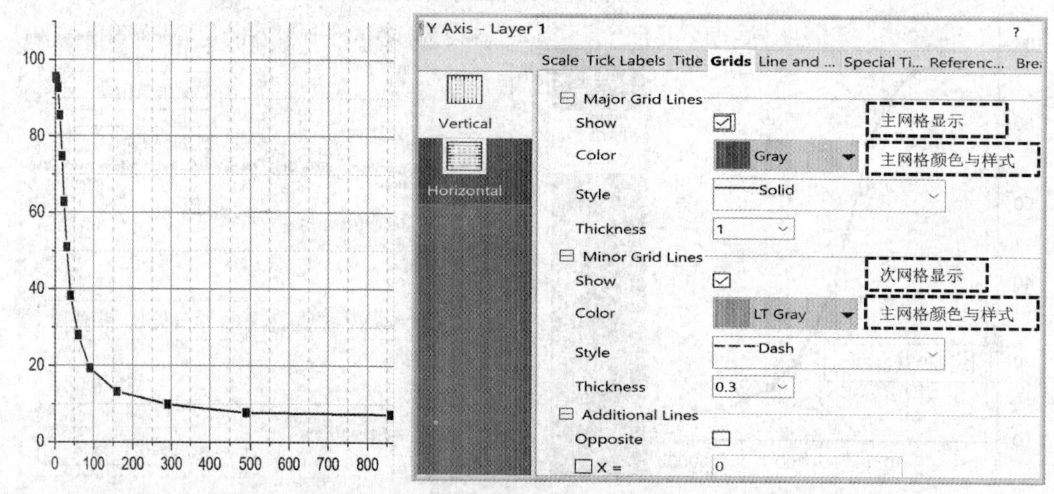

图 3.39　绘图网格显示设置

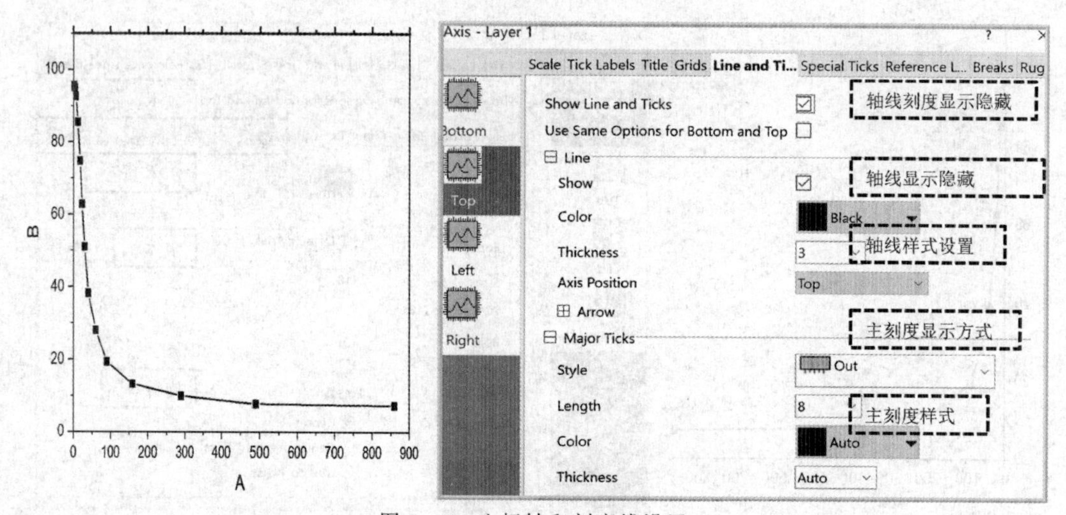

图 3.40　坐标轴和刻度线设置

3.5.5　绘图修改

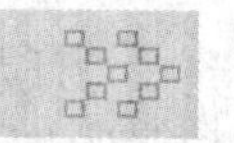

① 图表绘制：绘制的图形常常需要添加、修改数据，可以运用【Plot Setup】命令快捷地进行修改。

实例 3.6　利用【Plot Setup】命令修改曲线并添加含误差棒图形。

解：a. 导入数据："安装目录 \ Samples \ Curve Fitting \ Gaussian. dat"。

b. 框选 A、B 列数据，单击菜单【Plot】-【Basic 2D】-【Line+Symbol】命令绘制点线图。

c. 在"Gaussian. dat"数据工作表中选择 C 列，使用鼠标右键单击【Set As】-【Y Error】误差项。

d. 在绘图窗口中，单击菜单【Graph】-【Plot Setup】命令，弹出【Plot Setup：Configure Data Plots in Layer】对话框，在左边的"Plot Type"中选择绘图类型"Line+Symbol"，右上部选择数据源工作表，还是"Gaussian. dat"，中间设置对应的自变量 X 与因变量 Y 不

变，把C列勾选为yEr，单击【Replace】按钮替换原有数据，单击【OK】按钮确认或单击【Apply】按钮完成修改。

单击【Add】按钮，向当前图层中添加新的数据曲线，添加后的曲线一般应与原曲线重新组合，见图3.41。

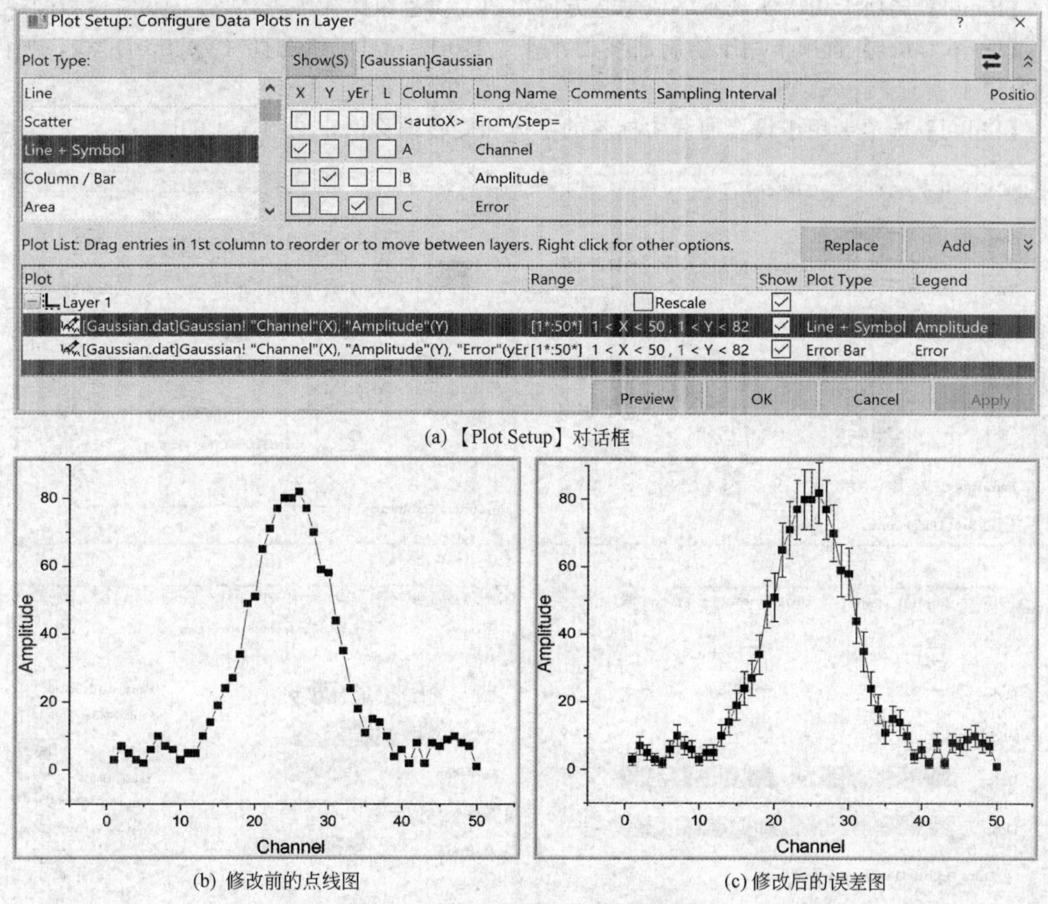

(a)【Plot Setup】对话框

(b) 修改前的点线图　　(c) 修改后的误差图

图3.41　修改点线图并添加误差棒

② 交换X-Y坐标轴：单击菜单【Graph】-【Exchange X-Y Axes】命令可实现X-Y轴交换。

③ 图表绘制修改其他功能：【Graph】菜单中存放了图表修改的大部分功能。此外，【Extract to Graphs】用于提取图层到新图表；【Merge Graph Windows】用于合并图表；【Rescale to Show All】用于调整刻度以显示所有数据等。

3.5.6 绘图属性设置

绘图快捷设置：新版的Origin提供了绘图的快捷设置命令，单击绘图曲线，将出现绘图快捷设置窗口，见图3.3(a)，第一行用于设置符号，包括颜色、符号类型、大小，第二行用于设置曲线，包括颜色及粗细度。

双击曲线，弹出【Plot Detail-Plot Properties】(绘图属性）对话框，或者单击菜单【Format】-【Plot】命令可以设置绘图曲线。

【Line】选项卡用于设置线条的连接类型（Connect）、线条的样式（Style）、宽度（Width）、颜色（Color）等，见图 3.42(a)。

【Symbol】选项卡用于设置符号的样式，包括尺寸（Size）、边缘厚度（Edge Thickness）、符号颜色（Symbol Color）等，见图 3.42(b)。

【Panel】选项卡用于实现水平或垂直方向组图、设置组图大小等。

【Drop Lines】选项卡用于绘制曲线的水平（Horizontal）和垂直（Vertical）线，见图 3.42(c)。

【Label】选项卡用于设置曲线中标签的字体和旋转偏移值，见图 3.42(d)。

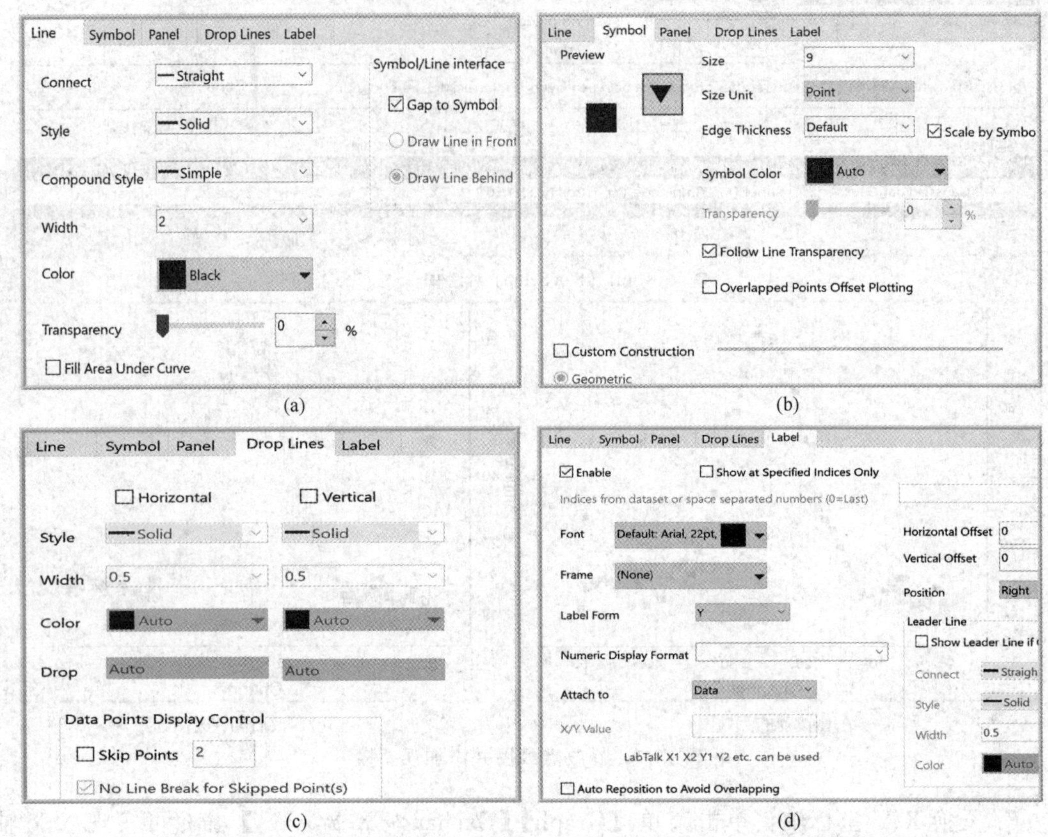

图 3.42 绘图属性设置【Plot Detail-Plot Properties】对话框

3.6 数据处理

3.6.1 简单数学计算

简单的数学计算一般有两种方法：一种方法是先用数学或函数表达式设置列值，见 3.3.7 节，按顺序、随机或函数填充数列，然后单击菜单【Column】-【Set Column Values】命令调出【Set Values】对话框。

在对话框中包括以下选项卡：【wcol（1)】，代表第几列的数据；【Col（A)】，代表第几列的数据；【Function】，软件自带的大量函数；【Variables】，变量；【Options】，选项。

Row：行的范围，默认为整列数据。

字母 i：对应的行号或整数范围，相当于函数中的自变量。

Col（C）=：表示正在编辑 C 列的数值，OriginPro 2021 支持的基本运算符有“+、一、*、/、^”。

表达式“wcol(1) * Col(A) * sin(Col(A))/i”如图 3.43 所示，表示填充 C 列的 5～9 行值等于对应的第 1 列乘以第 A 列值乘以 A 列的正弦函数，再除以对应的 5～9 数值，实际上 wcol(1)=Col(A)。

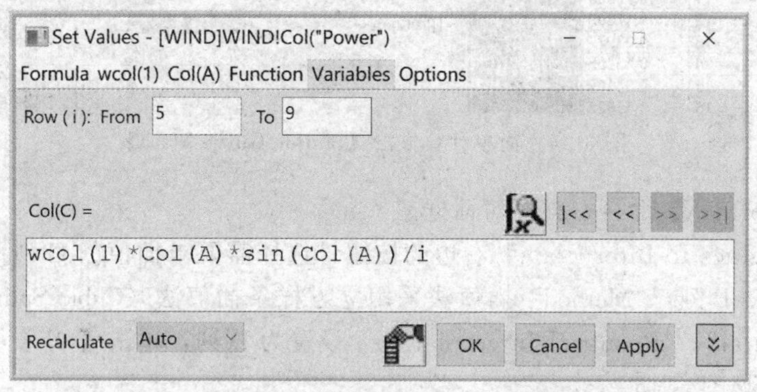

图 3.43 自定义函数或数学表达式填充数据

另一种简单计算方法是通过单击菜单【Mathematics】-【Simple Math】命令实现。

实例 3.7 实现数学运算 A 列－B 列＝C 列。

解：导入数据：单击菜单【Data】-【Import From File】-【Multiple ASCII】命令导入数据，数据位于“安装目录 \ Samples \ Graphing \ AXES. DAT”。

首先把 A 列属性设置为 Y，然后单击菜单【Analysis】-【Mathematics】-【Simple Curve Math】命令，打开【Simple Curve Math：mathtool】对话框，“Input”选项选择 A 列，“Operator”选择数学运算，如减法（Subtract），“Operand”选择常数（Const）或数据列（Reference Data），“Reference Data”选择减数 B 列，输出（Output）选择 C 列，结果见图 3.44。

3.6.2 插值/外推计算

在某区间中已知若干点的函数值得到特定函数 $f(x)$，在该区间上的其他点用函数 $f(x)$ 得到近似值，这种方法称为内插法（即插值法）。一般插值法有分段线性插值法（Linear）与立方样条插值法（Cubic Spline）。

实例 3.8 立方样条插值法（Cubic Spline）外推计算。

解：导入数据：数据位于“安装目录 \ Samples \ Mathematics \ Interpolation. dat”，设定 C 列属性为 X（设定为方便观察）。

在当前工作表窗口单击菜单【Analysis】-【Mathematics】-【Interpolate/

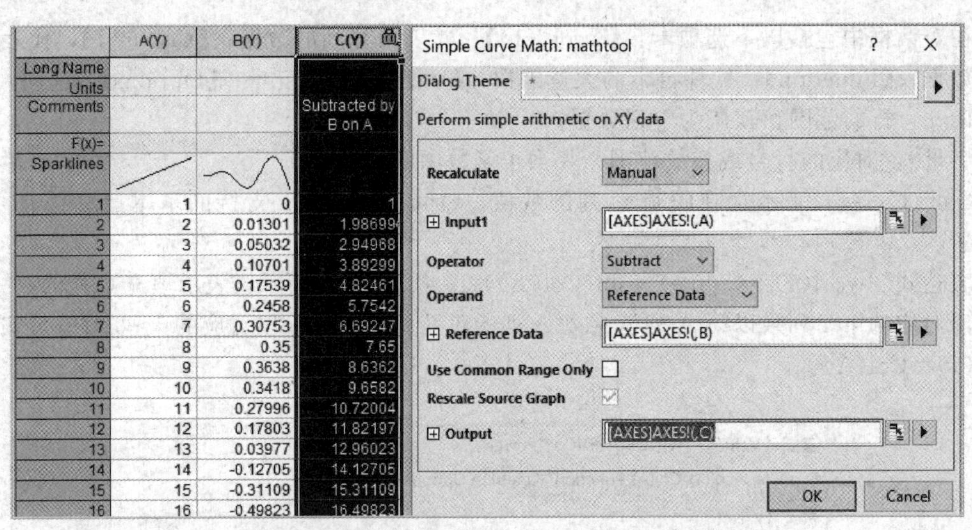

图 3.44　简单计算方法【Simple Curve Math】

Extrapolate Y form X】命令，打开对话框。

单击“X Values to Interpolate”右边的按钮，选择需要求插值的 C 列；在“Input”中输入数据选择 A、B 列，“Method”插值法采用立方样条插值法（Cubic Spline），“Boundary”中设置为“Natural”，“Result of Interpolation”设置为 D 列，单击【OK】按钮得到 D 列的插值运算结果，见图 3.45。

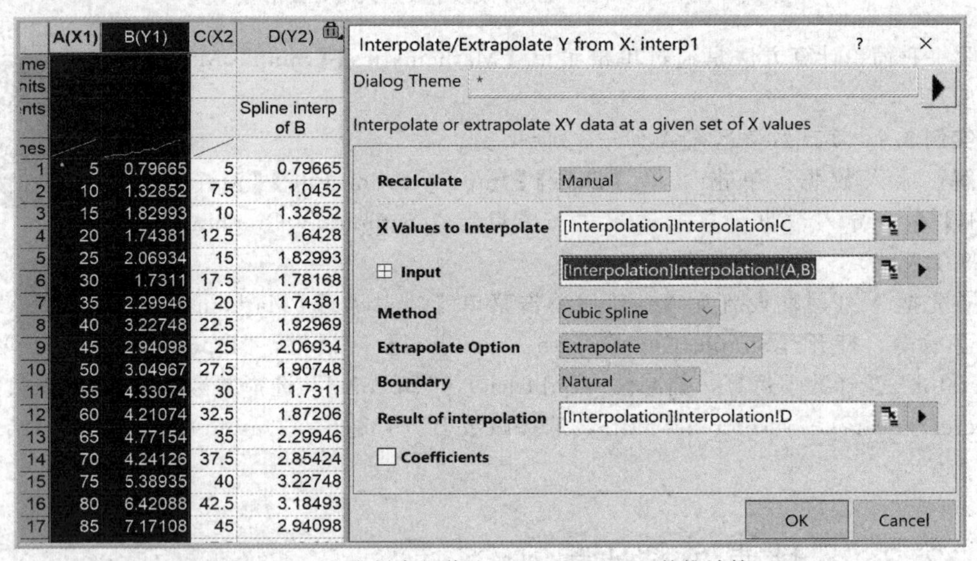

图 3.45　立方样条插值法（Cubic Spline）外推计算

3.6.3　导数计算

实例 3.9　计算由 A（X）、B（Y）列构成的函数的一阶导数。

解： 导入数据：单击菜单【Data】-【Import From File】-【Multiple ASCII】命令导入数据，数据位于“安装目录\Samples\Graphing\AXES.DAT”。

选中 A、B 列，单击菜单【Analysis】-【Mathematics】-【Differentiate】命令，打开【Differentiate：differentiate】对话框。

“Derivative Order”中设定求导阶数为 1 阶，“Output”中设置输出至 C 列，得到如图 3.46 所示 C 列的一阶导数值。

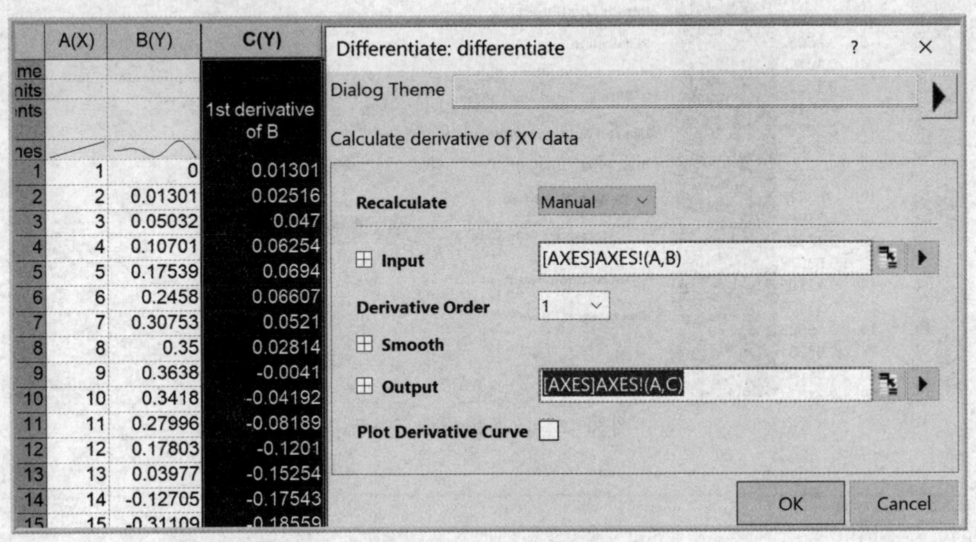

图 3.46 函数的一阶导数计算

3.6.4 数据积分计算

实例 3.10 计算由 A（X）、B（Y）列构成的函数的积分。

解：导入数据：单击菜单【Data】-【Import From File】-【Multiple ASCII】命令导入数据，数据位于“安装目录 \ Samples \ Graphing \ AXES. DAT”。

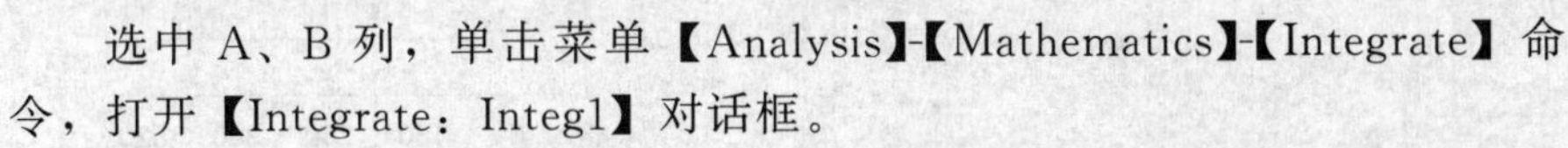

选中 A、B 列，单击菜单【Analysis】-【Mathematics】-【Integrate】命令，打开【Integrate：Integ1】对话框。

【Input】中设定求 A（X）、B（Y）列构成的函数的积分，框选 A、B 列；“Integral Curve Data”中设置输出位置 C 列，得到如图 3.47 所示 C 列的积分值以及上面的积分面积 Area。

3.6.5 傅里叶变换

实例 3.11 计算由 A（X）、B（Y）列构成的函数的快速傅里叶变换。

解：导入数据：单击菜单【Data】-【Import From File】-【Multiple ASCII】命令导入数据，数据位于“安装目录 \ Samples \ Signal Processing \ ftfilter1. DAT”。

选中 A、B 列，单击菜单命令【Analysis】-【Signal Processing】-【FFT】-【FFT】，打开【FFT：fft1】对话框。打开【Plot】选项卡，取消其他复选框的勾选，只勾选振幅（Amplitude/Phase）复选框。单击【Preview】按钮可以预览傅里叶变换前后的图，单击【OK】按钮可以得到傅里叶变换后的 X、Y 值，见图 3.48。

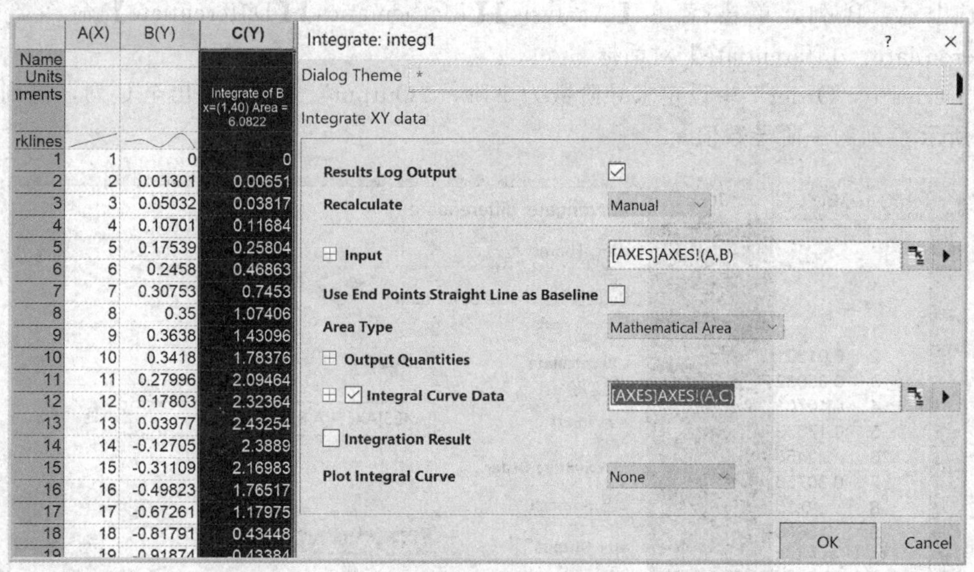

图 3.47　数据积分计算过程

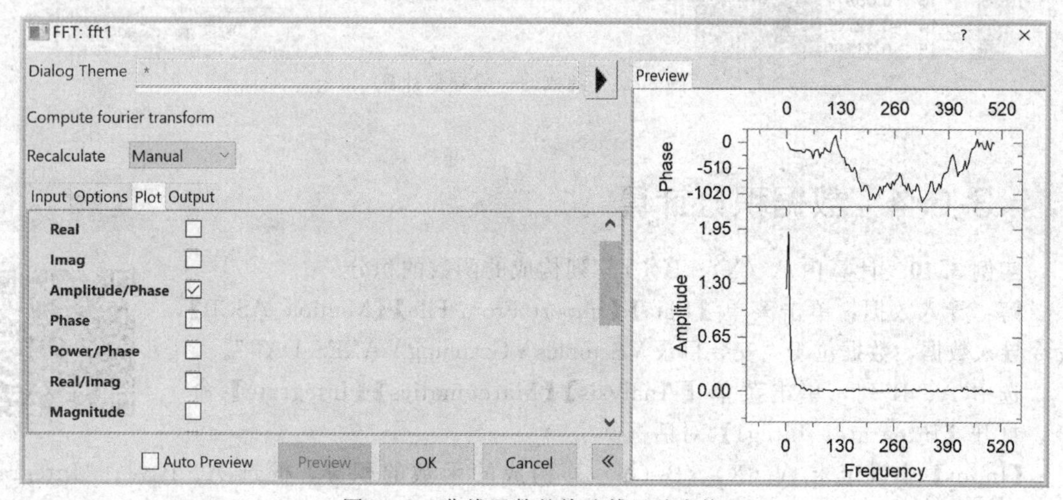

图 3.48　曲线函数的快速傅里叶变换

3.6.6　曲线平滑

实例 3.12　平滑由 A（X）、B（Y）列构成的曲线。

解：导入数据：单击菜单【Data】-【Import From File】-【Multiple ASCII】命令导入数据，数据位于“安装目录 \ Samples \ Signal Processing \ fftfilter1. DAT”。

框选要平滑的数据 A、B 列。

单击菜单【Analysis】-【Signal Processing】-【Smooth】命令，在打开的【Smooth：Smooth】对话框上选择平滑参数，设置输出列为 C 列，单击【OK】按钮确定。

平滑后的数据在 C 列，可以选择 A、C 列重新绘图，得到平滑曲线，见图 3.49。

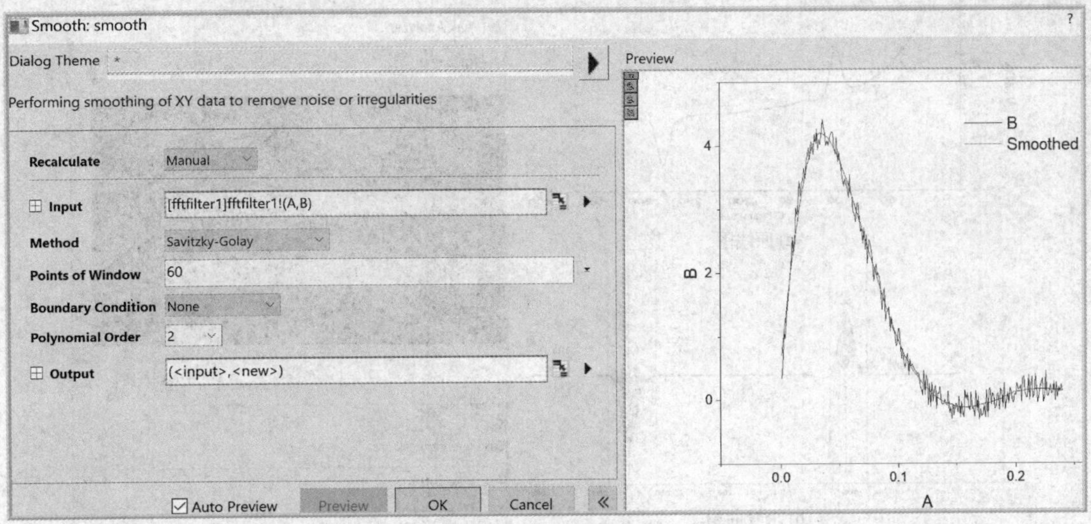

图 3.49 曲线的平滑

3.6.7 基线校正与峰面积

实例 3.13 导入曲线，进行基线校正后求峰面积。

解：① 导入数据：单击菜单【Data】-【Import From File】-【Multiple ASCII】命令导入数据，数据位于“安装目录\Samples\Spectroscopy\Peaks on Exponential Baseline.dat”，框选 A、B 列绘制线图（Line），见图 3.50(a)。

② 基线校正：绘图窗口中，单击菜单【Analysis】-【Peaks and Baseline】-【Peak Analyzer】命令打开【Peak Analyzer】对话框，见图 3.50(d)。

【pa_goal】目标设定界面：“Goal”设定为“Integrate Peaks”，单击【Next】按钮。

【pa_basemode】设置基线定位点界面：“Baseline Mode”设定为“User Define，Number of Points of Fine”设置为 30，单击【Find】按钮，单击【Next】按钮。

【pa_basecreate】界面：不修改，单击【Next】按钮。

【pa_basetreat】扣除基线界面：勾选“Auto subtract Baseline”，单击【Subtract Now】按钮扣除基线。

③ 寻峰及峰面积：

【pa_peaks】寻峰界面：单击【Find】按钮寻峰，得到 103、277 两个峰值，单击【Next】按钮。

【pa_int】设定要计算的量界面：添加勾选曲线面积（Curve Area），见图 3.50(d)，单击【Finish】按钮完成修改，得到基线图，见图 3.50(b)。

峰面积计算结果以工作表的方式表示，在列名称为 Area 的两个单元格中，23.0726 与 −26.467 分别代表上下两个峰的峰面积。

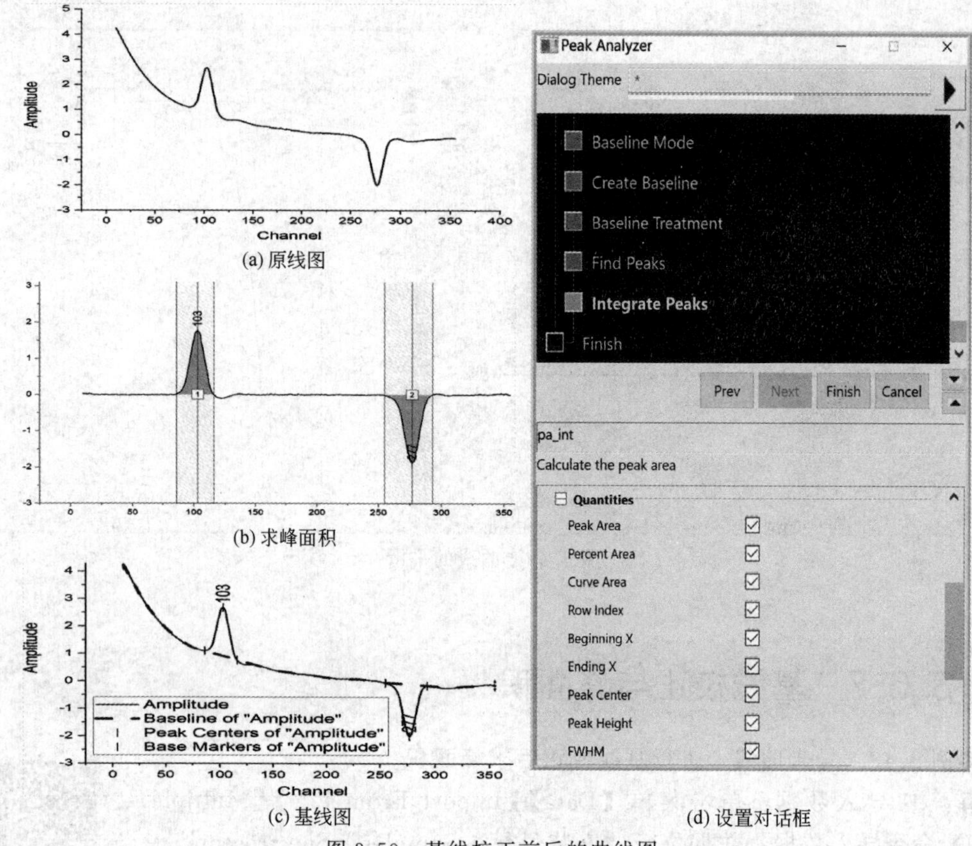

(a) 原线图

(b) 求峰面积

(c) 基线图

(d) 设置对话框

图 3.50　基线校正前后的曲线图

3.6.8　一元线性拟合

在数据分析处理过程中，经常需要从一组已知的数据，去求得自变量 X 与因变量 Y 的近似函数 $f(x)$，通过近似的函数 $f(x)$，去预测未知的自变量 X 对应的因变量 Y 的值，就叫作曲线的拟合。采用最小二乘法，可以直接通过 Origin 处理数据得到一元线性回归方程。

实例 3.14　绘制曲线的一元线性回归方程。

解：单击菜单【Data】-【Import From File】-【Multiple ASCII】命令导入数据，数据位于“安装目录 \ Samples \ Curve Fitting \ Linear Fit. dat”，以 D 列为例说明拟合过程。

绘制散点图：选择 D 列，单击菜单【Plot】-【Basic 2D】-【Scatter】命令绘制散点图。

线性拟合：在散点图窗口中，单击菜单【Analysis】-【Fitting】-【Fit Linear】命令，在弹出的【Linear Fit】对话框中设置拟合参数，见图 3.51(b)，新版 Origin 做了简化，这里可以直接按默认值设置。

拟合的结果是得到一元线性回归方程及线性拟合报告，见图 3.51(a)，其中参数的含义见表 3.8。

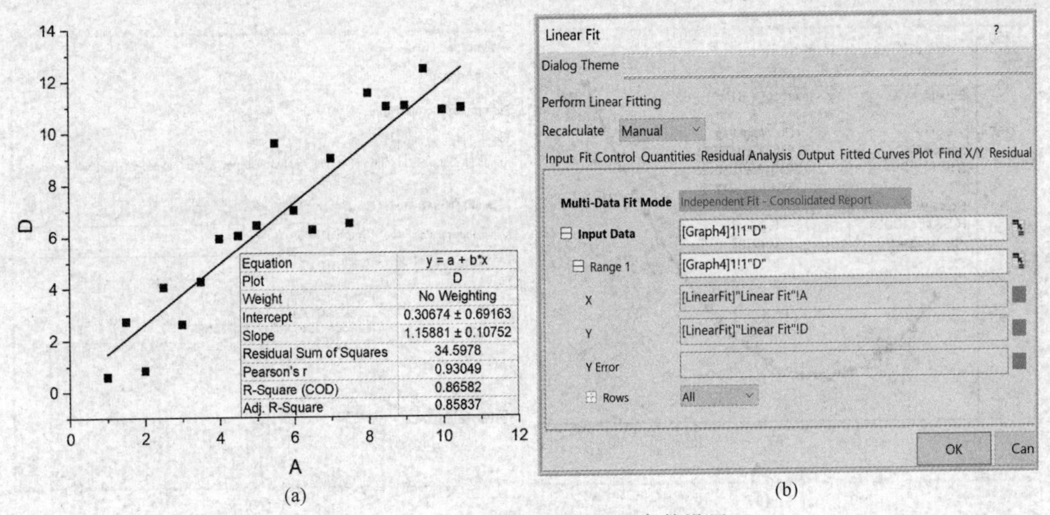

图 3.51 一元线性回归方程及参数设置

表 3.8 参数含义

参数	含义
Equation	绘图方程
Intercept	截距值
Slope	斜率值
Residual Sum of Squares	残差平方和
Pearson's r	皮尔逊相关系数
Adj. R-Square	线性相关系数

3.6.9 多项式拟合

多项式采用方程 $Y=B_0+B_1X+B_2X^2+B_3X^3+\cdots+B_nX^n$ 进行拟合，多项式拟合可以设置级数（1～9）。

实例 3.15 绘制曲线的多项式回归方程。

解：单击菜单【Data】-【Import From File】-【Multiple ASCII】命令导入数据，数据位于“安装目录 \ Samples \ Curve Fitting \ Polynomial Fit. dat”，以 B 列为例说明拟合过程。

绘制散点图：选择 B 列，单击菜单【Plot】-【Basic 2D】-【Scatter】命令绘制散点图。

线性拟合：在散点图窗口中，单击菜单【Analysis】-【Fitting】-【Fit Polynomial】命令，在弹出的【Polynomial Fit】对话框中设置拟合参数，在“Polynomial Order”选项中选择多项式次数“2”，其他为默认值，见图 3.52(b)，单击【OK】按钮拟合，弹出绘制效果图与报告，见图 3.52(a)。

3.6.10 非线性曲线 Gauss 拟合

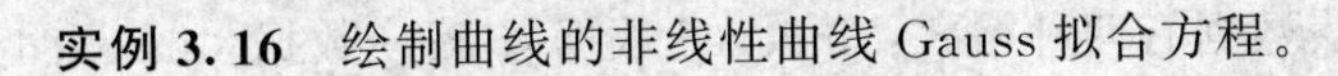

实例 3.16 绘制曲线的非线性曲线 Gauss 拟合方程。

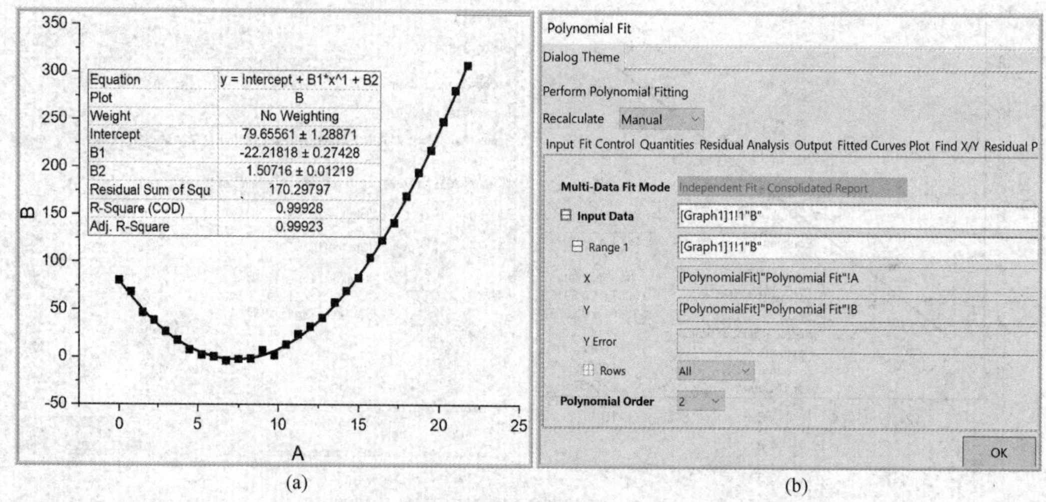

图 3.52　多项式回归拟合与【Polynomial Fit】对话框

解：单击菜单【Data】-【Import From File】-【Multiple ASCII】命令导入数据，数据位于“安装目录 \ Samples \ Curve Fitting \ Gaussian. dat”，以 B 列为例说明拟合过程。

绘制散点图：选择 B 列，单击菜单【Plot】-【Basic 2D】-【Scatter】命令绘制散点图。

非线性拟合：在散点图窗口中，单击菜单【Analysis】-【Fitting】-【Nonlinear Curve Fit】命令，在打开的【NLFit】对话框中设置拟合参数，单击菜单【Settings】-【Function Selection】命令，“Function”选择函数“Gauss”，其他直接按默认值设置，见图 3.53(b)，单击【OK】按钮拟合，弹出绘制效果图与报告，见图 3.53(a)。

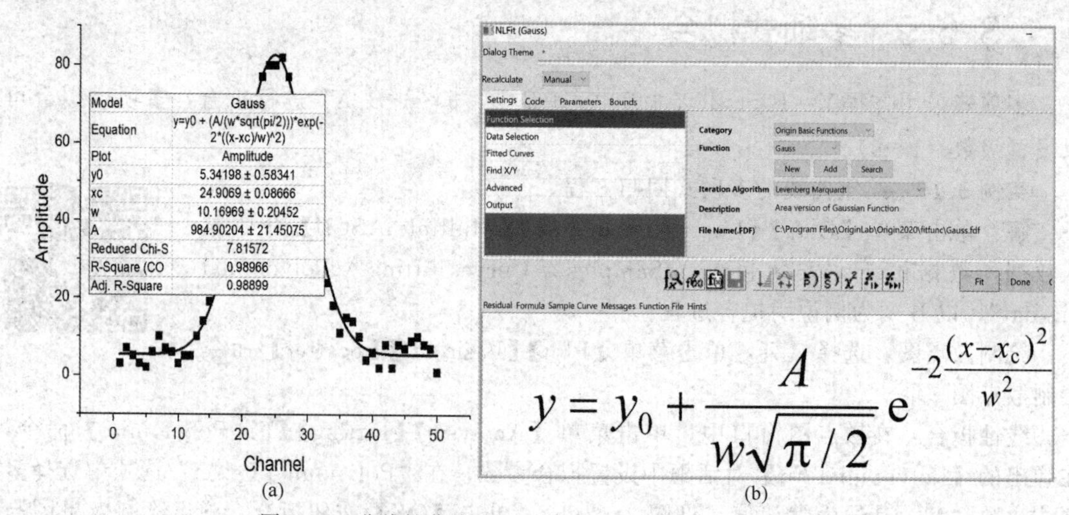

图 3.53　非线性曲线 Gauss 拟合方程和拟合曲线的设置

3.6.11　单因素实验方差分析

单因素实验方差分析的工作表数据有两种格式：indexed 数据与 Raw 数据。indexed 数据的特点为单因素 Factor 下的几个水平都列于同一列，每个水平有多个样本，把每个样本的值 Data 列于另一列；Raw 数据表格的特点为把每一个水平的样本分别放在不同的列。

实例 3.17　indexed 数据的单因素实验方差分析。

解：单击菜单【Data】-【Import From File】-【Multiple ASCII】命令导入数据，数据位于“安装目录 \ Samples \ Statistics \ ANOVA \ One-Way RM ANOVA _ indexed. dat”。

方差分析：单击菜单【Statistics】-【Anova】-【One-Way Anova】命令，打开【ANOVAOneWay】对话框，见图 3.54(a)，“Input Data”选择“indexed”，方差分析参数“Factor”（自变量）选择 B 列数据，“Data”（因变量）选择 C 列数据，“Significance Level”（显著性水平）设置为“0.05”，即置信度为 95%，单击【OK】按钮分析，弹出分析报告，见图 3.54(b)。

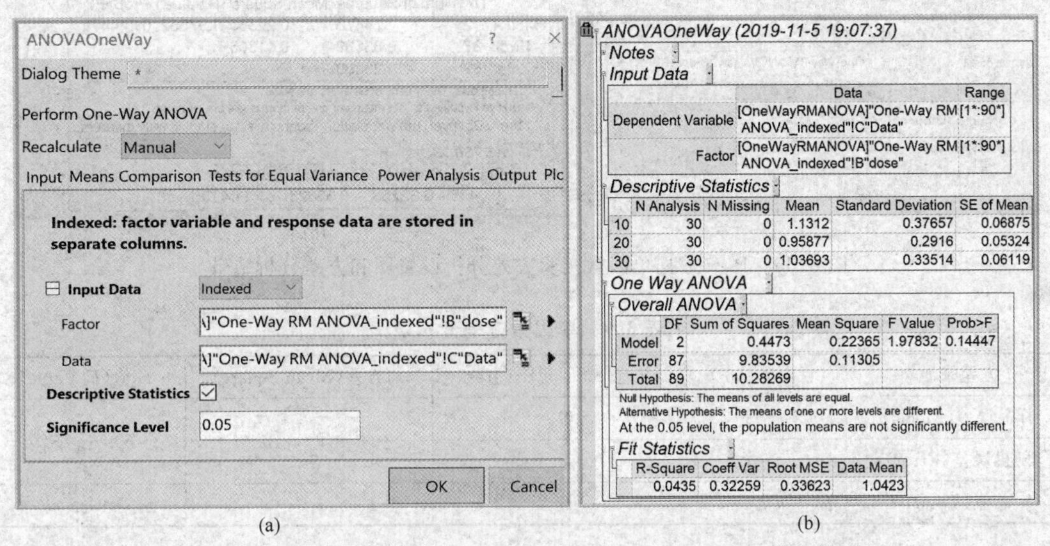

(a)　　(b)

图 3.54　indexed 数据单因素实验方差分析设置图和方差分析结果

实例 3.18　Raw 数据的单因素实验方差分析。

解：单击菜单【Data】-【Import From File】-【Multiple ASCII】命令导入数据，数据位于“安装目录 \ Samples \ Statistics \ ANOVA \ One-Way RM ANOVA _ raw. dat”。

方差分析：单击菜单【Statistics】-【Anova】-【One-Way Anova】命令，打开【ANOVAOneWay】对话框，“Input Data”选择“Raw”，“Number of levels”选择“3”，“Data”下的 3 个 Level 分别选择 A、B、C 列，“Significance Level”（显著性水平）设置为“0.05”，即置信度为 95%，单击【OK】按钮分析，弹出分析报告，见图 3.55(b)。

单因素实验方差分析的结果都列于【Overall ANOVA】报表中，报表结果代表的意义见表 3.9，将计算得到的 F 值（F Value）与 F 值分布表的值进行对比，如果 F 值大于 F 值分布表的值，表示总体平均值在该水平上有显著性差异。反之，没有显著性差异，Prob>F 代表显著性概率，蓝色字体“At the 0.05 level, the population means are not significantly different.”表示在 0.05 水平上，总体平均值没有显著性差异，这是方差分析的结论。

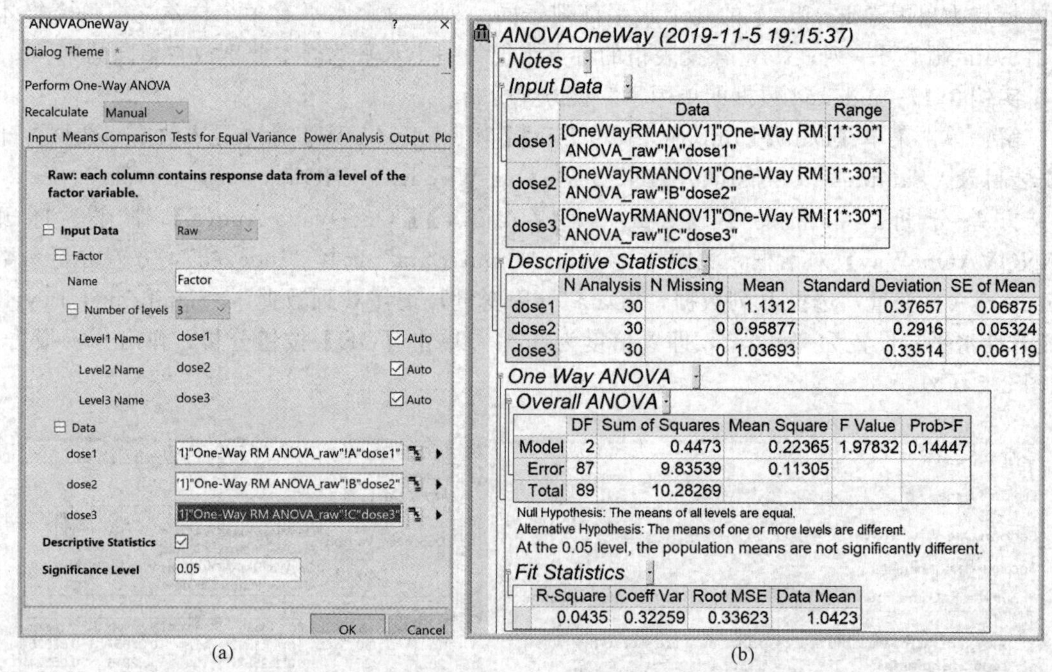

图 3.55 Raw 数据单因素实验方差分析设置图和方差分析结果

表 3.9 单因素方差分析表

方差来源	自由度(DF)	方差(Sum of Squares)	均方差(Mean Square)	F 值(F Value)
样品误差(Model)	$r-1$	S_A^2	$\overline{S}_A^2$	$F=\overline{S}_A^2/\overline{S}_E^2$
随机误差(Error)	$n-r$	S_E^2	$\overline{S}_E^2$	
总值(Total)	$n-1$	S_T^2		

3.7 页面布局与图像保存输出

3.7.1 页面布局

在项目管理器窗口使用鼠标右键单击，单击菜单【New Window】-【Layout】命令，打开页面布局窗口，使用鼠标右键单击，见图 3.56，出现快捷菜单，这里可以添加图像、工作表、新表格等，设置完成后输出图像。

3.7.2 文件保存和调用

Origin 可以将项目文件保存成扩展名为“.opju”的文件，早期版本为“.org”“.opj”，可以随时编辑和处理其中的数据和图形。

单击菜单【File】-【Save Project】命令，打开文件保存对话框，选择保存文件的位置；

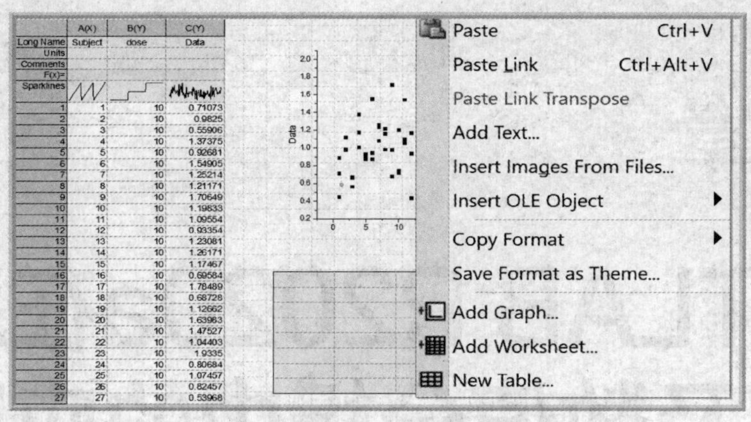

图 3.56　页面布局【Layout】窗口

如果文件需要重新编辑，可以单击菜单【File】-【Open】命令打开项目文件。

3.7.3　输出图像

（1）输出到其他程序

Origin 有两种图像输出方式：一种方式是利用 OLE 对象链接嵌入技术，把对象嵌入支持 OLE 的软件中，如 Office Word 软件，在共享软件中，只需要双击对象，就可以运用 Origin 软件进行编辑，编辑完成后关闭 Origin 软件，修改后的图像将保存于 Word 中，这里要求计算机安装 Origin 软件。具体操作步骤如下：在 Origin 软件中打开当前图像；单击菜单【Edit】-【Copy Page】命令，打开 Word 文档，粘贴完成复制操作。另一种方式是直接生成图片文件，所绘制的图形可以直接复制粘贴到其他编辑软件中，具体步骤如下：在 Origin 软件中打开当前图像；单击菜单【Edit】-【Copy Graph as Picture】命令，打开 Word 文档，粘贴完成复制操作。

（2）输出到图像文件

在 Origin 软件中打开当前图像，单击菜单【File】-【Export Page】命令；在打开的【Export Graph】对话框中设定输出图形页面，选择输出生成的图像格式、输出图像文件名及保存位置等，将细节和颜色少的图推荐保存成矢量图，如“.emf”“.eps”“.wmf”；反之，则保存成位图，如“.tif”“.jpg”“.png”。单击【OK】按钮输出。

第4章

MATLAB R2020a在工程计算及数值分析中的应用

4.1 MATLAB R2020a 软件简介

（1）MATLAB 软件

MATLAB 是一种广泛应用于数值分析及工程计算领域的高级语言，建立于 1984 年，历经近 40 年的发展，现已成为最优秀的工程计算与分析类应用开发软件。

MATLAB 是一种应用广泛的数学应用类软件，以其强大的算法研究、工程绘图、工程计算、应用程序开发、数据分析和动态仿真等功能，在航空航天、化学工程、机械制造和工程建筑等领域发挥着越来越重要的作用。至今，MATLAB 仍然是广泛使用的数学计算软件。

（2）软件特点与功能

① MATLAB 具有很强的数值计算功能，MATLAB 命令可读性强，与数学中的符号、公式非常接近；MATLAB 以矩阵作为数据操作的基本单位，提供十分丰富的数值计算函数，计算方便。

② MATLAB 是一个交互式软件系统，输入一条命令，立即就可以得出该命令的结果。

③ MATLAB 拥有符号计算功能，融入了著名的符号计算语言 Maple。

④ MATLAB 提供丰富的绘图命令，很方便实现数据的可视化。

⑤ MATLAB 具有程序数据结构、输入输出、结构控制、函数调用、面向对象等程序语言特征，编程效率高，而且简单易学。

⑥ MATLAB 拥有丰富的工具箱，各种可选工具箱能满足专业领域中的特殊需要。

⑦ MATLAB 的 Simulink 动态仿真集成环境，可以设置不同的输出方式、提供建立系统模型、选择数值算法和仿真参数、启动仿真程序对该系统进行仿真。

（3）软件界面

MATLAB界面简洁，操作方便，默认菜单栏包括【主页】【绘图】【APP】；在脚本编辑状态下，增加了【编辑器】、【发布】与【视图】，见图4.1，“命令行窗口”用于输入命令；在“编辑器”中可以输入M程序文件；“工作区”列出了当前变量。

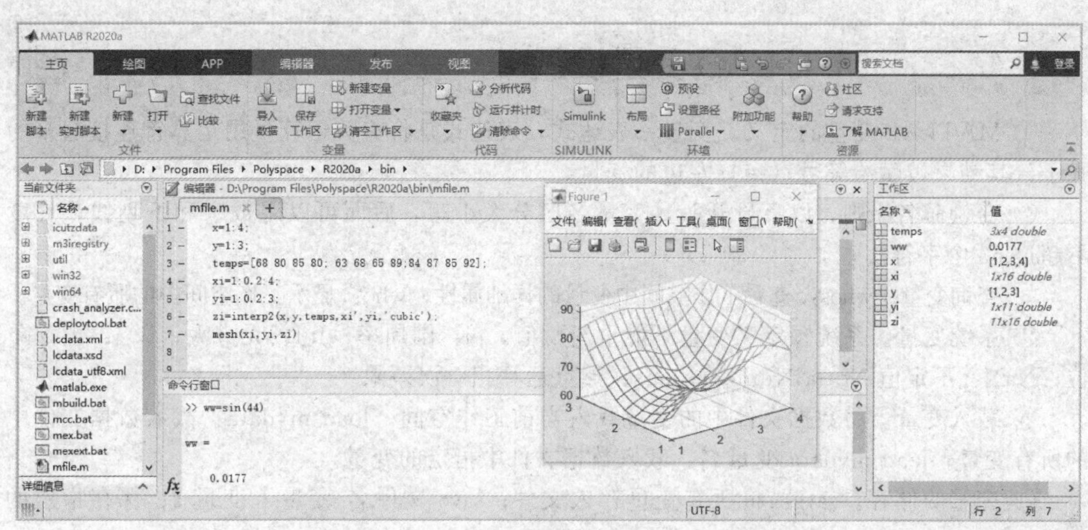

图4.1　MATLAB R2020a软件界面

单击不同的菜单，将弹出不同工具栏，图4.1中为主页的工具栏，绘图及其他菜单的工具栏见图4.2，MATLAB工具栏排版简洁，简单易学，熟练运用这些工具，方便用户完成各项操作。

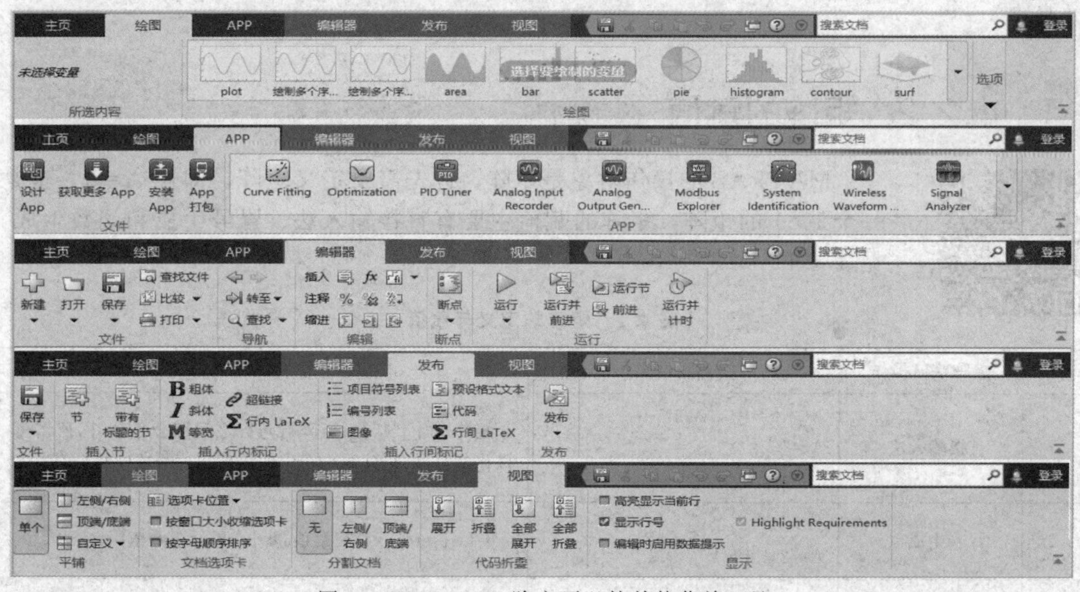

图4.2　MATLAB除主页以外其他菜单工具

4.2 MATLAB 矩阵的赋值与运算

 4.2.1 MATLAB 变量设置

① MATLAB 变量的定义。变量=表达式，表达式是将有关运算量用运算符连接起来的式子，其结果被赋给等号（=）左边的变量。

② 变量命名原则。以字母开头，变量名区分大小写，后面可以跟数字和下划线，长度不超过 63 个字符。

③ 查询变量。whos：查看工作空间中变量的详细属性；who：显示工作空间中的所有变量。

④ 系统变量。系统预定义变量不能重新赋值。pi：圆周率；Inf：无穷大；i，j：虚部单位；NaN：不定值 Not-a-Number；eps：浮点运算相对误差限。

⑤ 载入变量。将数据文件中的变量载入当前工作空间。load mydata：载入数据文件中的所有变量；load mydata 变量名：载入数据文件中指定的变量。

⑥ 变量的储存。save：将所有变量存入文件；save 文件名 变量 1 变量 2：保存指定的变量。

⑦ 变量的格式。MATLAB 以双精度执行所有的运算，可以通过 format 命令指定数的输出格式，format short 为缺省显示格式，显示 5 位。

⑧ 清除变量。clear：清除当前工作空间中的所有变量；clear 变量名：清除指定的变量。

⑨ 全局变量。格式为：global 变量名。函数文件中的变量是局部变量。如把某一变量定义为全局变量，那么，其作用域是整个 MATLAB 的工作空间，所有函数都可以操作全局变量。

 4.2.2 矩阵的赋值

MATLAB 的操作对象是矩阵，首先需要定义矩阵，即使 A=1，也是一个 1×1 的矩阵，矩阵的赋值主要有直接输入法、冒号生成和函数生成，见表 4.1。

表 4.1 矩阵的定义与赋值

序号	矩阵赋值操作	实例及结果	说明
1	直接输入法	>>A=[1 2 3;4 5 6] A=1 2 3 4 5 6	矩阵用“[]”括起；矩阵行与行之间用分号分开，回车可以代替分号；矩阵同一行中的元素用逗号或空格分开
2	冒号生成	>>A=2:2:9 A=2 4 6 8	x=x1:step:x2(初始值:步长:尾元素数值限)
3	函数生成	>>B=linspace(2,8,4) B=2 4 6 8	y=linspace(x1,x2,n)(初始值,终止值,个数)，n 默认为 100，y=logspace(x1,x2,n)(初始值,终止值,个数)，n 默认为 50

续表

序号	矩阵赋值操作	实例及结果	说明
4	扩展——矩阵元素表达式	>>x=[4^2,-1.9,sqrt(4)] x=16.00 -1.90 2.00	矩阵元素可以用任何数值表达式
5	扩展——原矩阵扩展	>>x=[4^2,-1.8,sqrt(4)]; >>x(5)=(1+7)/2 x=16.0 -1.80 2.0 0 4.0	本实例将向量 ***x*** 的长度扩展到 5，并将未赋值部分第 4 个数置零
6	扩展——原矩阵的下方加一行	>>A=[1 2 3];A=[A;7 8 9] A=1 2 3 7 8 9	小矩阵可以组成大矩阵，如需在 **A** 矩阵的下面添加一行，可以在小矩阵后面直接添加
7	扩展——原矩阵的右侧加一列	>>A=[1 2 3;4 5 6]; >>c=[7;8]; >>A=[A c] A=1 2 3 7 4 5 6 8	大矩阵可以把小矩阵作为其元素，如需在 **A** 矩阵的右侧添加一列，可以采用这种表达式

4.2.3 特殊矩阵的生成

矩阵计算及绘图中常需用到一些特殊的矩阵，表 4.2 所示为常见的矩阵生成函数，通过这些生成函数，可以快速地生成一些特殊的矩阵。

表 4.2 常见的矩阵生成函数

序号	函数实例	实例输出效果	说明
1	>>zeros(2,2)	ans=0 0 0 0	zeros(a,b)：生成一个 *a* 行 *b* 列的零矩阵；当 *a*=*b* 时，可写为 zeros(a)
2	>>ones(2,2)	ans=1 1 1 1	ones(a,b)：生成一个 *a* 行 *b* 列的矩阵，元素全为 1，当 *a*=*b* 时，可写为 ones(a)
3	>>eye(2,2)	ans=1 0 0 1	eye(a,b)：生成一个 *a* 行 *b* 列的矩阵，主对角线全为 1，当 *a*=*b* 时，可写为 eye(a)，即 *a* 维单位矩阵
4	>>A=[1 2;4 5] >>diag([1 2])	ans=1 0 0 2	diag(A)：若 **A** 是矩阵，则生成 **A** 的主对角线向量； 若 **A** 是向量，则生成以 **A** 为主对角线的对角矩阵
5	>>A=[1 2;4 5] >>tril(A)	ans=1 0 4 5	tril(A)：提取矩阵的下三角部分； 类似函数 triu(A)：提取矩阵的上三角部分
6	>>rand(2)	ans=0.814 0.127 0.905 0.913	rand(a,b)：在 0～1 间生成均匀分布的随机矩阵；当 *a*=*b* 时，可写为 rand(a)；类似函数 randn(a,b)：产生方差为 1 的标准正态分布随机矩阵
7	>>A=[1 2;4 5] >>size(A),Length(A)	ans=2 2 ans=4	size(A)：得到矩阵 **A** 的尺寸，实例中 **A** 为 2 行 2 列的矩阵。 Length(A)：得到向量的长度，实例中为 4

4.2.4 矩阵的引用

在数据计算中，经常需要提取矩阵中的单个或者多个元素，运用简单的表达，能快速提取行或列中的元素，见表 4.3。

表 4.3　矩阵的提取与引用

分类	提取元素	引用实例	说明
单个元素的引用	提取矩阵中的第几个元素	>>A=[1 2 3;4 5 6];A(4) ans=5	提取矩阵 **A** 中的第 4 个元素，得到 5。注意先数第一列，再数第二列
	提取矩阵中几行几列个元素	>>A=[1 2 3;4 5 6];A(2,3) ans=6	提取矩阵 **A** 中的第 2 行第 3 列的一个元素，得到 6
多个元素的引用	引用部分行或列	>>A=[1 2 3;4 5 6;7 8 9];A(2:3,2:3) ans=5　6 　　8　9	A(a:b,m:n)：提取矩阵 **A** 的第 a 到 b 行与第 m 到 n 列交叉线上的子矩阵
	提取某一行的全部元素	>>A=[1 2 3;4 5 6;7 8 9];A(1,:) ans=1　2　3	冒号表示全部的行或列元素。如 A(:,:)，表示全部的行和列数值

4.2.5　MATLAB 矩阵运算

① 算术表达式，与 C 语言相同，MATLAB 中的数默认是双精度实数，浮点数据误差为 eps，浮点数的正常范围为 10^{-308}～10^{308}；矩阵元素中有复数时，加号两边不留空格，例如 m2=7+5i。

② 数学运算符，包括+（加法）、-（减法）、/和\（右除和左除）及^（幂运算）。MATLAB 基本的数值运算见表 4.4。

表 4.4　MATLAB 基本的数值运算

运算	表达式与运算性质	运算规则
加减	表达式：>>A+B 规律：交换律 $\boldsymbol{A}+\boldsymbol{B}=\boldsymbol{B}+\boldsymbol{A}$ 结合律 $\boldsymbol{A}+\boldsymbol{B}+\boldsymbol{C}=\boldsymbol{A}+(\boldsymbol{B}+\boldsymbol{C})$	两个矩阵相加减，即它们相同位置的元素相加减；只有对于行数、列数分别相等的两个矩阵，加减法运算才有意义
矩阵×数	表达式：>>B=λA 规律：结合律 $(\lambda\mu)\boldsymbol{A}=\lambda(\mu\boldsymbol{A})$ $(\lambda+\mu)\boldsymbol{A}=\lambda\boldsymbol{A}+\mu\boldsymbol{A}$ 分配律 $\lambda(\boldsymbol{A}+\boldsymbol{B})=\lambda\boldsymbol{A}+\lambda\boldsymbol{B}$	数 λ 乘以矩阵 **A**，就是将数 λ 乘以矩阵 **A** 中的每一个元素，记为 $\lambda\boldsymbol{A}$ 或 $\boldsymbol{A}\lambda$，$-\boldsymbol{A}$ 称为 **A** 负矩阵
矩阵×矩阵	表达式：>>C=A*B 规律：结合律 $(\boldsymbol{AB})\boldsymbol{C}=\boldsymbol{A}(\boldsymbol{BC})$ 左分配律 $\boldsymbol{A}(\boldsymbol{B}\pm\boldsymbol{C})=\boldsymbol{AB}\pm\boldsymbol{AC}$ 右分配律 $(\boldsymbol{B}\pm\boldsymbol{C})\boldsymbol{A}=\boldsymbol{BA}\pm\boldsymbol{CA}$ $\lambda(\boldsymbol{AB})=(\lambda\boldsymbol{A})\boldsymbol{B}=\boldsymbol{A}(\lambda\boldsymbol{B})$	设 $\boldsymbol{A}=(a_{ij})_{m*s}$，$\boldsymbol{B}=(b_{ij})_{s*n}$，则 **A** 与 **B** 的乘积 $\boldsymbol{C}=\boldsymbol{AB}$ 满足：①左矩阵的列数=右矩阵的行数，矩阵的乘法才有意义。②**C** 的行数与（左矩阵）**A** 相同，列数与（右矩阵）**B** 相同，即 $\boldsymbol{C}=(c_{ij})_{m*n}$。③**C** 的第 i 行第 j 列的元素由 **A** 的第 i 行元素与 **B** 的第 j 列元素对应相乘，再取乘积之和
矩阵转置	表达式：>>B=A′ 运算性质：$(\boldsymbol{A}')'=\boldsymbol{A}$；$(\boldsymbol{A}+\boldsymbol{B})'=\boldsymbol{A}'+\boldsymbol{B}'$ $(\boldsymbol{AB})'=\boldsymbol{B}'\boldsymbol{A}'$；$(\lambda\boldsymbol{A})'=\lambda\boldsymbol{A}'$	转置矩阵：将矩阵 **A** 的行换成同序号的列所得到的新矩阵，记作 $\boldsymbol{A}^{\mathrm{T}}$ 或 $\boldsymbol{A}'$；如果矩阵满足 $\boldsymbol{A}=\boldsymbol{A}^{\mathrm{T}}$，则称 **A** 为对称矩阵
逆矩阵	表达式：>>B=(inv(A)) $(\boldsymbol{A}^{-1})^{-1}=\boldsymbol{A}$；$(\boldsymbol{A}^{\mathrm{T}})^{-1}=(\boldsymbol{A}^{-1})^{\mathrm{T}}$	对于 n 阶方阵 **B**，满足 $\boldsymbol{AB}=\boldsymbol{BA}=\boldsymbol{E}$，则称 **B** 是 **A** 的一个逆矩阵。**A** 的逆矩阵记作 $\boldsymbol{A}^{-1}$
矩阵除法	表达式：>>C=B*inv(A) $x=a\backslash b$ 是方程 $a\times x=b$ 的解 $x=b/a$ 是方程 $x\times a=b$ 的解	①右除式 **A**/**B**，表达为 A*inv(B)，**A** 右乘 **B** 的逆矩阵，要求列数相同；②左除式 **A****B**，表达为 inv(A)*B，**A** 的逆矩阵左乘 **B**，要求行数相同

续表

运算	表达式与运算性质	运算规则
特征值与特征向量	表达式：>>B=eig(A) $\boldsymbol{A}x=\lambda x$ 也可写成 $(\boldsymbol{A}-\lambda\boldsymbol{E})\boldsymbol{X}=0$，它有非零解的充要条件是系数行列式 $\lvert\boldsymbol{A}-\lambda\boldsymbol{E}\rvert=0$	对于 n 阶矩阵 $\boldsymbol{A}$，如果数 λ 和 n 维非零列向量 $\boldsymbol{x}$ 使关系式 $\boldsymbol{A}x=\lambda\boldsymbol{x}$ 成立，那么，λ 称为矩阵 $\boldsymbol{A}$ 特征值，非零向量 $\boldsymbol{x}$ 称为 $\boldsymbol{A}$ 的对应于特征值 λ 的特征向量
行列式	表达式：>>B=det(A)	矩阵与行列式的区别：只有矩阵才可以求其行列式；矩阵是一个数表，行列式是一个数值；矩阵相等要求对应元素相同，行列式相等则只要其值相等即可

4.2.6　MATLAB帮助及常用命令

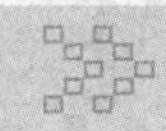

（1）帮助命令

MATLAB提供了多种帮助系统，包括联机帮助（help）、详细网页使用帮助（doc）、关键词查询相关的命令（lookfor）、查询函数所在的目录（which）。例如，输入“>>help diff”，将跳出求导的帮助信息，可以查询diff命令的简洁使用说明，具体说明见表4.5。

表4.5　MATLAB的联机帮助系统

序号	帮助命令	实例	说明
1	联机帮助(help)	>>help diff	列出简洁的使用说明
2	详细网页使用帮助(doc)	>>doc diff	将跳出网页，列出diff差分和近似导数详细的语法、说明、实例等
3	关键词查询相关的命令(lookfor)	>>lookfor diff	查找含有diff关键词的命令
4	查询函数所在的目录(which)	>>which diff	返回diff函数所在的目录

（2）常用命令

MATLAB的命令记忆功能：上下箭头键，可以先输入命令的前几个字符，再按上下箭头键缩小搜索范围。MATLAB的命令补全功能：Tab键。按Esc键删除命令行；clc为清屏命令；clear用于清除工作空间中变量；quit或者exit用于关闭并退出MATLAB。

4.3　MATLAB绘图

4.3.1　MATLAB绘图方法

① 直接输入绘图命令绘图。例如使用函数plot(x,y,'s')绘制线图，$\boldsymbol{x}$、$\boldsymbol{y}$ 是向量，分别表示点集的横坐标和纵坐标；参数's'用于设置曲线的线段类型、定点标记和线段颜色。见图4.3(a)中①，在“命令行窗口”中输入命令，绘图结果见图4.3(b)。MATLAB提供了多种绘图命令，部分典型的二维和三维绘图命令见表4.6。

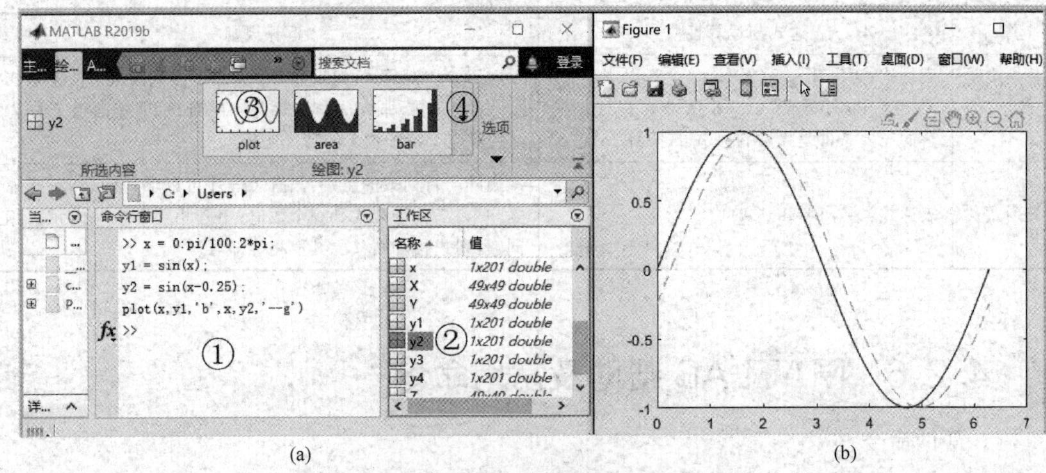

(a) (b)

图 4.3 直接输入绘图命令绘图和绘图结果

表 4.6 部分典型二维和三维绘图命令

类型	说明	实例
二维图 plot	plot:绘制二维图形,并且是 x,y 的表达式,形如 $y=f(x)$,函数调用格式为 plot(x,y),其中 x 和 y 为长度相同的向量,分别为自变量 x 和因变量 y	x=0:pi/100:4 * pi; y=2 * exp(−0.3 * x). * cos(2 * pi * x); plot(x,y)%注意是点乘. *
二维隐函数 ezplot	(1)对于隐函数 $f=f(x)$,ezplot 函数的调用格式如下 ①ezplot(f):在默认区间 $-2\pi<x<2\pi$ 绘制 $f=f(x)$ 的图形 ②ezplot(f,[a,b]):在区间 $a<x<b$ 绘制 $f=f(x)$ 的图形 (2)对于隐函数 $f=f(x,y)$,ezplot 函数的调用格式如下 ①ezplot(f):在区间 $-2\pi<x<2\pi$ 和 $-2\pi<y<2\pi$ 绘制 $f(x,y)=0$ 的图形 ②ezplot(f,[xmin,xmax,ymin,ymax]):在区间 $x_{\min}<x<x_{\max}$ 和 $y_{\min}<y<y_{\max}$ 绘制 $f(x,y)=0$ 的图形 ③ezplot(f,[a,b]):在区间 $a<x<b$ 和 $a<y<b$ 绘制 $f(x,y)=0$ 的图形	Ezplot 的多种调用格式: ezplot('cos(x)') ezplot('cos(x)',[−2,2]) ezplot('x^2+y^2-4 * x * y+5') ezplot('x^2+y^2-4 * x * y+5',[−5 5 −5 5]) ezplot('x^2+y^2-4 * x * y+5',',[−5 5])
三维曲线 plot3	plot3 函数的基本用法:plot3(x,y,z),其中,参数 x、y、z 组成一组曲线的坐标。多条三维曲线调用方法:plot3(x1,y1,z1,选项 1,x2,y2,z2,选项 2,…,xn,yn,zn,选项 n)	t=0:pi/100:10 * pi;x=cos(t);y=cos(2 * t);z=t. * sin(3 * t). * cos(3 * t); plot3(x,y,z)
三维曲面	[x,y]=meshgrid(v1,v2);%生成网格数据,其中 v1 与 v2 为 X 轴与 Y 轴的分割方式,z=f(x,y);%计算 z mesh(x,y,z) %绘制网格图 surfl(x,y,z) %光照下的三维曲面 surf(x,y,z) %绘制表面图 waterfall(x,y,z) %瀑布型三维图形	绘制 $z=f(x,y)=x^2+y^2$ [x,y]=meshgrid(−6:0.2:6); z=x. ^2+y. ^2; surf(x,y,z)

线型和颜色：plot 函数中可以用符号设置曲线的线段类型、定点标记和线段颜色，见表 4.7。

② 运用菜单工具绘图。首先在“工作区”选择绘图变量，见图 4.3(a) 中②；选择需要绘制的图形，见图 4.3(a) 中③的线型“plot”；将直接跳出绘图结果，见图 4.3(b)。

表 4.7　常用的颜色、线型与定点标记参数

颜色		线型		定点标记			
符号	含义	符号	含义	符号	含义	符号	含义
b	蓝色	—	实线	.	实点标记	^	朝上三角符
y	黄色	:	虚线	o	圆圈标记	<	朝左三角符
k	黑色	—.	点画线	X	叉字符标记	>	朝右三角符
c	青色	—	双画线	+	加号标记	P	五角星符
m	洋红			*	星号标记	h	六角形符
g	绿色			S	方块标记		
r	红色			d	菱形标记		
w	白色			v	朝下三角符		

点开【绘图】工具栏右边的箭头，见图 4.3(a) 中④，弹出绘图【选项】，这里有多种类型可选；如需得到更详细的说明，单击窗口右下方的【目录】，弹出【绘图目录】窗口，左侧有多种绘图类型可选，中间列出绘图分类型，右侧窗口列出该命令的说明及实例，见图 4.4，用户可以得到详细的绘图帮助。

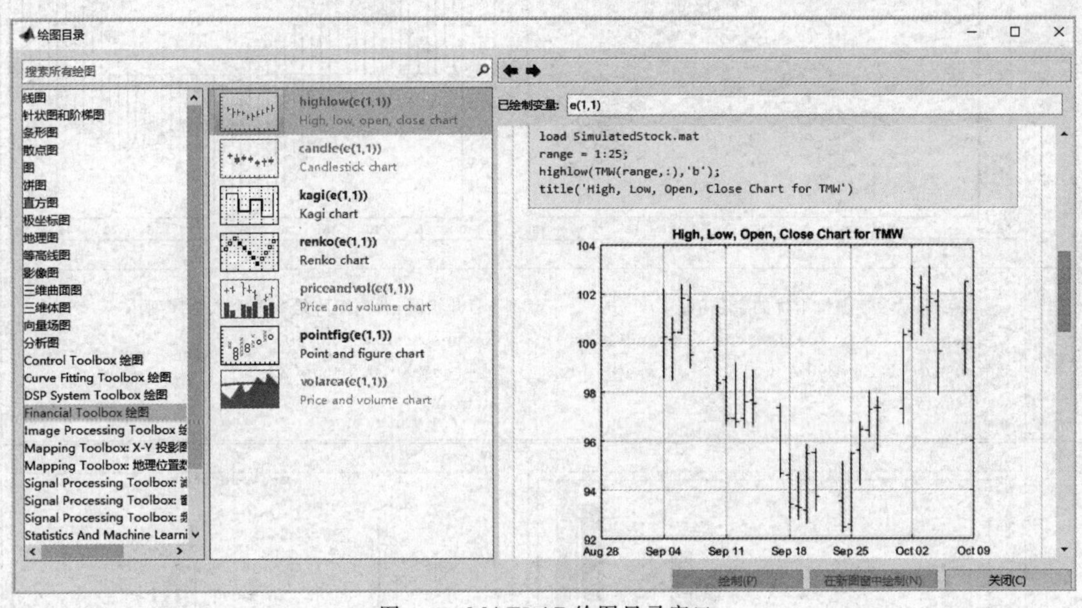

图 4.4　MATLAB 绘图目录窗口

4.3.2 MATLAB 绘图实例

MATLAB 提供了多种绘图类型，包括常见的线图、条形图、散点图、饼图、三维图及其他绘图样式。与 Origin 不同，MATLAB 是通过命令来实现复杂的绘图，表 4.8 列出了 MATLAB 部分绘图命令及图例，方便用户快速上手。

表 4.8　MATLAB 部分常见绘图实例

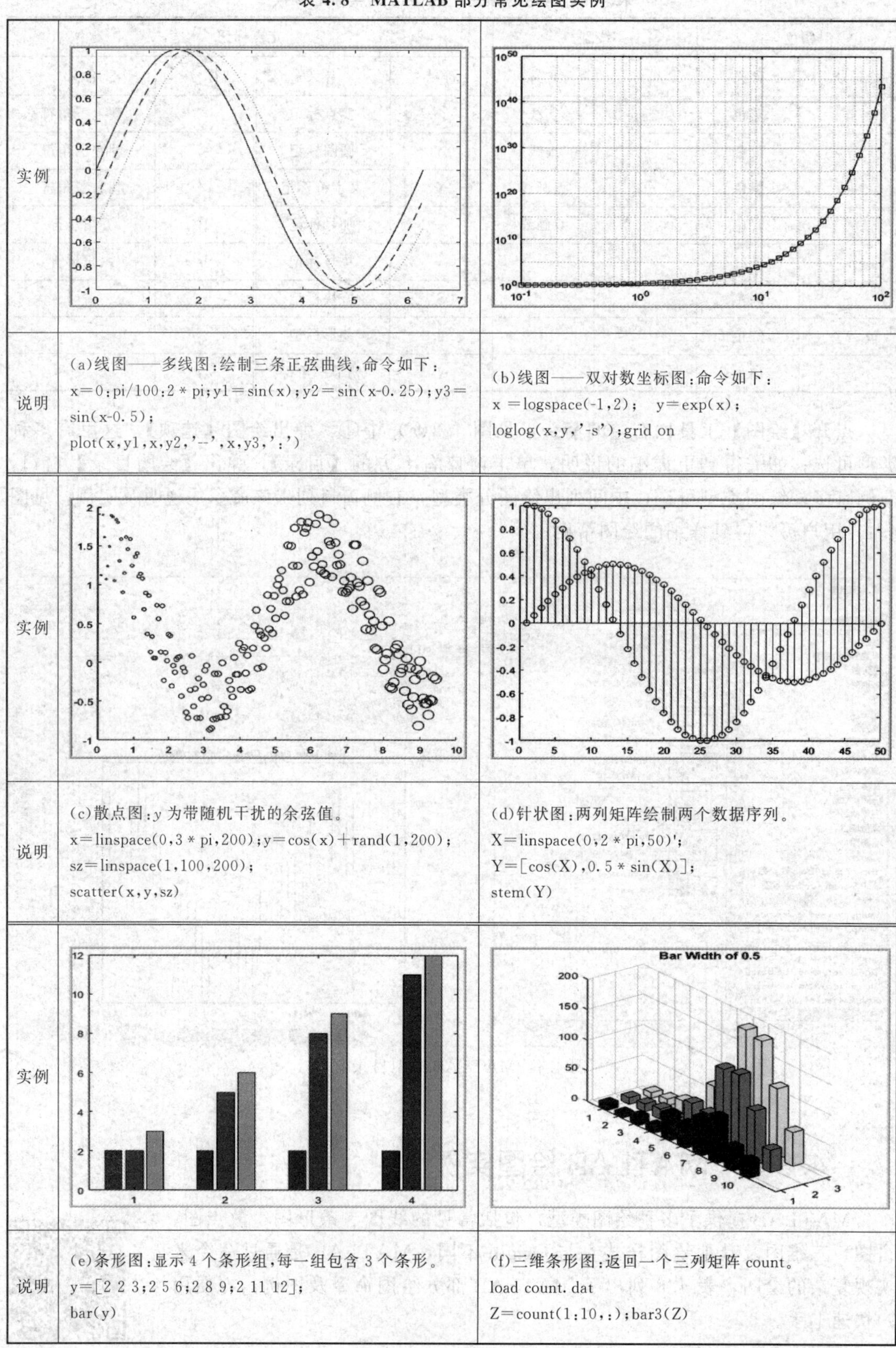

实例	(图)	(图)
说明	(a)线图——多线图：绘制三条正弦曲线，命令如下： x=0:pi/100:2 * pi;y1=sin(x);y2=sin(x-0.25);y3=sin(x-0.5); plot(x,y1,x,y2,'--',x,y3,':')	(b)线图——双对数坐标图：命令如下： x =logspace(-1,2);　y=exp(x); loglog(x,y,'-s');grid on
实例	(图)	(图)

说明	(c)散点图：y 为带随机干扰的余弦值。
	x=linspace(0,3 * pi,200);y=cos(x)+rand(1,200);
	sz=linspace(1,100,200);
	scatter(x,y,sz)
		(d)针状图：两列矩阵绘制两个数据序列。
		X=linspace(0,2 * pi,50)';
		Y=[cos(X),0.5 * sin(X)];
		stem(Y)

实例	(图)	(图)
说明	(e)条形图：显示 4 个条形组，每一组包含 3 个条形。 y=[2 2 3;2 5 6;2 8 9;2 11 12]; bar(y)	(f)三维条形图：返回一个三列矩阵 count。 load count. dat Z=count(1:10,:);bar3(Z)

续表

实例	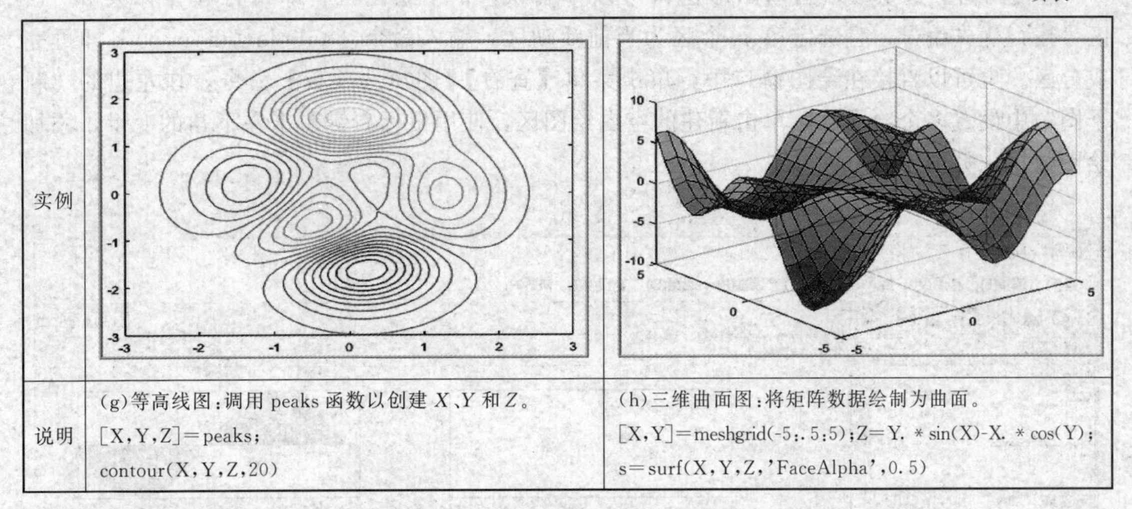	
说明	(g)等高线图:调用 peaks 函数以创建 X、Y 和 Z。 [X,Y,Z]=peaks; contour(X,Y,Z,20)	(h)三维曲面图:将矩阵数据绘制为曲面。 [X,Y]=meshgrid(-5:.5:5);Z=Y.*sin(X)-X.*cos(Y); s=surf(X,Y,Z,'FaceAlpha',0.5)

4.3.3 MATLAB 绘图的修改

① 命令修改法。绘制的图形常常需要修改，包括绘图修改、坐标轴修改及图形修改。同样可以输入命令来修改，MATLAB 提供了丰富的修改命令，例如，用户若对坐标系统不满意，可利用 axis 命令对其重新设定；在绘制图形的同时，可以对图形加上一些说明，如图形名称、图形某一部分的含义、坐标说明等，包括 title（'加图形标题'），xlabel（'加 X 轴标记'），ylabel（'加 Y 轴标记'），text（X，Y，'添加文本'），grid on（'加网格线'），legend（'加图例说明'）等。

②【属性检查器】。运用【属性检查器】直接对图形进行修改，在弹出的绘图窗口中，单击菜单【查看】-【属性检查器】命令，打开【属性检查器】，【Figure】用于设置图形界面，其中，【Axes】用于设置坐标轴范围、样式、刻度等。【Line】用于设置线条样式、颜色、宽度等，见图 4.5(b)。

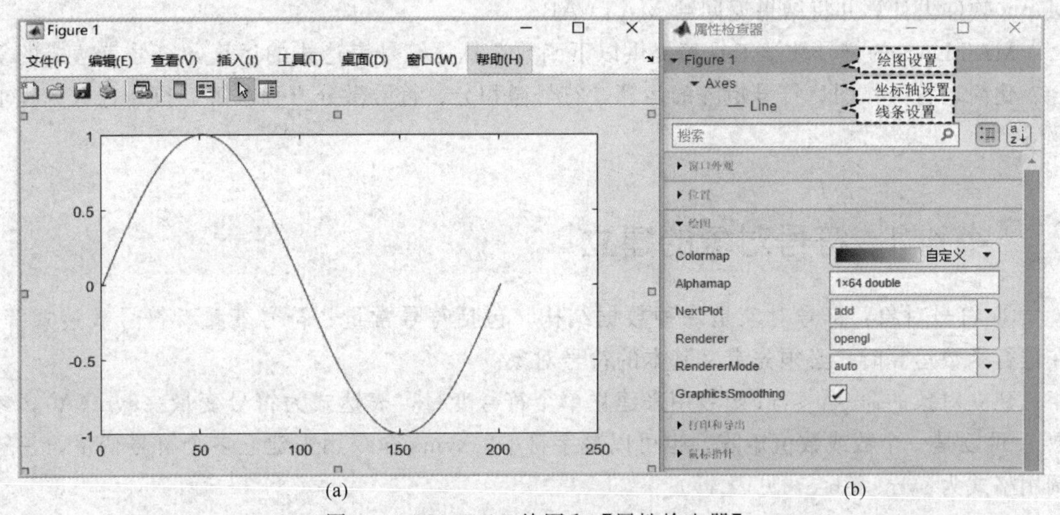

(a) (b)

图 4.5 MATLAB 绘图和【属性检查器】

③【图窗】选项板。当前图形窗口可以分成 $m \times n$ 个绘图区，即每行 n 个，共 m 行，区号按行优先编号，且选定第 p 个区为当前活动区，输入命令“subplot(m,n,p)”即可完成分区。也可以直接在绘图窗口中，单击菜单【查看】-【图窗选项板】命令，在左边的“新子图”中设置多个绘图区，单击新建的空白绘图区，使用鼠标右键单击左下角的变量，添加绘图数据，见图 4.6。

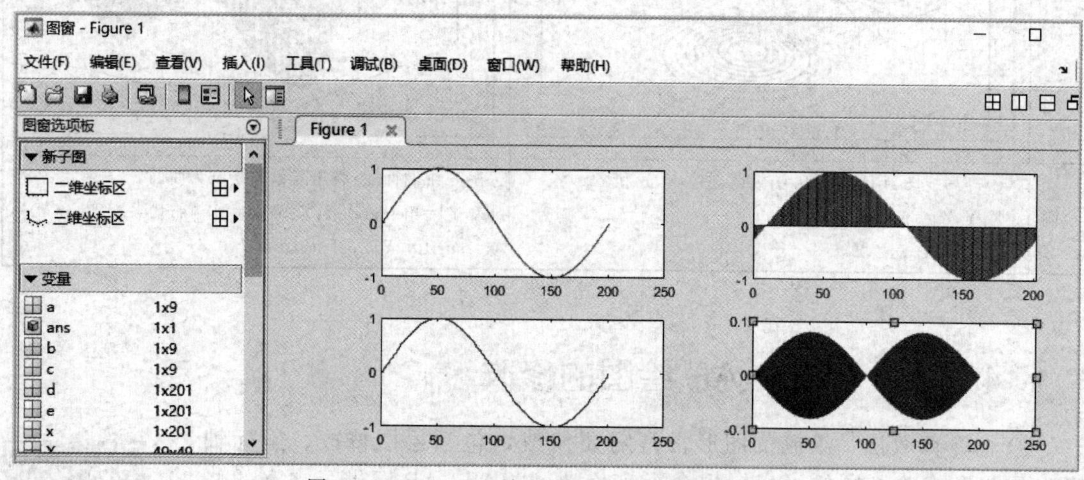

图 4.6 MATLAB 绘图设置的【图窗】选项板

4.4 MATLAB 函数介绍

MATLAB 中的符号数学工具箱（Symbolic Math Toolbox）用于完成函数运算。MATLAB 符号数学工具箱建立在功能强大的 Maple 软件的基础上，MATLAB 中的函数运算通过 Maple 软件去计算并将结果返回给 MATLAB。

MATLAB 的符号数学工具箱提供以下函数运算：符号表达式的运算，符号表达式的复合、化简，符号作图、符号矩阵的运算，符号微积分、符号微分方程求解、符号代数方程求解等。

4.4.1 符号对象的建立

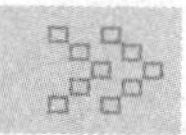

① 符号对象：符号对象是一种数据结构，包括符号常量、符号变量、符号表达式等。在进行函数运算时，必须先定义基本的符号对象。

建立对象的命令：sym 函数用来建立单个符号变量，表达式为符号变量＝sym(A)，参数 A 可以是一个数或数值矩阵，也可以是字符串；syms 命令用来建立多个符号变量，一般调用格式为 syms a b c，见表 4.9。

表 4.9 符号对象的建立

建立函数	实例	类型及说明
sym 建立单个符号变量	a=sym('cd')	符号变量
	b=sym(7/20)	符号常量,由常量组成
	C=sym([5 mn;a d])	符号矩阵,矩阵中的变量要提前建立
syms 建立多个符号变量	syms a b mn	多个符号变量的建立

② 符号对象基本运算：MATLAB 符号运算采用的运算符包括普通运算（+、-、*、\、/、^)、数组运算（*、\、./、^)、矩阵转置（'、.')。基本函数包括幂函数、三角函数、反三角函数、指数函数、对数函数等。在形状、名称上与数值运算符完全相似，常见的函数及名称见表 4.10。

表 4.10 MATLAB 常用函数及名称

函数	名称	函数	名称	函数	名称	函数	名称
sin(x)	正弦函数	sec(x)	正割函数	log(x)	以 e 为底的对数	imag(z)	复数 z 的虚部
asin(x)	反正弦函数	asec(x)	反正割函数	Log10(x)	以 10 为底的对数	fix(x)	舍小数取整
cos(x)	余弦函数	csc(x)	余割函数	angle(z)	复数 z 的相角	ceil(x)	正小数取整
acos(x)	反余弦函数	acsc(x)	反余割函数	real(z)	复数 z 的实部	sign(x)	符号函数
tan(x)	正切函数	abs(x)	绝对值	floor(x)	舍去正小数	rem(x,y)	求 x/y 的余数
atan(x)	反正切函数	sqrt(x)	开平方	rat(x)	化为分数	lcm(x,y)	最小公倍数
cot(x)	余切函数	conj(z)	共轭复数	gcd(x,y)	最大公因数	pow2(x)	以 2 为底的指数
acot(x)	反余切函数	round(x)	四舍五入	exp(x)	自然指数	log2(x)	以 2 为底的对数

4.4.2 符号表达式的建立和替换

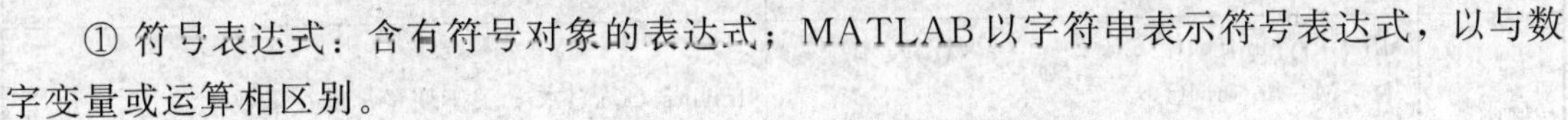

① 符号表达式：含有符号对象的表达式；MATLAB 以字符串表示符号表达式，以与数字变量或运算相区别。

② 符号表达式的建立：a. 用 sym 函数建立符号表达式，例如 A=sym(3*sin(x)+cos(3*x)+x)。b. 先用 sym 或 syms 定义符号变量，再用符号变量组成符号表达式。例如，>>b=sym(5*x)；>>y=sin(3*b)+cos(3*b)。

③ 符号表达式的替换：符号表达式中的符号变量可以替换，表达式为 subs(y,x,a)，表示用 a 替换字符函数 f 中的字符变量 x。a 可以是数、数值变量或字符变量。若 x 为包含多个字符变量的矩阵，则 a 应该是具有相同形状的矩阵。

4.4.3 常见函数运算

常见函数的运算包括因式分解、函数展开、合并同类、函数简化、分式通分、函数极限、计算导数、计算积分、符号求和、反函数、代数方程和微分方程，常见的函数运算及实例见表 4.11。

表 4.11　常见的函数运算及实例

运算	函数运算实例	说明
因式分解	①>>s=factor(648);s=2 2 2 3 3 3 3; ②>>factor(sym('432432432423234')); ans=[2,3,3,19,23,67,163,5033869]	factor(f)返回包含 f 的质因数的行向量 大整数的分解要转化成符号常量
函数展开	①>>symsx;f=(2 * x+6)^2;>>expand(f) ans=4 * x^2+24 * x+36 ②>>syms x y;f=cos(2 * x * y);>>expand(f)ans=2 * cos(x * y)^2-1	expand(f)函数展开，包含三角函数展开或是多项式展开
合并同类	>>syms x y;f=x * y^2+2 * y * x-4 * y^2;>>collect(f) ans=(y^2+2 * y) * x-4 * y^2	collect(f,x):按指定变量 x 进行合并 collect(f):按默认变量进行合并
函数简化	①>>syms x;f=sin(x)^2+cos(x)^2; >>simplify(f)ans=1 ②>>f=1/x^2+4 * x^2+4;y1=simplify(f) y1=(2 * x^2+1)^2/x^2	simple(x):对 x 尝试多种不同的算法进行简化，得最简式
分式通分	>>[m,n]=numden(sym(504/966)) m=12　n=23	[m,n]=numden(f):m 为通分后的分子，n 为通分后的分母
函数极限	>>syms x;f=x * (1+10/x)^x * sin(5/x); >>Y=limit(f,x,inf)　Y=5exp(10)	limit(f,x,x_0):求函数 f 在 $x=x_0$ 处的极限值
计算导数	>>syms x;f=cos(x^2)+6 * x^3; >>t=diff(f,x) t=18 * x^2-2 * x * sin(x^2)	diff(f,x):求 f 关于 x 的导数 diff(f):求 f 关于默认变量的导数 diff(f,x,n):求 f 关于 x 的 n 阶导数
计算积分	①>>syms x;f=sin(x)/(x^2-2 * x+1)^2; >>M=int(f,x) M=int(sin(x)/(x^2-2 * x+1)^2,x) ②>>N=int(exp(-x),x,0,inf) N=1	int(f,x,a,b):计算(a,b)区间上的定积分 int(f,a,b):计算关于默认变量的定积分 int(f,x):计算不定积分 int(f):计算关于默认变量的不定积分
符号求和	>>syms n x;f=x^2/n^3; >>M=symsum(f,n,1,inf) S=x^2 * zeta(3)	symsum(f,v,a,b):求函数 f 在(a,b)区间的函数和 symsum(f,a,b):关于默认变量求和
反函数	①>>syms x a;f=6/x^2+3 * a^(1/2); >>M=finverse(f,x) M=6^(1/2) * (1/(x-3 * a^(1/2)))^(1/2) ②>>N=finverse(f,a)　N=(a/3-2/x^2)^2	finverse(f,x):求 f 关于变量 x 的反函数 finverse(f):求 f 关于默认变量的反函数
代数方程	>>syms x f;f=2 * x^2+11 * x+9; >>solve(f,x) ans=−9/2 　−1	①solve(f,x):求方程 f 关于 x 的解的内置函数 ②fsolve(f,初始值,options):目前 MATLAB 的内置库函数中最常用的求线性非线性方程(组)解的函数
微分方程	求微分方程 $\frac{dy}{dx}=\frac{1}{x^2}e^{\frac{-1}{x}}$，满足初值条件 $y(0)=1$ 的特解。 >>syms y(x); >>eqn=diff(y)==exp(-1/x)/x^2; >>cond=y(0)==1; >>S=dsolve(eqn,cond) 输出结果 $S=e^{\frac{-1}{x}}+1$，注意等式的表达"=="	dsolve(eqn,cond):eqn 为微分方程或方程组，cond 为初值条件；微分方程组也可以用 eqn 表达出来，例如，eqn=[diff(y,t)==z,diff(z,t)==-y]；把多个初始条件放于 cond 中，例如，cond=[y(0)==b,Dy(0)==1]

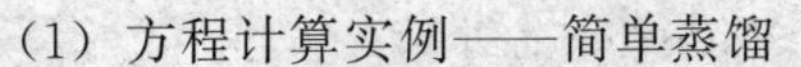

4.4.4　函数运算在化学化工中的应用

(1) 方程计算实例——简单蒸馏

实例 4.1　将含苯 0.7、甲苯 0.3（均为摩尔分数）的溶液加热汽化，汽化率为 1/3，试计算气相产物的平均组成（已知相对挥发度为 2.25）。

解：理想溶液简单精馏过程的计算公式为

$$\ln\frac{W_1}{W_2}=\frac{1}{\alpha-1}\left[\ln\frac{x_1}{x_2}+\alpha\ln\frac{1-x_2}{1-x_1}\right]$$

根据题意列出方程 $\ln 1.5=\frac{1}{1.25}\left[\ln\frac{0.7}{x_2}+2.47\ln\frac{1-x_2}{0.3}\right]$。整理得 $2.47\ln(1-x_2)-\ln x_2+2.1103=0$。

运行 MATLAB 命令如下：

```
syms x                                           % 定义变量 x。
f=@(x)2.47*log(1-x)-log(x)+2.1103;               % f 方程定义,或 f='2.47*log(1-x)-log(x)+2.1103'。
x0=[0.2];                                        % 初值。
fsolve(f,x0)                                     %非线性方程求解。
```

输出结果：ans=0.6439，由此可见通过 MATLAB 能快速计算非线性方程未知量。而普通方法只能通过试差的方法计算，且计算量很大。

(2) 方程组计算实例——管路的计算

实例 4.2　常温下，在一根管长为 60m 水平钢管中流过的水，输水量为 $35\text{m}^3/\text{h}$，管路系统允许的压头损失 $h_f=3.8\text{m}$，水的密度 $\rho=1\text{g/mL}$，黏度为 $10^{-3}\text{Pa}\cdot\text{s}$，重力加速度 $g=9.81\text{m/s}^2$，试确定合适的管子。

假设钢管的相对粗糙度 $\varepsilon/d=0.0001$，λ 的计算应用 Colebrook 公式 $\frac{1}{\sqrt{\lambda}}=1.74-2\lg\left(\frac{2\varepsilon}{d}+\frac{18.7}{Re\sqrt{\lambda}}\right)$。

解：由于 $\lambda=f(Re,\varepsilon/d)$，而 $Re=\frac{du\rho}{\mu}$，因此常规下计算，需用试差或迭代，计算量大。

水在管中的流速公式 $u=\frac{4V_s}{\pi d^2}=\frac{0.01238}{d^2}$，代入范宁公式 $h_f=\lambda\frac{l}{d}\times\frac{u^2}{2g}$，整理可得以下公式。

$$d^5=1.23\times10^{-4}\lambda \tag{a}$$

$$\frac{1}{\sqrt{\lambda}}=1.74-2\lg\left(\frac{2\varepsilon}{d}+\frac{18.7}{Re\sqrt{\lambda}}\right) \tag{b}$$

$$Re=\frac{du\rho}{\mu}=\frac{0.01238\times10^6}{d} \tag{c}$$

联立求解 (a)、(b) 和 (c)，即可求得结果。

运用 MATLAB 中 fsolve 函数迭代解方程组，设 x(1)＝d；x(2)＝λ；x(3)＝Re，运行命令如下：

```
>>f=@(x)([x(1)^5-0.000123*x(2);x(2)^(-0.5)-1.74+2*log10(0.0002+18.7*(x(3)^(-1))*(x(2)^(-0.5)));x(3)*x(1)-12380])      %定义(a)、(b)、(c)三个方程。
>>x=fsolve(f,[0.05 0.01 150000])      %调用 fsolve 函数,[0.05 0.01 150000]为初始值。
```

运行结果：$d=0.0730\text{m}$，$\lambda=0.0169$，$Re=169550$。根据管内径 d，查表选择合适的钢管。

(3) 常微分方程计算实例——管式反应器中浓度分布

实例 4.3 横截面积为 1m^2、长为 $L=1\text{m}$ 的管式化学反应器，反应 A→B 为一级化学反应，反应速率常数为 $k=0.5\text{h}^{-1}$，A 的进料速率为 $u=0.4\text{m}^3/\text{h}$，浓度为 $C_0=1\text{kmol/m}^3$，扩散系数为 $D=0.1\text{m}^2/\text{h}$，反应器出口处 A 的浓度为 0。反应时体积没有变化，体系处于稳定态。求沿反应管长度方向上 A 的浓度分布。

解：由物料衡算得到 $Ky\delta x=uy-D\dfrac{\mathrm{d}y}{\mathrm{d}x}-\left(uy+u\dfrac{\mathrm{d}y}{\mathrm{d}x}\delta x\right)-\left[D\dfrac{\mathrm{d}y}{\mathrm{d}x}+\dfrac{\mathrm{d}\left(-D\dfrac{\mathrm{d}y}{\mathrm{d}x}\right)}{\mathrm{d}x}\delta x\right]$。

整理得 $D\dfrac{\mathrm{d}^2y}{\mathrm{d}x^2}-u\dfrac{\mathrm{d}y}{\mathrm{d}x}-ky=0$，代入数据得 $\dfrac{\mathrm{d}^2y}{\mathrm{d}x^2}-4\dfrac{\mathrm{d}y}{\mathrm{d}x}-5y=0$，条件 $x=0$，$y=1$；$x=1$，$y=0$。MATLAB 调用 dsolve 函数：

```
syms y(x)                                                    %定义变量。
Dy=diff(y);D2y=diff(y,2);                                    %定义微分 Dy、D2y。
dsolve(D2y-4*Dy-5*y==0,y(0)==1,y(1)==0)                      %常微分方程求解。
输出结果:y=-e^(-x)(e^(6x)-e^6)/(e^6-1)                        %输出结果。
x=0:0.05:1;y=-(exp(-x).*(exp(6*x)-exp(6)))/(exp(6)-1);       %绘图数据 x,y。
plot(x,y,'o',x,y,'--k')                                      %MATLAB 绘图并修改。
```

绘出的管式反应器中浓度分布曲线如图 4.7 所示。

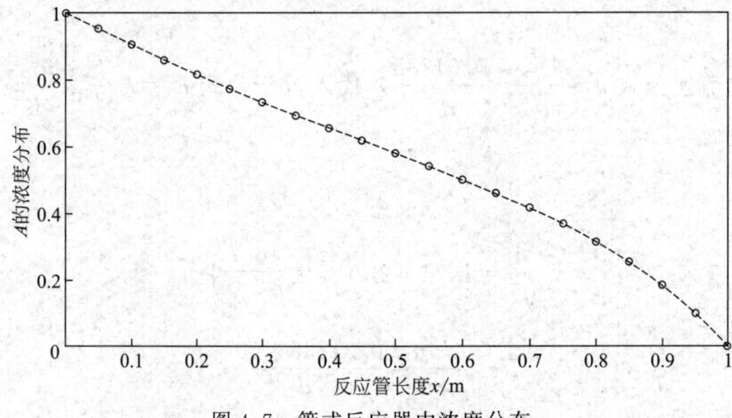

图 4.7 管式反应器中浓度分布

4.5 插值与拟合在化学化工中的应用

化学化工中经常会遇到大量的数学计算，数值计算中的关键在于算法，例如数据拟合、参数估计、插值等数据处理算法。MATLAB提供了很多现成的函数以解决此类问题。

在实际中，常常要处理由实验或测量所得到的一些离散数据。需要运用插值与拟合方法处理这些数据，以确定函数的参数或预测函数值，尽量使拟合函数与已知数据有较高的重合。

4.5.1 MATLAB插值计算 

插值计算要求近似函数通过已知的所有数据点，则称此类问题为插值问题，包括插值曲线或曲面，不需要形成函数方程。

(1) 插值类型

插值函数有不同的类型，产生的效果也不同，常见类型有拉格朗日插值算法（一维插值）、最近邻算法插值（一维插值）、双线性内插算法（二维插值）、分段线性插值（二维插值）、三次样条插值（二维插值）等。

(2) MATLAB插值函数

MATLAB提供了多种的插值函数，包括interp1（一维）、interp2（二维）、interp3（三维）、intern（n维）等，只需要输入相应的插值命令即可。常见插值命令及说明见表4.12，插值方法见下段中的序号。

表4.12 MATLAB常见插值命令及说明

类别	表达式	方法	说明
一维数据插值	YI=interp1(X,Y,xi,'method') YI:插值向量结果;X Y:插值节点;xi:被插值点;method:插值方法	①②③④⑤	所有的方法都要求X是单调的,xi不能够超过X的范围,超出X范围的xi将返回NaN;超出用外插值法extrap
二维数据内插值	ZI=interp2(X,Y,Z,XI,YI,'method') ZI:插值结果;X,Y,Z:插值节点;XI,YI:被插值点;method:插值方法	①②③④	要求X,Y单调;XI,YI可取为矩阵,或XI取行向量,YI取为列向量,XI,YI的值分别不能超出X,Y的范围
三维插值函数	VI=interp3(X,Y,Z,V,XI,YI,ZI;,'method') VI:三元函数;X,Y,Z:插值节点; XI,YI,ZI:被插值点;method:方法	①②③④	在所有的算法中,都要求X,Y,Z是单调且有相同的格点形式
二维散点数据	ZI=griddata(X,Y,Z,XI,YI,'method') ZI:插值结果;X,Y,Z:插值节点;XI,YI:被插值点;method:插值方法	①②③⑥	YI可以是一列向量,它指定有常数行向量的矩阵,XI可以是一行向量,这时XI指定有常数列向量的矩阵

插值方法（表4.12中①～⑥含义如下）效果对比：通过绘制相同的余弦函数做比较，得出以下区别。

① 线性插值方法（Linear）：绘图效果不错，图像比较不平滑。

② 最邻近插值（Nearest）：效果一般，结果不准确，不能反映出函数的特征。

③ 三次样条插值（Spline）：运行速度慢，精度高，图像平滑，整体效果较好。

④ 立方插值（Pchip）：运行速度较慢，插值结果的精度比较高，图像也更加平滑。

⑤ 'pchip'：分段三次 Hermite 插值。

⑥ 'v4'-：MATLAB 提供的插值方法。

MATLAB 插值函数实例见表 4.13。

表 4.13 MATLAB 插值函数实例

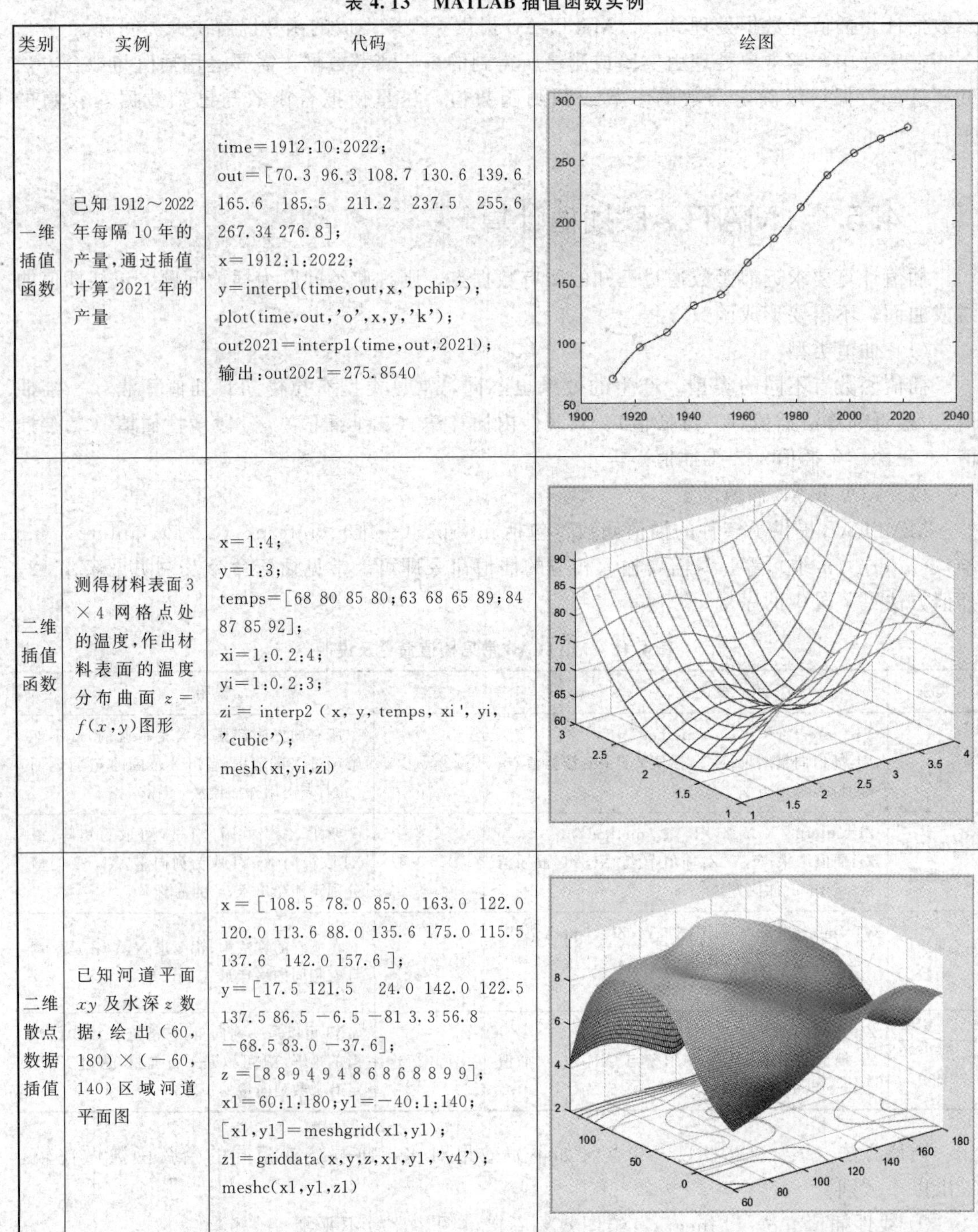

类别	实例	代码	绘图

一维插值函数	已知 1912～2022 年每隔 10 年的产量，通过插值计算 2021 年的产量	time=1912:10:2022;
		out=[70.3 96.3 108.7 130.6 139.6 165.6 185.5 211.2 237.5 255.6 267.34 276.8];
		x=1912:1:2022;
		y=interp1(time,out,x,'pchip');
		plot(time,out,'o',x,y,'k');
		out2021=interp1(time,out,2021);
		输出:out2021=275.8540	

二维插值函数	测得材料表面 3×4 网格点处的温度，作出材料表面的温度分布曲面 $z=f(x,y)$ 图形	x=1:4;
		y=1:3;
		temps=[68 80 85 80;63 68 65 89;84 87 85 92];
		xi=1:0.2:4;
		yi=1:0.2:3;
		zi= interp2 (x, y, temps, xi', yi, 'cubic');
		mesh(xi,yi,zi)	

二维散点数据插值	已知河道平面 xy 及水深 z 数据，绘出（60，180）×（−60，140）区域河道平面图	x=[108.5 78.0 85.0 163.0 122.0 120.0 113.6 88.0 135.6 175.0 115.5 137.6 142.0 157.6];
		y=[17.5 121.5 24.0 142.0 122.5 137.5 86.5 −6.5 −81 3.3 56.8 −68.5 83.0 −37.6];
		z=[8 8 9 4 9 4 8 6 8 6 8 8 9 9];
		x1=60:1:180;y1=−40:1:140;
		[x1,y1]=meshgrid(x1,y1);
		z1=griddata(x,y,z,x1,y1,'v4');
		meshc(x1,y1,z1)	

(3) 化学化工中典型插值运算

实例 4.4 (吸收计算)由矿石焙烧炉出来的气体进入填料吸收塔中，用水洗涤以除去其中的 SO_2 气体，流量 $V=0.0105$kmol/s，炉气中 SO_2 浓度 $Y_1=0.099$ (相对摩尔浓度，下同)，其余可视为惰性气体，出塔气体中 SO_2 浓度 $Y_2=0.0099$，吸收剂入塔组成 $X_2=0.0003$，吸收剂用量为最小用量的 1.3 倍，求吸收剂用量 L。已知操作压力 1atm，温度 20℃下 SO_2 在水中的溶解度如表 4.14 所示。

表 4.14 $p=1$atm，$T=20$℃下 SO_2 在水中的溶解度

SO_2 溶液浓度 X	气相中 SO_2 平衡浓度 Y	SO_2 溶液浓度 X	气相中 SO_2 平衡浓度 Y
0.0000562	0.00066	0.00084	0.019
0.00014	0.00258	0.0014	0.035
0.00028	0.0042	0.00197	0.054
0.00042	0.0077	0.0028	0.084
0.00056	0.0113	0.0042	0.138

解：此题的关键是如何根据已知的实验数据画出平衡曲线，并在该图上由已知的纵坐标 Y_1 找出对应的横坐标 X_1 的值。常规做法有两种：一种是手工画图和找出对应的点 (X_1, Y_1)；另一种是根据实验数据利用内差法求出 X_1 的值，显然这两种方法会造成较大的误差。

此题可直接由 MATLAB 程序完成，由于要求 $Y_1=0.099$ 时的 X_1 值，这里颠倒 x 与 y 值：

```
y=[0.0000562 0.00014 0.00028 0.00042 0.00056 0.00084 0.0014 0.00197 0.0028 0.0042];
x=[0.00066 0.00258 0.0042 0.0077 0.0113 0.019 0.035 0.054 0.084 0.138];
X1=interp1(x,y,0.099,'pchip')
```

运行后得出 $X_1=0.0032$，此法较准确，产生的误差非常小。

4.5.2 MATLAB 数据拟合

(1) 最小二乘法拟合原理——立方插值 Pchip

先选定一组函数 $g_1(x),g_2(x),\cdots,g_m(x),m<n$，令 $f(x)=a_1g_1(x)+a_2g_2(x)+\cdots+a_mg_m(x)$，式中，$a_1,a_2,\cdots,a_m$ 为待定系数，以最小二乘准则确定 $a_1,a_2,\cdots,a_m$ 的值，使曲线 $y=f(x)$ 与 n 个点 (x_i, y_i) 的距离 δ_i 的残差平方和最小。

$$J(a_1,a_2,\cdots a_m)=\sum_{i=1}^{n}\delta_i^2=\sum_{i=1}^{n}[f(x_i)-y_i]^2=\sum_{i=1}^{n}[\sum_{k=1}^{m}a_kg_k(x_i)-y_i]^2$$

想让 $J(a_1,a_2,\cdots,a_m)$ 最小，需求出 $a_1,a_2,\cdots,a_m$ 系数值。

(2) MATLAB 数据拟合步骤

在化学化工科学计算中，经常会产生一系列的离散数据，并根据这些离散数据推测数据变化规律与预测数据，为后期实验提供科学的依据，并对离散数据进行拟合，得到一个反映数据变化规律的函数。一般步骤如下。

① 根据离散数据绘制散点图。

② 根据散点图选择合适的拟合函数，可以选择幂函数、线性函数、多项式函数、指数

函数、对数函数、三角函数及其他函数，应根据数据分布的趋势做出选择。

③ 确定拟合函数中的参数。

因此，数据拟合需要解决两个问题：第一，选择合适的函数类型作为拟合函数；第二，对于选定的拟合函数，确定拟合函数中的参数。

(3) 一元线性拟合

两个变量之间的关系成线性关系，要求变量之间是一次函数关系，函数图像是直线，一元线性方程表达式如下。

$$Y=a+bx$$

总误差用残差平方和表示：

$$F(a,b)=\sum_{k=1}^{n}(a+bx_k-y_k)^2$$

一元线性拟合函数为 A=polyfit(x,y,m)；一元拟合次数 m 为 1，如需要计算 x 处的值 y，可用 y=polyval(A,x)命令计算。

实例 4.5 配制铁标准溶液（0.0、1.8、3.6、5.4、7.2、9.0）$\times 10^{-2}$ mmol/L，分别测定其吸光度值为 0.0、0.126、0.362、0.471、0.640、0.793，拟合一元回归方程，并求吸光度值为 0.514 时的溶液浓度？

解：拟合过程见表 4.15。

表 4.15 拟合一元线性回归方程过程

项目	模拟回归方程	由吸光度计算浓度	一元线性方程绘图

程序	x=0:1.8:9.0;
	y=[0.0 0.126 0.362 0.471 0.640 0.793];
	A=polyfit(x,y,1)
	B=polyval(A,x);
	plot(x,y,'k+',x,B,'r')
		syms X
		Y=0.0891*X-0.0025;
		M=finverse(Y,X) %反函数把吸光度值 0.514 代入方程
		N=(10000*0.514)/891+25/891	

结果	A=0.0891 -0.0025 Y=0.0891*X-0.0025	M=(10000*X)/891+25/891 N=5.7969,对应浓度为 N=5.80×10⁻² mmol/L	

总误差用残差平方和：$F(a,b)=\sum_{k=1}^{n}(a+bx_k-y_k)^2$ 表示，见表 4.16。残差平方和为 0.003，误差较小。

表 4.16 模拟的一元一次方程的总误差用残差平方和表示

浓度×10^{-2}mmol/L	0	1.8	3.6	5.4	7.2	9
吸光度	0	0.126	0.362	0.471	0.640	0.793
模拟值	-0.0025	0.1579	0.3183	0.4786	0.6390	0.7994
误差	-0.0025	0.0319	-0.0437	0.0076	-0.0010	0.0064

(4) 二次函数拟合

假设绘制的散点图接近抛物线，拟合函数接近一元二次多项式函数。设定方程为 $y=$

$a+bx+cx^2$，需要确定函数系数，实验数据的误差同样可以用残差平方和表示。

二次函数中的 a、b 和 c 为待定系数，根据最小二乘法，确定二次曲线使得表 4.17 中的散点数据尽可能地接近该二次曲线。

实例 4.6 在某化学反应中，测得生成物的浓度 y（6.10、8.71、10.51、11.78、12.45、12.86、12.93、13.12、13.32、13.62）$\times 10^{-3}$mol/L 与时间 t（2、4、6、8、10、12、14、16、18、20）min 的关系，模拟时间与产物的关系。

解：二次函数拟合实例见表 4.17。

表 4.17 二次函数拟合实例

拟合过程	二元一次方程图像

t=[2 4 6 8 10 12 14 16 18 20];
y=[6.10 8.71 10.51 11.78 12.45 12.86 12.93 13.12 13.32 13.62];
A=polyfit(t,y,2);
B=polyval(A,t);
plot(t,y,'k+',t,B,'r')
 	
输出结果：
A=−0.0347 1.1170 4.5930
所得方程：
$f(x)=-0.0347t^2+1.1170t+4.5930$	

总误差用残差平方和 $F(a,b,c)=\sum_{k=1}^{n}[(a+bx_k+cx_k{}^2)-y_k]^2$ 表示，等于 1.673，见表 4.18，代表了模型误差的大小，可以与一元线性回归方程做对比。

表 4.18 二次回归方程的误差计算

时间/min	2	4	6	8	10	12	14	16	18	20
浓度 $\times 10^{-3}$mol/L	6.10	8.71	10.51	11.78	12.45	12.86	12.93	13.12	13.32	13.62
模拟值	6.688	8.505	10.045	11.308	12.293	13.000	13.429	13.581	13.456	13.053
误差	0.588	−0.204	−0.464	−0.471	−0.157	0.140	0.499	0.461	0.136	−0.567

（5）多项式拟合

多项式拟合同样可以利用命令 A=polyfit(x,y,m)表示，m 为拟合次数。多项式在 x 处的值 y 可用命令 y=polyval(A,x)计算。如果已知 y 值求 x，可以运用反函数 finverse(Y,X)来表达。其计算过程与一元线性回归方程相同，拟合的多项式表达为

$$f(x)=a_1x^m+\cdots+a_mx+a_{m+1}$$

（6）指数函数拟合

指数函数是数学中常见的函数，当 $a>1$ 时，指数函数在 $x<0$ 区间相对平缓；对于 $x>0$ 区间成指数攀升；在 $x=0$ 的时候，$y=1$。当 $0<a<1$ 时，指数函数在 $x<0$ 区间快速下降；对于 $x>0$ 区间相对平缓。指数增长模型函数如下。

$$y=a\mathrm{e}^{bx}$$

两边求对数：　　　　　　　　　$\ln y=\ln a+bx$

整理得：　　　　　　　　　　　$Y=A+BX$

上式可看成是线性方程，同样可以用 polyfit 命令计算得 A、B 的值，从而计算得到 a、b 的值。

实例 4.7　已知产物转化率随温度的变化数据，其中温度(℃)：10、20、30、40、50、60、70、80、90；转化率(%)：30.4、36.3、38.5、42.0、48.9、54.2、60.1、62.2、66.4。建模分析规律，并预测 95℃转化率（表 4.19）。

解：指数函数拟合实例及图像见表 4.19。

表 4.19　指数函数拟合实例及图像

项目	拟合指数函数	预测 95℃转化率	指数函数图

程序	x=[10:10:90];
	y=[30.4 36.3 38.5 42.0 48.9 54.2 60.1 62.2 66.4];
	Y=polyfit(x,log(y),1);
	由 a=exp(3.3649)得到 a=28.93
		预测转化率：
		当 x=95
		y=28.93*exp(0.0098*95)
		绘图：
		B=28.93*exp(0.0098*x);
		plot(x,y,'k+',x,B,'r')	

结果	Y=0.0098　3.3649 Y=0.0098*X+3.3649 $A=28.93e^{0.0098x}$	95℃转化率： y=73.3967%	

总误差用残差平方和 $F(a,b)=\sum_{k=1}^{9}[ae^{bx_k}-y_k]^2$ 计算，数据见表 4.20，通过计算得到 32.09，代表了数据误差的大小，可以与其他拟合函数误差做对比，选择最佳拟合函数。

表 4.20　总误差用残差平方计算

温度/℃	10	20	30	40	50	60	70	80	90
转化率/%	30.4	36.3	38.5	42.0	48.9	54.2	60.1	62.2	66.4
模型值	31.9087	35.1941	38.8178	42.8146	47.2229	52.0851	57.4479	63.3629	69.8870
误差	1.5087	1.1059	0.3178	0.8146	−1.6771	2.1149	2.6521	1.1629	3.4870

（7）多元线性函数的拟合

对于一个因变量对应有多个自变量的数据，需要拟合自变量对于因变量的函数模型，多元线性函数模型为

$$y=a_0+a_1x_1+a_2x_2+a_3x_3+a_4x_4+\cdots a_kx_k$$

系数的矩阵为 $\boldsymbol{X}=[a_0\quad a_1\quad a_2\quad a_3\quad a_4\cdots a_k]^{\mathrm{T}}$，方程组的系数矩阵为 $\boldsymbol{A}$，结合最小二乘法，可得正规方程组 $\boldsymbol{A}^{\mathrm{T}}\boldsymbol{A}\boldsymbol{X}=\boldsymbol{A}^{\mathrm{T}}y$，解方程组可得多元线性函数的系数。

多元函数的拟合 MATLAB 程序，可以用 nlinfit 非线性回归函数来做，或者用 lsqcurvefit 函数拟合，nlinfit 与 lsqcurvefit 的区别较小，nlinfi 用回归的方法来求解，而 lsqcurvefit 用最小二乘法来求解，两者都可以用于非线性函数和线性函数。

实例 4.8　参考 2.8.5 节 SPSS 在均匀设计实验中的应用中的实例 2.7 进行多元线性函数的拟合。

解：某化学反应转化率与很多因素有关，考察的实验因素为温度（$x1$）、时间（$x2$）、两种物质比例（$x3$）和催化剂用量（$x4$），每个因素取 9 个水平。选取均匀设计表为 $U_9(9^5)$，通过实验得到指标，完成多元函数的拟合 MATLAB 程序。

```
x1=[1 2 3 4 5 6 7 8 9]';      x2=[2 4 6 8 1 3 5 7 9]';      %注意输入“'”。
x3=[4 8 3 7 2 6 1 5 9]';      x4=[8 7 6 5 4 3 2 1 9]';
Y=[49 56 55 61 70 72 75 76 78]';      X=[x1 x2 x3 x4];
n=length(x1);a0=rand(1,5);      %在(0,1)之间随机生成一个 1 行 4 列矩阵。
F=@(a,X)(a(1)+a(2)*X(:,1)+a(3)*X(:,2)+a(4)*X(:,3)+a(5)*X(:,4));
[a,r,J]=nlinfit(X,Y,F,a0)      %a0%参数 a(1)~a(4)的初始赋值。
```

a 为待求的拟合系数，输出结果：a=50.5000　4.0278　−0.8889　0.3333　−0.4167。

拟合得到多元函数：$Y=50.5000+4.0278x1-0.8889x2+0.3333x3-0.4167x4$，这个拟合结果与 2.8.5 节 SPSS 在均匀设计实验中的应用中的实例 2.7 结果相同。

4.6 MATLAB 程序设计

4.6.1 命令文件和函数文件（M 文件）

（1）M 文件

为实现某些操作，或者某种算法，由若干 MATLAB 命令组合在一起构成程序；用 MATLAB 语言编写的程序称为 M 文件，M 文件的扩展名为.m。根据调用方式的不同，M 文件分为：函数文件（Function File）与命令文件（Script File）两类，其区别见表 4.21。

表 4.21　命令文件和函数文件的区别

命令文件	函数文件
命令文件用于操作工作空间中的变量，执行结果也返回工作空间中	函数文件中的变量为局部变量，退出后局部变量也消失
命令文件不需要调用，可以直接运行	函数文件只能用函数调用的方式运行
命令文件执行中没有参数，不需要输入、输出参数	函数文件可以输入参数，可以接收参数

实例：建立命令文件，比较变量 A、B 的大小。
A=10;B=20;
if A>B
fprintf('最大值为%d 人\n',A);
else
　　fprintf('最大值为%d 人\n',B);
end
将文件保存为 exch，并在命令窗口执行
	实例：建立函数文件，比较变量 A、B 的大小。
	function[A,B]=bi(A,B)
	if A>B
	fprintf('最大值为%d 人\n',A);
	else
	fprintf('最大值为%d 人\n',B);
	end
	然后在命令窗口调用该函数文件：
	x=34;y=67;
	[x,y]=bi(x,y)

(2) 函数文件

函数文件可以保存为M文件，函数文件需要先定义，由function语句引导，MATLAB的标准函数主要由函数文件定义。函数文件定义格式：function　输出参数=函数名（输入参数）。格式及实例见表4.22。

表4.22　函数体语句及函数的调用

类别	文件基本格式	实例

函数文件定义	函数文件由function语句引导，第一行为引导行，定义格式：
	function　输出参数=函数名(输入参数)
	注释说明部分
	函数体语句
	其中，当有多个参数时，参数加方括号
		利用函数文件，计算圆柱表面积及体积。
		函数文件：yuanzhui.m：
		function [biao,tiji]=yuanzhui(x,y)
		biao=pi*x*x*2+pi*x*2*y;
		tiji=pi*x*x*y;

函数文件调用	函数调用的一般格式是： [输出参数]=函数名(输入参数) 注意：函数调用时，各实参的个数、顺序，应与函数定义时相同	调用yuanzhui.m的命令文件main1.m： x=input('请输入圆柱底面半径(m)x=:'); y=input('请输入圆柱高(m)y=:'); [biao,tiji]=yuanzhui(x,y); fprintf('最大值为%d平方米\n',biao) fprintf('最大值为%d立方米\n',tiji)

4.6.2 常见命令

程序的暂停：pause函数用于实现程序的暂停，格式为pause（延迟描述），直接使用pause函数暂停程序，按任一键后，程序将继续执行。

中止程序：按快捷键Ctrl+C可以中止程序的运行。

数据的输入：input函数用于接收键盘输入的数据，调用格式为A=input（'提示信息','选项'）。例如：tem=input（'输入当前温度','s'），s表示只允许输入一个字符串。

数据的输出：disp函数用于实现输出数据，调用格式为disp（输出项），其中输出项包括字符串或矩阵。例如：A='当前温度为:';disp(A)。

4.6.3 程序结构

通常的程序控制结构包括顺序程序结构、选择程序结构及循环程序结构，任何复杂的程序都可以由这3种基本结构构成。

(1) 顺序程序结构

顺序程序结构是指按照程序中语句从上到下的顺序依次执行，直到最后一条语句。

实例4.9　输入配制铁标准溶液浓度（mmol/L），输入测定的吸光度值，自动模拟一元回归方程。

解：顺序程序是从上到下地执行，没有分支，程序如下：

```
x=input('inpot x:');              %输入铁标准溶液浓度,中间用空格。
y=input('inpot y:');              %输入测定的吸光度值,中间用空格。
A=polyfit(x,y,1);                 %拟合一元一次方程。
B=polyval(A,x);                   %得到一元一次方程因变量值。
plot(x,y,'k+',x,B,'r');           %散点绘出原数据点,绘制一元一次方程。
```

(2) 选择程序结构

当程序的处理步骤中出现了分支，需要运用选择结构判断条件成立或不成立，分别执行不同的分支语句。选择结构包括单选择、双选择和多选择形式，在MATLAB选择结构的语句中有if语句、switch语句和try语句，实例及说明见表4.23。

表 4.23 选择程序结构及实例

<table>
<tr><th>选择分类</th><th>条件选择实例</th><th>说明</th></tr>
<tr><td>(1)if 语句——单选择、双选择，语句格式：
if expression
    commands 1
else(可选，双选择)
    commands 2
end</td><td>根据输入数据 x 的范围，运行不同的计算公式
x=input('请输入 x 的值:');
if x>1
    y=sin(x+5)+cos(x-5);
else
    y=cos(x+5)+x * x+3;
end</td><td>当 x=1 成立时，执行语句组 1，否则(else)执行语句组 2，然后再执行后续语句</td></tr>
<tr><td>(2)多分支 if 语句
if expression 1
    commands 1
elseif expression 2
    commands 2
elseif expression n
    commands n
else
    commands m
end</td><td>根据输入温度值 x 的值，判断是否大于 100℃、在 25～100℃或者小于 25℃。输出不同的结果
c=input('请输入当前温度:');high=100;zhong=50;di=25;
if(c>=high)
    disp('当前温度大于或等于 100℃，注意升温速度。');
elseif(c<high)&&(c>=zhong)
    disp('当前温度在 50～100℃，温度处于上升区间。');
elseif(c<zhong)&&(c>=di)
    disp('当前温度在 25～50℃，温度运行平稳。');
else
    disp('当前温度小于 25℃，温度偏低。');
end</td><td>当 if 条件成立时，执行 commands 1；当 elseif 条件成立时，执行 commands 2、commands 3……
否则(else)执行 commands n</td></tr>
<tr><td>(3)switch 语句
switch 表达式
case expression 1
    commands 1
case expression 2
    commands 2
otherwise
    commands n
end</td><td>基于 tulei 的值确定要绘图的类型。如果 tulei 为'pie'或'pie3'，使用元胞数组包含两个值，创建一个三维饼图
x=[12 64 24];tulei='pie3';
switch tulei
    case 'bar'
        bar(x),   title('Bar Graph');
    case {'pie','pie3'}
        pie3(x),   title('Pie Chart');
    otherwise
        warning('Unexpected plot type. No plot created. ');
end</td><td>switch 语句根据 expression 的取值不同，符合 case 条件，分别执行不同的 commands 1 2 3……，都不符合，则执行 otherwise 中的 commands n</td></tr>
<tr><td>(4)试探性执行语句
try 语句格式为：
try
    commands 1
    catch
    commands 2
end</td><td>两矩阵的维数相容才能进行矩阵乘法运算，否则会出错。现求两矩阵的乘法，若出错，则计算两矩阵的点乘。程序如下：
M=[5,6,7;8,9];N=[8,9;10,11,12];
try
    C=M * N;
catch
    C=M. * N;
end</td><td>try 语句先试探性执行 commands 1，如果出错，则将错误信息赋给 lasterr 变量，否则执行 commands 2</td></tr>
</table>

(3) 循环程序结构

循环是指根据指定的条件，重复执行指定的语句。MATLAB 包含两种循环结构的语句：while 和 for 语句。for 语句：指定循环的次数，并通过递增的变量跟踪每次迭代。while 语句：循环的条件为 true 就执行。实例及说明见表 4.24。

表 4.24　循环程序结构实例

循环分类	循环程序结构实例	说明
(1) for 循环语句格式为：for expression1 :expression2 :expression3 　commands end	创建一个 10 阶 Hilbert 矩阵。 s=10;H=zeros(s); for c=1:s 　for r = 1:s 　　H(r,c)=1/(r+c-1); 　end end	其中 expression1 的值为循环变量的初值，expression2 的值为步长，expression3 的值为循环变量的终值。当步长为 1 时，expression2 可以省略

(2) while 语句
格式为：
while expression
　commands
end
	例如，计算使 factorial(n) 成为 100 位数的第一个整数 n：
	n=1;nFactorial=1;
	while nFactorial<1e100
	　n=n+1;
	　nFactorial=nFactorial * n;
	end
		循环过程：若 expression 为 true，则执行 commands，执行后再判断 expression 是否为 true，如果不成立，则跳出循环

(3) break 语句：它与 if 语句配合使用，用于终止循环	实例：求[202,300]之间第一个能被 3 整除的整数。程序如下： for A=202:300 　if rem(A,3)~=0; continue 　end 　break end A　　程序输出结果为：A =204	当在循环体内执行到 break，程序将中止循环，继续执行循环体后面的语句。
(4) continue 语句：它与 if 语句配合使用，控制跳过循环体中的部分语句		当在循环体内执行到 continue，程序将不执行剩下的语句，判断条件，继续下一次循环

4.6.4　MATLAB 程序在精馏计算中的应用

实例 4.10　常压精馏塔分离理想混合液，进料组成含 $A=81.5\%$，含 $B=18.5\%$（摩尔分数），泡点进料，塔釜为间接蒸汽加热，塔顶为全凝器，$R=4.0$。要求塔顶产品组成 $A>95\%$，塔釜为含 $A<5\%$，组分间的相对挥发度为 2.0，请用 MATLAB 程序求出所需的理论板层数 N_T。

解：逐板计算法结合 MATLAB 程序设计思路如下。

① 为适应常压精馏塔作图法，设计 input 输入数据：x_F、x_D、x_W、R、q、a。这里可以输入不同的进料状况下的 q 值，如饱和液体（$q=1$）、液体以及饱和蒸气（$q=0$）。

② 绘制平衡线，塔顶为全凝器，$x_D=y_1=0.95$，得平衡方程：$y=\dfrac{\alpha x}{1+(\alpha-1)x}=\dfrac{2x}{1+x}$　(a)。

③ 绘制精馏段操作线方程：$y=\dfrac{R}{R+1}x+\dfrac{x_D}{R+1}=0.8x+0.19$　(b)。

④ 绘制提馏段操作线方程。

全塔物料衡算 A：$0.815F=0.95D+0.05W$　(c)。

全塔物料衡算 B：$0.185F=0.05D+0.95W$ （d）。

泡点进料：$q=1$；$R=4$，$L/D=4.0$。得提馏段操作线方程：$y=\dfrac{L+qF}{L+qF-W}x-\dfrac{W}{L+qF-W}x_W$ （e）。

联立方程（c）、（d）、（e）得提馏段操作线方程：$y=\dfrac{88}{85}x-\dfrac{3}{1700}$ （f）。

⑤ 设置循环与条件语句计算梯级，代入方程逐板计算：以 $x=0.95$（即 $x_D=0.95$）与对角线交点为起点，由 $y_1=x_D=0.95\rightarrow$(a)$\rightarrow x_1$；$x_1\rightarrow$(b)$\rightarrow y_2$；$y_2\rightarrow$(b)$\rightarrow x_2$；…，在精馏段操作线和平衡线之间绘制梯级，当梯级跨过精馏段操作线和提馏段操作线的交点时，即 $x<x_F$；则改在提馏段操作线和平衡线之间绘制梯级，直到梯级到达或跨过 $x=0.05$ 与对角线交点后停止作图，即 $x<x_W$，计算结束，方程（a）迭代次数，即为所需理论板数量（包括塔底再沸器）。图解法求精馏塔理论板层数程序见表 4.25，绘图结果见图 4.8。

表 4.25 图解法求精馏塔理论板层数程序

```
clc,clear all;
%第 1 步,输入数据。
xF=input('请输入精馏塔数据:xF=');
xD=input('请输入精馏塔数据:xD=');
xW=input('请输入精馏塔数据:xW=');
R=input('请输入回流比:R=');
q=input('请输入精馏塔数据:q=');
a=input('请输入相对挥发度:a=');
%第 2 步,绘制平衡曲线。
phy=@(x)a*x/((a-1)*x+1);
fplot(phy,[0,1]);
hold on %当前轴及图像保持。
%第 3 步,绘制对角参考线。
line([0.0,1.0],[0.0,1.0]);
%第 4 步,绘制精馏段操作线。
jingliu=@(x)R*x/(R+1)+xD/(R+1);%精馏段操作线。
fplot(jingliu,[0,xD]);
%第 5 步,绘制进料线方程。
if q==1  %泡点进料
    xc=xF;
    yc=jingliu(xc);
else
    jinliao=@(x)q*x/(q-1)-xF/(q-1)
    xc=fzero(@(x)jinliao(x)-jingliu(x),xF);
    fplot(jinliao,[xF,xc]);
    yc=jingliu(xc);
end
line([xF xc],[xF yc]);
%第 6 步,绘制提馏段操作线。
line([xc,xW],[yc,xW],'Color','c');
tiliu=@(x)(yc-xW)*x/(xc-xW)+xW*(1-
(yc-xW)/(xc-xW));  % 提馏段操作线。
%程序接右边,待续……
```

```
%---接左边继续。
%第 7 步,作直角三角形。
x0=xD;y0=xD;
m=0;  %塔板数计数。
while 1
    m=m+1;
    [x0,y0]=drawtj(x0,y0,xc,R,xD,phy,jingliu,tiliu,m);
    if x0<xW
        break;
    end
end
%第 8 步,修改图形。
line([xD xD],[0 xD],'LineStyle','--');
text(xD,0,'x_D','VerticalAlignment','top');
line([xW xW],[0 xW],'LineStyle','--');
text(xW,0,'x_W','VerticalAlignment','top');
line([xF xF],[0 xF],'LineStyle','--');
text(xF,0,'x_F','VerticalAlignment','bottom');
axis([0 1 0 1]);
xlim([0,1]),ylim([0,1]);
title('图解法求精馏塔的理论塔板数');
xlabel('x'),ylabel('y');
%绘制直角三角形程序。
function[x,y]=drawtj(x0,y0,xc,R,xD,ph,fj,ft,m)
f=@(x)ph(x)-y0;x=fzero(f,x0);
if x>xc
    y=fj(x);
else
    y=ft(x);
end
line([x0,x,x],[y0,y0,y],'Color','b');
text(x,y0,int2str(m),'VerticalAlignment','bottom');
end
```

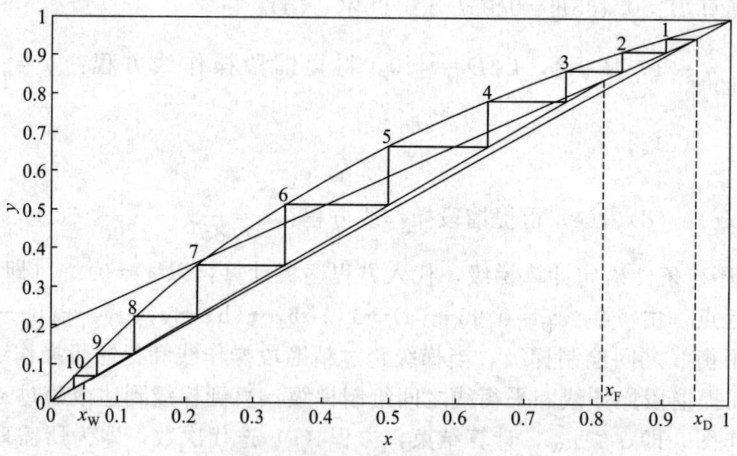

图 4.8　图解法求精馏塔理论板层数绘图结果

4.7 工具箱 APP 在化学化工拟合中的应用

MATLAB 工具箱 APP 主要用来扩充 MATLAB 的符号运算功能、数值计算、文字处理功能、图形建模仿真功能及与硬件实时交互功能，应用广泛。同时包含专业领域型工具箱，其专业性很强，如数学、统计与优化，图像处理及计算机视觉等。有些适用于化学化工相关领域，下面以曲线拟合工具箱【Curve Fitting】为例进行说明。

实例 4.11　（题干与实例 4.6 相同）在某化学反应中，测得生成物的浓度 y（6.10、8.71、10.51、11.78、12.45、12.86、12.93、13.12、13.32、13.62）$\times 10^{-3}$ mol/L 与时间 t（2、4、6、8、10、12、14、16、18、20）min 的关系，拟合时间与产物的关系。

解：① 命令窗口中输入数据：

```
t=[2 4 6 8 10 12 14 16 18 20];
y=[6.10 8.71 10.51 11.78 12.45 12.86 12.93 13.12 13.32 13.62];
```

② 单击曲线拟合工具箱：单击菜单【App】-【Curve Fitting】命令，见图 4.9❶和❷处，在❸处选择 t 数据，在❹处选择 y 数据，在❺处选择拟合曲线类型，可以选择多种类型，见表 4.26。

拟合结果见图 4.9，【Results】（结果）窗口中给出了拟合公式及系数；【Table of Fits】窗口中给出了拟合结果，如线性相关度 $R^2=0.9998$，说明拟合效果较好；右下角给出了拟合图像，如需编辑保存，单击菜单【文件】-【Print to Figure】命令，编辑后另存为.jpg 或.png 等图片格式文件。

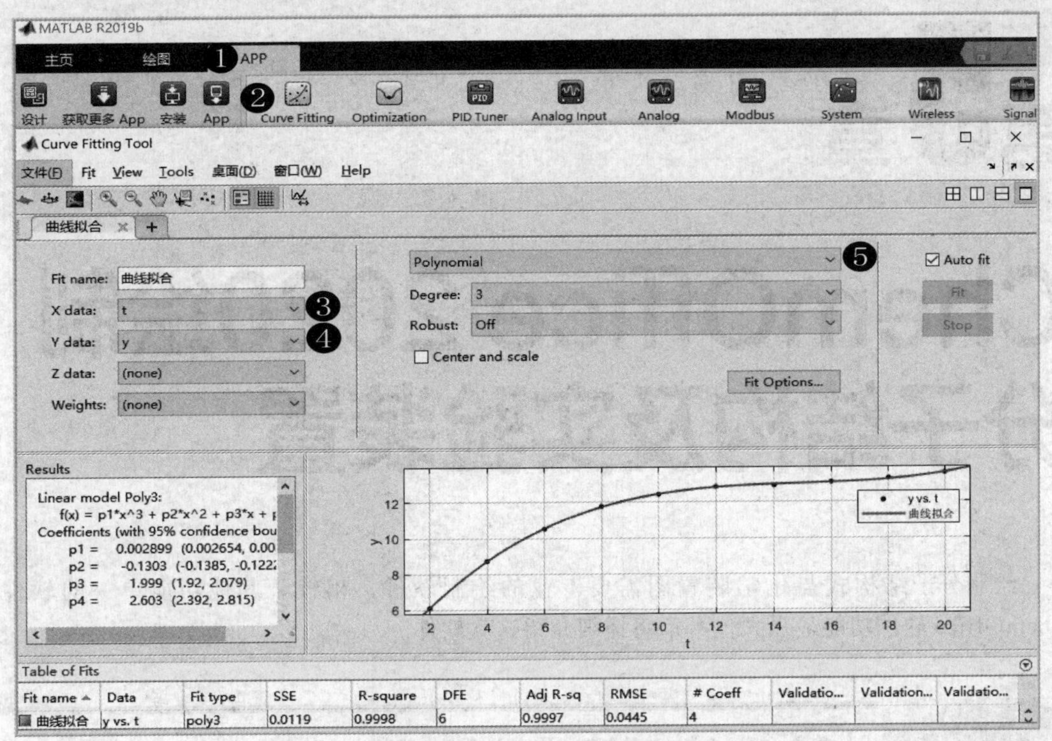

图 4.9　曲线拟合工具箱【Curve Fitting】的使用

表 4.26　拟合曲线的类型及公式

拟合类型	公式及说明	拟合类型	公式及说明
Custom Equations	自定义公式	Smoothing Spline	平滑样条曲线
指数函数(Exponentia)	a * exp(b * x)、a * exp(b * x)+c * exp(d * x)	插值(Interpolant)	linear、nearest neighbor、cubic spline、shape-preserving
傅里叶(Fourier)	a0+a1 * cos(x * w)+b1 * sin(x * w)	正弦曲线(Sum of Sin)	a1 * sin(b1 * x+c1)
高斯(Gaussian)	a1 * exp(−((x−b1)/c1)^2)	韦布尔分布(Weibull)	a * b * x^(b−1) * exp(−a * x^b)
多项式(Polynomial)	poly1　poly9	有理数(Rational)	4-5th degree
幂函数(Power)	a * x^b、a * x^b+c		

第5章

ChemOffice 2020绘制分子结构及实验装置

绘制分子结构式与化学装置图需要专业的绘制软件，相较于其他功能单一的软件，ChemOffice 软件功能最强大，本章将详细介绍这款软件。

5.1 ChemOffice 简介

ChemOffice 是一个功能强大的化学绘图及分子模拟计算程序包，由 CambridgeSoft 公司开发，面向从事生物医学、材料科学、化学、化学工程、纳米科技、教育教学领域的个人、团体。同时，该软件具有强大的兼容能力，可以和众多的科研软件进行数据交换，利用 ChemOffice 可以方便地建立分子模型及仿真，绘制化学结构图、生物结构图，将化合物名称直接转为结构图。ChemOffice 中提供了常见的结构模板，还可以对已知化学结构的化合物进行命名。

ChemOffice 有 Prime、Pro 和 Ultra 等多种版本，较新且功能较强大的是 ChemOffice 2020 版本。该程序包括 ChemDraw 2020、Chem3D 2019、ChemFinder。常用的是 2D 绘图程序 ChemDraw 和 3D 绘图/分子模拟程序 Chem3D。

5.2 ChemDraw 2020

ChemDraw 2020 是全球领先的化学生物科学绘图工具，可以编辑、绘制与化学、生物有关的大部分图形，主要功能有建立、编辑有机结构式、分子式、方程式、立体图形、对称图形、轨道等，包括对图形进行复制、粘贴、存储、编辑、翻转、缩放、旋转等多种操作，用它编辑的图形可以直接复制粘贴到 Office 软件中使用。最新版本 ChemDraw 2020 还增加

了 ChemACX 资源管理器、共享 HELM 资源库和 ChemDraw Cloud 等功能。

ChemDraw 2020 提供了丰富的生物学工具，集成了许多第三方产品和 ChemOffice 套件，已成为化学生物研究者必备的软件之一。

5.2.1 ChemDraw 界面

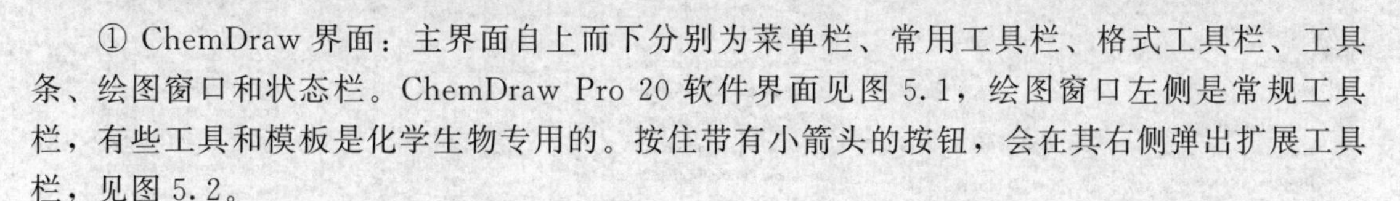

① ChemDraw 界面：主界面自上而下分别为菜单栏、常用工具栏、格式工具栏、工具条、绘图窗口和状态栏。ChemDraw Pro 20 软件界面见图 5.1，绘图窗口左侧是常规工具栏，有些工具和模板是化学生物专用的。按住带有小箭头的按钮，会在其右侧弹出扩展工具栏，见图 5.2。

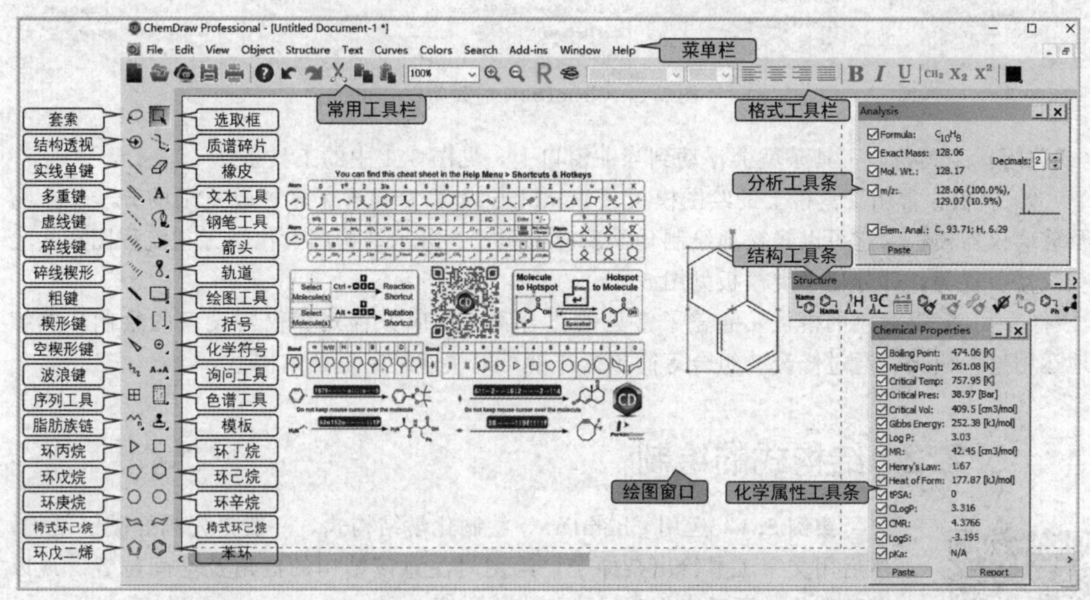

图 5.1 ChemDraw Pro 20 软件界面

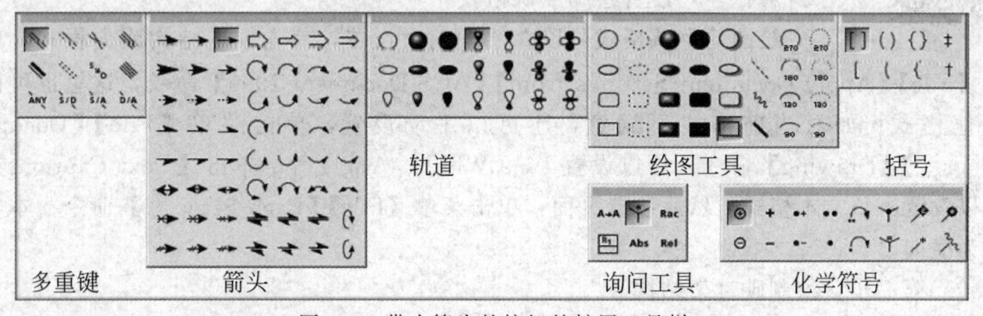

图 5.2 带小箭头的按钮的扩展工具栏

② 菜单栏：ChemDraw 所有操作都可以通过菜单实现，图 5.3 列出了主要的菜单。其中，【File】菜单除常规的打开、保存命令外，【Page Setup ...】用于设置绘图页面；【Document Settings ...】用于设置文档；【Preferences ...】用于选项设置；【List Nicknames ...】用于管理或插入结构缩写。【Object】菜单用于对当前结构进行排版。【Structure】菜单用于对结构进行编辑。

③ 工具条：ChemDraw 自带多个工具条，单击菜单【View】命令（图 5.3），可以打开

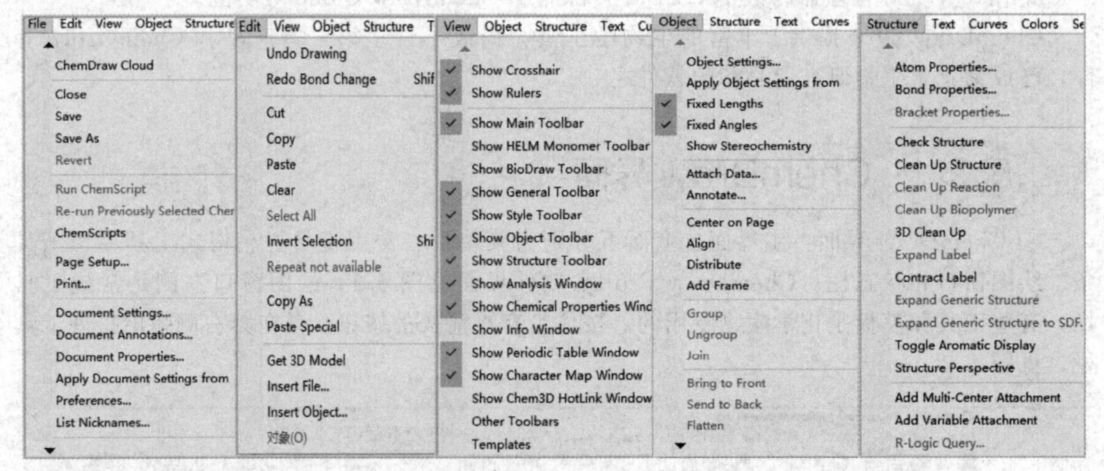

图 5.3　ChemDraw 的菜单栏

（或关闭）工具条，工具条就会浮动到当前窗口上，见图 5.1 中的工具条。

④ 模板：常用工具栏上的绘图模板【Templates】命令包含了多种较复杂的分子、生物及玻璃仪器模板。它可以轻松地绘制化学反应方程式、分子结构图、化学工艺流程图和实验室仪器装置等，部分化学类模板见图 5.4。

ChemDraw 提供的模板，涵盖了常见的化合物、反应方程式和仪器设备的绘制，熟练地运用这些模板，通过修改、组合等简单操作就可以快速绘制复杂结构。

5.2.2　结构式的绘制

实例 5.1　运用 ChemDraw 绘制化学结构式，一般是先画好碳链结构，然后用文字工具绘出杂原子，绘图时注意该结构的键角及空间位置。现以羰基催化还原反应方程式为例进行说明。

解：(1) 设置绘图默认格式

绘图的默认格式可以在绘图前后设置，首先框选结构或方程式，单击菜单【File】-【Apply Document Settings from】-【ACS Document 1996】命令，这里也可以选择其他格式；如对当前格式不满意，还可以手动设置，单击菜单【File】-【Document Settings...】-【Drawing】命令，可以设置 Line Width、Angle 等。单击【Text Captions】命令可以设置默认文本格式。然后设置页面：单击菜单【File】-【Page Setup...】命令，本实例设置为横向。

(2) 第一步，绘制碳骨架结构

① 选中绘图工具栏下端的【环己烷】按钮⬡，这时候鼠标指针会变成环己烷的图形，在绘图区单击鼠标左键，出现一个环己烷。

② 单击绘图工具栏＼（实线单键）按钮，将鼠标指针悬停于绘制起点，出现蓝色的圆形连接点，单击鼠标左键；或者将鼠标指针悬停于绘制起点，按下快捷键“1”；或自连接点向外拉出实线单键，添加实线单键。

③ 单击⑊（双键）按钮，将鼠标指针悬停于绘制起点，出现蓝色的圆形连接点，单击鼠标左键；或者自连接点斜向上拉出一根双键；或者按下快捷键“8”，添加双键。

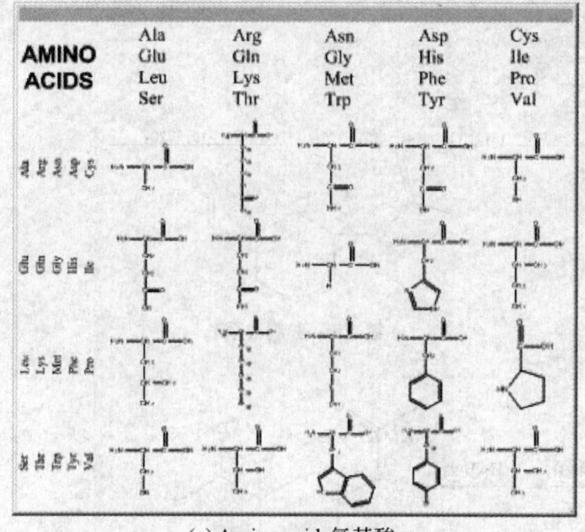

(a) Amino acids氨基酸

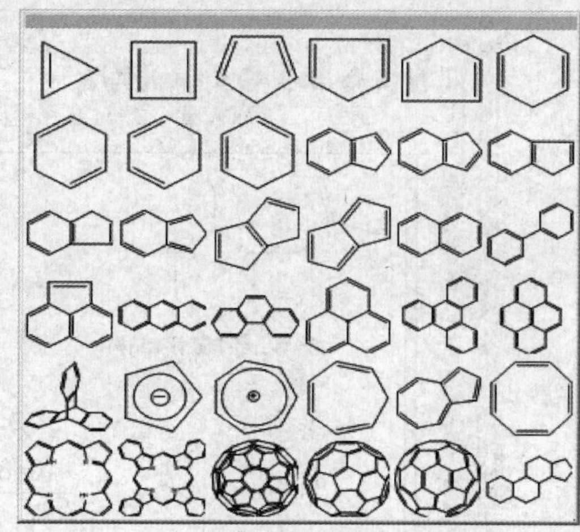

(b) Aromatic芳香化合物

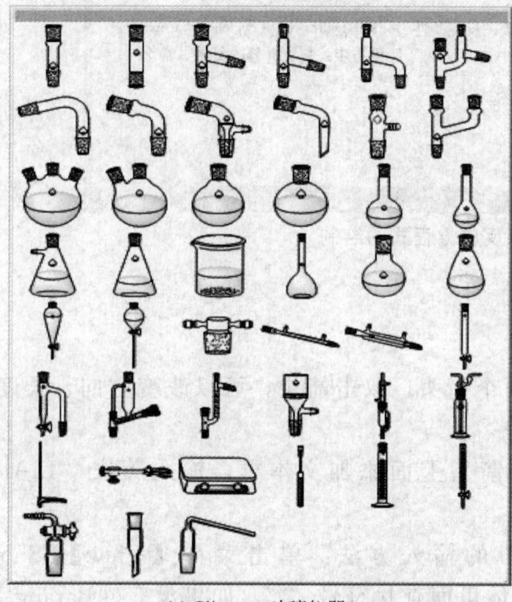

(c) Clipware 玻璃仪器1

(d) Functional Groups官能团

图 5.4　部分复杂分子及玻璃仪器模板【Templates】

④ 后面的单键绘制参考步骤②。

⑤ 后面的双键绘制参考步骤③。第一步的效果见图 5.5。

(3) 第二步，绘制杂原子

① 骨架结构绘好以后再绘制杂原子，单击工具栏 A（文本工具）按钮，单击需要添加杂原子的位置 1，出现文本框，输入大写的英文字母“O”；或者运用选框工具，将鼠标指针悬停于绘制点上，出现蓝色原点，按键盘热键“o”，输入 O 原子。

② 用同样的方法在位置 2、3 输入“O”，第二步的效果见图 5.5。

③ 改变字号大小，框选整个结构，设置字号至合适的大小。

(4) 第三步，结构整理

手动绘制的结构的键长与键角不符合标准，需要整理，框选整个结构，单击菜单【Structure】-【Clean Up Structure】命令，结构将自动重排，可以多次整理。第三步效果见

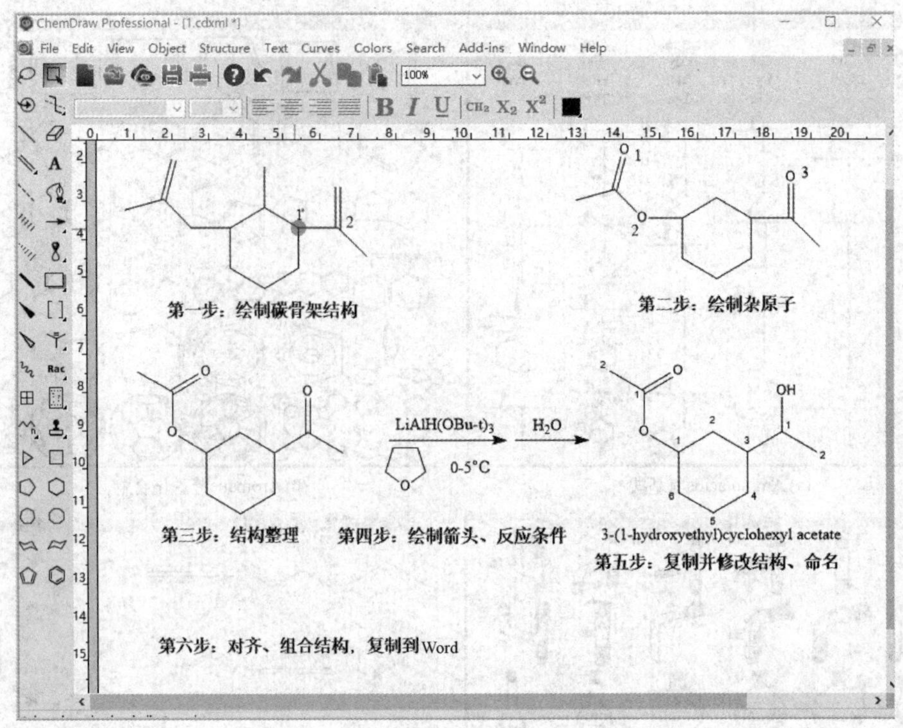

图 5.5　羰基催化还原反应方程式的绘制

图 5.5。

（5）第四步，绘制箭头、反应条件

① 单击工具栏箭头按钮，从左至右拉出两个箭头，双击箭头，可以改变方向、长度、箭头大小。

② 单击工具栏 A（文本工具）按钮，在箭头上面添加文本框，输入英文“LiAlH(OBu-t)$_3$”。

③ 在箭头下方输入“0-5℃”。符号“°”的输入方法：单击菜单【View】-【Show Character Map Window】命令，在@Batang 字体里面查找符号“°”，如果没有@Batang 字体，可以从 Word 中复制、粘贴。

④“H_2O”的输入方法：单击工具栏 A（文本工具）按钮，单击格式工具栏中的“CH_2”图标，在文本框中依次输入 H、2、O 字符，字符“2”会自动变为下标。

（6）第五步，复制并修改结构、命名

① 复制第三步的结构：单击工具栏【选取框】按钮，选择第三步结构，使用鼠标右键单击【Copy】命令，在合适的位置使用鼠标右键单击【Paste】命令，实现复制；或者按住 Ctrl 键，拖动结构，实现复制；或者按快捷键 Ctrl＋键盘方向键，实现快速复制。

② 修改结构：单击工具栏橡皮擦工具，单击双键，将双键修改为单键；修改位置 3 处的 O 原子为 OH，单击工具栏 A（文本工具）按钮，再单击 O 原子，输入英文“OH”；或者单击工具栏【选取框】按钮，将鼠标指针悬停于绘制点 O 原子上，出现蓝色圆点，按下键盘热键“q”，快速输入英文“OH”。

③ 命名：如需要显示位置数字，命名前应先修改设置，单击菜单【File】-【Preferences...】-【Building/Display】命令，勾选“Display IUPAC Atom Numbers on S2N/N2S”复选框；

单击菜单【Structure】-【Convert Structure to Name】命令，碳原子上将标注 IUPAC 序号，同时自动生成英文名称，中文命名需要手动编辑，第五步效果见图 5.5。

(7) 第六步，对齐、组合结构，复制到 Word

① 对齐结构：刚绘制的方程式，如果不是水平居中对齐的，需要对齐，按住 Shift 键，框选第三步结构、两个箭头、第五步结构，单击菜单【Object】-【Align】-【T/B Centers】命令，实现居中对齐；或者单击菜单【View】-【Show Object Toolbar】命令，调出对齐工具栏，运用对齐工具对齐。再手动调整反应条件的位置。

② 组合结构：反应方程式的各个结构是独立的，如复制到其他文档可能发生结构变形，因此需要组合。框选方程式所有结构，单击菜单【Object】-【Group】命令，可将这些结构组合成一个整体。如需要编辑，应单击菜单【Object】-【Ungroup】命令解组合。

③ 复制到 Word 中：单击菜单【Edit】-【Copy】命令，或按快捷键 Ctrl+C，在 Word 文档中直接粘贴。如果需要编辑该方程式，双击方程式，就可以跳转到 ChemDraw 界面，编辑完成后，关闭界面，Word 中就出现修改后的方程式。绘制效果见图 5.6。

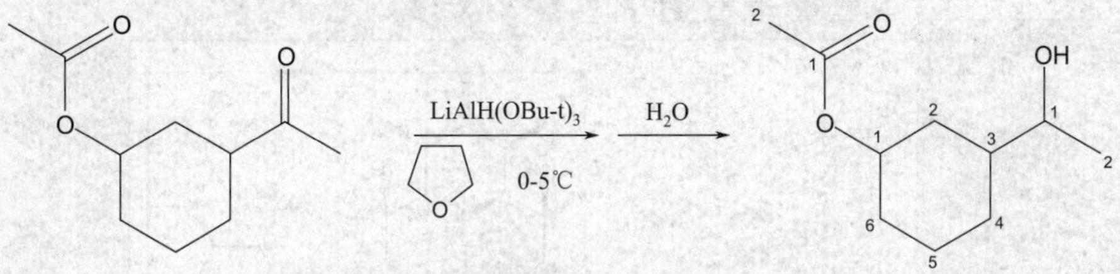

O O O
$LiAlH(OBu\text{-}t)_3$ H_2O
O 0-5℃
2 O 1 O OH 2 1 3 1 2 6 4 5

图 5.6 绘制的羰基还原方程式

5.2.3 通过 CAS 号码查询绘图

生物化学结构都有唯一识别码——CAS 号码，通过 CAS 号码可以快速输入分子结构，单击菜单【Add-ins】-【ChemACX. com Structure from CAS Registry Number】命令，在弹出的【ChemDraw Add-in -ChemACX. com Structure from CAS Registry Number】窗口中输入 CAS 号码，联网搜索，可以得到该物质的结构，见图 5.7。

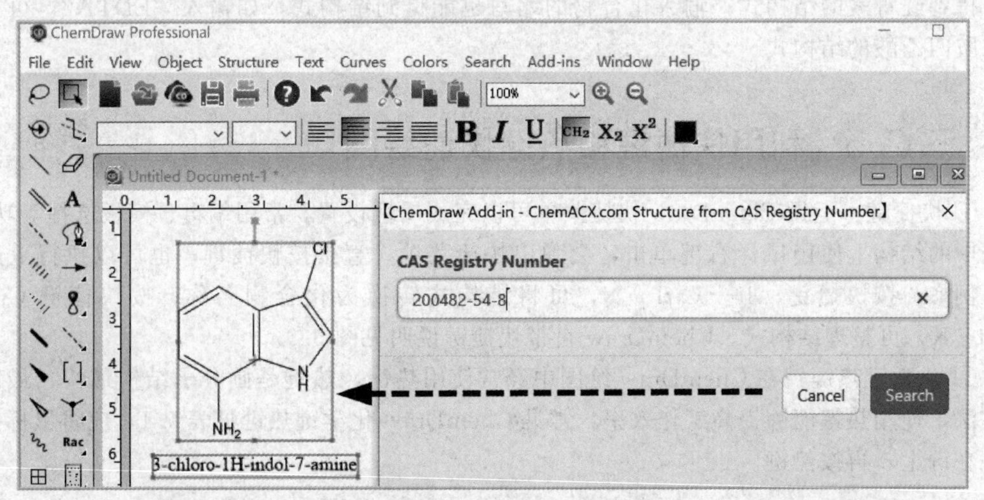

图 5.7 通过 CAS 号码查询输入结构

ChemACX资源管理器：单击菜单【Add-ins】-【ChemACX EXplorer】命令，通过结构或CAS号码搜索化合物的化学属性及价格信息。

5.2.4 知道IUPAC名称绘图

如果知道了化合物的IUPAC英文名称，就不需要逐步绘制有机结构式了，因为ChemDraw提供了名称转化成结构功能，可以根据有机物的IUPAC英文名称自动绘制结构式，但要求有机物名称必须是系统命名的英文名。

单击菜单【Structure】-【Convert Name to Structure】命令，在弹出的【Insert Structure】对话框中输入有机物的英文名称，单击【OK】按钮即可出现结构式，见图5.8。

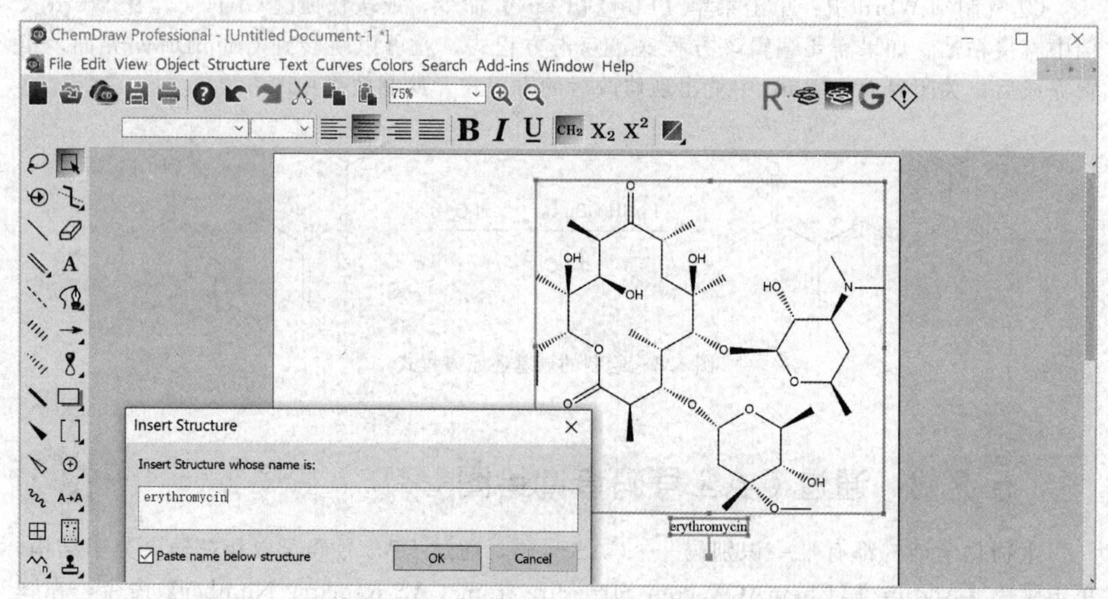

图5.8 【Convert Name to Structure】命令的使用

在ChemDraw中输入有机物的俗名或商品名能得到结构式，如输入“erythromycin”，即可得到红霉素的结构式；输入化合物的缩写也能得到结构式，如输入“EDTA”，可得到乙二胺四乙酸的结构式。

5.2.5 利用快捷键和热键快速绘图

① 快捷键：运用ChemDraw快捷菜单可以完成属性设置、常用编辑、模板选择等功能。在选中的结构上使用鼠标右键单击，会弹出快捷菜单。直接按快捷键，也可以执行上述功能。例如：按快捷键Alt＋Ctrl＋N，可将结构式转换为化合物名称；按快捷键Ctrl＋Shift＋K，可整理结构式。ChemDraw自带快捷键说明见图5.9。

② 化学键热键：在ChemDraw绘图中经常使用热键，热键是画分子结构最快、最简单的方法，使用热键能够提高工作效率，常见ChemDraw化学键热键见表5.1，应将鼠标指针悬停在键上，再按热键。

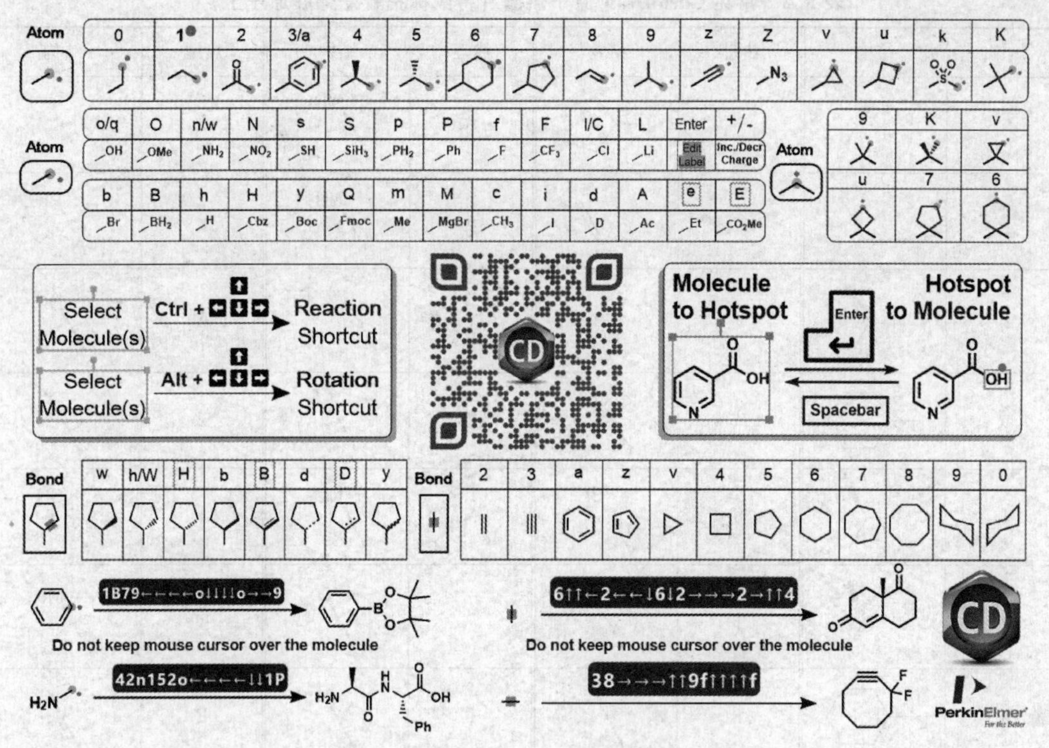

图 5.9　ChemDraw 自带快捷键说明

表 5.1　常见 ChemDraw 化学键热键（将鼠标指针悬停在键上）

热键	结构	说明	热键	结构	说明	热键	结构	说明
1		单键	b		粗体键	l		双键居左
2		双键	w		楔形键	c		双键居中
3		三键	H		间隔键	r		双键居右
4		环丁烷	h		间隔楔形键	y		波浪键
5		环戊烷	6		环己烷	d		虚线键

③ 原子热键：将鼠标指针悬停在原子上，并按下键盘上指定的键，能在该原子上添加指定的结构，见表 5.2，结合化学键热键，可以快速地输入结构。从左至右，鼠标指针悬停在准备绘制的位置，依次按下热键，可得到新的结构，见图 5.10。

表 5.2　常见 ChemDraw 原子热键（将鼠标指针悬停在原子上）

热键	结构	热键	结构	热键	结构	热键	结构
0		7		S	SiH_3	f	F
1		8		n	NH_2	P	Ph
2	O	9		t	t文本	A	Ac
3 或 a		q 或 o	OH	C 或 l	Cl	x	X
4		b	Br	N	NO_2	s	SH
5		l	I	d	D	m	Me
6		r	R	h	H	E	K

快速绘制方程式：框选结构，按住 Ctrl 键，单击键盘上的方向键，能快速生成反应箭头和复制结构，修改中间体及产物结构，能快速生成反应方程式。运用热键快速绘制结构实例见图 5.10。

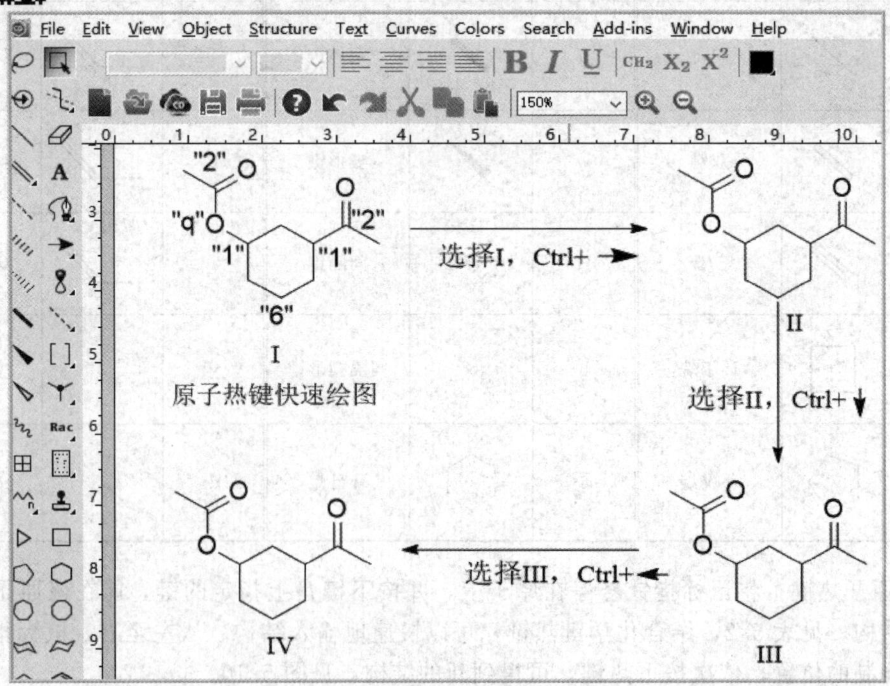

图 5.10　运用热键快速绘制结构实例

5.2.6　新版绘图技巧

① 按住 Alt 键，使用框选工具，工具将变为套索工具。

② 按住 Alt 键，使用 C—C、C ═C 绘制图，拖曳鼠标指针可以任意改变键长度。

③ 单击箭头，可以改变箭头方向；拖动中间点，可以弯曲箭头；拖动箭头，可以改变形状，可以把箭头拖成环形；按住 Shift 键，拖动箭头，可以只改变箭头方向。

④ 将鼠标指针悬浮在绘图点上，单击 Enter 或 t 键，可以输入文本。

⑤ 使用工具绘制 TLC 薄层色谱时，按住 Shift 键可以改变斑点形状。

⑥ 按住 Shift 键选择多个分子的某一个原子，单击对齐工具，几个分子根据该原子对齐。

⑦ 连接两个结构。按住 Shift 键分别选择两个结构的两个原子，按快捷键 Ctrl+j，两个结构根据原子位置自动结合起来。同样，按住 Shift 键分别选择两个结构的两个键，按下快捷键 Ctrl+j，两个结构根据两个键连接起来。

⑧ 在多元环烷烃中添加一个三键，多次单击菜单【Structure】-【Clean Up Structure】命令，结构将变为圆形，再把三键改为单键。

⑨ 缩放结构同步缩放杂原子。直接拖放杂原子大小不变，按住 Ctrl 键拖放，杂原子同步改变。

⑩ 反应结构自动编号。选择多步反应方程式，单击菜单【Structure】-【Autonumber Reaction】命令，每个结构下面将自动编号；设置菜单【File】-【Document Settings ... 】-【Reaction Display】命令。

⑪ 在表格中绘制分子结构。单击工具栏表格工具，绘制表格，拖动分子结构至表格，使用鼠标右键单击表格【Size To Fit Contents】等工具排版。

⑫ 添加元素列标记。如单击文本工具，在结构中输入［NH_2，OH，COOH］，框选结构，单击菜单【Structure】-【Expand Generic Structure】命令，结构变为 3 个结构，表示有 3 个不同取代基。

⑬ 添加可变附件。按住 Shift 键，选择结构上的几个可取代点，例如苯环上的 2 个点，单击菜单【Structure】-【Add Variable Attachment】命令，将产生一个星号，用单键工具从星号拉出一个键，或其他取代基。如需扩展该结构，单击菜单【Structure】-【Expand Generic Structure】命令，会出现苯环 2 个位置的取代结构。

⑭ 添加原子范围。例如结构中输入 $(CH_2)_{2-4}$，框选后单击菜单【Structure】-【Expand Generic Structure】命令，将出现 3 个分子结构，其中的 CH_2 分别为 2、3、4 个。

⑮ 基团替换列表。见图 5.11(a)，首先绘制出主体结构，取代基团总称，这里输入“G”，然后在工具栏中调出基团替换列表工具，见图 5.11(b)，上面行输入替换名称“G”，下面绘出基团列表，连接点添加连接符号；如需展开，框选 5.11(a)、(b)，单击菜单【Structure】-【Expand Generic Structure】命令，展开后的结构见图 5.11(c)。

5.2.7　设置符号、字体和颜色

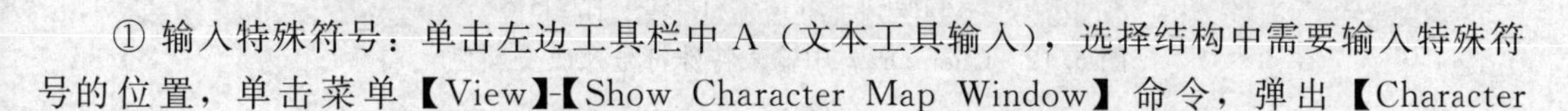

① 输入特殊符号：单击左边工具栏中 A（文本工具输入），选择结构中需要输入特殊符号的位置，单击菜单【View】-【Show Character Map Window】命令，弹出【Character

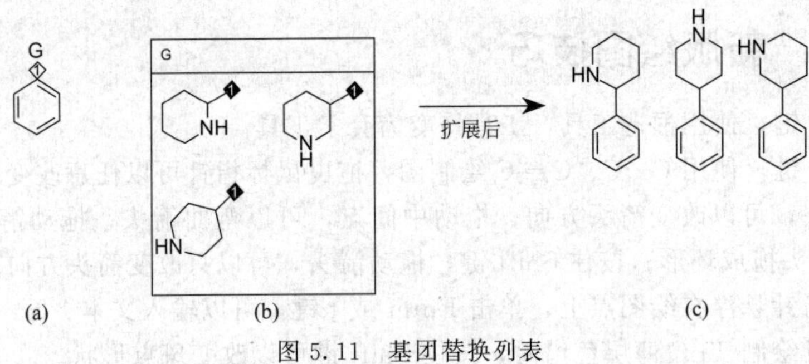

图 5.11　基团替换列表

Map】对话框，单击[▼]按钮，可以选择各种汉字字体、符号，见图 5.12。在表中单击需要输入的符号，在结构式上单击相应位置，就快速地输入该符号，例如输入分隔符“D、a、b、g”，该符号就在字体 Symbol 里面。

② 修改字体：利用工具栏 A（文本工具），单击需要修改的文本，单击菜单【Text】-【Font】命令可以改变字体。再单击工具栏 A（文本工具），可以修改该符号的文字大小等。

③ 输入数字下标：例如输入 H_2SO_4、CH_3，单击工具栏 A（文本工具），单击格式工具栏中的“CH_2”，在文本框中输入结构式，数字将自动下标。

④ 设置颜色：单击【Colors】命令，出现下拉菜单，可以选择 6 种颜色，单击所选中的颜色，可以改变化合物的颜色。不同原子分别显色：选择含杂原子的分子，单击菜单【Colors】-【By Element】命令。

⑤ 修改文字方向：结构式 1 输入的基团太长，产生了重叠，需要修改文字方向，框选该基团，单击菜单【Text】-【Flush Right】命令，字体样式变为结构式 2，该结构不合理，单击工具栏 A（文字工具），重新输入“CH_3CH_2OOC”，效果见结构式 3，见图 5.12。

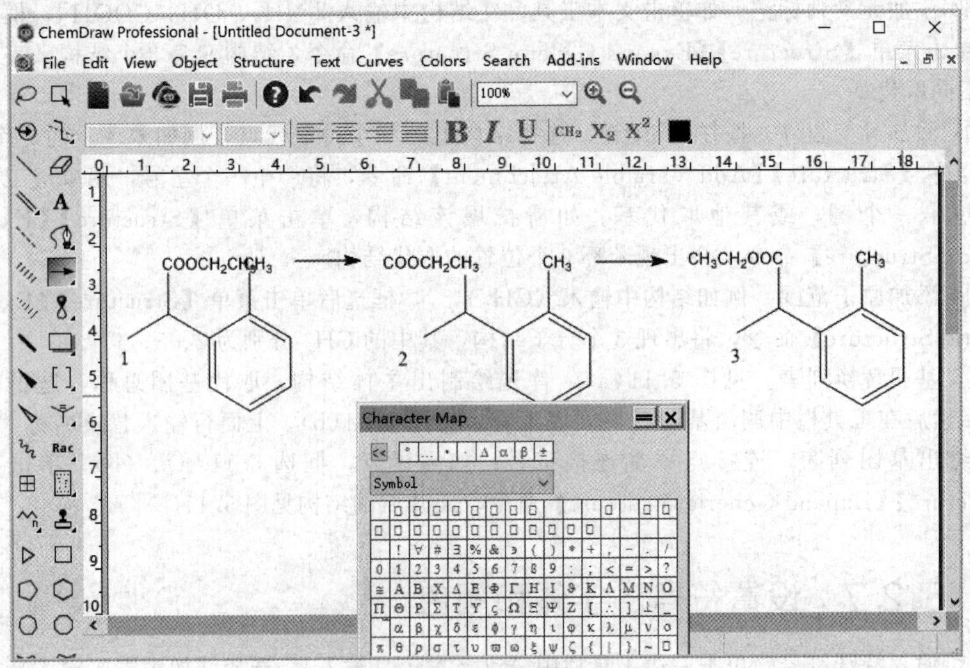

图 5.12　ChemDraw 中输入特殊符号及改变颜色

5.2.8　结构的 Clean Up 调整和编号

① 手动调整：在绘制结构式的过程中，难以精确绘制化学键的键角，且拖拉化学键或原子的过程中会造成键长及键角的变化和结构的扭曲，需要对图形进行调整。例如，咖啡酸的结构的手动调整方法见图 5.13，单击【选取框】工具，在位置 1 单击氧原子，氧原子上出现蓝色方形阴影，拖动方形阴影可改变键的大小及方向，图 5.13 中右图为调整后的结构。绘图时按住 Alt 键，可以任意改变键的长度。

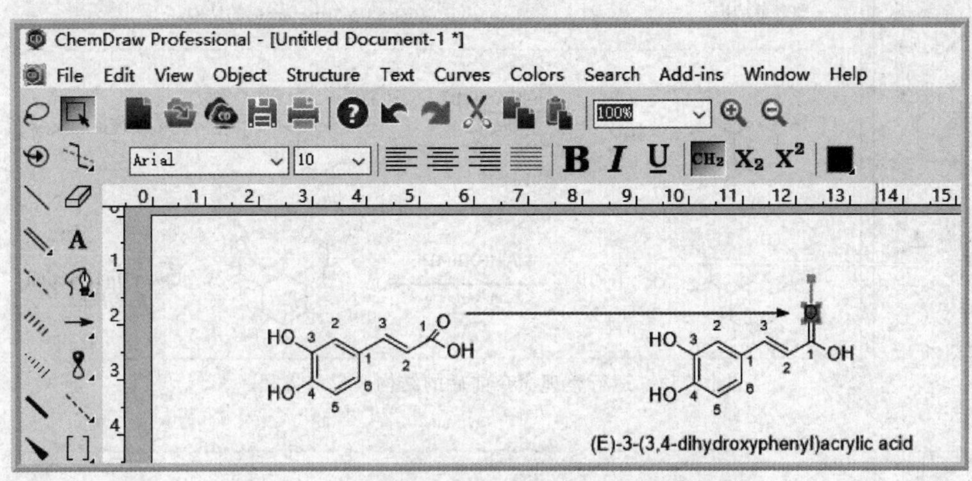

图 5.13　手动调整咖啡酸中的氧原子的键长和键角

②【Clean Up Structure】命令整理：选择需要整理的结构，单击菜单【Structure】-【Clean Up Structure】命令，软件会计算该结构的键长和键角进行自动调整，多次单击【Clean Up Structure】命令，直到出现满意的结果，运行整理命令前后的结构见图 5.14；3D 结构整理应运行【3D Clean Up】命令。

③【Clean Up Reaction】反应方程式整理：框选整理前的反应，单击菜单【Structure】-【Clean Up Reaction】命令，软件自动整理反应方程式，见图 5.14，方程自动添加了反应符号“+”号，箭头变长，结构居中对齐。

④ 反应结构自动编号：选择多步反应方程，单击菜单【Structure】-【Autonumber Reaction】命令，每个结构下面将自动编号。

5.2.9　结构的移动、旋转和缩放

① 图形的移动：运用选择工具，在绘图区选定一个或多个图形。按住鼠标左键，可以拖动鼠标指针改变位置，待移动到希望的位置时松手即可。

② 图形的旋转和缩放：用框选工具或套索工具选中图形，此时图形出现蓝色外框，方形的四角为缩放控制点，拖动这些点可以按比例改变图形大小。外框上面的点为旋转控制点，鼠标指针移至此处会变成弯形双箭头，按住鼠标左键拖动可以旋转图形，见图 5.15。

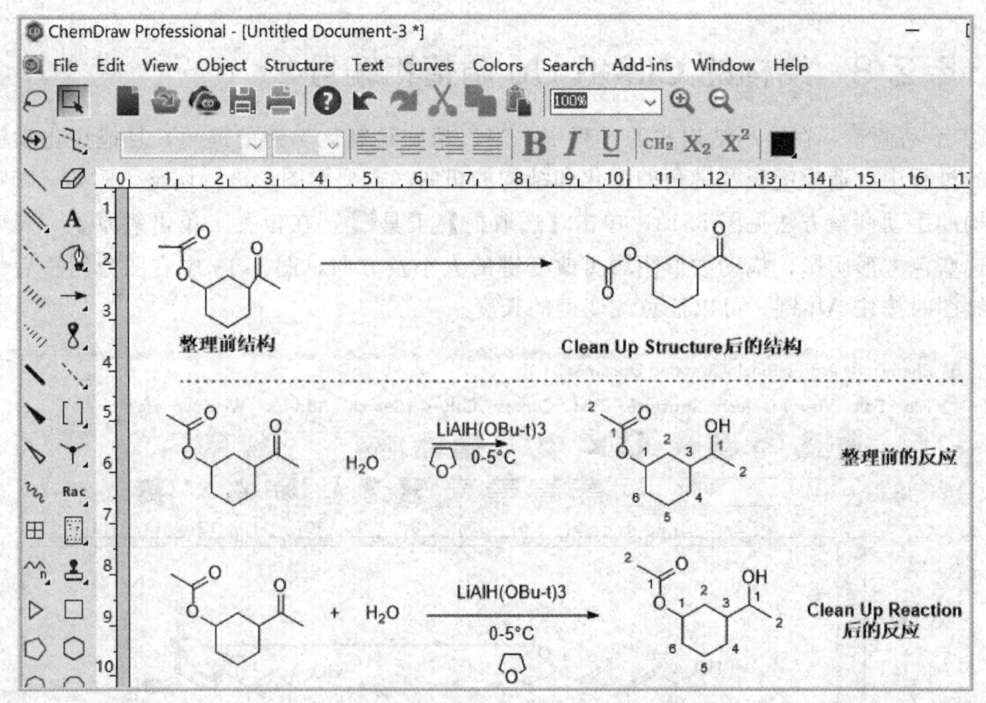

图 5.14　运行整理命令前后的结构及反应方程

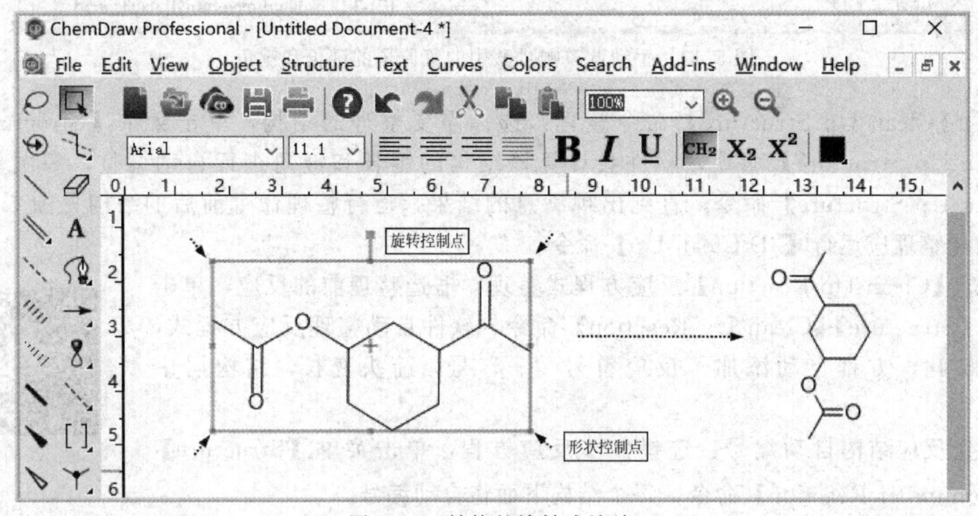

图 5.15　结构的旋转或缩放

5.2.10　IUPAC 命名与标注

如需要显示位置数字，命名前需要修改设置，单击菜单【File】-【Preferences...】-【Building/Display】命令，勾选“Display IUPAC Atom Numbers on S2N/N2S”复选框；单击菜单【Structure】-【Convert Structure to Name】命令，将自动生成 IUPAC 数字及英文名称，见图 5.16。

立体结构标注：绘制立体结构后需要标注，单击菜单【Object】-【Show Stereochemistry】

命令，会自动标注旋光异构结构及顺反异构结构，见图 5.16。

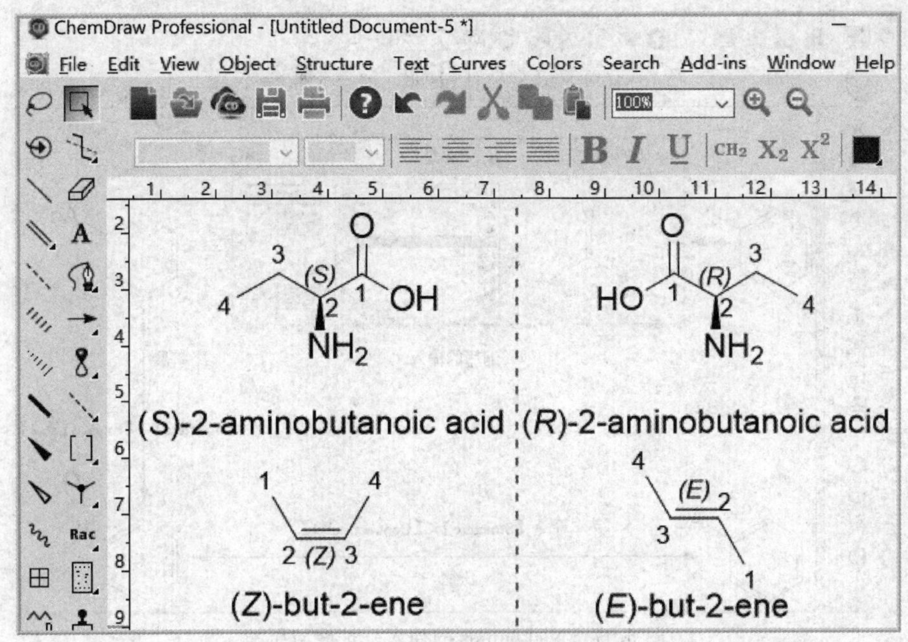

图 5.16　立体结构的命名与标注

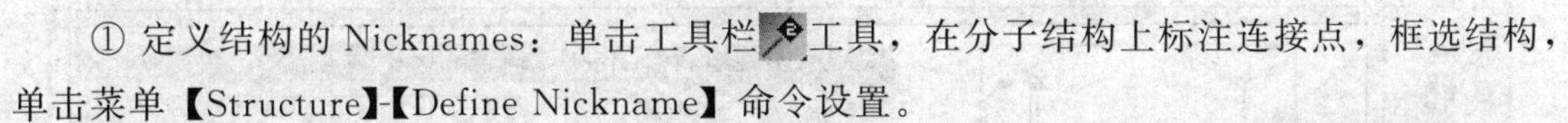

5.2.11　Nicknames 的插入、扩展与压缩

① 定义结构的 Nicknames：单击工具栏工具，在分子结构上标注连接点，框选结构，单击菜单【Structure】-【Define Nickname】命令设置。

② 在结构中插入 Nicknames：单击工具栏 A（文本工具）按钮，单击需要输入的位置，出现输入文本框，单击菜单【File】-【List Nicknames ...】命令，ChemDraw 自带多种结构缩写，选择“Ac”，单击【Paste】按钮，输入结果见图 5.17 右上图的甲基苯基酮。

③ Nicknames 的扩展：通常我们看到结构的缩写时，并不知道具体的结构式，需要扩展，框选结构，单击菜单【Structure】-【Expand Label】命令，扩展后的结构见图 5.17 右下图。

④ 结构的压缩：结构可以简写，用字符串来代替，框选需要简写的结构，单击菜单【Structure】-【Contract Label】命令，输入简写的字符串，结构就被简化了，效果见图 5.17 左下图。

5.2.12　元素分析及其他工具条

ChemDraw 作为优秀的化学化工软件，具有分析化合物元素成分、预测物质物性数据、预测热力学数据等功能。

①【Analysis】(元素分析）工具条：选中化合物结构式，单击菜单【View】-【Show Analysis Window】命令，弹出分析窗口，【Analysis】工具条见图 5.18，包含该化合物的摩尔质量、分子简式、同位素分布图、元素百分比组成等数据。如图里的分子量 184.24 是根

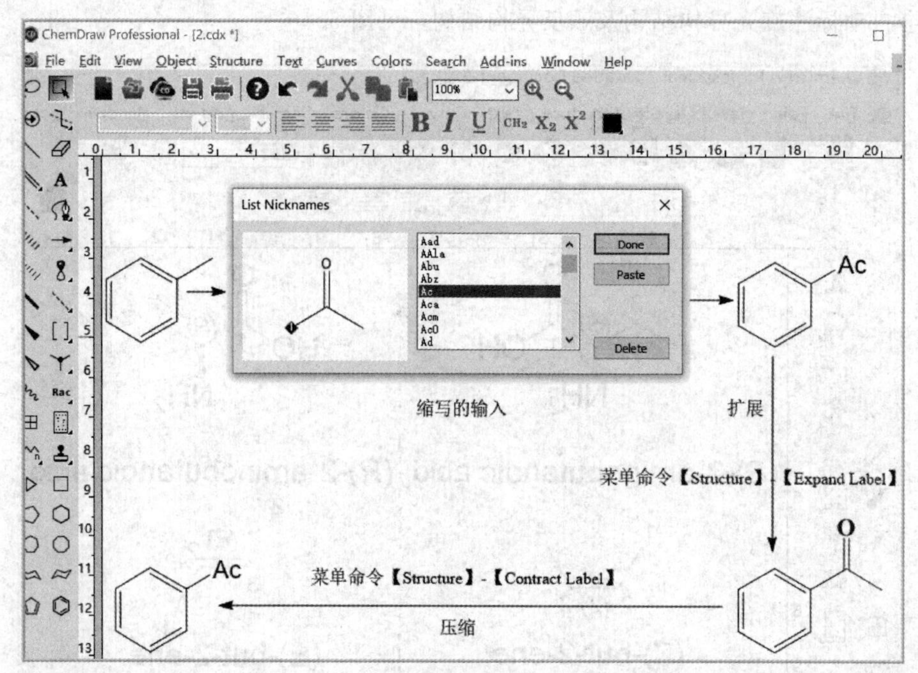

图 5.17　Nicknames 的插入、扩展与压缩

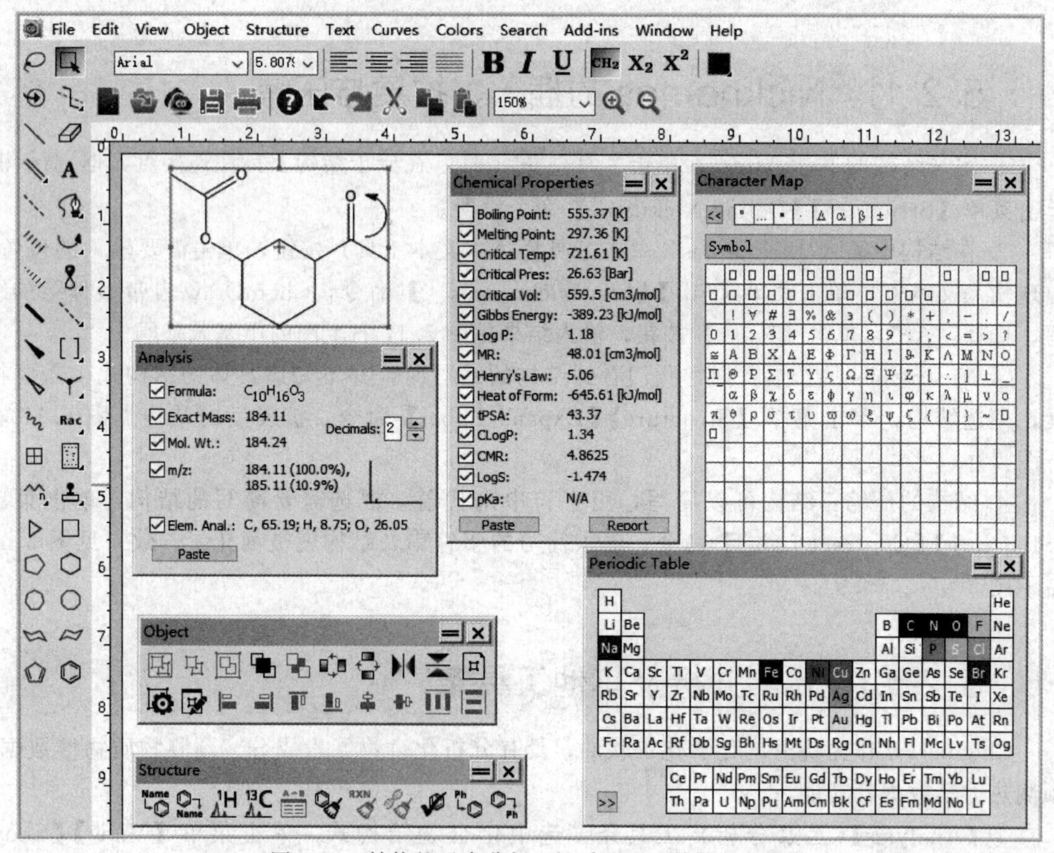

图 5.18　结构的元素分析、性质预测及其他工具条

据各种元素在地壳中的丰度计算出来的，质谱数据的分子粒子峰 MS（ESI）：184.11，185.11(M^+)。

②【Chemical Properties】(热力学数据）工具条：选择结构，单击菜单【View】-【Show Chemical Properties Window】命令，弹出【Chemical Properties】(物理化学属性）窗口，见图 5.18。包含该化合物的沸点、熔点、临界温度、临界压力、临界体积、Gibbs 自由能、LogP、MR、Herry's Law、生成热、ClogP、CMR 等参数。

③【Periodic Table】(元素周期表）工具条：ChemDraw 可以运用元素周期表快速地输入元素，具体操作为选择结构，单击菜单【View】-【Show Periodic Table Window】命令，见图 5.18，在周期表中单击需要输入的元素，鼠标指针将变成该元素符号样式，在结构式上相应位置单击，就可快速输入该元素。

单击图 5.18 右下角元素周期表工具条中的【>>】按钮，可以关闭或打开周期表下方的物理性质表。单击周期表上的元素符号，就可以在下方显示该元素的物理性质。

5.2.13 Reaxys 反应数据库搜索

Reaxys 数据库是 Elsevier 公司的全球最大的事实反应及物质理化性质数据库，包含了超过 5 亿条物质信息，4300 万种单步和多步反应，收录超过 1.05 亿种化合物，涵盖全球 16000 种期刊及 7 大专利局化合物合成方法、性质检测和鉴定相关的所有信息。首先选择结构或反应，然后单击菜单【Search】-【Search Reaxys】命令，打开网页进行搜索，搜索结果见图 5.19。

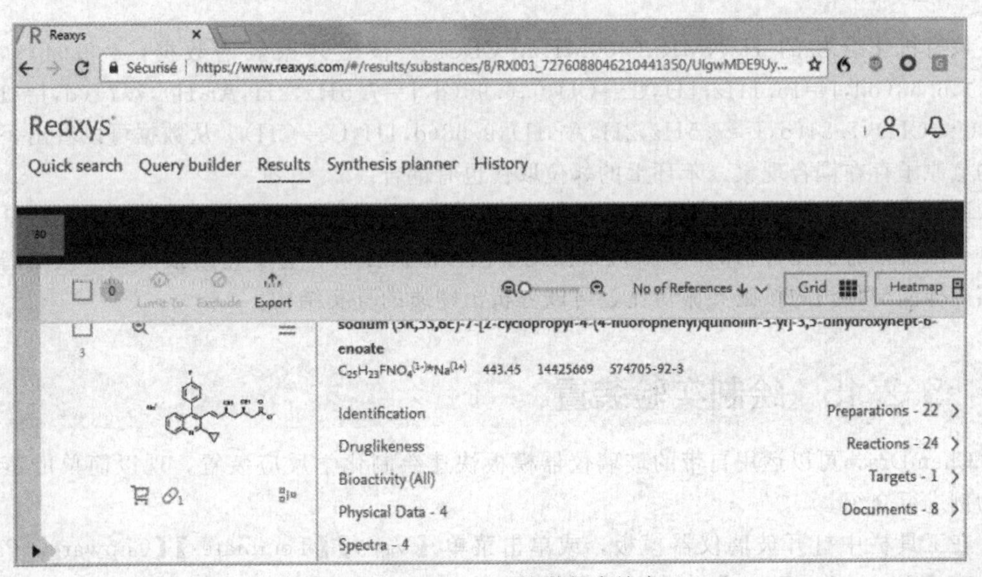

图 5.19 Reaxys 反应数据库搜索

5.2.14 预测核磁共振氢谱与碳谱

ChemDraw 可以根据有机结构式预测分子的^{1}H NMR 和^{13}C NMR 核磁共振化学位移。下面以（E)-3-(4-(dimethylamino）phenyl）acrylaldehyde 为例说明预测^{1}H NMR 的过程。

溶剂设置：单击菜单【File】-【Preferences…】-【ChemNMR】命令，本例“Solvent”（溶剂）选择“$CDCl_3$”，“Frequency”（频率）设为“400MHz”，设置后确定。在窗口中框选结构，单击菜单【Structure】-【Predict ^{1}H-NMR Shifts】命令，弹出核磁共振氢谱化学位移值及图谱，见图 5.20。

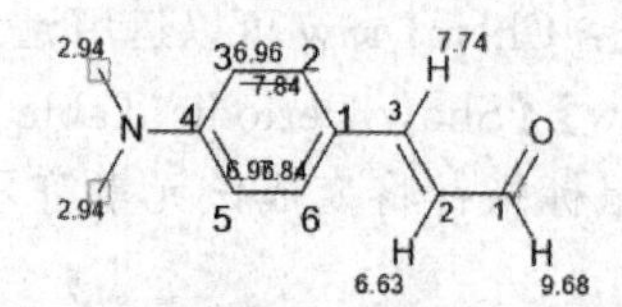

Estimation quality is indicated by color: good, medium, rough

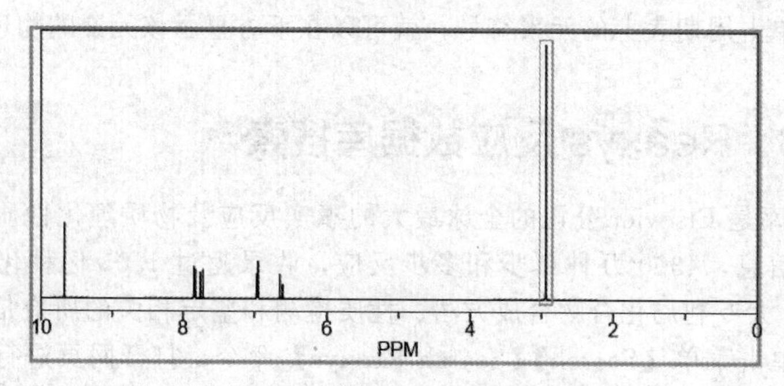

Protocol of the H-1 NMR Prediction (Lib=SU Solvent=CDCl3 400 MHz):

图 5.20　预测化合物的^{1}H NMR 光谱结果

该有机化合物的^{1}H NMR（400MHz，$CDCl_3$）核磁共振氢谱数据：δ 2.94(s,6H,CH_3),6.63(dd,J=15.1Hz,1H,C=CH_2),6.96(d,J=7.5Hz,2H,Ar-H),7.74(d,J=15.1,1H,C=CH),7.84(d,J=7.5Hz,2H,Ar-H),9.68(d,1H,C=CH)。从数据可以看出，双键上的氢原子存在耦合现象，苯环上的邻位取代也有耦合。

同样预测该化合物的核磁共振碳谱，单击菜单【Structure】-【Predict ^{13}C-NMR-Shifts】命令，出现该有机化合物的^{13}C 核磁共振化学位移值及图谱，有了这两张核磁共振图谱，通过实测样品与预测的核磁共振对比，可以分析出物质的真实结构。

5.2.15　绘制实验装置

ChemDraw 可以运用自带的玻璃仪器模板快速绘制化学反应装置，现以简单的蒸馏装置为例进行介绍。

在工具栏中打开玻璃仪器模板，或单击菜单【View】-【Templates】-【Clipware，Part1】命令或【Clipware，Part2】命令打开模板。

在【Clipware，Part1】和【Clipware，Part2】模板中选择合适的三口烧瓶、温度计、球形冷凝管、恒压漏斗、加热器模板，并将其组装绘制出来，特别注意磨口处的拼接，使用鼠标右键在弹出的快捷菜单中单击【Send to back】或【Bring to front】命令调整模板前后顺序，见图 5.21。

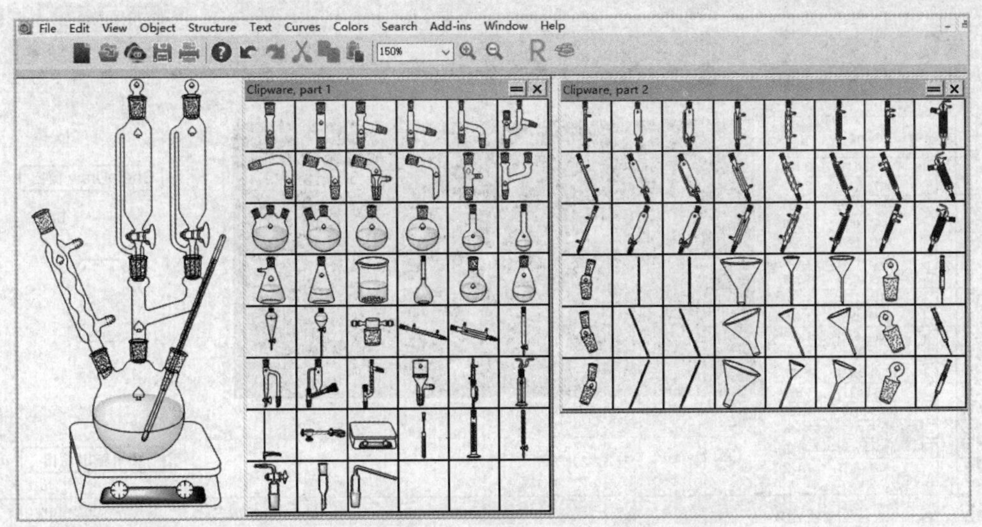

图 5.21　ChemDraw 快速绘制化学反应装置

5.2.16　保存绘图

画好的结构图形或玻璃仪器可以保存为文件，ChemDraw 默认保存格式的扩展名为“.cdx”。单击菜单【File】-【Save As】命令，弹出【另存为】对话框，选择默认格式“.cdx”；此处的【保存类型】有多种格式可选，ChemDraw 兼容多种流行软件格式，如.chm、.jpg、.gif、.bmp 等图形格式。

如果想将绘制的图形保存到 Office 文件中，可以直接选择要保存的图形，如果是多个图形，在复制前，应该将它们组合在一起，先选择多个图形，单击菜单【Object】-【Group】命令，或者使用鼠标右键单击，在弹出的快捷菜单中单击【Group】命令，组合成一个图形；然后单击菜单【Edit】-【Copy】命令，打开 Word 文档并粘贴。双击在 Word 文档中的图形，可以直接在 ChemDraw 中打开、编辑，当关闭 ChemDraw 界面时，编辑后的图形将返回 Word 文档中。

5.3　Chem3D 2019

5.3.1　软件界面

① 界面。Chem3D 是 ChemOffice 的组成部分，界面见图 5.22，在 Chem3D 中可以深入地认识分子的 3D 空间结构及其属性；Chem3D 提供分子轨道特性分析及 3D 分子轮廓图；Chem3D 包含 ChemDraw 窗口，可以在 2D 和 3D 之间互换结构；通过 3D 建模、可视化和计算等丰富功能，化学工作者能够更快、更好地找到研究目标，从而提高研究速度。

化学工作者利用 Chem3D 的 3D 分子模拟图形，研究化合物的 3D 结构来预测化合物属

图 5.22　Chem3D 界面

性。Chem3D 还可以与半经验量子化学计算程序 MOPAC、著名的计算程序 Gaussian 连接，作为它的输出、输入界面，能够以三维的方式显示量子化学计算结果，如电荷密度分布、分子轨道等。

② 菜单栏。Chem3D 的所有操作可以通过菜单来完成，【File】菜单主要是文件的新建、保存及参数设置；【Edit】菜单包含常规的复制、粘贴；【View】菜单用于设置显示窗口及模型；【Structure】菜单是与结构相关的菜单；【Calculations】是计算化学菜单。部分菜单见图 5.23。

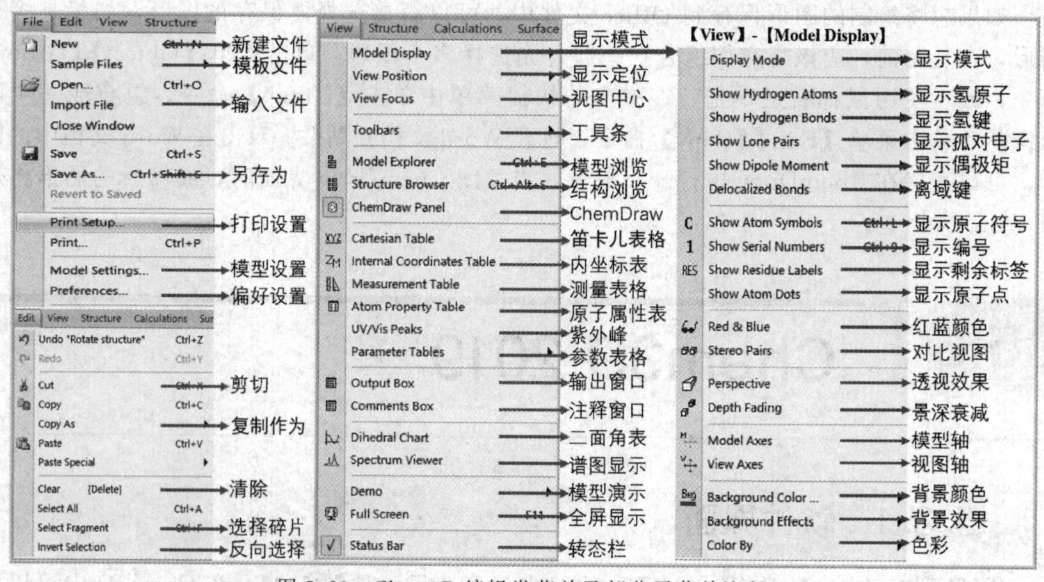

图 5.23　Chem3D 编辑类菜单及部分分子菜单注释

③ 工具栏。Chem3D 提供了常用的工具栏，单击菜单【View】-【Toolbars】命令，可以开关常用的工具栏，部分常用工具栏见图 5.24，掌握这些工具栏，能熟练使用 Chem3D 软件。

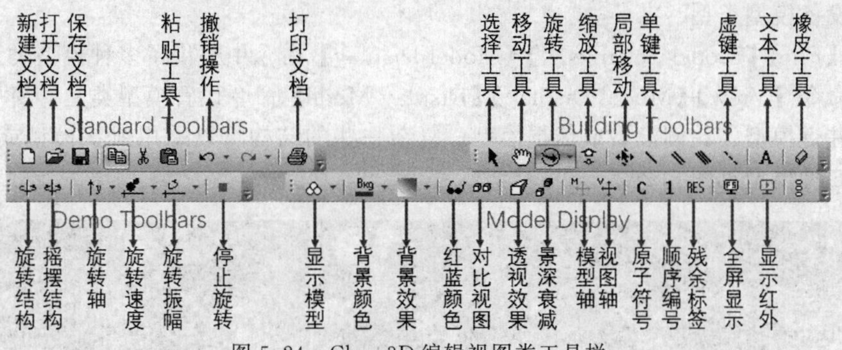

图 5.24 Chem3D 编辑视图类工具栏

④ 支持文件格式。Chem3D 支持默认文件扩展名（.c3xml）；除此以外，还支持 ChemDraw 文件（.cdx），Gaussian、GAMESS 软件输入文件（.inp、.gif），ISIS/draw 文件（.skc），晶体结构文件（.cif），半经验量子化学计算程序 MOPAC 文件（.mop）等，体现了 Chem3D 广泛的兼容性。

5.3.2 3D 模型的建立

Chem3D 提供了多种多样的 3D 模型建立方法：①利用 Chem3D 自带的单键、双键或三键等工具绘制 3D 模型；②把分子式转换成 3D 模型；③利用 Chem3D 自带的子结构或模板建立模型。如果结构复杂，建议在右边 ChemDraw 窗口中绘制模型。

（1）建模前的基本设置

Chem3D 建模前，单击菜单【File】-【Model Settings…】命令，调出模板设置对话框，可以在此设置文档的模型显示、颜色字体、背景以及原子与键等，见图 5.25。图 5.25(a) 中，【Model Display】选项卡主要用于设置模型显示方式、氢键及孤对电子控制；图 5.25(b) 中【Colors & Fonts】选项卡用于设置颜色方案及字体；图 5.25(c) 中【Background】选项卡用于设置背景色及效果。

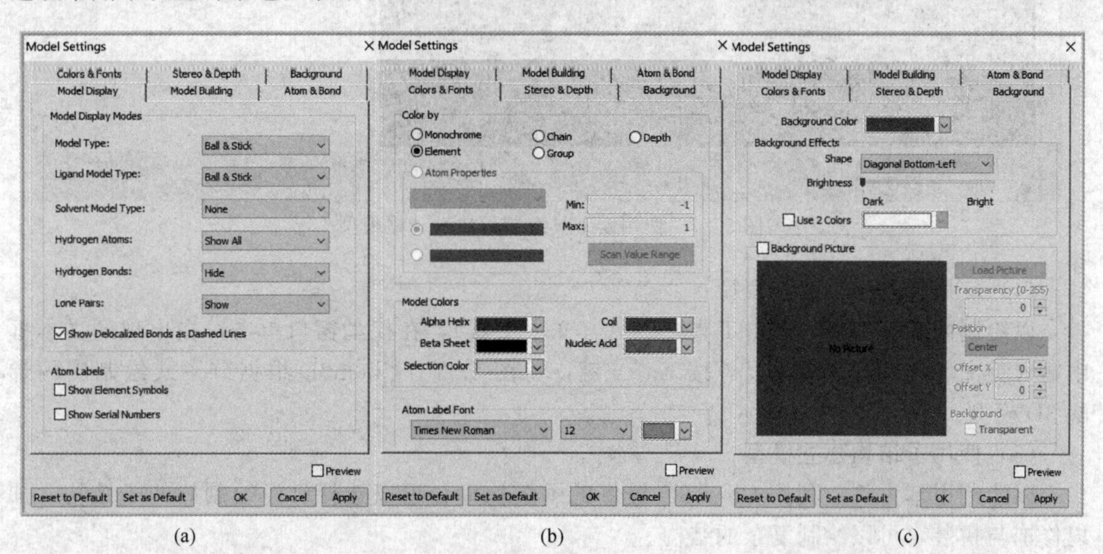

图 5.25 建模前在【Model Settings】对话框中进行基本设置

(2) 设备模型类型

菜单【File】-【Model Settings...】-【Model Display】命令中提供了多种模型类型，还可以单击菜单命令【View】-【Model Display】-【Display Mode】命令设置模型类型。简单的结构可以采用圆柱键模型、比例模型或球棍模型，复杂一些的结构可以采用线状模型或棒状模型，丙烯酮的5种模型见图5.26。

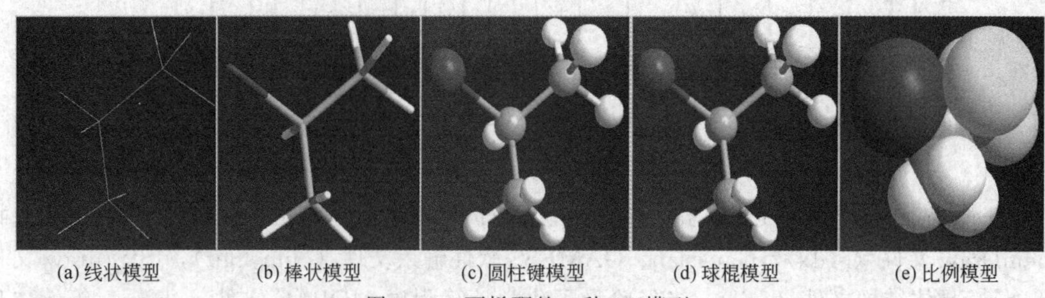

图 5.26　丙烯酮的5种3D模型

(3) 使用键工具建立模型

以绘制丙烯酸为例，可以利用Building工具栏上的双键按钮，在3D模型窗口中拖动鼠标指针绘出双键，如需继续绘制，单击工具栏上的单键工具，将鼠标指针移至碳原子上，向外拖动鼠标指针，绘出第二个键；添加氧原子，单击工具栏中的A（文本工具）按钮，单击需要修改的碳原子，输入英文"COOH"，得到丙烯酸的3D模型，见图5.27。

图 5.27　使用键工具绘制丙烯酸球棍模型

(4) 使用文本工具建立模型

以绘制丙烯酸为例，单击工具栏中A（文本工具），在模型窗口单击，在出现的文本框中输入英文"CH2CHCOOH"，按Enter键，见图5.28，Chem3D根据分子式绘制出丙烯酸3D模型。

(5) 使用子结构建立模型

以绘制甲苯为例，利用Chem3D提供的子结构库，可以选择已经绘制好的子结构，加以修饰与拼装，可以绘制复杂的结构。

单击菜单【View】-【Parameter Tables】-【Substructures】命令，弹出【Substructures】

图 5.28　使用文本工具绘制丙烯酸 3D 模型

窗口，根据碳原子顺序在“Model”列中选择苯基，使用鼠标右键单击复制，在 3D 模型窗口中粘贴；再用单键工具添加一个甲基，见图 5.29。

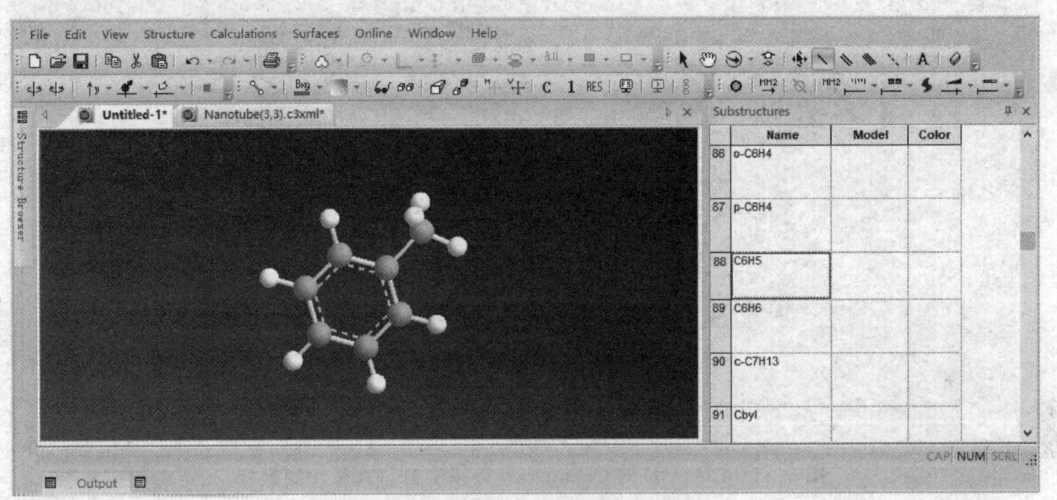

图 5.29　使用子结构建立 3D 模型

（6）使用模板建立模型

例如输入杯芳烃，单击菜单【File】-【Sample Files】-【Nano】-【Calixarene】命令，出现杯芳烃的 3D 模型，见图 5.30，如果需要修改，可以继续在杯芳烃上添加必要的官能团。

（7）ChemDraw 结构式与 Chem3D 模型间的转换

ChemDraw 结构式转换为 Chem3D 模型：只需要在 Chem3D 右侧 ChemDraw 窗口直接绘制，绘出的结果将直接显示在 3D 模型区域中，修改也非常方便。苯甲酸钠的绘制见图 5.31，当鼠标指针单击 ChemDraw 的空白窗口时，将自动弹出绘图工具条，剩下的只需要按照熟悉的 ChemDraw 绘图方法绘制就行了。

Chem3D 模型转换为 ChemDraw 结构式：选中绘好的 3D 模型，单击菜单【Edit】-【Copy As】-【ChemDraw Structure】命令，复制结构，打开 ChemDraw 软件，粘贴，就得到 ChemDraw 结构式了。

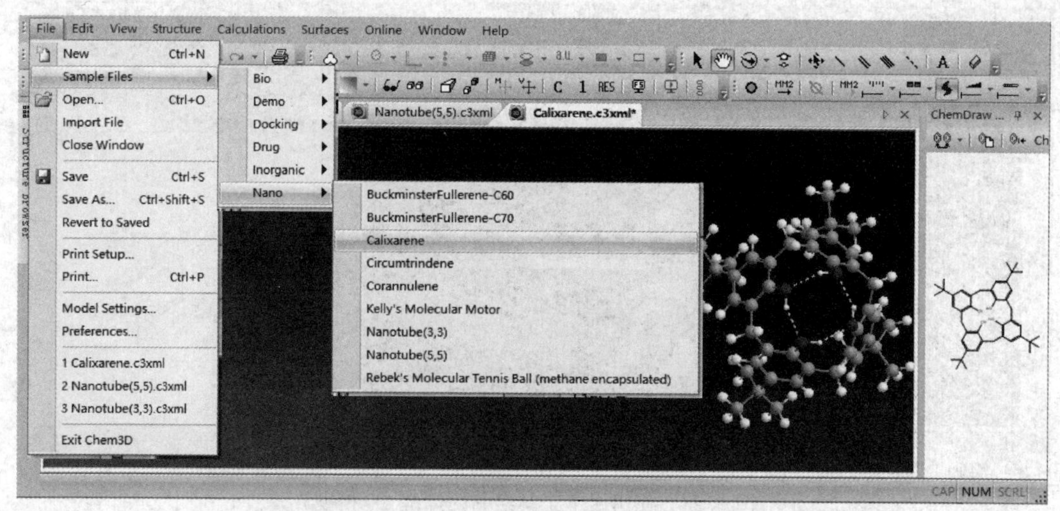

图 5.30　使用模板工具输入杯芳烃

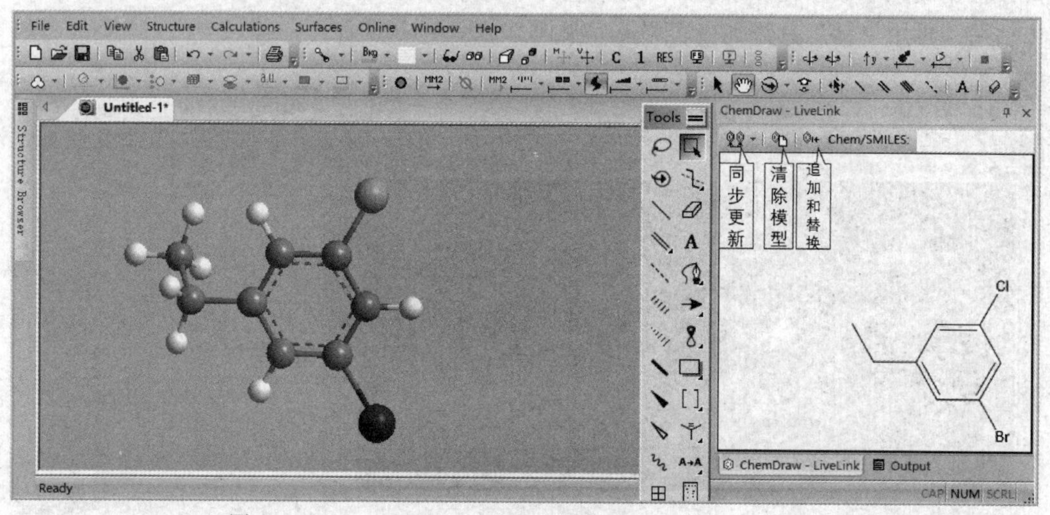

图 5.31　Chem3D 的 ChemDraw 链接中窗口直接绘制模型

5.3.3　构型的基本操作

构型的基本操作可以通过 Building 工具条来实现，浮动的 Building 工具条见图 5.32 中 f，使用 Building 工具条可以快捷地对模型进行选择、移动及缩放等操作。

① 选择：使用鼠标左键单击可以选择单个化学键/原子；结合 Shift 键，可以选择多个化学键/原子；也可拖动鼠标指针，选择分子的部分或整体。选择后的对象用黄色标记，见图 5.32 中 b，选择了两个碳原子。

② 旋转：单击旋转工具右侧的小箭头，可以调出旋转选项，见图 5.32 中 g。下侧出现多种旋转操作模式：可以绕 X、Y、Z 轴旋转；如选定某个键，可以绕某键旋转；如选定某二面角，可以旋转调整二面角；可以拖动鼠标指针直接调整旋转角度；还可以手动输入旋转的角度后按 Enter 键。例如 1,2-二溴乙烷，选择碳碳键以后，每次输入 10°，按 Enter 键旋转，同时测定该构型的分子能量，可以测定构象异构体内旋转位能；如需手动旋转，单击旋

转工具后，在 3D 窗口的外框上出现旋转提示条，在提示条上拖动鼠标指针可实现旋转。

③ 移动及缩放：在 Building 工具条上选择工具后，拖动鼠标指针可实现移动操作；滚动鼠标滚轮可实现缩放操作。效果见图 5.32 中 a、e。

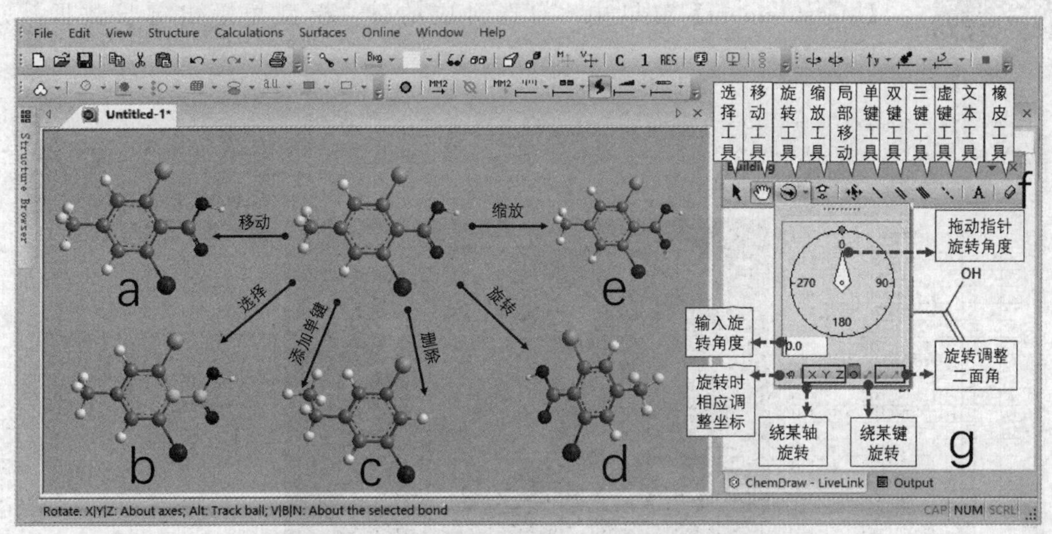

图 5.32 构型的基本操作及 Building 工具条的说明

5.3.4 【Structure】结构信息查询

①【Structure】菜单与原子信息：运用【Structure】菜单可以快捷地更改当前结构：【Reflect Model】子菜单可以快速翻转结构；【Clean Up】子菜单可以对结构进行整理等；打开【Measurements】子菜单，调出【Measurement】窗口，可以测量键长、键角及二面角等参数，见图 5.33。

Chem3D 通常用不同颜色来显示不同的元素，当将鼠标指针移动到该原子上方时，将显示该原子的基本信息及编号；要显示全部原子的符号，单击工具栏中的【C】工具；单击工具栏中的【1】工具，能显示原子的标号；单击【M】可得到结构的 3D 坐标轴，见图 5.33。

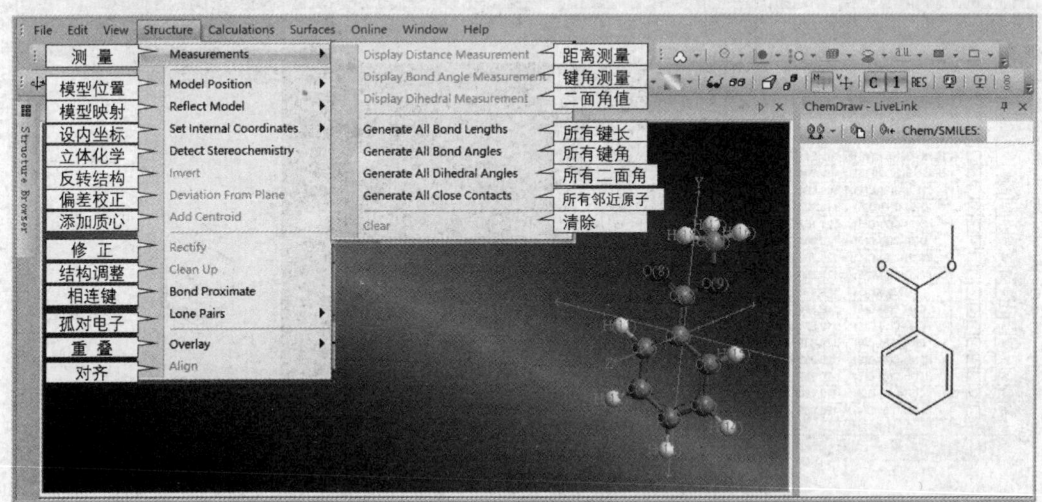

图 5.33 Chem3D 中显示原子信息及序号

② 键长的显示：当将鼠标指针移至键的上方时，将显示该键的基本信息，如果要显示更多键的信息，单击菜单【Structure】-【Measurements】-【Generate All Bond Lengths】命令，该3D模型的全部键长数据将出现在【Measurement】窗口中，勾选对应的键，模型显示出键长数据，见图5.34。

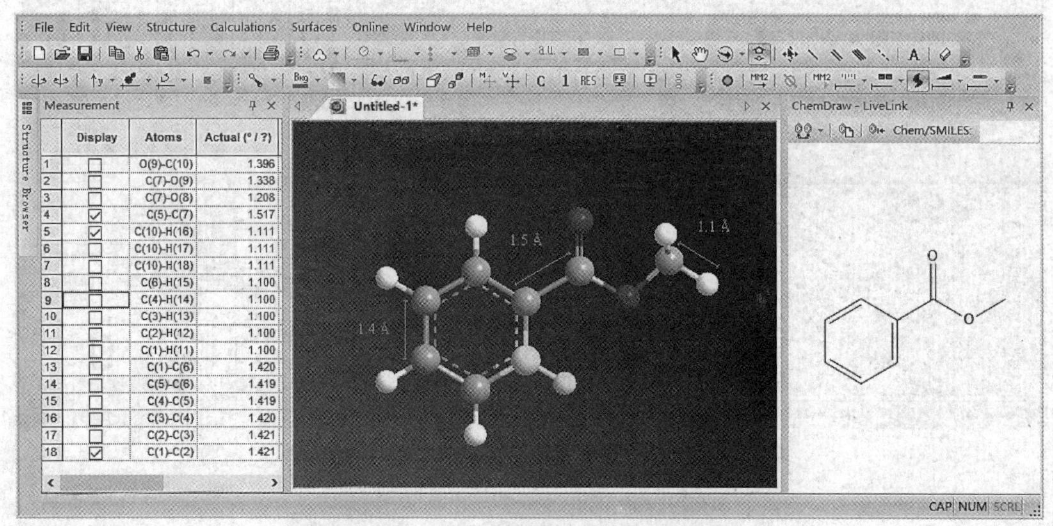

图5.34　Chem3D中显示键长数据

③ 键角的显示：按住Shift键，用鼠标指针依次选择键角中的3个原子，见图5.35，将鼠标指针悬停在其中一个原子上，将得到3个原子形成的键角119.9°；要在模型中标注键角，单击菜单【Structure】-【Measurements】-【Generate All Bond Angles】命令，则3D模型的全部键长、键角数据就会出现在左侧窗口中，勾选对应的键或键角，键长、键角数据就会在模型中直观地标注出来。

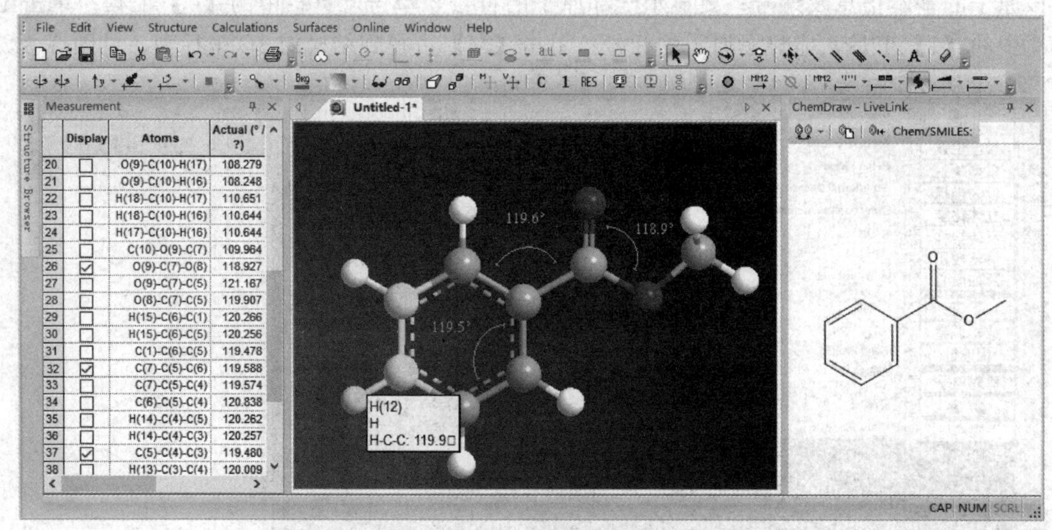

图5.35　手动显示键角及键角的标注

5.3.5 【Surfaces】菜单及分子表面情况

(1)【Surfaces】菜单及工具栏

【Surfaces】-【Choose Surface】菜单提供了多种分子表面的显示参数，常用的有【Connolly Molecular】【Molecular Orbital】等。通过工具栏按钮，可以设置分辨率、探头半径、取值范围等参数，【Surfaces】菜单及工具栏见图5.36。

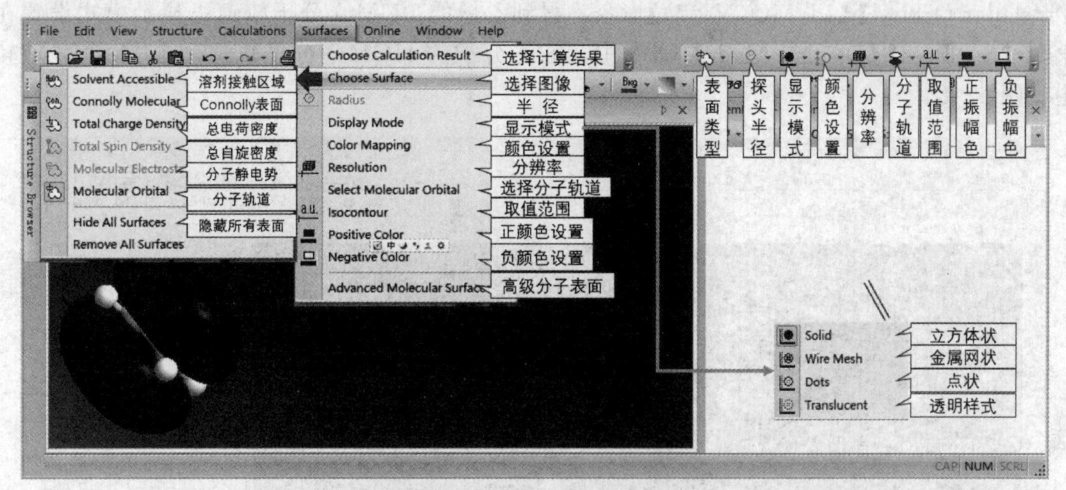

图5.36 【Surfaces】菜单及工具栏

(2) 查看分子表面情况

绘制3D模型，单击菜单【Surfaces】-【Choose Surface】-【Connolly Molecular】命令，观察分子表面。表面显示类型设置在菜单【Surfaces】-【Display Mode】中，有4种模式可选，分别是Solid、Wire Mesh、Dots、Translucent；单击菜单【Surfaces】-【Resolution】命令，设置分辨率为“100”，即可显示出模型的表面情况，四种模式见图5.37。

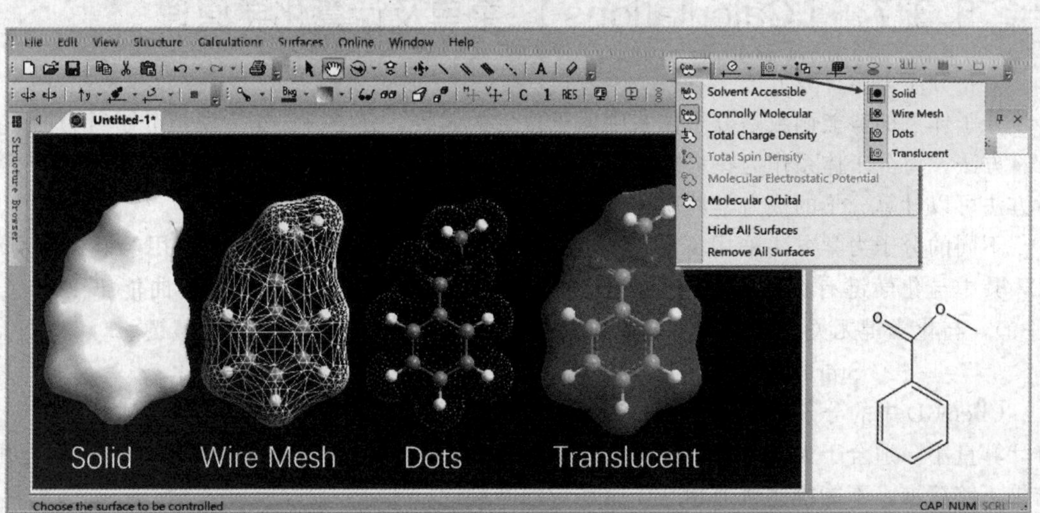

图5.37 3D模型的表面情况

5.3.6 【Surfaces】Huckel 分子轨道

现以乙烯 3D 模型说明 Chem3D 软件的分子轨道计算功能。

利用双键工具快速绘制乙烯模型，单击菜单【Surfaces】-【Choose Surface】-【Molecular Orbital】命令，显示分子轨道模型；单击菜单【Surfaces】-【Select Molecular Orbital】-【HOMO(N=6)】命令，得到乙烯的 HOMO 分子轨道；单击菜单【Surfaces】-【Select Molecular Orbital】-【LUMO(N=7)】命令，得到乙烯的 LUMO 分子轨道；显示模式设置在菜单【Surfaces】-【Display Mode】命令中。乙烯分子的 HOMO 分子轨道和 LUMO 分子轨道见图 5.38。

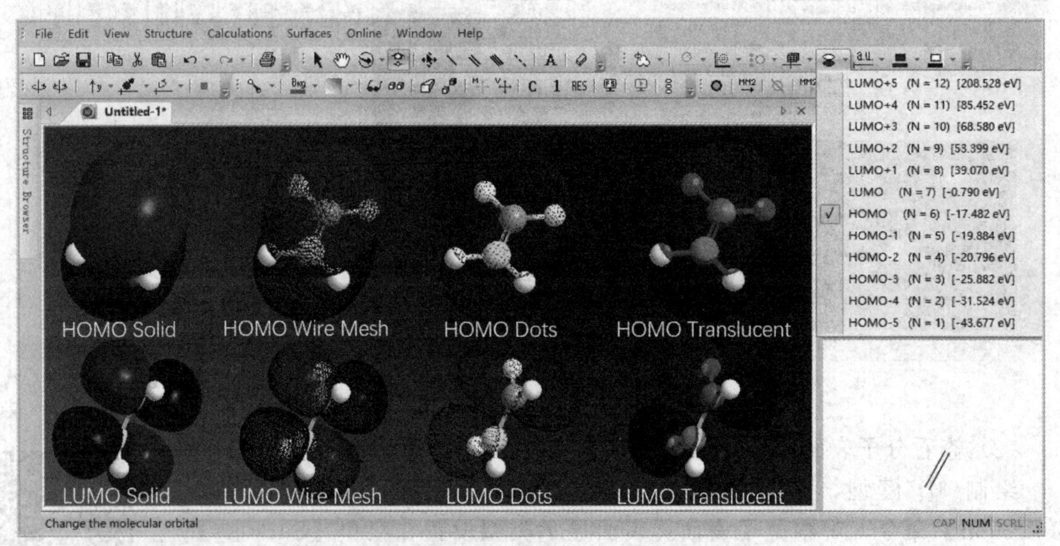

图 5.38 乙烯分子的 HOMO 分子轨道（上 4 图）和 LUMO 分子轨道（下 4 图）

5.3.7 【Calculations】菜单及计算化学原理

（1）分子力学计算方法

分子体系的势能函数是分子体系中原子位置的函数，分子力学作为模拟分子行为的一种计算方法，将分子体系作为在势能面上运动的力学体系来处理，求解经典力学方程。分子力学方法可以计算分子的热力学性质和平衡结构。

不同的分子力学方法采用不同的力场参数值与势能函数表达式，一般用经验的计算方法，其中与化学键有关的有角弯曲能 E_{bend}、键伸缩能 $E_{stretch}$、二面角扭曲能 $E_{torsion}$（图 5.39），与化学键无关的有静电作用能 $E_{electrostatic}$、范德华作用能 E_{VdW} 及氢键。

$$\text{Steric Energy} = E_{stretch} + E_{bend} + E_{torsion} + E_{electrostatic} + E_{VdW}$$

Chem3D 中的分子力学计算 MM2，包括了能量最小化、分子动力学和性质计算等，具有计算量小，适合于大体系有机分子的构型优化等特点。但是，由于忽略离域电子的作用，结果不够精准，不能描述轨道相互作用和键的断裂。

（2）量子化学计算方法

量子化学以原子分子的微观结构模型为基础，在合理的近似条件下，利用量子力学原理

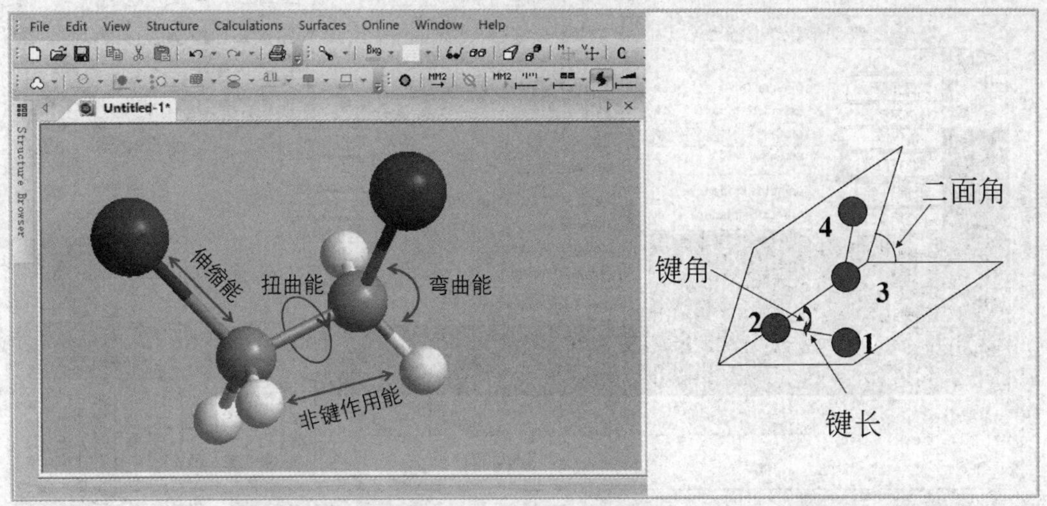

(a) 化学键与非化学键能　　(b) 二面角扭曲能

图 5.39　分子力学中的化学键与非化学键能和二面角扭曲能

和必要的计算方法与数学处理方法，描述和计算原子、分子的电荷分布、结构、分子能量以及电子能级等性质。其核心就是求解分子的薛定谔方程（Schrödinger）。

$$i\hbar \frac{\partial \Psi}{\partial t} = \hat{H}\Psi$$

计算原理分为从头算与半经验：基于第一性原理或从头算方法的软件有 Gaussian、GAMESS、ADF、VASP、Wien、Dalton、Crystal、Dmol 等，计算方法有 HF、MP2、DFT、GVB 等，从头算方法具有计算量大、结果可靠等特点。基于分子力学方法或半经验的软件有 MOPAC、NNEW3、EHMO 等，计算方法有 MNDO、AM1、PM3 等，半经验方法精确度较差，计算量小，仅适合有机分子体系。在应用方面，对有限尺度体系（如簇合物、分子等）主要应用 Gaussian、MOPAC、ADF、Dalton、GAMESS、EHMO 等软件；对无限重复周期体系（如固体表面、晶体、链状聚合物等）则主要应用 NNEW3、Crystal、VASP、Wien 等软件。

（3）【Calculations】菜单及工具栏

【Calculations】菜单用于对模型进行构型优化、分子动力学及性质计算，包括 MM2 分子力学计算、扩展 Huckel 计算（半经验）、性质计算等。【Dihedral Driver】能够以二维的方式显示二面角能量计算结果，见图 5.40。版本提供从头计算程序 Gaussian、量子化学计算程序 MOPAC（半经验）连接。

5.3.8 【Calculations】 标准化学性质

Chem3D 可计算分子的物化性质：“ChemPro Std”包括 Connolly 变量、形式电荷、椭圆度、准确质量等；“CLogP Driver”能够计算分配系数和摩尔折射率；“Molecular Topology”用于测量分子拓扑学，包括 Cluster Count、Balaban 指数、形状系数、一些旋转键、拓扑直径和其他参数等。

绘制 3D 模型，单击菜单【Calculations】-【Compute Properties ...】命令，在【Property Picker】对话框中，选“ChemPropStd”复选框，单击【OK】按钮开始计算，在【Output】

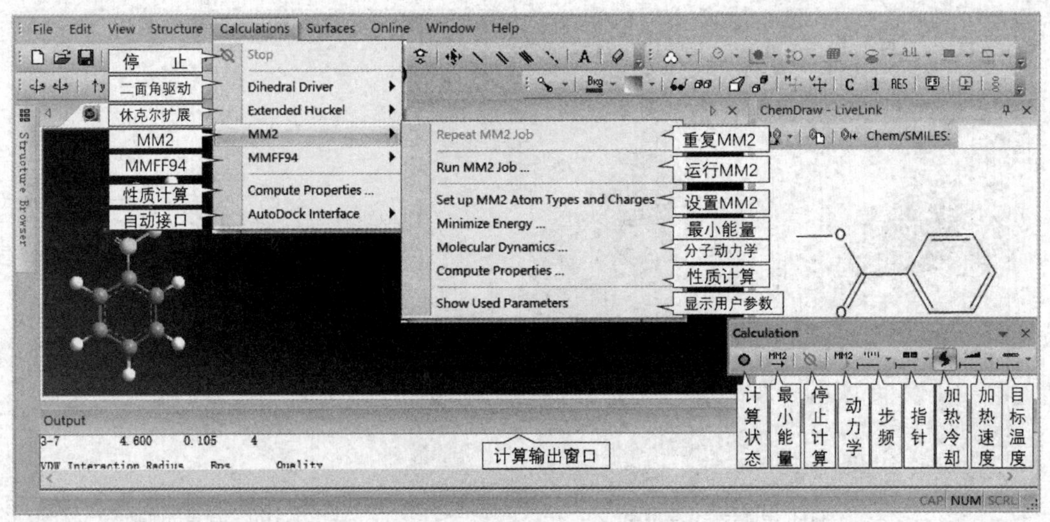

图 5.40 【Calculations】菜单、子菜单及工具栏

窗口中查看计算结果，见图 5.41。丙烯酸甲酯的体积“Connolly Solvent Excluded Volume”是 109.135 Angstroms Cubed；质谱数据为 m/z：136.05（100.0%），137.06（8.8%）。

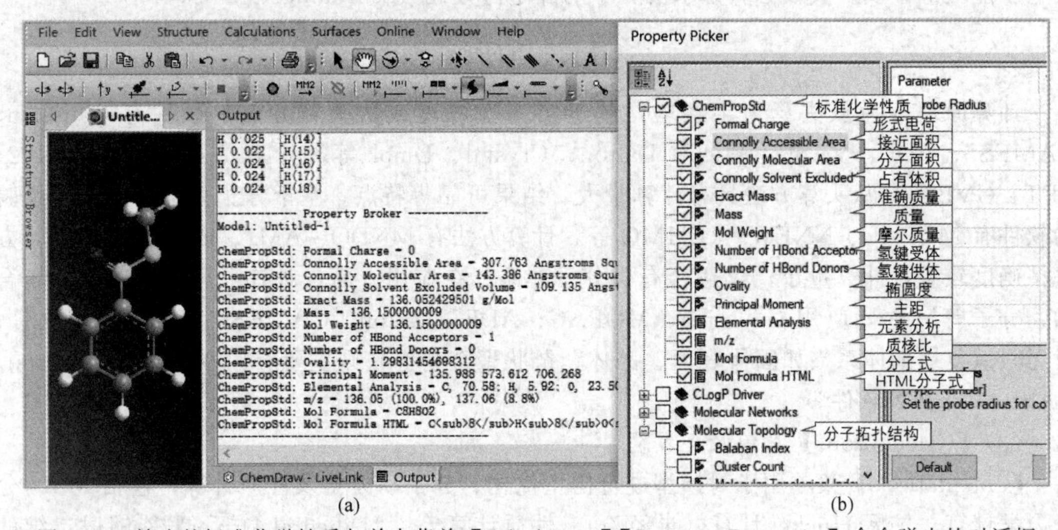

(a) (b)

图 5.41 输出的标准化学性质与单击菜单【Calculations】-【Compute Properties】命令弹出的对话框

5.3.9 【Calculations】能量最小化与分子动力学计算

运用键工具绘出的模型通常没有考虑角度或键长，应对其进行整理操作，ChemDraw 有一个【Clean Up Structure】功能可整理分子结构，同样的 Chem3D 也有【Structure】-【Clean Up】功能整理结构，整理后的模型将恢复正常。

① 能量最小化：对模型进行优化，可以采用迭代计算出最低能量的方法，每迭代一次，模型都会发生改变，最终得到最低能量状态。单击菜单【Caculations】-【MM2】-【Minimize Energy ...】命令，弹出【Minimize Energy】对话框，见图 5.42(b)，单击【Run】按钮，对模型进行最低能量化，通过计算输出最低能量。见图 5.42(a)，【Output】窗口出现

“Calculation ended”，优化处理结束，得到能量最低的构象。

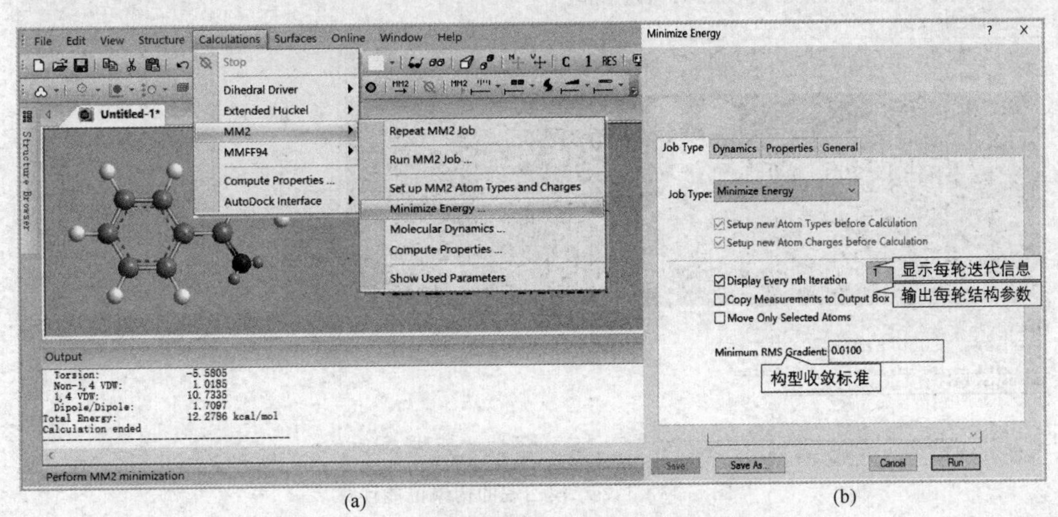

(a) (b)

图 5.42 3D模型的能量最低化【Minimize Energy】

② 分子动力学计算：通过能量最低计算查找最稳定构型，例如1,2-二溴乙烷，按住Shift键选择两个碳原子，单击菜单【Caculations】-【MM2】-【Molecular Dynamics】命令，弹出【Minimize Energy】对话框，在“Job Type”选项中选择“Molecular Dynamics”；【Dynamics】选项卡用于设置步长及温度等参数，运行，在【Output】窗口中得到运行结果。

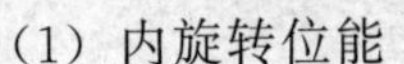

5.3.10 【Calculations】构象异构体内旋转位能

（1）内旋转位能

C—C单键在保持键角（109°28′）不变的情况下是可以内旋转的，然而这种内旋转是受阻的，必须消耗一定能量以克服内旋转势垒。

以1,2-二溴乙烷为例，见图5.43，C—C单键是可以旋转的，这种内旋转是必须消耗一定能量以克服内旋转位能。现用Chem3D计算其处于不同构象（包括重叠及交叉）时的位能曲线。

① 绘制1,2-二溴乙烷的球棍模型。

② 能量最小化：单击菜单【Calculations】-【MM2】-【Minimize Energy...】命令，最终得到最低能量的1,2-二溴乙烷模型。

③ 单击菜单【Calculations】-【MM2】-【Compute Properties...】-【Properties】命令，选择“Steric Energy Summary”，单击【Run】按钮计算，在【Output】窗口查看总能量为“3.633 kcal/mol”。

④ 按住Shift键选取模板中的C（1）、C（2）碳原子，单击【Rotate】旁的小箭头，输入旋转角10°，注意选择旋转类型为单键旋转，按Enter键，C（1）将顺时针旋转10°。

重复步骤③、④，每次递增10°，直到360°为止，记录各角度下的位能数据，以角度为横坐标，位能为纵坐标作图，作图效果与图5.44一致。

（2）二面角能量驱动图

按住Shift键选取模板中的C（1）、C（2）碳原子，单击菜单【Calculations】-【Dihedral

图 5.43 1,2-二溴乙烷的构象位能计算

Driver】-【Single Angle Plot】命令，立体结构会围绕已选中的 C—C 键旋转，在【Output】窗口中输出一系列能量数据。当旋转结束后，会自动弹出单角能量驱动图（Dihedral Driver Chart），见图 5.44。双角能量驱动图与单角能量驱动图有较大不同，初始选择 3 个原子。

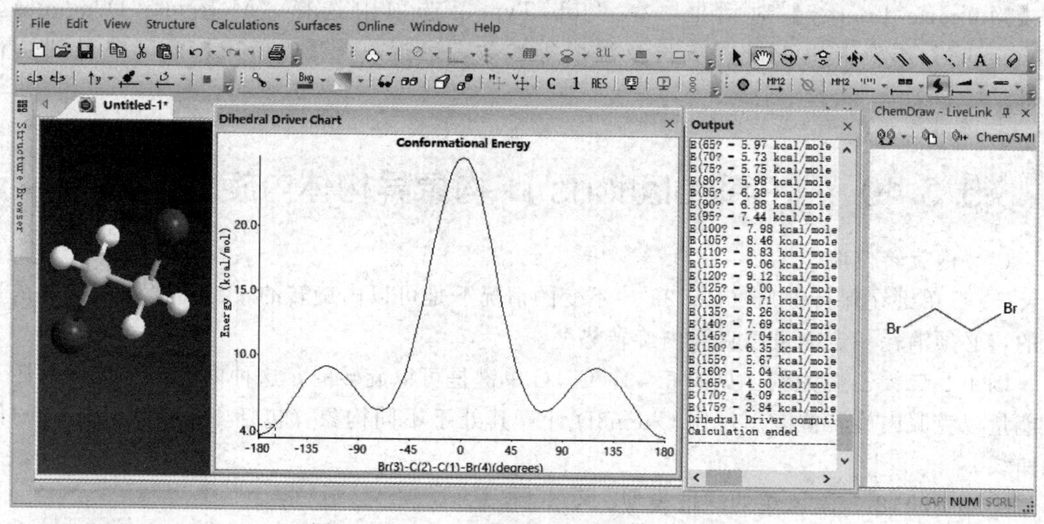

图 5.44 1,2-二溴乙烷的单角能量驱动图

5.3.11 【Calculations】红外光谱图

Chem3D 早期版本自带【GAMESS interface】接口，新版 Chem3D 需要安装 Gaussian 软件。【GAMESS interface】接口能预测简单有机物的红外及拉曼光谱数据，现以丙烯酸为例进行说明。

绘制丙烯酸分子模型，单击菜单【Calculations】-【MM2】-【Minimize Energy ...】命令最小化能量，单击菜单【Calculations】-【GAMESS interface】-【Predict IR/Raman Spectrum】命令，进入对话框后单击【Run】按钮即可得到丙烯酸的红外光谱预测图，见图 5.45，这种

结果可能和实测的有差距，如—OH 的伸缩振动峰不够明显、C═O 结构的波数发生位移等，在研究中可以作为参考。

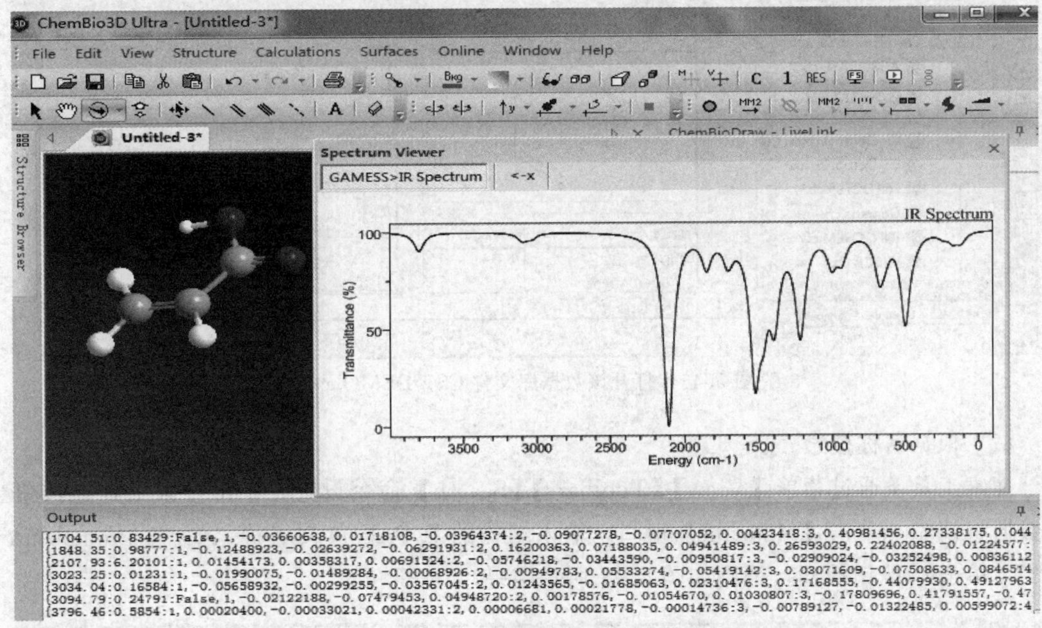

图 5.45 Chem3D 预测丙烯酸的红外光谱图

5.4 ChemFinder

ChemFinder 是一个智能型的快速化学搜索引擎，它提供的化学信息系统是目前世界上大型的数据库之一，包含 ChemACX、ChemINDEX、ChemMSDX、ChemRXN 等。ChemFinder 包含几十万种化合物结构、性质、文献资料以及反应式。用户不仅可以用 ChemFinder 查询基本化学结构式，还可以用其查询反应方程。用户利用 ChemFinder 软件可以从本地和网上搜寻 Office、ChemDraw 和 ISIS 格式的分子结构文件。此外，ChemFinder 化学信息搜寻整合系统，可以使用现成的化学数据库，也可以建立、储存和搜索化学数据库。

5.4.1 根据化学名称检索 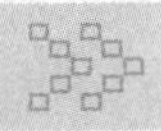

(1) 打开数据库

启动 ChemFinder 软件，关闭弹出的对话框，打开左侧浏览窗口，单击【Explorer】-【Favorites】-【ChemFinder Samples】命令，双击“CS _ DEMO. cfx”选项，打开该数据库文件。

窗口信息如下：在【Structure】中已有数据库的一个结构，【Molname】显示英文名，【Synonyms】显示别名，【Formula】显示分子式，【MolWeight】显示分子量，见图 5.46。

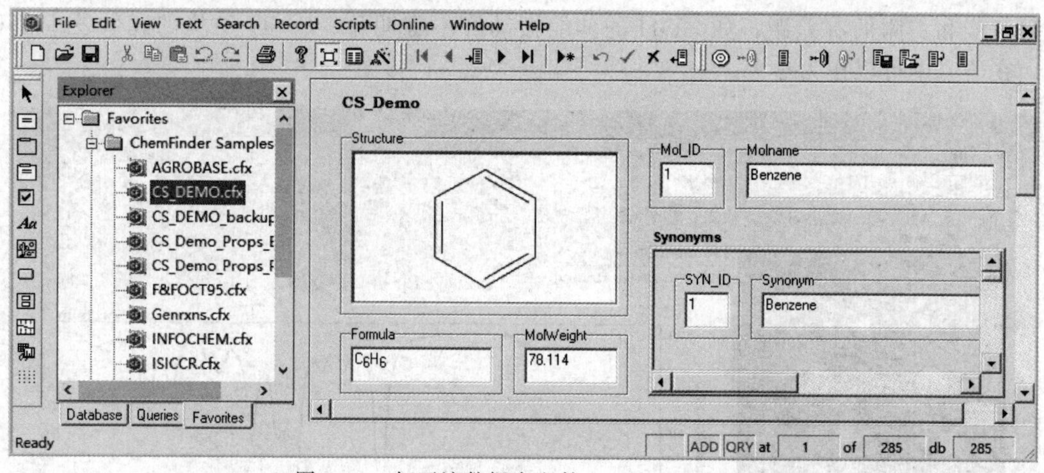

图 5.46　打开该数据库文件 CS _ DEMO. cfx

（2）根据名称搜索

搜索工具条通过菜单【View】-【Toolbars】-【Search】命令设置，单击搜索工具◎按钮当前数据将清空，单击【Molname】窗口，输入结构的 IUPAC 英文名称，如“3-Bromobenzoic acid”，单击按钮搜索，得到如图 5.47 所示结果。

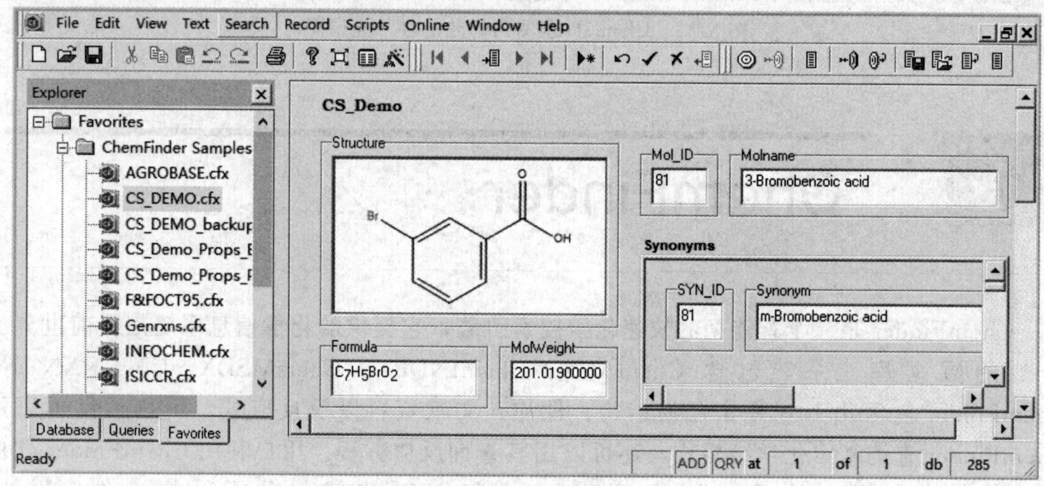

图 5.47　根据名称搜索结果

5.4.2　根据结构式检索

打开左侧浏览窗口，单击【Explorer】-【Favorites】-【ChemFinder Samples】命令，双击“CS _ DEMO. cfx”选项，打开该数据库文件。

单击搜索工具◎清空各窗口，当前数据将清空，双击【Structure】窗口，出现 ChemDraw 绘图工具栏，用 ChemDraw 的绘图工具绘制环己烷，或者从 ChemDraw 软件中绘好再粘贴过来，单击按钮，得到搜索结果，见图 5.48。

切换显示方式，单击菜单【View】-【Switch Views】命令，可以显示详细的搜索结果，包含部分结构的也会被搜索出来，多次单击【Switch Views】命令可以得到不同的显示方

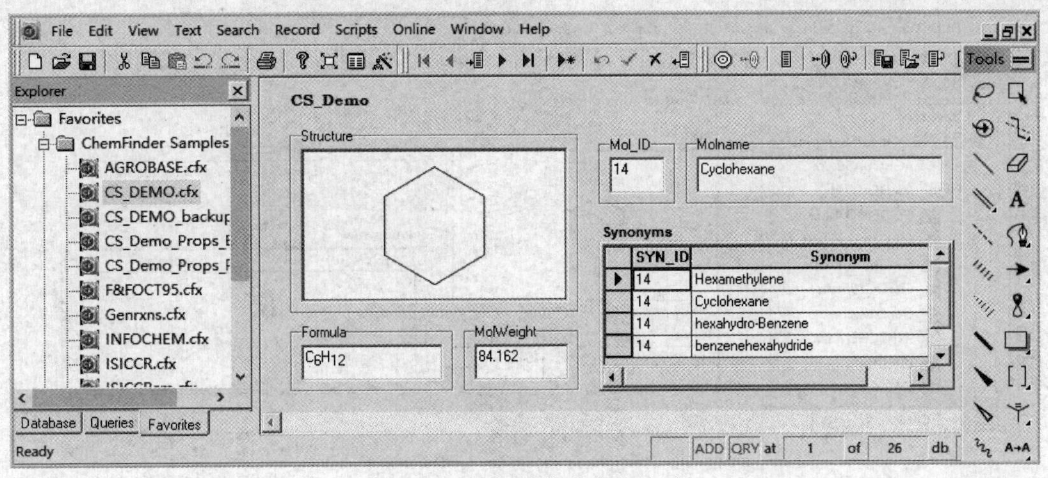

图 5.48 根据结构式检索结果

式，见图 5.49。

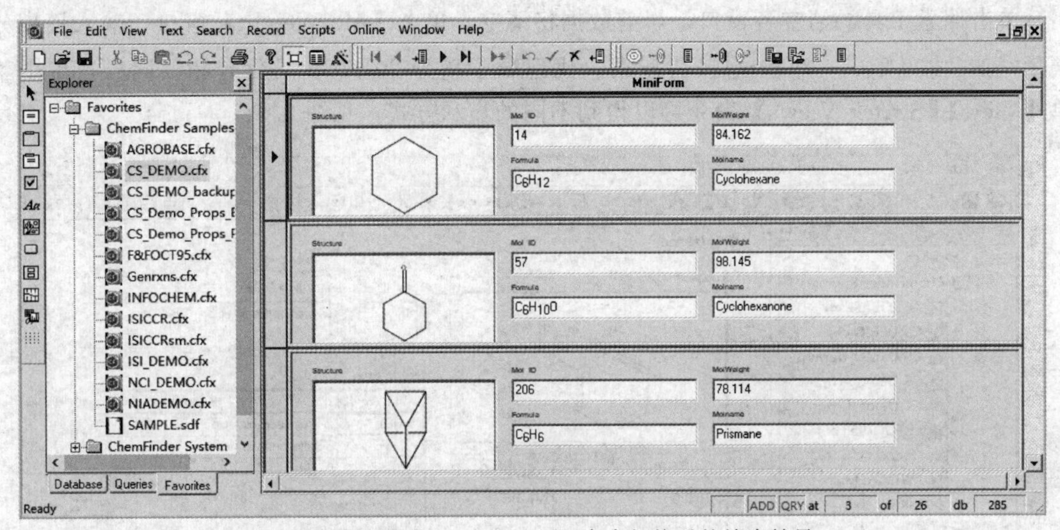

图 5.49 通过【Switch Views】命令切换后的搜索结果

5.4.3 根据分子式检索

打开左侧浏览窗口，单击【Explorer】-【Favorites】-【ChemFinder Samples】命令，双击“CS_DEMO.cfx”选项，打开该数据库文件。

首先清空各窗口，单击搜索工具按钮，当前数据将清空，单击【Formula】窗口，输入分子式，例如“$C_{10}H_{12}O_2$”，单击按钮，得到搜索结果。同样，单击菜单【View】-【Switch Views】命令可以得到不同的显示方式，见图 5.50。

5.4.4 根据相对分子质量检索

可以输入分子量来搜索，打开左侧浏览窗口，单击【Explorer】-【Favorites】-【ChemFinder

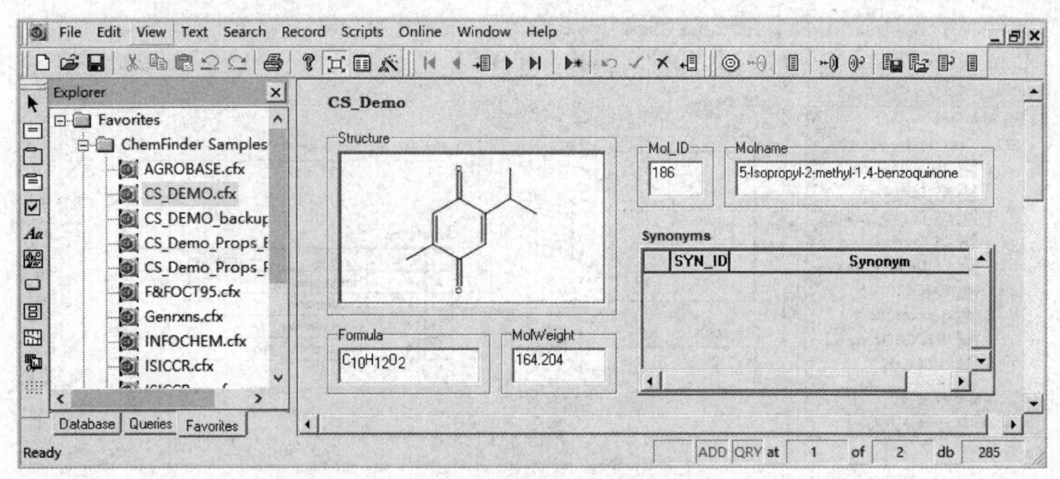

图 5.50　根据分子式检索结果

Samples】命令，双击“CS_DEMO. cfx”选项，打开该数据库文件。

单击搜索工具◎清空各窗口，当前数据将清空，单击【MolWeight】窗口，输入模糊分子量，如“200-210”，单击按钮搜索，找到分子量为 201.019 的化合物。同样，单击菜单【View】-【Switch Views】命令可以得到不同的显示方式，见图 5.51。

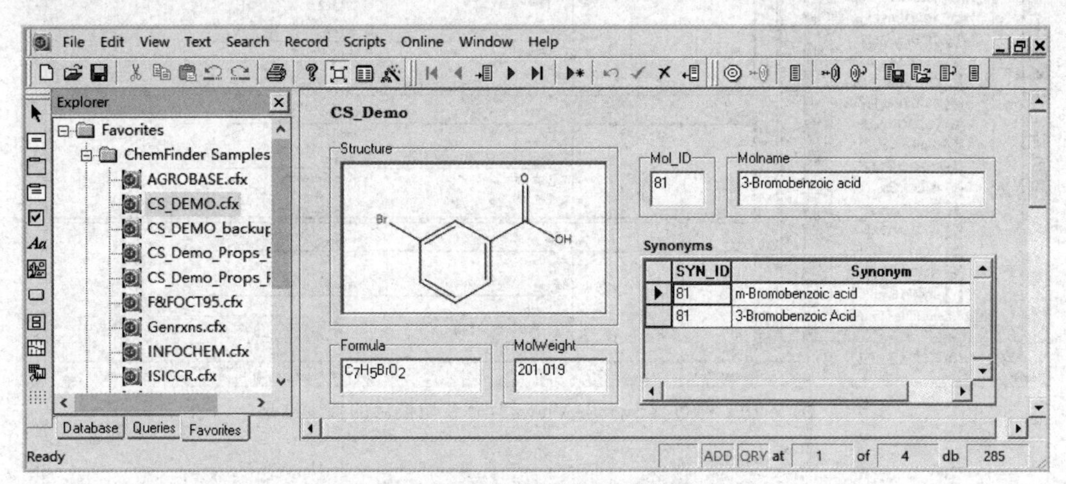

图 5.51　根据相对分子质量模糊查询

5.4.5 使用化学反应数据库

启动 ChemFinder 软件，打开左侧浏览窗口，单击【Explorer】-【Favorites】-【ChemFinder Samples】命令，双击“ISICCRsm. cfx”选项，打开该数据库文件。

① 已知反应物检索相关化学反应式：单击搜索工具◎清空原数据，双击化学反应窗口，出现 ChemDraw 绘图工具栏，用 ChemDraw 绘图工具绘制溴苯分子和一个反应箭头，单击按钮搜索，得到相似的反应结果，单击菜单【View】-【Switch Views】命令，可以得到详细的列表，搜索窗口见图 5.52，检索化学反应数据结果见图 5.53。

② 已知产物检索相关化学反应：单击搜索工具◎清空原数据，双击化学反应窗口，出

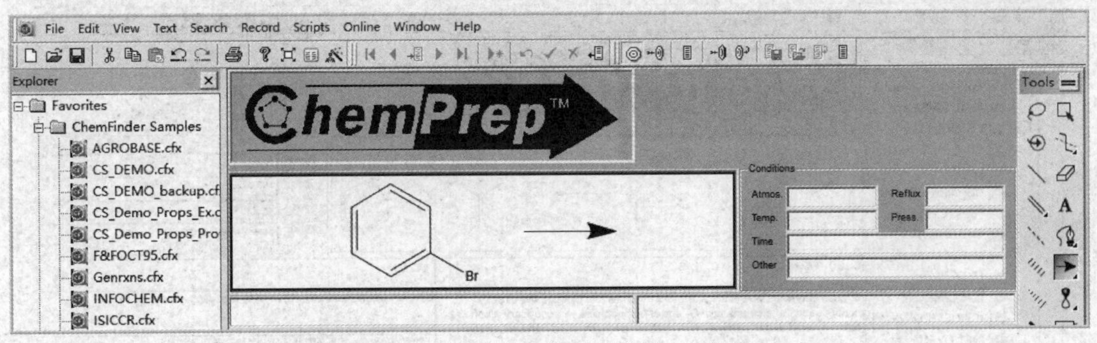

图 5.52 已知反应物检索化学反应数据窗口

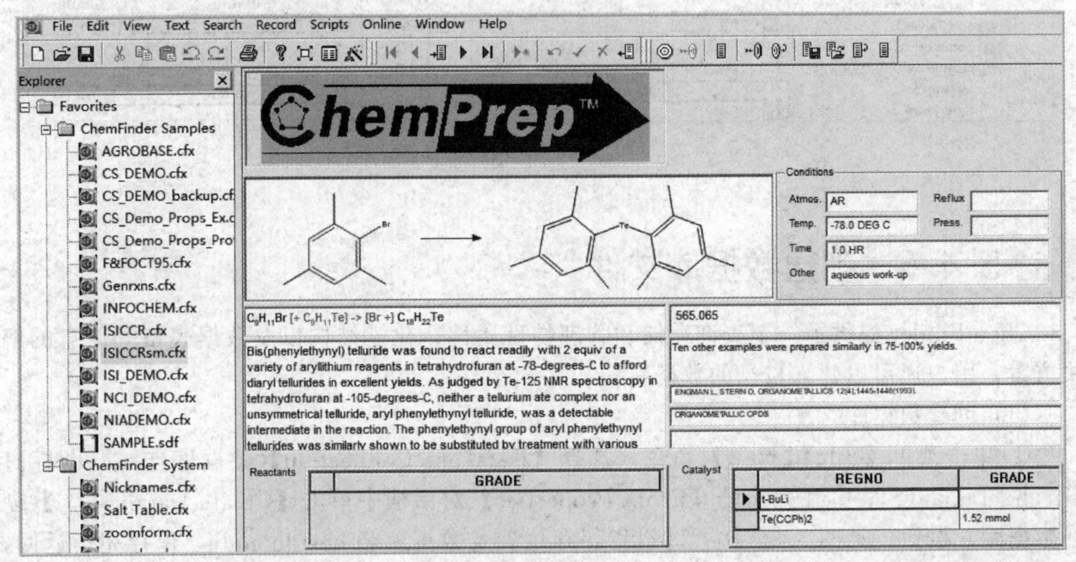

图 5.53 已知反应物检索化学反应数据结果

现 ChemDraw 绘图工具栏，用 ChemDraw 绘图工具先绘制一个反应箭头，再绘制苯甲酸分子，见图 5.54，单击按钮搜索，得到产物中含有苯甲酸的反应方程，见图 5.55，单击菜单【View】-【Switch Views】命令，可以得到不同的详细列表显示。同理，可以搜索相似的化学反应，反应箭头符号在反应结构与产物结构之间。

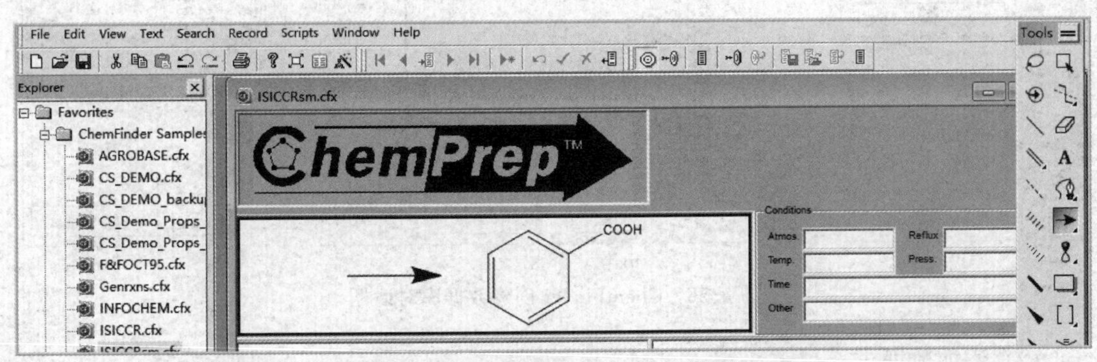

图 5.54 已知产物检索化学反应数据窗口

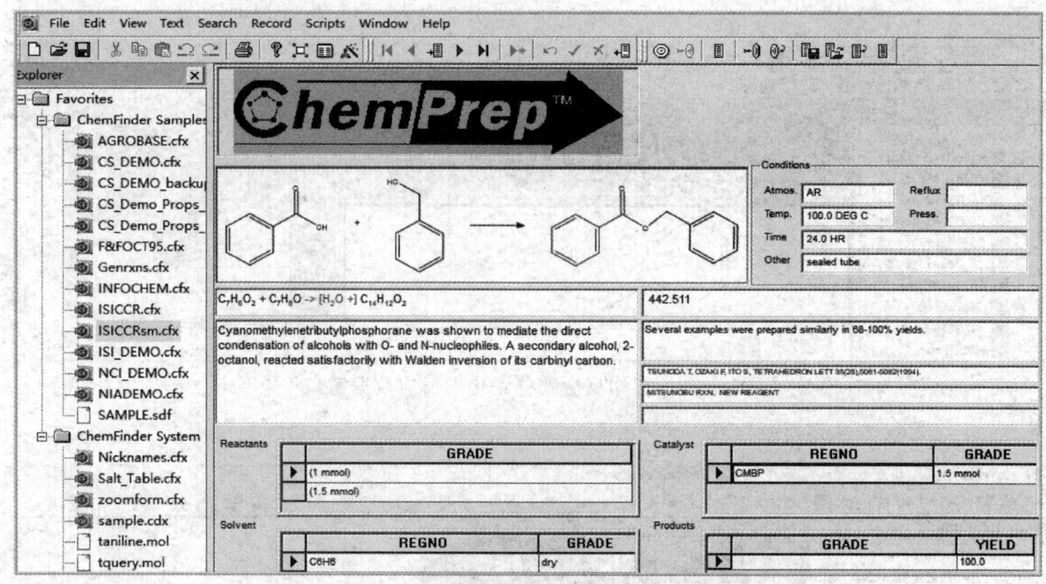

图 5.55　已知产物检索化学反应数据的结果

 5.4.6　创建数据库文件

ChemFinder 提供了一个查询存储和管理物理属性、化学结构以及数据表格等信息的解决方案，用户还可以建立自己的数据库。

（1）创建数据库

① 单击菜单【File】-【New】命令，选择【Database Connection】（数据库连接）图标打开，见图 5.56(a)；②在弹出的【From Properties】对话框中单击【Create Database...】（创建数据库）按钮，见图 5.56(b)；③设置保存位置及数据库名 newdb. mdb，保存完毕返回，可以设置数据库属性；④如需创立新字段，进入【Field】选项卡并单击【Create Filed...】按钮，为数据库类型建立字段“Melting Point”，见图 5.56(c)，确定后生成新的数据库。

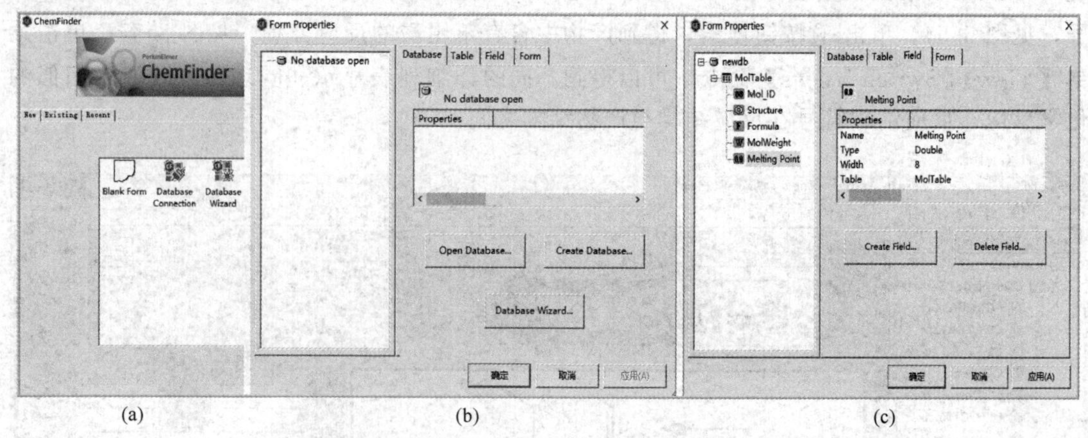

(a)　(b)　(c)

图 5.56　ChemFinder 创建数据库对话框

（2）添加数据

数据库文件 newdb. mdb 显示在左侧的【Explorer】-【Database】列表中，单击【Structure】

【Formula】等选项，右侧出现相应的窗口，双击右侧【Structure】窗口，弹出 ChemDraw 绘图工具条，绘制新建的结构，单击工具栏中的【添加记录】按钮，分子式为 C_9H_{18} 的新结构就添加到数据库 newdb. mdb 中了，见图 5. 57。

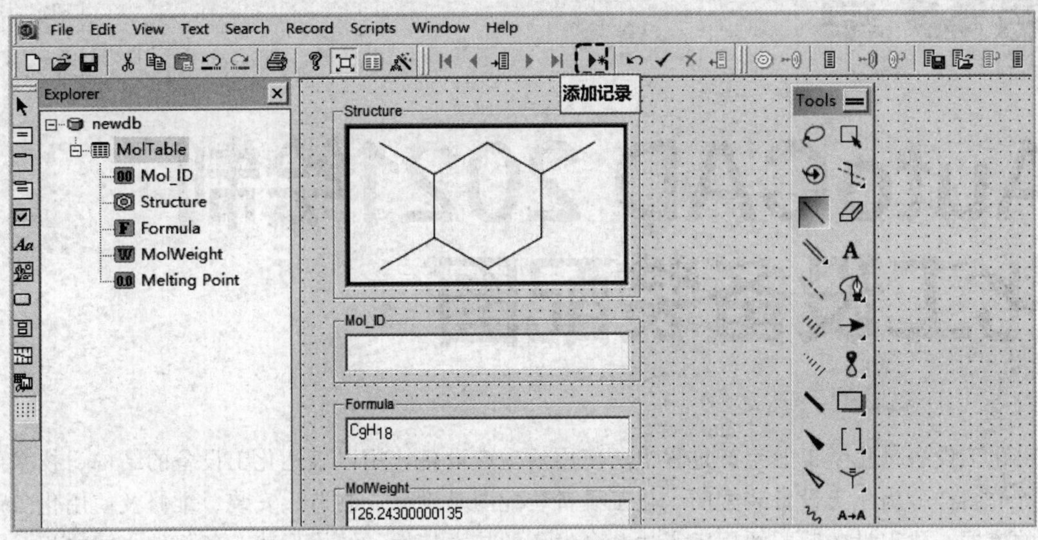

图 5. 57　数据库中添加数据记录

第6章

AutoCAD 2021绘制化工设备装配图

化工设备是化学工业生产过程中所使用的生产设备，用以表达化工设备的结构、技术要求等的图样称为化工设备装配图，化工设备装配图是设计、制造、安装、维修及使用化工设备的依据。化工设备装配图用于表达一台设备的技术特性、结构形状、各部件之间的相互关系以及必要的尺寸、制造要求等，作为化学工业技术人员必须具有化工设备装配图的绘制能力以及阅读能力。本章介绍 AutoCAD 2021 绘图基础及化工设备装配图的绘制。

6.1 AutoCAD 2021 绘图环境与基本操作

6.1.1 AutoCAD 2021 简介

AutoCAD 是 Autodesk 公司发布的绘图设计软件，由最早的 AutoCAD V1.0 版到目前的 AutoCAD 2021 版已经更新了数十次，支持 PDF 文件中的几何图形和光栅图像导入、平滑移植、共享设计视图、关联的中心标记和中心线等功能，形成了一个集成的、智能化的 CAD 软件系统。

AutoCAD 2021 完美支持 Win10 的 32 位和 64 位系统，主要用于二维绘图和基本三维设计，作为一款交互式绘图软件，现已经成为工程上广为流行的绘图工具。

AutoCAD 使用方便，具有强大的图形绘制、图形编辑、二次开发、尺寸标注、图形格式转换、支持多种硬件、三维造型、渲染和出图等功能。体系结构开放，兼容多种工程制图软件，因此被广泛应用于机械、电子、航天、造船、石油化工、建筑、土木工程、地质、气象、纺织、冶金、轻工和商业等领域。

6.1.2 工作界面

AutoCAD 2021 草图与注释工作模式界面由应用程序菜单、标题栏、快速访问工具栏、菜单栏、功能区、“命令行”窗口、绘图窗口和状态栏组成，工作界面见图 6.1。

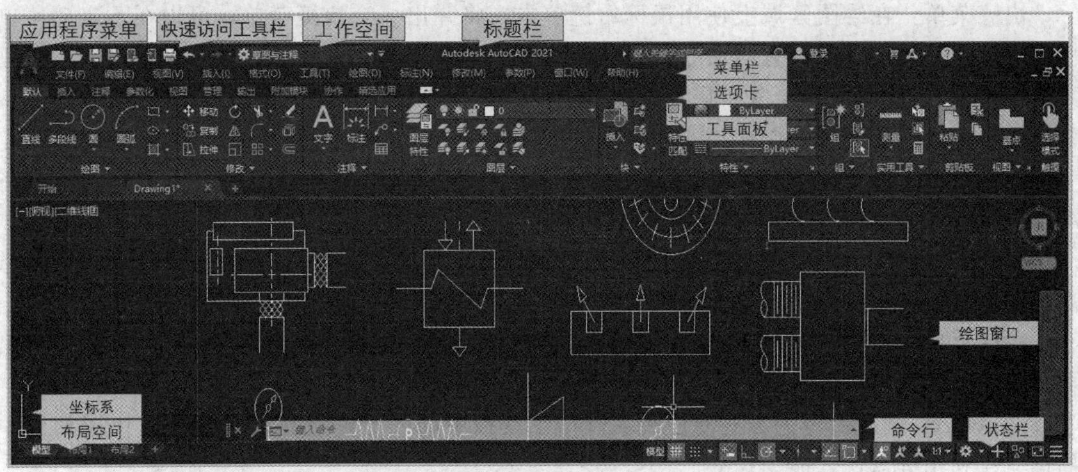

图 6.1 AutoCAD 2021 草图与注释模式的工作界面

(1) 应用程序菜单

应用程序菜单位于程序窗口的左上角，单击图标【A】打开应用程序菜单，见图 6.2(a)，在下拉列表中包含新建、打开、保存、打印等命令，这些命令也可以通过菜单栏中【文件】菜单实现；单击应用程序菜单下部的【选项】按钮，可以设置默认绘图选项，见图 6.2(b)。

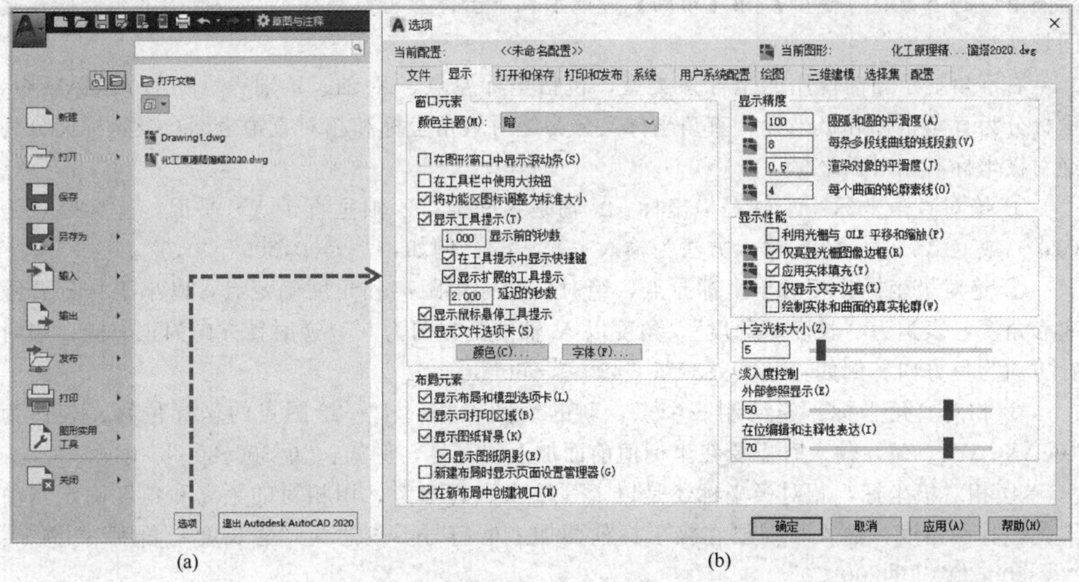

(a) (b)

图 6.2 应用程序菜单及选项

(2) 标题栏

标题栏位于应用程序窗口的最上面，用于显示当前正在打开的文件名等信息，AutoCAD

默认的图形文件为.dwg格式。在标题栏使用鼠标右键单击，可以还原、最小化、最大化或关闭文件窗口。

（3）菜单栏与快捷菜单

菜单栏由【文件】【编辑】【视图】【格式】等菜单组成，见图6.1，AutoCAD 2021中全部的功能和命令都可以通过菜单实现。

快捷菜单：在绘图区域上使用鼠标右键单击，将弹出一个快捷菜单，可以在不启动菜单栏的情况下快速地完成设置与命令。该快捷菜单中的命令与AutoCAD当前状态相关，在工具栏、状态行、【模型】与【布局】选项卡上使用鼠标右键单击时也会出现相应的快捷菜单。

（4）工具栏及命令的操作

工具栏用于分类放置应用程序调用命令，这些程序调用命令用图标（按钮）表示。在AutoCAD 2021中，系统提供了50多种工具栏。

打开工具栏：单击菜单【工具】-【工具栏】-【AutoCAD】命令可以调出工具栏，它可以悬浮于窗口之上，也可以自定义显示位置。

快捷菜单的打开：使用鼠标右键单击，可以在弹出的快捷菜单中选择打开或关闭工具栏。

AutoCAD调用命令的方式有三种：单击工具栏中的图标；选择菜单命令或快捷菜单中的选项；利用键盘输入命令。

命令的终止：通常按Esc键结束命令；或在菜单或工具栏调用另一命令时，则当前操作终止；或使用鼠标右键单击，在弹出的快捷菜单中选择【取消】命令。

重复上一命令：在绘图窗口使用鼠标右键单击，在弹出的快捷菜单中选择【最近的输入】和【重复】命令。

（5）绘图窗口及坐标系

在绘图窗口中显示当前的绘图；周围有各种相关的工具栏，可以根据需要添加或隐藏；绘图窗口的下方有【模型】和【布局】选项卡，单击标签可以在模型空间或图纸布局样式之间切换。

右下角显示当前使用的坐标系类型，包括坐标原点、X轴、Y轴等，在AutoCAD中，坐标分为直角坐标和极坐标，直角坐标又分为绝对直角坐标和相对直角坐标，极坐标又分为绝对极坐标和相对极坐标。

① 绝对直角坐标：X轴是横坐标，Y轴是纵坐标，Z轴垂直于XY平面，坐标原点为（0,0）或（0,0,0），坐标输入方法为输入“X，Y”，例如：“−400,300”“0,0”。

② 绝对极坐标：相对于坐标原点，绝对极坐标用距离和角度确定点，以小于号分开距离和角度，表达为“长度＜角度”，角度以X轴的正方向为0°，逆时针方向为正方向，顺时针方向为负方向。例如：“300＜30”；“400＜−60”。

③ 相对直角坐标：先绘制一个点，新的绘图点相对上一绘图点的坐标位移，表达为“@$\Delta X,\Delta Y,\Delta Z$”，输入时需要在坐标值前面加上@符号，例如：“@300,200”“@0,200”。

④ 相对极坐标：相对极坐标还是以上一输入点为参考，用相对的距离和角度确定当前点的位移和角度，输入时需要在极坐标前面加上@符号，表达为“@长度＜角度”。例如：“@300＜30”“@200＜0”。

（6）命令行

“命令行”窗口位于绘图窗口的底部，用户可以输入命令，这些命令也可以通过菜单或者快捷菜单来实现。

在“命令行”窗口右侧显示的文本窗口，是记录AutoCAD 2021当前命令的窗口，它记录了已执行的命令。

（7）功能状态行与辅助绘图

功能状态行用来显示AutoCAD 2021当前的状态，包括【模型空间】【正交模式】【极轴追踪】【捕捉模式】【栅格】【动态输入】【对象捕捉追踪】【线宽】等按钮，见图6.3，也可以单击最后的【自定义】按钮设置显示或隐藏功能，或者通过菜单【工具】-【绘图设置】命令设置，见图6.4。

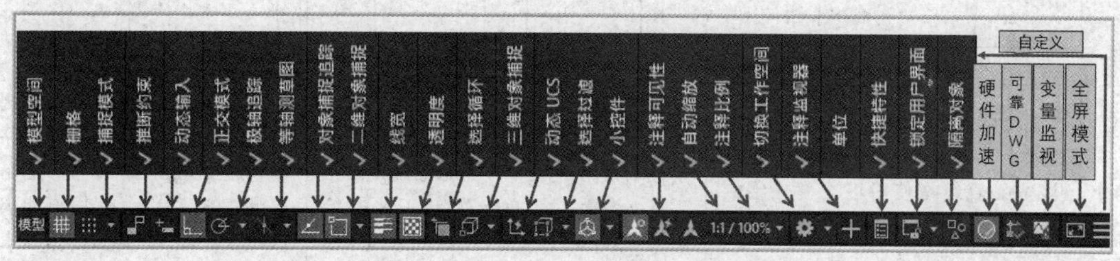

图6.3 AutoCAD 2021当前的状态设置

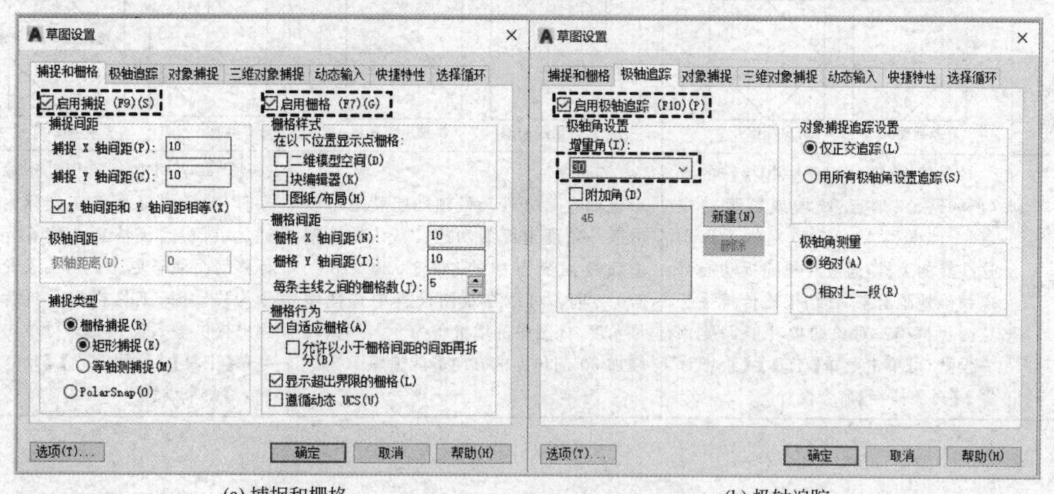

(a) 捕捉和栅格　　(b) 极轴追踪

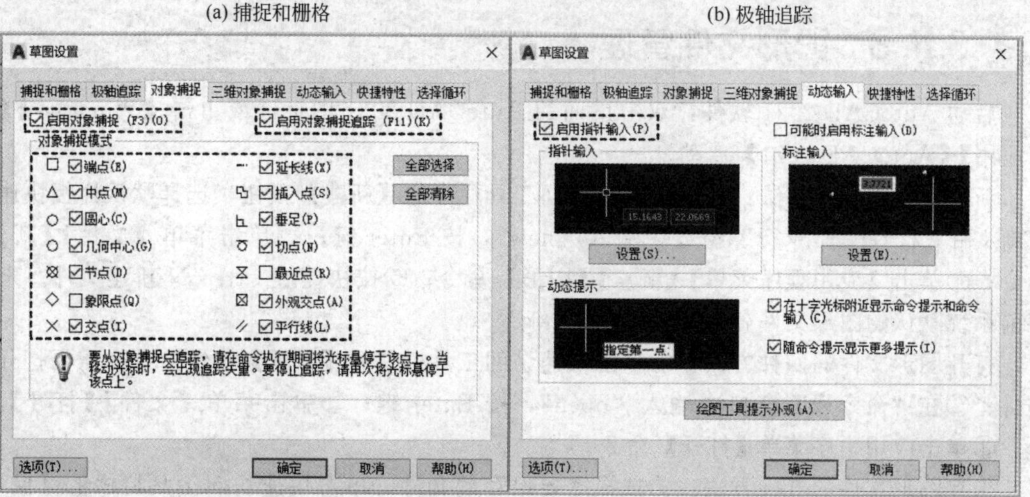

(c) 对象捕捉　　(d) 动态输入

图6.4 AutoCAD 2021捕捉和栅格、极轴追踪、对象捕捉和动态输入设置

用户不仅可以通过命令行输入坐标来绘制图形，而且还可以使用系统提供的【栅格捕捉】【对象捕捉】【极轴追踪】等辅助绘图工具，在不输入坐标的情况下快速、精确地绘制图形。这些工具的简要使用方法见表 6.1。

表 6.1　辅助绘图工具简介

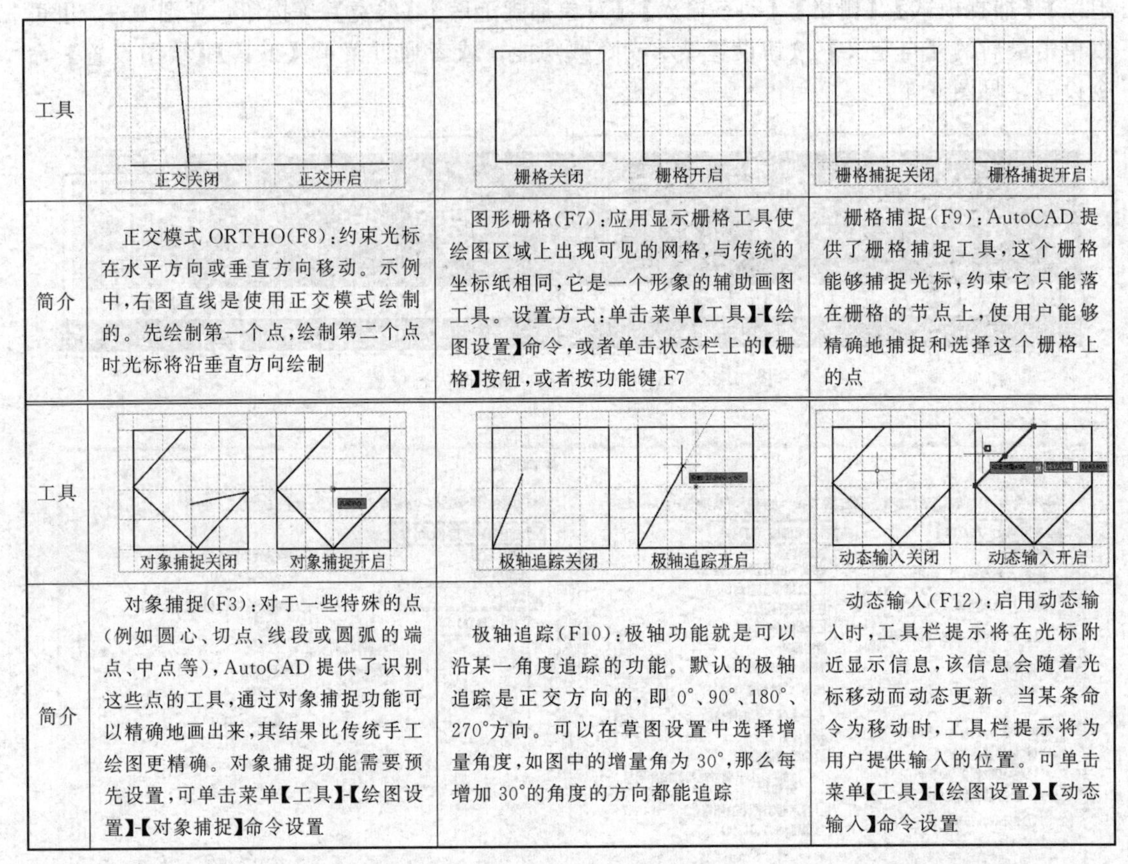

工具	正交关闭　正交开启	栅格关闭　栅格开启	栅格捕捉关闭　栅格捕捉开启
简介	正交模式 ORTHO(F8)：约束光标在水平方向或垂直方向移动。示例中，右图直线是使用正交模式绘制的。先绘制第一个点，绘制第二个点时光标将沿垂直方向绘制	图形栅格(F7)：应用显示栅格工具使绘图区域上出现可见的网格，与传统的坐标纸相同，它是一个形象的辅助画图工具。设置方式：单击菜单【工具】-【绘图设置】命令，或者单击状态栏上的【栅格】按钮，或者按功能键 F7	栅格捕捉(F9)：AutoCAD 提供了栅格捕捉工具，这个栅格能够捕捉光标，约束它只能落在栅格的节点上，使用户能够精确地捕捉和选择这个栅格上的点
工具	对象捕捉关闭　对象捕捉开启	极轴追踪关闭　极轴追踪开启	动态输入关闭　动态输入开启
简介	对象捕捉(F3)：对于一些特殊的点(例如圆心、切点、线段或圆弧的端点、中点等)，AutoCAD 提供了识别这些点的工具，通过对象捕捉功能可以精确地画出来，其结果比传统手工绘图更精确。对象捕捉功能需要预先设置，可单击菜单【工具】-【绘图设置】-【对象捕捉】命令设置	极轴追踪(F10)：极轴功能就是可以沿某一角度追踪的功能。默认的极轴追踪是正交方向的，即 0°、90°、180°、270°方向。可以在草图设置中选择增量角度，如图中的增量角为 30°，那么每增加 30°的角度的方向都能追踪	动态输入(F12)：启用动态输入时，工具栏提示将在光标附近显示信息，该信息会随着光标移动而动态更新。当某条命令为移动时，工具栏提示将为用户提供输入的位置。可单击菜单【工具】-【绘图设置】-【动态输入】命令设置

6.1.3　图形文件管理

启动 AutoCAD 2021 软件：双击桌面的 AutoCAD 2021 图标，或单击【Windows】-【所有应用】-【AutoCAD 2021】启动。

新建文件的五种方法：①单击快速访问工具栏中的【新建】按钮，选择默认样板快速建立新文件；②在“命令行”窗口中输入“new”，按 Enter 键；③单击菜单【文件】-【新建】命令；④单击【应用程序菜单】-【新建】-【图形】命令；⑤按快捷键 Ctrl＋N 新建文件。未保存前系统默认的图形文件名为 Drawing1. dwg。

打开图形文件的四种方法：①单击快速访问工具栏中的【打开】按钮，选择需要打开的文件；②在“命令行”窗口中输入“open”，按 Enter 键；③单击菜单【文件】-【打开】命令；④单击应用程序菜单-【打开】命令。

保存图形文件的五种方法：①选择需要保存的文件，单击快速访问工具栏中的【保存】按钮；②在“命令行”窗口中输入“qsave”，按 Enter 键；③单击菜单【文件】-【保存】或【另存为】命令；④单击应用程序菜单-【保存】命令；⑤按快捷键 Ctrl＋S 保存文件。

关闭图形文件的四种方法：①选择需要关闭的图形文件，单击应用程序菜单-【关闭】命令；②在“命令行”窗口中输入“close”，按 Enter 键；③单击菜单【文件】-【关闭】命令；④直接单击标题栏上方的【关闭】按钮，如果文件进行了修改，需要确认是否保存后关闭。

6.1.4　切换工作空间

AutoCAD 2021 提供了 3 种空间工作模式，分别为草图与注释［图 6.5(a)］、三维基础［图 6.5(b)］、三维建模［图 6.5(c)］，单击上方工作空间旁的三角形，选择空间工作模式，可以切换工作模式，本书主要在草图与注释模式下绘制各种图样。

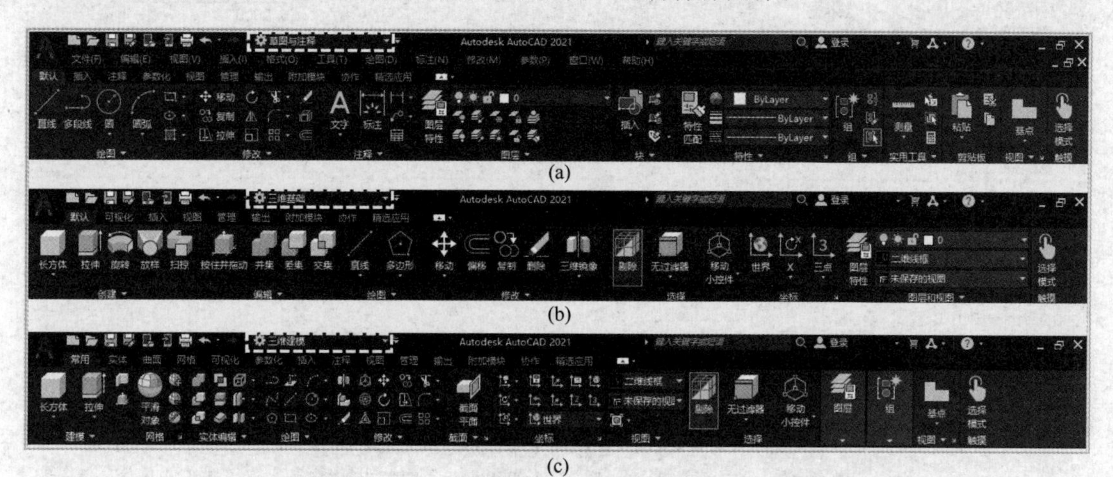

图 6.5　AutoCAD 2021 的草图与注释、三维基础与三维建模工作模式

6.1.5　图形格式设置

设置绘图单位：单击菜单【格式】-【单位】命令，见图 6.6(a)。设置图形单位及“精度”，见图 6.6(b)。

设置图形界限：单击菜单【格式】-【图形界限】命令，分别单击绘图窗口左下角与右上角的点设置，单击屏幕下方状态栏处【栅格】按钮，查看图形界限的范围和位置。

在图形格式设置中还可以设置“线宽”“线型”“文字样式”“表格样式”“标注样式”“点样式”等，见图 6.6(c)。只需要单击菜单【格式】命令并进行相应的设置，就可以设置图形默认样式。

6.1.6　创建图层

图层相当于透明的图纸，每张图纸上分别绘制不同类型的图形，然后将这些图纸叠加起来，就可以得到一张复杂而完整的图形。为了便于编辑和管理这些图形对象，常把这些对象置于不同的图层上。

在工程图样中，图形主要由细实线、粗实线、虚线、剖面线、点画线、尺寸标注以及文字说明等元素组成，这些元素对象统称为图形对象，通常工程样图中的图层、颜色、线型及线宽设置见图 6.7。

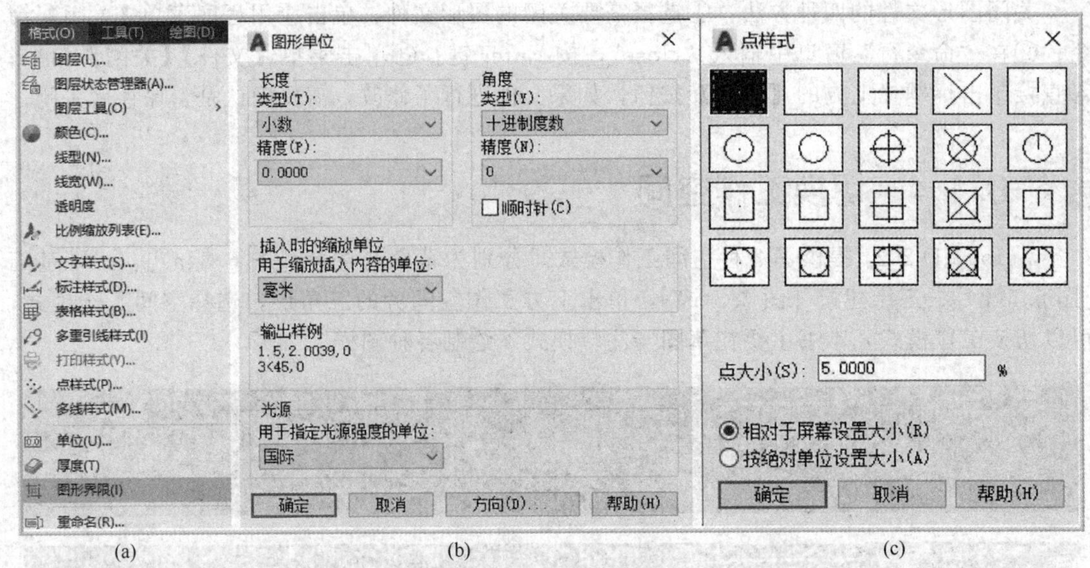

图 6.6　图形格式设置菜单、图形单位设置、点样式设置

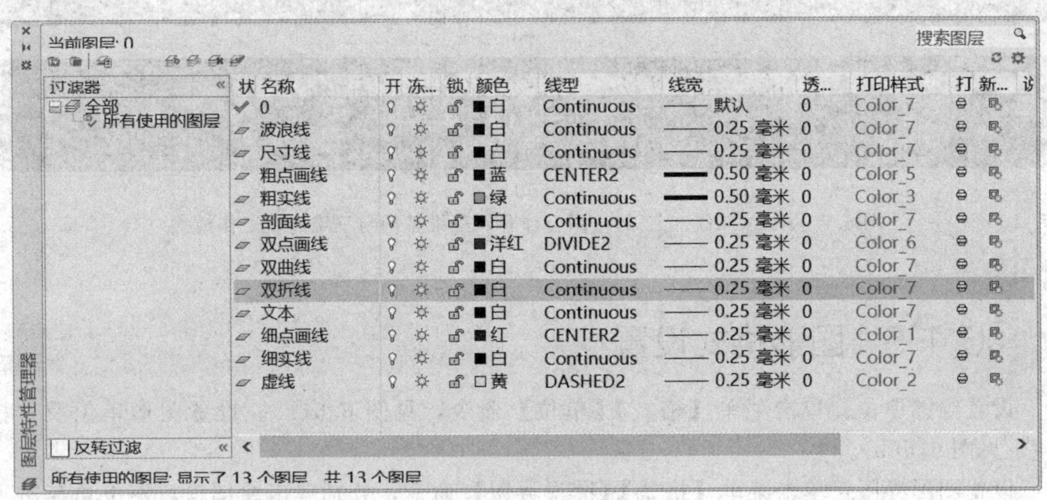

图 6.7　图层设置对话框（工程绘图通常的图层、颜色、线型及线宽设置）

6.2 绘制平面图形

二维、三维图形可以由若干直线、弧、圆、椭圆等基本图形绘制，用户应熟练地掌握 AutoCAD 2021 常用绘图、编辑命令的操作，包括精确绘图的方法。

6.2.1 绘图工具的使用

AutoCAD 2021 提供了三种命令调用方式绘图：①单击工具栏中的图标；②单击菜单

【绘图】命令或选择快捷菜单中的选项；③利用键盘输入命令。常用绘图实例及简要说明见表 6.2。

表 6.2 常用绘图实例及简要说明

实例	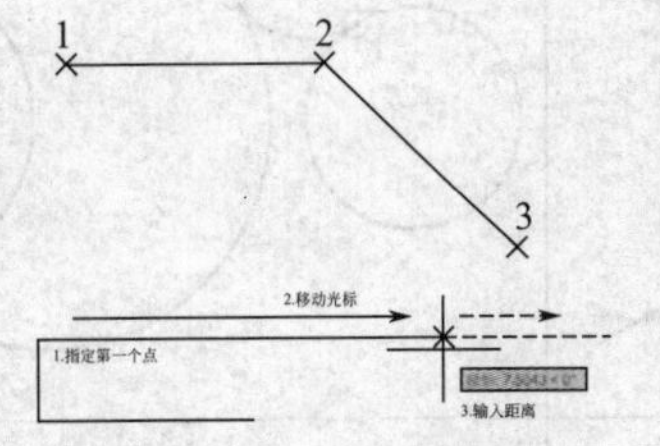	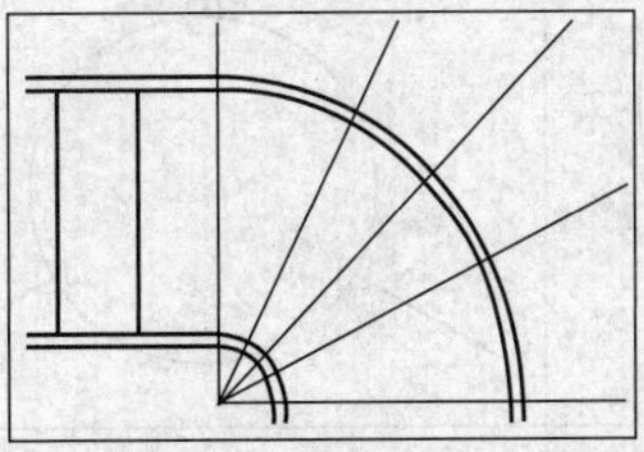	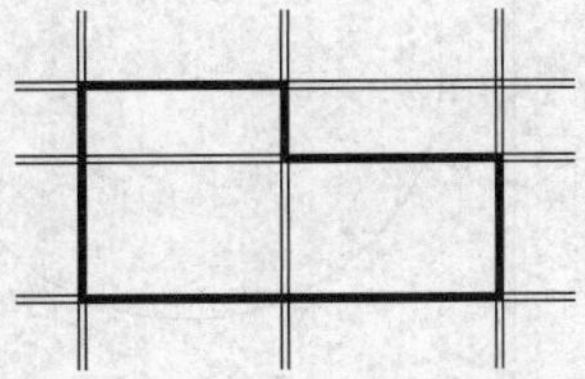
说明	直线(LINE)：创建一系列连续的直线段。每条线段都是可以单独进行编辑的直线对象。设置直线的起点，指定直线段的端点	射线(RAY)：创建始于一点并无限延伸的线性对象。起点和通过点定义了射线延伸的方向，射线在此方向上延伸到显示区域的边界	构造线(XLINE)：创建无限长的构造线。构造线对于创建构造线和参照线以及修剪边界十分有用
实例	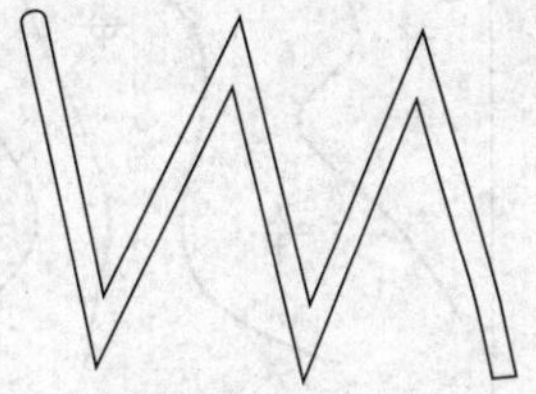	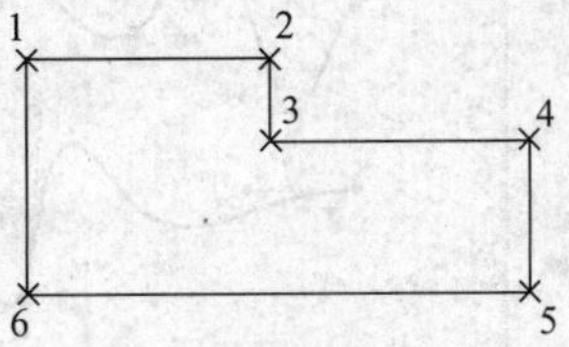	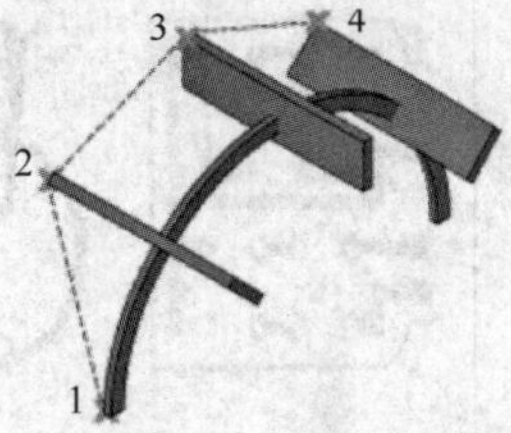
说明	多线(MLINE)：它是由两条或两条以上直线构成的相互平行的直线，且这些直线可以具有不同的线型和颜色。单击【格式】-【多线样式】命令或【MLSTYLE】命令定义样式	多段线(PLINE)：它是作为单个平面创建的相互连接的线段序列，可以是直线、圆弧或者两者组合的线段。可以用来绘制封闭区域，也可以用来表示一些实心体	三维多段线(3DPOLY)：它是作为单个对象创建的直线段相互连接而成的序列。三维多段线可以不共面，但是不能包括圆弧段
实例	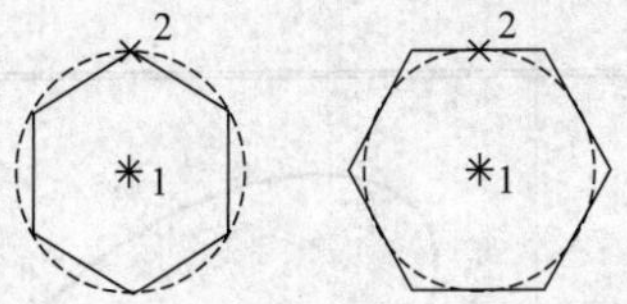		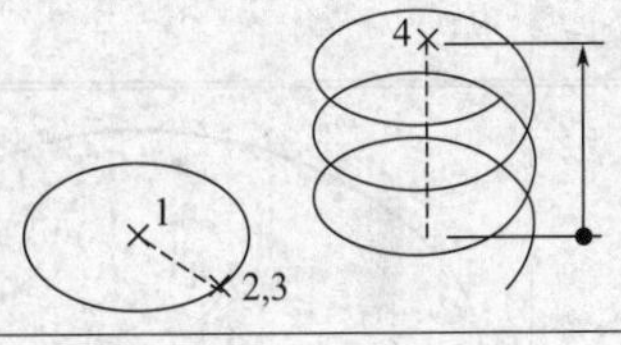
说明	多边形(PLOYGON)：能创建边数为 3～1024 条的等边多边形，画图时可以选择多边形是内接圆方式或外切圆方式，一般直接输入边长的数值或选择端点的方式完成创建	矩形(RECTANG)：矩形的使用比较方便，可以设置创建矩形多段线(长度、宽度、旋转角度)和角点类型(圆角、倒角或直角)	螺旋(HELIX)：创建二维螺旋或三维螺旋。如果底面半径和顶面半径相同，将创建圆柱形螺旋；如果不同，将创建圆锥形螺旋；如果指定的高度值为 0，则将创建扁平的二维螺旋
实例	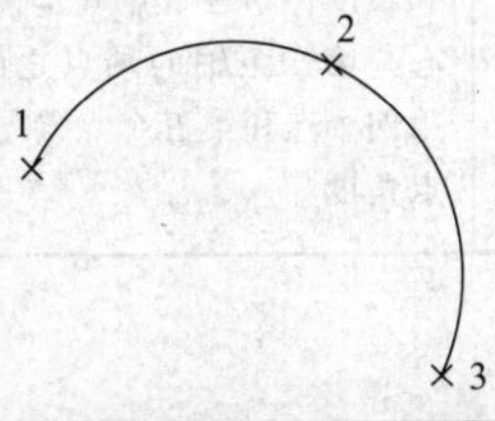	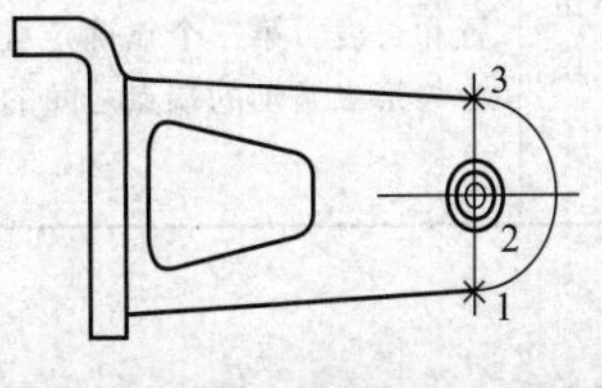	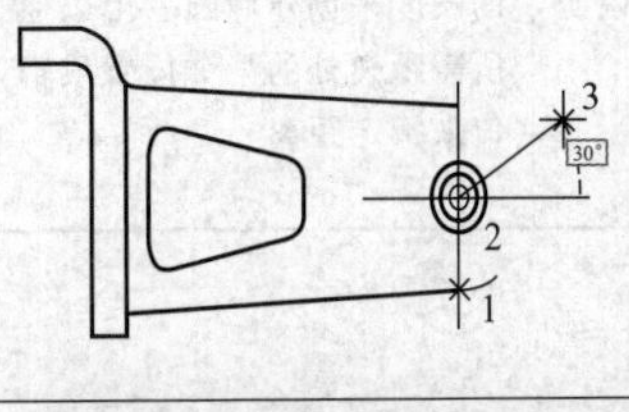
说明	圆弧(ARC，三点)：指定圆心、端点、起点、半径、角度、弦长和方向值的各种组合，可以创建圆弧	圆弧(ARC，起点、圆心、端点)：利用起点和圆心之间的距离确定半径。端点由从圆心引出的通过第三点的直线决定	圆弧(ARC，起点、圆心、角度)：利用起点和圆心之间的距离确定半径。圆弧的另一端通过以圆心用作顶点的夹角来确定

续表

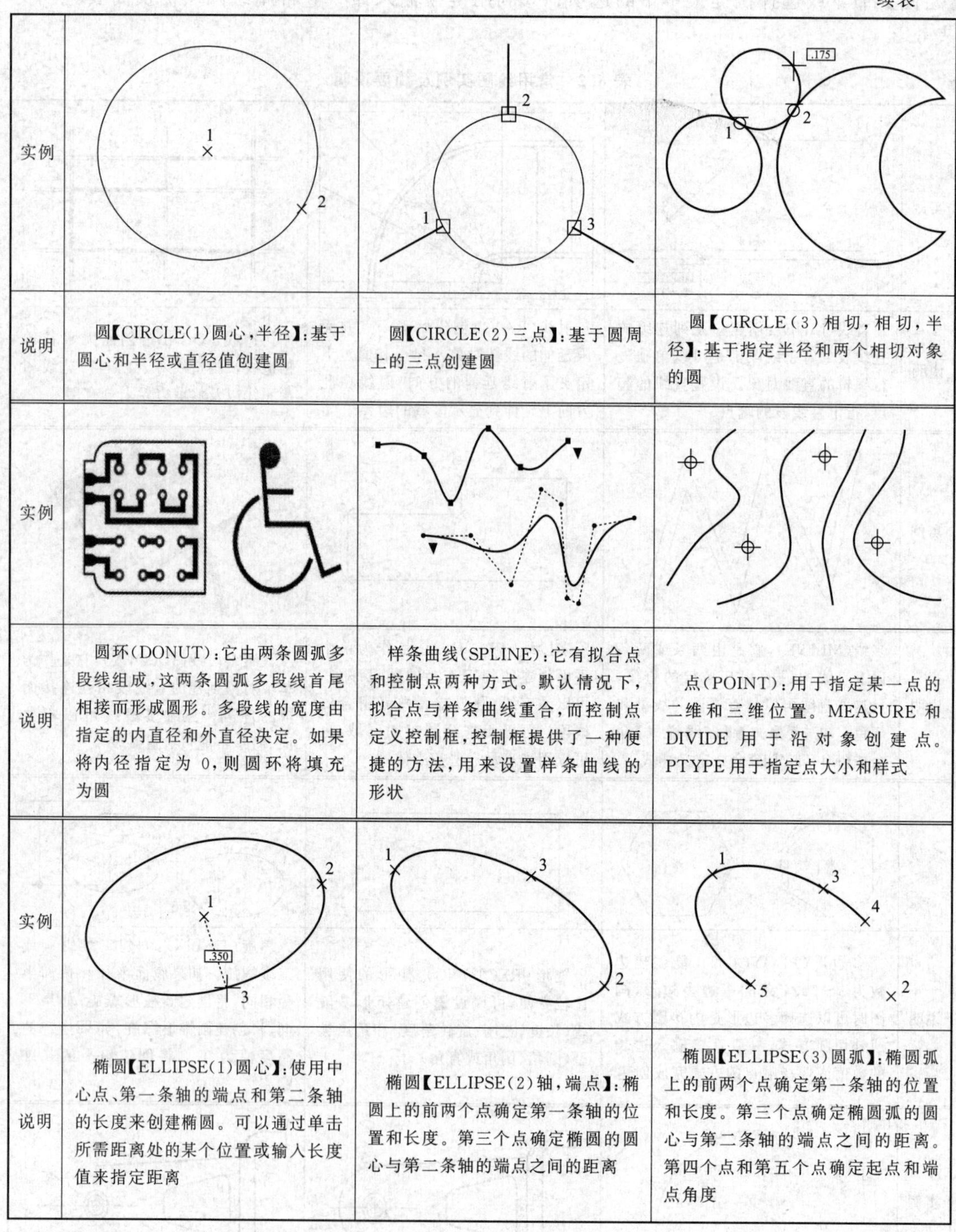

实例			
说明	圆【CIRCLE(1)圆心，半径】：基于圆心和半径或直径值创建圆	圆【CIRCLE(2)三点】：基于圆周上的三点创建圆	圆【CIRCLE(3)相切，相切，半径】：基于指定半径和两个相切对象的圆
实例			
说明	圆环(DONUT)：它由两条圆弧多段线组成，这两条圆弧多段线首尾相接而形成圆形。多段线的宽度由指定的内直径和外直径决定。如果将内径指定为0，则圆环将填充为圆	样条曲线(SPLINE)：它有拟合点和控制点两种方式。默认情况下，拟合点与样条曲线重合，而控制点定义控制框，控制框提供了一种便捷的方法，用来设置样条曲线的形状	点(POINT)：用于指定某一点的二维和三维位置。MEASURE和DIVIDE用于沿对象创建点。PTYPE用于指定点大小和样式
实例			
说明	椭圆【ELLIPSE(1)圆心】：使用中心点、第一条轴的端点和第二条轴的长度来创建椭圆。可以通过单击所需距离处的某个位置或输入长度值来指定距离	椭圆【ELLIPSE(2)轴，端点】：椭圆上的前两个点确定第一条轴的位置和长度。第三个点确定椭圆的圆心与第二条轴的端点之间的距离	椭圆【ELLIPSE(3)圆弧】：椭圆弧上的前两个点确定第一条轴的位置和长度。第三个点确定椭圆弧的圆心与第二条轴的端点之间的距离。第四个点和第五个点确定起点和端点角度

6.2.2 块

块是一个或多个在不同图层上的不同线型、颜色和线宽特性的组合对象。用户可以在同一图形或其他图形中重复使用对象。块具有提高绘图速度，节省存储空间，便于修改图形、加入属性等特点。

（1）块的定义

定义内部块（只能在当前文件中重复调用）：单击菜单【绘图】-【块】-【创建】命令，或者输入“BLOCK”命令（或按快捷键B），或者单击常用工具栏中的块窗格中的按钮，在弹出的【块定义】对话框中输入块的“名称”“说明”等信息，见图6.8(a)，按照提示在绘图面板中选择对象，按Enter键确定，即可创建所需图块。

外部参照块（把块保存成单独的文件，可以在外部文件调用，但不能修改块属性）：输入“WBLOCK”命令（按快捷键W），设置“基点”“对象”，保存文件，见图6.8(b)。

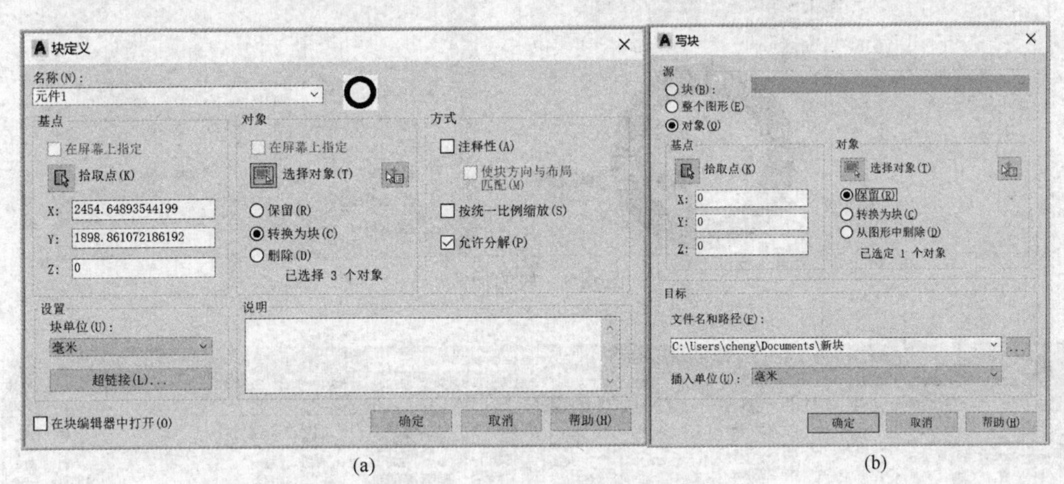

(a) (b)

图6.8 内部块和外部块的创建

（2）插入块

插入块的执行方式：单击菜单【插入】-【块选项板】命令，或者输入“INSERT”命令（或按快捷键I），或者单击常用工具栏中的块窗格中的按钮，在弹出的对话框中选择块的名称，选择“插入点”“比例”“旋转”等，见图6.9，单击【确定】按钮。

（3）块的编辑

【块编辑器】是一个独立的环境，用于创建和更改当前图形的块定义，还可以向块中添加动态行为，可以进行移动（MOVE）、镜像（MIRROR）、复制（COPY）等操作，不会随着原图形文件的更改而发生改变；输入“BEDIT”命令，或者单击常用工具栏【编辑块】按钮，【块编辑器】设置见图6.10。

分解块定义：插入的块可以分解成组成块的各基本对象，单击菜单【修改】-【分解】命令，或者输入“EXPLODE”命令，选择块对象，将所选块分解。

删除块定义：单击应用程序菜单-【绘图实用工具】-【清理】命令删除块，或者单击【PURGE】命令。

修改块定义：可以在当前图形中重定义块，单击菜单【修改】-【对象】-【块说明】命令。重定义块将影响当前图形中已经或将要进行的块插入。也可以打开【块编辑器】进行编辑。

6.2.3 图案填充

单击菜单【绘图】-【图案填充】命令，或者输入“HATCH”命令，或者单击常用工具

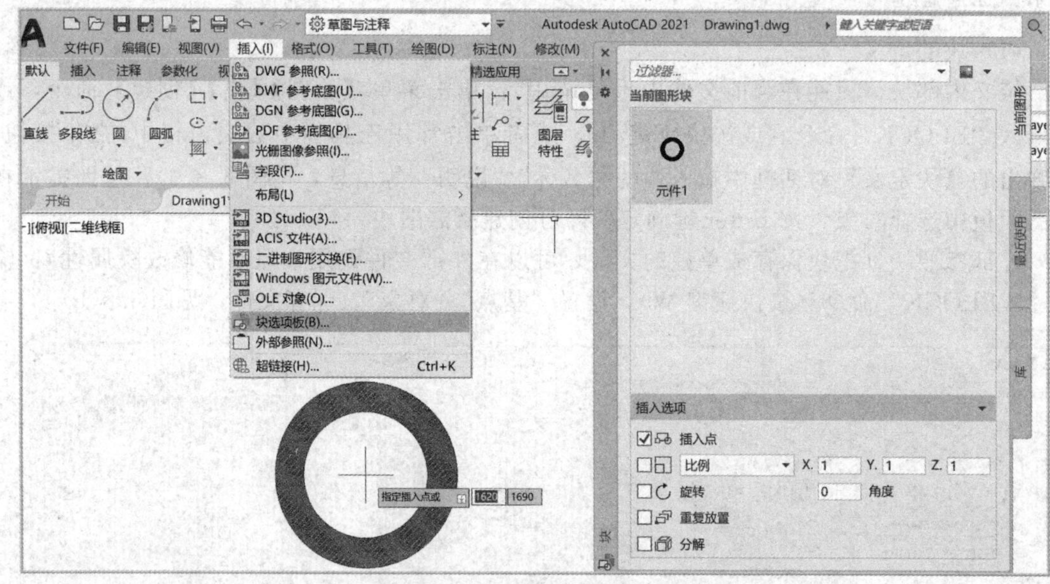

图 6.9　块的插入

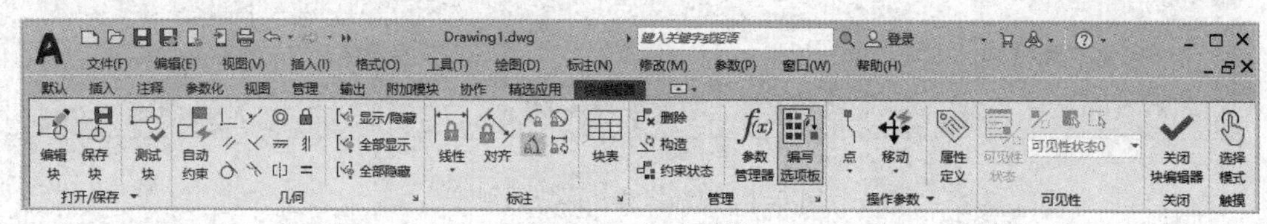

图 6.10　块编辑器

栏中绘图窗格中的 按钮，弹出如图 6.11 所示图案填充选项，在【特性】工具栏中选择图案填充类型，设置填充图案比例、角度、样式等，实现图案填充。需要注意填充的部分必须是封闭的图形，否则不能填充，三种图案填充的模式见图 6.11。

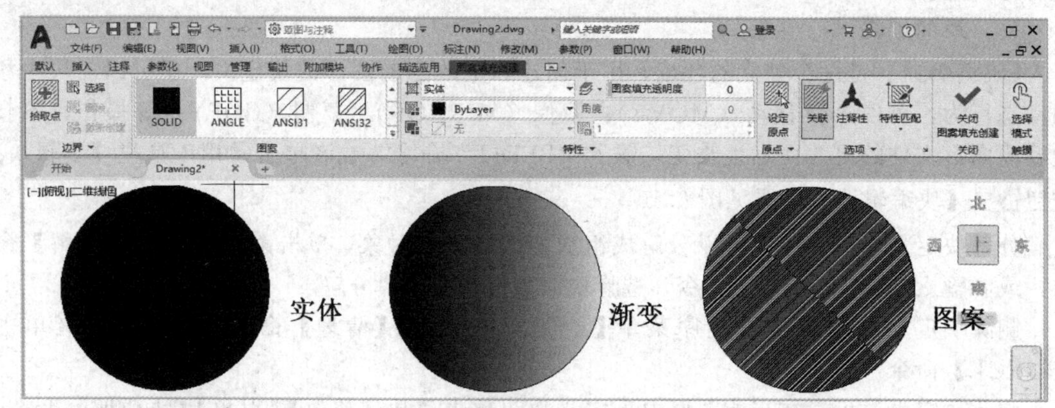

图 6.11　三种图案填充的模式

6.2.4　插入表格

设置表格样式：单击菜单【格式】-【表格样式】命令，打开【表格样式】对话框，见图

6.12(a)，设置好表格“特征”“文字”和“边框”。

插入表格：单击菜单【绘图】-【表格】命令，或者输入“TABLE”命令，或者单击常用工具栏注释窗格中的 表格 按钮，弹出【插入表格】对话框，见图 6.12(b)，设置表格的“列数”“列宽”“数据行数”“行高”等数据，单击绘图区域插入表格，输入文字和数据。

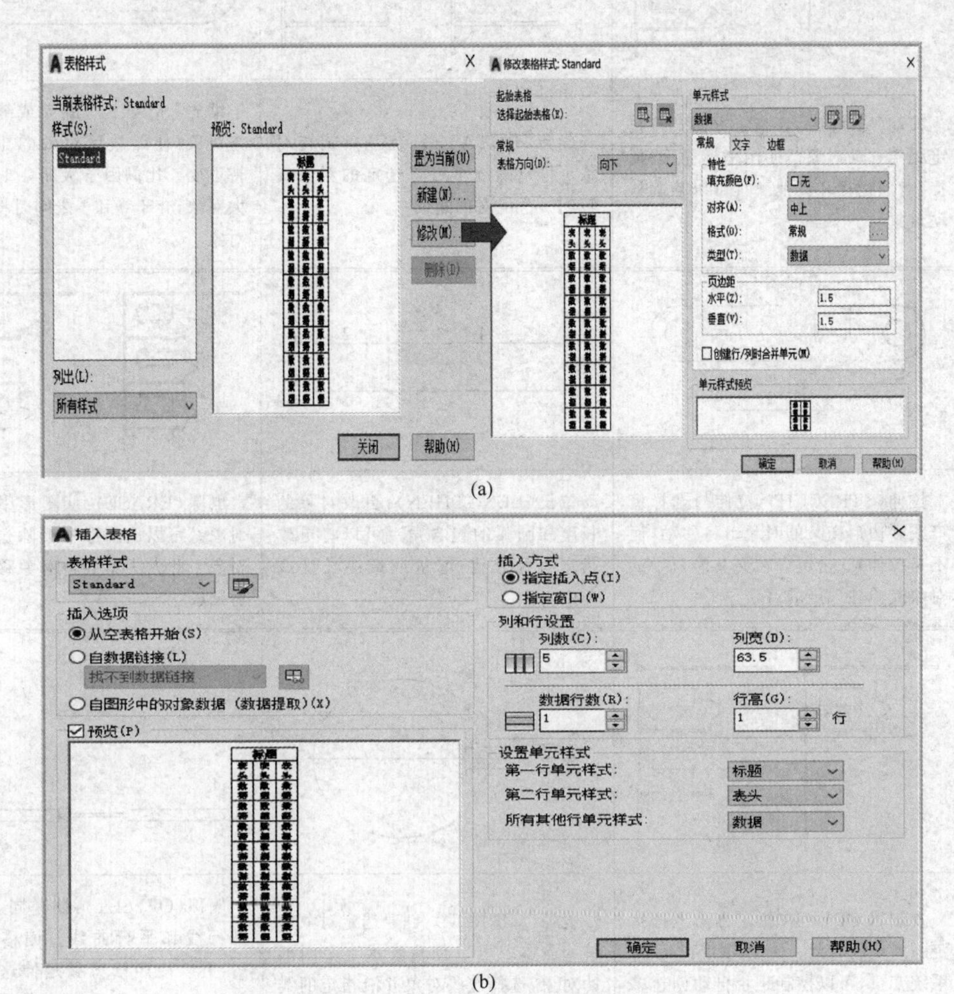

图 6.12　表格的设置与【插入表格】对话框

6.3 图形的修改

AutoCAD 2021 中的【修改】菜单命令或子菜单命令，可以帮助用户合理地构造和组织图形，简化绘图操作，提高绘图的准确性。移动、旋转、偏移、镜像、倒角、对齐、复制、圆角和打断等命令的使用方法，简要地列于表 6.3。

表 6.3　主要的绘图修改命令

实例	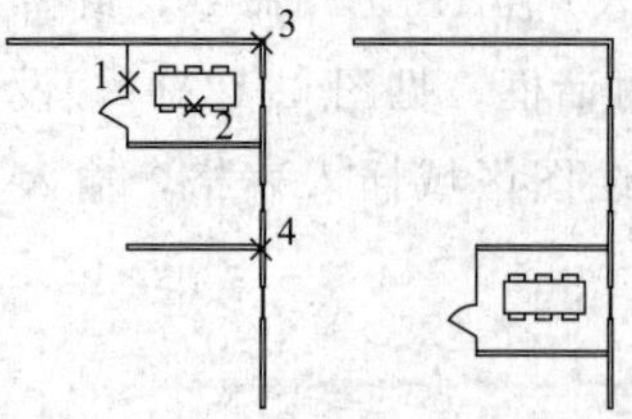	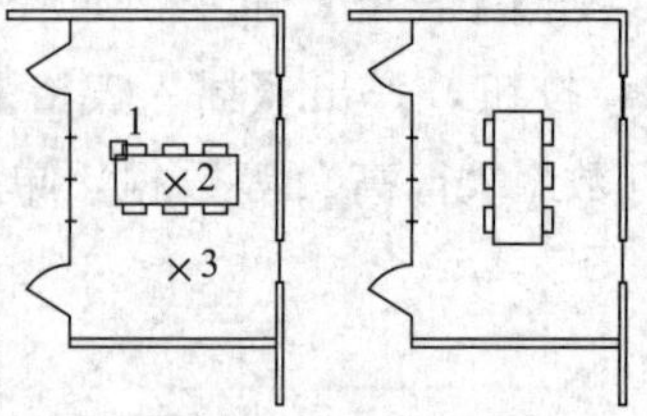	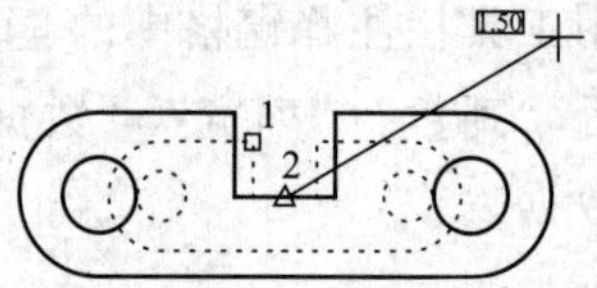
说明	移动(MOVE)：在指定方向上按指定距离移动对象。使用坐标、栅格捕捉、对象捕捉和其他工具可以精确移动对象	旋转(ROTATE)：绕基点旋转对象。可以围绕基点将选定的对象旋转到一个绝对的角度	缩放(SCALE)：放大或缩小选定对象，使缩放后对象的比例保持不变。比例因子大于 1 时将放大对象，介于 0 和 1 之间时将缩小对象
实例	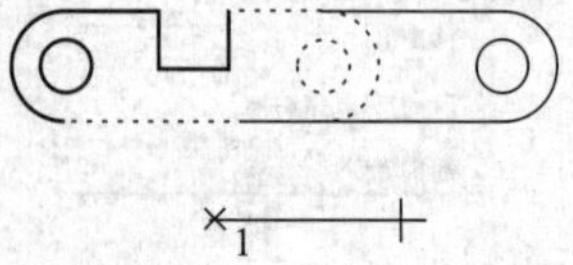	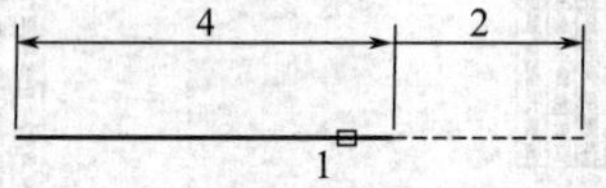	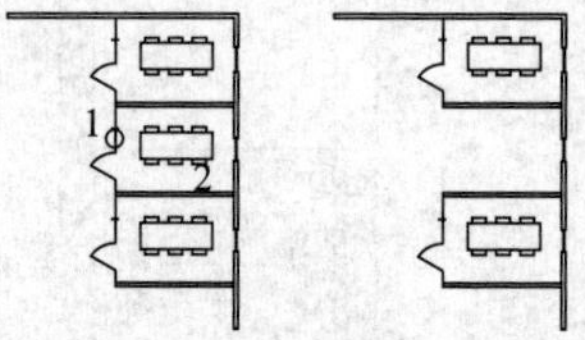
说明	拉伸(STRETCH)：拉伸与选择窗口或多边形交叉的对象。将移动（而不是拉伸）完全包含在交叉窗口中的对象或单独选定的对象	拉长(LENGTHEN)：更改对象的长度和圆弧的包含角。可以将更改指定为百分比、增量或最终长度或角度	删除(ERASE)：从图形中删除对象。可以从图形中删除选定的对象。此方法不会将对象移动到剪贴板
实例	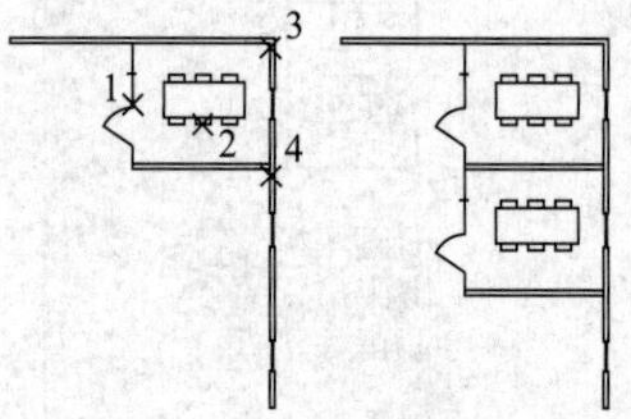	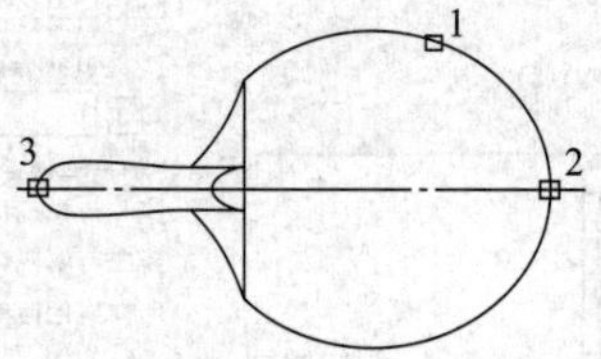	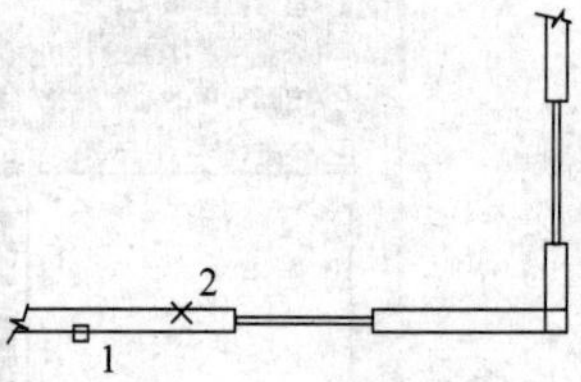
说明	复制(COPY)：在指定方向上按指定距离复制对象。使用 COPYMODE 系统变量，可以控制是否自动创建多个副本	镜像(MIRROR)：创建选定对象的镜像副本。可以创建表示半个图形的对象，选择这些对象并沿指定的线进行镜像以创建另一半	偏移(OFFSET)：创建同心圆、平行线和平行曲线。偏移对象后，可以使用修剪和延伸这种有效的方式来创建包含多条平行线和曲线的图形
实例	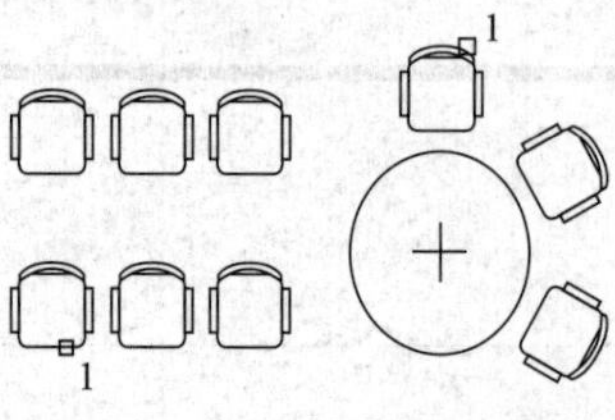	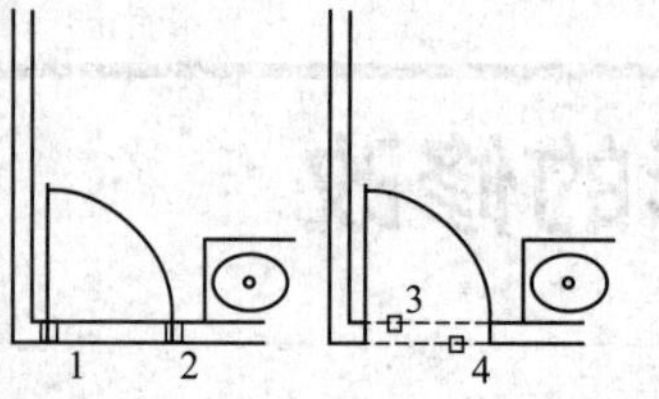	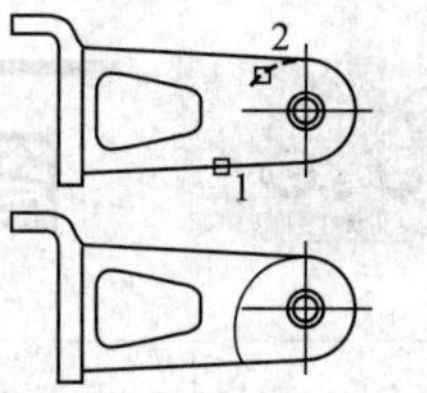
说明	阵列(ARRAY)：创建按指定方式排列的对象副本。用户可以在均匀隔开的矩形、环形或路径阵列中创建对象副本	修剪(TRIM)：修剪对象使其与其他对象的边相接。若要修剪对象，请选择边界，按 Enter 键，然后选择要修剪的对象	延伸(EXTEND)：扩展对象使其与其他对象的边相接。要延伸对象，应首先选择边界，然后按 Enter 键并选择要延伸的对象

续表

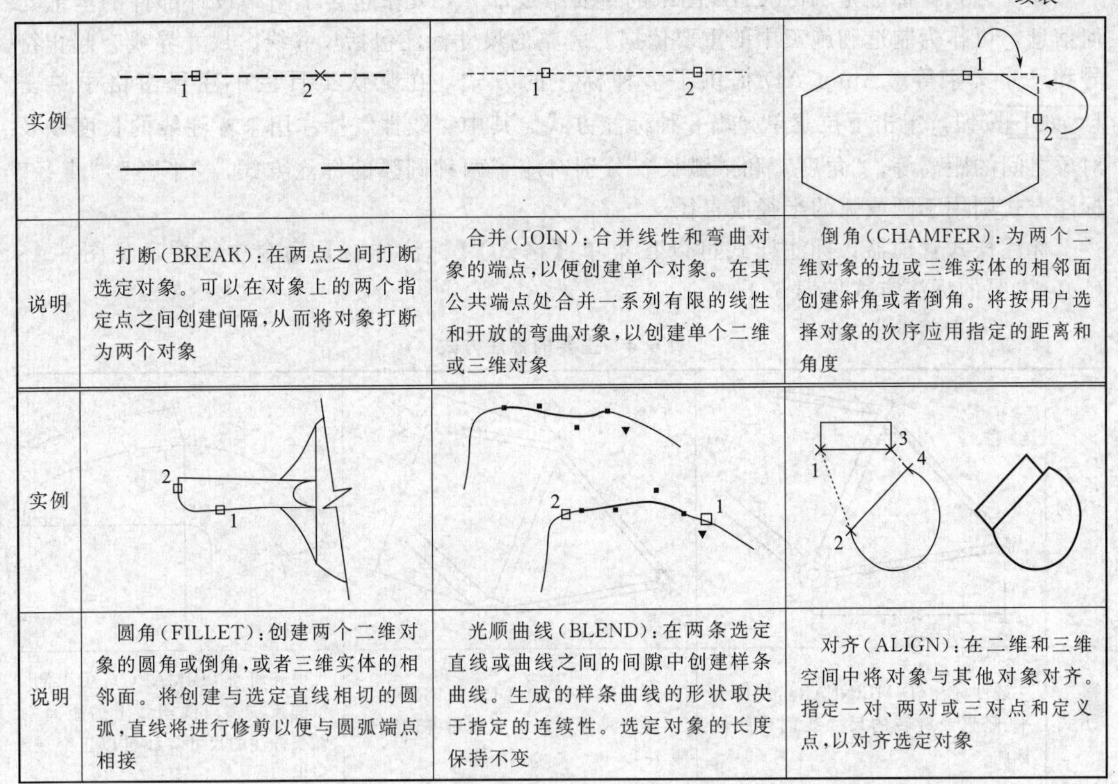

实例			
说明	打断(BREAK):在两点之间打断选定对象。可以在对象上的两个指定点之间创建间隔,从而将对象打断为两个对象	合并(JOIN):合并线性和弯曲对象的端点,以便创建单个对象。在其公共端点处合并一系列有限的线性和开放的弯曲对象,以创建单个二维或三维对象	倒角(CHAMFER):为两个二维对象的边或三维实体的相邻面创建斜角或者倒角。将按用户选择对象的次序应用指定的距离和角度
实例			
说明	圆角(FILLET):创建两个二维对象的圆角或倒角,或者三维实体的相邻面。将创建与选定直线相切的圆弧,直线将进行修剪以便与圆弧端点相接	光顺曲线(BLEND):在两条选定直线或曲线之间的间隙中创建样条曲线。生成的样条曲线的形状取决于指定的连续性。选定对象的长度保持不变	对齐(ALIGN):在二维和三维空间中将对象与其他对象对齐。指定一对、两对或三对点和定义点,以对齐选定对象

6.4 文字与尺寸标注

文字样式设置：描述文字的字体、方向、大小、角度及其他文字特性的集合。一张完整的图纸应包含技术要求、特性表、零件名称及材料等参数。AutoCAD 2021 默认文字样式为Standard，也可根据需求自己创建。单击菜单【格式】-【文字样式】命令，弹出图 6.13(a) 所示【文字样式】对话框，可对文字样式进行设置。

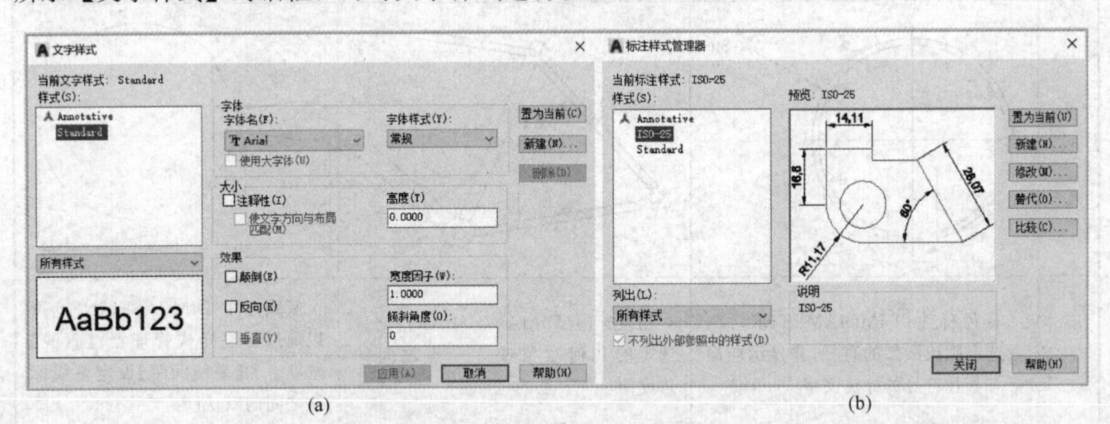

(a)　　　　　　(b)

图 6.13 【文字样式】与【标注样式】设置

标注方式：标注是 AutoCAD 图纸的重要组成部分，几乎包含了图中设计部件的全部几何信息，可作为制造和施工中的重要依据。完整的尺寸标注包括尺寸线、尺寸界线、起止符号和尺寸文字等。AutoCAD 提供了多种标注的方式，在默认工具栏中注释窗格中单击 线性 按钮，单击下拉菜单弹出 8 种标注方式。其中“线性”标注用来标注线的长度以及对象之间的距离等，“角度”和“弧长”分别对应了两种圆弧的标注方式，“半径”“直径”标注方式则用于圆或弧的半径或直径。

标注样式管理器：标注样式可以在菜单【格式】-【标注样式】命令中设置，见图 6.13 (b)。主要的标注方式见表 6.4。

表 6.4　主要的标注方式

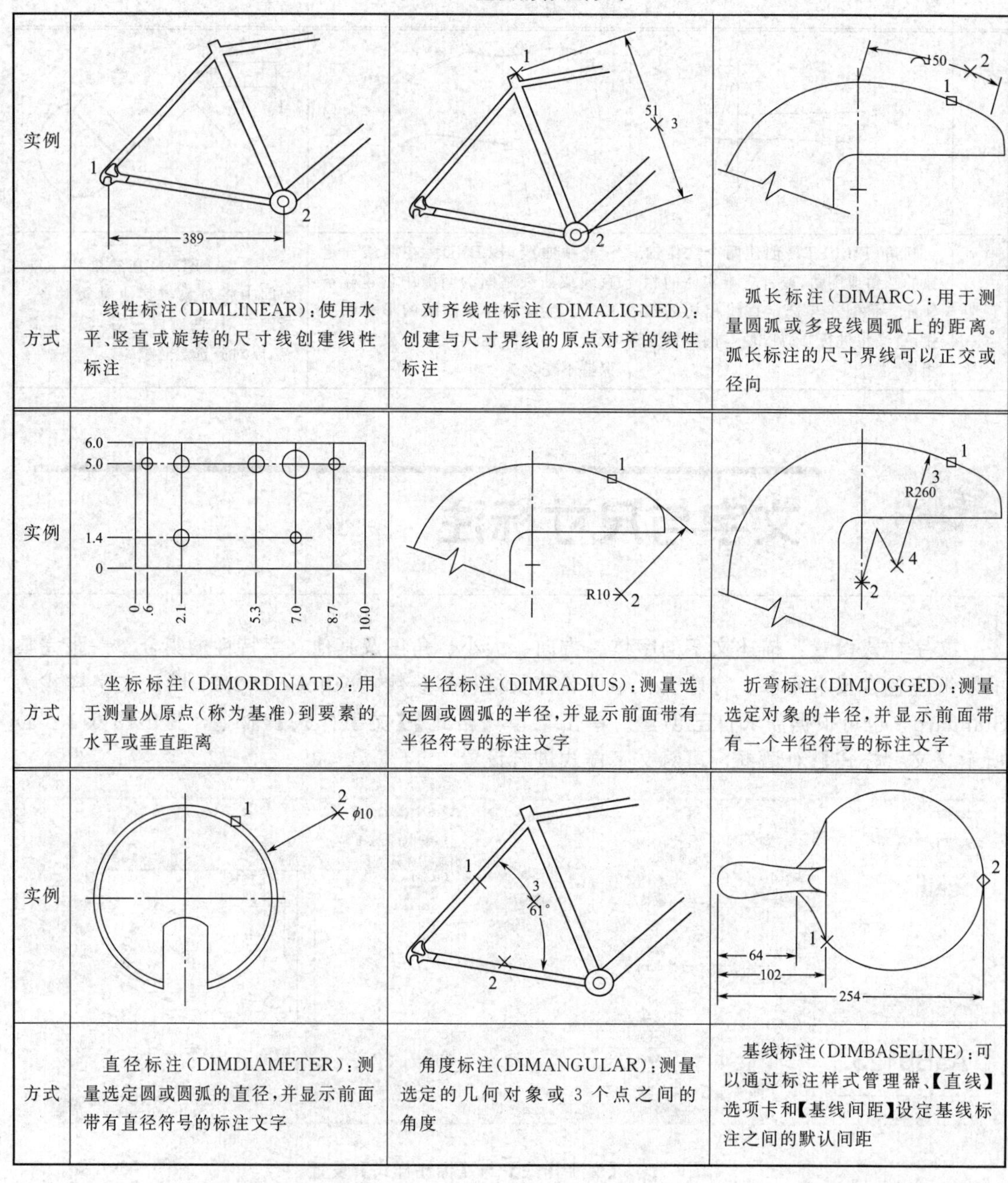

实例			
方式	线性标注(DIMLINEAR)：使用水平、竖直或旋转的尺寸线创建线性标注	对齐线性标注(DIMALIGNED)：创建与尺寸界线的原点对齐的线性标注	弧长标注(DIMARC)：用于测量圆弧或多段线圆弧上的距离。弧长标注的尺寸界线可以正交或径向
实例			
方式	坐标标注(DIMORDINATE)：用于测量从原点(称为基准)到要素的水平或垂直距离	半径标注(DIMRADIUS)：测量选定圆或圆弧的半径，并显示前面带有半径符号的标注文字	折弯标注(DIMJOGGED)：测量选定对象的半径，并显示前面带有一个半径符号的标注文字
实例			
方式	直径标注(DIMDIAMETER)：测量选定圆或圆弧的直径，并显示前面带有直径符号的标注文字	角度标注(DIMANGULAR)：测量选定的几何对象或 3 个点之间的角度	基线标注(DIMBASELINE)：可以通过标注样式管理器、【直线】选项卡和【基线间距】设定基线标注之间的默认间距

续表

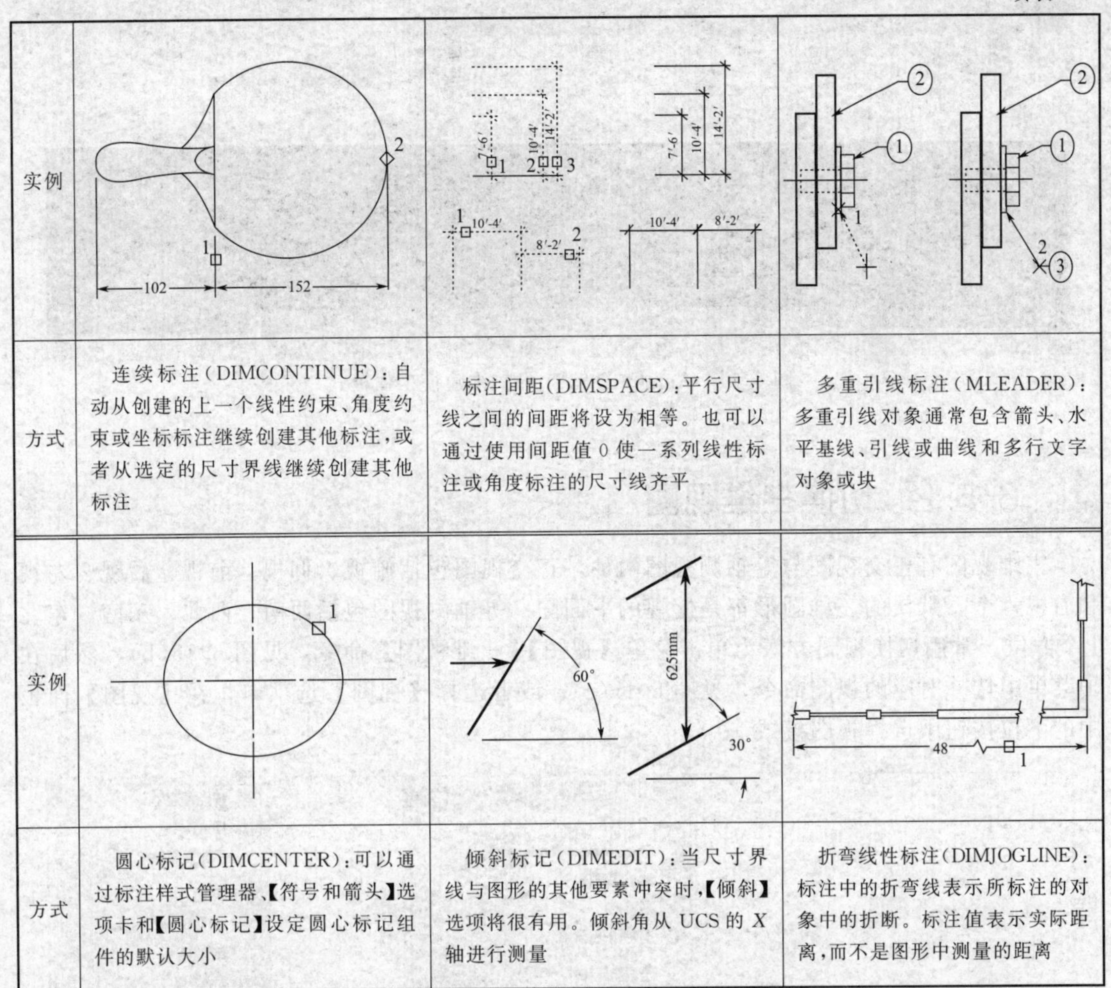

实例			
方式	连续标注(DIMCONTINUE):自动从创建的上一个线性约束、角度约束或坐标标注继续创建其他标注,或者从选定的尺寸界线继续创建其他标注	标注间距(DIMSPACE):平行尺寸线之间的间距将设为相等。也可以通过使用间距值 0 使一系列线性标注或角度标注的尺寸线齐平	多重引线标注(MLEADER):多重引线对象通常包含箭头、水平基线、引线或曲线和多行文字对象或块
实例			
方式	圆心标记(DIMCENTER):可以通过标注样式管理器、【符号和箭头】选项卡和【圆心标记】设定圆心标记组件的默认大小	倾斜标记(DIMEDIT):当尺寸界线与图形的其他要素冲突时,【倾斜】选项将很有用。倾斜角从 UCS 的 X 轴进行测量	折弯线性标注(DIMJOGLINE):标注中的折弯线表示所标注的对象中的折断。标注值表示实际距离,而不是图形中测量的距离

6.5 绘制三维图形

AutoCAD 2021 提供了实用的三维图形设计功能和强大的渲染功能，相对于二维绘图，三维图形具有较强的立体感和真实感，所以能够更形象地表达空间中立体对象的位置和形状。使用渲染功能可以使三维对象显示得更加逼真。本节简要介绍三维图形设计的基础知识。

6.5.1 三维建模工作空间切换

单击快速访问工具栏后面的【工作空间】按钮，切换至三维建模工作模式，见图 6.14，同样包含了菜单栏、常用工具栏、绘图窗口及状态栏等。

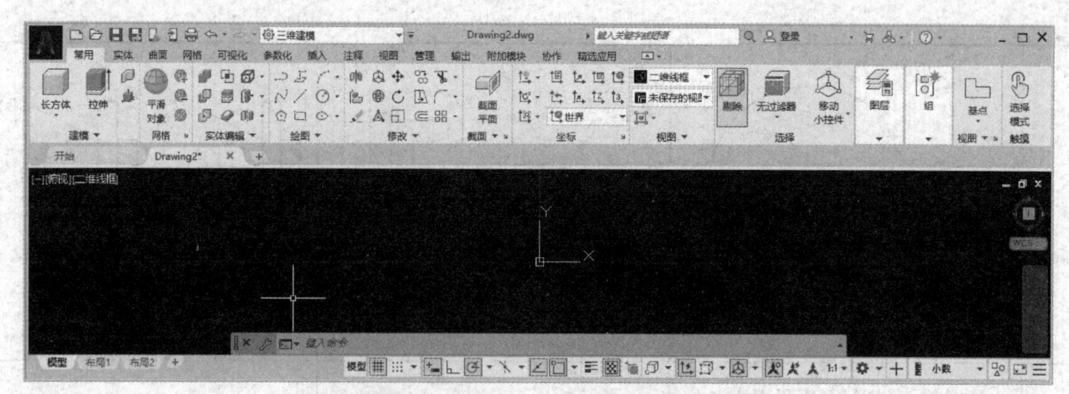

图 6.14　AutoCAD 2021 的三维建模工作模式

6.5.2　切换三维视图

三维视图有正交视图与等轴测视图两种，正交视图包括俯视、仰视、前视、后视、左视和右视六个，默认的三维图形都是俯视的平面图；等轴测视图包括西南、西北、东南、东北4个方位。常用切换视图方法为单击菜单【视图】-【三维视图】命令，见图 6.15(b)，然后在子菜单中选择对应的视图命令，见图 6.15(c)；或者选择【视图】选项卡，在【视图】面板中的下拉按钮中选择视图模式。

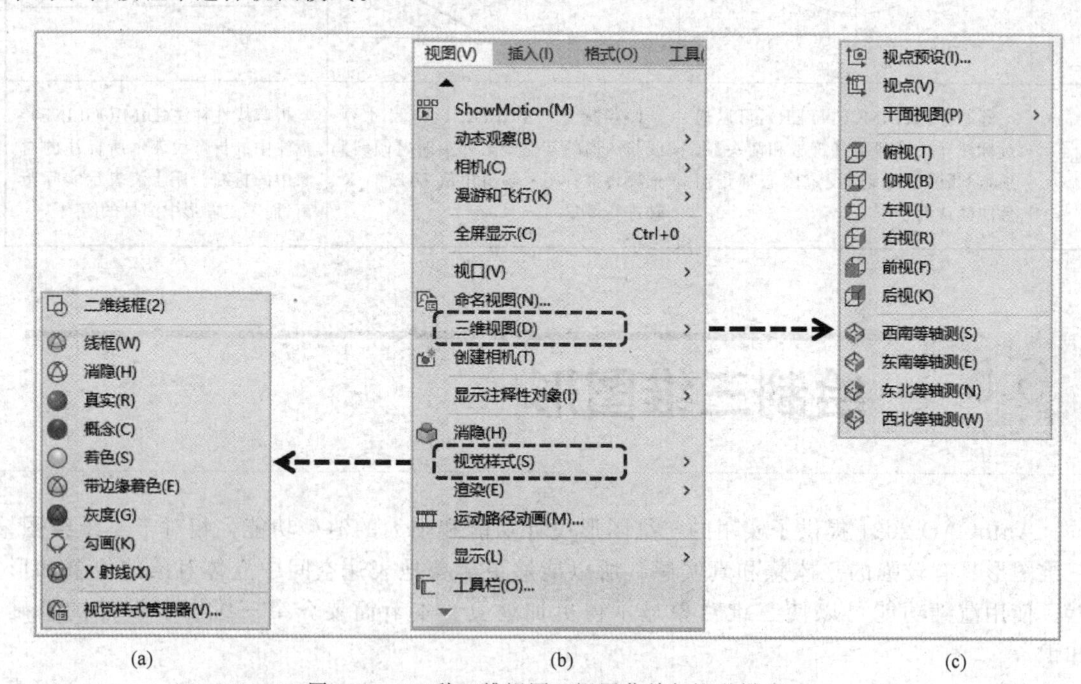

图 6.15　10 种三维视图、视图菜单与视觉样式

6.5.3　切换视觉样式

三维建模中提供了包括线框、消隐、真实、着色等多种视觉样式。常用切换视觉样

式方法为单击菜单【视图】-【视觉样式】命令，见图 6.15(b)，在子菜单中选择对应的视觉样式，见图 6.15(a)；或者选择【视图】选项卡，在【视觉样式】面板中的下拉按钮中选择视觉样式，也可以单击菜单【视图】-【视觉样式】-【视觉样式管理器】命令自定义设置。

6.5.4 三维坐标系

AutoCAD 2021 坐标系包括世界坐标系和用户坐标系，默认坐标系为世界坐标系，其坐标原点和方向是固定不变的。三维坐标系包括三维笛卡儿坐标、球坐标和柱坐标。三维笛卡儿坐标通过使用 *X*、*Y* 和 *Z* 坐标值来指定精确的位置。

用户也可以根据自己的需要创建三维用户坐标系。为方便在实体不同表面上绘图，可以将坐标系设置为绘图面的位置及方向，在 AutoCAD 2021 中，可以运用 UCS 命令准确、方便地完成这项工作，并进行用户坐标系的设置，单击菜单【工具】-【新建 UCS】-【三点】命令可创建三维用户坐标系。

6.5.5 绘制三维基本体

在 AutoCAD 2021 中，单击菜单【绘图】-【建模】命令可绘制三维基本体；或者在常用工具栏【建模】中选择绘图；也可以使用命令的方式绘制三维基本体。绘制的三维基本体列于表 6.5。

表 6.5 绘制的三维基本体

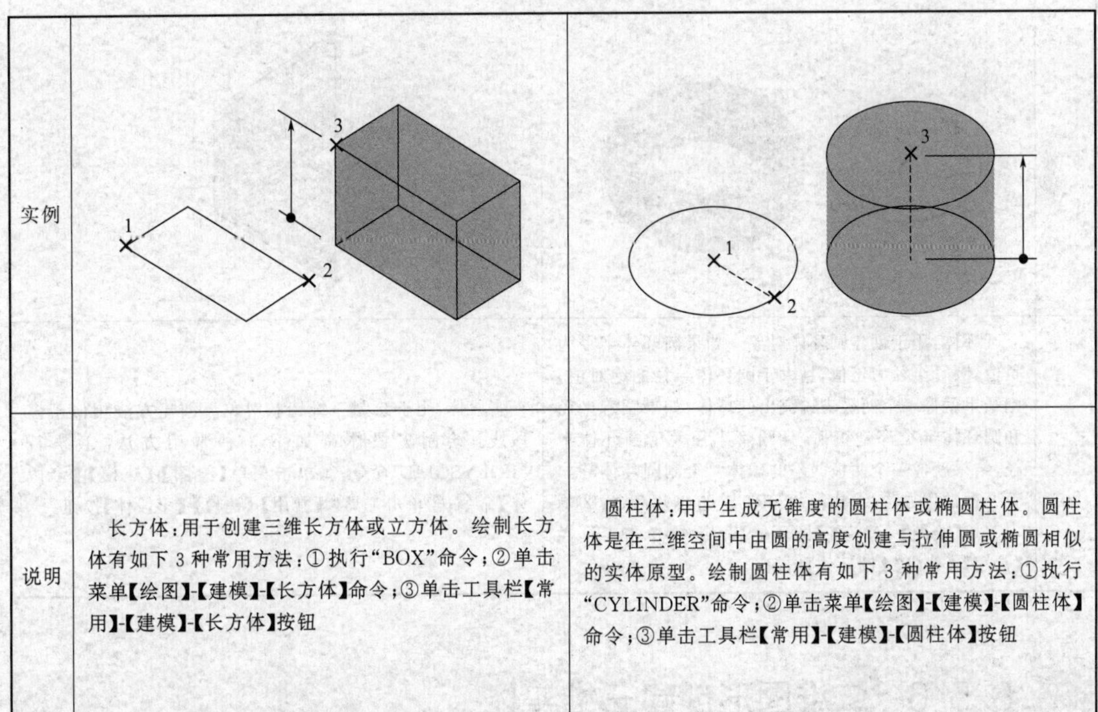

实例	(长方体图)	(圆柱体图)
说明	长方体：用于创建三维长方体或立方体。绘制长方体有如下 3 种常用方法：①执行“BOX”命令；②单击菜单【绘图】-【建模】-【长方体】命令；③单击工具栏【常用】-【建模】-【长方体】按钮	圆柱体：用于生成无锥度的圆柱体或椭圆柱体。圆柱体是在三维空间中由圆的高度创建与拉伸圆或椭圆相似的实体原型。绘制圆柱体有如下 3 种常用方法：①执行“CYLINDER”命令；②单击菜单【绘图】-【建模】-【圆柱体】命令；③单击工具栏【常用】-【建模】-【圆柱体】按钮

续表

实例	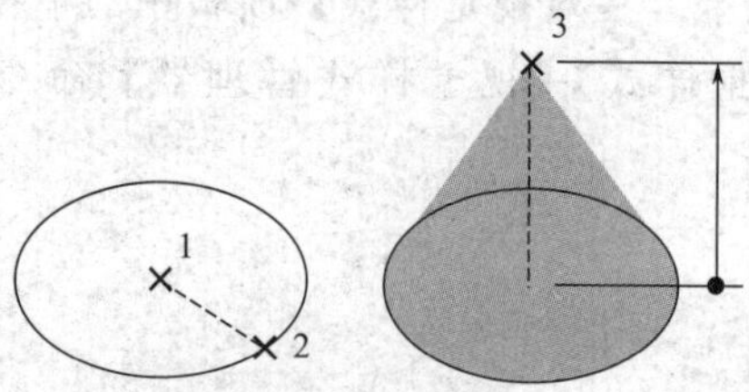	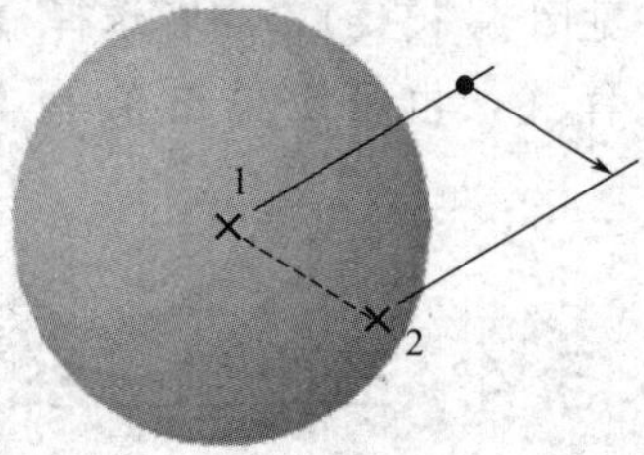
说明	圆锥体：用于创建实心圆锥体或圆台体的三维图形。该命令以圆或椭圆为底，垂直向上对称地变细直至一点。绘制圆锥体有如下3种常用方法：①执行“CONE”命令；②单击菜单【绘图】-【建模】-【圆锥体】命令；③单击工具栏【常用】-【建模】-【圆锥体】按钮	球体：用于创建三维实心球体。该实体是通过半径或直径及球心来定义的。绘制球体有如下3种常用方法：①执行“SPHERE”命令；②单击菜单【绘图】-【建模】-【球体】命令；③单击工具栏【常用】-【建模】-【球体】按钮
实例	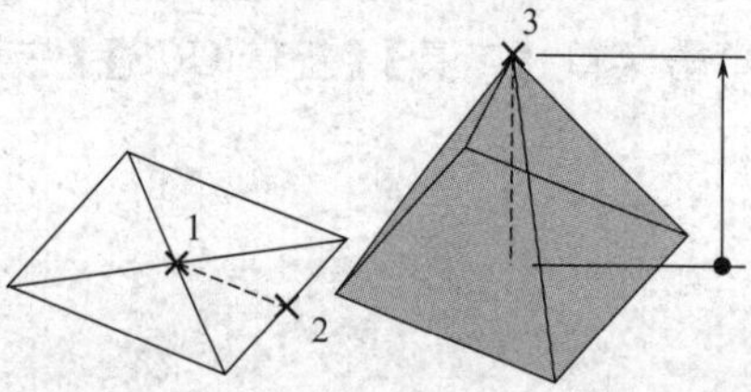	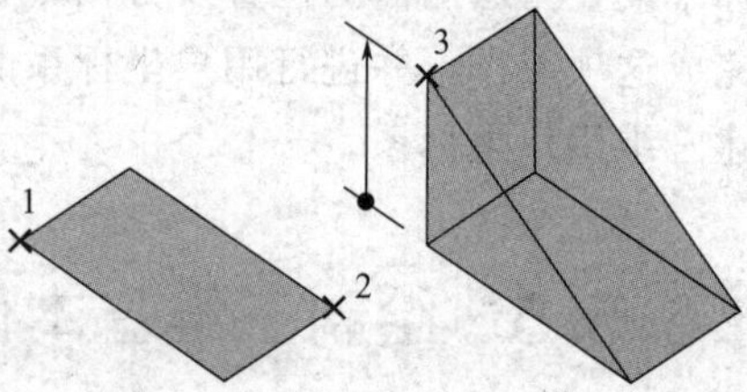
说明	棱锥体：用于创建倾斜至一个点的棱锥体。如果重新指定模型顶面半径为大于零的值，可以绘制出棱台体。绘制棱锥体有如下3种常用方法：①执行“PYRAMID”命令；②单击菜单【绘图】-【建模】-【棱锥体】命令；③单击工具栏【常用】-【建模】-【棱锥体】按钮	楔体：用于创建倾斜面在 *X* 轴方向的三维实体。绘制楔体有如下3种常用方法：①执行“WEDGE”命令；②单击菜单【绘图】-【建模】-【楔体】命令；③单击工具栏【常用】-【建模】-【楔体】按钮
实例	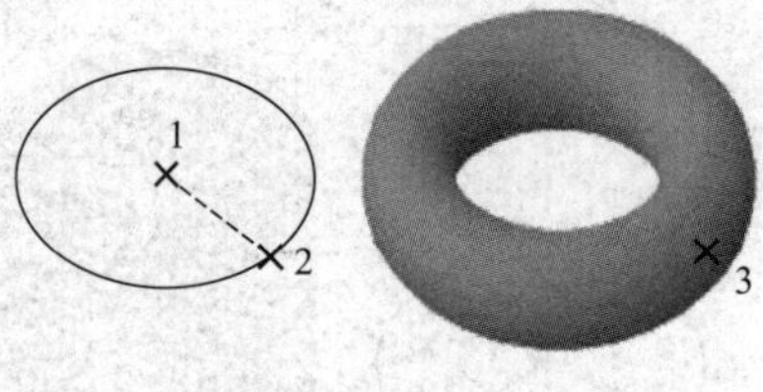	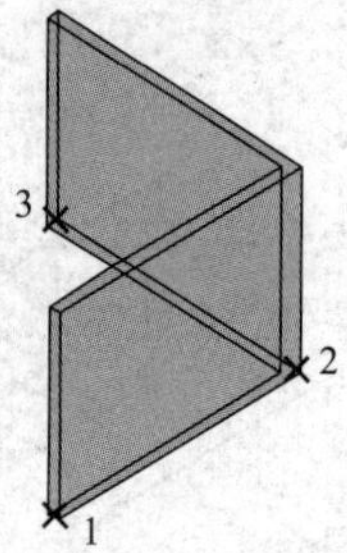
说明	圆环体：用于创建圆环体对象。如果圆环体半径为负值，圆管半径为正值，且大于圆环体半径的绝对值，则结果就像一个两极尖锐突出的球体；如果圆管半径和圆环体半径都是正值，且圆管半径大于圆环体半径，结果就像一个两极凹陷的球体。绘制圆环体有如下3种常用方法：①执行“TORUS(TOR)”命令；②单击菜单【绘图】-【建模】-【圆环体】命令；③单击工具栏【常用】-【建模】-【圆环体】按钮	多段体：用于绘制三维墙状对象。创建方法相似于多段线。绘制多段体有如下3种常用方法：①执行“POLYSOLID”命令；②单击菜单【绘图】-【建模】-【多段体】命令；③单击工具栏【常用】-【建模】-【多段体】按钮

6.5.6 二维图形创建三维实体

在AutoCAD 2021中，除可以使用系统提供的绘制基本体命令直接绘制三维模型外，也

可以通过对二维图形进行旋转、拉伸、放样等操作绘制三维模型，实例及简要说明见表6.6。

表6.6　二维图形创建三维实体

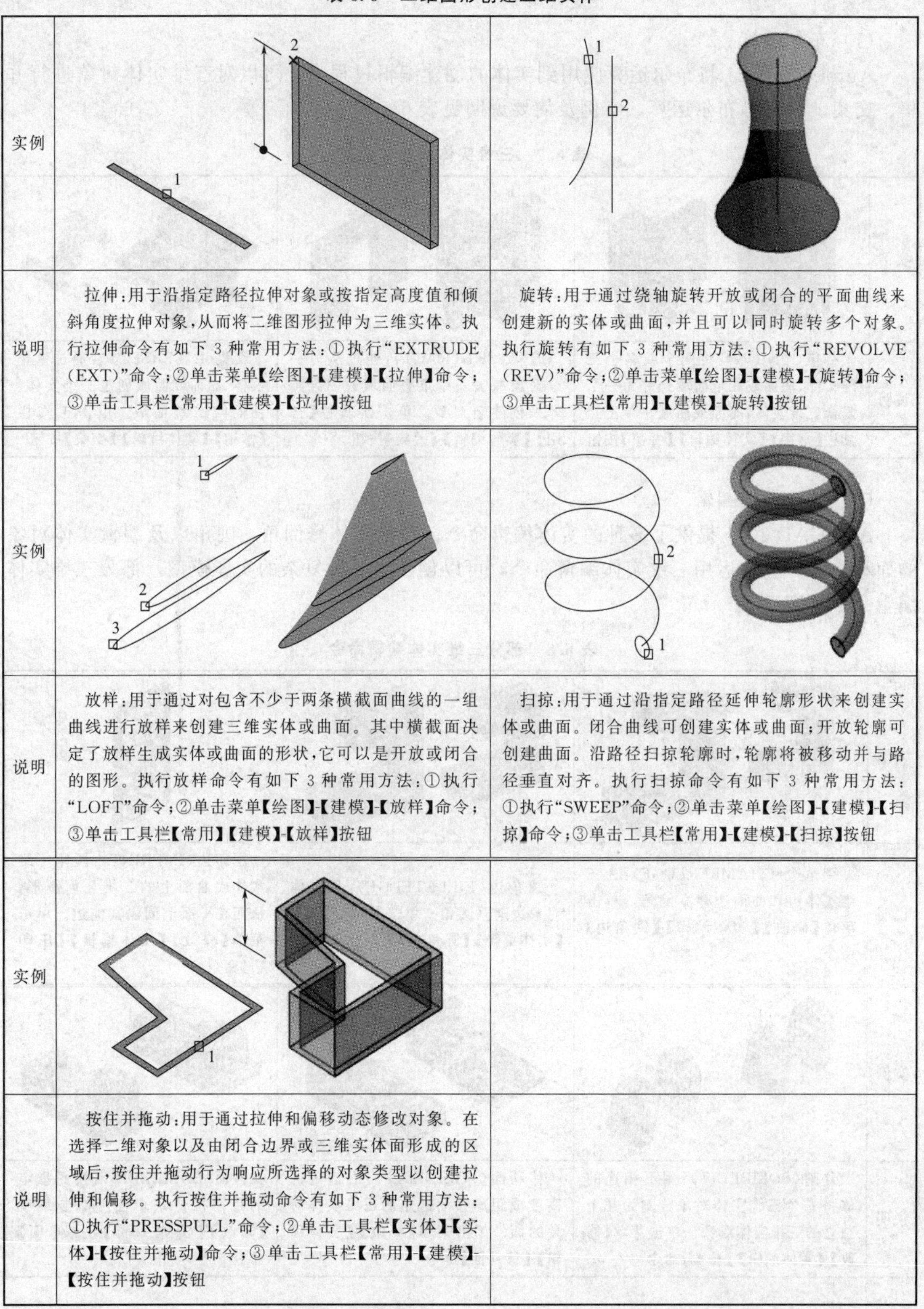

实例		
说明	拉伸:用于沿指定路径拉伸对象或按指定高度值和倾斜角度拉伸对象,从而将二维图形拉伸为三维实体。执行拉伸命令有如下3种常用方法:①执行“EXTRUDE(EXT)”命令;②单击菜单【绘图】-【建模】-【拉伸】命令;③单击工具栏【常用】-【建模】-【拉伸】按钮	旋转:用于通过绕轴旋转开放或闭合的平面曲线来创建新的实体或曲面,并且可以同时旋转多个对象。执行旋转有如下3种常用方法:①执行“REVOLVE(REV)”命令;②单击菜单【绘图】-【建模】-【旋转】命令;③单击工具栏【常用】-【建模】-【旋转】按钮
实例		
说明	放样:用于通过对包含不少于两条横截面曲线的一组曲线进行放样来创建三维实体或曲面。其中横截面决定了放样生成实体或曲面的形状,它可以是开放或闭合的图形。执行放样命令有如下3种常用方法:①执行“LOFT”命令;②单击菜单【绘图】-【建模】-【放样】命令;③单击工具栏【常用】【建模】-【放样】按钮	扫掠:用于通过沿指定路径延伸轮廓形状来创建实体或曲面。闭合曲线可创建实体或曲面;开放轮廓可创建曲面。沿路径扫掠轮廓时,轮廓将被移动并与路径垂直对齐。执行扫掠命令有如下3种常用方法:①执行“SWEEP”命令;②单击菜单【绘图】-【建模】-【扫掠】命令;③单击工具栏【常用】-【建模】-【扫掠】按钮
实例		
说明	按住并拖动:用于通过拉伸和偏移动态修改对象。在选择二维对象以及由闭合边界或三维实体面形成的区域后,按住并拖动行为响应所选择的对象类型以创建拉伸和偏移。执行按住并拖动命令有如下3种常用方法:①执行“PRESSPULL”命令;②单击工具栏【实体】-【实体】-【按住并拖动】命令;③单击工具栏【常用】-【建模】-【按住并拖动】按钮	

 6.5.7 三维图形的编辑

（1）布尔运算

AutoCAD 2021 将布尔运算应用到实体的创建编辑过程中，可以对三维实体对象进行并集、交集、差集等布尔运算，实例及简要说明见表 6.7。

表 6.7 三维实体的布尔运算

实例	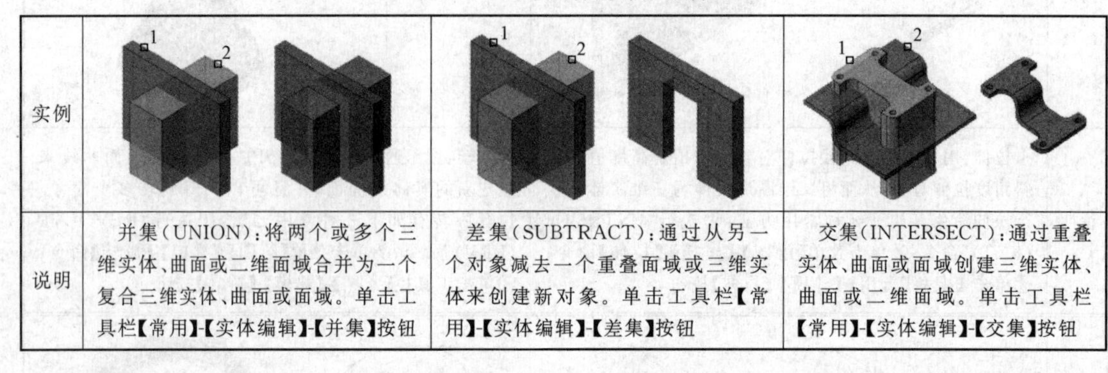		
说明	并集（UNION）：将两个或多个三维实体、曲面或二维面域合并为一个复合三维实体、曲面或面域。单击工具栏【常用】-【实体编辑】-【并集】按钮	差集（SUBTRACT）：通过从另一个对象减去一个重叠面域或三维实体来创建新对象。单击工具栏【常用】-【实体编辑】-【差集】按钮	交集（INTERSECT）：通过重叠实体、曲面或面域创建三维实体、曲面或二维面域。单击工具栏【常用】-【实体编辑】-【交集】按钮

（2）三维实体编辑

AutoCAD 2021 提供了多种的实体编辑命令，包括实体修倒角、圆角以及编辑实体对象的面和边等。综合运用三维实体编辑命令，可以创建出各种复杂的实体模型。部分三维实体编辑命令见表 6.8。

表 6.8 部分三维实体编辑命令

实例			
说明	倒角边（CHAMFEREDGE）：为三维实体边和曲面边建立倒角。单击菜单【修改】-【实体编辑】-【倒角边】命令	圆角边（FILLETEDGE）：为实体对象边建立圆角。单击菜单【修改】-【实体编辑】-【圆角边】命令	压印边（IMPRINT）：压印三维实体或曲面上的二维几何图形，从而在平面上创建其他边。单击菜单【修改】-【实体编辑】-【压印边】命令
实例			
说明	分割（SOLIDEDIT）：用不相连的体将一个三维实体对象分割为几个独立的三维实体对象。单击菜单【修改】-【实体编辑】-【分割】命令	移动面（SOLIDEDIT）：沿指定的高度或距离移动选定的三维实体对象的面。单击菜单【修改】-【实体编辑】-【移动面】命令	拉伸面（SOLIDEDIT）：按照指定的路径拉伸某个面。单击菜单【修改】-【实体编辑】-【拉伸面】命令

（3）三维图形修改

与 AutoCAD 二维图形的编辑相似，在三维绘图中可以复制、镜像及对齐三维对象，还可以剖切实体以获取实体的截面，也可以编辑它们的面、边或实体。部分三维操作命令见表 6.9。

表 6.9　部分三维操作命令

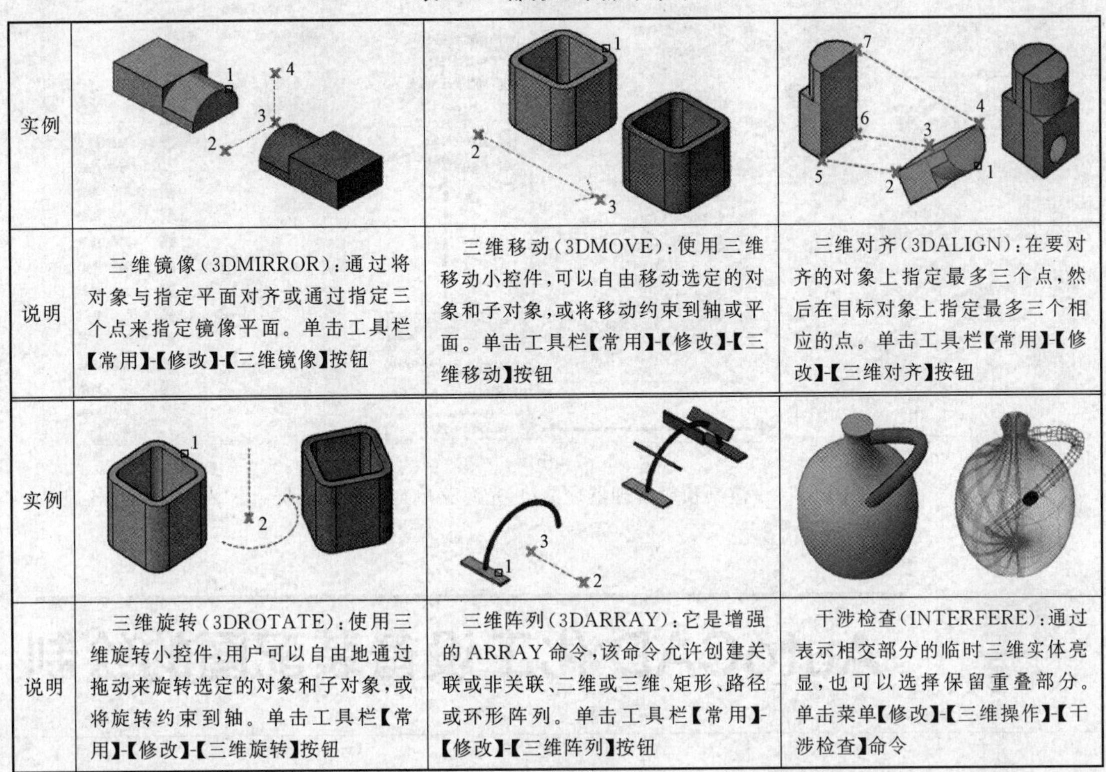

实例			
说明	三维镜像（3DMIRROR）：通过将对象与指定平面对齐或通过指定三个点来指定镜像平面。单击工具栏【常用】-【修改】-【三维镜像】按钮	三维移动（3DMOVE）：使用三维移动小控件，可以自由移动选定的对象和子对象，或将移动约束到轴或平面。单击工具栏【常用】-【修改】-【三维移动】按钮	三维对齐（3DALIGN）：在要对齐的对象上指定最多三个点，然后在目标对象上指定最多三个相应的点。单击工具栏【常用】-【修改】-【三维对齐】按钮
实例			
说明	三维旋转（3DROTATE）：使用三维旋转小控件，用户可以自由地通过拖动来旋转选定的对象和子对象，或将旋转约束到轴。单击工具栏【常用】-【修改】-【三维旋转】按钮	三维阵列（3DARRAY）：它是增强的 ARRAY 命令，该命令允许创建关联或非关联、二维或三维、矩形、路径或环形阵列。单击工具栏【常用】-【修改】-【三维阵列】按钮	干涉检查（INTERFERE）：通过表示相交部分的临时三维实体亮显，也可以选择保留重叠部分。单击菜单【修改】-【三维操作】-【干涉检查】命令

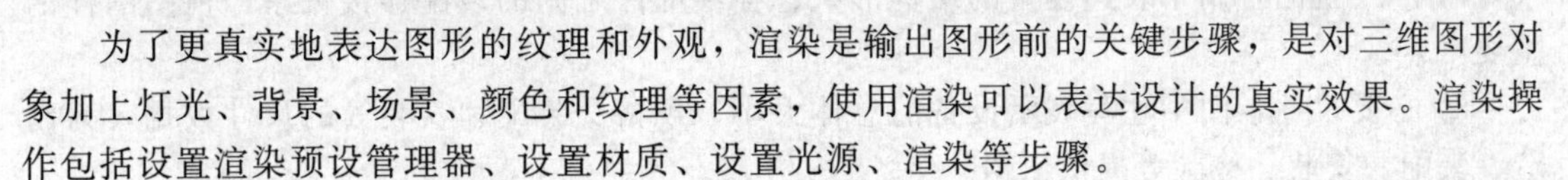

6.5.8　三维渲染

为了更真实地表达图形的纹理和外观，渲染是输出图形前的关键步骤，是对三维图形对象加上灯光、背景、场景、颜色和纹理等因素，使用渲染可以表达设计的真实效果。渲染操作包括设置渲染预设管理器、设置材质、设置光源、渲染等步骤。

设置【渲染预设管理器】：单击菜单【视图】-【渲染】-【高级渲染设置】命令，或单击“RPREF”命令，打开【渲染预设管理器】进行设置，见图 6.16(a)，用户可以保存这些自定义设置，以便快速应用。

设置材质：单击菜单【视图】-【渲染】-【材质浏览器】命令，打开【材质浏览器】，见图 6.16(c)，选择合适的材质，使用鼠标右键单击，选择【添加到】-【文档材质】命令，或单击【RMAT】命令，在上面的文档材质中使用鼠标右键单击【选择要应用到的对象】命令，在绘图窗口中选择三维图形。

设置光源：AutoCAD 2021 提供了点光源、聚光灯、平行光源三种光源。单击菜单【视图】-【渲染】-【光源】命令新建光源设置，或输入“LIGHT”命令，见图 6.16(b)，可以新建光源与设置光源。

渲染：完成上面的设置以后，单击菜单【视图】-【渲染】-【渲染】命令，或输入“RENDER”命令，对图形进行渲染，并在三维图形对象上加上灯光、背景、场景、颜色和纹理等因素。

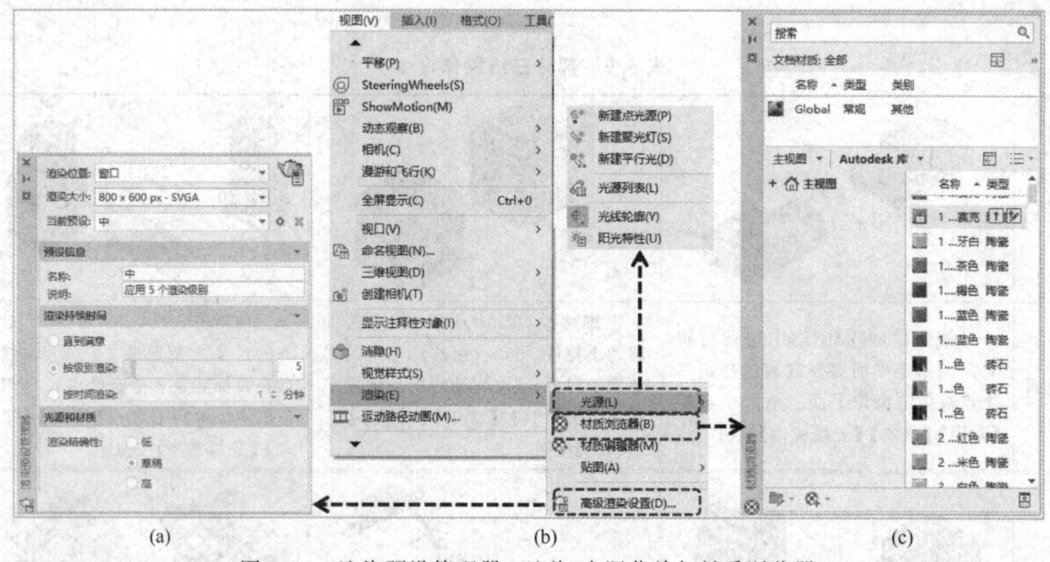

图 6.16 渲染预设管理器、渲染-光源菜单与材质浏览器

6.6 AutoCAD 化工设备装配图的绘制

装配图是表达机器或部件的图样，在进行装配、调整、检验和维修时都需要装配图。设计新产品、改进原产品时都必须先绘制装配图，再根据装配图画出全部零部件图。

化工设备装配图的内容见图 6.17，典型化工设备装配图的内容包括以下几个部分。

① 一组视图：用来表达设备的结构形状、各零部件之间的装配连接关系，视图图样的主要内容。

② 必要尺寸：图中注写表示设备的总体大小、规格、装配和安装等的尺寸数据，为制造、装配、安装、检验等提供依据。

③ 零部件编号及明细表：组成该设备的所有零部件必须按顺时针或逆时针方向依次编号，并在明细表内填写每一个编号零部件的名称、规格、材料、数量以及有关图号等内容。

④ 管口符号及管口表：设备上所有管口均需注出管口符号，并在管口表中列出各管口的有关数据和用途等。

⑤ 技术特性表：技术特性表中应列出设备的主要工艺特性，如操作压力、操作温度、设计压力、设计温度、物料名称、容器类别、腐蚀裕量、焊缝系数等。

⑥ 技术要求：用文字说明设备在制造、检验、安装、运输等方面的特殊要求。

⑦ 标题栏：用来填写该设备的名称、主要规格、作图比例、图样编号等内容。

⑧ 其他：如图纸目录、修改表、选用表、设备总量、特殊材料重量、压力容器设计许

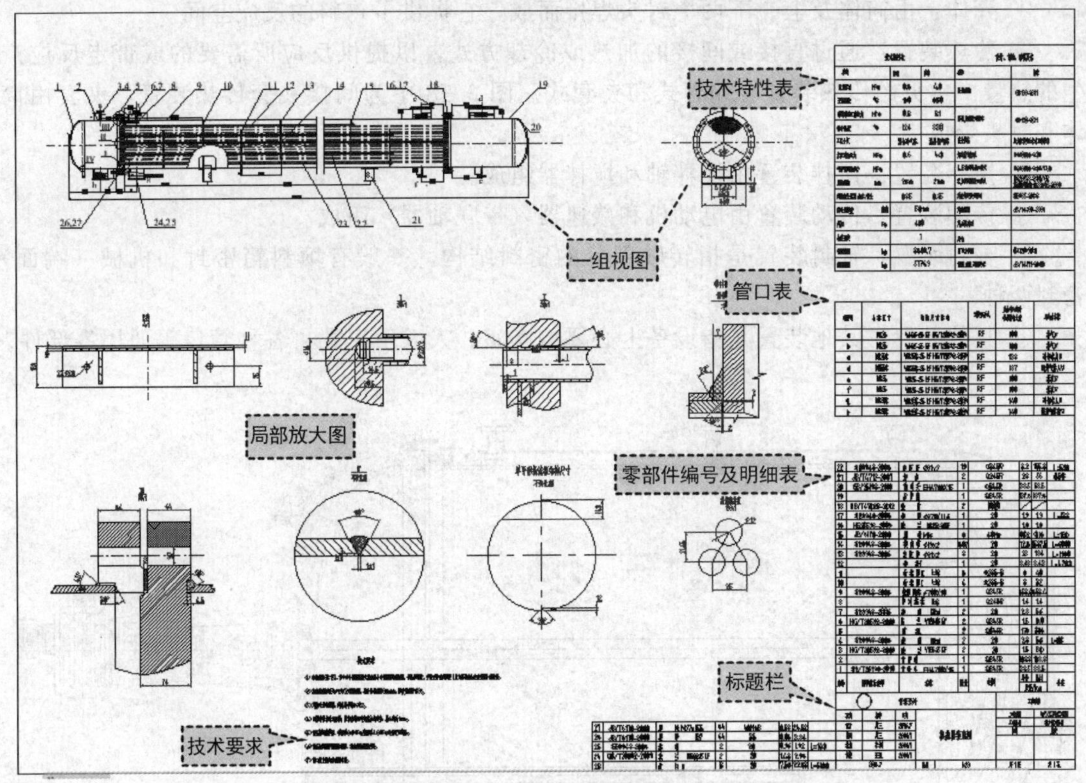

图 6.17　化工设备装配图的内容

可证章等。

绘制零件图所采用的视图、剖视图、剖面图等表达方法，在绘制装配图时，仍可使用。装配图用于表达各零件之间的装配关系、连接方法、相对位置、运动情况和零件的主要结构形状，因此，在绘制装配图时，还需采用一些规定画法和特殊表达方法。

AutoCAD 绘制装配图可以采用的主要方法有零件图块插入法、零件图形文件插入法、根据零件图直接绘制和利用设计中心拼画装配图等。

6.6.1　直接绘制装配图

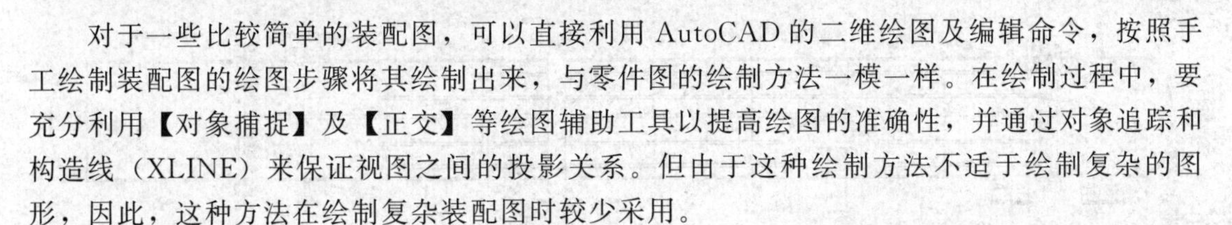

对于一些比较简单的装配图，可以直接利用 AutoCAD 的二维绘图及编辑命令，按照手工绘制装配图的绘图步骤将其绘制出来，与零件图的绘制方法一模一样。在绘制过程中，要充分利用【对象捕捉】及【正交】等绘图辅助工具以提高绘图的准确性，并通过对象追踪和构造线（XLINE）来保证视图之间的投影关系。但由于这种绘制方法不适于绘制复杂的图形，因此，这种方法在绘制复杂装配图时较少采用。

化工设备的种类很多，结构、形状、大小各不相同。常见的化工设备有反应器、换热器、塔器和容器等。

（1）反应器

反应器通常又称为反应罐或反应釜，主要用来使物料在其中进行化学反应。为控制反应的速度和温度，反应器往往带有搅拌装置和传热装置。图 6.18 中给出的是一个带搅拌装置的反应器，反应器的主要结构通常由如下几部分组成。

① 壳体：由筒体及上、下两个封头焊接而成，它提供了物料的反应空间。

② 传热装置：通过直接或间接的加热或冷却方式，以提供反应所需要的或带走反应产生的热量。常见的传热装置有蛇管式和夹套式。图 6.18 中为间接夹套传热装置，夹套由筒体和封头焊成。

③ 搅拌装置：搅拌装置由搅拌轴和搅拌器组成。

④ 传动装置：传动装置由电动机和减速器（带联轴器）组成。

⑤ 轴封装置：轴封装置是指转轴部分的密封结构，一般有填料箱密封和机械（端面）密封两种。

⑥ 其他装置：其他装置是指设备上必要的支座、人（手）孔、各种管口等通用零部件。

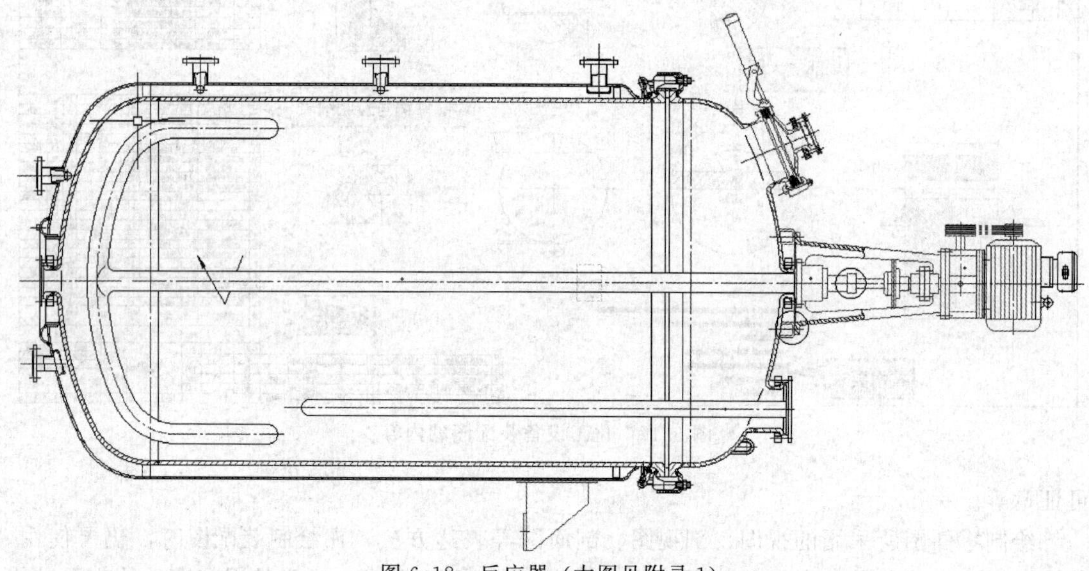

图 6.18 反应器（大图见附录 1）

（2）换热器

换热器主要用来使两种不同温度的物料进行热量交换，以达到加热或冷却的目的。常见换热器种类有列管式、套管式、螺旋板式等，其中列管式换热器最为常用。列管式换热器又分为多种形式，如固定管板式、浮头式、U 形管式和滑动管板式等，但它们的基本结构和工作原理有许多共同之处。图 6.19 所示为一固定管板式换热器主视图。

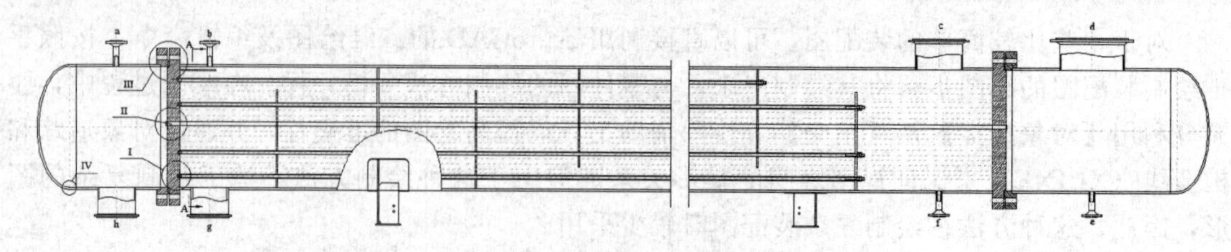

图 6.19 固定管板式换热器主视图（大图见附录 2）

（3）塔器

化工生产过程中的吸收、精馏、萃取以及洗涤等操作需要在塔器设备中进行，塔多为细而高的圆柱形立式设备，通常分为板式塔和填料塔两大类。板式塔中又有泡罩塔、筛板塔、浮阀塔以及其他新型塔板等形式。填料塔也有各种形式的填料。图 6.20 所示为填料塔。它由塔体、喷淋装置、填料、再分布器、栅板及气液体进出口、卸料孔、裙料孔、裙座等零部件组成。液体从塔顶部的喷淋装置向下喷淋，气体由塔底部进入上升，经过填料层与液相充分接触，进行传热、传质。填料可用陶瓷、金属及工程塑料等材料做成各种表面积较大的形状，可以规则排列，也可以乱堆，填料层重量由栅板和支撑圈支承。液体由塔底排出，气体由塔顶逸出。

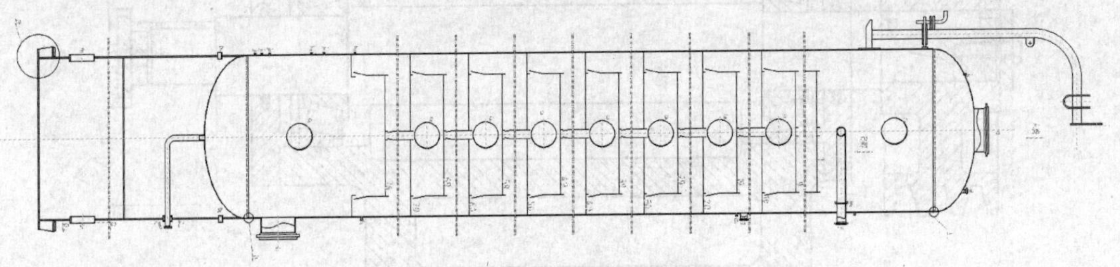

图 6.20　填料塔设备主视图（大图见附录 3）

化工设备的结构特点：

① 壳体一般以回转体为主，即大多为圆柱形、球形、椭圆形和圆锥形。

② 壳体通常由筒体、封头、支座和接管等几部分构成。

③ 结构尺寸相差较悬殊。

④ 有较多的开孔和接管，包括进料口、出料口、排污口以及测温管、测压管、液位计接管和人（手）孔等。

⑤ 大量采用焊接结构。

⑥ 广泛采用标准化、通用化、系列化的零部件，如法兰、筒体、封头、支座和人（手）孔、液面计、视镜等，以方便选用。

各种化工设备虽然工艺要求不同，结构形状也各有差异，但是往往都有一些作用相同的零部件，如设备的支座、人孔、连接各种管口的法兰等。为了便于设计、制造和检修，把这些零部件的结构形状统一成若干种规格，使能相互通用，称为通用零部件。

经过多年的实践，有关内容经国家有关部、局批准后，作为相应各级的标准颁布。已经制定并颁布标准的零部件，称为标准化零部件。

化工设备上的通用零部件，大多已经标准化。图 6.20 所示的塔设备，由筒体、封头、人孔、管法兰、支座、液面计、补强圈等零部件组成。这些零部件都已有相应的标准，并在各种化工设备上通用。标准分别规定了这些零部件在各种条件下（如压力、大小、使用要求等）的结构形状和尺寸。因此，熟悉这些零部件的基本结构特征及有关标准必将有助于提高绘制和阅读化工设备装配图的能力。

6.6.2　零件图块插入法

用零件图块插入法绘制装配图，就是将组成部件或机器的各个零件的图形先创建为图块，然后再按零件间的相对位置关系，将零件图块逐个插入，拼绘成装配图的一种方法。下面是用该方法绘制铣刀头装配图的具体步骤。

铣刀头的主要零件包括座体、轴承、螺钉、六角螺钉、轴、皮带轮和挡圈等，见图 6.21。可以看出，其主要的装配关系包括：一是轴与座体间的装配，包括轴承、端盖、螺钉和调整环；二是皮带轮和铣刀头组件与轴间的装配，包括挡圈、键和调整螺钉。

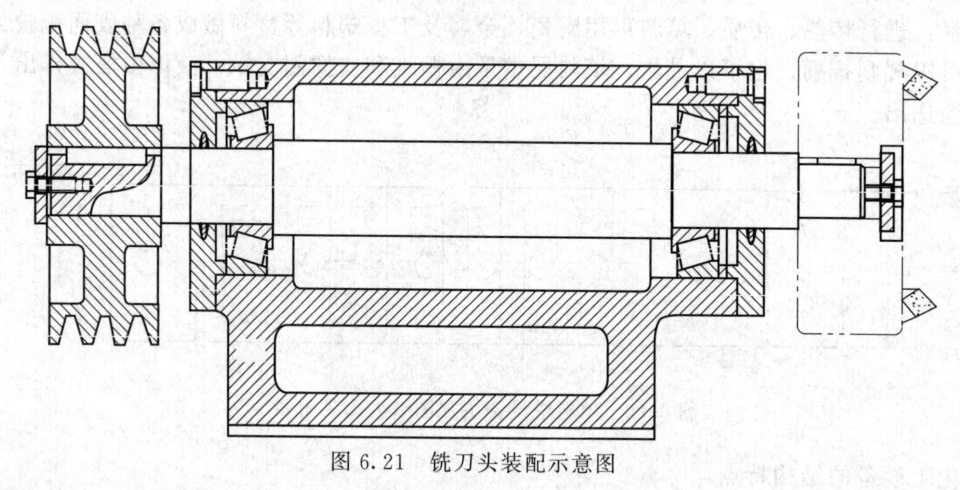

图 6.21　铣刀头装配示意图

用 AutoCAD 绘制铣刀头装配图时，首先要绘制各个零件图，然后用“WBLOCK”命令将其保存成块，依次将各块插入主视图、俯视图和左视图中。对于漏画的图线，可以根据投影的规律进行补画，对于多余的图线，可以进行修剪、打断和删除等消隐处理。最后标注装配图中配合关系的尺寸和一些与铣刀头的工作性能、安装、运输有关的尺寸，给各个零件编写序号，填写标题栏、明细表及技术要求等。

6.6.2.1　零件图的绘制和创建图块

在绘制零件图时，需要注意以下问题。

① 尺寸标注。由于装配图中的尺寸标注要求与零件图不同，因此，如果只是为了拼绘装配图，则可以只绘制出图形，而不必标注尺寸；如果既要求绘制出装配图，又要求绘制出零件图，则可以先把完整的零件图绘制出并存盘，然后再将尺寸层关闭，进而创建用于拼绘装配图的图块。

② 剖面线的绘制。在装配图中，两相邻零件的剖面线方向应相反，或方向相同而间隔不等，因此，在将零件图图块拼绘为装配图后，剖面线必须符合国际标准中的这一规定。如果有的零件图块中剖面线的方向难以确定，则可以先不绘制出剖面线，待拼绘完装配图后，再按要求补绘出剖面线。

③ 螺纹的绘制。如果零件图中有内螺纹或外螺纹，则拼绘装配图时还要加入对螺纹连接部分的处理。由于国标对螺纹连接的规定画法与单个螺纹画法不同，表示螺纹大、小径的粗、细线均将发生变化，剖面线也要重绘。因此，为了绘图简便，零件图中的内螺纹及相关剖面线可暂不绘制，待拼绘成装配图后，再按螺纹连接的规定画法将其补画出来即可。

(1) 绘制轴承块

① 新建一图形文件，按照图 6.22 所示尺寸绘制轴承，结果见图 6.23。

② 在命令行输入“WBLOCK”命令，弹出图 6.24 所示的【写块】对话框，将其中的“文件名和路径”改为“d:\装配图\轴承块.dwg”，选择图 6.23 所示的图形为块对象，并且以轴承的右下角 A 为插入基点。单击【确定】按钮生成一个图块。

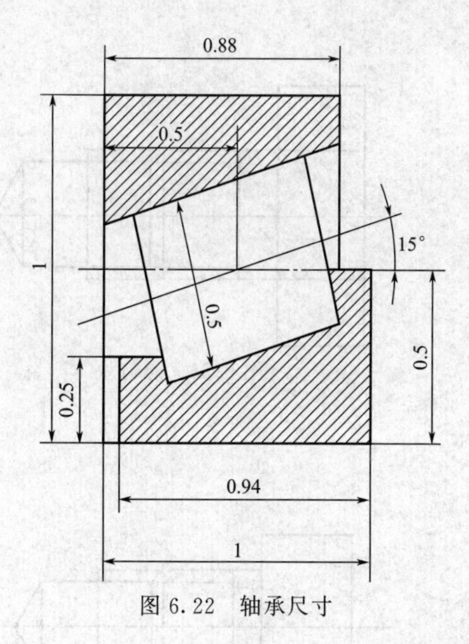

图 6.22　轴承尺寸

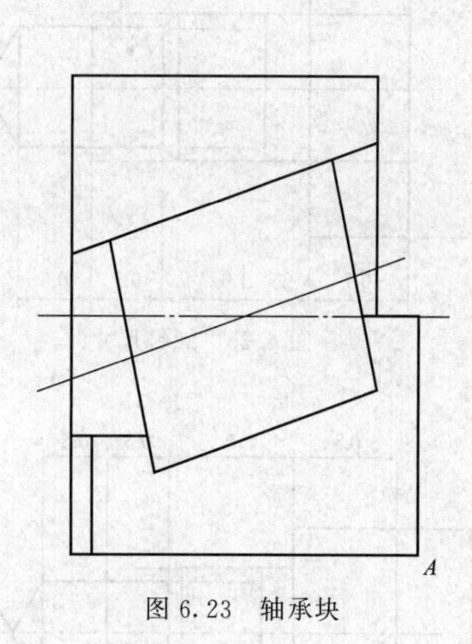

图 6.23　轴承块

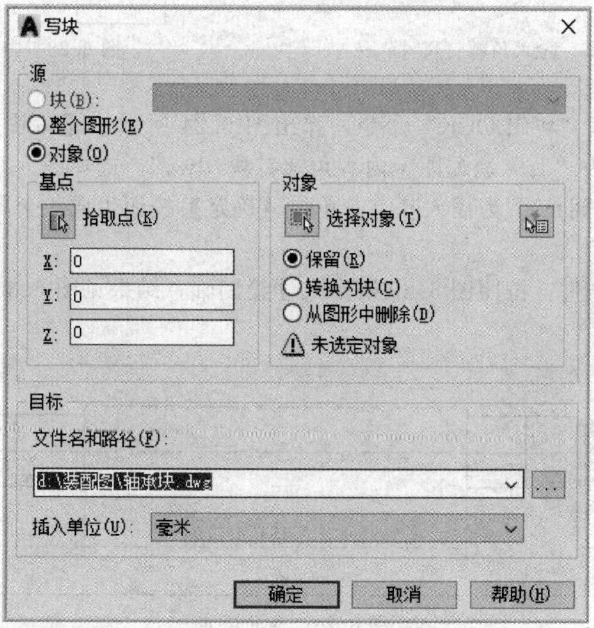

写块

源

块(B):

整个图形(E)

对象(O)

基点

拾取点(K)

X: 0

Y: 0

Z: 0

对象

选择对象(T)

保留(R)

转换为块(C)

从图形中删除(D)

未选定对象

目标

文件名和路径(F):

d:\装配图\轴承块.dwg

插入单位(U): 毫米

确定　取消　帮助(H)

图 6.24　【写块】对话框

（2）绘制螺钉块

① 新建一图形文件，按照图 6.25 所示尺寸绘制螺钉，结果见图 6.26。

② 在命令行输入“WBLOCK”命令，弹出图 6.24 所示的【写块】对话框，将其中的“文件名和路径”改为“d：\装配图\螺钉块.dwg”，选择图 6.26 所示的图形为块对象，并且以螺钉的中间点 *A* 为插入基点。单击【确定】按钮生成一个图块。

（3）绘制内六角螺钉块

① 新建一图形文件，按照图 6.27 所示尺寸绘制内六角螺钉，结果见图 6.28。

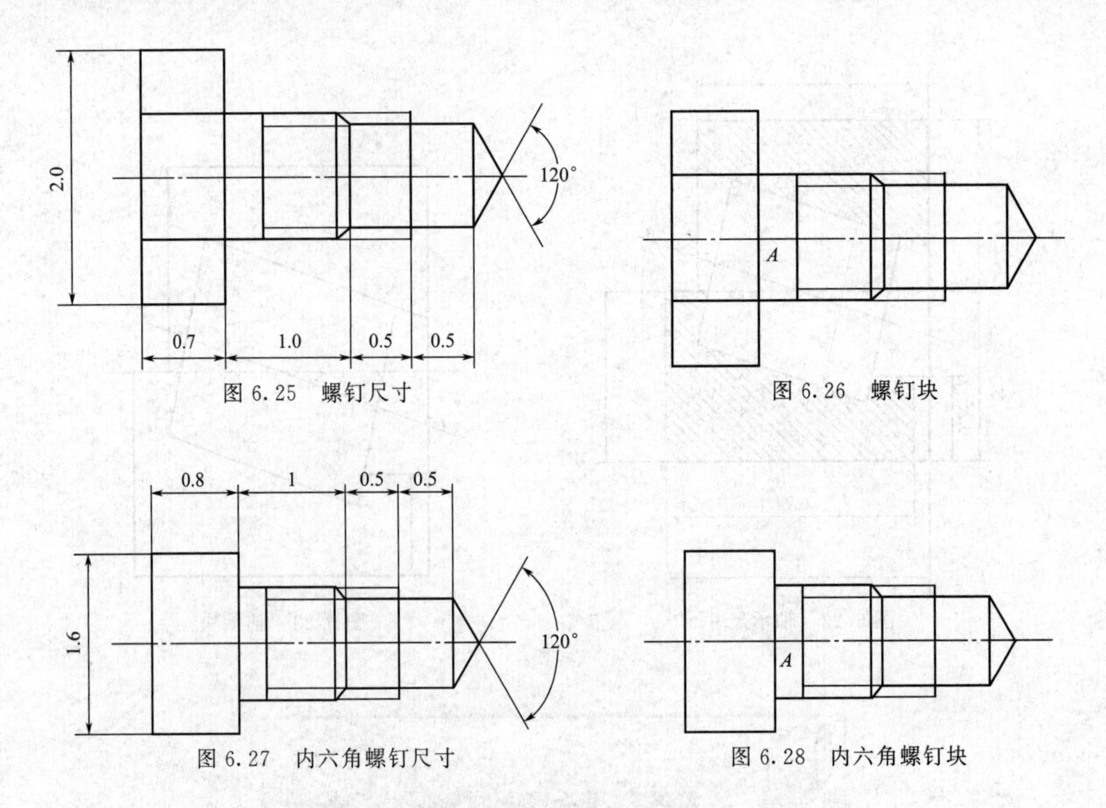

图 6.25 螺钉尺寸

图 6.26 螺钉块

图 6.27 内六角螺钉尺寸

图 6.28 内六角螺钉块

② 在命令行输入“WBLOCK”命令，弹出图 6.24 所示的【写块】对话框，将其中的“文件名和路径”改为“d:\装配图\内六角螺钉块.dwg”，选择图 6.28 所示的图形为块对象，并且以螺钉的中间点 A 为插入基点。单击【确定】按钮生成一个图块。

（4）绘制轴块

① 新建一图形文件，按照图 6.29 所示尺寸绘制轴，结果见图 6.30。

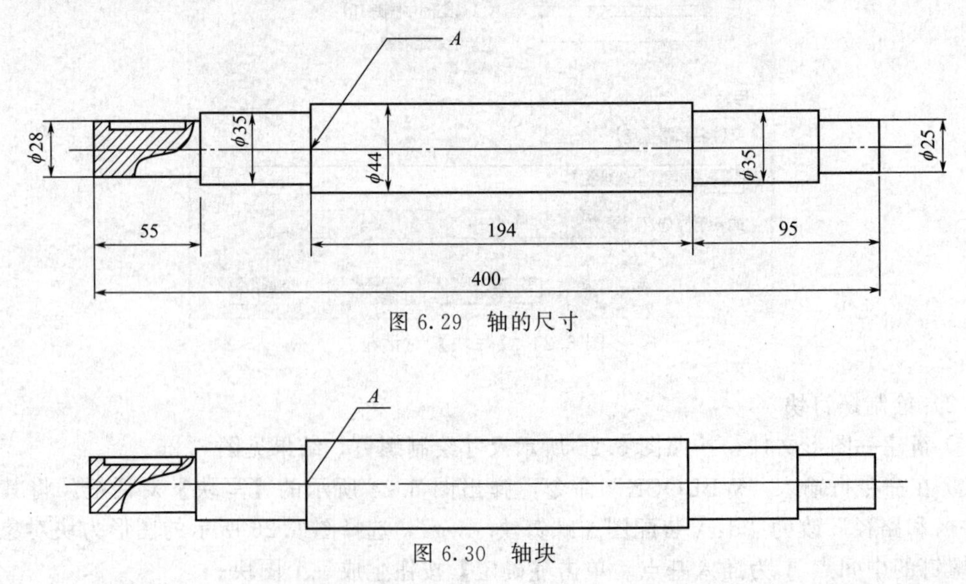

图 6.29 轴的尺寸

图 6.30 轴块

② 在命令行输入“WBLOCK”命令，弹出图 6.24 所示的【写块】对话框，将其中的“文件名和路径”改为“d:\装配图\轴块.dwg”，选择图 6.30 所示的图形为块对象，并且

以轴的中间点 A 为插入基点。单击【确定】按钮生成一个图块。

（5）绘制皮带轮块

① 新建一图形文件，按照图 6.31 所示尺寸绘制皮带轮，结果如图 6.32 所示。

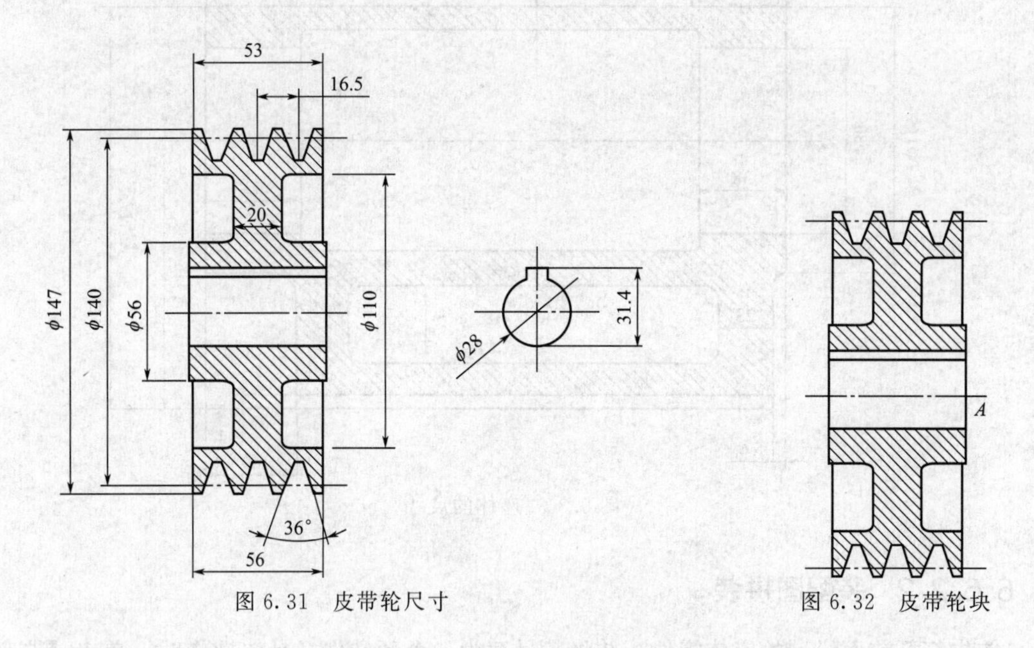

图 6.31　皮带轮尺寸　　　　图 6.32　皮带轮块

② 在命令行输入"WBLOCK"命令，弹出图 6.24 所示的【写块】对话框，将其中的"文件名和路径"改为"d：\ 装配图 \ 皮带轮块. dwg"，选择图 6.32 所示的皮带轮为块对象，以皮带轮的中间点 A 为插入基点。单击【确定】按钮生成一个图块。

（6）绘制挡圈块

① 新建一图形文件，按照图 6.33 所示尺寸绘制挡圈，结果如图 6.34 所示。

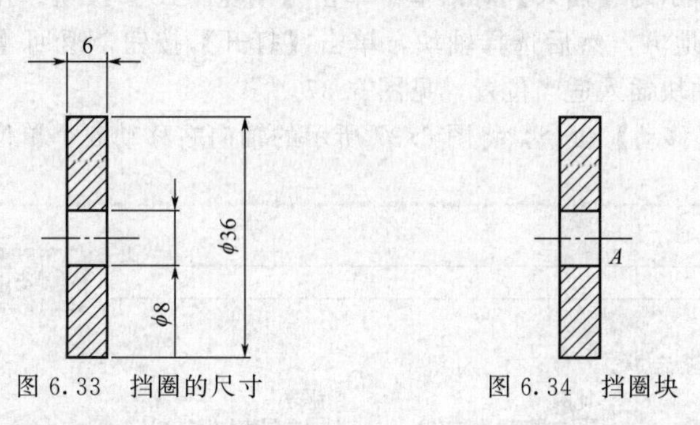

图 6.33　挡圈的尺寸　　　　图 6.34　挡圈块

② 在命令行输入"WBLOCK"命令，弹出图 6.24 所示的【写块】对话框，将其中的"文件名和路径"改为"d：\ 装配图 \ 挡圈块. dwg"，选择图 6.34 挡圈为块对象，以图 6.34 所示挡圈的中间点 A 为插入基点。单击【确定】按钮生成一个图块。

（7）绘制座体

① 新建一图形文件，按照图 6.35 所示尺寸绘制座体。

② 保存文件，单击【文件】-【保存】命令，将其中的"文件名和路径"改为"d：\ 装配图 \ 座体. dwg"，单击【确定】按钮即可。

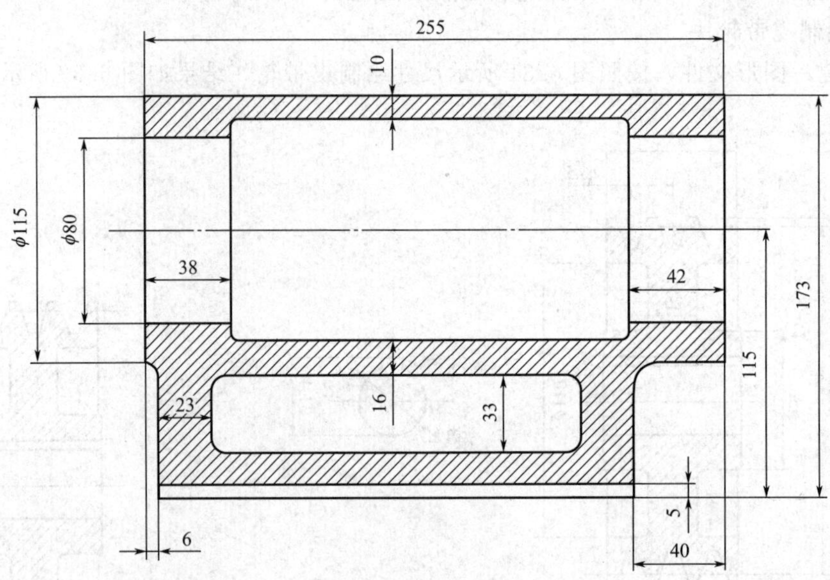

图 6.35　座体的尺寸

6.6.2.2　装配图拼装

首先打开前面绘制的座体零件，并将其另存为一个新文件。具体操作时，单击【文件】-【另存为】命令，在弹出的对话框里的【文件名】右侧输入“铣刀头装配图”，再单击【保存】按钮即可。

（1）插入轴块

关闭尺寸标注层，选择【插入】-【块】命令，或在命令行里直接输入“DDINSERT”命令，弹出图 6.36 所示的【插入】对话框。单击【浏览（B)】按钮。弹出【打开文件】对话框，找出块存储的地方，然后选择轴块，单击【打开】按钮，返回【插入】对话框。单击【确定】按钮，将轴块插入适当位置，见图 6.37。

单击【修改】-【移动】命令，将图 6.37 所示的轴向右移动 5 个单位，见图 6.38。

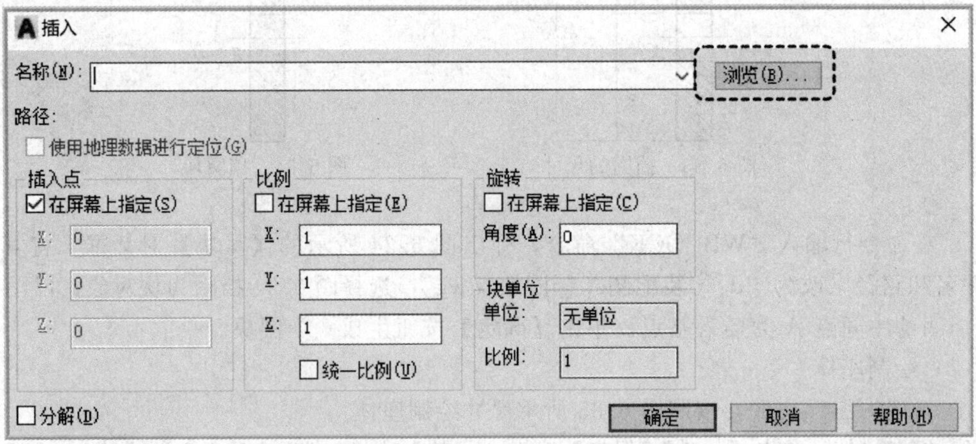

图 6.36　块【插入】对话框

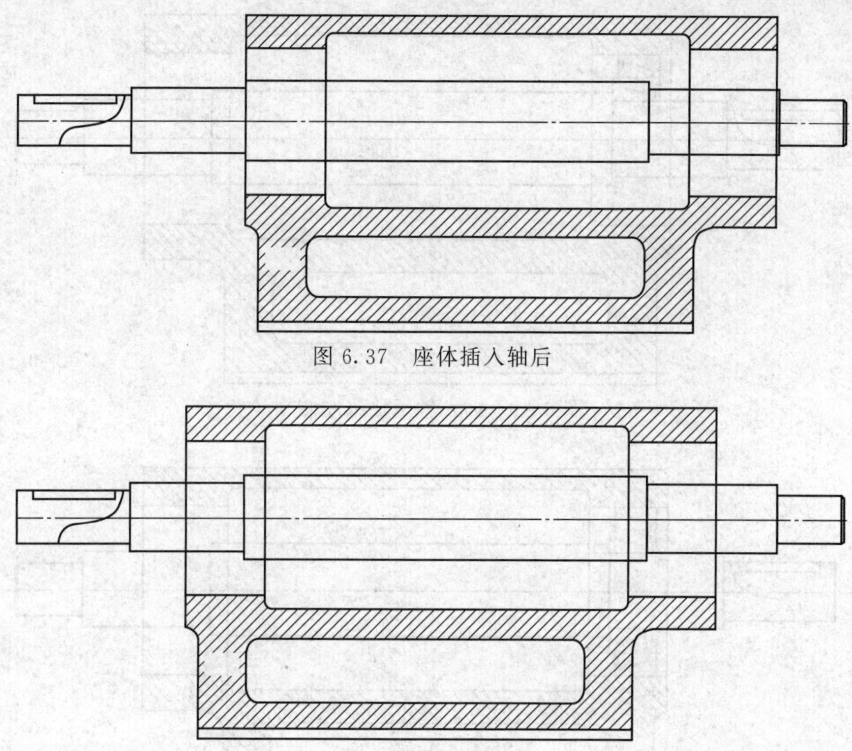

图 6.37　座体插入轴后

图 6.38　轴移动后

（2）插入轴承块

选择【插入】-【块】命令，或在命令行里直接输入“DDINSERT”命令，弹出如图 6.39 所示的【插入】对话框。单击【浏览（B)】按钮，找到要插入的轴承块，并将其中的缩放比例调整为 X=23，Y=22.5。单击【确定】按钮，将轴承块插入适当位置，见图 6.40。

单击【修改】-【镜像】命令，可得到如图 6.41 所示图形。

插入另一端的轴承块，在图 6.39【插入】对话框中将旋转角度设为 180°，得到如图 6.42 所示的图形。

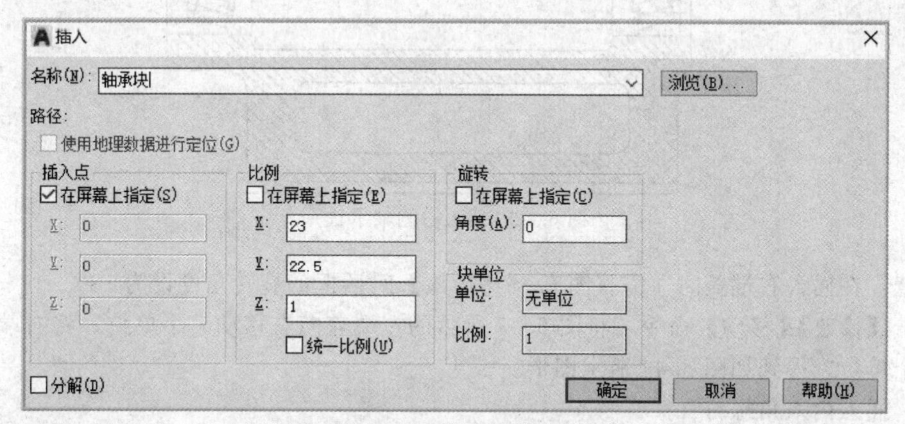

图 6.39　【插入】对话框

（3）插入端盖

单击【插入】-【块】命令，或在命令行里直接输入“DDINSERT”命令，弹出如图 6.39 所示的【插入】对话框。找到要插入的端盖块，将其插入座体的适当位置，见图 6.43。

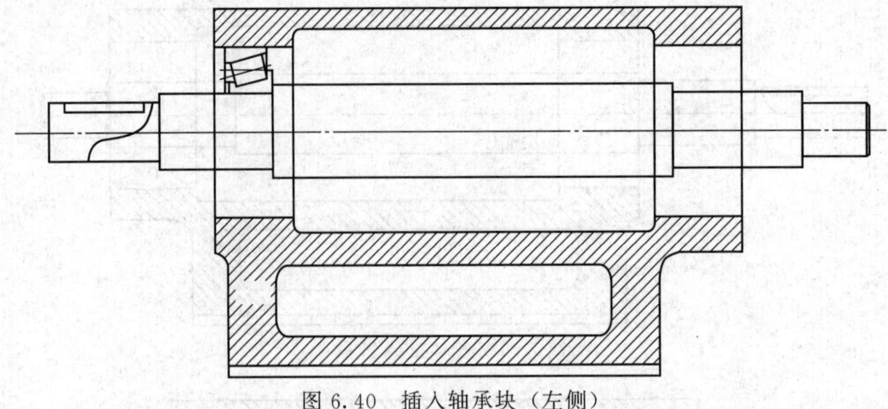

图 6.40　插入轴承块（左侧）

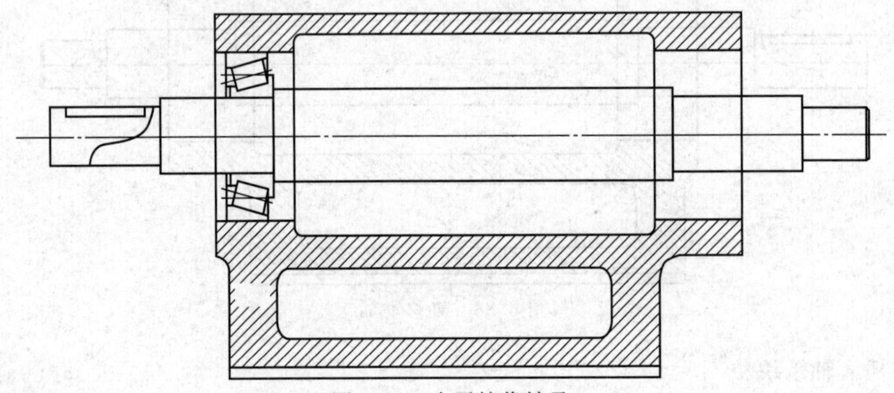

图 6.41　水平镜像轴承

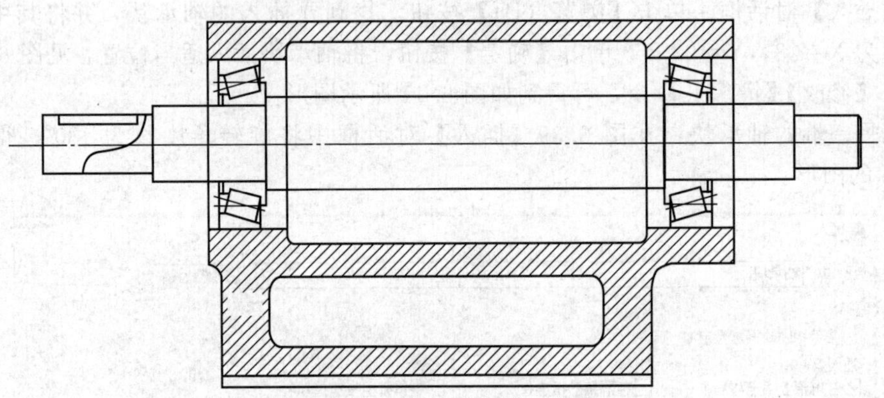

图 6.42　插入右侧轴承块

注意：在插入右端盖时，需将图 6.39【插入】对话框的旋转角度设为 180°。

单击【修改】-【移动】命令，将图 6.43 所示的左端盖向右移动 5 个单位，将右端盖向左移动 5 个单位，得到如图 6.44 所示图形。

（4）插入内六角螺钉

利用前述方法，找到要插入的螺钉块，在【插入】对话框中，将其中的 X、Y 比例设为 8，然后将其插入绘图区的适当位置，见图 6.45。

单击【修改】-【分解】命令，对图 6.45 所示螺钉块进行分解。单击【修改】-【拉伸】命令，对插入的螺钉进行拉伸，注意应从 A 到 B 窗选对象，拉伸长度为 16 个单位。利用【移

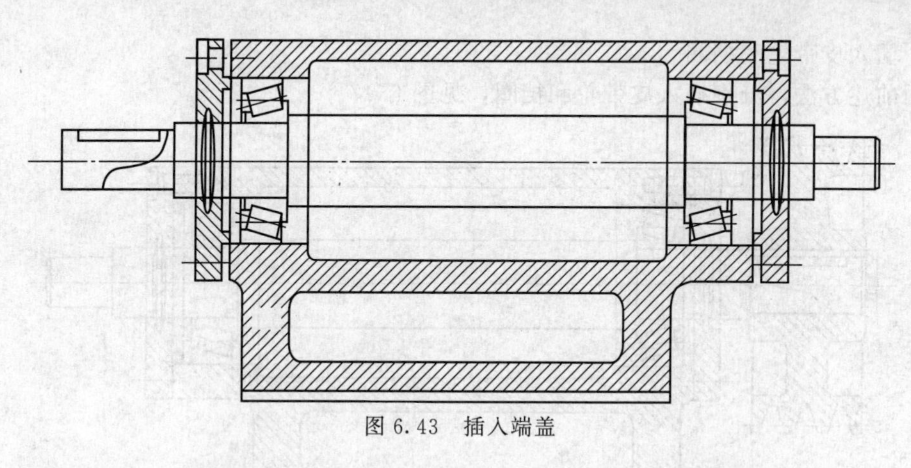

图 6.43　插入端盖

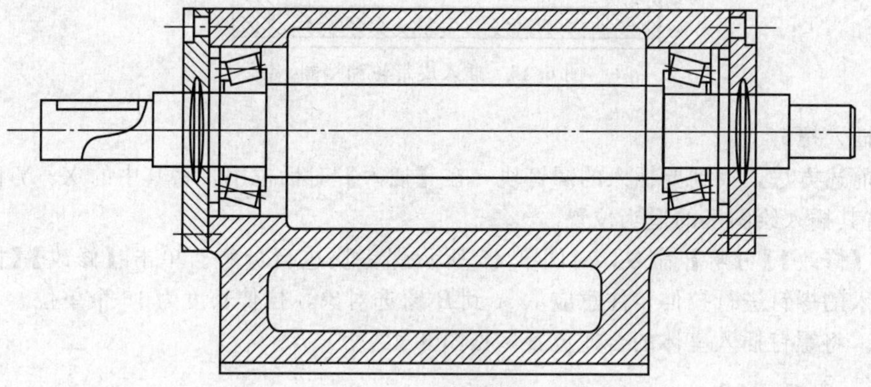

图 6.44　移动端盖

动】命令，将螺钉插入座体的合适位置，见图 6.46。

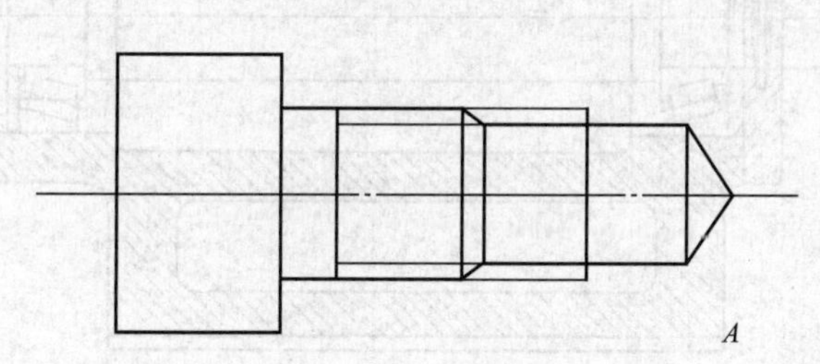

图 6.45　螺钉块

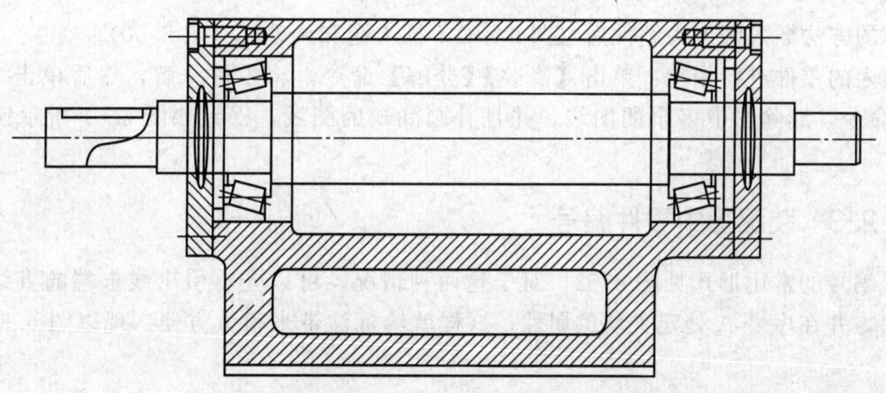

图 6.46　插入内六角螺钉

（5）插入皮带轮和挡圈

利用前述方法，分别插入皮带轮和挡圈，见图 6.47。

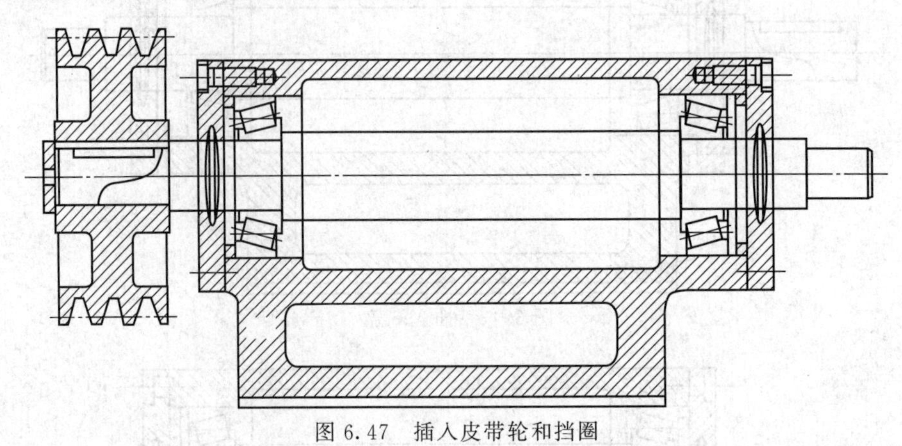

图 6.47　插入皮带轮和挡圈

（6）插入螺钉

利用前述方法，找到要插入的螺钉块，在【插入】对话框中，将其中的 X、Y 比例设为 6，然后将其插入绘图区的适当位置。

单击【修改】-【分解】命令，对图 6.45 所示螺钉块进行分解。单击【修改】-【拉伸】命令，对插入的螺钉进行拉伸，注意应从 *A* 到 *B* 窗选对象，拉伸长度为 16 个单位。利用【移动】命令，将螺钉插入座体的合适位置，见图 6.48。

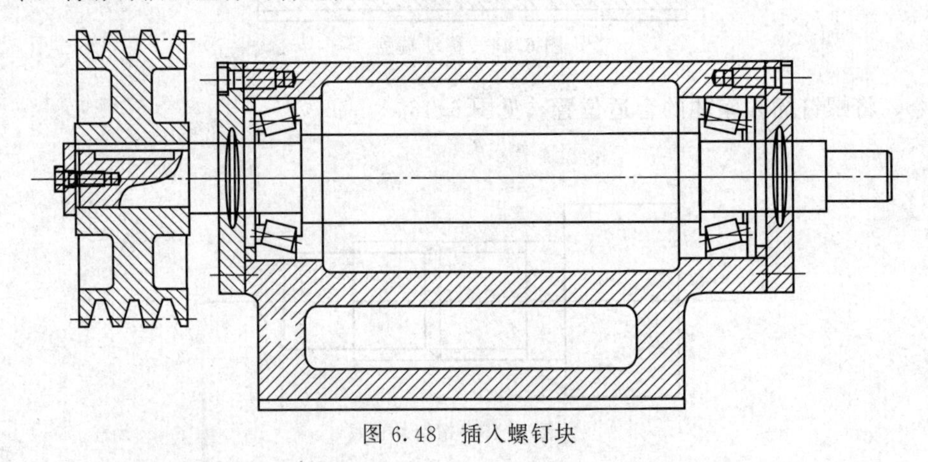

图 6.48　插入螺钉块

同样的方法插入铣刀头组件后（图 6.49），插入键和调整环（图 6.50）。

对插入的零件进行编辑：单击【修改】-【分解】命令，将零件分解，然后单击【修改】-【修剪】命令，删除图中多余的图线，并且补画漏缺的图线，得到如图 6.51 所示铣刀头装配图。

6.6.2.3　装配图中零件编号

零件编号的常用形式见图 6.52，对于这两种情况，可以先将引出线末端的直线或圆圈定义成块，并在序号 A 处定义块的属性，这样就给标注带来很大方便。现以图 6.52(a) 加以说明。

① 打开如图 6.51 所示铣刀头装配图。

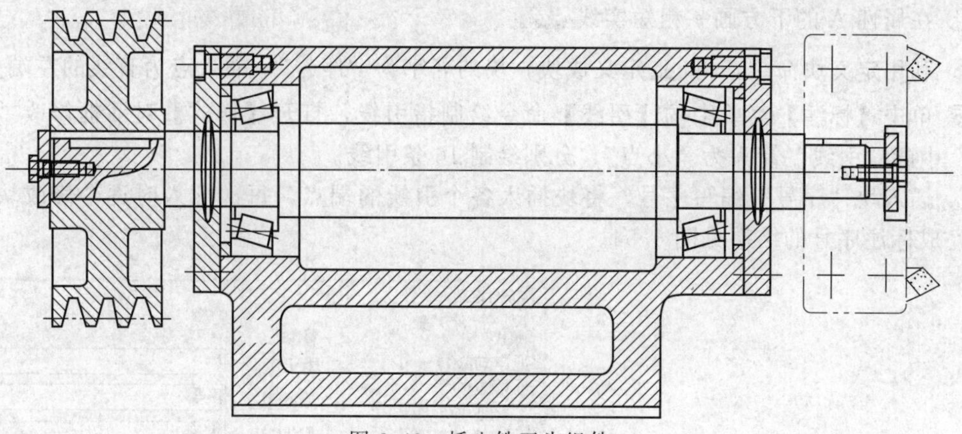

图 6.49 插入铣刀头组件

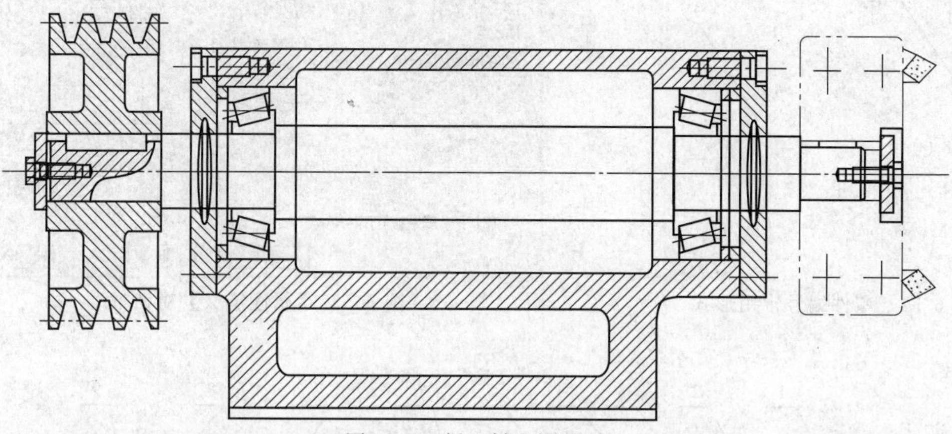

图 6.50 插入键和调整环

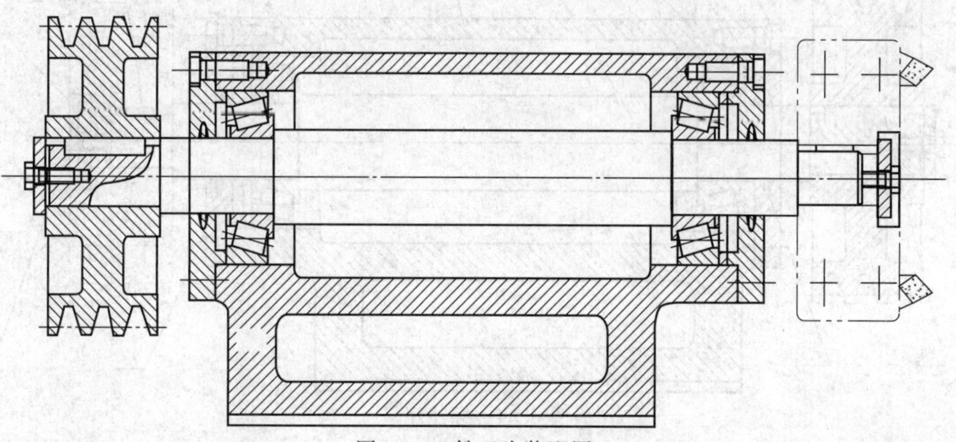

图 6.51 铣刀头装配图

② 创建属性。单击【绘图】-【块】-【定义属性】命令，打开【属性定义】对话框，分别在“标记”“提示”“默认”栏中输入“A”“序号”“1”，见图 6.53。

③ 在“文字高度”栏中输入数值 2.5，然后在屏幕的适当区域选取一点。单击【确定】按钮，退出对话框。

④ 在属性 A 的下方画一粗短实线 A。

⑤ 利用定义块命令，将 A 定义成块，块的名字为“序号”，插入点为直线的左端点。

⑥ 单击【标注】菜单中的【引线】命令绘制指引线，打开【样式】对话框修改“标注样式”中的“引线”箭头为“小点”，分别绘制 16 条引线。

⑦ 插入块“序号”编写序号，将块插入各个引线的端点，每次插入时逐个修改块属性值。完成标注序号的结果见图 6.54。

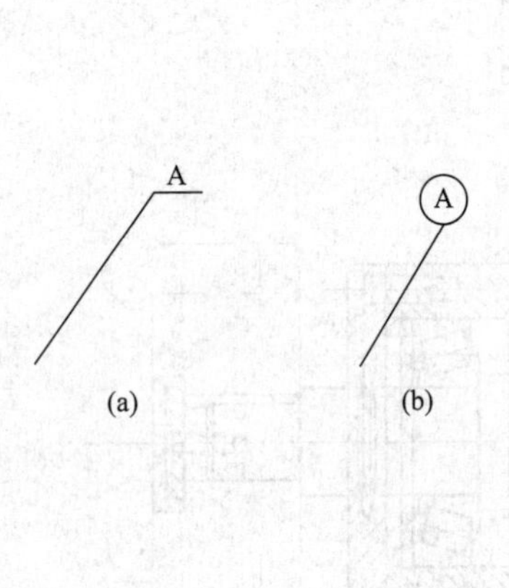

图 6.52 零件编号常用形式

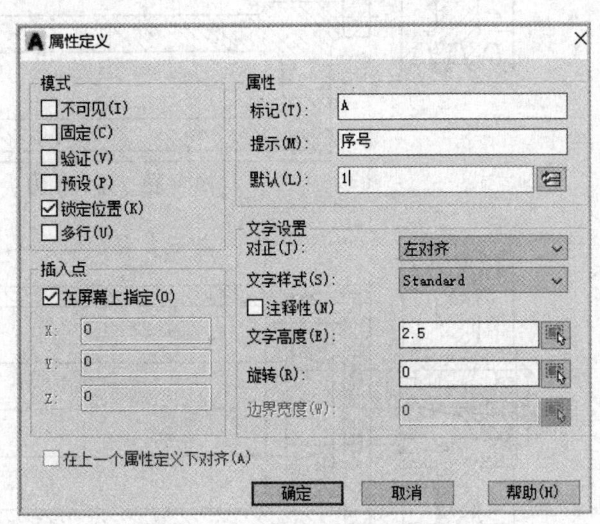

图 6.53 【属性定义】对话框

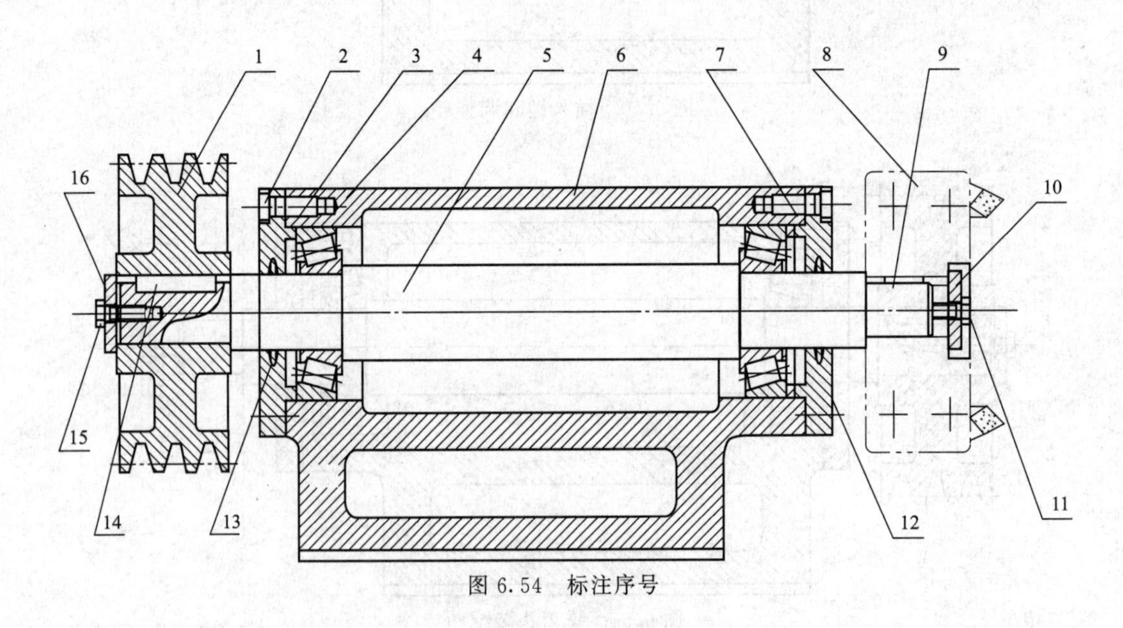

图 6.54 标注序号

6.6.2.4 填写标题栏、明细表和技术要求

标题栏主要用于设备名称、规格、材料、重量、绘图比例等主要信息的填写。首先制作标题栏，标题栏大小及主要尺寸如图 6.55 所示。根据图纸大小和制图安排，在图纸右下角按照标题栏的行高、列宽制作标题栏表格。注意：标题栏边框用粗实线，其余为

细实线。表格制作完成后，再单击文本按钮（A），此时 AutoCAD 自动切换到文字编辑器（见图 6.56，其包括字号、字体、行距、上下标等主要文字编辑功能），在图中空白处单击鼠标左键，即可输入文字。然后，全选文字，对输入的文本进行编辑，如设置字体大小、行间距等。

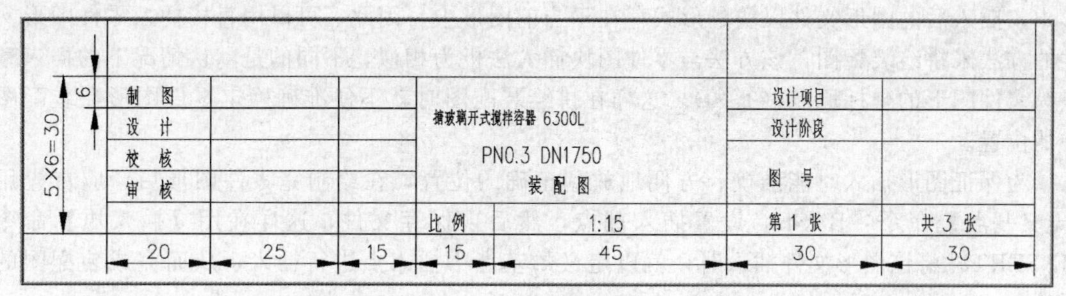

图 6.55　标题栏及其尺寸

图 6.56　Auto CAD 文字编辑器

明细表在标题栏上方，其宽度与标题栏相同。如图 6.57 所示，在制作好的标题栏上方依次添加明细表，注意明细表的行高和每列宽度的要求。明细表制作完成后，单击文本按钮（A），采用与标题栏一样的方式输入文字即可。注意：明细栏的零部件序号应与图中的零部件序号一致，由下向上顺序填写。图号或标准号栏填写零部件的图号（无图零件此栏留空），标准件则填写标准号，组合体应注明组合件，另注明其部件装配图图号。按要求填写名称、规格、数量和材料等各栏目。在备注栏中应填写必要的说明，无需说明的则不填。

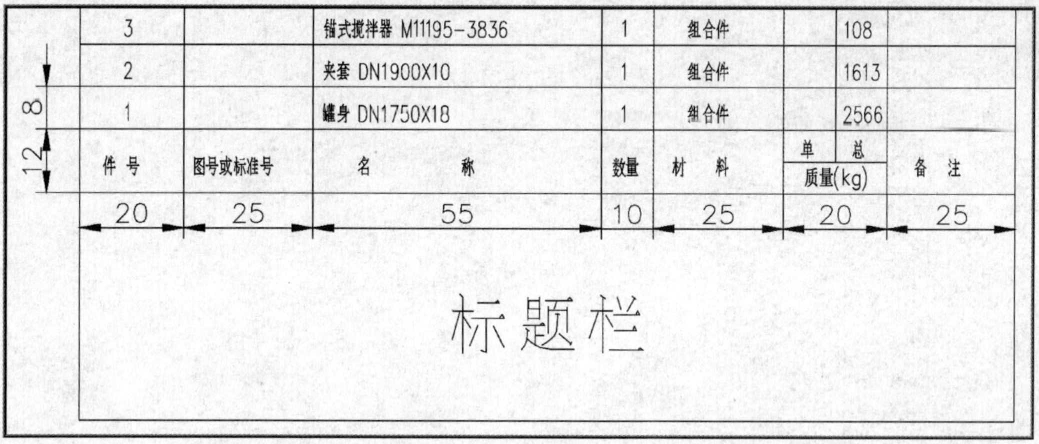

3		锚式搅拌器 M11195-3836	1	组合件		108	
2		夹套 DN1900X10	1	组合件		1613	
1		罐身 DN1750X18	1	组合件		2566	
件 号	图号或标准号	名　　称	数量	材　料	单	总	备 注
					质量(kg)		
20	25	55	10	25	20		25

8　12

标题栏

图 6.57　明细表及其尺寸

技术要求也是一段或几段文字，其输入采用与标题栏完全一样的方式。

注意：标题栏、明细表和技术要求具有一定的通用性，制作完成后的标题栏、明细表和技术要求，均可单独保存为块文件，如其他图纸中需要，可直接插入进行修改，以提高制图效率。

6.6.3 零件图形文件插入法

在 AutoCAD 中，可以将多个图形文件用【插入块】命令（INSERT）直接插入同一图形中，插入后的图形文件以块的形式存在于当前图形中。因此，可以用直接插入零件图形文件的方法来拼绘装配图，该方法与零件图块插入法极为相似，不同的是默认情况下的插入基点为零件图形的坐标原点（0，0），这样在拼绘装配图时就不便准确确定零件图形在装配图中的位置。

为保证图形插入时能准确、方便地放到正确的位置，在绘制完零件图形后，应首先用【定义基点】命令（BASE）设置插入基点，然后再保存文件，这样在用【插入块】命令（INSERT）将该图形文件插入时，就以定义的基点为插入点进行插入，从而完成装配图的拼绘。

第7章

Office Visio 2021绘制工艺流程图

工艺流程图是用来表达化工生产工艺流程的设计文件，其主要包括方案流程图、物料流程图、带控制点的工艺流程图等，常用的工艺绘制软件有AutoCAD、Visio、Aspen 3D和CAD 3D等。Microsoft Office Visio（以下简称Visio）是一款专业的绘制流程图和示意图的软件，具有简单性与便捷性等特性；它能够帮助人们将自己的思想、设计与最终产品演变成形象化的图形进行传播，进行可视化处理、分析和交流，同时还可以制作出富含信息和吸引力的图标、图形及模型，让文档变得更加简洁、易于阅读与理解。

本章主要介绍Visio 2021的基本功能，包括模板使用、图形绘制、文字操作、图形连线等基本操作，最后重点介绍Visio 2021工艺流程图的制作，以提高化学化工研究的效率和质量。

7.1 Visio 2021绘图环境

7.1.1 工作界面

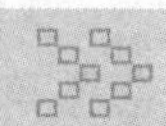

Visio 2021的菜单继承了Office软件的分类菜单的特点，见图7.1，最新版加入了更多的新功能，包括一些与图表相关的操作技巧，帮助用户顺利编辑图表，是绘制流程图使用率最高的软件之一，Visio已经变得比以往更加好用。

Visio 2021通过形状模板，运用菜单工具特别是指针工具、连接线、文本工具、绘图工具进行绘图，可以在形状上添加图标、颜色、符号和图形；再运用工具栏中的形状面板工具进行编辑修改，使数据更直观、可视化，便于分析和交流。主要菜单功能见表7.1。

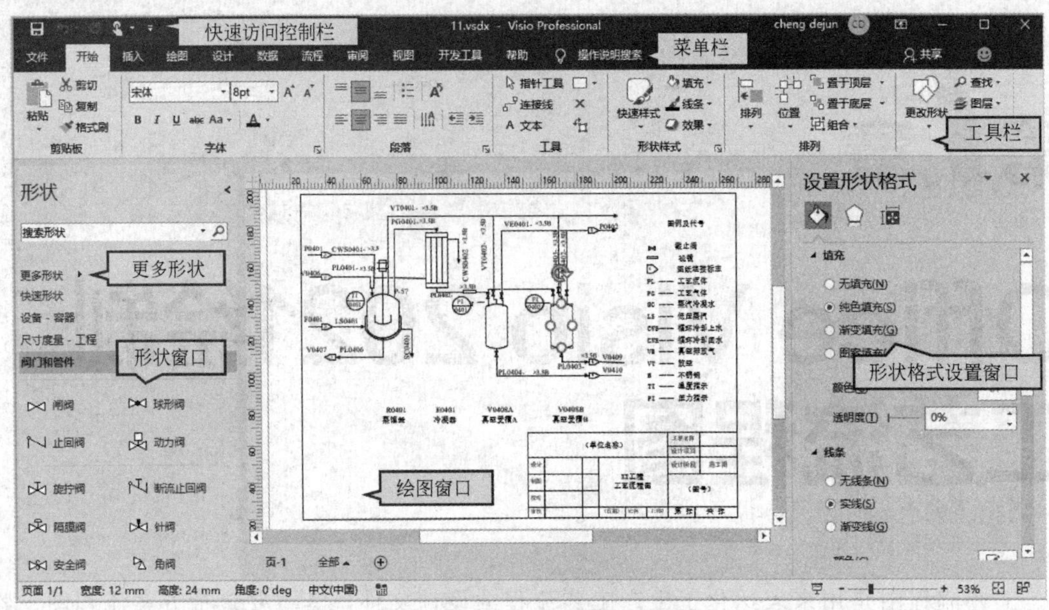

图 7.1　Visio 2021 的工作界面

表 7.1　Visio 2021 的菜单功能

主要菜单	子菜单	主要功能
文件	新建、打开、保存、另存为、打印、共享、导出和选项组	打开绘图文件，保存，打印，改进 Visio 的工作方式
开始	字体、段落、工具、样式和排列编辑	添加、编辑文本，为文本指定样式，指针连线文本工具，对齐，排列形状
插入	插图、图部件和文本组	添加 CAD、图片、文本框、容器或连接线
设计	主题、变体和背景组	将专业配色方案应用于绘图，添加背景
审阅	校对和批注组	检查拼写，添加或回复批注
视图	显示和视觉帮助组	启用形状数据窗口、网格线与参考线等

7.1.2　主要应用

Visio 2021 已成为目前市场中最优秀的流程及设备绘图软件之一，因其强大的模板功能与简单操作的特性而受到广大企业及科研工作者的好评，已被广泛应用于如表 7.2 所示的众多领域中。

表 7.2　Visio 的应用领域

序号	领域	主要应用
1	软件设计	设计软件的结构模型
2	项目管理	时间线、甘特图
3	企业管理	流程图、组织结构图、企业模型
4	建筑	楼层平面设计、房屋装修图
5	电子	电子产品的结构模型

续表

序号	领域	主要应用
6	机械	制作精确的机械图
7	通信	有关通信方面的图表
8	化学化工	工艺流程图绘制、设备图绘制
9	科研	检查或业绩考核的流程图、制作科研活动审核

7.2 Visio 2021 基本绘图操作

7.2.1 运用模板建立绘图

Visio 附带许多模板，包括 Office 特色模板［图 7.2(a)］与类别模板［图 7.2(b)］，类别模板主要有：商务、地图和平面布置图、工程、常规、日程安排、流程图、网络以及软件和数据库 8 个类别，包含适用于对应绘图类型的设置、样式和工具，用于打开一个或多个模具以便创建图表，使用模板能够快速新建绘图。

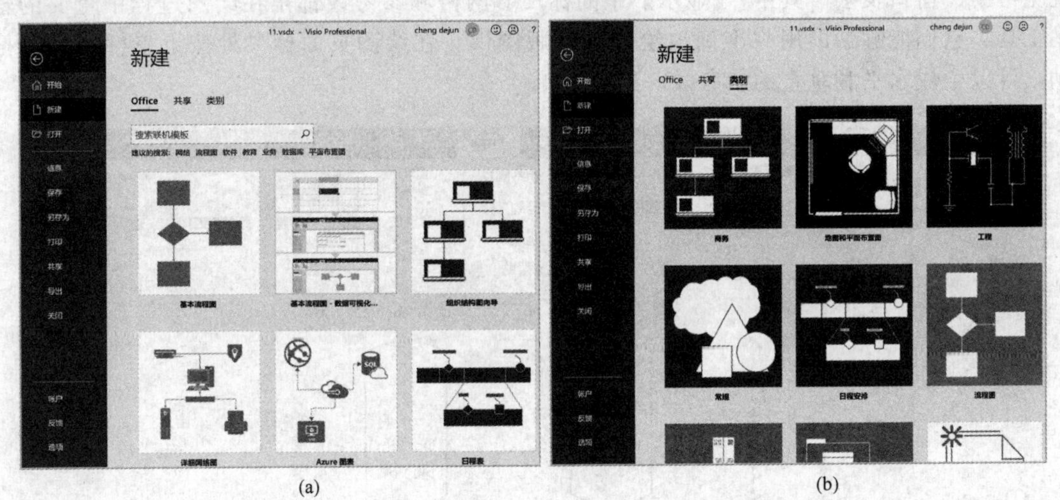

(a) (b)

图 7.2 使用特色模板与分类模板新建 Visio 绘图

7.2.2 绘图页面设置

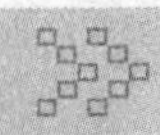

用户可以根据自己的需要对页面参数进行设置，页面参数的设置影响着绘图文档版面的编排，单击【设计】命令，页面设计包括页面设置（打印设置、页面尺寸、绘图缩放比例、页属性、布局与排列、替换文字）、主题、变体、背景及版式。【页面设置】对话框见图 7.3，其中，【页面尺寸】选项卡用于设置页面方向与页面的大小；【绘图缩放比例】选项卡用于设置缩放比例，以显示绘图与实际大小的比例关系。

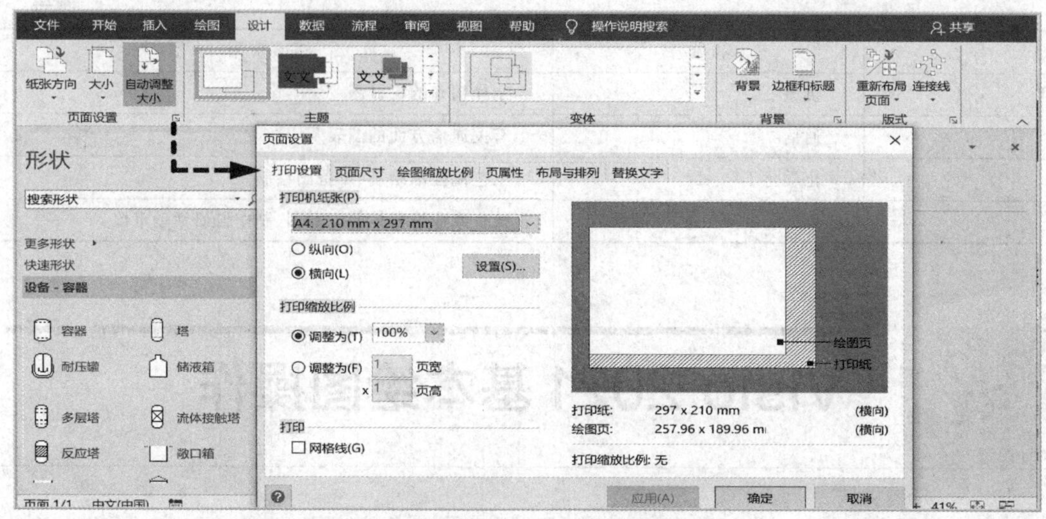

图 7.3 Visio 2021【页面设置】对话框

7.2.3 视图菜单的设置

新建的文档需要设置视图版面，单击菜单【视图】命令，可以设置视图、显示、缩放、视觉帮助、窗口及宏。其中，【显示】中的标尺、网格和参考线都是在绘图过程中重要的辅助工具，它们能够帮助用户准确地绘制和排版图形，在绘图页面标尺处按下鼠标左键并拖动，可以生成水平和垂直的参考线，见图 7.4。

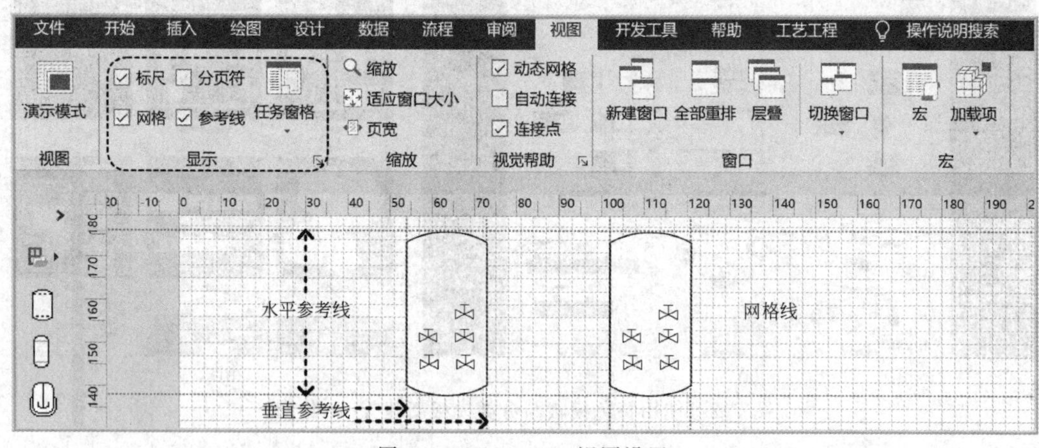

图 7.4 Visio 2021 视图设置

7.2.4 图形的绘制

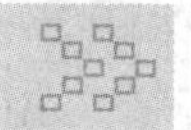

① 通过模板创建图形。在模板中选择要添加的图形，按住鼠标左键，拖动到绘图窗口，松开鼠标左键，能够快速地新建绘图，见图 7.5 中 b。如果模板中没有当前形状，可以单击【更多形状】按钮，调入更多的形状进行绘图，见图 7.5 中 a。

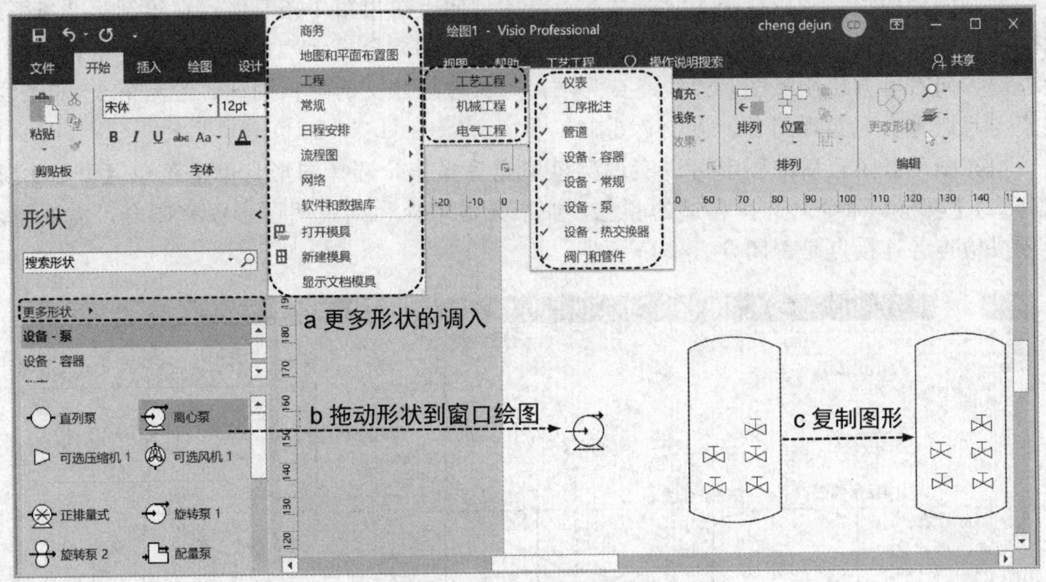

图 7.5　通过模板绘制图形

② 通过复制创建图形。Visio 图形的复制操作与 Office Word 一样，可以运用菜单【开始】-【剪贴板】中的复制与粘贴命令；或按住 Ctrl 键单击鼠标左键拖动图形实现复制操作，见图 7.5 中 c。

③ 手动绘制图形。单击菜单【开始】-【工具】命令，单击工具栏中绘图工具上的三角形，展开绘图工具（表 7.3），可以手动绘制模具中没有的图形。

表 7.3　绘图工具的使用

图标	工具名称	功能及操作
	矩形(R)	绘制矩形或正方形。在辅助线上放开鼠标左键，或者按住 Shift 键，能绘制正方形
	椭圆(E)	绘制椭圆或圆。在辅助线上放开鼠标左键，或者按住 Shift 键，能绘制圆
	线条(L)	绘制线条。在辅助线上放开鼠标左键，或者按住 Shift 键，可绘制水平、45°、垂直等角度的线条
	任意多边形(F)	绘制任意曲线、鼠标轨迹线
	弧形(A)	绘制弧形。可以连续绘制两个 1/4 圆，构成一个半圆
	铅笔(P)	绘制圆弧或半圆

实例 7.1　运用扩展形状法绘制不规则封闭的容器。

解：参考线的使用：在绘图中可以连续运用绘图工具绘制不规则图形，为固定位置，经常需要调出参考线和网格线，单击菜单【视图】命令，勾选“标尺”“网络”“参考线”复选框；根据容器的尺寸，在标尺处按下鼠标左键，拉出参考线，本实例从上标尺处拉出 4 根参考线，在左标尺处拉出 3 根参考线，参考线的位置一般与某网格线重合。不用的参考线可以在选择后按 Del 键删除。

绘制闭合图形：运用线条工具，从起点开始，向上拉出第 1 条直线；在绘制第 2 条弧线时，选择弧线工具，将鼠标指针移至第 1 条直线的末端，会显示“扩展形状”提示，按住鼠标左键，向右上方绘制弧线，弧线终点为网格与参考线相交的点；同样，绘制第 3～6 条线，终点与起点重合，实现闭合，见图 7.6 中 a。

填充图形：闭合后的图形可以实现颜色填充等操作，选择图形，单击菜单【开始】-【形状样式】-【填充】命令，选择合适的颜色，如果无法填充，则说明图形没有闭合，需要重新绘制或检查各连接点是否闭合。

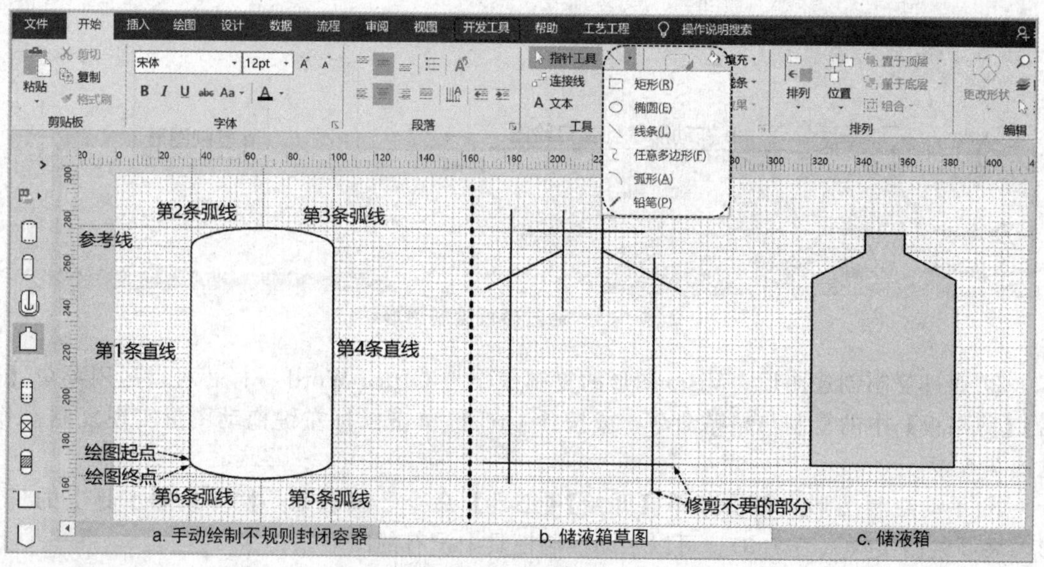

图 7.6　手动绘制不规则封闭的容器

实例 7.2　运用开发工具绘制不规则封闭的储液箱。

解：还有一种绘制闭合容器的方法是调出【开发工具】菜单。开启【开发工具】菜单的方法：依次单击菜单【文件】-【选项】-【高级】-【常规】命令，勾选“以开发人员模式运行”复选框后确定。

首先画出图形的雏形，见图 7.6 中 b，框选所画的图形，单击菜单【开发工具】-【操作】-【修剪】命令，单击选择多余的线段，相交的线在交点处切断，删除图形中的多余线段，构成一个封闭图形；框选构成图形的所有线段，单击菜单【开发工具】-【操作】-【连接】命令，形成一个封闭图形；最后填充颜色，结果见图 7.6 中 c。

7.2.5　图形的修改与排版

（1）图形的移动、缩放、旋转及删除

① 形状手柄：用户在选择形状后，形状周围出现能够对形状的外形进行调整的控制块，见图 7.7 中 a。

② 图形的移动：把鼠标指针移到图形上，出现十字的箭头符号，单击选择形状，按住鼠标左键拖到新的位置，所有被选择的图形都会移动到新的位置上，见图 7.7 中 b；如果需要移动多个图形，按住 Shift 键，再单击其他的图形，同样按住鼠标左键移动。

③ 图形的缩放及旋转：单击选择形状后，出现形状手柄，对绘图进行适当的调整与修

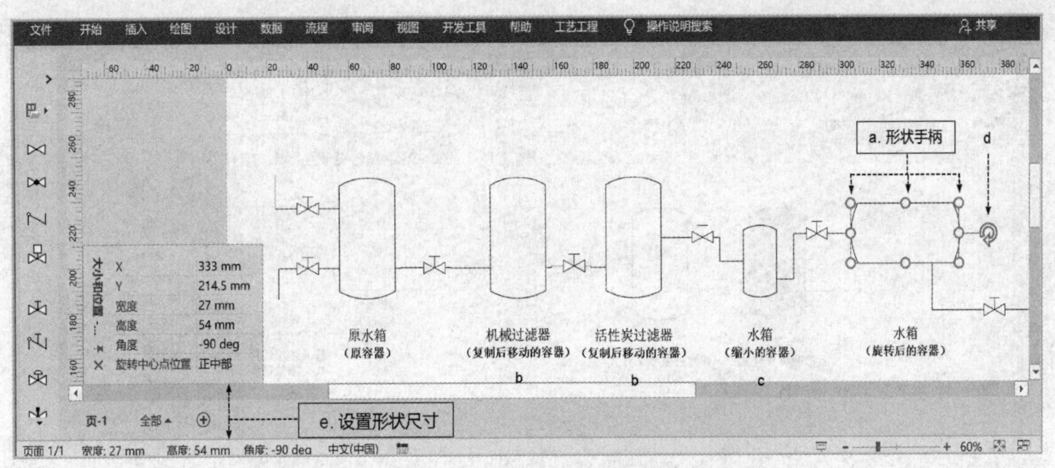

图 7.7　图形的移动、缩放、旋转及形状设置

改，可以改变大小，见图 7.7 中 c，旋转和翻转形状等，见图 7.7 中 d。

④ 图形尺寸设置：只需要选择图形，单击左下角状态栏“长度尺寸设计”，可以直接输入图形尺寸，见图 7.7 中 e。

⑤ 图形的删除：选中图形，按 Del 键即可删除该图形。

（2）单击【开发工具】命令进行修改

绘制的图形可以单击菜单【开发工具】命令进行修改。开启【开发工具】菜单的方法：依次单击菜单【文件】-【选项】-【高级】-【常规】命令，勾选“以开发人员模式运行”复选框后确定。

菜单【开发工具】-【操作】中的修改工具包括联合、拆分、相交、连接、修剪等，其功能与 AutoCAD 中的修改工具有相似之处，具体操作实例可以参考 7.2.4 小节的实例 7.2。

（3）图形样式的修改

① 设计主题：单击菜单【设计】命令绘制协调统一的图，子菜单【设计】自带各种协调颜色的主题；子菜单【变体】用于设置文字、线条、连接线及装饰的格式，使图形的外观协调统一。

② 设置填充、线条与效果：单击菜单【开始】【形状样式】命令中的【填充】【线条】等选项，或者打开【形状样式】菜单右下角的小箭头，调出【设置形状格式】工具，见图 7.8 中 a。Visio 2021 可以向闭合图形填充颜色，包括纯色、渐变及图案填充，设置填充颜色及透明度，见图 7.8 中 b。

在线条和连接线上可以设置以下格式：线条颜色、图案和透明度；线条的宽度；线端类型（箭头）；线端大小；线端（线端的形状），见图 7.8 中 c。

同样，可以设置效果，包括阴影、发光及柔化效果等。

（4）图形的堆叠、排列及组合

① 堆叠顺序：将形状拖动到彼此之上时，它们的堆叠顺序变得十分重要。绘制的第一个形状在此堆叠顺序中处于底层，而绘制的最后一个形状则在此堆叠顺序中处于顶层。单击菜单【开始】-【排列】-【置于顶层】按钮可以将形状置于堆叠顺序的顶层；单击菜单【开始】-【排列】-【置于底层】按钮可以将形状置于堆叠顺序的底层；单击其他按钮，可以很容易地更改堆叠顺序，见图 7.9 中 a。

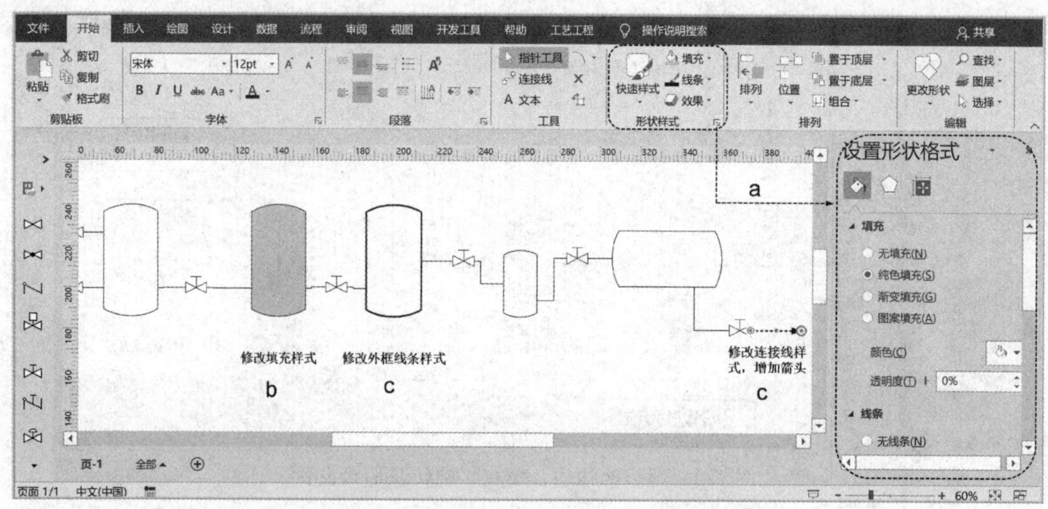

图 7.8　图形的填充、线条与效果设置

② 排列形状：单击菜单【开始】-【排列】-【排列】-【对齐形状】按钮可自动对齐形状，也可以使用绘图页上的网格线对齐形状。单击【对齐形状】按钮时，选择的第一个形状将成为其他形状的对齐参考，见图 7.9 中 b。

③ 均匀分布：按住 Ctrl 键并选择 4 个容器，单击菜单【开始】-【排列】-【位置】-【横向分布】选项，4 个容器就横向均匀分布了，见图 7.9 中 c。

④ 组合形状：两个或多个图形组合成为一个单位的单独形状，可以简化复杂形状（如设备、成套装置、办公室布局或建筑单元等）的处理。框选所有图形，单击菜单【开始】-【排列】-【组合】选项，见图 7.9 中 d；如需修改，则选择【取消组合】选项。

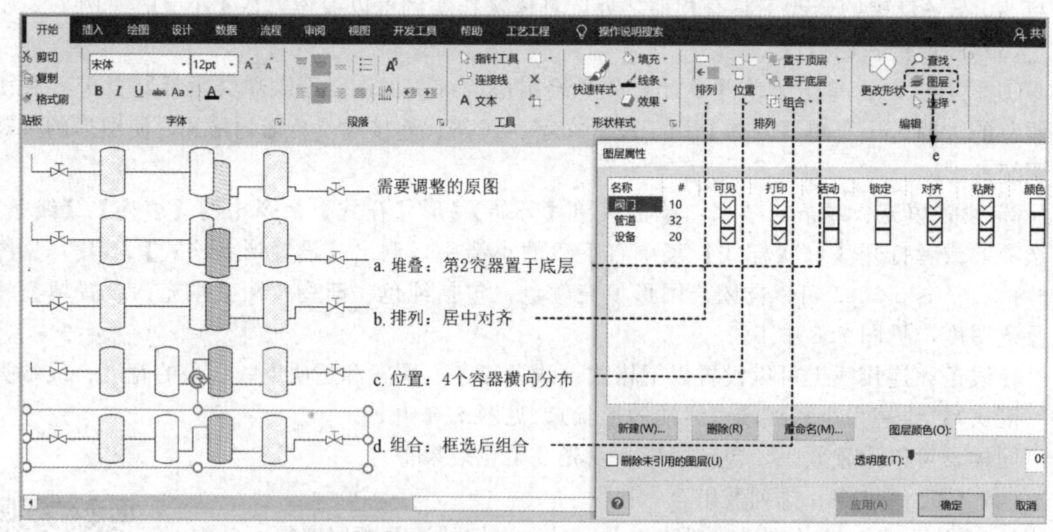

图 7.9　图形的堆叠、分布、排列、组合及图层设置

（5）图层及图形的查找与选择

用户可以根据形状名或数据等查找和替换图形，单击菜单【开始】-【编辑】-【查找】命令，运用对话框实现查找与替换图形；软件也提供图层管理，单击菜单【开始】-【编辑】-【图层】命令，在绘制工艺流程图时，新版的软件会自动归类设备、管道、阀门等，可实现可

见、活动、锁定及颜色设置，不同图层的图形方便管理，见图 7.9 中 e。

7.2.6 文本与形状数据的添加与修改

（1）添加独立文本

添加文本：在绘制化工流程图时，需要在图形外添加文字，这种类型的文本称为独立文本或文本块，这时只需单击菜单中的【插入】-【文本框】命令，或者单击菜单【开始】-【工具】-【A 文本】命令，单击绘图界面相应位置，即可在文本框内添加文字。

编辑文本：输入的文本需要排版，可以双击并选择文本，单击菜单【开始】-【字体】和【段落】命令对文本进行编辑排版。

移动文本：独立文本可以像任何形状那样执行移动操作，图形文本随图形一起拖动即可。

删除文本：采用编辑文本中的文本选择方式选择文本，然后在文本突出显示后，按 Del 键即可删除文本。

（2）向图形添加文本

用户可以向图形添加文本，双击图形就可在图形内输入文本，文本位置默认在图形中心；Visio 2021 会自动放大显示以便可以看到所输入的文本内容，文本字体在菜单【开始】-【字体】中设置，段落在菜单【开始】-【段落】中设置。

（3）形状数据的显示与隐藏

实例 7.3 向净化水工艺流程图中的原水箱添加形状数据，数据显示在原水箱的正下方。

解：定义形状数据：首先需要定义原水箱的形状数据，在原水箱上使用鼠标右键单击，单击快捷菜单【数据】-【定义形状数据】命令，由于工艺图的标准图形已经有相关数据了，可以根据需要增加或删除，同时输入“值”数据，见图 7.10 中 b。

编辑数据图形：如想让形状数据显示在原水箱的正下方，在原水箱上使用鼠标右键单击，打开快捷菜单，单击【数据】-【编辑数据图形】命令，在弹出的对话框中选择【新建项目】，这里新建“制造商”“说明”和“材料”，分别设置显示样式与字体，设置后确定，见图 7.10 中 c，最终效果见图 7.10 中 a。

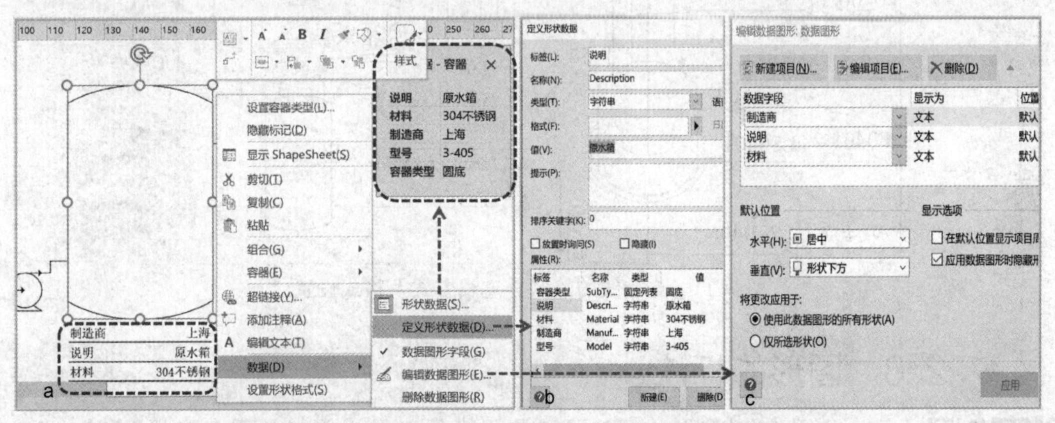

图 7.10 向净化水工艺流程图中的原水箱添加形状数据

隐藏图形标号：标准图形下方的标号［特别是工艺流程图下方的标号（如 E-1）］是设备的编号，可根据需要双击修改，或者隐藏起来，在图形上使用鼠标右键单击，打开快捷菜单，单击【数据】-【编辑数据图形】命令，在“显示选项”中勾选“应用数据图形时隐藏形状文本”复选框，显示选项设置见图 7.10 中 c，确定后，标号就隐藏了。

7.2.7 绘制连接线

（1）用连接线连接形状

单击菜单【开始】-【工具】-【连接线】工具，将鼠标指针靠近连接的起点的图形，图形上的连接点会显示出来，根据需要选择一个连接点，然后拖至另一个图形的连接点后松开，见图 7.11。

（2）向连接线添加文本

只需选择所要添加文本的连接线，然后双击，Visio 2021 便会自动放大，输入文本内容，在菜单【开始】-【字体】及【段落】中设置文本的字体、段落。但这种方法输入的文本不能移动，如需移动文本，建议输入独立的文本，见 7.2.6 小节。

（3）连线的方式与跨线连接

修改连接线的形状，可以修改成直角连接、直线或曲线连接，选择连接线，使用鼠标右键单击快捷菜单中的命令，或者单击菜单【设计】-【连接线】命令，选择直角连接、直线连接或曲线连接即可；同时可以设置跨线连接，单击菜单【设计】-【连接线】命令勾选“显示跨线”选项，效果见图 7.11。

（4）修改连线的格式

选择连接线，单击菜单【开始】-【形状样式】-【线条】选项来实现，也可以单击菜单【开始】-【形状样式】右下角的小箭头，弹出【设置形状格式】工具来修改，可以设置线条的实线与渐变线类型、颜色、宽度、角度以及端点箭头样式等，见图 7.11。

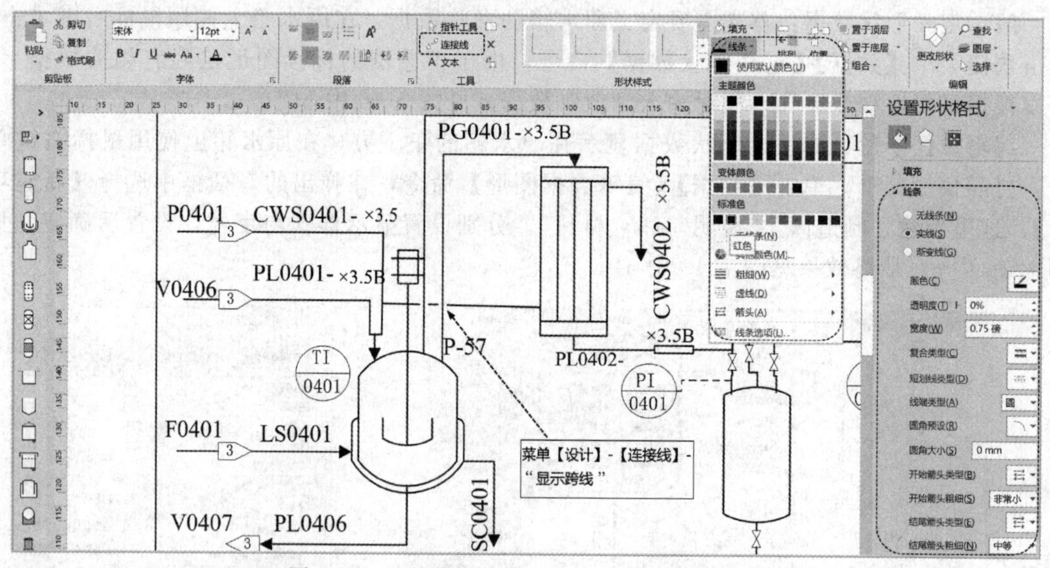

图 7.11 连接线的绘制、连线方式及格式设置

7.2.8 图形的标注

Visio 对图形的标注可以调用模板工具：单击【更多形状】-【其他 Visio 方案】，打开【尺寸度量-工程】模板，见图 7.12，拖动标注到图形中，调节端点黏附到要测量的点，双击标注的数据，可以设置字体大小以及重新输入标注数据。注意：修改标注不会改变原图形大小。原图形的大小可通

过单击左下角的尺寸设置来修改。

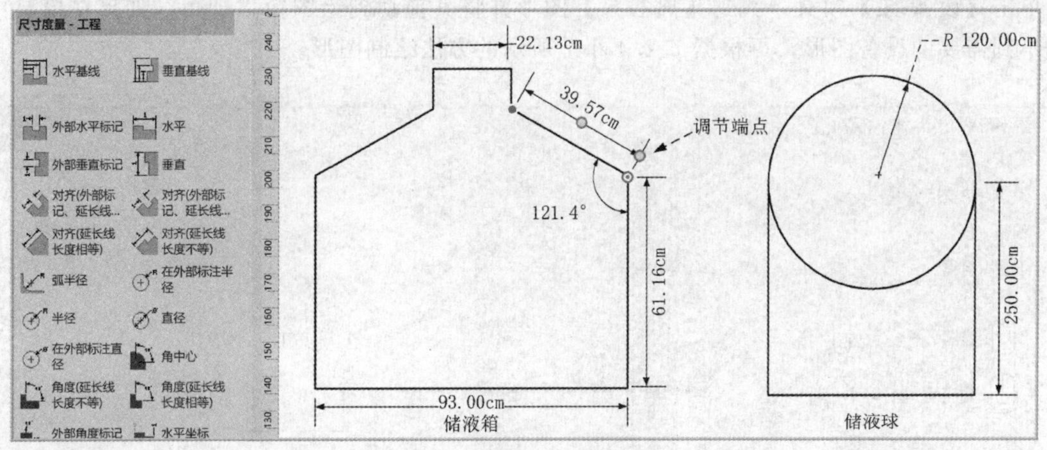

图 7.12　Visio 2021 图形的标注

7.3 绘制工艺流程图

7.3.1 应用工艺流程图模板建立新图形

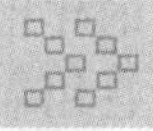

启动 Visio，软件将自动显示【文件】窗口，单击【工程】模板类（图 7.13），在打开的【选择模板】窗口中选择【工艺流程图】，单击【创建】按钮，建立新图形进入绘制页面（图 7.14），也可直接双击【工艺流程图】进入绘制页面。

图 7.13　【工程】模板类的模板选择界面

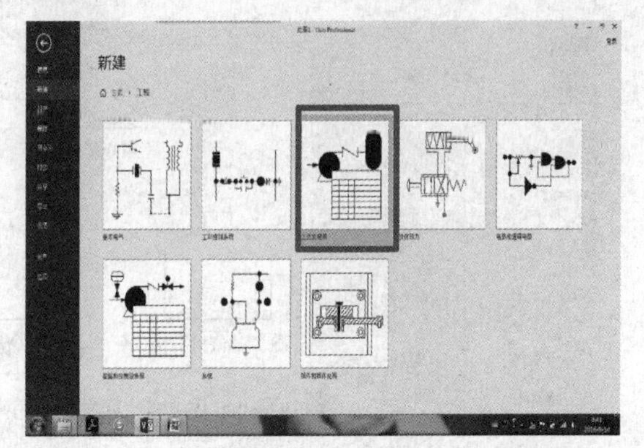

图 7.14　【工程】模板中选择【工艺流程图】

7.3.2 添加设备、管道、阀门和仪表

（1）添加标准图形

【工艺流程图】模板提供了大量的常用设备、管道以及管件的标准图形，并且将图形分

类保存在各种模具中（图 7.15）。使用时可根据需要选择合适的图形。例如绘制“离心泵”，可单击【设备-泵】模具，找到【离心泵】图形并将其拖动到绘图窗口即可。如果在模具中找不到需要的设备图形，可根据 7.2.4 小节所示的方法绘制图形。

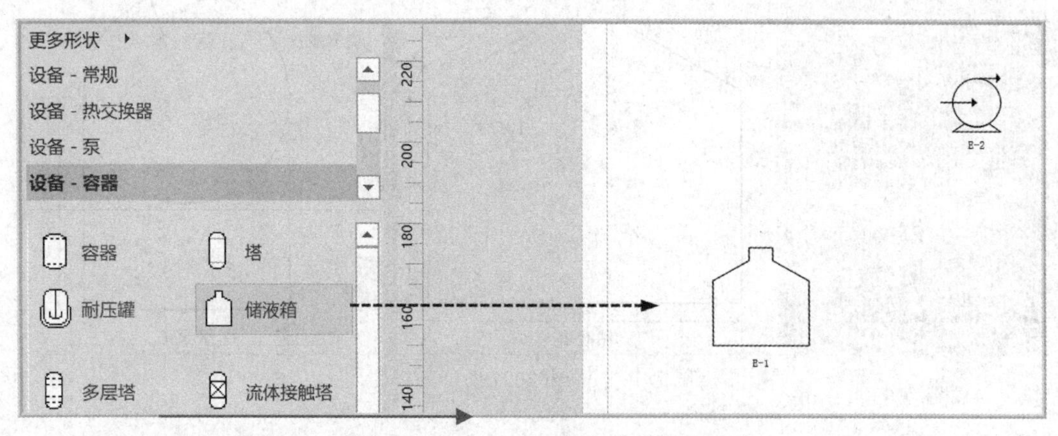

图 7.15　Visio 2021 添加标准图形

（2）添加管道

设备间的管线是连接工艺流程图的重要内容。单击【管道】模具，可发现 6 类不同的连接管道，分别是主管道、主管道 R（right，右箭头）、主管道 L（left，左箭头）、副管道、副管道 R 和副管道 L，见图 7.16 左图。通常需要根据管道中流动的物料在整个工艺过程中的作用来选择管道类型。一般遵循以下原则：主管线和主物料流采用主管道（粗实线），并且用箭头标出物料的流动方向；辅助管线和辅助物料用副管道（细实线）绘制。选定管道类型后，只需用鼠标指针将管道拖到绘图窗口，再将管道的两端分别与相应的设备连接点相连即可（相关设备的物流与管道连接点应结合实际确定），用指针工具选中管道可以编辑其形状，也可使用鼠标右键单击设置格式，图 7.16 右图给出了一个设备连接的示例。

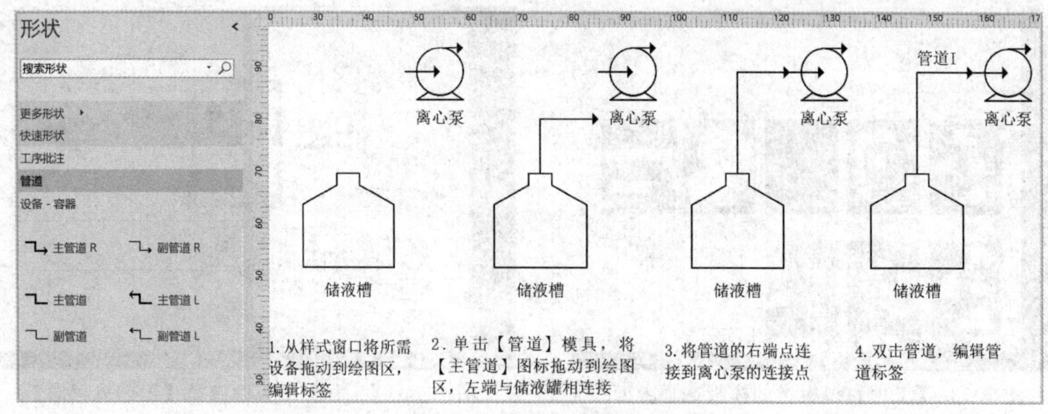

图 7.16　管道模具和使用管道连接设备示例

（3）添加阀门

Visio 在阀门和管件中提供了大量的标准图形，见图 7.17，其使用方法与设备绘制相同，只需把图形从形状窗口拖到绘图区即可。为了便于管理，Visio 自动将同类设备分配到同一图层，即把设备分配到设备层，管道分配到管道层，而把阀门分配到阀门层。

阀门和管件

闸阀	球形阀	止回阀	动力阀			
旋拧阀	断流止回阀	隔膜阀	针阀	安全阀	角阀	浮式阀
带法兰的阀门	蝶形阀	楔形/平行	球阀	安全阀(角形)	减压阀	旋塞阀
3 向旋塞阀	混合阀	特殊端口	各种阀门	减压器	常规接点	对接焊接
带法兰/用螺栓固定	焊料/溶剂	螺纹接头	管座(带有套管)	套筒接点	承插焊接	旋转接点
端帽 1	端帽 2	电粘接	不导电	防爆膜	灭火器	过滤器
分离器	排气消音器	漏斗	钟形套管	排气头	敞口式通风管	弯管排水管
消火栓	排水管消音器	Y 形过滤器	液封打开/关闭			

图 7.17 【阀门和管件】模具

(4) 添加仪表

在仪表模具中选择所需仪表，如温度计，并将其拖到绘图窗口，然后用【副管道】或【连接线】工具 连接线 把仪表连接到设备或管道上即可，见图 7.18。

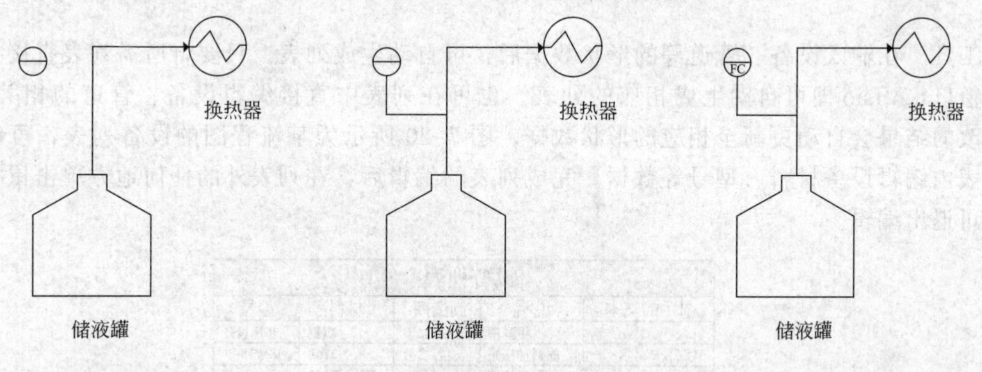

(a) 单击【仪表】模具，将【指示器】从形状窗口拖动到绘图区　(b) 拖动黄色菱形标记，设定连接线的位置　(c) 双击，编辑仪表的标记

图 7.18　仪表的绘制与连接

7.3.3　形状数据与自动列表

(1) 编辑形状数据

形状数据是 Visio 智能绘图的重要内容，通过形状数据可以把图形与属性信息结合起来。【工艺流程图】模板提供的设备、管道、阀门和仪表等形状均支持形状数据，在图形的右键菜单中单击【数据】-【形状数据】命令即可打开形状数据窗口进行编辑。图 7.19(a) 分别为塔、热交换器、旋拧阀和主管道的形状数据窗口。也可以使用鼠标右键单击并在弹出的快捷菜单中选择【数据】-【定义形状数据】命令［图 7.19(b)］，在弹出的【定义形状数据】对话框中编辑形状数据。

(2) 创建设备、管道和仪表列表

在【工序批注】模具中可以看到设备列表、管道列表、阀门列表和仪表列表四种自动列

(a) (b)

图 7.19　设备、管道、阀门、仪表形状数据及定义形状数据

表工具。在输入设备、管道等的形状数据后，可自动生成列表。只要将所需列表直接拖到绘图窗口，Visio 即可自动生成相应的列表。也可在列表中直接编辑设备、管道的相关数据，修改的结果会自动更新至相应的形状数据。图 7.20 所示为某流程图的设备列表，可以直接在表内编辑设备材料、型号等数据。完成列表的编辑后，在列表外的任何地方单击鼠标指针即可退出编辑。

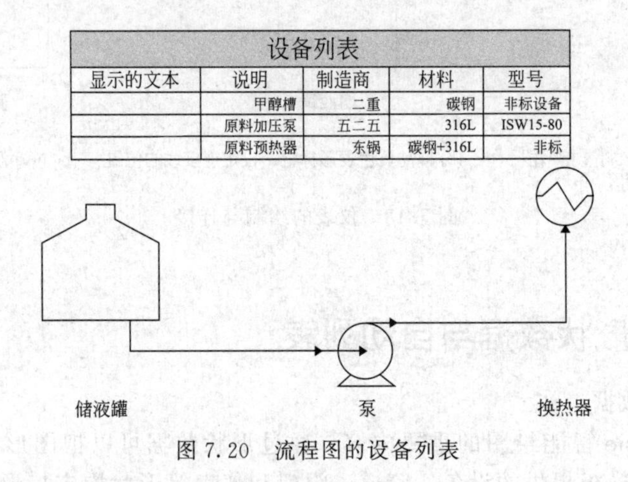

设备列表

显示的文本	说明	制造商	材料	型号
	甲醇槽	二重	碳钢	非标设备
	原料加压泵	五二五	316L	ISW15-80
	原料预热器	东锅	碳钢+316L	非标

图 7.20　流程图的设备列表

7.4 工艺流程图的分类

工艺流程图用于描述生产过程中操作单元的连接关系、物料的流动方向及生产操作顺

序。按功能可把工艺流程图分为方案流程图、物料流程图和带控制点的工艺流程图三类，见表7.4，由于用途不同，这三类图的内容和表达的重点也各异，但彼此之间有着密切的联系。

表7.4 工艺流程图的分类和特点

分类	特点
方案流程图	一般用于概念设计阶段，工艺路线确定后完成，不编入设计文件，用于对工艺流程的简单描述
物料流程图	一般用于初步设计阶段，完成物料和能量衡算后绘制，可提供较详细的工艺数据
带控制点的工艺流程图	也称生产控制流程图或施工流程图，是在方案流程图的基础上绘制的内容最详细的工艺流程图

7.4.1 方案流程图

方案流程图用来描述从原料到成品或半成品所需经历的工艺过程、所使用的设备和机器。常用于初期工艺方案的讨论，也可作为物料流程图的设计基础。

① 方案流程图的内容。方案流程图的内容主要包括两个部分：a. 设备。用示意图表示生产过程所用的机器、设备，并用文字、字母和数字标注设备名称和位号。b. 物料流程。用管线及文字来表达物料在不同设备间的输送方向与次序。绘制方案流程图时，应按照工艺流程的顺序，把设备和物料流程线从左到右展开画在一个平面上，并加以必要的标注和说明。

② 设备图形的选择与绘制。Visio在工艺流程图模板中提供了大量的标准设备图形，如【设备-常规】模具中的各种分离、混合、输送、粉碎等设备，【设备-热交换器】模具中的各种不同类型的换热器，【设备-泵】模具中的各种流体输送设备等。可以根据实际的工艺选择适当的标准设备图形来绘图。如果在模具中找不到所需设备，可应用7.2.4介绍的方法手工绘制。方案流程图中设备轮廓一般用细实线绘制，其形状及各部分比例不要求和实际严格一致，但要求美观、能反映设备的大概轮廓和主要部件，此外，还应注意保持各设备的相对大小与实际设备相近。

③ 绘制方案流程图。主要物料的工艺流程线用粗实线绘制，并用箭头标明物料流向。根据需要，可在流程线的起始和终点位置注明物料名称、来源或去处。管道的交叉和连接处应参照图7.21所示的方法标出。在绘制工艺流程图时，如果两条管道交叉，Visio会自动生成跨线。在【设计】选项卡中，单击【连接线】按钮  下方的箭头，在弹出的菜单中可以关闭/打开跨线。也可使用鼠标右键单击画图区底部的页标签，在弹出的快捷菜单中选择【页面设置】命令，弹出【页面设置】对话框，在【布局与排列】选项卡中调整跨线设置，见图7.22。

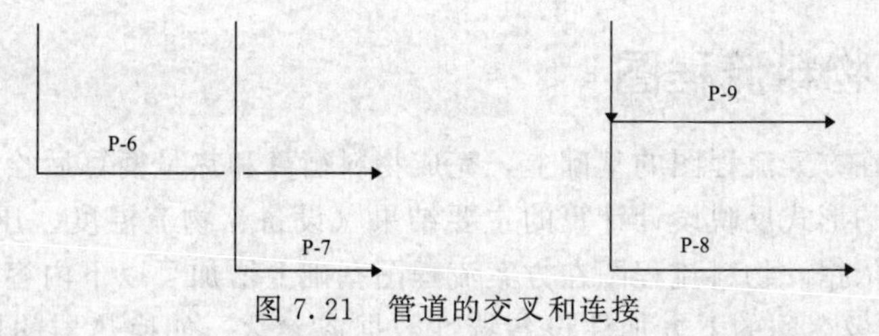

图7.21 管道的交叉和连接

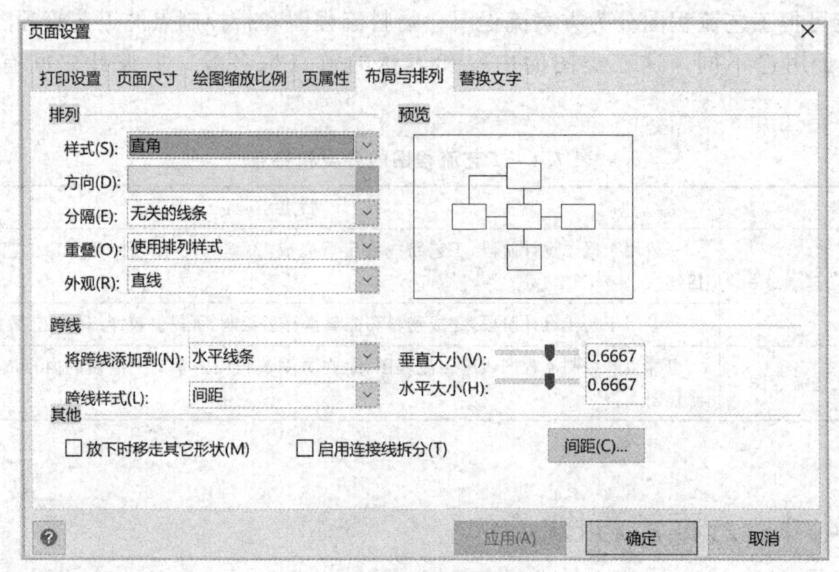

图 7.22 【页面设置】对话框

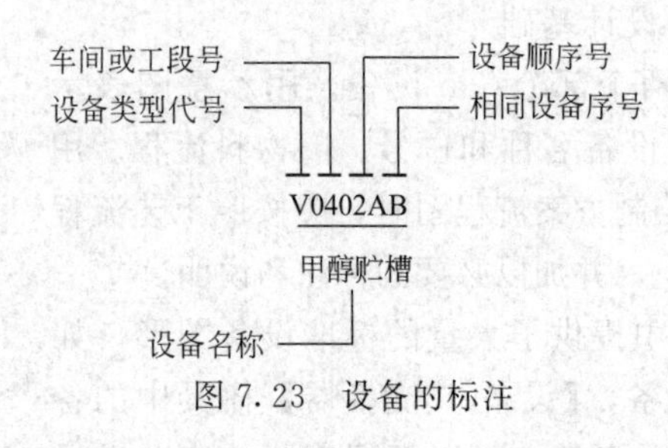

图 7.23 设备的标注

④ 标注设备。设备的位号和名称一般标注在相应图形的上方或下方，且排列对齐，其格式见图 7.23。设备位号包括设备类型代号、车间或工段号、设备顺序号和相同设备序号。

实例 7.4 绘制如图 7.24 所示的某物料残液蒸馏处理的方案流程图。

解：① 在工艺流程图模板提供的各类模具中找到所需的设备图形，并将之拖动到绘图窗口。图 7.24 中共有蒸馏釜、冷凝器和真空受槽三个设备。其中冷凝器和真空受槽可以分别在【设备-容器】和【设备-热交换器】模具中找到标准图形。蒸馏釜是带蒸汽夹套的，可以在【设备-容器】模具中找到【容器】，并拖动到绘图窗口，然后再用【绘图工具】为其添加夹套。在绘制夹套时可利用设备的对称性，首先绘制左半个夹套，再通过复制和翻转操作得到另一半夹套。注意：设备轮廓线为细实线。

② 标注设备位号和名称，并将其移动到流程图中适当的位置，可单击【开始】选项卡上的【排列】按钮，利用弹出的对齐方式菜单中的各种命令来对齐标注。

③ 按照从左到右的顺序依次绘制物料管道。

④ 使用【文本】工具 A 文本 标注管道内物料名称及去向，并添加绘图说明。

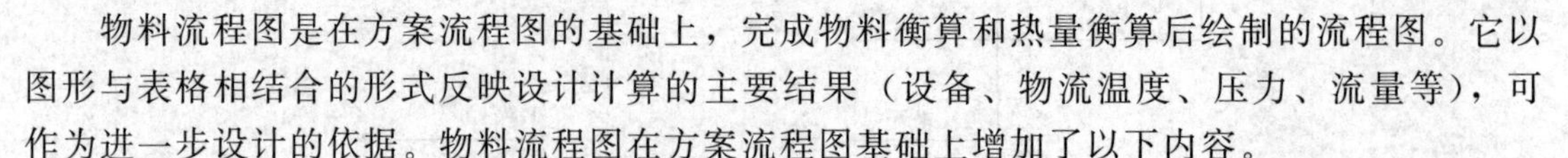

7.4.2 物料流程图

物料流程图是在方案流程图的基础上，完成物料衡算和热量衡算后绘制的流程图。它以图形与表格相结合的形式反映设计计算的主要结果（设备、物流温度、压力、流量等），可作为进一步设计的依据。物料流程图在方案流程图基础上增加了以下内容。

① 在设备位号及名称的下方加注设备特性数据或参数。如换热器的换热面积、塔设备

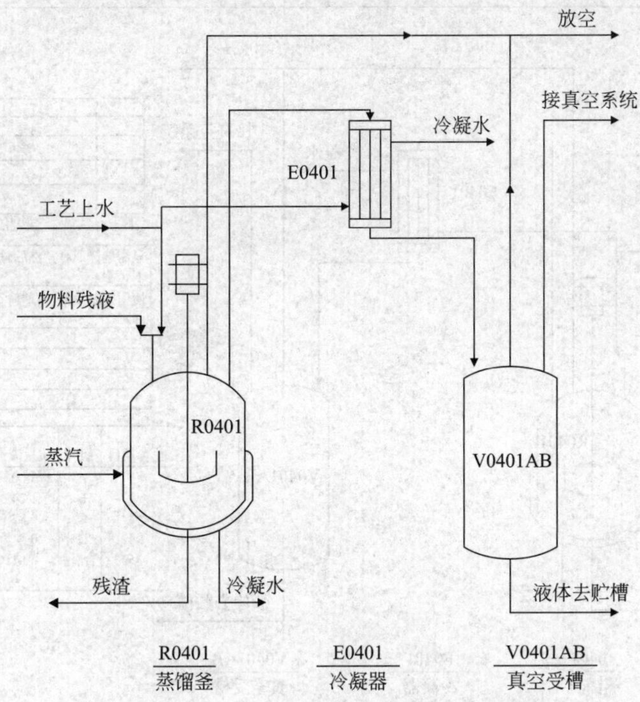

图 7.24 某物料残液蒸馏处理方案流程图

的直径和高度、贮槽的容积等。

② 在流程图的起始处以及使物料参数发生变化的设备前后列表注明物料变化前后各组分的流量（kg/h）、质量分数（%）等参数，实际依据项目具体情况而定。

实例 7.5 绘制如图 7.25 所示某物料残液蒸馏处理的物料流程图。

解：① 参照实例 7.4，用同样的方法绘制方案流程图。

② 使用【文本】工具 A 文本 标注各设备位号、名称和设备特性数据或参数（如蒸馏釜体积、冷凝器面积）。

③ 绘制物料参数表。可使用【工序批注】模具中的 标注 3 构建表格并输入所需数据。也可在形状窗口中单击【更多形状】，在弹出的菜单中选择【其他 Visio 方案】命令，在弹出菜单中单击【标题块】，即可将【标题块】模具添加到形状窗口中。【标题块】模具提供的标注图形见图 7.26。例如，可使用【修订块】快速生成表格的行，或使用【已划出 5 行的列】快速生成表格的列。可使用调整手柄拖动调整表格的高度和宽度，见图 7.27。

添加的蒸馏釜进料组成和真空受槽出液组成表如图 7.28 所示，将添加的物料组成表拖到所需位置即可。

7.4.3 带控制点的工艺流程图

带控制点的工艺流程图又称施工图，是在方案流程图基础上绘制的一种内容较详尽的工艺流程图，它是设计、绘制设备图和管道布置图的基础，也是施工安装和生产操作时的主要参考依据。在带控制点的工艺流程图中应画出工艺过程涉及的所用设备、管道、阀门和仪表控制点等。带控制点的工艺流程图增加的内容包括：

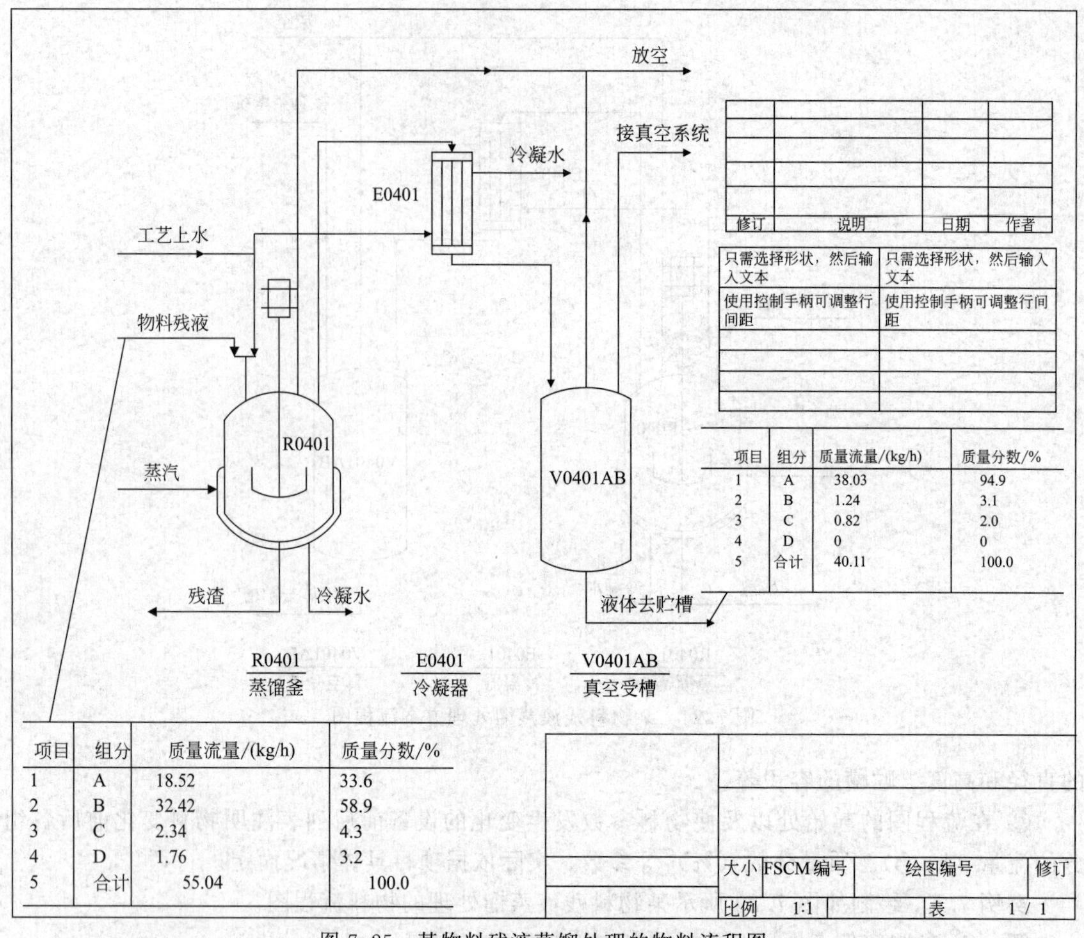

图 7.25　某物料残液蒸馏处理的物料流程图

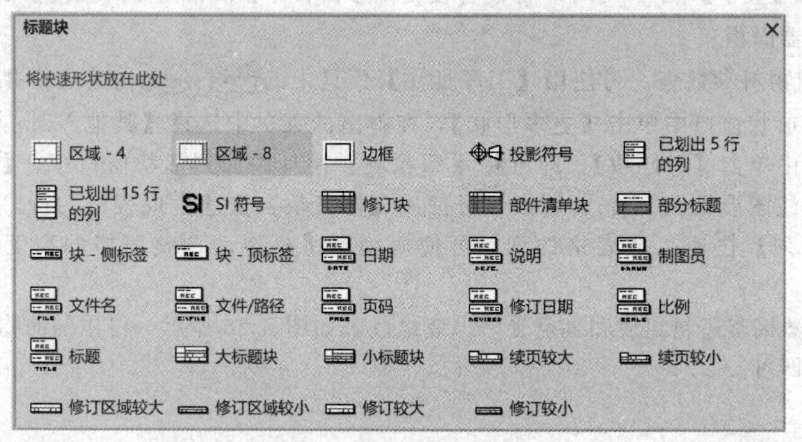

图 7.26　【标题块】模具

带接管口的设备示意图，标注设备位号和名称；带阀门等管件和仪表控制点（测温、测压、测流量和取样点等）的管道流程线，标注管道代号；对阀门等管件和仪表控制点的图例符号的说明、标题栏。

① 设备的画法与标注：在带控制点的工艺流程图中，设备的画法与方案流程图基本相

修订	说明	日期	作者

(a)

只需选择形状，然后输入文	只需选择形状，然后输入文
本。使用控制手柄可调整行	本。使用控制手柄可调整行
间距。	间距。

(b)

图 7.27 使用【修订块】和【已划出 5 行的列】模块制作表格

项目	组分	质量流量/(kg/h)	质量分数/%
1	A	18.52	33.56
2	B	32.42	58.9
3	C	2.34	4.3
4	D	1.76	3.2
5	合计	55.04	100.0

(a) 进料组成

项目	组分	质量流量/(kg/h)	质量分数/%
1	A	38.03	94.9
2	B	1.24	3.1
3	C	0.82	2.0
4	D	0	0
5	合计	40.11	100.0

(b) 出料组成

图 7.28 添加的蒸馏釜进料组成和真空受槽出液组成表

同。不同点是：两个或两个以上的相同设备一般应全部画出。在带控制点的工艺流程图中，每个工艺设备都应编号并标注设备名称，并与方案流程图中的设备位号保持一致。当一个系统中包含两个或两个以上完全相同的局部系统时，可以只画出一个系统的详细流程，其余系统用双点画线的方框表示，并在框内注明系统名称及编号。

② 管道的画法与标注：在绘制带控制点的工艺流程图时，对于一些有特殊要求（如伴热、加热/冷却等）的管道通常需要使用规定的管道符号绘制。Visio 提供了一些管道的标准图符，可用管道的右键菜单命令【设置形状格式】打开线条设置对话框，在图案下拉菜单中选择所需的管道类型，见图 7.29。

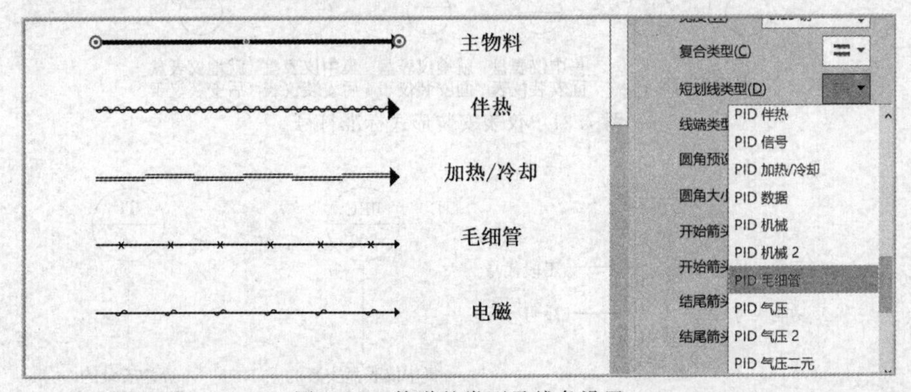

图 7.29 管道的类型及线条设置

带控制点的工艺流程图中的每条管道都要标注管道代号。横向管道的管道代号标注在管道线的上方，竖向管道则标注在管道线左侧，字头向左。管道标注格式及内容要求见图 7.30。

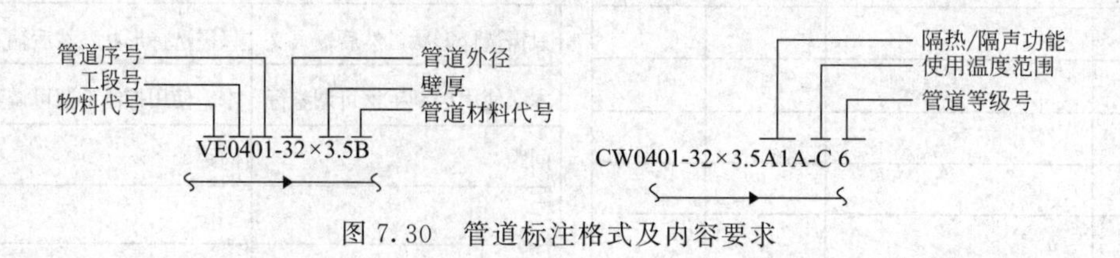

图 7.30　管道标注格式及内容要求

管道序号一般采用两位数字，从 01 开始至 99 为止，相同类别的物料在同一主项内以流向先后顺序编号。工段号按工程规定填写，采用两位数字，从 01 开始至 99 为止。管道尺寸一般标注公称通经，以 mm 为单位，只标注数字，不标注单位。

③ 阀门和管件的画法与标注：工艺流程图中的【阀门和管件】模具提供了多种形式的阀门与管件的标准图形。对于标准图形图库中缺少的管件（管接头、异径管接头、弯头、三通等），用户需要使用绘图工具自行绘制。在带控制点的工艺流程图中，管件用细实线按规定的符号在相应的位置画出。阀门图形符号的尺寸一般为长 6mm、宽 3mm，或长 8mm、宽 4mm。为了便于安装和检修，法兰、螺纹连接件等也应在带控制点的工艺流程图中画出。

管道上的阀门、管件要按规定进行标注。当其公称直径同所在管道通径不同时，要标出尺寸。当阀门两端的管道等级不同时，应标出管道等级的分界线。异径管应同时标注出大端公称直径和小端公称直径。

④ 仪表控制点的画法与标注：在带控制点的工艺流程图上要画出所有与工艺有关的检测仪表、控制仪表、分析取样点和取样阀组等。仪表控制点用标注符号表示，并从其安装位置引出。标注符号包括图形符号和字母代号，它们组合起来表达仪表功能、被测变量和测量方法。

检测、显示、控制等仪表的图形符号是一个细实线圆圈，其直径为 10mm。圈外用一条细实线指向工艺管道或设备轮廓线上的检测点。工艺流程图中的【仪表】模具给出了常用温度、压力、流量测量指示仪表以及一些电气元件的标准图形。部分仪表还可编辑其形状数据，可在右键快捷菜单中选择【设置仪表类型】命令，在弹出对话框中编辑仪表的连接尺寸、制造商、仪表类型等参数。

根据《过程测量与控制仪表的功能标志及图形符号》（HG/T 20505—2014），仪表安装形式标准符号见图 7.31。标注格式与标注方式见图 7.32。

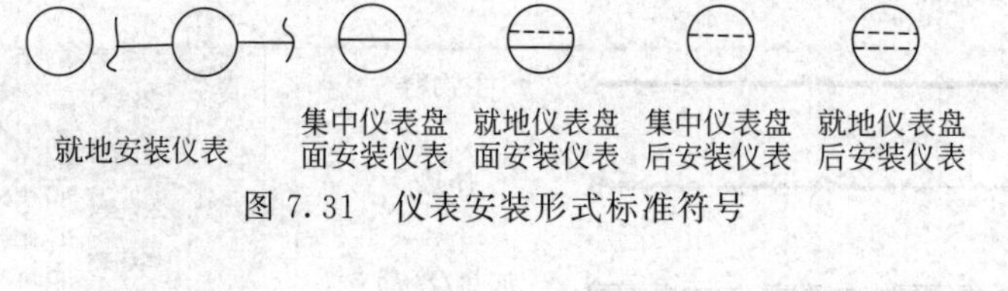

图 7.31　仪表安装形式标准符号

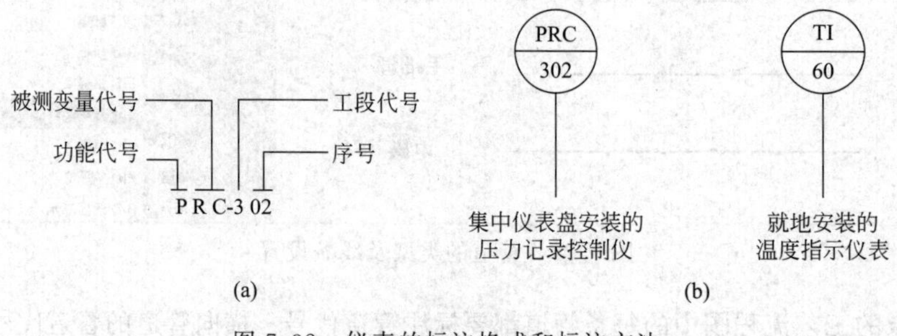

图 7.32　仪表的标注格式和标注方法

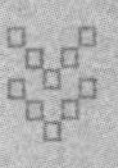

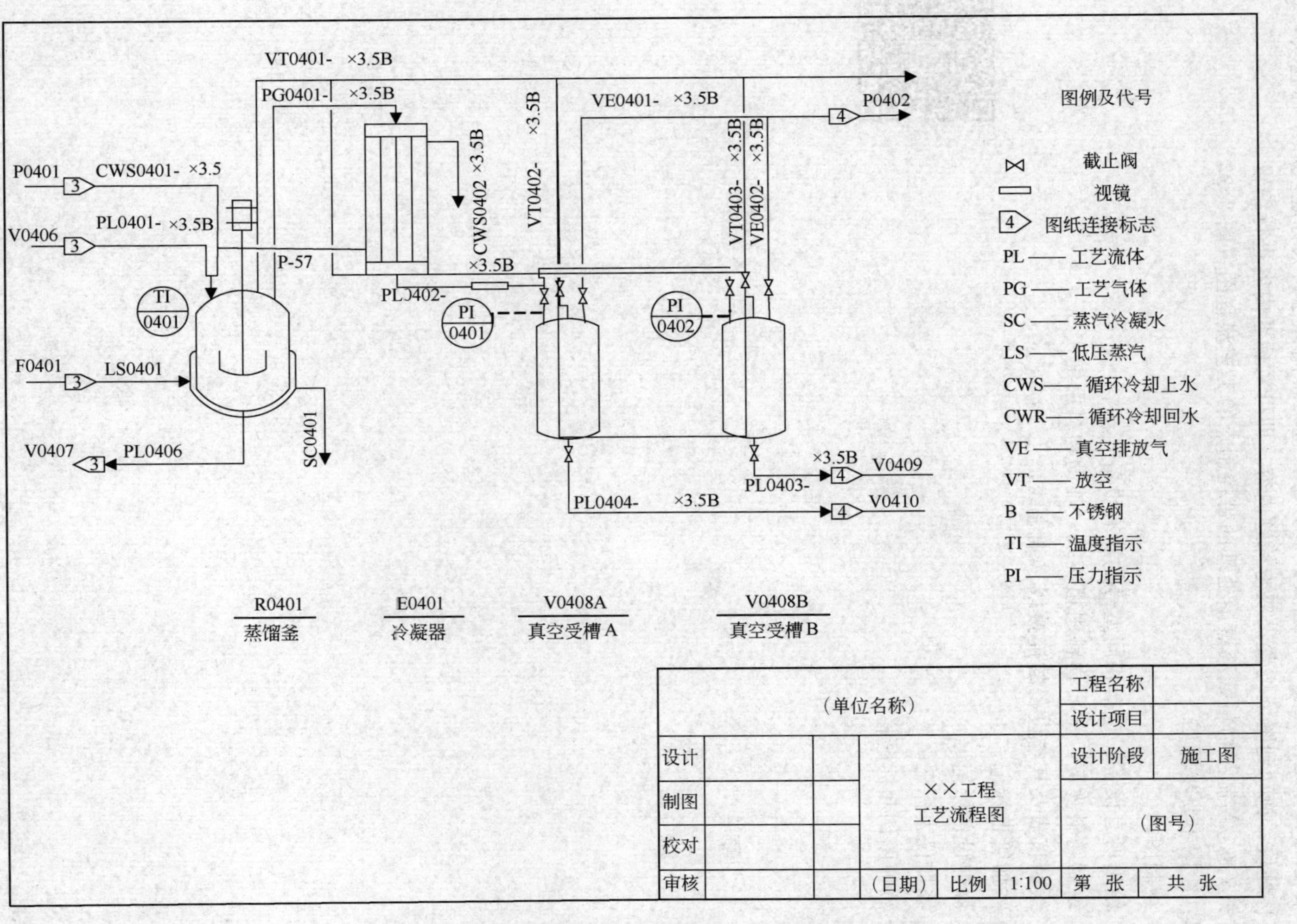

图 7.33 某物料残液蒸馏处理的带控制点的工艺流程图

⑤ 图幅和附注：带控制点的工艺流程图一般采用 A1 图幅，横幅绘制，特别简单的用 A2 图幅，不宜加宽和加长。附注应包括对流程图上采用的，除设备外的所有图例、符号、代号的说明。

⑥ 标题栏：标题栏位于【标题块】模具中，包括常用标题、大标题块和小标题块，选择所需标题块，拖动到图纸位置，双击标题内容，即可对标题内容进行编辑。

实例 7.6 绘制某物料残液蒸馏处理的带控制点的工艺流程图（图 7.33）。

解：绘图主要步骤如下。

① 绘制图框。

② 绘出所有设备，包括相同型号的所有设备。

③ 绘制物料管道，主要物料用粗实线，辅助物料用细实线。

④ 绘制仪表及其与设备的连接线（细虚线）。

⑤ 添加管道标记。

⑥ 添加设备标记。

⑦ 添加仪表标记。

⑧ 添加图例和标题栏。

第8章

ChemCAD 7在化工过程模拟中的应用

在20世纪50年代以前，化工计算工作主要依赖手工和简单的计算工具，获得复杂化工工程的严格计算结果常常需要几天甚至几个月的时间。为了减少手工计算量，只能大量使用近似的简化计算方法，由此带来较大的误差和风险。20世纪50年代开始使用计算机辅助进行某些单元过程的计算，但由于软、硬件的限制，仍限于对单个单元进行计算。20世纪60年代以来，随着高速数字计算机与过程模拟理论方法的发展，化工过程的设计计算方法发生了革命性的变化，过程模拟技术日新月异，大型过程模拟软件不断出现，开创了化工全过程严格过程模拟的新时代。当前流行的商业化化工过程模拟软件有Aspen Plus、Hysys、Pro/Ⅱ、ChemCAD等，本章对操作简便的ChemCAD进行了全面的介绍。

8.1 化工过程模拟技术

8.1.1 概述

化工过程稳态模拟又称静态模拟或离线模拟，通常所说的化工过程模拟或流程模拟多指稳态模拟。化工过程稳态模拟是根据化工过程的稳态数据（如温度、压力、流量、组成）和有关的工艺操作条件、工艺规定、产品要求以及一定的设备参数（如换热器操作温度、压力等），采用适当的模拟软件，用计算机模拟实际的稳态生产过程，得出所计算的整个流程或单元过程详细的物料平衡和能量平衡数据。其中包括人们最关心的原料消耗、公用工程消耗，产品、副产品的产量、组成和质量等重要参数。化学工程师的一项重要工作就是对化工单元与过程的物料、能量衡算等进行计算。

化工过程稳态模拟的一个特点是模拟结果与时间无关，即认为被模拟过程的所有参数，包括所有物料的压力、温度、流量及组成等参数均不随时间而变化。这也是绝大多数化工生产过程的实际情况。实际生产过程总是在相对长的一段时间内，生产和工艺指标维持相对稳定，直至原料、公用工程或设备状况发生较大的变化，此时会对相关参数进行一定调整，达到一个新的稳态。

目前，过程模拟技术与过程模拟软件已成为化学、化工专业人员的基本工具，广泛应用于化工过程的研究开发、生产过程的优化及技术改造等领域。过程模拟的主要应用有以下几种。

① 新装置的设计：化工过程稳态模拟的主要应用之一是新装置的设计。目前炼油、石化和化工装置的设计都要采用过程稳态模拟来求得整个装置的物料平衡和能量平衡。

② 旧装置改造：化工过程稳态模拟已成为旧装置改造必不可少的工具。由于旧装置的改造既涉及已有设备的利用，又可能增添必需的新设备，其设计计算往往比新装置设计烦琐。

③ 新工艺、新流程的开发研究：随着过程模拟技术的不断进步，炼油、石化和化工工业工艺新流程的开发和研究已逐渐转变为完全或部分利用模拟技术，仅在某些必要环节辅以必要的实验研究和验证。

④ 生产调优、疑难问题诊断：在生产装置调优、疑难问题诊断上，过程模拟更起着不可替代的作用。通过流程模拟，寻求最佳工艺条件，从而达到节能、降耗、增效。更有通过全系统的总体调优，以经济效益为目标函数，求得关键工艺参数的最佳匹配。

⑤ 科学研究：随着计算软件、硬件的飞速发展和科学技术的进步，过程模拟在科研工作中也发挥着越来越重要的作用，过程模拟在一定程度上取代了实验室实验。

⑥ 工业生产的科学管理：国内化工生产企业的生产管理，不少仍停留在经验型的基础上。通过过程模拟，可以比较准确地计算出化工生产装置的产品产量和公用工程消耗量。这样就为装置的生产管理提供了比较准确可靠的理论依据。

8.1.2 模拟系统的主要构成

本节主要介绍化工过程稳态模拟，这也是迄今为止最重要、使用最多的化工计算机模拟。现今的化工过程模拟软件众多，任何一个通用化工模拟系统，无论开发商是谁，也无论其软件规模和功能如何，它们的基本结构都是类似的。通用化工模拟系统指的是该模拟软件适用于任何化工流程。想要实现软件的通用化，必须有如图 8.1 所示的模拟系统结构简图。

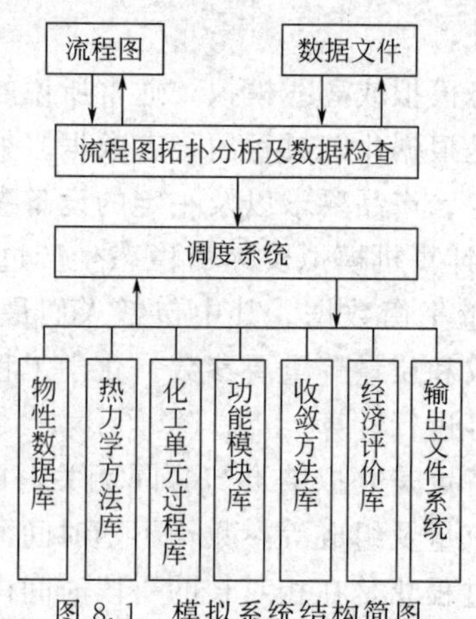

图 8.1　模拟系统结构简图

8.1.3　稳态模拟与动态模拟

过程模拟技术目前已经发展到动态模拟和实时优化，而两者的基础均是稳态过程模拟。只有在稳态模拟的数值基础上，才能运行动态模拟和实时优化。

稳态模拟的特点：描述过程对象的模型中不包括时间参数，即把过程中各种因素都看成是不随时间变化的。事实上，在实际工业过程中，物料总是以连续流动的状态在系统中传递和转化，工业参数也总是在控制许可的范围内不断波动。因此，绝对稳态在现实中是不存在的，稳态模拟只是对复杂动态过程的一种简化处理。

动态模拟的特点：描述过程对象的模型中包括时间参数，允许模拟各项过程参数随时间变化的规律。动态模拟广泛应用于各种动态过程，如装置的开、停车，过程控制、事故处理等过程特性的研究。理论和实验研究都证明，过程动态特性并非完全可以从静态特性或根据经验推断获得。对于重要的化工过程，其动态特性的模拟分析是十分必要的。稳态模拟和动态模拟的主要异同见表8.1。

表8.1　稳态模拟和动态模拟的比较

项目	稳态模拟	动态模拟
模型方程	仅有代数方程	同时有微分方程和代数方程
物料平衡方程	代数方程	微分方程
能量平衡方程	代数方程	微分方程
热力学模型	严格模型	严格模型
水力学	无水力学限制	有水力学限制

过程模拟软件可分为专用软件和通用软件。前者只能用于某一特定过程、单元的模拟，后者可用于多种过程的模拟。稳态模拟软件开发较早，经过50年的发展，已经相对成熟，计算已经相当准确、可靠，达到了无需小试、中试的水平，模拟结果可直接用于工业装置设计的水平。目前国际上主流稳态模拟软件见表8.2。相比之下，动态模拟软件开发较晚，但近年来受到广泛重视，发展迅速，已有多个商品化动态模拟软件进入市场。其中有些是单独的动态模拟软件，也有一些是在稳态模拟的基础上加上动态模拟的功能，主流动态模拟软件见表8.3。

表8.2　主流稳态模拟软件

软件名称	开发公司	软件名称	开发公司
Aspen Plus	Aspen Tech	Design Ⅱ	WinSim
Pro Ⅱ	Invensys Process Systems	HYSIM	Aspen Tech
ChemCAD	Chemstations	gPROM	Process Systems Enterprise Limited

表8.3　主流动态模拟软件

软件名称	开发公司	软件名称	开发公司
Dynamics	Aspen Tech	HYSYS	Aspen Tech
Dynsim	Invensys Process Systems	gPROM	Process Systems Enterprise Limited

8.2 ChemCAD 7 基本操作

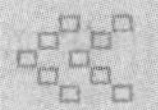

8.2.1 ChemCAD 简介

（1）ChemCAD 的模块

ChemCAD 是由多个模块组成的，ChemCAD 7 包含的主要模块及功能见表 8.4。

表 8.4 ChemCAD 7 包含的主要模块及功能

模块	功能
ChemCAD	用于流程模拟、物理性质计算、设备尺寸计算、成本计算和其他化学工程计算
CC-BATCH	用于模拟间歇精馏塔
CC-ReACS	用于模拟间歇反应器系统
CC-DCOLUMN	用于一般动态精馏塔的模拟
CC-THERM	对换热器进行详细的设计、核算和模拟

① ChemCAD 用于模拟稳态过程。工程师使用此模块可以进行工艺计算，增大生产率；设计出更有效的新工艺，使设备效益最大化；通过优化/脱瓶颈改造减少费用及资金消耗；评估新建/旧装置对环境的影响，通过维护物性和实验室数据的中心数据库支持公司信息系统。

② CC-BATCH 用于模拟间歇精馏的模块。工程师使用此模块可以建立已有间歇精馏塔模型；为现有生产开发替代工艺；设计新设备；快速预测三元共沸物。

③ CC-ReACS 用于模拟间歇反应器的模块。使用此模块可以模拟实验室的放大，收率优化，毒性分析和控制；与 CC-DCOLUMN 一起，可以严格模拟反应/精馏组合系统；模块中的速率回归工具能从引入的实验数据中确定速率常数；提供一个全面、实用、经过现场测试的 DIERS（紧急泄放系统设计）分析工具。

④ CC-DCOLUMN 用于进行动态模拟。可进行开车模拟；维护流程的安全；指定控制策略。

⑤ CC-THERM 用于模拟换热器。主要用于管壳式换热器的设计和核算，应用范围包括一般的换热器、冷凝器、再沸器、蒸发器等。

（2）ChemCAD 提供的单元操作

ChemCAD 提供的单元操作有 50 多种，见表 8.5。

表 8.5 ChemCAD 包含的单元操作

类型	内容
稳态单元操作	精馏：精馏、汽提、吸收、萃取、共沸、三相共沸、共沸精馏、电解质精馏、反应精馏 含固相处理单元：结晶罐、离心机、旋风分离器、湿式旋风分离器、文丘里洗涤器、袋式过滤机、真空过滤机、压碎机、研磨机、静电收集器、干燥机、洗涤器、沉降分离器 反应器：平衡控制反应器、速率控制反应器、化学计量反应器、Gibbs 自由能反应器 交换器：膨胀机、压缩机、泵、加热炉、控制器、涡轮机、管线模拟器、压力容器、汽液分离槽、组分分离器、具有夹点分析功能的 LNG 换热器、管壳式换热器
动态单元操作	动态精馏塔、动态反应器、动态缓冲罐、动态三相分相槽、换热器、混合器、分流器、一般阀、流量控制阀、PID 控制器、On-Off 控制器、斜坡控制器、Excel 控制器、时间延迟及时间转换控制模组、记录器

(3) ChemCAD提供的热力学方法

ChemCAD的热力学和传递性质包具有以下功能。

① 多过程系统提供了计算“K”值、焓、熵、密度、黏度、热导率和表面张力的多种选择。

② 提供了大量的最新的热平衡和相平衡的计算方法，包含39种“K”值计算方法、14种焓计算方法。这些计算方法可以应用于天然气加工厂、炼油厂及石油化工厂，包括直链烃及电解质、盐、胺、酸水等特殊体系。

③ 热力学数据库收集有8000多对二元交互作用参数，供NRTL、UNIQUAC、MARGULES、WILSON和VAN LAAR等活度系数方法来使用。也可采用ChemCAD提供的回归功能回归二元交互作用参数。

④ 提供了热力学专家系统帮助用户选择合适的“K”值和焓值计算方法。

⑤ 可以处理多相系统，也可以考虑气相缔合的影响。ChemCAD有处理固相的功能。对含氢系统，ChemCAD采用一种特殊方法进行处理，可以可靠预测含氢混合物的反常泡点现象。

⑥ 对于不同单元或不同塔板可以应用不同的热力学方法或不同的二元交互作用参数。

8.2.2 ChemCAD用户界面

ChemCAD界面大致可分为标题栏、菜单栏、工具栏、状态栏及视图区等功能区，见图8.2。

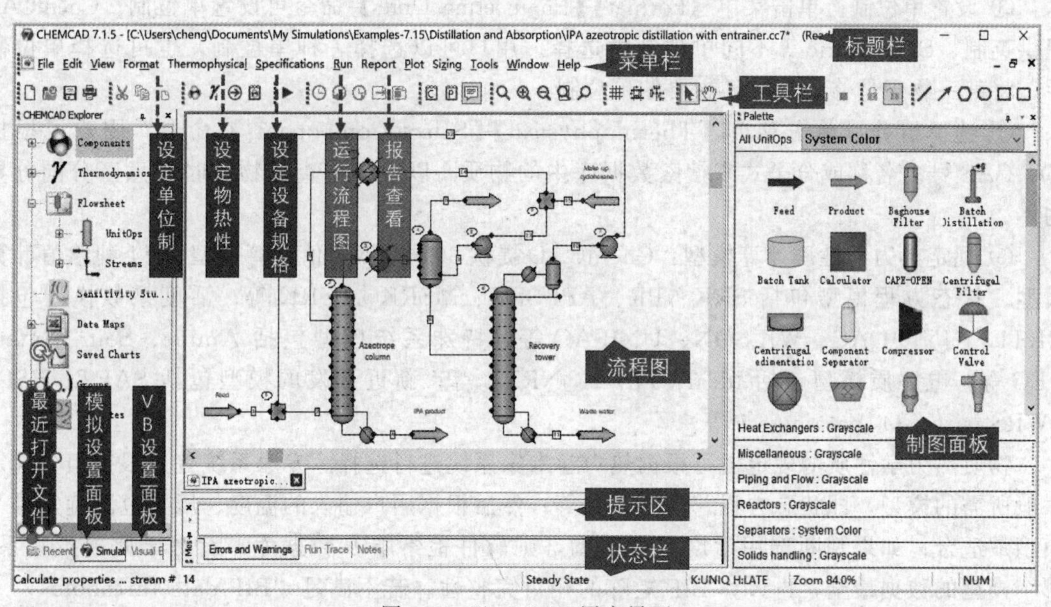

图8.2　ChemCAD用户界面

最上面的一行为标题栏，包括ChemCAD的图标及版本信息，右边为Windows最小化、还原及关闭按钮。

第二行为菜单栏，包含【File】、【Edit】、【View】和【Format】等13个菜单，每一个菜单项都对应一个下拉菜单。【File】菜单用于新建文件、打开文件、输出及打印等，【View】菜单用于工具栏和状态栏的开启与关闭等。

工具栏位于菜单栏下方，包含了一些常用的工具和操作按钮。中间为视图区。最下方一行为状态栏。

右侧为制图面板，将单元操作按【Heat Exchanges】、【Piping and Flow】、【Reactors】等分为8类。图8.3为【Reactors】包含的反应器图标，绘制流程图时，只需将相应的单元图标拖到流程输入区即可。

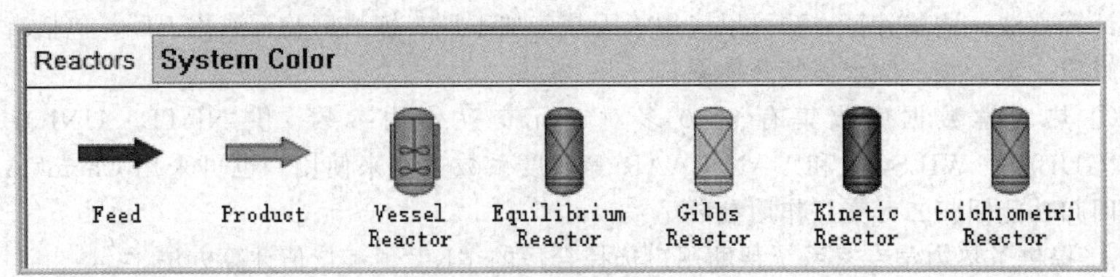

图8.3　反应器类单元操作

8.2.3　ChemCAD流程模拟的一般步骤

使用ChemCAD进行流程模拟的一般步骤如下。

① 启动ChemCAD，建立新的模拟文件或打开已有文件进行修改。

② 绘制流程图：将所需单元操作模块从制图面板拖入绘图区，并用物料线（管道）相连。

③ 设置单位制：单击菜单【Format】-【Engineering Units】命令可设置单位制。ChemCAD提供英制、SI、Metric等不同单位制供选择。用户可以选择一种单位制，也可选择单位制后，将某一物理量修改为自己想要的单位制。

④ 选择组分：单击菜单【Thermophysical】-【Select Components】命令，用户可根据ID、CAS号、名称或分子式来搜索数据库中的物质。以分子式查询物质时注意区分同分异构体。

⑤ 规定热力学性质计算模型：ChemCAD提供39种“K”值计算模型和14种焓值计算模型。状态方程模型包括SRK、PR、API-SRK、MSRK、PSRK等；活度系数模型包括NRTL、UNIQUAC、WILSON、UNIFAC等；特殊系统模型包括Amine、Sour Water、TEG等；电解质模型包括Ideal、Pitzer、NRTL等；新近开发的模型包括SAFT、ESD、BWRS with CO_2 parameters等。

物质热力学性质的规定也可根据热力学专家系统进行选择。专家系统首先根据组分确定一般所需的模型，即状态方程、活度系数等；然后根据用户输入的温度、压力范围确定哪个模型最适合；如果判断选用活度系数模型，则软件检索BIP数据库，看对于此模拟物系，哪个模型的数据最全，再计算BIP矩阵的相对完整性。若不满足“BIP data threshold”，专家系统建议选用“UNIFAC”。

⑥ 给定进料：进料对话框中的温度、压力和气相分率三项中必须且只能输入两项，第三项由系统根据相平衡给出。如果“Comp unit”为质量或摩尔流量，则“Total flow unit”自动与“Comp unit”一致且不需输入“Total flow”的值；若“Comp unit”为质量或摩尔分数，则必须输入“Total flow”的值。【Flash】按钮的作用：查看物流泡点、露点，若已输入T、P、Vapor Fraction中的两项，单击【Flash】按钮，软件将计算出第三项的值。

⑦ 给定设备参数：单击菜单【Specifications】命令，选择【Edit UnitOps】下的【Select UnitOps】选项，或在流程中直接双击设备图标，就会打开设备参数对话框。

⑧ 运行模拟：单击菜单【Run】命令，选择【Run all】选项，或者单击工具栏中的按钮，开始运行模拟。

⑨ 查看结果：打开【Results】窗口，选择【UnitOps】选项，打开写字板，查看计算结果。

⑩ 生成输出文件：ChemCAD提供了报告和PFD两种输出文档的方式。报告用报表的形式显示结果；而PFD（工艺流程图）是一张图，包含流程图和流股信息、设备信息及用户所需的其他信息。

对于大多数的模拟过程，基本上是按以上顺序进行的，但也不一定完全遵循上面的步骤。

8.3 使用ChemCAD 7进行流程模拟实例

8.3.1 闪蒸单元模拟

实例8.1 一组含苯、甲苯和邻二甲苯的物料，在1atm下绝热闪蒸，要求计算闪蒸后气、液相物料的温度、压力和组成。原料的组成和状态参数见图8.4。

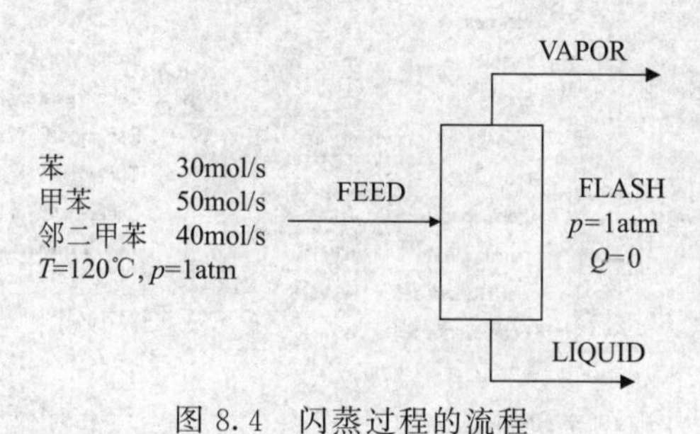

图8.4　闪蒸过程的流程

问题分析：该问题是一个模拟型问题，已知模拟所需的物料参数和设备参数，故可根据8.2节描述的步骤使用ChemCAD对该问题进行模拟计算。

解：① 建立新的模拟文件。启动ChemCAD，进入ChemCAD的主工作窗口，在主窗口的视图区显示有制图面板，此时可以绘制流程图。

② 绘制流程图。在制图面板上相应的设备分类中找到所需设备图标，用鼠标左键单击图标，此时屏幕上的鼠标指针就会变成图标的形式，移动图标至屏幕上适宜的位置，再次单击鼠标左键，此时图上就会增加一个相应的设备。

这里选用Flash单元操作模型。在制图面板上的【Separator】中找到【Flash】图标，在图标上单击鼠标左键，鼠标指针变成一个闪蒸罐，在视图区再次单击鼠标左键，为流程图添加一个Flash单元操作。

再依照上面的操作步骤为流程图添加一个进料口（FEED＃1 ）和两个出料（PRODUCT＃1 ）口；在进料口（FEED＃1 ）的红点上按下鼠标左键，拖动至 Flash 单元操作上的蓝色点松开鼠标左键，产生物料线将物料和设备联系起来。添加完成后的视图区见图 8.5。

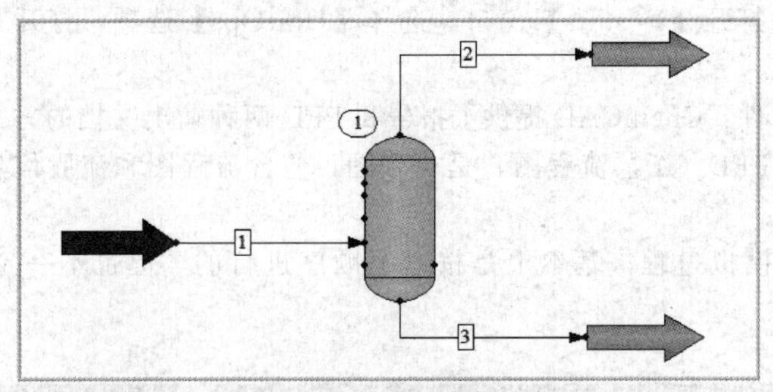

图 8.5　FLASH 模型的流股连接

③ 选择单位。单击菜单【Format】命令，选择【Engineering units】选项，会出现工程单位对话框。在此选择“SI”，单击对话框底部的【Formal SI】按钮，各个量的单位就会换成国际单位制。打开对话框中压力的单位下拉菜单，将压力的单位改为“atm”，温度单位改为℃，时间单位改为秒（s），物质的量单位改为摩尔（mol），完成后的对话框见图 8.6，单击【OK】按钮保存。

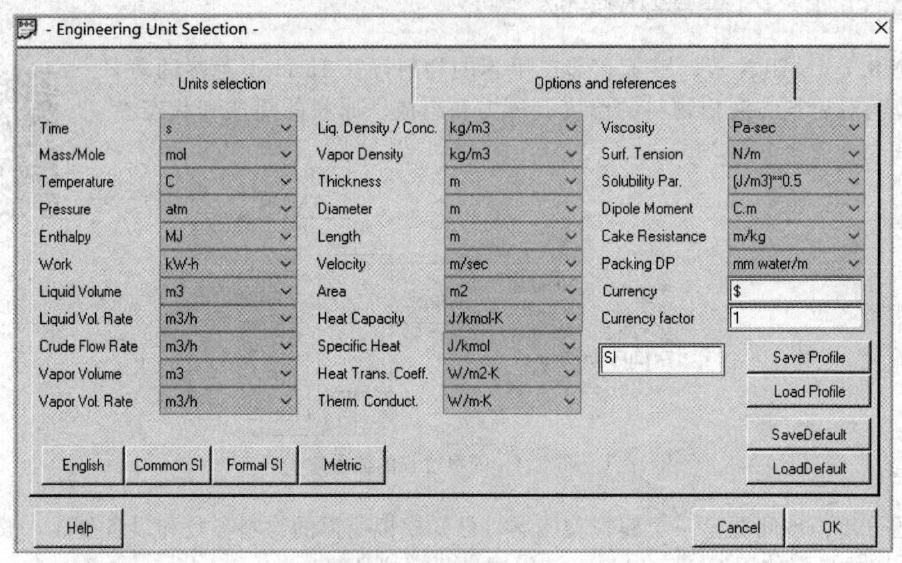

图 8.6　单位选择对话框

④ 选择组分。下面确定流程中所需的组分。单击菜单【Thermophysical】-【Component list】命令，或者单击工具栏中的按钮，就会出现选择组分对话框。首先选择苯，单击左侧 ChemCAD 标准组分数据库中的苯组分，或者直接在左侧靠下的搜索选项中输入“C6H6”，分子式为 C_6H_6 的组分就会出现（同分异构体，ID 均为 40），根据组分名称，选择苯（双击此行）或单击此行，再单击中间的添加按钮（>），就可以把苯添加到右侧的组分列表中。按照前面的方法，依次选择所有进料组分，选择完成后的对话框见图 8.7，完成后单击【OK】按钮保存。

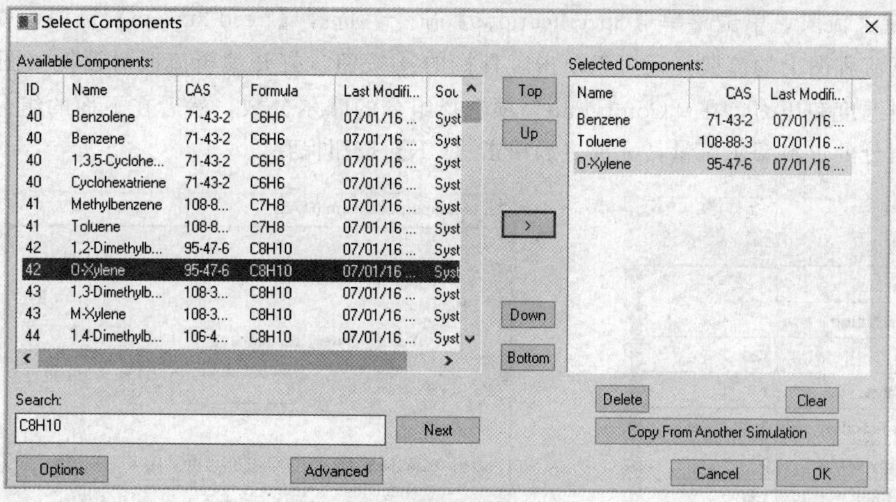

图 8.7　选择组分对话框

注意：用户在“Search”空格区输入要搜索的组分时，光标第一个定位与搜索匹配的组分不一定是用户想要的组分，此时用户可单击右侧的【Next】按钮，光标就会自动跳到下一个搜索结果。

⑤ 选择热力学性质计算模型（SRK 方法）。热力学选项的基本含义就是选择用于计算气-液相平衡和用于计算热平衡的模型或方法，也就是选择“K”值模型和焓值模型。

单击菜单【Thermophysical】命令，单击【Thermodynamic Settings】选项，或单击工具栏中的按钮，打开【Thermodynamic Settings】对话框。本实例选择“SRK”方法。在【K-value Models】选项卡中，选择“Global K-value Model”中的“SRK”，其他选项按缺省值，见图 8.8。

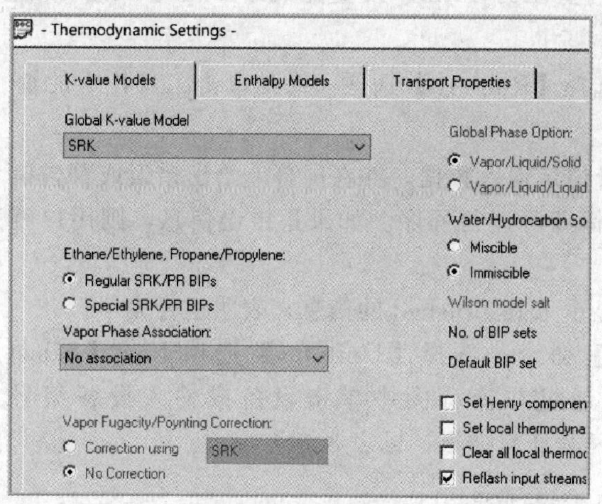

图 8.8　K 值选项框

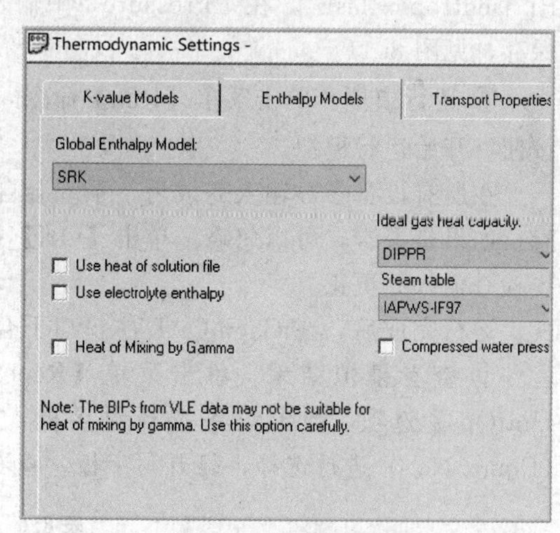

图 8.9　焓值选项框

然后选择焓值模型，选择【Thermodynamic Settings】对话框中的【Enthalpy Models】选项卡，会弹出焓值选项框，可以看到，“SRK”方法已经处于选择状态，见图 8.9，单击【OK】按钮保存。这是由于在 ChemCAD 中，系统自动将焓值计算模型同“K”值计算模型设为相同，当然，用户也可自己改变设置。本实例中，采用与“K”值模型相同的焓值计算方法。

⑥ 定义流股。单击菜单【Specifications】命令，选择【Feed stream】选项，或直接用鼠标双击流程图上的流股，还可以单击工具栏的➔按钮，打开编辑流股对话框（图 8.10）。输入进料温度和压力，在“Comp unit”项选择组分的摩尔分数，然后在下面的组分栏依次输入各组分的进料摩尔流量，完成之后单击【OK】按钮保存。

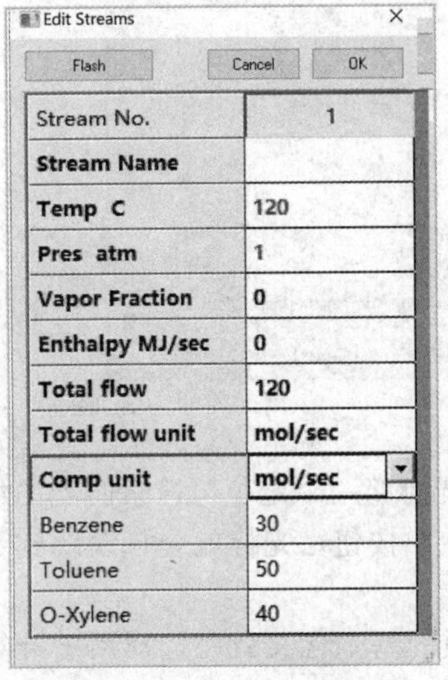

图 8.10 定义进料流股

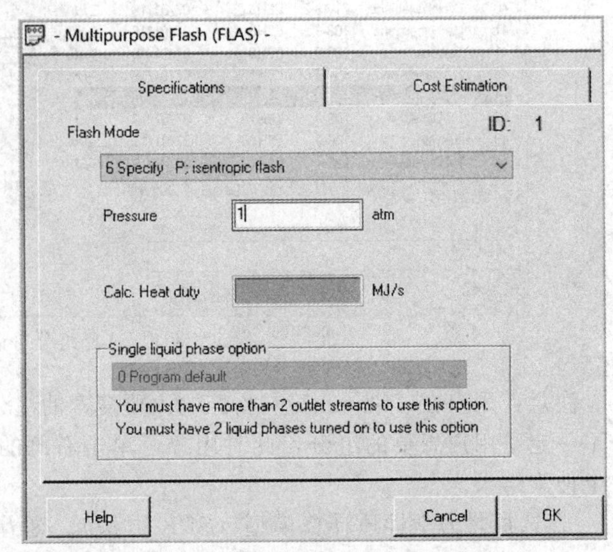

图 8.11 单元模型 Flash 输入界面

⑦ 输入设备参数。单击菜单【Specifications】命令，选择【Select UnitOps】选项，或是在流程图上双击闪蒸器图标，打开设备参数对话框。

根据设计要求，该操作为指定压力下的绝热闪蒸，在“Flash Mode”下选择“6 Specify P；isentropic flash”，在“Pressure”中输入闪蒸压力 1atm。设置完成后单击【OK】按钮保存，见图 8.11。

⑧ 运行模拟。单击菜单【Run】命令，选择【Run All】选项，或是单击工具栏中的▶按钮，开始运行模拟。

在所有设备参数输入完成后，系统会自行核定输入数据，并在屏幕上给出错误或警告信息。如果是警告，可以忽略，单击【OK】按钮即可运行程序。如果是错误信息，则用户就要检查输入并更正。

运行完成后，在 ChemCAD 主窗口下会显示 Run finished 的信息，表明运行完毕。

⑨ 查看模拟结果。单击菜单【Report】命令，选择【UnitOps】选项下的【Select UnitOps】选项，弹出设备选择对话框，可通过在流程图中单击设备或输入设备编号（Equip. No.）进行选择，打开写字板，查看闪蒸计算结果，见表 8.6。

表 8.6 闪蒸计算结果

EQUIPMENT SUMMARIES			
Flash Summary			
Equip. No.	1	K values：	
Name		Benzene	2.816
Flash Mode	6	Toluene	1.275
Param 1	1	O-Xylene	0.504

单击菜单【Report】命令，选择【Stream Reports】选项下的【All Streams】选项，所得流股计算主要结果见表 8.7。

表 8.7 流股计算主要结果

StreamNo.	1	2	3
StreamName			
TempC	120.0000 *	120.0000	120.0000
Presatm	1.0000 *	1.0000	1.0000
EnthMJ/sec	6.3556	6.0678	0.28783
Vapormolefrac.	0.81349	1.0000	0.00000
Totalgmol/sec	120.0000	97.6190	22.3810
Totalg/sec	11197.1504	8991.2959	2205.8540
TotalstdLm^3/h	45.8419	36.8240	9.0179
TotalstdVm^3/h	9682.70	7876.79	1805.90
Flowratesing/sec			
Benzene	2343.4202	2167.0054	176.4147
Toluene	4607.0498	3904.7131	702.3365
O-Xylene	4246.6802	2919.5774	1327.1028

采用同样的方法，可查看【Report】菜单下的其他计算结果。

8.3.2 精馏塔单元模拟

实例 8.2 用简捷塔模拟脱戊烷塔的设计计算。

液相进料的压力为 $p=0.602\text{MPa}$，温度为 $T=341.15\text{K}$，流率为 $F=44.988\text{kmol/h}$，进料的组成及组分见表 8.8，塔顶压力为 0.456MPa，整个塔的压降为 0.05MPa。

表 8.8 进料的组成及组分

序号	名称	分子式	摩尔分数	序号	名称	分子式	摩尔分数
1	丙烷	C_3H_8	6.5×10^{-6}	5	正丁烷	C_4H_{10}	0.07505
2	异丁烷	C_4H_{10}	2.445×10^{-4}	6	反-2-丁烯	C_4H_8	0.26466
3	异丁烯	C_4H_8	1.371×10^{-3}	7	顺-2-丁烯	C_4H_8	0.41346
4	1-丁烯	C_4H_8	1.878×10^{-3}	8	戊烷	C_5H_{12}	0.24333

规定轻重关键组分分别为顺-2-丁烯和戊烷，塔顶产品中轻重关键组分的分离效率为 0.999 和 0.001，并规定回流比为 1.6。

解：采用 Peng-Robinson（PR）方程和 UNIQUAC 模型两种“K”值模型进行设计计算，确定并对比两种情况下的最小回流比、最小理论板数及适宜进料位置；分析热力学模型为 PR 方程时回流比的变化对理论板数及进料位置的影响。

模拟步骤如下。

（1）开始新的模拟

要创建一个新的模拟，单击菜单【File】下的【New】命令，就会出现一个新的模拟主窗口，在主窗口的视图区显示有制图面板，现在就可以绘制流程图了。

（2）绘制流程图

在这里选用【Shortcut】单元操作模型。在制图面板的【Separators】栏找到【Shortcut】图标，在图标上单击鼠标左键，鼠标指针变成精馏塔的形状，在视图区再次单击鼠标左键，为流程图添加一个【Shortcut】单元操作。

在制图面板上找到进料图标，用鼠标左键单击图标，此时鼠标指针就会变成进料图标的形式，移动鼠标指针至屏幕上适宜的位置，再次单击鼠标左键，即可在流程图上添加一股进料（FEED）。用同样的方法添加两股出料（PRODUCT）。添加图标完成后的视图区见图8.12(a)。

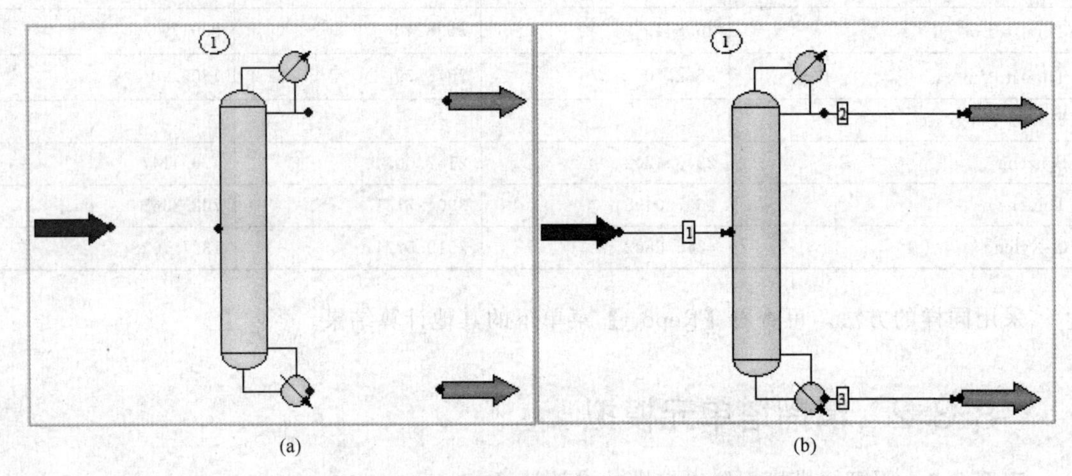

图 8.12　添加完图标的视图区和脱戊烷精馏塔

设备添加完成后，就可以画流股了。单击制图板上的流股图标，鼠标指针就会变成一个手形（ ），当十字架接近设备时，设备图标上就会出现可以绘制流股的位置标志。注意：对每个流股，必须由一个单元流出（红点位置标志），然后流入另一个单元（蓝点位置标志）。画流股时，在流股开始的位置单击鼠标左键，移动至流股结束的位置时，再次单击鼠标左键，即完成一个流股。用同样的方法绘制其他流股。流股完成后，ChemCAD 会为绘制的流股自动编号。

用户还可以为流程图添加文字说明，单击制图面板上的文本图标**T**，在进料位置可输入进料的温度和压力。用户还可以对流股名称进行编辑，选择需编辑流股，使用鼠标右键单击并选择【Edit Name】，就会弹出流股命名对话框，填入流股名称即可。完成的流程图见图 8.12(b)。

（3）选择工程单位

单击菜单【Format】命令，选择【Engineering】-【Engineering units】选项，会出现工程单位选择对话框。这里选择“SI”，单击对话框底部的【Formal SI】按钮，各物理量的单位就会换成国际单位。打开对话框中压力的下拉菜单，选择“MPa”，完成后的对话框见图 8.13，单击【OK】按钮保存。

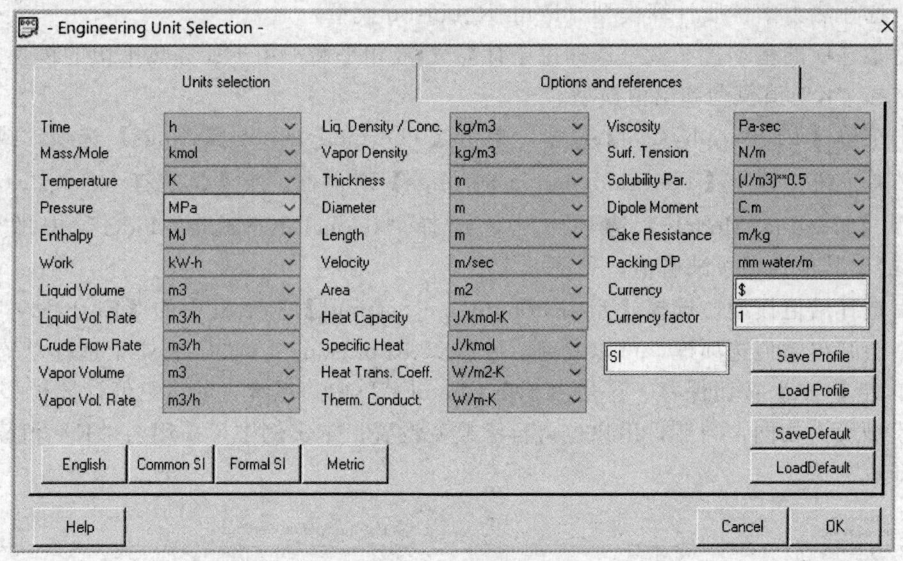

图 8.13 工程单位对话框

（4）选择组分

下面来确定流程中所需的组分。单击菜单【Thermophysical】-【Component list】选项，或者单击工具栏中的按钮，就会出现选择组分对话框。首先选择丙烷，单击左侧ChemCAD标准组分数据库中的丙烷组分，或者直接在左侧靠下的搜索选项中输入C3H8，分子式为 C_3H_8 的组分就会出现（同分异构体，ID均为4），根据组分名称，选择丙烷（双击此行）或单击此行，再单击中间的【添加】按钮（>），就可以把丙烷添加到右侧的组分列表中。按照前面的方法，依次选择所有进料组分，选择完成后的对话框见图8.14，单击【OK】按钮保存。

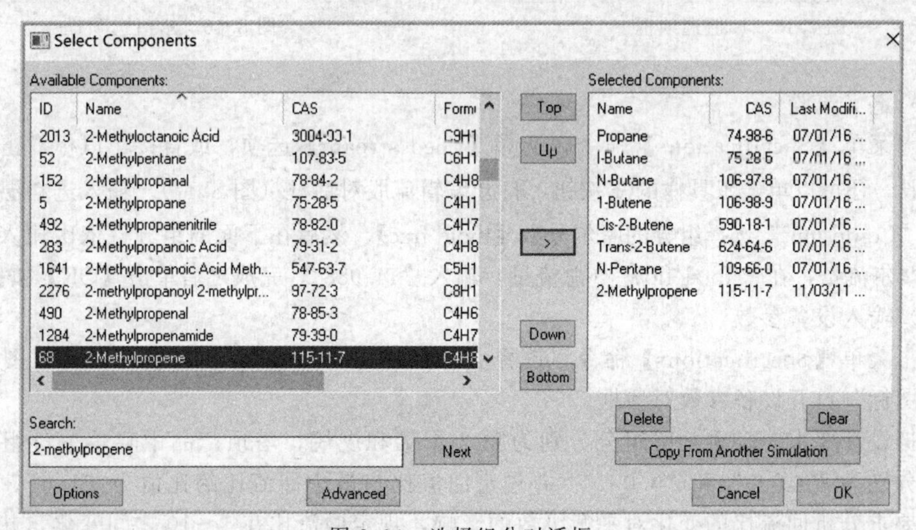

图 8.14 选择组分对话框

注意：用户在“Search”空格区输入要搜索的组分时，光标第一个定位与搜索匹配的组分不一定是用户想要的组分，此时用户单击右侧的【Next】按钮，光标就会自动跳到下一个搜索结果，依次搜索需要的组分。

（5）选择热力学性质计算模型（Peng-Robinson 模型）

热力学选项的基本含义就是选择用于计算气-液相平衡和用于计算热平衡的模型或方法，也就是选择“K”值模型和焓值模型。

单击菜单【Thermophysical】命令，单击【Thermodynamic Settings】选项，或单击工具栏中的按钮，打开【Thermodynamic Settings】对话框。本实例选择“Peng-Robinson”方法，在【K-value Models】选项卡中，选择“Global K-Value Model”中的“Peng-Robinson”，其他选项按缺省值，见图 8.15。

然后选择焓值模型，选择【Thermodynamic Settings】对话框中的【Enthalpy Models】选项卡，会弹出焓值选项框，可以看到，“Peng-Robinson”方法已经处于选择状态，见图 8.16，单击【OK】按钮保存。这是由于在 ChemCAD 中，系统自动将焓值计算模型同“K”值计算模型设为相同，当然，用户也可自己改变设置。本实例中，采用与“K”值模型相同的焓值计算方法。

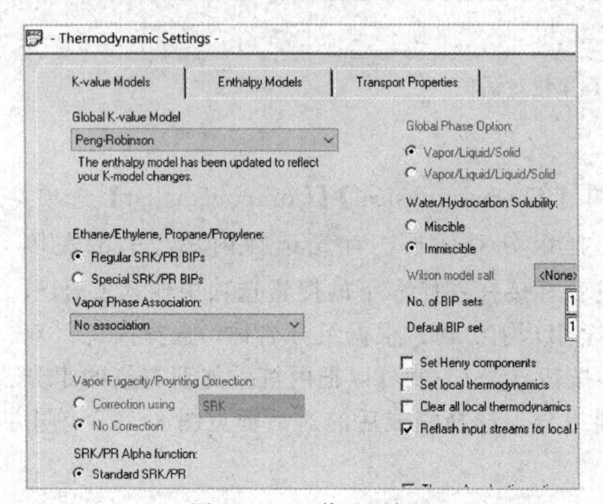

图 8.15　K 值选项框

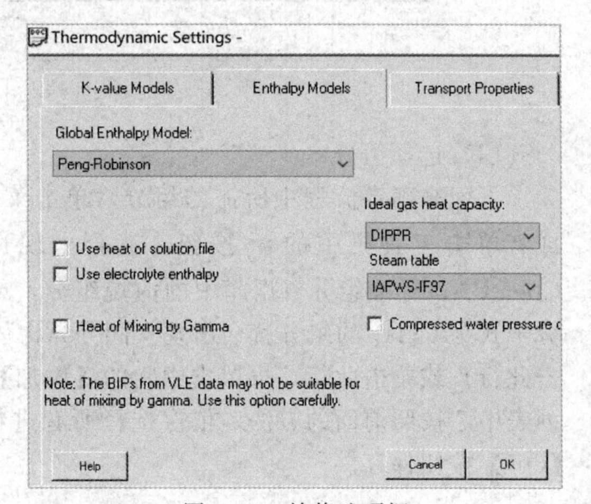

图 8.16　焓值选项框

（6）定义流股

单击菜单【Specifications】命令，选择【Feed stream】选项，或直接用鼠标双击流程图上的流股，还可以单击工具栏的按钮，打开编辑流股对话框（图 8.17）。输入进料温度和压力，在“Comp unit”选择组分的摩尔分数【mole frac】，然后在下面的组分栏依次输入各组分的进料摩尔流量，在“Total flow”（总流量）输入“44.988”，完成之后单击【OK】按钮保存。

（7）输入设备参数

单击菜单【Specifications】命令，选择【Select UnitOps】选项，或是在流程图上双击精馏塔图标，打开设备参数对话框。

根据设计要求，轻重关键组分分别为顺-2-丁烯和戊烷，塔顶产品中轻重关键组分的分离效率分别为“0.999”和“0.001”。并规定回流比与最小回流比的比值为“1.6”。在本实例中，要求分析回流比的变化对平衡级数的影响，规定回流比在 1～10 之间变化，并在中间取 10 个点。规定完成后单击【OK】按钮保存，见图 8.18。

（8）运行模拟

单击菜单【Run】命令，选择【Run All】选项，或是单击工具栏中的按钮，开始运行模拟。

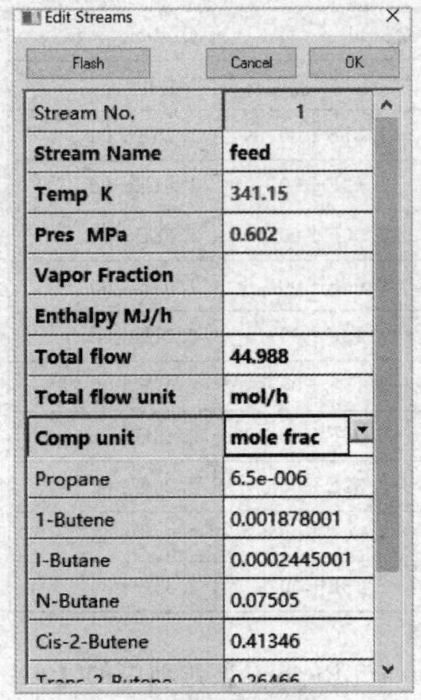

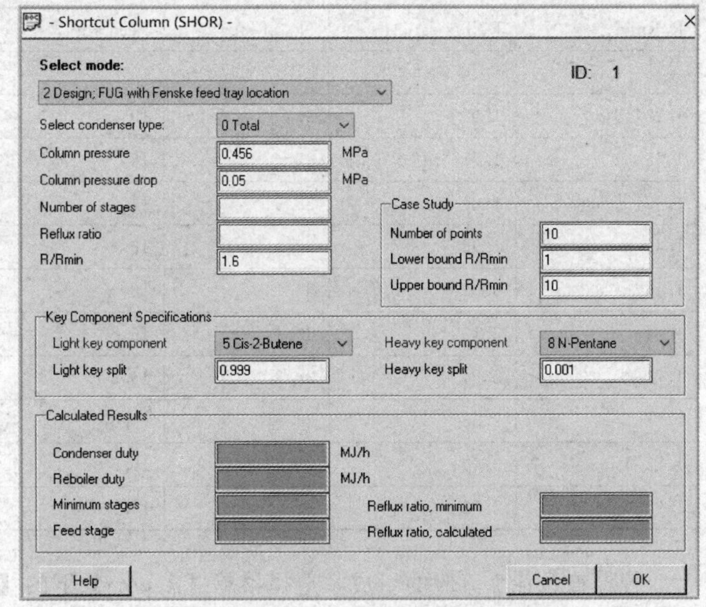

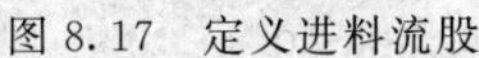
图 8.17 定义进料流股

图 8.18 简捷塔设计规定屏

在所有设备参数输入完成后，系统会自行核定输入数据，并在屏幕上给出错误或警告信息。如果是警告，可以忽略，单击【OK】按钮即可运行程序。如果是错误信息，则用户就要检查输入并更正。

运行完成后，在 ChemCAD 主窗口下会显示 Run finished 的信息，表明运行完毕。

（9）查看模拟结果

单击菜单【Report】命令，选择【UnitOps】下的【Select UnitOp】选项，弹出设备选择对话框，可通过在流程图中单击设备或输入设备编号（Equip. No.）选择的操作，打开写字板，查看简捷塔的计算结果，见表 8.9。

表 8.9 简捷塔的计算模拟结果

EQUIPMENT SUMMARIES			
Shortcut Distillation Summary			
Equip. No.	1		
Mode	2	Condenser duty MJ/h	−2.1578
Light key component	5	Reboiler duty MJ/h	2.0372
Light key split	0.999	Colm pressure MPa	0.456
Heavy key component	8	Reflux ratio, minimum	1.3119
Heavy key split	0.001	Calc. Reflux ratio	2.099
R/Rmin	1.6	Number of points	10
Number of stages	30.574	Lower bound R/Rmin	1.28
Min. No. of stages	17.853	Upper bound R/Rmin	1.92
Feed stage	15.787	Colm pressure drop	0.05
Shortcut Distillation # 1 Case Studies:			

续表

R/Rmin	Reflux ratio	No. of stgs	Feed stg	Qcond	Qreb
				MJ/h	MJ/h
1.28	1.68	37	19	−1.87E+00	1.75E+00
1.35	1.77	35	18	−1.93E+00	1.81E+00
1.42	1.87	33.5	17.2	−2.00E+00	1.88E+00
1.49	1.96	32.2	16.6	−2.06E+00	1.94E+00
1.56	2.05	31.1	16	−2.13E+00	2.01E+00
1.64	2.15	30.1	15.6	−2.19E+00	2.07E+00
1.71	2.24	29.3	15.2	−2.26E+00	2.13E+00
1.78	2.33	28.6	14.8	−2.32E+00	2.20E+00
1.85	2.42	28	14.5	−2.39E+00	2.26E+00
1.92	2.52	27.5	14.2	−2.45E+00	2.33E+00

若想查看各个流股的组成，选择菜单【Report】下的【Stream Reports】选项中的【All Streams】命令，或是单击工具栏中的C按钮，则所有流股的组成见表8.10。

表8.10 简捷塔模拟脱戊烷塔三个流股的组成

STREAM PROPERTIES							
Stream No.	1	2	3	Stream No.	1	2	3
Name	feed			Name	feed		
--Overall--							
Molar flow gmol/h	44.988	34.027	10.9606	Std. sp gr. wtr=1	0.62	0.616	0.631
Mass flowg/h	2706.5886	1916.17	790.4136	Std. sp gr. air=1	2.077	1.944	2.49
Temp K	341.15	322.89	366.1582	Degree API	96.5556	98.0848	92.8484
Pres Mpa	0.602	0.456	0.506	Average mol wt	60.1625	56.3127	72.114
Vapormole fraction	0.09439	0	0	Actualdens kg/m^3	124.0245	574.445	544.94
Enth MJ/h	−2.983	−1.3409	−1.7627	Actual vol m^3/h	0.0218	0.0033	0.0015
Tc K	443.1612	431.96	469.5993	Std liqm^3/h	0.0044	0.0031	0.0013
Pc MPa	4.0317	4.0805	3.3718	Std vap 0 C m^3/h	1.0083	0.7627	0.2457
--Vapor only--							
Molar flow gmol/h	4.2465			Stdvap0 C m^3/h	0.0952		
Mass flowg/h	247.8112			Cp J/kmol-K	104478		
Average mol wt	58.3564			Z factor	0.8702		
Actual dens kg/m^3	14.2354			Visc Pa-sec	9.05E-06		
Actual vol m^3/h	0.0174			Th cond W/m-K	0.0195		
Std liqm^3/h	0.0004						

续表

--Liquid only --							
Molar flow gmol/h	40.7415	34.0274	10.9606	Stdvap 0 C m^3/h	0.9132	0.7627	0.2457
Mass flowg/h	2458.7	1916.17	790.4136	Cp J/kmol-K	154529	136223	197062
Average mol wt	60.3507	56.312	72.114	Z factor	0.0226	0.0163	0.0216
Actual dens kg/m^3	556.921	574.44	544.94	Visc Pa-sec	0.00014	0.00014	0.000145
Actual vol m^3/h	0.0044	0.0033	0.0015	Th cond W/m-K	0.096	0.1021	0.0889
Std liqm^3/h	0.004	0.0031	0.0013	Surf. tens. N/m	0.0088	0.0102	0.0084
Flow rates in g/h							
Propane	0.0129	0.0129	0	Cis-2-Butene	1043.6316	1042.5	1.0436
1-Butene	4.7403	4.7402	0.0001	Trans-2-Butene	668.0393	667.7195	0.3198
I-Butane	0.6393	0.6393	0	2-Methylpropene	3.4606	3.4605	0.0001
N-Butane	196.2436	196.22	0.0188	N-Pentane	789.821	0.7898	789.03

(10) 选择UNIQUAC热力学模型

下面更换热力学模型，在模拟状态下，单击菜单【Thermophysical】命令，选择【Thermodynamic Settings】选项，在【K-value Models】选项卡中将Peng-Robinson方程改为“UNIQUAC”模型，见图8.19。

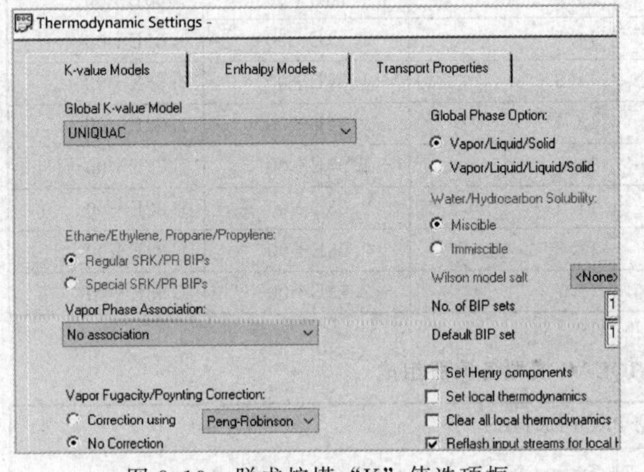

图8.19　脱戊烷塔“K”值选项框

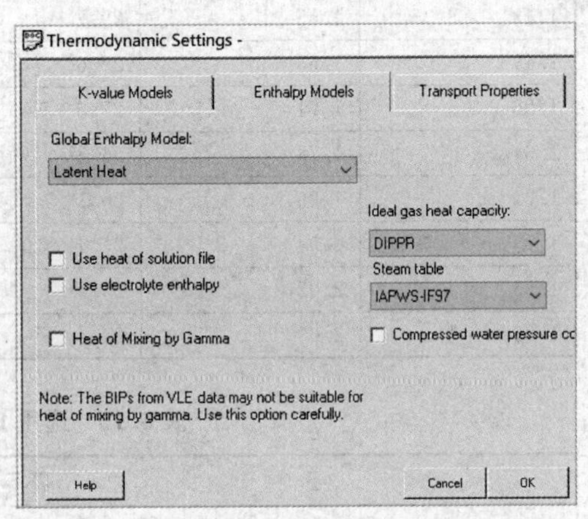

图8.20　脱戊烷塔焓值选项框

单击保存后，会出现一个UNIQUAC参数设置对话框，用户可更改其中的值，在此不做更改，单击【OK】按钮即可。此时系统会提示是否重新初始化，选择【OK】按钮。

选择焓值模型，单击【Enthalpy】按钮，焓值模型选用“Latent Heat”方程，见图8.20。

(11) 定义设备参数

简捷塔的设备参数见图8.18，完成后单击【OK】按钮保存。

(12) 运行模拟

单击菜单【Run】命令，选择【Run All】选项，或是单击工具栏中的▶按钮，开始运行模拟。

（13）查看结果

结果见表8.11、表8.12。

表8.11　选用UNIQUAC模型的简捷塔设计计算结果

EQUIPMENT SUMMARIES					
Shortcut Distillation Summary					
Equip. No.	1				
Mode		2	Condenser dutyMJ/h		−1.8907
Light key component		5	Reboiler dutyMJ/h		1.6889
Light key split		0.999	Colm pressureMPa		0.456
Heavy key component		8	Reflux ratio，minimum		1.0898
Heavy key split		0.001	Calc. Reflux ratio		1.7436
R/Rmin		1.6	Number of points		10
Number of stages		27.1737	Lower bound R/Rmin		1.28
Min. No. of stages		15.5271	Upper bound R/Rmin		1.92
Feed stage		14.0868	Colm pressure drop		0.05
Shortcut Distillation ＃ 1 Case Studies：					
R/Rmin	Reflux ratio	No. of stgs	Feed stg	Qcond	Qreb
				MJ/h	MJ/h
1.28	1.39	32.8	16.9	−1.65E+00	1.45E+00
1.35	1.47	31.1	16	−1.70E+00	1.50E+00
1.42	1.55	29.7	15.4	−1.76E+00	1.56E+00
1.49	1.63	28.6	14.8	−1.81E+00	1.61E+00
1.56	1.71	27.6	14.3	−1.86E+00	1.66E+00
1.64	1.78	26.8	13.9	−1.92E+00	1.72E+00
1.71	1.86	26.1	13.5	−1.97E+00	1.77E+00
1.78	1.94	25.4	13.2	−2.03E+00	1.82E+00
1.85	2.02	24.9	12.9	−2.08E+00	1.88E+00
1.92	2.09	24.4	12.7	−2.13E+00	1.93E+00

表8.12　选用UNIQUAC模型各流股组成

STREAM PROPERTIES							
Stream No.	1	2	3	Stream No.	1	2	3
--Overall --							
Molarflow gmol/h	44.988	34.0297	10.9583	Std. sp gr. wtr=1	0.62	0.616	0.631
Mass flowg/h	2706.5886	1916.3055	790.2833	Std. sp gr. air=1	2.077	1.944	2.49
Temp K	341.15	322.558	365.8423	Degree API	96.5556	98.085	92.847
Pres MPa	0.602	0.456	0.506	Average mol wt	60.1625	56.3127	72.117
Vapormole fraction	0.1874	0	0	Actualdens kg/m^3	69.7164	574.89	545.35
Enth MJ/h	−2.8942	−1.3341	−1.7619	Actual vol m^3/h	0.0388	0.0033	0.0014
Tc K	443.1612	431.9664	469.606	Std liqm^3/h	0.0044	0.0031	0.0013
Pc MPa	4.0317	4.0804	3.3716	Stdvap 0C m^3/h	1.0083	0.7627	0.2456

续表

--Vapor only --							
Molarflow gmol/h	8.4289			Stdvap 0C m^3/h	0.1889		
Mass flowg/h	490.9343			Cp J/kmol-K	98476.2		
Average mol wt	58.2441			Z factor	0.8776		
Actualdens kg/m^3	14.0878			Visc Pa-sec	9.05E-06		
Actual vol m^3/h	0.0348			Th cond W/m-K	0.0195		
Std $liqm^3/h$	0.0008						
--Liquid only --							
Molarflow gmol/h	36.5591	34.0297	10.9583	Std vap0C m^3/h	0.8194	0.7627	0.2456
Mass flowg/h	2215.6543	1916.3055	790.2833	Cp J/kmol-K	155970	137166.61	199187
Average mol wt	60.6047	56.3127	72.1173	Z factor	0.0257	0.0184	0.0245
Actual dens kg/m^3	557.4496	574.8958	545.355	Visc Pa-sec	0.00014	0.0001479	0.00014
Actual vol m^3/h	0.004	0.0033	0.0014	Th cond W/m-K	0.096	0.1022	0.089
Std $liqm^3/h$	0.0036	0.0031	0.0013	Surf. tens. N/m	0.0089	0.0102	0.0084
Flow rates in g/h							
Propane	0.0129	0.0129	0	Cis-2-Butene	1043.63	1042.5879	1.0436
1-Butene	4.7403	4.7403	0.0001	Trans-2-Butene	668.0393	667.834	0.2054
I-Butane	0.6393	0.6393	0	2-Methylpropene	3.4606	3.4606	0
N-Butane	196.2436	196.2406	0.003	N-Pentane	789.821	0.7898	789.03

(14) 生成输出文档（报告）

ChemCAD 提供了两种输出文档的方式：报告和 PFD。

报告文档的生成：单击菜单【Tools】命令，选择【Options】选项的【Preferences】下的【Report Viewer】。这里选择“MS Excel”，见图 8.21。

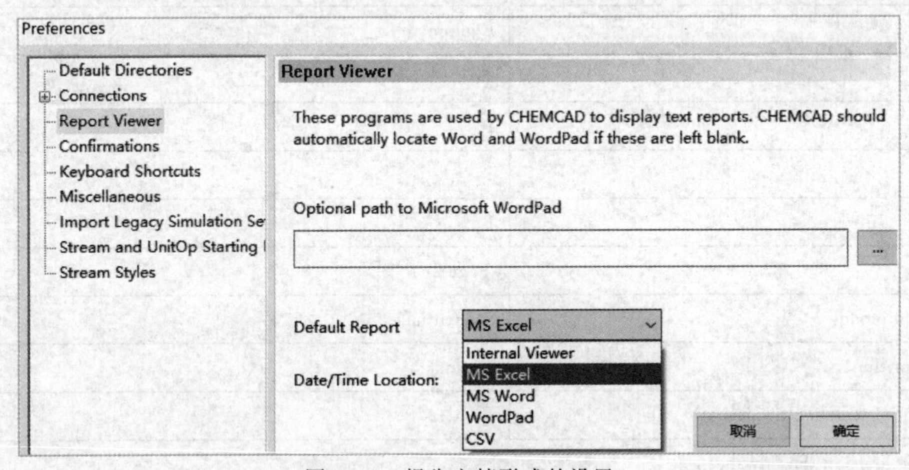

图 8.21 报告文档形式的设置

设置成 Excel 后，单击菜单【Report】下的【Stream Reports】下的【All Streams】命令，流股组成就会以 Excel 的形式给出。

文字报告的生成：单击菜单【Report】下的【Format Consolidated Report】命令，会弹出报告设置对话框，见图 8.22。该对话框包括三个选项卡，即报告格式（Format)、流股性质（Stream Properties)、流股组成（Composition)，可分别对报告内容进行设置。

图 8.22　报告设置页面

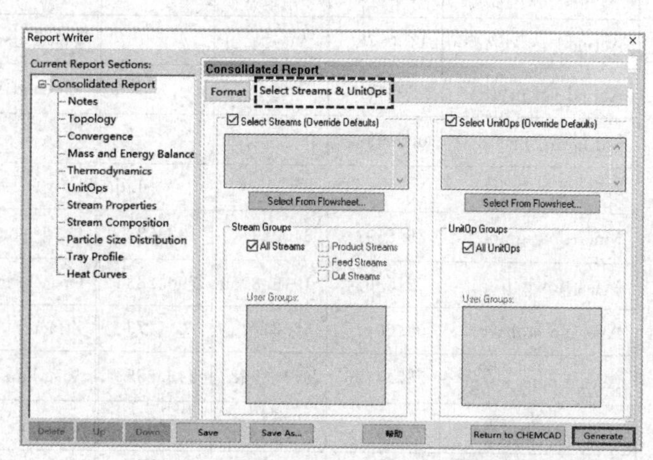

图 8.23　【Report Writer】对话框设置

单击菜单【Report】下的【Consolidated Report】选项，弹出【Report Writer】对话框，可对报告进行设置，见图 8.23。选择流股、设备后，单击【Generate】按钮，本实例生成的文字报告见表 8.13，用户可对该文件进行编辑和打印等操作。

表 8.13　脱戊烷塔模拟生成部分的文字报告

Page 1			
Simulation：例 8-2　FLOWSHEET SUMMARY			
Equipment　Label	Stream Numbers		
1　SHOR	1	−2	−3
Stream Connections			
Stream	Equipment		
From	To		
1	1		
2	1		
3	1		
Page 2			
Calculation mode：	Sequential		
Flash algorithm：	Normal		
Equipment Calculation Sequence	1		
No recycle loops in the flowsheet.			

续表

Page 3				
Overall Mass Balance	gmol/h		kg/h	
	Input	Output	Input	Output
Propane	0	0	0.013	0.013
1-Butene	0.084	0.084	4.74	4.74
I-Butane	0.011	0.011	0.639	0.639
N-Butane	3.376	3.376	196.244	196.244
Cis-2-Butene	18.601	18.601	1043.632	1043.632
Trans-2-Butene	11.907	11.907	668.039	668.039
2-Methylpropene	0.062	0.062	3.461	3.461
N-Pentane	10.947	10.947	789.821	789.821
Total	44.988	44.988	2706.589	2706.589

（15）生成 PFD 文档

ChemCAD 的另外一种输出文档是 PFD，即工艺流程图。在建立的模拟流程图中分别添加流股框、单元操作框和 TP 框，即构成 PFD 图。

添加流股框：单击菜单【Format】命令，单击【Add Stream Box】选项中的【All Streams】选项，出现如图 8.24 所示的流股性质及组成设置对话框，可分别在【Stream property sets】中对流股的组成（Stream Composition）和性质（Stream Property）进行设置。对流股的组成，这里将气相和液相的组成均设置为摩尔流量，流股性质不做设置，单击【OK】按钮保存，则流股框数据就会出现在 PFD 图中，见图 8.25。用户可以改变流股框的大小，方法是将鼠标指针移到流股框四个角的黑色方框上，按住鼠标指针不放并向四周拖动，直至满意的大小时松开鼠标左键。用户还可拖动流股框到适当的位置。

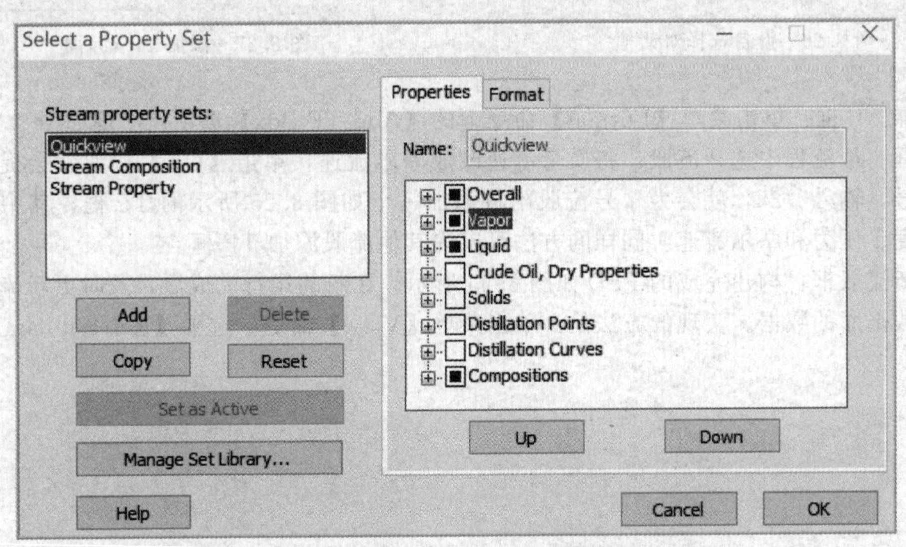

图 8.24　流股性质及组成设置对话框

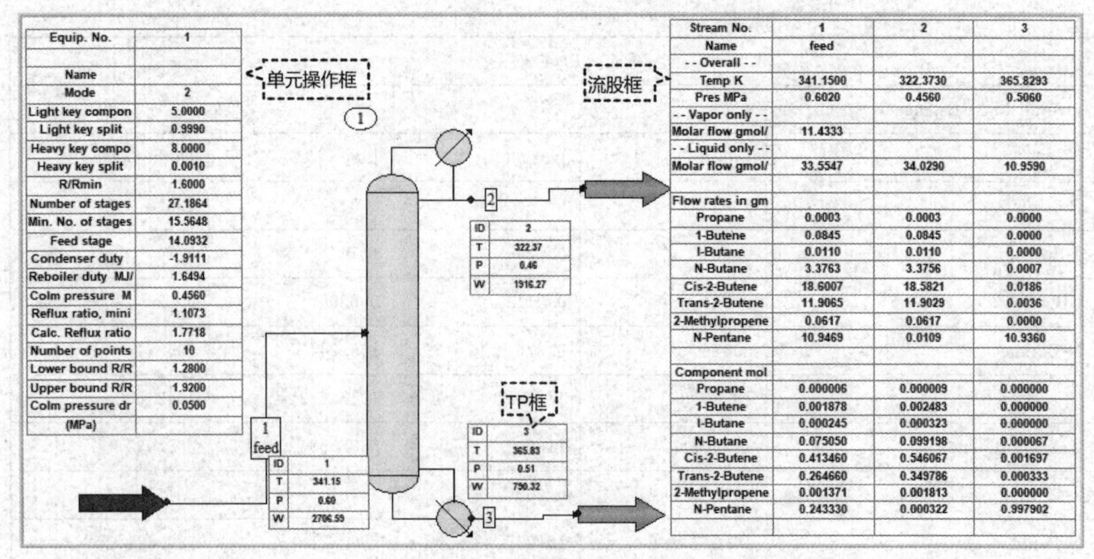

图 8.25　脱戊烷塔 PFD 文档

添加单元操作框：单击菜单【Format】命令，单击【Add Unitop Box】选项，出现设备选择对话框（图 8.26），选择想要添加数据框的设备序号（本实例为 1），单击【OK】按钮之后，该设备的操作框如图 8.25 所示。

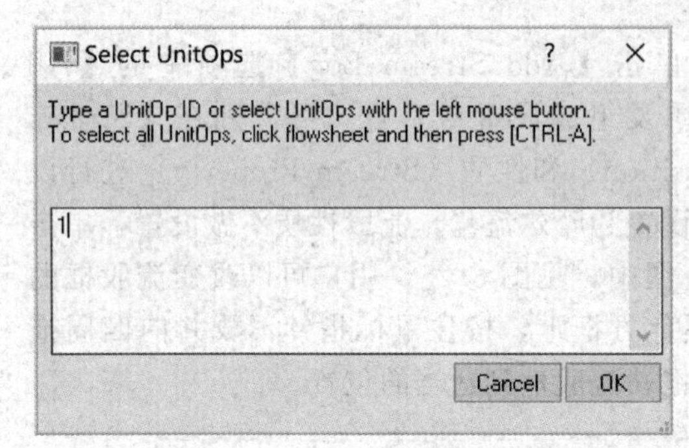

图 8.26　设备选择对话框

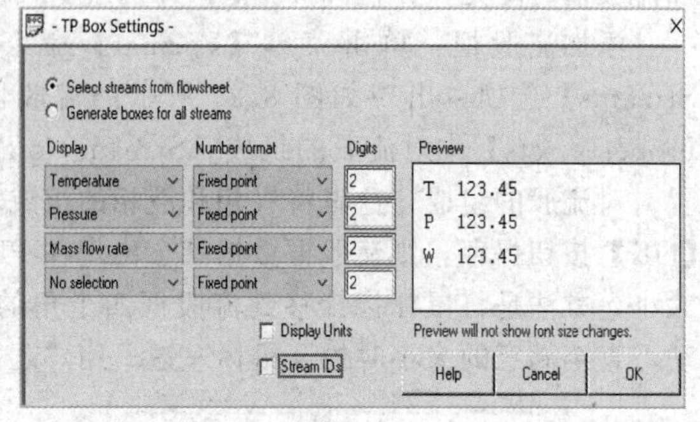

图 8.27　添加 TP 对话框

添加 TP 框：单击菜单【Format】命令下的【Add TP Box】选项，出现如图 8.27 所示的对话框。从流程中选择流股，将质量流速改成摩尔流速，单击【OK】按钮就会提示输入流股序号，输入“2”，就会为 2 号流股附近添加一个如图 8.25 所示的 TP 框，其中包含流股的温度、压力和摩尔流速。同样的方法可以为其他流股添加 TP 框。

更新流股框：构建完成的 PFD 如图 8.25 所示。在新的运行完成后，及时更新流股和单元操作数据库的数据。实现的方法是：单击菜单【View】命令，选择【Refresh data boxes】选项。

第9章 Aspen Plus V11在化工流程模拟中的应用

9.1 Aspen Plus 简介

Aspen Plus 是大型通用流程模拟系统，开发于20世纪70年代后期，源于美国能源部在麻省理工学院（MIT）组织开发的新型第三代流程模拟软件。该项目称为“先进过程工程系统”（Advanced System for Process Engineering，ASPEN）。1981年，成立了 Aspen Tech 公司，专门负责该软件的商业化，并将其更名为 Aspen Plus。通过40多年的发展，该软件成为通用的标准大型流程模拟软件，广泛应用于化工、冶金、环保、动力、炼油、石油、煤炭、节能、医药、食品等领域。

9.1.1 Aspen Plus 的主要功能

Aspen Plus 横跨整个工艺生命周期，可以用来：

① 利用详细的设备模型进行工艺过程严格的能量和质量平衡计算；

② 预测物流的流速、组成和性质；

③ 预测系统的操作条件、设备尺寸；

④ 减少装置的设计时间并进行各种装置的设计方案比较；

⑤ 在线优化完整的工艺装置；

⑥ 回归实验数据。

Aspen Plus 根据模型的复杂程度支持规模工作流程，可以支持从简单的、单一的装置流程到巨大的、多个工程师开发和维护的整厂流程。分级模块和模板功能使模型的开发和维护变得更简单。

9.1.2 Aspen Plus 的特点

（1）Aspen Plus 具有完备的物性系统

物性模型和数据是得到精确可靠的模型计算结果的关键。人们普遍认为 Aspen Plus 具有最适于工业且完备的物性系统。许多公司为了使其物性计算方法标准化而采用 Aspen Plus 的物性系统，并与其自身的工程计算软件相结合。

Aspen Plus 拥有一套完整的基于状态方程和活度系数法的物性模型，其数据库除包括6000 多种纯组分的物性数据外，还包含完善的固体数据库（3000 多种固体）和电解质数据库（900 多种离子和分子）。加上 NIST 的物性库，组分数共计上万种。

Aspen Plus 与 DECHEMA 数据库有软件接口，该数据库收集了世界上最完备的气-液平衡和液-液平衡数据，共有 25 万多套数据。用户也可把自己的物性数据与 Aspen Plus 系统连接。

（2）集成能力强

以 Aspen Plus 的严格机理模型为基础，形成了针对不同用途/不同层次的 Aspen Technology 家族产品，并为这些软件提供一致的物性支持。

（3）结构完整

除组分/物性状态方程外，Aspen Plus 还有一套完整的单元操作模型，可以模拟各种操作过程，包括由单个原油蒸馏塔的计算到整个合成氨工厂的模拟。单元操作模型库约由 50 种单元操作模型构成，所有模型都可以处理固体和电解质。用户可将自身的专用单元操作模型通过用户模型（User Model）加入 Aspen Plus 系统之中，这为用户提供了极大的方便性和灵活性。

（4）强大的模型和流程分析能力

主要工具包括：

① 计算器（Calculatar），包含 Fortran 和 Excel 选项；

② 灵敏度分析，考察工艺参数随设备规定和操作条件的变化而变化的趋势；

③ 设计规定，计算满足工艺目标或设计要求的操作条件或设备参数；

④ 数据拟合，将工艺模型预测结果与真实装置数据进行拟合，确保符合工厂实际情况；

⑤ 优化功能，确定装置操作条件，最大化任何规定的目标，如收率、能耗、物料纯度和工艺经济条件等。

9.1.3 Aspen Plus 平台

Aspen Plus 本身是一个功能强大的流程模拟软件，同时，由于与其链接的软件很多，实际上它是一个平台。其中，通过 ASW，可以和 Aspen 公司所有模拟软件链接，见表 9.1。

表 9.1 Aspen Plus 平台架构

Aspen Plus（Aspen Plus 许可 License 包含的内容）	插于 Aspen Plus 内，必须依赖于 Aspen Plus 才能运行的软件，需要 Aspen Plus License 再加另外的 License	在 Aspen Plus 内能运行，也能脱离 Aspen Plus 单独运行的软件，如果在 Aspen Plus 内运行，则需要 Aspen Plus License 再加另外的 License	和 Aspen Plus 紧密结合的软件

续表

Aspen Properties 物性、混合器/分配器、分离器、换热器、塔、反应器、变压设备、操纵器、固体分离器、用户模型	Aspen Distillation Synthesis 精馏合成 Aspen Plus Catalytic Cracker 催化裂化 Aspen Plus Hydrocracker 加氢裂化 Aspen Plus Hydrotreater 加氢精制 Aspen Plus Reformer 重整 Aspen Polymer 聚合物 Aspen Rate-based Distillation 基于速率的精馏	Aspen Process Economic Analyzer 经济分析 Aspen Energy Analyzer 夹点分析 Heat Exchanger Design & Rating 换热器	Aspen Simulation Workbook Aspen Plus Dynamics 动态模拟

9.2 Aspen Plus用户界面

单击菜单【开始】-【程序】-【Aspen Plus】-【Aspen PlusV11】命令，打开Aspen Plus用户界面，选择【New】(新建)-【Create】(创建）命令，首先进入组分输入和物性选择界面(Properties)，见图9.1。在用户界面左下侧有四个选项：Properties（当前页面)、Simulation（流程界面)、Safety Analysis（安全分析）和Energy Analysis（能量分析界面)。界面包括快捷工具栏、菜单栏、工作窗口和状态栏等，主要用于流程拓扑的输入、过程流程图绘制、各种菜单功能的选择、模拟所需参数的输入和模拟结果的浏览等。

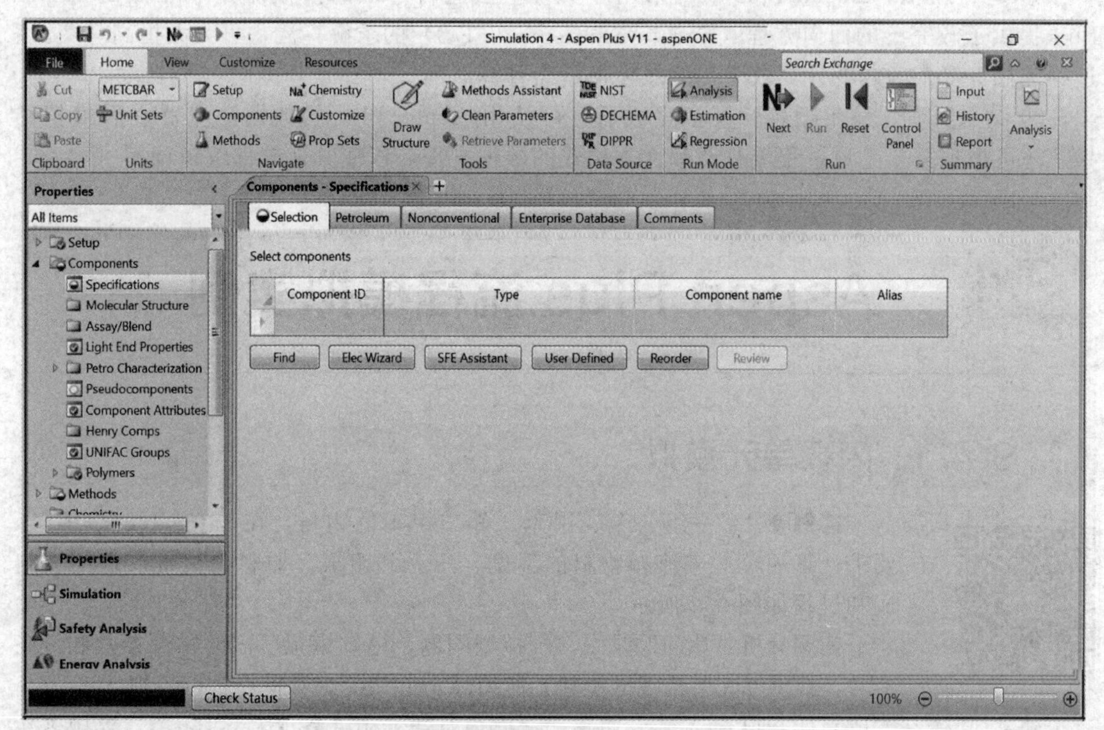

图9.1 化工模拟软件Aspen Plus的用户界面

9.3 Aspen Plus 进行流程模拟的基本步骤

① 启动 Aspen Plus，建立新的模拟文件。

② 选择和编辑所采用的单位制。Aspen Plus 提供了 6 种内置单位制，如英制单位制、国际单位制等。用户也可根据自己的需要设置并保存自定义的单位制。

③ 利用图形化输入界面输入单元设备和流股的连接关系。包括两个步骤：一是从单元模型库中选取所需的单元设备模型并放置到流程输入区的适当位置；二是设定单元模型间及其外部的物流、能流、功流连接。

④ 输入模拟对象涉及的化学组分，大多数常用组分可直接从 Aspen Plus 数据库中查找。Aspen Plus 还支持用户自定义组分的输入。

⑤ 选择适当的热力学计算方法，检查并输入所需的热力学参数。

⑥ 设定流股和单元设备的参数。如输入流股的温度、压力、组成，单元设备的操作温度、压力、负荷等。

⑦ 为模拟计算指定计算次序和收敛方法。可分别在流程和单元模型层次指定收敛方法，也可在流程层次指定单元模拟的计算次序，还可由软件自行确定求解次序和收敛方法（即系统默认）。

⑧ 运行模拟。Aspen Plus 默认采用序贯模块法进行过程的模拟计算。11 版的 Aspen Plus 提供了较完善的面向方程（Equation Oriented，EO）的求解算法，可大大提高热集成、过程优化等复杂问题的计算效率，缩短模拟所需计算时间。

⑨ 结果查看、输出报告。模拟完成后，可使用 Aspen Plus 的数据浏览器查看模拟结果。还可根据需要生成过程流程图和文本格式的数据文件，以便其他软件编辑调用。

9.4 Aspen Plus 流程模拟实例

9.4.1 闪蒸单元模拟

实例 9.1 一组含苯、甲苯、邻二甲苯的物料，在 1atm 下绝热闪蒸，要求计算闪蒸后气液相物料的温度、压力和组成。原料的温度、压力、组成和过程如图 9.2 所示。

问题分析：该问题是一个模拟型问题，已知模拟所需的物流参数和设备参数，根据 9.3 节描述的步骤，使用 Aspen Plus 对该问题进行模拟计算。

解：① 建立模拟文件：启动 Aspen Plus，在启动对话框中选择【Template】，采用系统提供的模板建立新文件，如图 9.3(a) 所示。在出现的模板选择对话框中选择【General

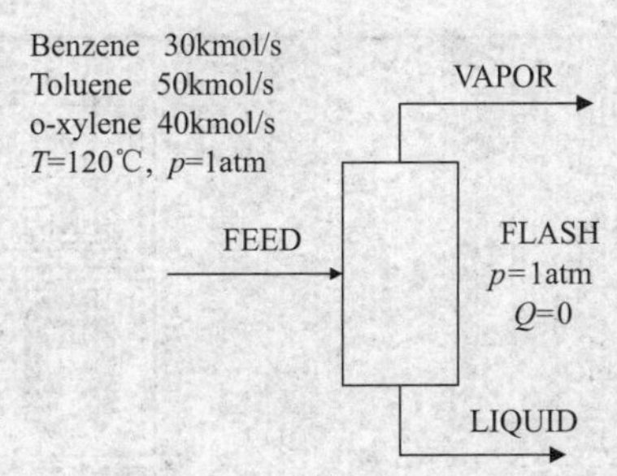

图 9.2 闪蒸过程的流程

with Metric Units】图标，在窗口右下方单击【Create】按钮，单击【确定】按钮建立新文件。在随后出现的【Aspen Plus】主界面中单击菜单【File】-【Save As】命令，选择【Compound File】选项，选择保存位置，将文件保存为 Flash simulation. apwz，如图 9.3(b) 所示。

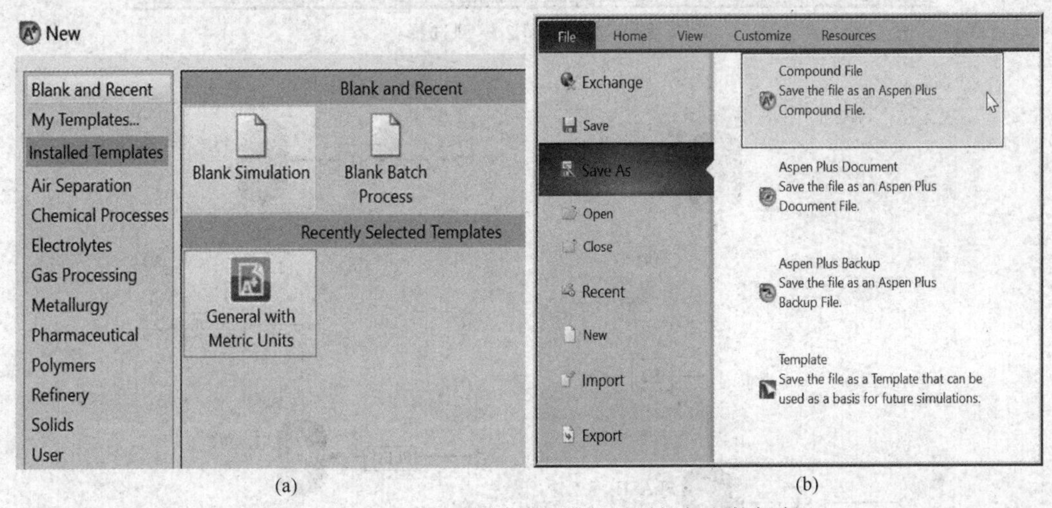

图 9.3 Aspen Plus 新建模板选择对话框与文件保存

② 输入闪蒸单元模型：选择左下角【Simulation】(流程界面) 选项，进入单元模型库中的【Separators】面板，单击【Flash2】模型右侧的向下箭头打开图标面板，选择【V-DRUM1】图标，如图 9.4 所示。在流程输入区的适当位置单击鼠标左键放置 Flash2 模型，系统将模型自动命名为 B1。用鼠标左键双击默认命名，在弹出的对话框中将闪蒸单元的名字由 B1 改为“FLASH”。也可选中流程图输入区的 B1 模型，按快捷键 Ctrl+M，或使用鼠标右键单击，在弹出的快捷菜单选择【Rename】命令实现重命名。

③ 输入流股：单击流股连接工具【MATERIAL】右侧的下拉箭头，选择物流 (Material Stream) 连接。在流程图输入区域闪蒸器模型左侧的空白处单击鼠标左键，确定流股的起始位置，单击闪蒸器模型左侧的红色 Input 箭头 [图 9.5(a)]，完成第一个流股的输入。系统自动将流股命名为 S1，完成后屏幕显示如图 9.5(b) 所示；单击闪蒸器模型上部的红色 Output 箭头 [图 9.5(a)]，在闪蒸器模型右侧空白处单击确定流股的终点，系统自动将流股命名为 S2，完成后如图 9.5(c)所示；采用同样的方法连接闪蒸器底部出口物流，系统自动将流股命名为 S3。双击系统默认命名 S1，将其名称改为 FEED，用同样的方法将 S2 改为 VAPOR、S3 改为 LIQUID，如图 9.5(d) 所示。

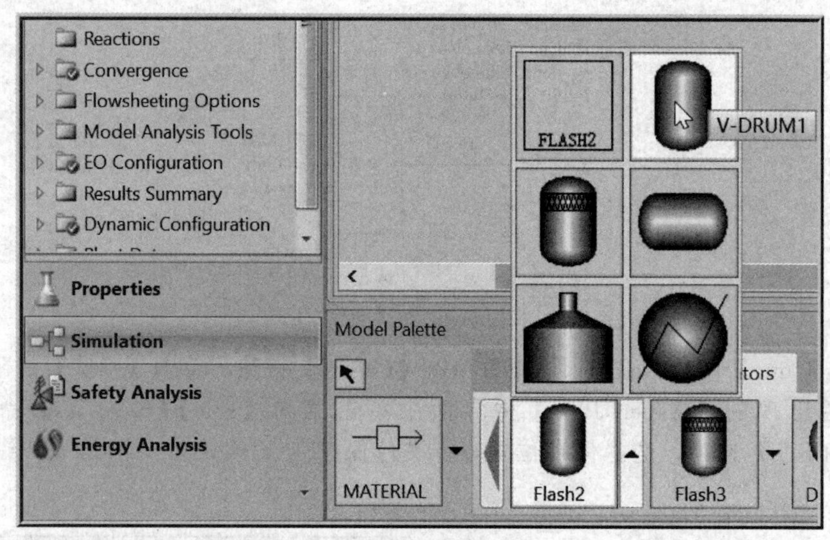

图 9.4　Flash2 模型选择

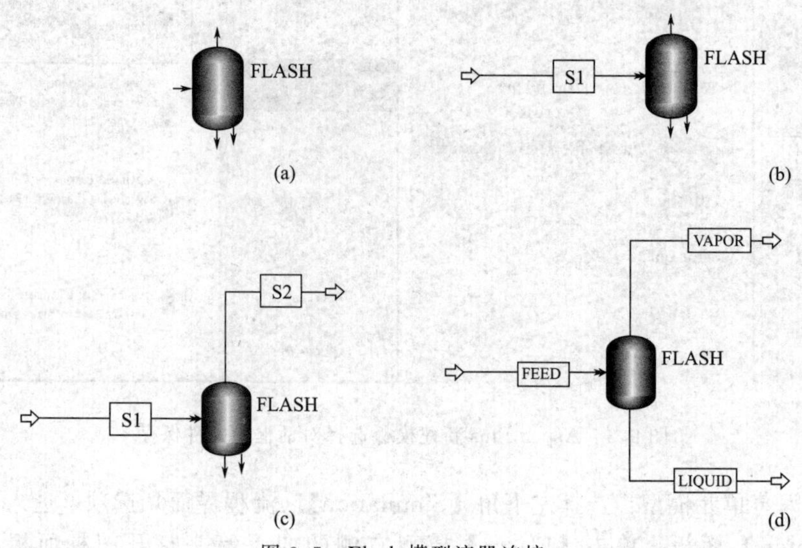

图 9.5　Flash 模型流股连接

④ 输入模拟中用到的化合物：单击工具栏上的 N→ 按钮，打开组分输入窗口（Components-Specifications），单击【Find】按钮，如图 9.6 所示。在“Search Criteria”的“Name or Alias”中选择“Equals”选项，在搜索内容中输入苯的分子式“c6h6”并单击【Find Now】按钮，系统会自动识别分子式并在“Compound name”中显示“BENZENE”，如图 9.7(a) 所示。双击查找到的化合物 BENZENE，在弹出的窗口中单击【Add】按钮，完成第一个组分的输入，或选择化合物 BENZENE，通过单击左下角【Add selected compounds】按钮，完成组分添加，如图 9.7(b) 所示。按照相同的方法输入甲苯（C7H8）、邻二甲苯（C8H10），完成后的组分输入对话框如图 9.7(c) 所示。

⑤ 选择热力学计算方法：单击工具栏上的 N→ 按钮，打开热力学方法输入窗口（Methods-Specifications），设定“Property method & options”中“Base method”为 IDEAL，如图 9.8 所示。该体系中各组分的结构相似且温度、压力不高，因此作为理想体

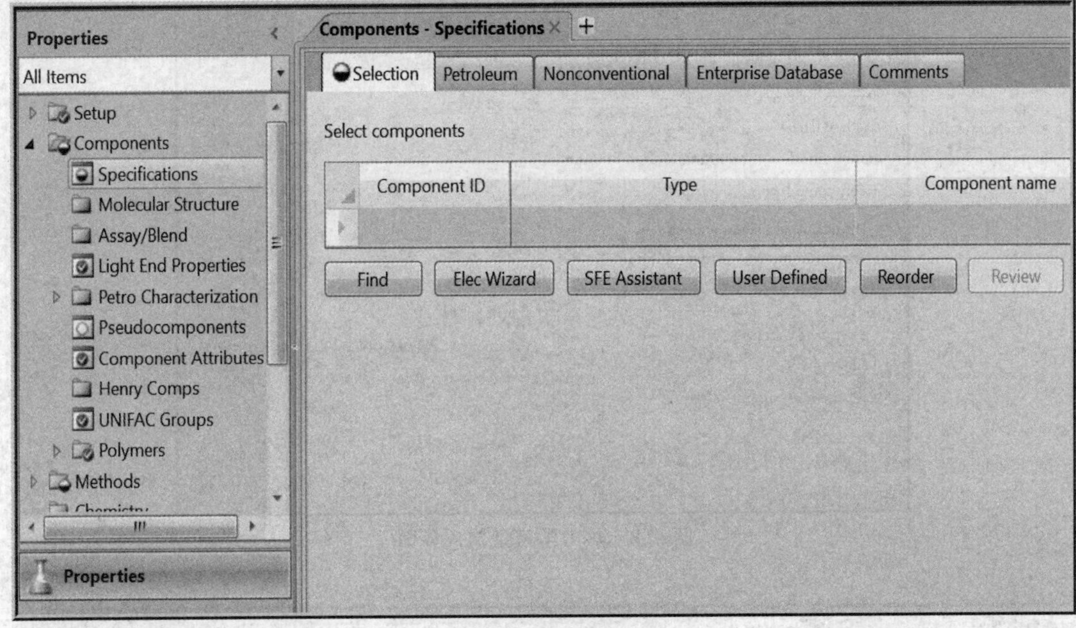

图 9.6　组分指定

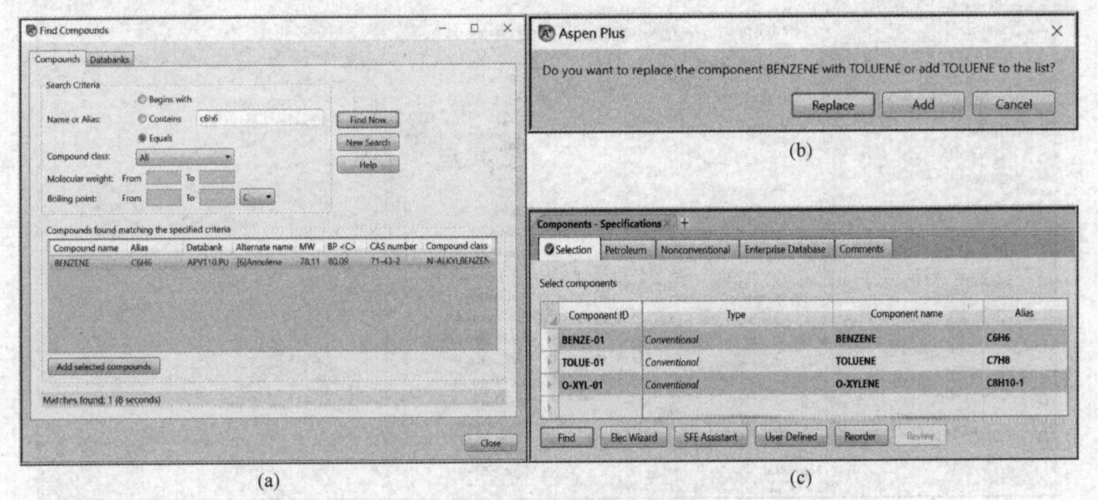

图 9.7　组分查找、组分添加与组分输入

系计算。

⑥ 设定流股参数：使用工具栏上的 N▸ 按钮，切换到流股输入窗口，输入流股基本信息，如温度、压力、气相分率、流量、组成等。本实例中原料名称为 FEED，系统会自动打开 FEED 的输入窗口，如图 9.9 所示。

在【Temperature】下方的输入框输入流股进料温度 120℃，确认右侧单位选择框的取值为摄氏度（℃）；单击“Pressure”单位选择框设置设备压力单位“atm”，在其左侧的数值框输入 1（图 9.9）；在“Composition”输入框左侧选择单位为摩尔流量（Mole-Flow）[图 9.10(a)]，并在右侧的下拉选项框中选择“mol/sec”[图 9.10(b)]；在数据输入表依次输入苯、甲苯、邻二甲苯的摩尔流量 30mol/s、50mol/s、40mol/s，输入完成后如图 9.10(c) 所示。

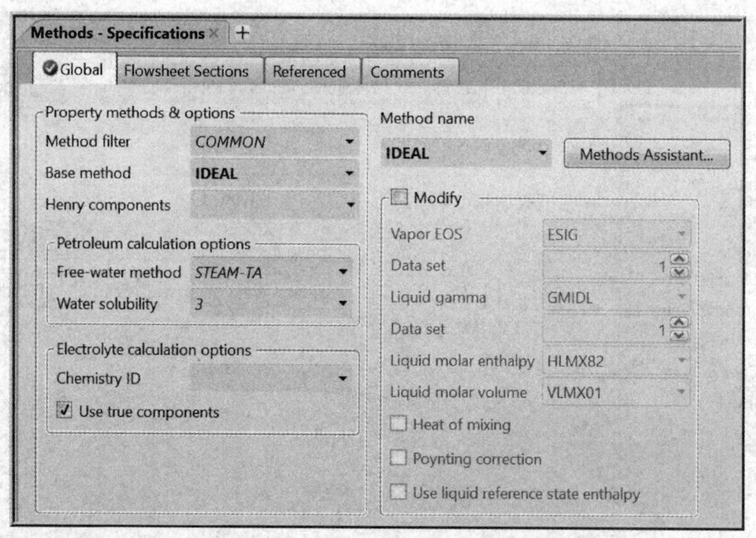

图 9.8　热力学模型输入界面

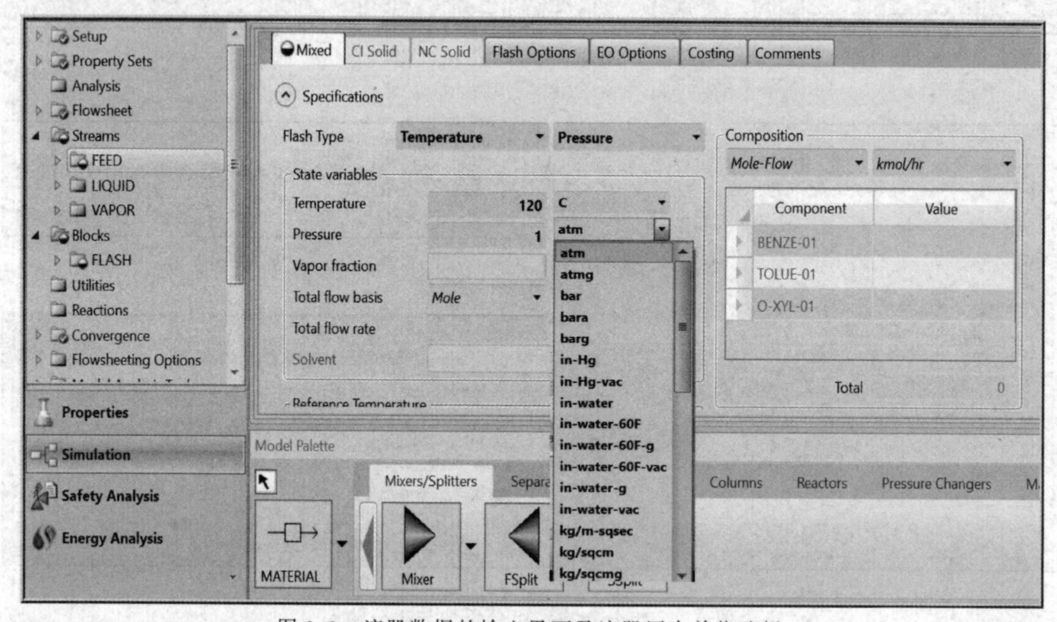

图 9.9　流股数据的输入界面及流股压力单位选择

⑦ 单击工具栏上的 N▸ 按钮，进入闪蒸器 Flash 的单元模块输入窗口。在“Flash specifications”输入框的第一行“Flash Type”选择“Duty”，在其下输入框中输入“0”，表示热负荷为 0，即绝热闪蒸，在第二列选择“Pressure”，在其下输入框中输入闪蒸压力“1atm”，完成后的输入窗口如图 9.11 所示。

⑧ 单击工具栏上的 ▶ 按钮，会自动弹出控制面板并显示模拟计算的各种信息。模拟计算完成后，控制面板显示“simulation calculations completed…”信息，如图 9.12 所示。同时，主窗口状态栏右侧显示蓝色的“Results Available”，表示模拟计算成功，可以查看计算结果。若状态栏右侧显示为黄色的“Results Available with warning”，则表示模拟过程中出现警告。此时应慎重检查系统提示的警告信息，确认模拟结果的可靠性。

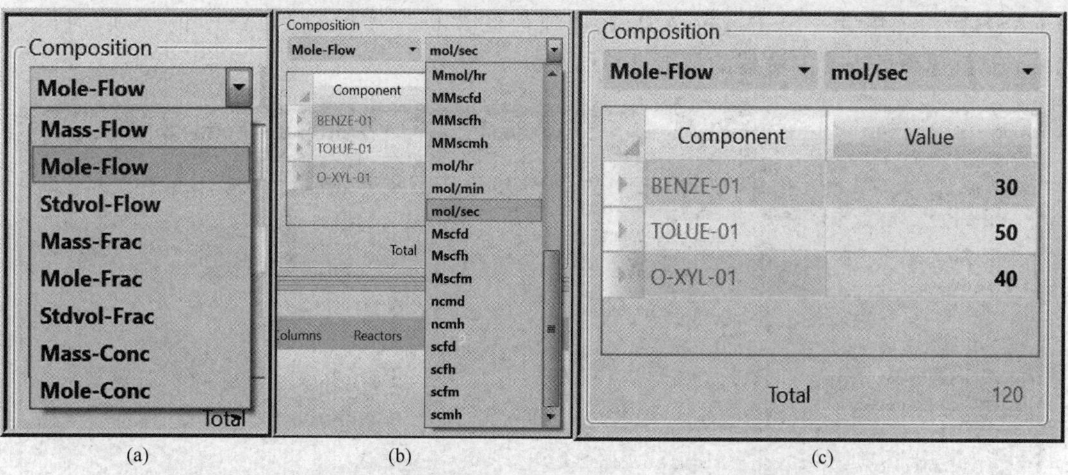

图 9.10 流股组成单位选择、流股流量单位选择和数据输入

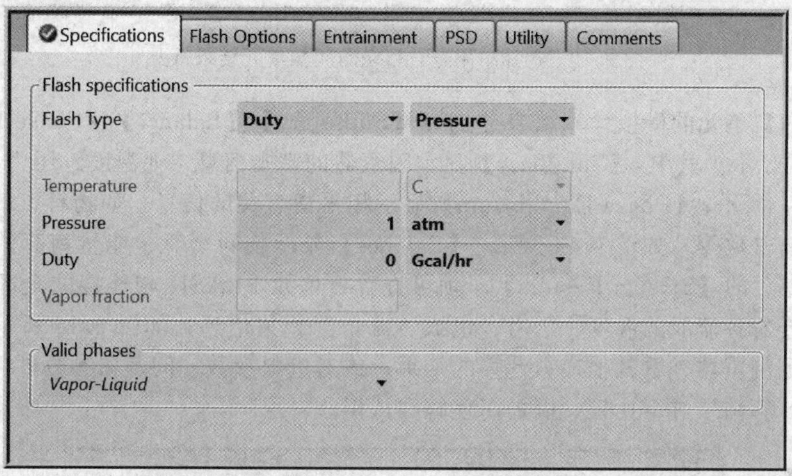

图 9.11 单元模型 Flash 的输入窗口

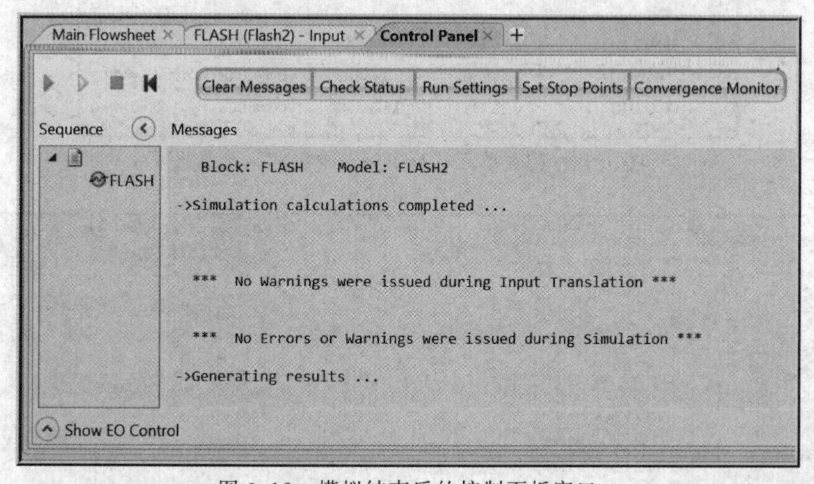

图 9.12 模拟结束后的控制面板窗口

⑨ 单击目录选择栏上的结果查看按钮，打开结果查看窗口，如图 9.13(a) 所示。单击左侧窗格中的【Blocks】选项前的“▷”号，打开其下属的全部子项，本实例中仅有

【FLASH】一个单元。单击【FLASH】选项前的“▷”号打开 FLASH 的子项，再单击【Results】选项可查看闪蒸器的模拟计算结果。

Results Only
All Items
Input Only
Results Only
Blocks
FLASH
EO Modeling
Results
Stream Results
Summary
EO Configuration
Results Summary
Main Flowsheet
FLASH (Flash2) - Input
Control Panel
FLASH (Flash2) - Results
Summary
Balance
Phase Equilibrium
Utility Usage
Status
Outlet temperature 120 C
Outlet pressure 1 atm
Vapor fraction (Mole) 0.833617
Vapor fraction (Mass) 0.823813
Heat duty 0 Gcal/hr
Net duty 0 Gcal/hr
1st liquid / Total liquid 1
Pressure drop 0 bar
(a)
(b)

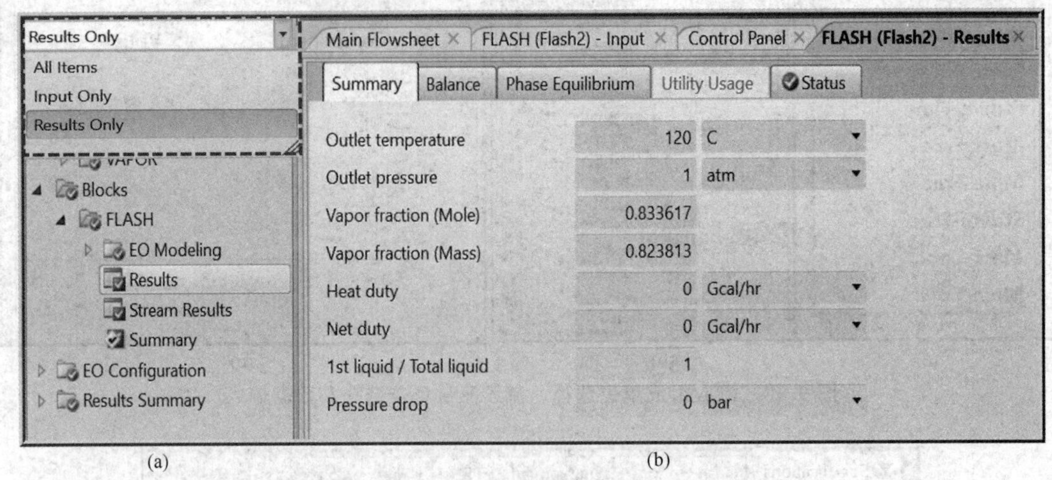

图 9.13　选择结果查看目录与闪蒸单元结果概要

【FLASH】单元的模拟计算结果分别在【Summary】【Balance】【Phase Equilibrium】3 个选项卡中显示。其中，【Summary】显示闪蒸器的基本信息，如温度、压力、热负荷等，如图 9.13(b) 所示；【Phase Equilibrium】显示相平衡有关的信息，如物料、气相组成、液相组成、平衡常数等，如图 9.14 所示；【Balance】显示物料衡算、能量衡算的结果。单击【FLASH】单元的【Stream Results】子项可查看与单元 FLASH 相连接的全部流股的模拟结果，还可查看各流股的温度、压力、组成、流量等相关信息，如图 9.15 所示。读者还可自行使用数据浏览器查看其他模拟计算的结果，或对进料参数、闪蒸器参数进行修改，并对修改前后的计算结果进行比较，以加深理解和认识。

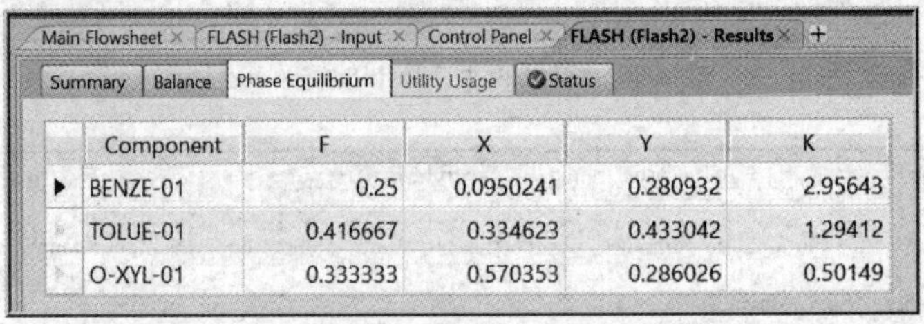

Main Flowsheet
FLASH (Flash2) - Input
Control Panel
FLASH (Flash2) - Results
Summary
Balance
Phase Equilibrium
Utility Usage
Status
Component F X Y K
BENZE-01 0.25 0.0950241 0.280932 2.95643
TOLUE-01 0.416667 0.334623 0.433042 1.29412
O-XYL-01 0.333333 0.570353 0.286026 0.50149

图 9.14　闪蒸单元计算中闪蒸单元相平衡结果

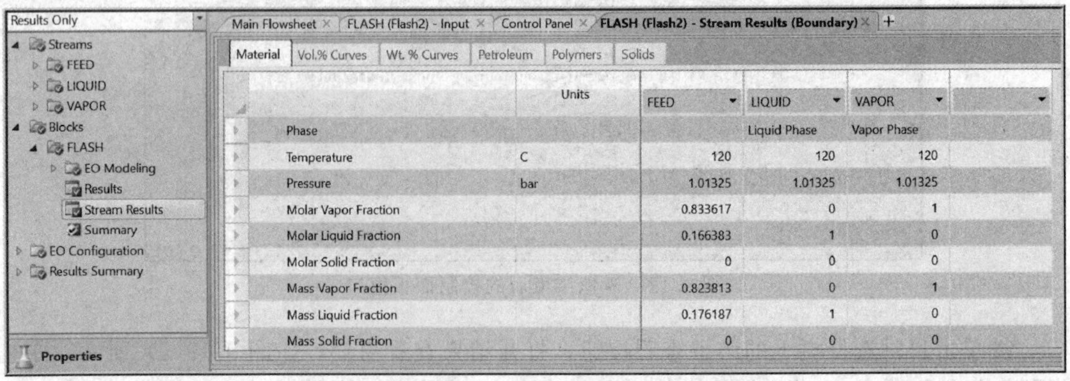

Results Only
Streams
FEED
LIQUID
VAPOR
Blocks
FLASH
EO Modeling
Results
Stream Results
Summary
EO Configuration
Results Summary
Properties
Main Flowsheet
FLASH (Flash2) - Input
Control Panel
FLASH (Flash2) - Stream Results (Boundary)
Material
Vol.% Curves
Wt. % Curves
Petroleum
Polymers
Solids
Units FEED LIQUID VAPOR
Phase Liquid Phase Vapor Phase
Temperature C 120 120 120
Pressure bar 1.01325 1.01325 1.01325
Molar Vapor Fraction 0.833617 0 1
Molar Liquid Fraction 0.166383 1 0
Molar Solid Fraction 0 0 0
Mass Vapor Fraction 0.823813 0 1
Mass Liquid Fraction 0.176187 1 0
Mass Solid Fraction 0 0 0

图 9.15　流股计算结果

9.4.2　精馏过程模拟

实例 9.2　某厂要求设计一个精馏塔，精馏苯和甲苯的混合液，其中苯含量 40%，甲苯含量 60%（质量分数），处理量为 50t/h，饱和液体进料，进料压力为 130kPa，冷凝器压力为 110kPa，再沸器压力为 130kPa。已知：质量回收率：苯为 99.5%、甲苯为 0.5%（均指塔顶回收率）；实际回流比为最小回流比的 1.2 倍；物性计算方法采用 NRTL-RK。要求：

① 用简捷计算法计算精馏塔理论板数、进料位置、塔顶馏出液与进料量之比（馏出率）；

② 绘制回流比与理论板关系曲线。

解：计算过程如下。

① 用简捷计算法计算精馏塔理论板数、进料位置、塔顶馏出率。

启动 Aspen Plus 软件，选择面板和米制单位后进入 Aspen Plus 界面，选择【Simulation】选项，如图 9.16 所示。在模型库选择【Columns】，选择【DSTWU】模块建立流程，如图 9.16 中 a 所示。选择【DSTWU】中的【ICON1】模块后，连接物流，并完成物流和模块命名，结果如图 9.16 中 b 所示。

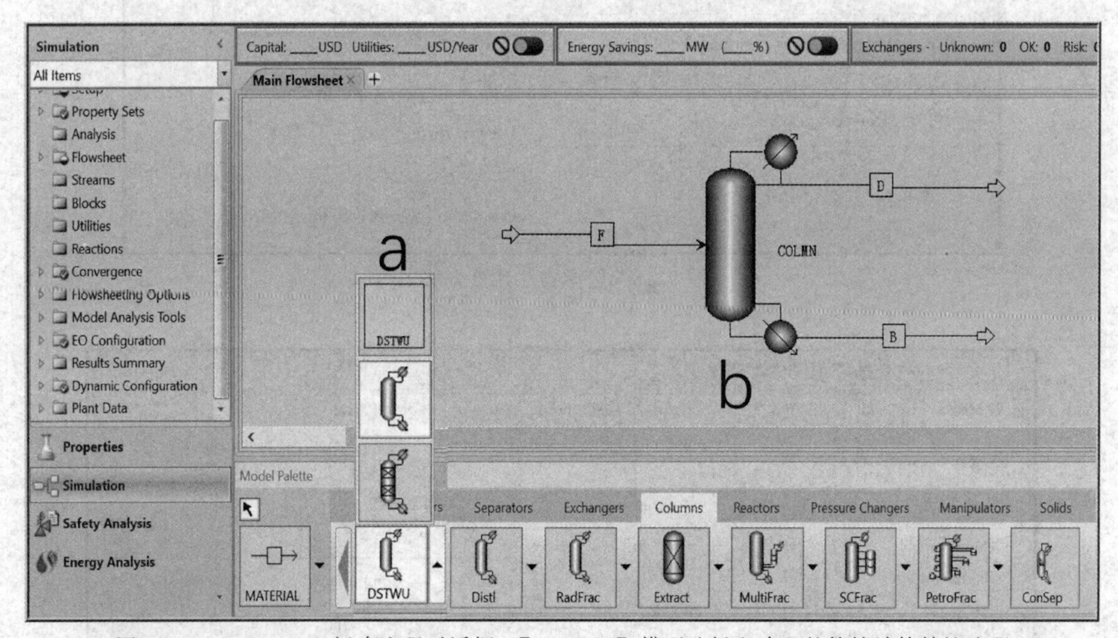

图 9.16　Aspen Plus 新建流程对话框，【DSTWU】模型选择和建立的简捷计算精馏流程

分别输入苯（BENZENE）、甲苯（TOLUENE）组分，如图 9.17 所示。

选择物性计算方法“ENRTL-RK”，如图 9.18 所示。

输入精馏塔物料：气相分率为 0（饱和液进料），压力为 130kPa，流量为 50t/h，原料质量分数（Mass-Frac）苯为 40%、甲苯为 60%，如图 9.19 所示。

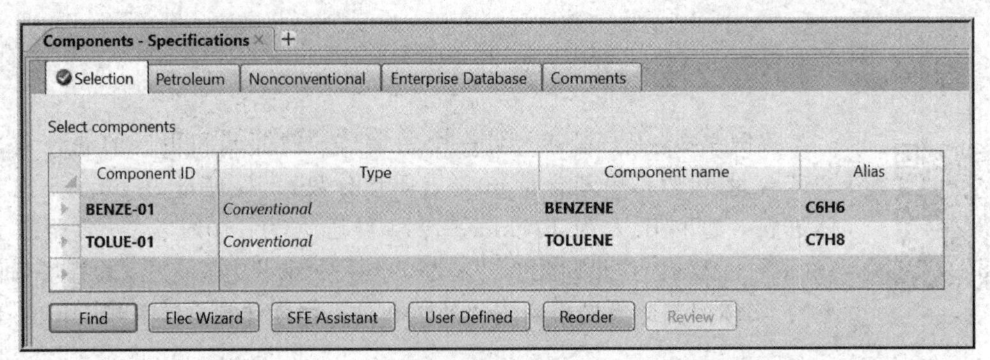

图 9.17　组分输入

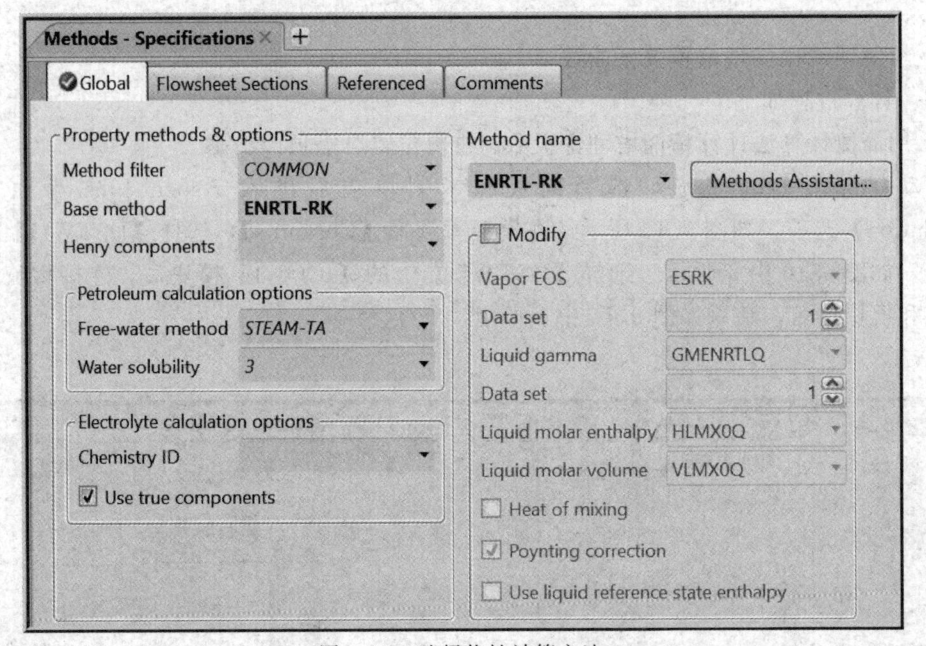

图 9.18　选择物性计算方法

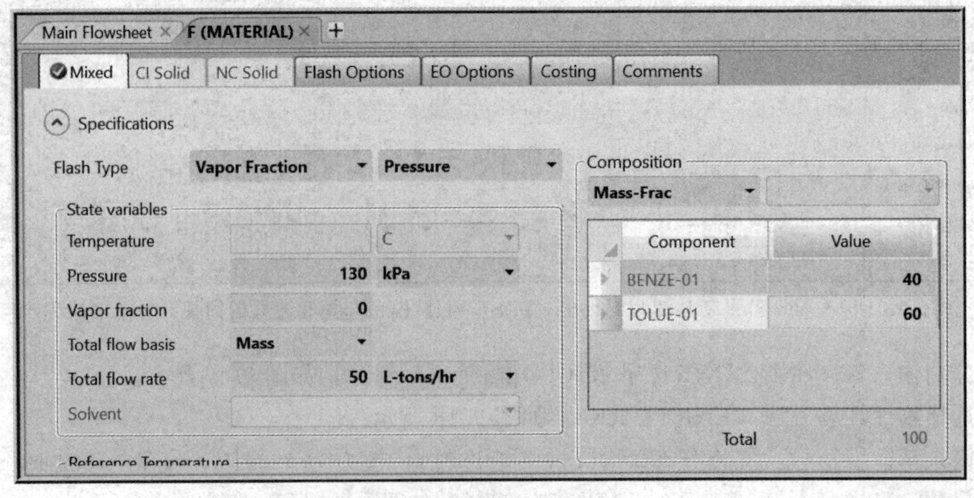

图 9.19　输入进料条件

输入塔设备的计算条件：回流比−1.2（负数表示实际回流比为最小回流比的倍数，如果输入的是正数，则表示实际回流比）、冷凝器压力110kPa、再沸器压力130kPa、苯回收率0.995、甲苯回收率0.005，如图9.20所示。

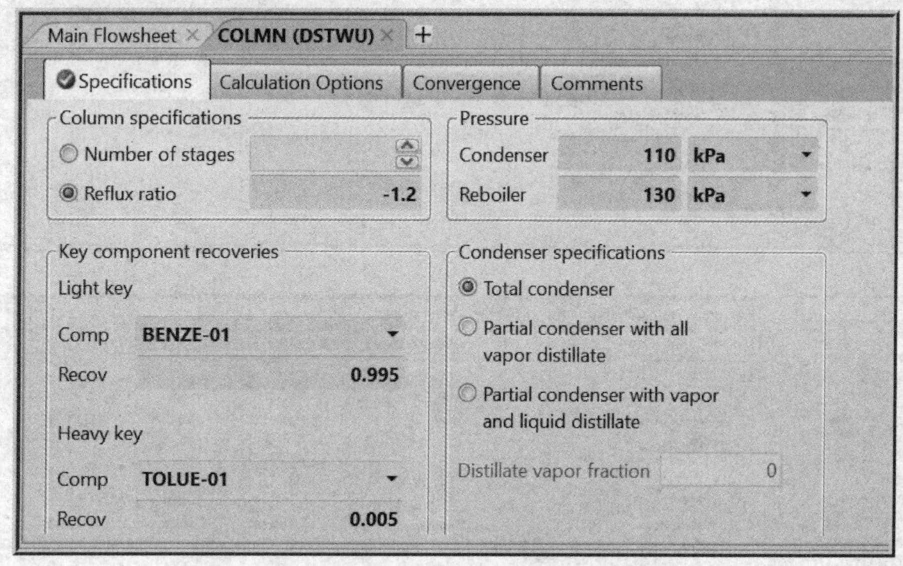

图9.20 输入简捷计算精馏塔条件

至此，输入完毕，所有选项变蓝，使程序初始化并运行，得到如图9.21所示的结果。

图9.21 简捷计算精馏塔结果

Minimum reflux ratio	1.66164	
Actual reflux ratio	1.99397	
Minimum number of stages	12.4958	
Number of actual stages	25.2322	
Feed stage	12.9198	
Number of actual stages above feed	11.9198	
Reboiler heating required	5.78096	Gcal/hr
Condenser cooling required	5.72728	Gcal/hr
Distillate temperature	82.9497	C

其中，最小回流比为1.662（1.66164），实际回流比为1.994（1.99397），即1.66164×1.2=1.99397），最小理论板数为12.49（12.4958）块（即全回流时的理论板），实际所需的理论板为25.23（25.2322）块[是指回流比为1.994（1.99397）时所需的理论板数]，进料板为第12.92（12.9198）块。上述理论板数均包括冷凝器、再沸器（各算1块理论板）。

各物流结果如图9.22所示。注意其中的质量分数项。

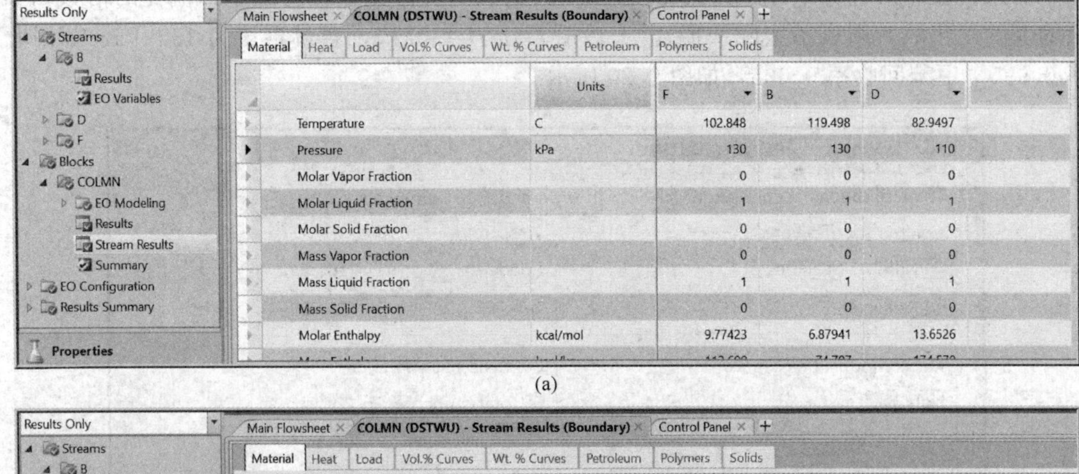

(a)

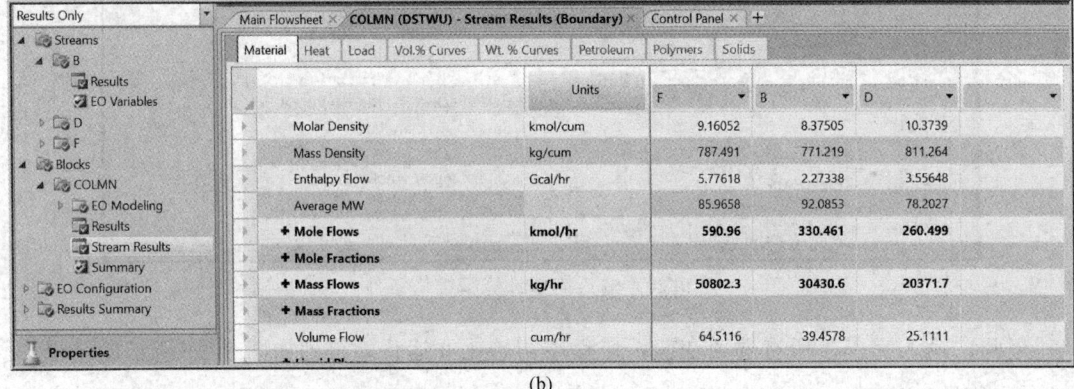

(b)

图 9.22　简捷计算得到的物流信息

② 绘制回流比与理论板关系曲线。确定理论板与实际回流比关系为 DSTWU 的一个选项，返回【Calculation Options】选项卡，如图 9.23 所示。

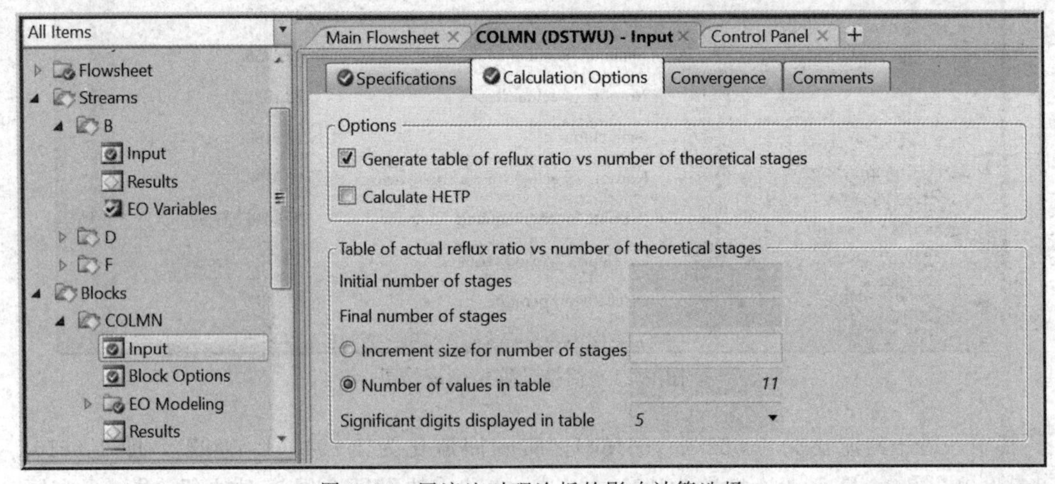

图 9.23　回流比对理论板的影响计算选择

选中“Generate table of reflux ration vs number of theoretical stages”复选框（生成回流比对理论板数表），其余采用默认值。初始化并重运行之后，单击【COLMN】-【Results】选项，即得到回流比对理论板数表（Reflux Ratio Profile），如图 9.24 所示。

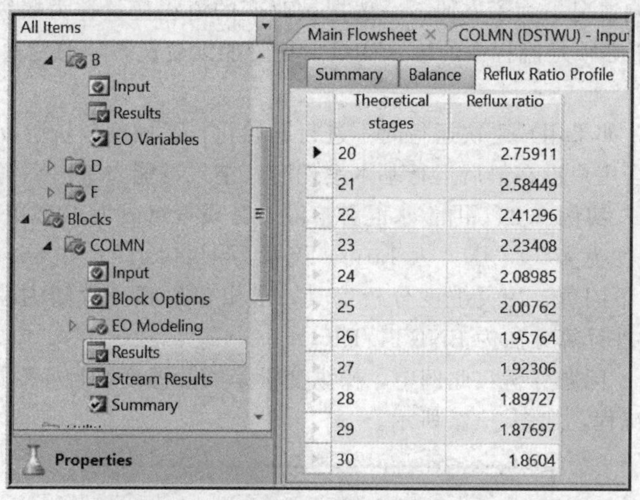

图 9.24　回流比对理论板的影响计算结果

利用【Plot】工具，即可得到回流比与理论板关系曲线，具体操作如下：选中理论板列数据，单击【Plot】菜单中【Y-Axis】命令，表示将理论板数设为Y轴，同样，选中回流比列数据，设置为“X-Axis”，最后单击【Plot】菜单【Display Plot】命令，绘制曲线如图9.25所示。注意：设置坐标轴显示范围和间隔时，先选中坐标轴，然后在Format中调整坐标属性，如图9.26所示。

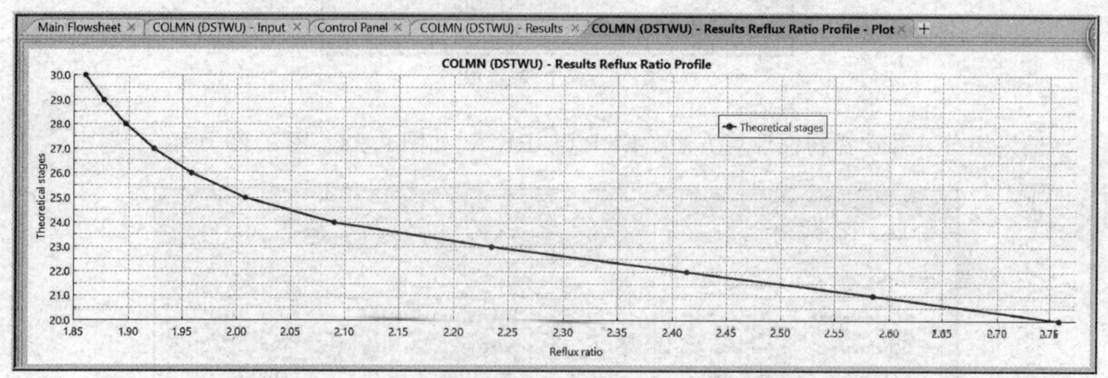

图 9.25　回流比对理论板的影响关系曲线

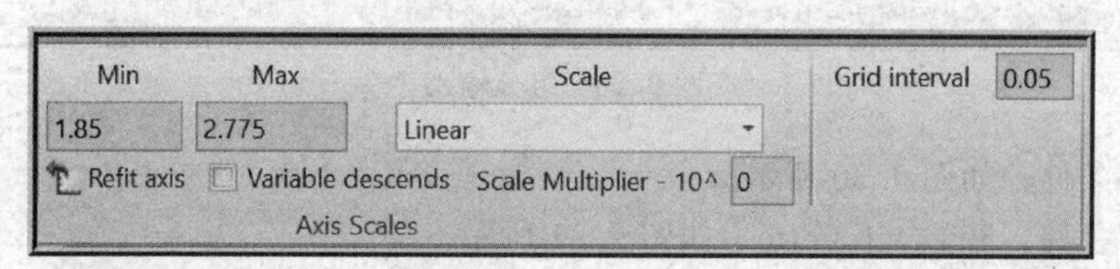

图 9.26　坐标显示调整

 9.4.3　灵敏度分析 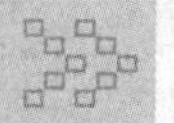

灵敏度分析（sensitivity analysis）是判断某一设计变量或操作变量变化对工艺有何影响的工具。用户可以用它来改变一个或多个流程变量（flow sheet variable），研究此变量对其他流程变量的影响情况。为了方便，一般把被改变的流程变量称为操纵变量（manipulate variable），这个变量必须是流程中的输入变量；把受操纵变量影响的变量称为目标变量（也叫采集变量）。

需要注意的是，如果用户下次运行时不进行初始化，灵敏度分析所改变的变量会保持其最后一次运行值，当用户没在最后运行基本案例时，结果可能与基本案例有所不同。

实例 9.3 甲醇-水混合溶液，其质量组成为40%甲醇和60%水，进料温度为40℃，压力为1atm，流量为1000kg/h。在85～94℃和1.0atm条件下闪蒸，用灵敏度分析工具，求出口气相分数随闪蒸温度的变化曲线。物性计算方法为ENRTL-RK。

问题分析：此例中，操纵变量是闪蒸温度，目标变量是出口气相分数。

解：建立闪蒸流程，如图9.27所示。

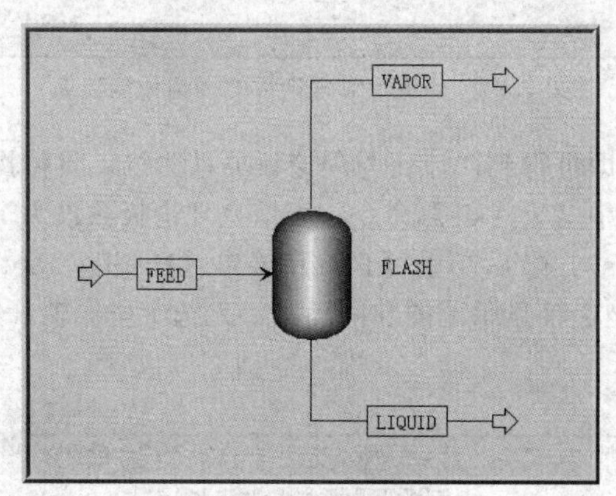

图9.27 闪蒸流程

输入组分，并选择物性计算方法“ENRTL-RK”，如图9.28、图9.29所示。

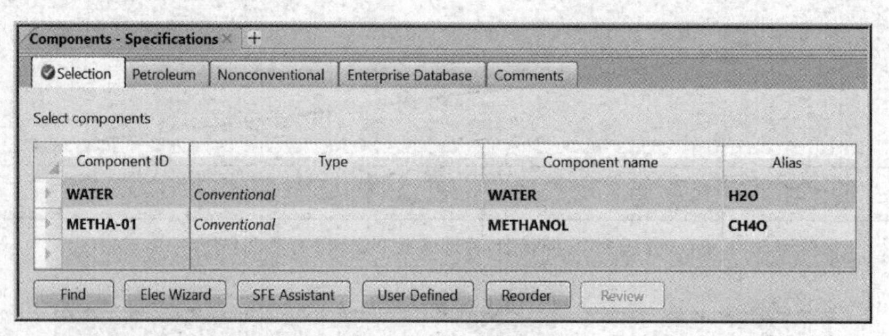

图9.28 组分输入

输入进料条件，如图9.30所示。

输入闪蒸条件：85℃、1.0atm，如图9.31所示。

在左侧找到【Model Analysis Tools】-【Sensitivity】灵敏度分析工具，如图9.32(a)所示。

单击【New】按钮，生成一个新的灵敏度项目，出现图9.32(b)所示的对话框，其中“S-1”为默认的灵敏度分析项目名称，不妨换一个名称“T”，见图9.32(c)。

单击【OK】按钮，进入T项目的设置页面，见图9.33。

首先确定本项目的操纵变量闪蒸温度。打开【Vary】选项卡，单击【New】按钮，见

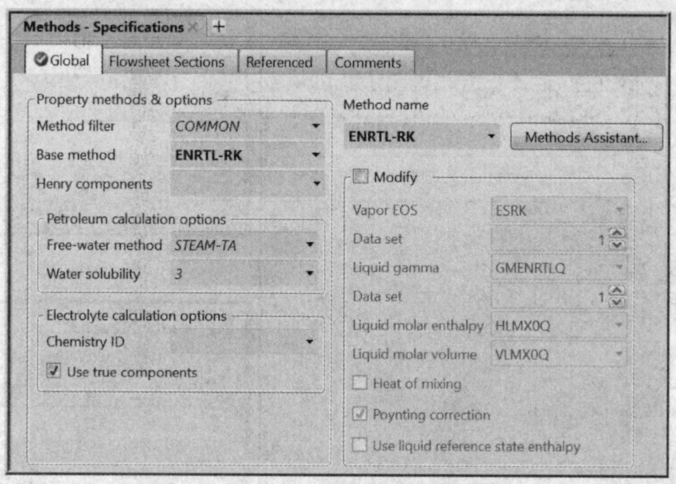

图 9.29 物性计算方法选择

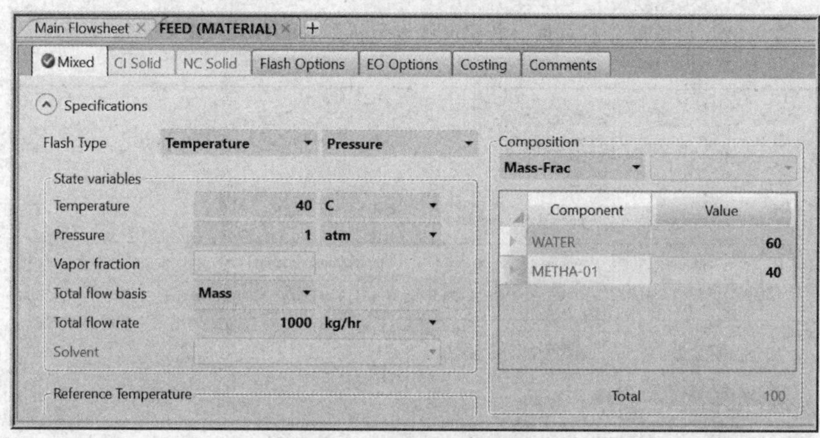

图 9.30 进料条件输入

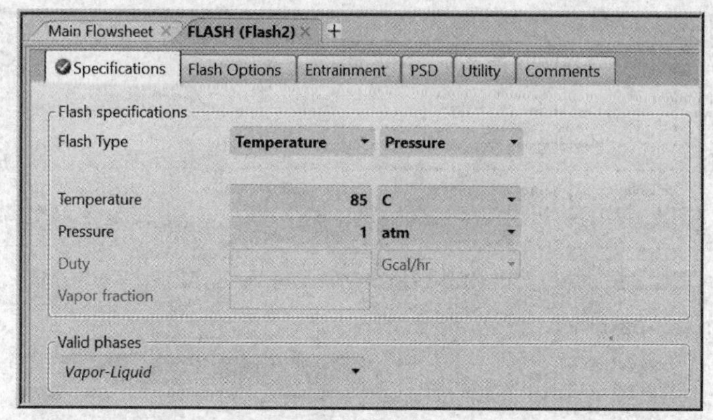

图 9.31 闪蒸条件输入

图 9.33。

自动生成第一个操纵变量（本项目只有 1 个，就是闪蒸器的温度），这是闪蒸单元的变量，属于 Block-Var（模块变量）、FLASH 模块，是其中的 TEMP（闪蒸温度）变量，单位℃。闪蒸温度的变化范围：下限 85℃，上限 94℃，增量 1℃（步长），输入各参数，输入后的结果如图 9.34 所示。

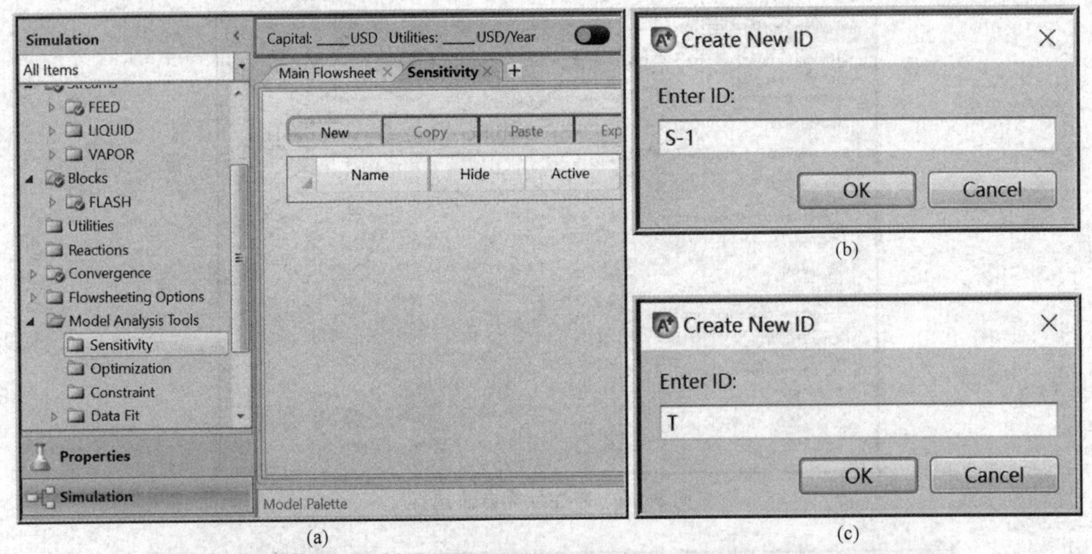

(a) (b) (c)

图 9.32 灵敏度分析页面、新建灵敏度分析默认名称及重命名灵敏度分析

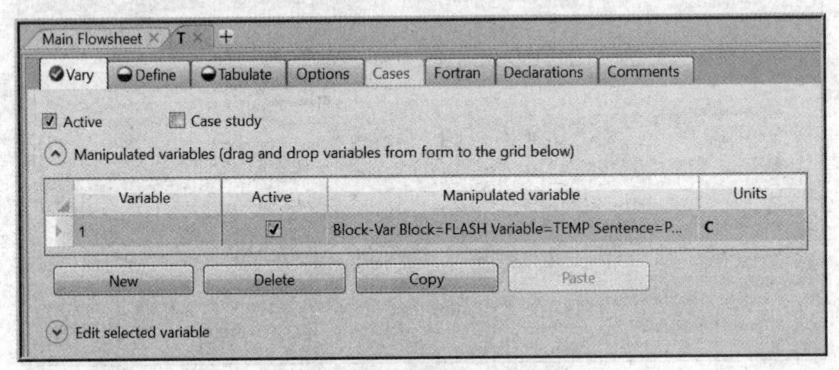

图 9.33 新建灵敏度操纵变量

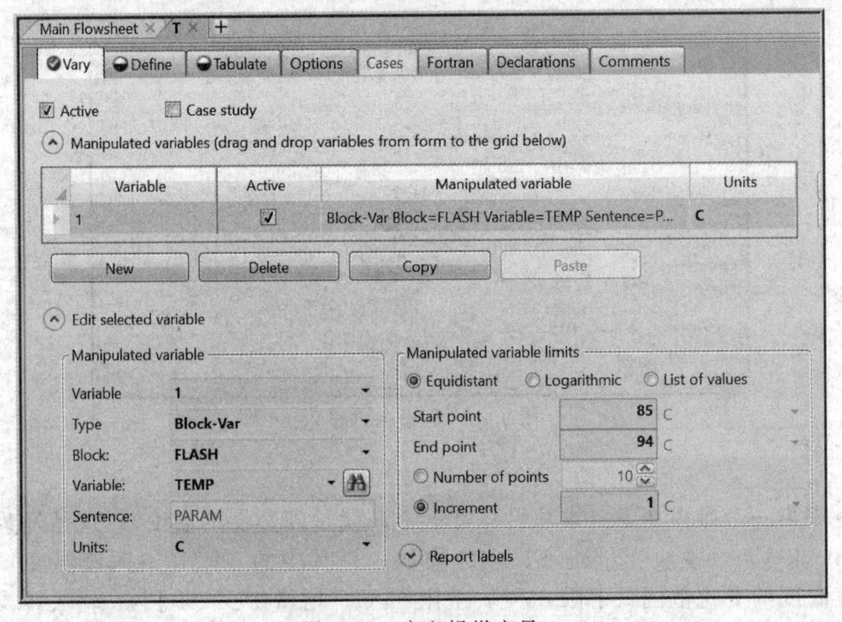

图 9.34 定义操纵变量

按 Enter 键后，【Vary】选项卡变蓝，说明已经完成对操纵变量的定义。需要说明的是，操纵变量必须是前面的某个输入变量，如前面的闪蒸温度或压力，如果不是前面的某个输入变量，程序后续计算就会出错。

再打开【Define】选项卡，在“Variable”中定义目标变量（这里要考查的是汽化分数的变化情况，因此汽化分数为目标变量）。单击【New】按钮，输入变量名称“VF”（汽化分数），见图 9.35 中 a。

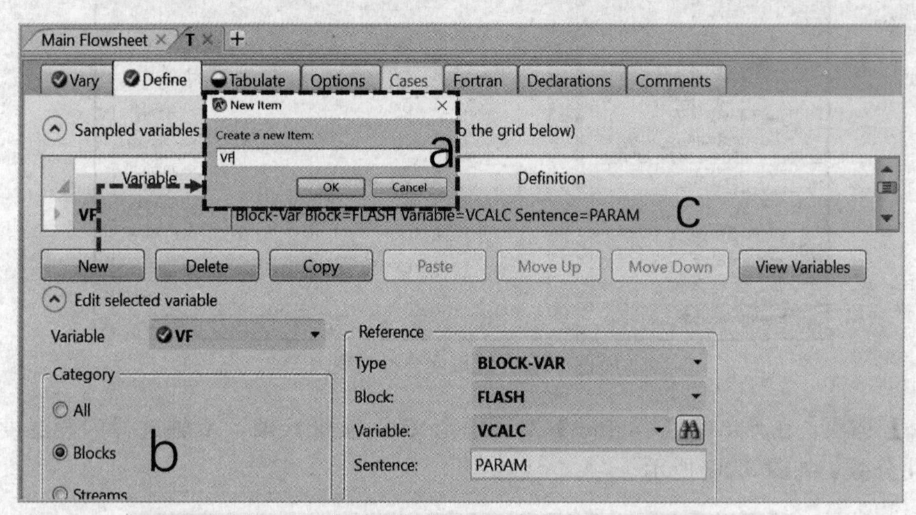

图 9.35　新建目标变 VF 和定义目标变量 VF

单击【OK】按钮，进入 VF 定义页面，令 VF 代表闪蒸模块中的汽化分数，因此页面左边选择“Blocks”单选项，它属于模块变量 BLOCK-VAR，是 FLASH 模块，计算出来的汽化分数是 VCALC（注意鼠标指针悬停时的文字注解“calculation vapor fraction”），如图 9.35 中 b 所示。

完成 VF 的定义后，注意观察 VF 变量右侧的信息（图 9.35 中 c）。如果定义多个变量，可用同样的方法一一定义。如果定义有误，再选中 VF，使用鼠标右键单击弹出快捷菜单可修改或删除参数设置。

定义好目标变量后，再在表格生成【Tabulate】选项卡指定要显示的内容，其中第一项是汽化分数 VF，单击【Fill Variables】按钮后【Tabulate】选项卡变成蓝色，如图 9.36 所示。

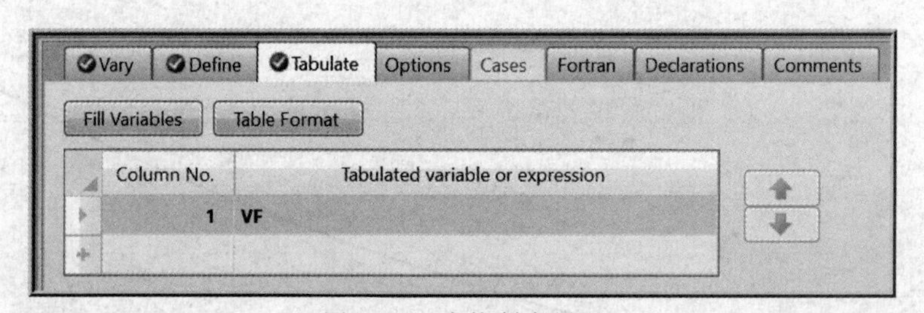

图 9.36　表格制定界面

至此，T 项目所有选项卡都变成蓝色，表示输入完成，可以初始化和运行了，运行结果如图 9.37 所示。

上述数据关系还可以绘制成直观的曲线。其方法是单击菜单【Plot】区域中的

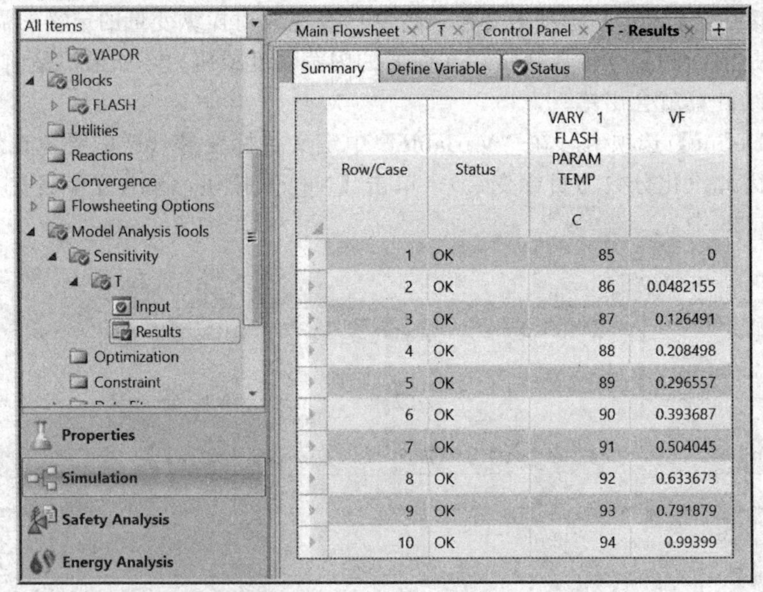

图 9.37 灵敏度分析列表

【Custom】选项，在弹出的【Custom】对话框定义 X 轴和 Y 轴，X 轴选择闪蒸温度，Y 轴选择汽化分数，如图 9.38 所示。

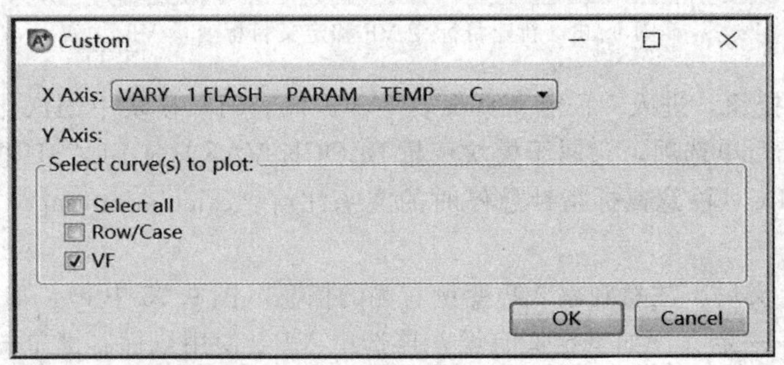

图 9.38 灵敏度分析作图坐标设置

单击【OK】按钮，按照上述定义的 X、Y 轴绘制曲线，如图 9.39 所示。

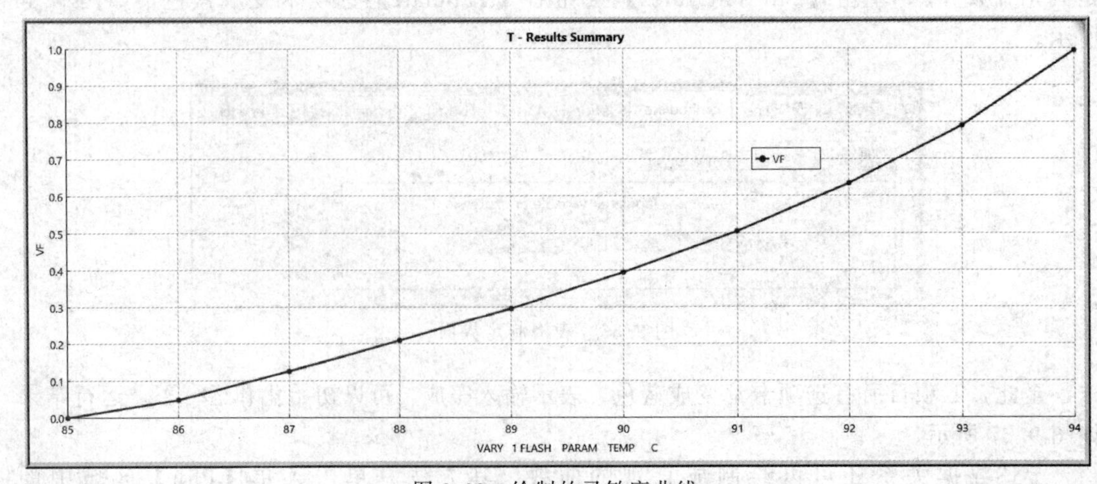

图 9.39 绘制的灵敏度曲线

练习：在110kPa下，组成为40%苯、60%甲苯的混合物（摩尔组成），泡点进料，流量为100kmol/h。如果使进料的30%～70%汽化，用灵敏度分析工具，分析闪蒸汽化分数变化对闪蒸过程热负荷的影响情况，并绘制曲线。闪蒸过程等压，热力学模型采用SRK。

第10章

Photoshop 2021在化学化工图像处理中的应用

Adobe公司发行的图像处理软件Photoshop，广泛应用于日常生活、科学研究、人文艺术等方面的图像制作、照片编辑等领域。新版 Photoshop 2021（Adobe Creative Cloud Photoshop）内置的画笔工具极为丰富，大量的精致动态、像素和矢量画笔可以满足不同的绘图需求，具有先进的绘画引擎，即使对于新手，也能够轻松地操作。新增天空替换、选择主体、神经画廊滤镜等工具，软件通过AI人工智能算法提升图片平滑度，快速生成漫画效果、素描效果，移除噪点等。

Photoshop同时也是化学、化工及材料科学中的一种十分有用的工具。它专业的编辑功能，在化学仪器的绘制、化学结构的描绘、化学反应机理的展示、化学插图的绘制、材料金相图的修改等方面都可以发挥十分强大的作用。本章将以最新版的Photoshop 2021为蓝本，介绍软件的绘图基础和在化学、化工、材料科学中的应用。

10.1 Photoshop 工作环境

Photoshop 2021的窗口主要由菜单栏、工具选项栏、工具栏、图像窗口、控制面板、状态栏组成，见图10.1。

10.1.1 菜单栏

Photoshop 2021的菜单栏包含11个下拉菜单。熟悉Photoshop 2021的菜单功能，有助于在操作Photoshop时选择正确的工作路径。下面列表（表10.1）介绍部分Photoshop菜单功能，以及菜单下的子菜单（图10.2）。

图 10.1　Photoshop 2021 的窗口组成

表 10.1　Photoshop 2021 主要的菜单栏及功能

菜单	主要功能
【文件】	【文件】菜单用于对文件进行存储、加载和打印，包括【新建】【打开】【存储】【存储为】【打印】和【退出】等命令
【编辑】	【编辑】菜单中有【清除】【剪切】【拷贝】【粘贴】等命令，【填充】和【描边】命令用于填充和描边图像或选择区，【变换】和【自由变换】命令允许用户快速旋转和扭曲选择区
【图像】	【图像】菜单可以转化 RGB、CMYK、Lab 等图像模式，也可以调整文件和画布的大小、色彩平衡、中间色调亮度、高亮度、对比度和阴影区等
【图层】	【图层】菜单主要用于创建和调整图层，包括【新建】【复制图层】【删除】和【图层内容选项】等命令
【选择】	【选择】菜单用于调整选区或选择整幅图像。包括【取消选择】【扩大选取】【反选】【变换选区】等命令。【修改】命令用于查找边界，扩展、收缩、平滑和羽化所选区，【变换选区】命令可以通过鼠标指针操作来旋转、缩放和斜切选区
【滤镜】	【滤镜】菜单用于产生特殊效果。Photoshop 2021 提供了各种各样的滤镜，可以对一幅图像或选区进行扭曲、风格化、模糊和增加杂色等
【视图】	【视图】菜单用于实现文档的放大、缩小或满画布显示。包括【标尺】、参考线等选项。【显示】子菜单包括目标路径、隐藏选区边缘、网格等选项
【窗口】	【窗口】菜单用于改变活动文档以及打开和关闭各个面板，包括【颜色】【历史记录】【图层】【路径】【画笔】等选项

10.1.2　工具栏

Photoshop 2021 的工具面板包含用于创建、打开、编辑图像的工具，主要有选择工具、剪切工具、修饰工具、绘画工具、绘图文字工具及注释测量工具几个大类，相关工具将编为一组，右下角以三角形表示出来，按住鼠标左键可以打开隐藏工具，见图 10.3。

图 10.2　Photoshop 2021 主要的菜单栏

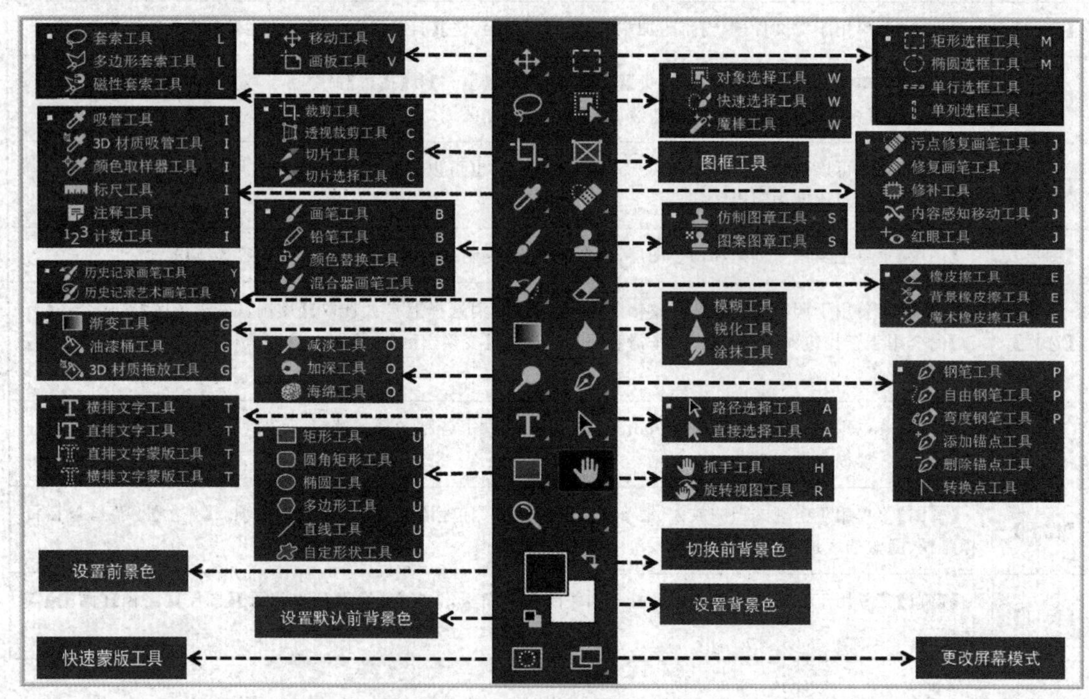

图 10.3　工具栏及其隐藏的工具

工具栏中的工具有很多使用技巧，在绘图中使用频繁，例如选择工具。在 Photoshop 中不管是进行粘贴、复制与删除等操作，还是执行调整、滤镜、色彩的高级功能，都需要建立选区，必须选定需要编辑的区域范围，才能进行编辑。工具栏使用实例及主要功能说明见表 10.2。

表 10.2 工具栏使用实例及主要功能说明

实例			
说明	移动工具：用于移动参考线、选区、图层等。画板：用于在画板上布置不同的设备及平面设计	框选工具：用于建立矩形、椭圆、单行或单列选区	套索工具、快速选择工具：手动运用套索工具、磁性套索工具、多边形套索工具可以建立选区
实例			
说明	选择工具：魔棒工具：通过容差与连续设置，可以选择相近颜色；快速选择工具：运用圆形工具快速选取相近选区	裁剪工具：用于剪切图像；切片工具：用于创建切片；切片选择工具：用于选择切片；透视裁剪工具：用于剪切倾斜图像	吸管工具：用于提取图片的色样；颜色取样器工具：用于将图像的颜色组成进行对比
实例			
说明	污点修复画笔工具：用于污点、杂质等细节修复处理；修复画笔工具：通过选取仿制源实现更精准的修复；修补工具：用于修改明显裂痕或污点等；红眼工具：用于修复红眼	画笔工具：选择笔刷和笔头大小上色；铅笔工具：模拟铅笔效果；颜色替换工具：按 Alt 键选取替换色，涂抹变换为替换色；混合器画笔工具：它是综合涂抹工具和画笔工具，绘画使用	仿制图章工具：按住 Alt 键选择复制源，选取适合的笔头，涂抹以复制修复图像；图案图章工具：先设置"定义图案"，再在图像中复制图案

续表

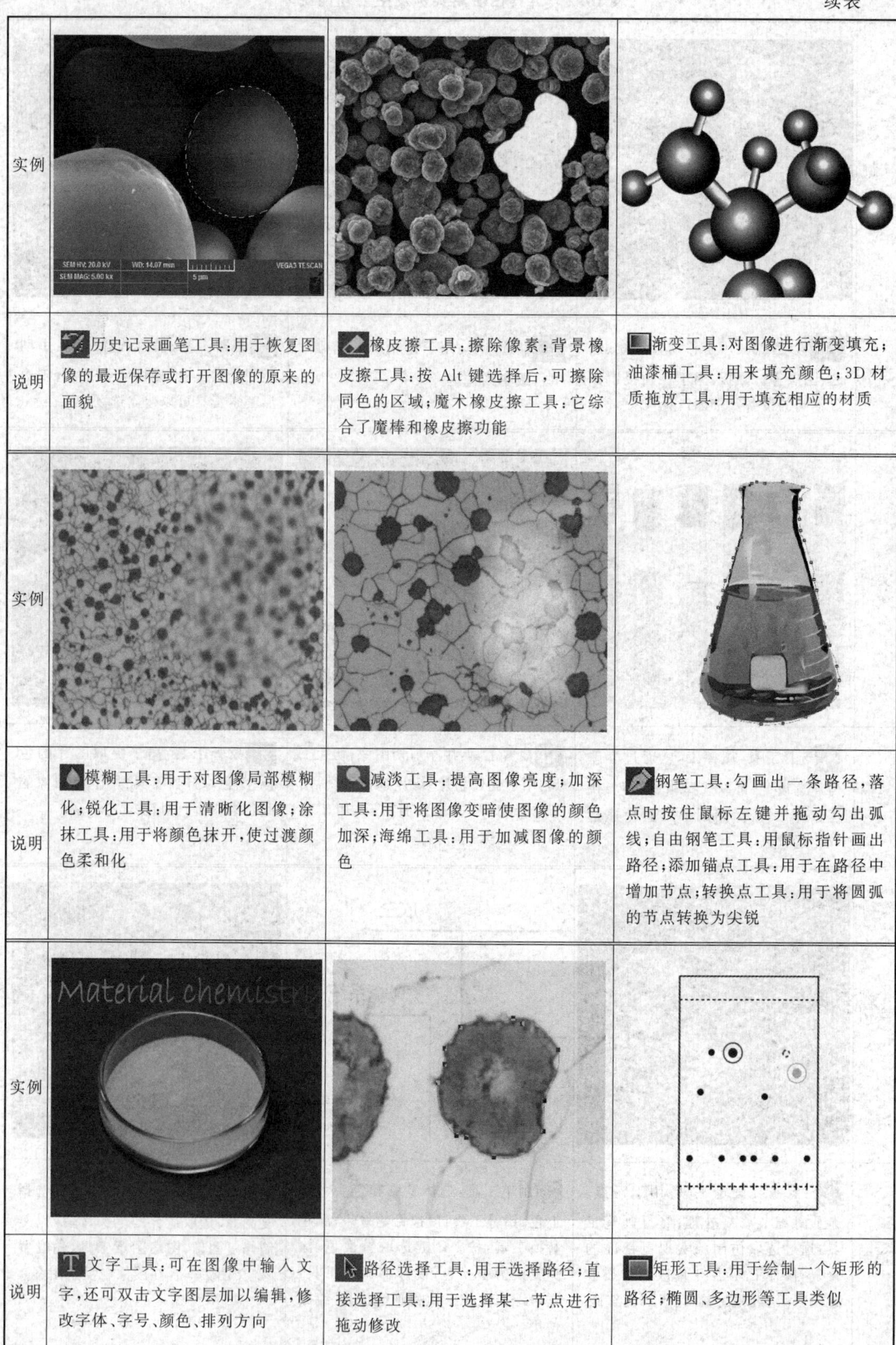

实例			
说明	历史记录画笔工具：用于恢复图像的最近保存或打开图像的原来的面貌	橡皮擦工具：擦除像素；背景橡皮擦工具：按 Alt 键选择后，可擦除同色的区域；魔术橡皮擦工具：它综合了魔棒和橡皮擦功能	渐变工具：对图像进行渐变填充；油漆桶工具：用来填充颜色；3D 材质拖放工具：用于填充相应的材质
实例			
说明	模糊工具：用于对图像局部模糊化；锐化工具：用于清晰化图像；涂抹工具：用于将颜色抹开，使过渡颜色柔和化	减淡工具：提高图像亮度；加深工具：用于将图像变暗使图像的颜色加深；海绵工具：用于加减图像的颜色	钢笔工具：勾画出一条路径，落点时按住鼠标左键并拖动勾出弧线；自由钢笔工具：用鼠标指针画出路径；添加锚点工具：用于在路径中增加节点；转换点工具：用于将圆弧的节点转换为尖锐
实例			
说明	文字工具：可在图像中输入文字，还可双击文字图层加以编辑，修改字体、字号、颜色、排列方向	路径选择工具：用于选择路径；直接选择工具：用于选择某一节点进行拖动修改	矩形工具：用于绘制一个矩形的路径；椭圆、多边形等工具类似

续表

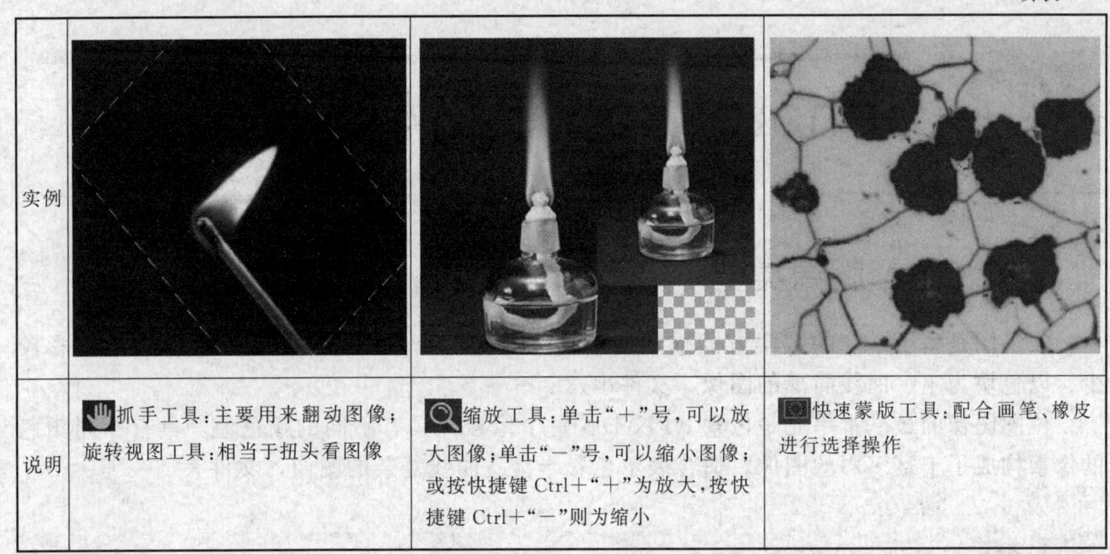

实例			
说明	抓手工具:主要用来翻动图像;旋转视图工具:相当于扭头看图像	缩放工具:单击“+”号,可以放大图像;单击“-”号,可以缩小图像;或按快捷键 Ctrl+“+”为放大,按快捷键 Ctrl+“-”则为缩小	快速蒙版工具:配合画笔、橡皮进行选择操作

10.1.3 控制面板

Photoshop 2021 中提供了 30 个控制面板，主要包括导航器、信息、历史记录、动作、工具预设、颜色、图层、通道、路径、样式、字符、段落等控制面板。主要控制面板及其功能见表 10.3。

表 10.3 Photoshop 2021 中提供的主要控制面板

序号	控制面板	主要功能
1	导航器(Navigator)	以缩放的比例显示小图像,单击鼠标指针,可以快速移动图像的显示区域
2	信息(Info)(F8)	显示鼠标指针当前位置颜色值、鼠标位置的坐标。包括所选范围的大小、角度信息
3	颜色(Color)(F6)	填充颜色的设置
4	色板(Swatches)	颜色控制面板,快速设置颜色
5	图层(Layers)(F7)	图层操作面板
6	通道(Channels)	根据色彩模式显示相应通道及保存蒙版内容
7	路径(Paths)	建立矢量式图像路径
8	历史记录(History)	记录图像操作,可以恢复至指定的历史图像步骤
9	动作(Actions)(F9)	操作自动化代码,录制多个编辑操作,实现图像的批处理
10	工具预设(Tool Presets)(F5)	设置文本、画笔等各种工具的默认参数
11	样式(Styles)	样式管理,添加、删除指定的样式
12	字符(Character)	设置文字格式
13	段落(Paragraph)	设置排版格式

10.2 Photoshop 专业术语

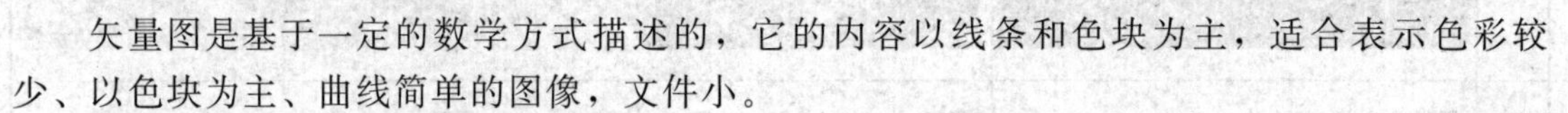

10.2.1 图像类型

矢量图是基于一定的数学方式描述的，它的内容以线条和色块为主，适合表示色彩较少、以色块为主、曲线简单的图像，文件小。

位图图像的最基本单元是像素（Pixel），每个像素都具有不同的颜色值，具有不同颜色的像素构成了丰富多彩的图像，适合表示色彩丰富、曲线复杂的图像，文件大。

10.2.2 分辨率

位图图像单位面积内含有的像素称为图像的分辨率，单位为像素/英寸（ppi），图像分辨率表示每英寸所包含的像素数，越大表示图像单位面积具有越多的像素，图像质量越好，色彩过渡越好。

10.2.3 色彩深度与色彩模式

色彩深度是指一个图像中颜色的信息量，以“位”定义每个像素的颜色。

色彩模式是用于表现色彩的一种数学算法，即电子图像用什么方式在计算机中显示和输出，表示图像的颜色范围及合成方式。色彩模式有 Bitmap（位图）模式、RGB 模式、CMYK 模式、Grayscale（灰度）模式、Lab 模式、HSB 模式、Duotone（双色调）模式、Indexed Color（索引颜色）模式、Multichannel（多通道）模式等。色彩深度与主要的色彩模式见表 10.4。

表 10.4　色彩深度与主要的色彩模式

色彩深度	表达颜色数	色彩模式	色彩模式说明
1 位	2	位图模式	位图模式(Bitmap)也叫作黑白图像，用两种颜色(黑和白)来表示图像中的像素
8 位	256	索引颜色	索引颜色模式(Indexed Color)最多产生 256 色的 8 位影像档案
16 位	65536	灰度、16 位/通道	灰度模式(Grayscale)是用 256 级灰阶来表现图像的明暗的一种色彩模式，图像中的每个像素都具有一个在 0～255 之间的亮度值
32 位	4294967296	CYMK、RGB	RGB 色彩模式：计算机屏幕上的所有颜色，都由红色、绿色、蓝色三种色光按照不同的比例混合而成。红色、绿色、蓝色又称三原色光，用英文表示就是 R(red)、G(green)、B(blue)。 CMYK 色彩模式是一种印刷模式，C、M、Y、K 分别是指青(cyan)、洋红(magenta)、黄(yellow)、黑(black)，在印刷中代表四种颜色的油墨

10.2.4　图像格式

面对不同的工作时，选择不同的图像格式非常重要，例如互联网图像选择 GIF 和 JPEG 格式，因为其独特的图像压缩方式，所占的内存十分小；在印刷领域，图像的文件格式要求为 TIFF 格式，下面列表（表 10.5）做详细介绍。

表 10.5　主要的图像格式

格式	特征	用途
PSD	PSD 是 Photoshop 2021 本身专用的文件格式，也是新建文件和保存文件时默认的存储文件格式	PSD 格式支持图层、通道、蒙版和不同色彩模式的各种图像特征，是一种非压缩的原始文件保存格式，可以用 Photoshop 继续编辑
BMP	BMP 是一种与硬件设备无关的图像文件格式，使用非常广。它采用位映射存储格式，除图像深度可选以外，不采用其他任何压缩，因此，BMP 文件所占用的空间很大	Windows 系统中交换与图有关的数据的一种标准文件格式是 BMP，因此在 Windows 系统中运行的图形图像软件都支持 BMP 格式
JPEG	JPEG 是一种压缩率很高的文件格式。JPEG 是“联合图像专家组”的缩写，文件后缀名为“.jpg”或“.jpeg”，是最常用的图像文件格式，是一种有损压缩格式	JPEG 是一种先进的压缩技术，它用有损压缩方式去除冗余的图像数据，在获得极高的压缩率的同时能展现十分丰富生动的图像，是现今使用最多的图像格式
TIFF	TIFF 格式是文档图像和文档管理系统中的标准格式。在大量生产的环境中，文档通常扫描成黑白图像以节约存储空间	TIFF 格式也是一种应用非常广泛的图像文件格式，主要应用于打印领域
GIF	GIF 格式为 256 色 RGB 图像文件格式，其特点是文件尺寸较小，支持透明背景	GIF 格式可构成一种最简单的动画，特别适合作为网页图像
PNG	PNG 格式支持 24 位(1670 万色)的真彩色图像，可以在不失真的情况下压缩保存图像，并且支持透明背景和消除锯齿边缘的功能	PNG 格式文件在 RGB 和灰度模式下支持 Alpha 通道，可以提供透明背景的网络图片

10.2.5　亮度和对比度

亮度（Brightness）就是各种图像模式下的图形原色的明暗度，如 RGB 图像的原色为 R、G、B 三种。

对比度（Contrast）是指不同颜色之间的差异大小。增加对比度，两种颜色之间的反差就增大。

10.2.6　色相和饱和度

色相（Hue）是从物体反射或透过物体传播的颜色。也就是说，色相就是色彩颜色，色相是由颜色名称标识的。例如：红、橙、黄、绿、青、蓝、紫 7 色组成光，其中，每一种颜色代表一种色相。

饱和度（Saturation）是指颜色的强度或纯度。黑白图像没有饱和度。

10.3 Photoshop 基础操作

10.3.1 图像的建立与保存

打开图像：按快捷键 Ctrl+O 或单击菜单【文件】-【打开】命令，可打开图像。打开多个文件时，如果按下 Shift 键，可以选择连续的多个文件；如果按 Ctrl 键，可以选择不连续的多个文件。

新建图像：按下快捷键 Ctrl+N 或者单击菜单【文件】-【新建】命令，可以新建图像。根据图像大小设置 Width（宽度）、Height（高度），注意常用单位［cm（厘米）、pixels（像素）、inches（英寸）、Resolution（分辨率）］的设置，增加分辨率，图像文件增大，图像越清楚，存储空间越大。图像的 Mode（模式）设置：常见的有 RGB（颜色模式）、Bitmap（位图模式）、灰度模式、CMYK（颜色模式），见图 10.4(a)。完成各项参数后，单击【创建】按钮建立一个新文件。

保存图像：按快捷键 Ctrl+S 或选择菜单【文件】-【储存】命令，即可保存 Photoshop 的默认格式 PSD 文件。选择菜单【文件】-【储存为】命令或者按快捷键 Shift+Ctrl+S 可以保存为其他格式的文件，见图 10.4(b)，它有 TIF、BMP、JPG、PNG、GIF 等格式。

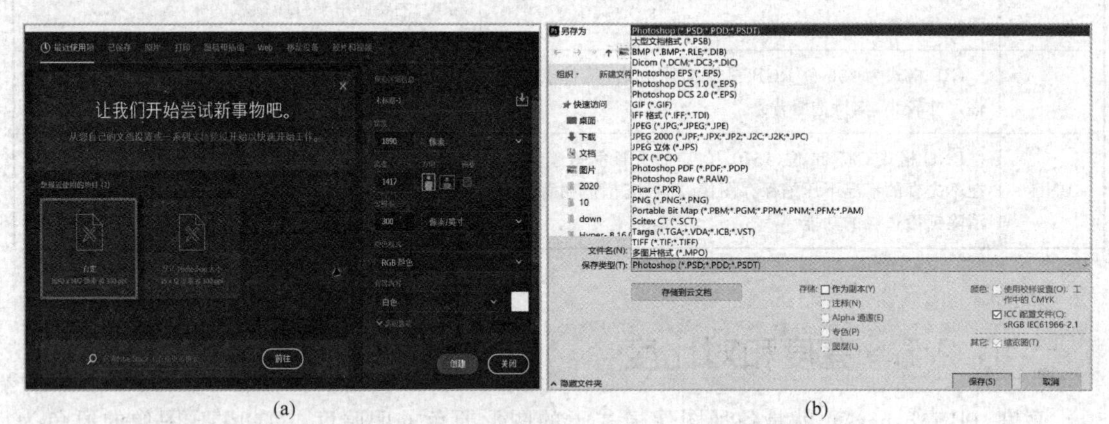

(a) (b)

图 10.4 Photoshop 2021 新建图像窗口与保存图像窗口

10.3.2 图像画布大小和分辨率

画布就是画纸，改变画布大小就是改变画纸的大小；图像就是画纸上的图，改变图像大小就是改变画纸上图的大小。重新采样并选择【保留细节（扩大)】选项，放大的图像能增加清晰度。

分辨率决定了一幅图像的质量好坏，分辨率越高，图像越清晰。增加分辨率时，图像像素数目就会增加；减少分辨率时，则会删除部分像素。修改图像尺寸、画布大小、分辨率以增减像素数目的方法：单击菜单【图像】-【图像大小】或【画布大小】命令，在打开的【图像大小】或【画布大小】对话框中进行设置，见图 10.5。

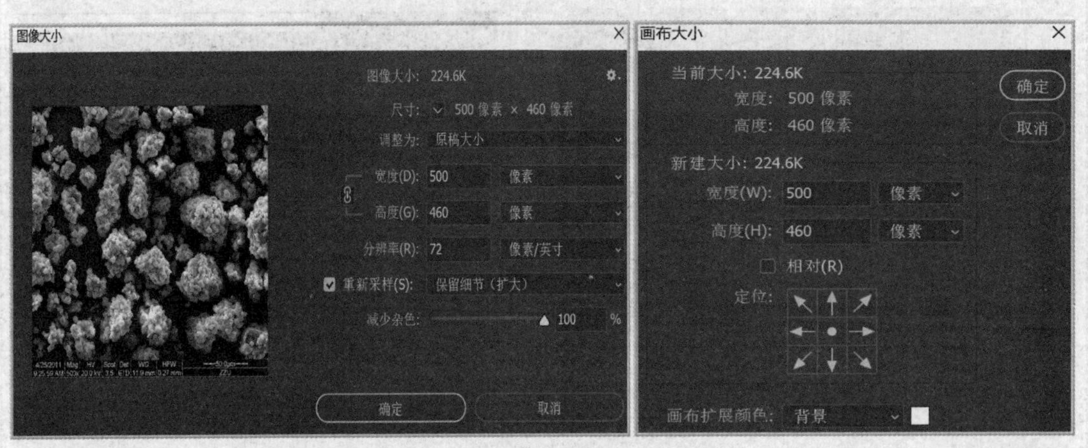

图 10.5　图像大小和画布大小设置

裁剪工具：它是修改图像大小的一种工具，是将图像四周没有用的部分去掉，只留下中间有用的部分，裁切后图像的尺寸将变小。裁剪工具可以自由控制裁切的大小和位置，可以进行图像进行变形、旋转以及调整图像分辨率等操作。

10.3.3　建立选区

Photoshop 默认是对整个图层进行编辑，选定要执行编辑的区域能有效地对选区进行编辑，可以使用菜单命令，也可以使用工具箱中的工具，还可以通过图层、通道、路径来建立选区，选区的建立方法见表 10.6。

表 10.6　选区的建立方法

实例		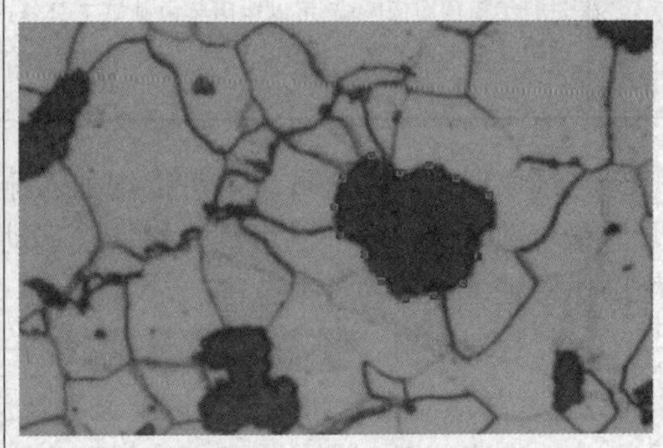
方法	选框工具：单击选择工具，在页面上直接拖动鼠标即可绘制，包括矩形、椭圆、单行、单列选框工具。如果同时按住 Shift 键，则可以画正方形或者正圆；如果同时按住 Alt 键可以从中心点绘制矩形或者圆；按快捷键 Shift+M 可以在矩形和圆之间切换	套索工具：套索工具有 3 种，其中套索工具用于选取不规则形状的曲线区域；多边形套索工具用于选择不规则形状的多边形；磁性套索工具用于自动查找颜色边缘，该工具具有方便、准确、快速选取的特点

续表

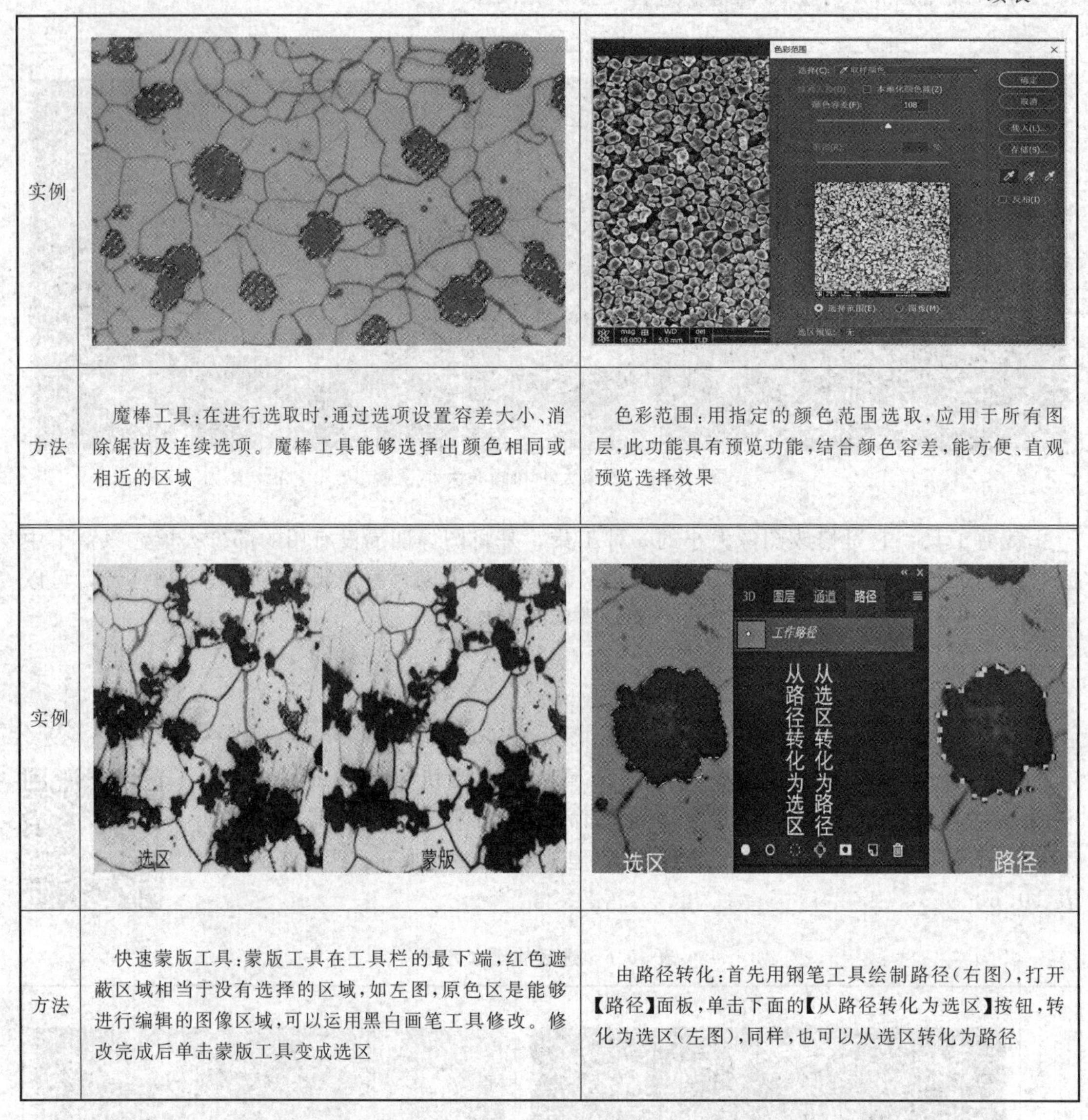

实例		
方法	魔棒工具：在进行选取时，通过选项设置容差大小、消除锯齿及连续选项。魔棒工具能够选择出颜色相同或相近的区域	色彩范围：用指定的颜色范围选取，应用于所有图层，此功能具有预览功能，结合颜色容差，能方便、直观预览选择效果
实例		
方法	快速蒙版工具：蒙版工具在工具栏的最下端，红色遮蔽区域相当于没有选择的区域，如左图，原色区是能够进行编辑的图像区域，可以运用黑白画笔工具修改。修改完成后单击蒙版工具变成选区	由路径转化：首先用钢笔工具绘制路径（右图），打开【路径】面板，单击下面的【从路径转化为选区】按钮，转化为选区（左图），同样，也可以从选区转化为路径

当选取一个图像区域后，可以增加、删减、旋转、翻转和自由变换选取范围。

移动选取范围：一般用鼠标指针来移动选取范围，用键盘的上、下、左、右 4 个方向键可以非常精确地移动选取范围。

增减选取范围：四个选项用于建立选区，依次为【新选区】【添加到选区】【从选区减去】和【与选区交叉】。

修改选取范围：菜单工具【选择】中有多种修改方法，包括【扩大选取】【选区相似】，修改中的【边界】【平滑】【扩展】【收缩】【羽化】操作，【变换选区】范围可以自由地修改选区范围实现旋转等功能。

反向：如果需要选择选区以外的区域，只需要单击菜单【选择】-【反选】命令或按快捷键 Shift＋Ctrl＋i。

取消选区：单击菜单【选择】-【取消选择】命令或按快捷键 Ctrl＋D 可取消选区。

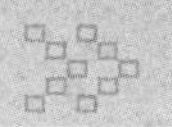

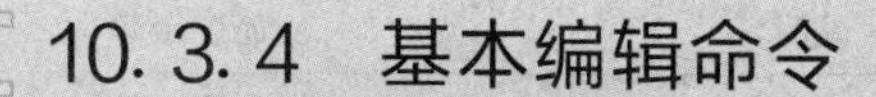

10.3.4 基本编辑命令

用户可以对整个图像或选区进行编辑，结合图层、历史记录、路径、通道、色彩、画笔等面板，主要运用工具栏中的工具、编辑菜单等工具进行编辑。为直观地表示效果，将基本编辑命令实例及说明列于表 10.7。

表 10.7 基本编辑命令实例及说明

图像编辑实例	说明	简要步骤
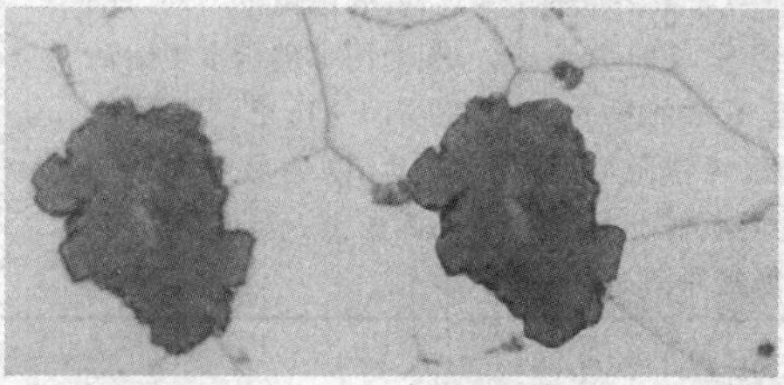	剪切、拷贝和粘贴：首先建立选区，复制目标到当前图像的新图层或者其他图像的某一图层中，实现移花接木	① 用魔棒工具建立选区 ② 按快捷键 Ctrl+C 复制 ③ 在【图层】面板中新建图层 ④ 按快捷键 Ctrl+V 粘贴 ⑤ 在【工具】面板中使用移动工具将复制目标移动到合适位置
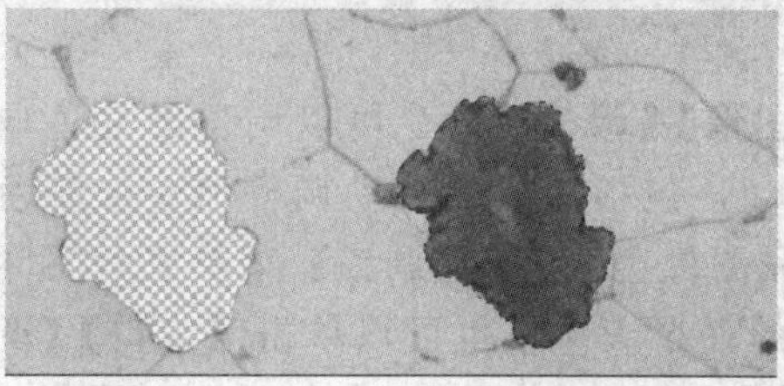	移动图像：选择或粘贴图像后，其位置往往不能满足要求，因此需要移动。通常使用工具箱中的移动工具移动图像	① 用魔棒工具建立选区 ② 在工具栏使用移动工具移动图像
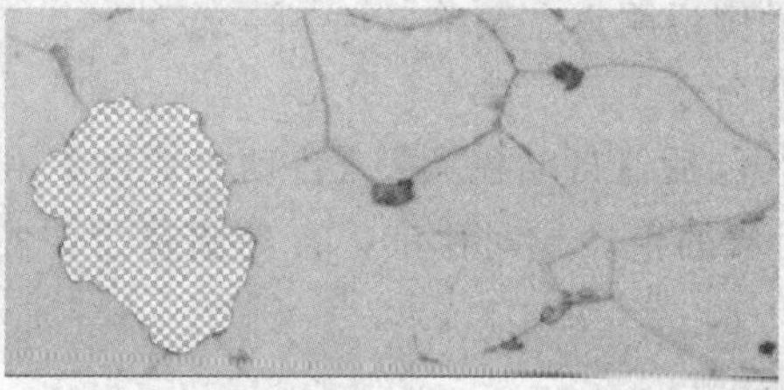	清除图像：要清除图像，必须先选取选区，指定清除的图像内容，然后单击菜单【编辑】-【清除】命令或按下 Delete 键，删除后的图像显示背景色	① 用魔棒工具建立选区 ② 单击菜单【编辑】-【清除】命令或按下 Delete 键，删除后的图像显示背景色
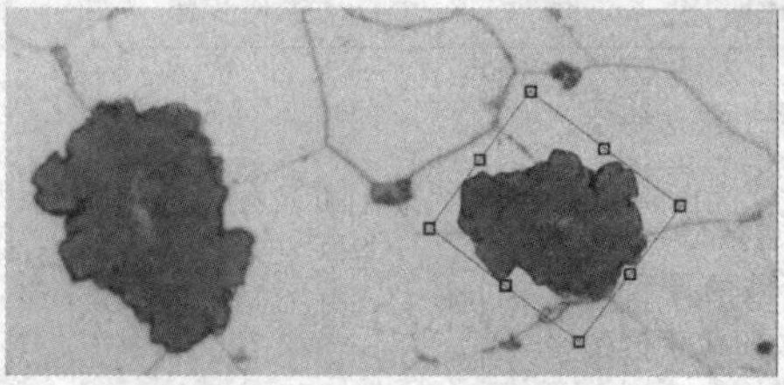	自由变换（缩放、变形、旋转、倾斜、透视等）：可分为对整个图像和对局部图像（即选区范围中的图像或单个图层）进行变换。单击【编辑】的子菜单【自由变换】或【变换】命令完成变换	① 用魔棒工具建立选区 ② 按快捷键 Ctrl+C 复制 ③ 在【图层】面板中新建图层 ④ 按快捷键 Ctrl+V 粘贴 ⑤ 单击菜单【编辑】-【自由变换】命令旋转、缩小、移动
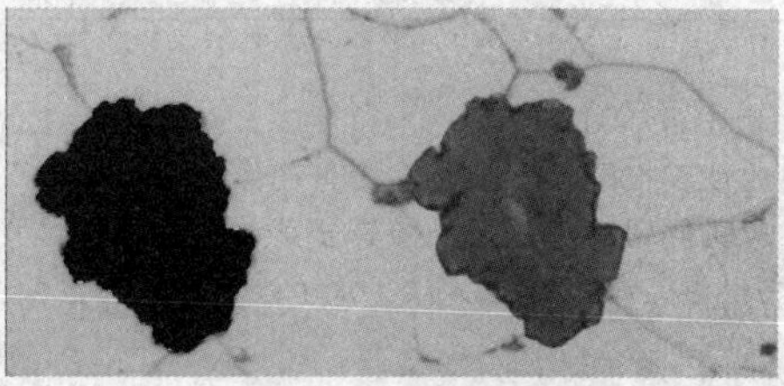	填充：使用【填充】命令对选区进行填充，除能填充颜色之外，还可以填充图案和快照内容	① 用魔棒工具建立选区 ② 在【图层】面板中新建图层 ③ 单击菜单【编辑】-【填充】命令，填充黑色 ④ 单击菜单【选择】-【取消选择】命令

续表

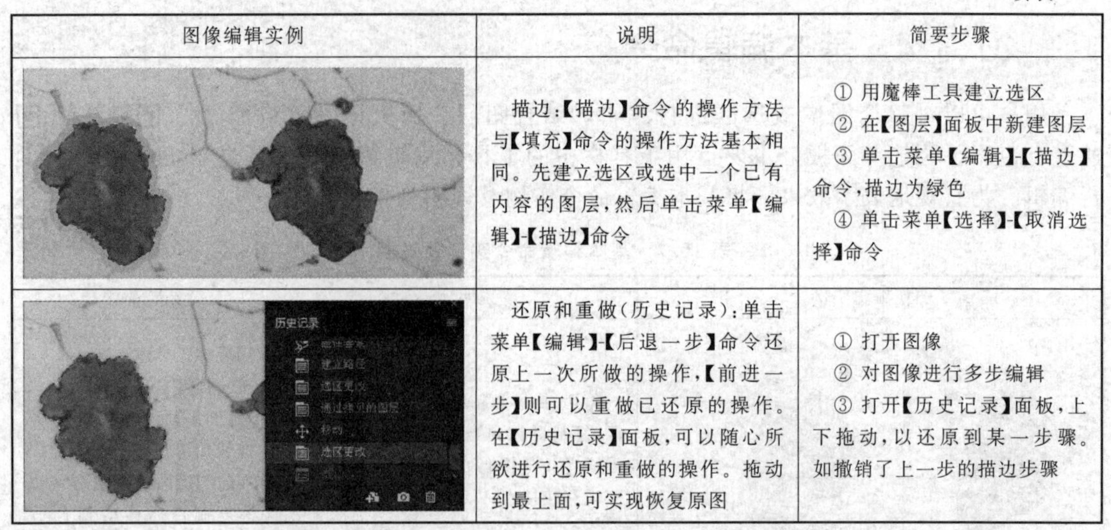

图像编辑实例	说明	简要步骤
	描边:【描边】命令的操作方法与【填充】命令的操作方法基本相同。先建立选区或选中一个已有内容的图层,然后单击菜单【编辑】-【描边】命令	① 用魔棒工具建立选区 ② 在【图层】面板中新建图层 ③ 单击菜单【编辑】-【描边】命令,描边为绿色 ④ 单击菜单【选择】-【取消选择】命令
	还原和重做(历史记录):单击菜单【编辑】-【后退一步】命令还原上一次所做的操作,【前进一步】则可以重做已还原的操作。在【历史记录】面板,可以随心所欲进行还原和重做的操作。拖动到最上面,可实现恢复原图	① 打开图像 ② 对图像进行多步编辑 ③ 打开【历史记录】面板,上下拖动,以还原到某一步骤。如撤销了上一步的描边步骤

10.3.5 控制图像色调和色彩

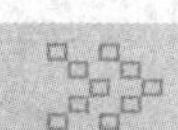

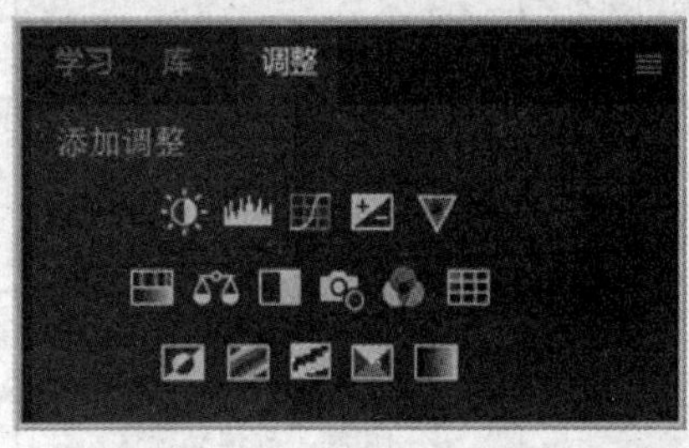

图 10.6 【调整】面板

单击菜单【图像】-【调整】命令可以调整图片色调和色彩，见图 10.6，包括图片的自动调整命令、颜色调整、明暗调整和图像色调等。【调整】菜单也是实际操作中最为常用的一个菜单，也可以单击【窗口】-【调整】命令调出【调整】面板。Photoshop 2021 调整菜单命令太多，下面举例说明重点菜单。

(1) 自动调整命令

自动调整命令包括【自动色调】【自动对比度】和【自动颜色】命令。直接单击菜单命令即可自动调整图像的色调或对比度，自动调整命令实例说明见表 10.8。

表 10.8 自动调整命令实例

图像编辑实例	说明	简要步骤
	自动色调:用于自动调整图像中的暗部和亮部。它对每个颜色通道进行调整,将每个颜色通道中最亮和最暗的像素调整为纯白和纯黑,中间像素值按比例重新分布	① 打开图像 ② 单击菜单【图像】-【自动色调】命令
	自动对比度:用于自动调整图像中颜色的对比度。将图像中最亮和最暗像素映射到白色和黑色,使高光显得更亮,而暗调显得更暗	① 打开图像。 ② 单击菜单【图像】-【自动对比度】命令

续表

图像编辑实例	说明	简要步骤
	自动颜色:通过搜索实际像素来调整图像的色相饱和度,使Photoshop 2021 图像颜色更为鲜艳	① 打开图像 ② 单击菜单【图像】-【自动颜色】命令

(2) 简单颜色调整

在 Photoshop 2021 中，有些颜色调整命令不需要复杂的参数设置，也可以更改图像颜色，例如，【去色】【阈值】【反相】等。简单颜色调整实例见表 10.9。

表 10.9 简单颜色调整实例

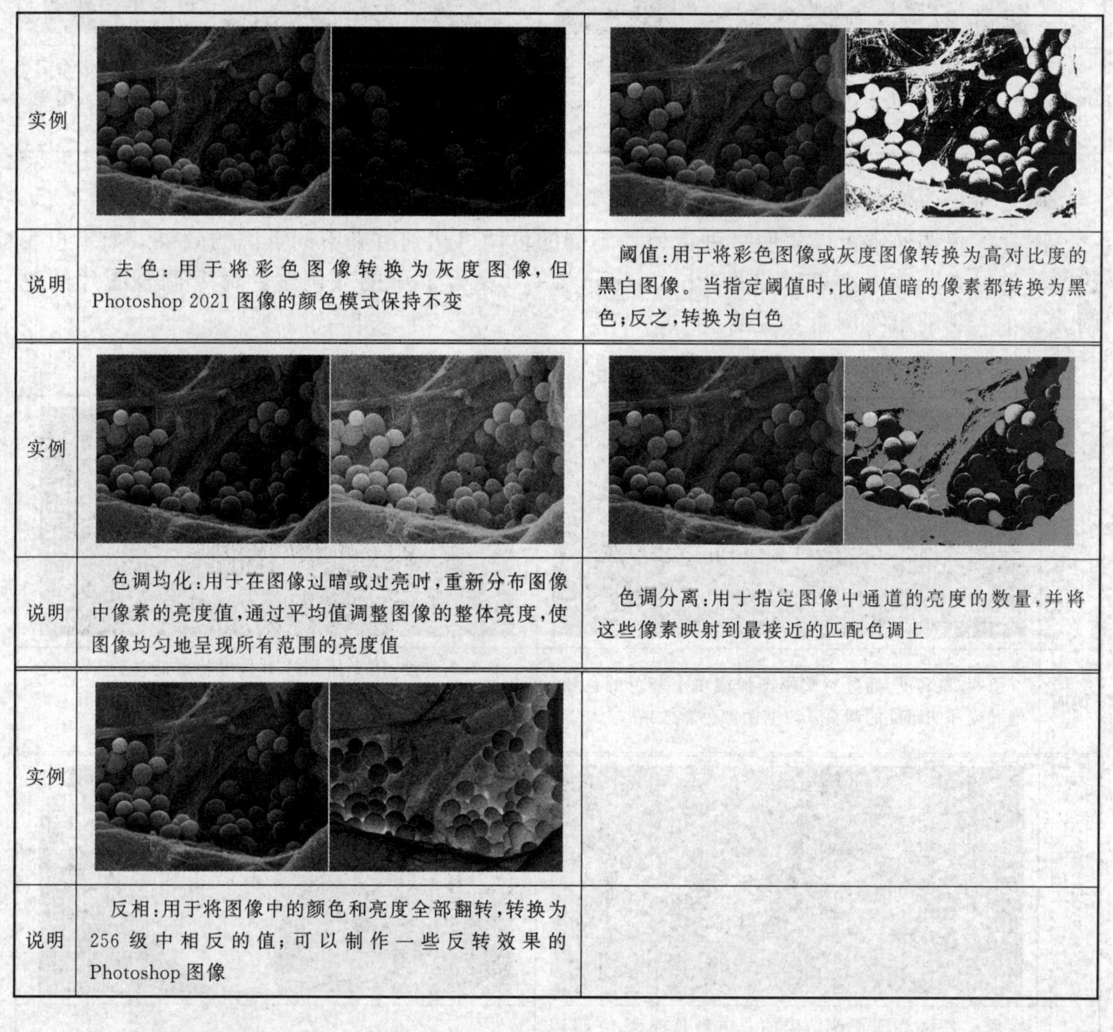

实例		
说明	去色:用于将彩色图像转换为灰度图像,但Photoshop 2021 图像的颜色模式保持不变	阈值:用于将彩色图像或灰度图像转换为高对比度的黑白图像。当指定阈值时,比阈值暗的像素都转换为黑色;反之,转换为白色
实例		
说明	色调均化:用于在图像过暗或过亮时,重新分布图像中像素的亮度值,通过平均值调整图像的整体亮度,使图像均匀地呈现所有范围的亮度值	色调分离:用于指定图像中通道的亮度的数量,并将这些像素映射到最接近的匹配色调上
实例		
说明	反相:用于将图像中的颜色和亮度全部翻转,转换为256 级中相反的值;可以制作一些反转效果的Photoshop 图像	

(3) 明暗关系调整

对于层次不清、色调灰暗的图像，可使用对色调、明暗程度调整的命令，增强图像亮度层次。明暗关系调整实例见表 10.10。

表 10.10　明暗关系调整实例

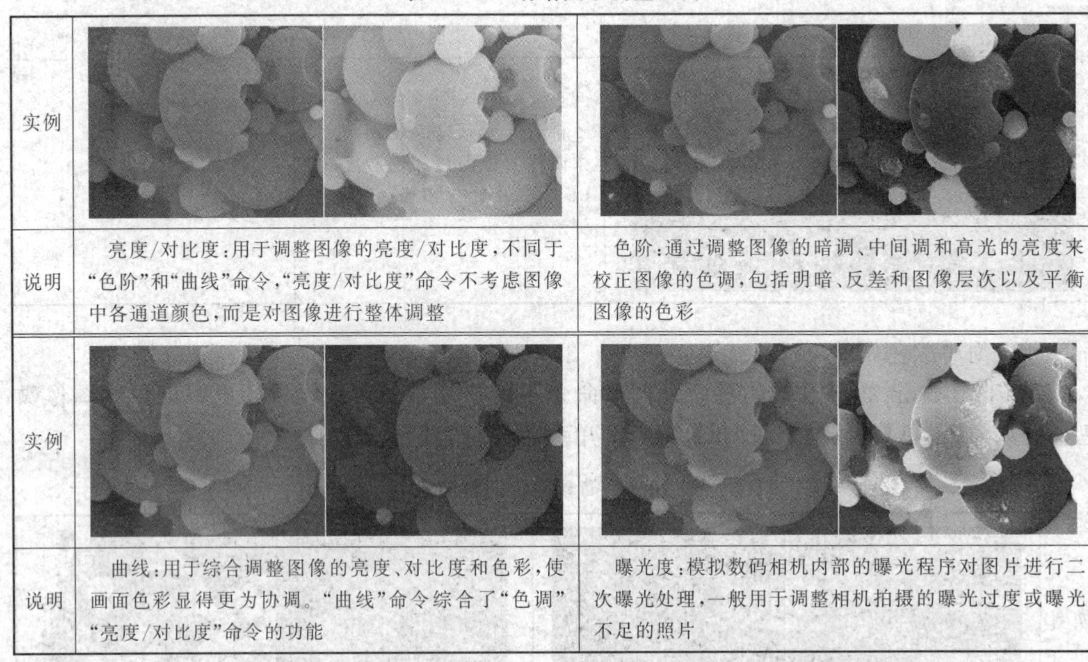

实例		
说明	亮度/对比度：用于调整图像的亮度/对比度，不同于“色阶”和“曲线”命令，“亮度/对比度”命令不考虑图像中各通道颜色，而是对图像进行整体调整	色阶：通过调整图像的暗调、中间调和高光的亮度来校正图像的色调，包括明暗、反差和图像层次以及平衡图像的色彩
实例		
说明	曲线：用于综合调整图像的亮度、对比度和色彩，使画面色彩显得更为协调。“曲线”命令综合了“色调”“亮度/对比度”命令的功能	曝光度：模拟数码相机内部的曝光程序对图片进行二次曝光处理，一般用于调整相机拍摄的曝光过度或曝光不足的照片

（4）矫正图像色调

图片的色调通常可以表明一种情境，不同的色调可达到渲染不同氛围的效果。如果想表达图片的另类美感，则可以借助 Photoshop 菜单【图像】中的【调整】命令调整图片的色调，表 10.11 列出实例简要说明。

表 10.11　图像色调调整的主要命令实例

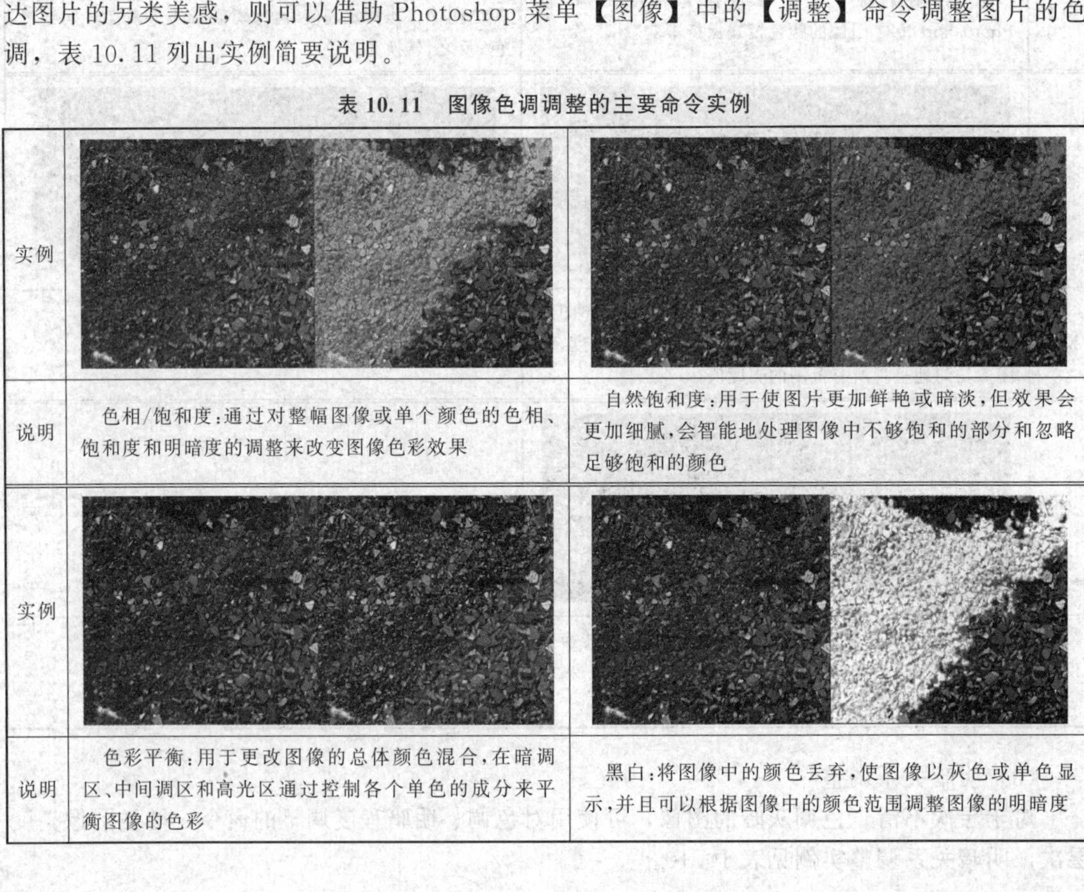

实例		
说明	色相/饱和度：通过对整幅图像或单个颜色的色相、饱和度和明暗度的调整来改变图像色彩效果	自然饱和度：用于使图片更加鲜艳或暗淡，但效果会更加细腻，会智能地处理图像中不够饱和的部分和忽略足够饱和的颜色
实例		
说明	色彩平衡：用于更改图像的总体颜色混合，在暗调区、中间调区和高光区通过控制各个单色的成分来平衡图像的色彩	黑白：将图像中的颜色丢弃，使图像以灰色或单色显示，并且可以根据图像中的颜色范围调整图像的明暗度

10.3.6 文本编辑

文字的编辑是通过工具栏的文本工具实现的。单击工具栏中的文本按钮，会弹出4种文字输入工具，文字工具选项见图10.7。

①【横排文字】工具：输入从左到右排列的文字。

②【直排文字】工具：在图像中输入从上到下、从右到左的竖直排列的文字。

③【横排文字蒙版】工具：在图像中建立从左到右的横排文字选区。

④【直排文字蒙版】工具：在图像中建立从上到下的直排文字选区。

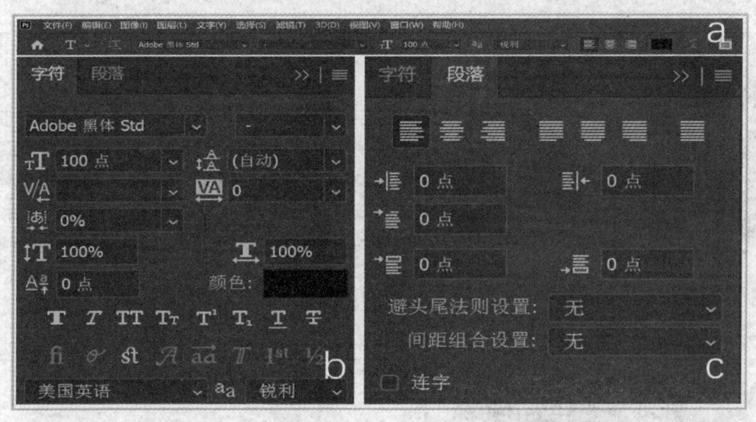

图10.7 文本编辑选项、字符选项及段落选项

Photoshop 2021提供了3种基本的输入文本的方式：输入文字（不换行），段落形式输入文本的方式，以文本蒙版输入的方式，简要列于表10.12。

表10.12 文本编辑实例

文本编辑实例	说明	简要步骤
亚共析钢 组织：铁素体+珠光体	基本的输入方式——输入文字(不换行)："文字"(不换行)输入方式是指在图像中输入单独的文本行(如标题文本)，行的长度随着编辑增加或缩短，但不换行。这种方式可产生新的文本图层	首先在工具栏中选择【横排文字】或【直排文字】工具；然后在选项栏中设置字体、字型、大小和颜色等；选择好文字的插入点，单击(注意，是单击，而不是拖动)，最后开始输入文字
亚共析钢 亚共析钢常用的结构钢含碳量大都在0.5%以下，含碳量低于0.77%，组织中的渗碳体量也少于12%，这种铁素体除去一部分要与渗碳体形成珠光体外，还会有多余的出现，组织结构为：铁素体+珠光体。	基本的输入方式——段落文字：段落文字输入方式是指在图像中输入多行的文本(如说明文本)，行的长度固定为编辑框长度，超过会自动换行。这种方式可产生新的文本图层	首先选择【横排文字】或【直排文字】工具；然后在选项栏中设置好格式；最后在图像窗口中拖出一个矩形文本框；文本框设置好之后，就可以在该文本框中输入段落文字

续表

文本编辑实例	说明	简要步骤
亚共析钢 组织：铁素体+珠光体	基本的输入方式——文本蒙版输入：文本蒙版输入具体操作方法和【横排文字】或【直排文字】工具完全一样。使用文本蒙版输入工具，只是在图像窗口创建一个文字形状的选区，不会产生新的图层	首先在工具栏中选择【横排文字蒙版】或【直排文字蒙版】工具；然后在选项栏中设置字体、字型、大小等；最后选择好文字的插入点，单击或拖动，然后开始输入文字，结果为文字选区
亚共析钢 组织：铁素体+珠光体	文字实例1——文字选区渐变填充：本实例主要使用文字蒙版工具及渐变工具，产生渐变填充效果的彩色文字	首先单击工具栏【直排文字蒙版】工具，输入文本；设置文字字体格式；然后新建图层；最后选择工具栏渐变工具，设置渐变样式，从上至下拉出渐变填充效果
亚共析钢 组织：铁素体+珠光体	文字实例2——3D文字：可以运用文本工具输入文本，并运用文本工具上的3D选项制作文字3D效果	首先单击文字工具，输入文本；然后设置文字字体格式；最后单击文本工具上的3D选项设置3D效果
亚共析钢 组织：铁素体+珠光体	文字实例3——路径文字：制作沿着路径方向的文字，例如弧形的文字、扇形文字、半圆形文字，还有绕圆形一周的文字	首先选择椭圆工具，在选项栏选择绘制圆形路径；然后选择文字工具，将鼠标指针放到路径上，当鼠标指针变成曲线的时候，单击路径输入文字，按 Ctrl 键同时将鼠标指针放到文字上更改效果

10.3.7 滤镜

滤镜是利用摄影中滤光镜的原理对图像进行特殊的效果编辑。在 Photoshop 2021 中的滤镜功能已经远超过滤光镜功能，具有非常神奇的作用。

滤镜的操作非常简单，但是真正用起来却功能强大，滤镜结合通道、图层一起使用，才能体现丰富的艺术效果。因此，好的滤镜效果需要熟练的滤镜操控能力、一定的美术功底，更需要丰富的想象力。

Photoshop 2021 中有 14 大类近百种内置滤镜，所有的滤镜都按分类放置在【滤镜】菜单中，使用非常方便。部分滤镜实例见表 10.13。

表 10.13 部分滤镜实例

滤镜	类型	主要作用	效果实例			
锐化	USM 锐化、进一步锐化、防抖、锐化、锐化边缘和智能锐化	用于快速聚焦模糊边缘，提高图像中某一部位的清晰度或者焦距程度，使图像特定区域的色彩更加鲜明	原图	防抖	锐化边缘	智能锐化
杂色	减少杂色、蒙尘与划痕、去斑、添加杂色、中间值	用来在图像中添加粒状纹理；将杂色与周围像素混合起来，使之不太明显	原图	蒙尘与划痕	添加杂色	中间值
CameraRaw	基本、色调曲线、细节、分离色调、镜头校正、效果、相机校正	Photoshop 2021 以上版本才有内置滤镜，可批量、高效、专业地处理摄影师拍摄的图片	原图	基本	色调曲线	效果

10.3.8 图层

我们把图层想象成一张一张叠起来的透明胶片，每张透明胶片上都有不同的画面，改变图层的属性和顺序可以改变图像的显示效果。结合菜单栏中的【图层】，可以创建很多复杂的艺术效果，【图层】面板及功能见图 10.8。

(1) 图层的基本操作

图层类型包括：①背景图层，被锁定并且位于图层的最底层，无法修改，双击解锁，变成普通图层；②普通图层，【图层】面板上添加新图层，然后向里面添加内容，也可以通过添加内容再来创建图层；③图层组，可

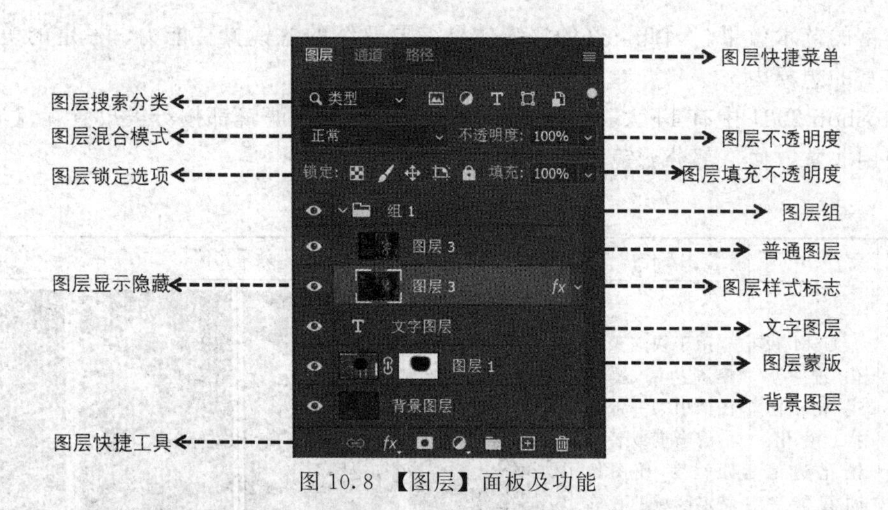

图 10.8 【图层】面板及功能

以帮助组织和管理图层，使用图层组可以很容易地将图层作为一组移动，对图层组应用属性。图层的基本操作列于表 10.14。

表 10.14 图层的基本操作

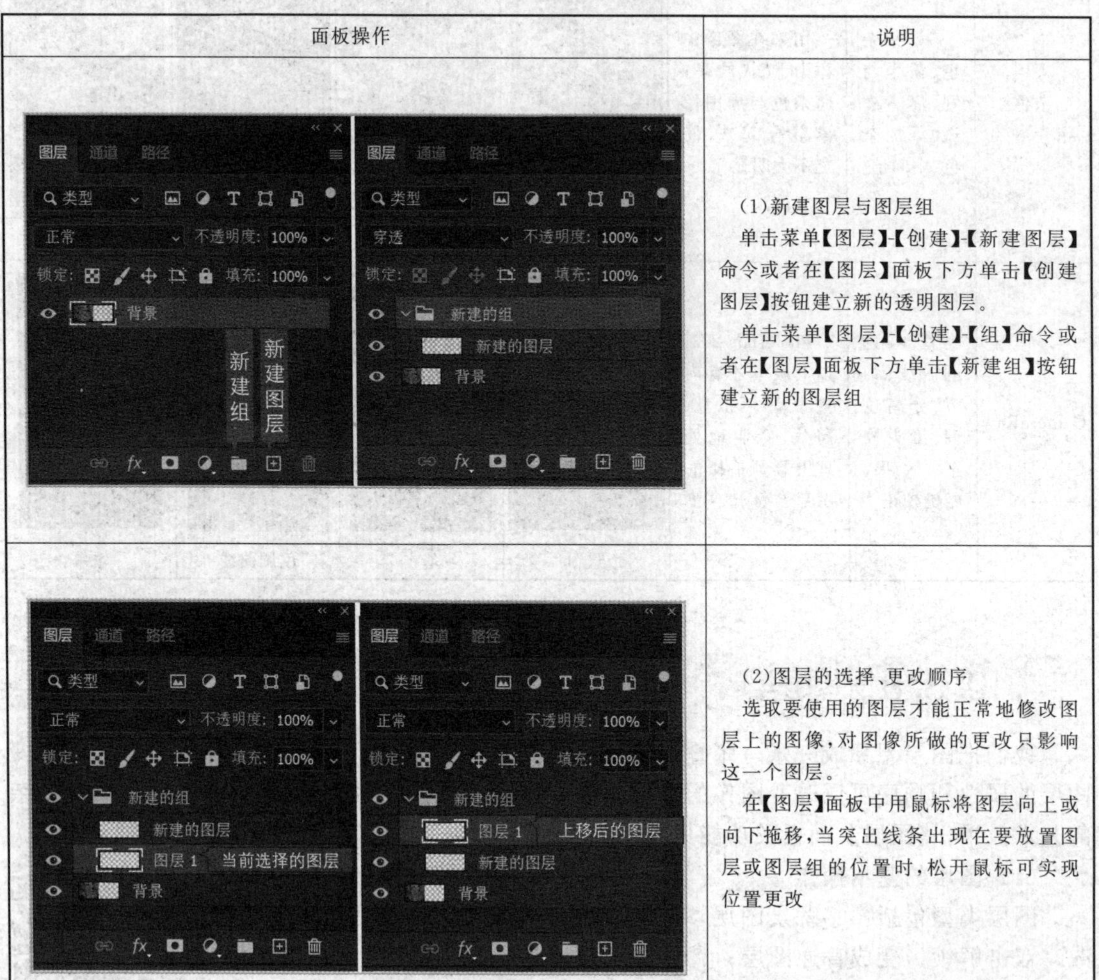

面板操作	说明
图层 通道 路径 类型 正常 不透明度: 100% 锁定: 填充: 100% 背景 新建组 新建图层 图层 通道 路径 类型 穿透 不透明度: 100% 锁定: 填充: 100% 新建的组 新建的图层 背景	(1)新建图层与图层组 单击菜单【图层】-【创建】-【新建图层】命令或者在【图层】面板下方单击【创建图层】按钮建立新的透明图层。 单击菜单【图层】-【创建】-【组】命令或者在【图层】面板下方单击【新建组】按钮建立新的图层组
图层 通道 路径 类型 正常 不透明度: 100% 锁定: 填充: 100% 新建的组 新建的图层 图层 1 当前选择的图层 背景 图层 通道 路径 类型 正常 不透明度: 100% 锁定: 填充: 100% 新建的组 图层 1 上移后的图层 新建的图层 背景	(2)图层的选择、更改顺序 选取要使用的图层才能正常地修改图层上的图像，对图像所做的更改只影响这一个图层。 在【图层】面板中用鼠标将图层向上或向下拖移，当突出线条出现在要放置图层或图层组的位置时，松开鼠标可实现位置更改

续表

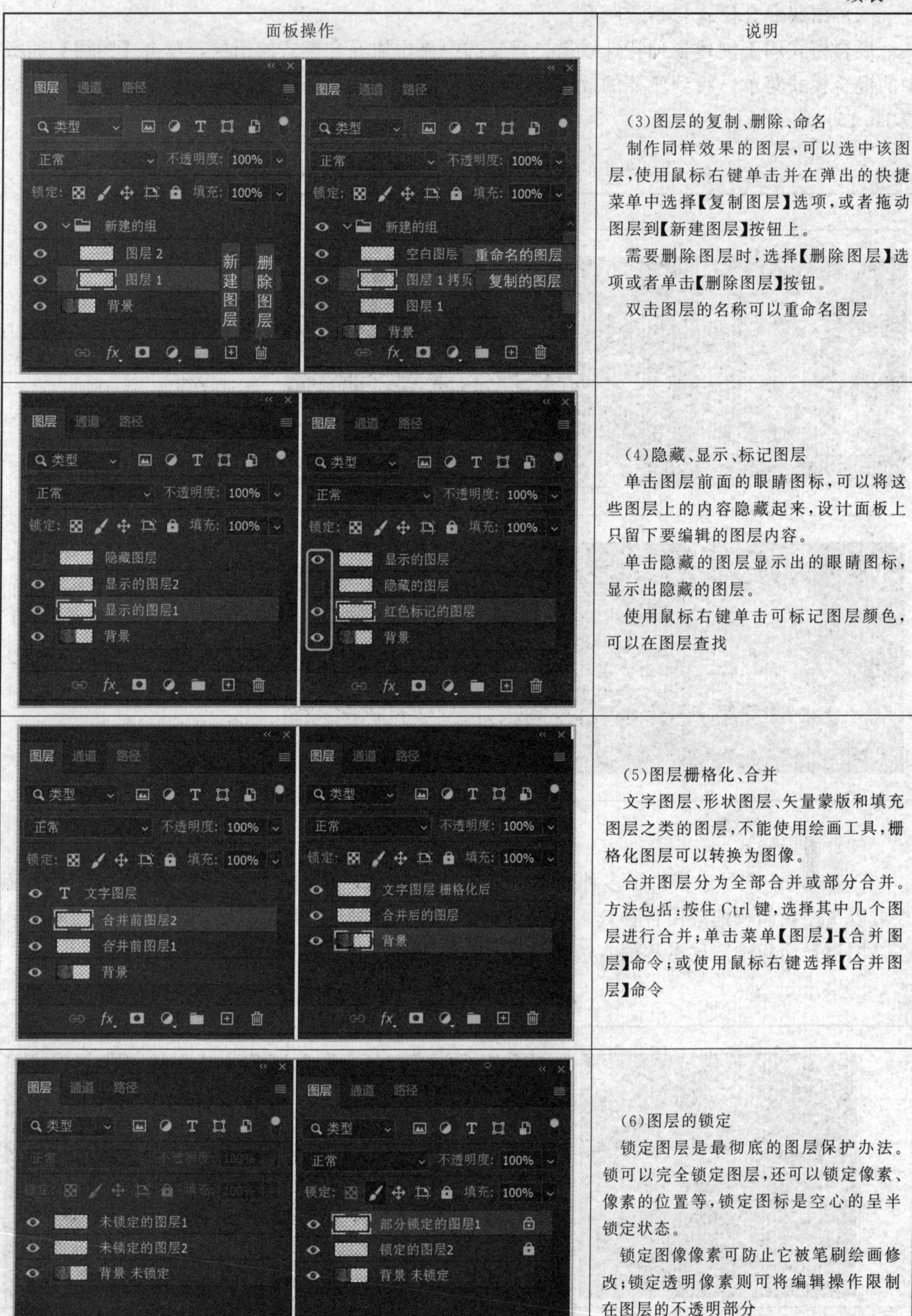

面板操作	说明
	(3)图层的复制、删除、命名 制作同样效果的图层，可以选中该图层，使用鼠标右键单击并在弹出的快捷菜单中选择【复制图层】选项，或者拖动图层到【新建图层】按钮上。 需要删除图层时，选择【删除图层】选项或者单击【删除图层】按钮。 双击图层的名称可以重命名图层
	(4)隐藏、显示、标记图层 单击图层前面的眼睛图标，可以将这些图层上的内容隐藏起来，设计面板上只留下要编辑的图层内容。 单击隐藏的图层显示出的眼睛图标，显示出隐藏的图层。 使用鼠标右键单击可标记图层颜色，可以在图层查找
	(5)图层栅格化、合并 文字图层、形状图层、矢量蒙版和填充图层之类的图层，不能使用绘画工具，栅格化图层可以转换为图像。 合并图层分为全部合并或部分合并。方法包括：按住Ctrl键，选择其中几个图层进行合并；单击菜单【图层】-【合并图层】命令；或使用鼠标右键选择【合并图层】命令
	(6)图层的锁定 锁定图层是最彻底的图层保护办法。锁可以完全锁定图层，还可以锁定像素、像素的位置等，锁定图标是空心的呈半锁定状态。 锁定图像像素可防止它被笔刷绘画修改；锁定透明像素则可将编辑操作限制在图层的不透明部分

（2）图层混合模式与不透明度

混合模式用于创建各种特殊效果，只要选中要添加混合模式的图层，单击【图层】面板中的混合模式菜单，找到所要的效果，即可使用混合模式。图层混合模式与不透明度实例见表 10.15。

表 10.15　图层混合模式与不透明度实例

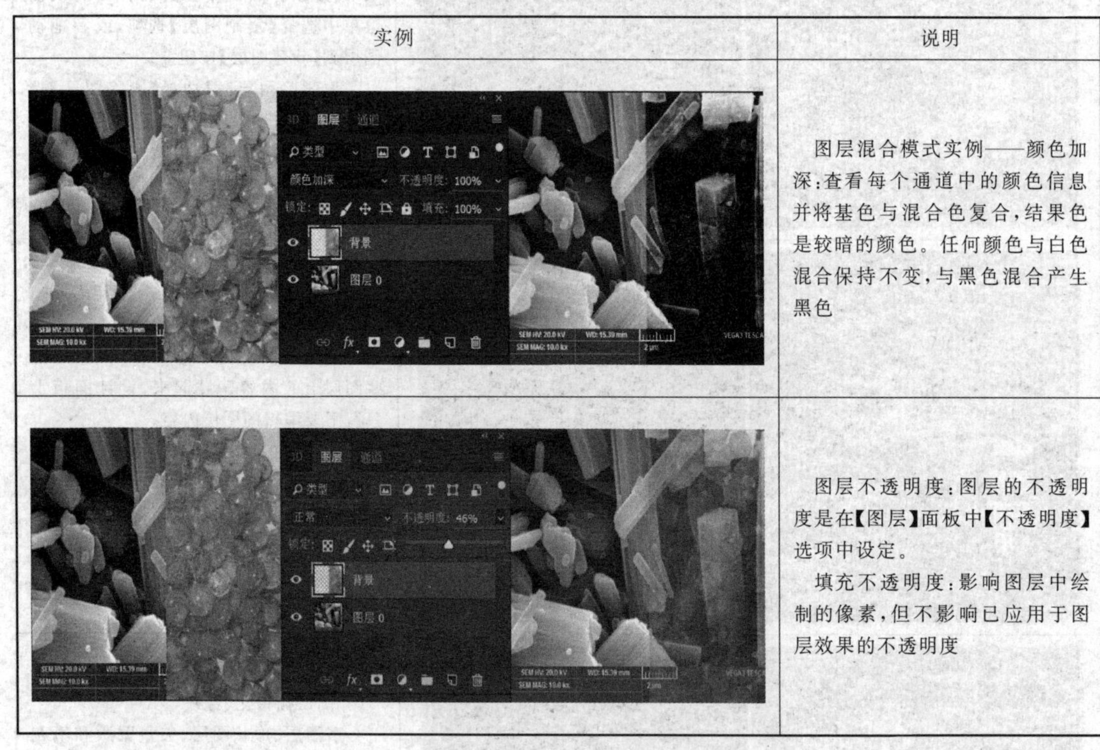

实例	说明
	图层混合模式实例——颜色加深：查看每个通道中的颜色信息并将基色与混合色复合，结果色是较暗的颜色。任何颜色与白色混合保持不变，与黑色混合产生黑色
	图层不透明度：图层的不透明度是在【图层】面板中【不透明度】选项中设定。 填充不透明度：影响图层中绘制的像素，但不影响已应用于图层效果的不透明度

（3）图层样式

Photoshop 图层中提供了多种效果样式，如外发光、浮雕、投影、描边等，【图层】面板可以帮助我们快速应用各种效果，还可以查看各种混合图层样式，当图层应用了样式后，在【图层】面板中图层名称的右边会出现“fx”图标，图层效果样式实例说明见表 10.16。

表 10.16　图层效果样式实例

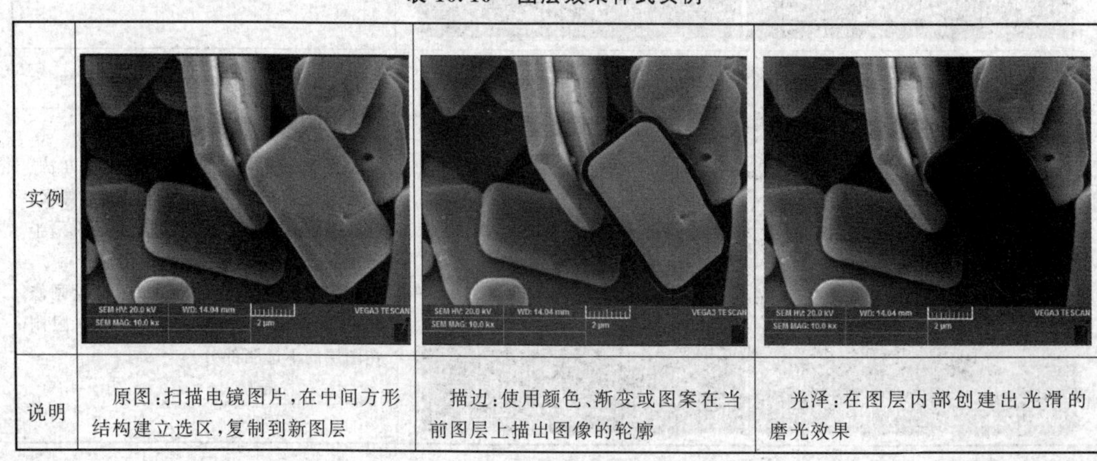

实例			
说明	原图：扫描电镜图片，在中间方形结构建立选区，复制到新图层	描边：使用颜色、渐变或图案在当前图层上描出图像的轮廓	光泽：在图层内部创建出光滑的磨光效果

续表

实例	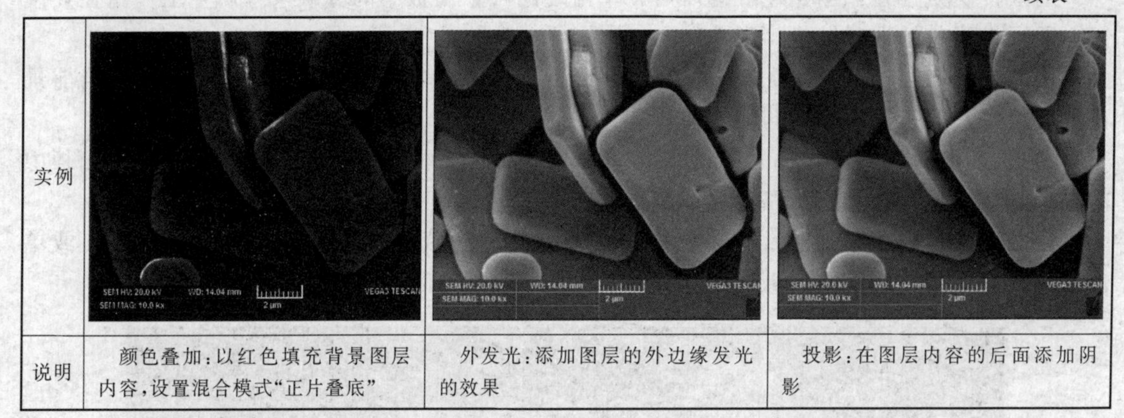		
说明	颜色叠加：以红色填充背景图层内容，设置混合模式“正片叠底”	外发光：添加图层的外边缘发光的效果	投影：在图层内容的后面添加阴影

隐藏所有图层效果：单击菜单【图层】-【图层样式】-【隐藏所有图层效果】或【显示所有图层效果】命令，实现图层样式的隐藏与显示。

复制和粘贴样式：如果想让其他图层应用同一个样式，可以使用复制和粘贴图层样式功能，单击菜单【图层】-【图层样式】-【拷贝（粘贴）图层样式】命令实现。

删除图层样式：在【图层】面板中将效果栏拖移到下端的【删除图层】按钮上删除图层样式。

10.3.9　路径

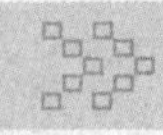

由数学公式定义出来的点、线、面组成的图形对象称为路径。路径可以转换为选区或制作特效；路径分为开放路径与封闭路径。路径创建工具包括钢笔工具、文字转化、形状工具，也可以由选区转化，创建路径方法见表 10.17。

表 10.17　创建路径方法

路径建立	工具选项	操作说明
钢笔工具	路径　建立：选区…　蒙版　形状　自动添加/删除	选择工具栏钢笔工具，将选项设置为“路径”
形状工具	路径　建立：	选择工具栏形状工具，将选项设置为“路径”
文字转化	T　Adobe 黑体 Std　100 点　aa	选择工具栏文字工具，单击菜单【文字】-【创建工作路径】命令
选区转化	羽化：20 像素　样式：正常	选择工具栏选框、套索、魔棒工具，建立选区，在【路径】面板中选择【从选区产生工作路径】按钮

【路径】面板用于对路径进行删除、转化、填充等操作，【路径】面板见图 10.9，【路径】面板使用实例见表 10.18。

删除路径：在【路径】面板中选择路径，单击【删除当前路径】按钮，删除路径。

路径转化为选区：当建立好路径后，单击【路径】面板中【将路径作为选区载入】按钮，路径转化为选区。

选区转换为路径：当建立好选区后，单击【路径】面板中的【从选区产生工作路径】按钮，即可将当前的选区转换为工作路径。

用前景色描边、填充路径：直接在【路径】面板上单击【用画笔描边路径】/【用当前景色填充路径】按钮完成描边与填充操作。

路径选择与移动：当建立好路径后，单击工具栏上的路径选择工具选择【路径】面板中的路径，按住鼠标指针移动路径。

隐藏路径：隐藏路径通常有多种方法，例如使用隐藏路径快捷键 Ctrl＋Shift＋H 或单击【路径】面板中的空白区域。

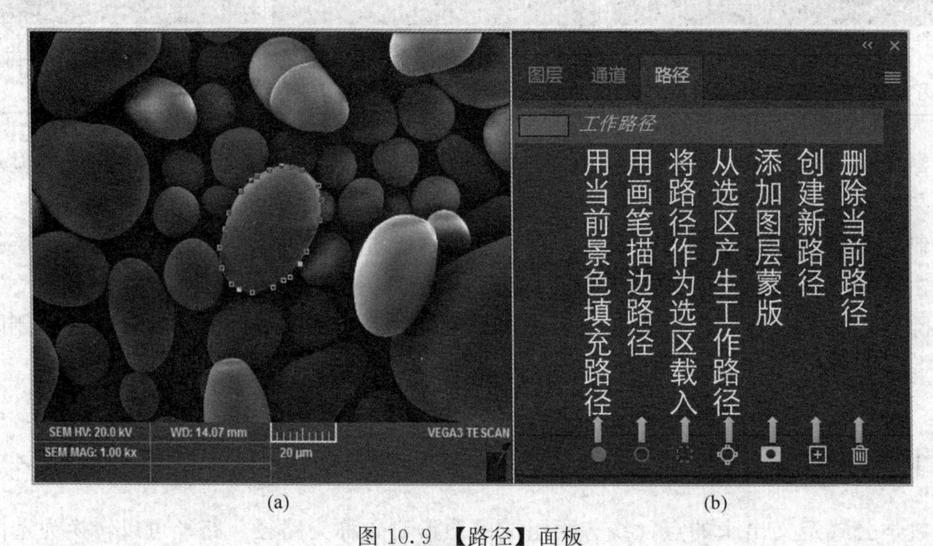

图 10.9 【路径】面板

表 10.18 【路径】面板使用实例

实例	效果图	主要步骤
绘制虚线圆		① 打开 Photoshop 2021，新建文件 ② 选择形状工具——椭圆，选项设置“路径”，按住 Shift 键，拖动鼠标指针画出一个正圆。单击【路径】面板，出现一个圆形路径 ③ 设置画笔工具，选择画笔笔尖形状，选择 10 像素大小的笔，间距可以选择 400%（这些数据与用户的画布大小有关），画笔样式变成了虚线 ④ 单击【路径】面板，选择圆形路径，单击【用画笔描边路径】按钮 ⑤ 单击【路径】面板中的空白区域，隐藏路径，可查看最终效果
绘制弧形文字		① 打开 Photoshop 2021，打开扫描电镜图片文件 ② 采用选区建立路径的方法，用磁性套索工具沿弧形外沿建立选区 ③ 打开【路径】面板，单击【从选区产生工作路径】按钮，生成扇形路径 ④ 单击工具栏文本工具，将鼠标指针移至需要输入文字的起点，鼠标指针变成曲线，单击，输入文字 ⑤ 按住 Ctrl 键，同时将鼠标指针放到文字上更改效果

10.3.10 通道

通道层中的像素颜色是由一组原色的亮度值组成，通道实际上可以理解为选择区域的映射。例如，在 RGB 模式下，通道用来记录红（R）、绿（G）、蓝（B）三个光源的强度。越黑代表这个色彩的强度越低，越白代表这个色彩的强度越高，见图 10.10。

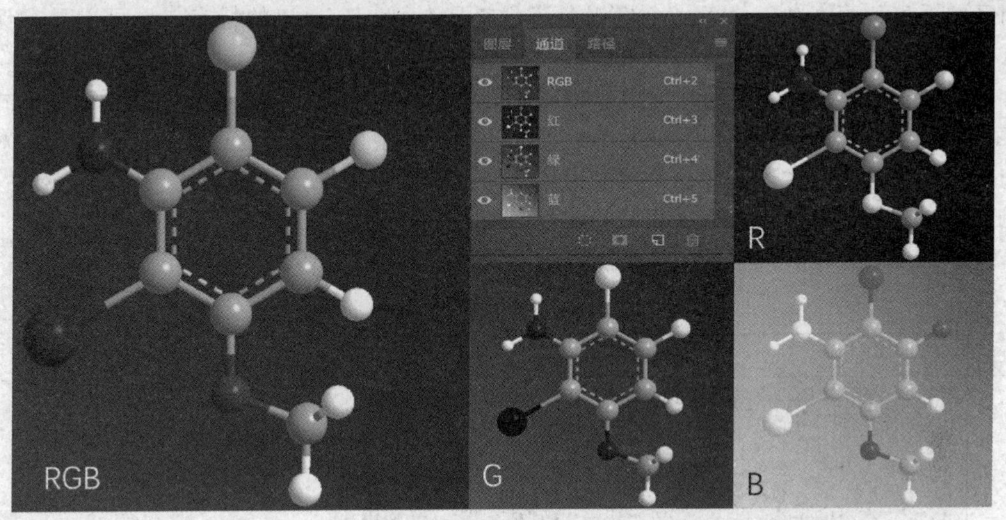

图 10.10 RGB 的红蓝绿三色通道

通道最直观的用途，就是帮助选中图片中某个通道下对比度较大的部分。Photoshop 2021 中通道的用途很多，主要表现在四个方面。

（1）存储选区

Alpha 通道的重要功能是编辑和存储选区。黑色表示非选择区域，白色表示选择区域，灰色表示部分选择或部分未选择区域。

通道的生成：直接在【通道】面板下方单击【新建】按钮，然后单击菜单【选择】-【存储选区】命令。

在 Alpha 通道里，可以用矩形、套索、魔棒等工具来选择，还可以使用画笔、橡皮、减淡等工具来绘制，用曲线、对比度、色阶等命令来调整，也可以使用滤镜来编辑，所以很多特效都可通过 Alpha 通道来制作。

当制作完成后，在按住 Ctrl 键的同时直接单击通道或单击菜单【选择】-【载入选区】命令可以将通道转化为选区。

（2）设置透明度

蒙版的黑色区域代表不显示，白色代表透明区域，透过这个蒙版，可以显示或遮挡图像，显示蒙版特效，当在【图层】面板上选择使用蒙版之后，即可在通道中显示以该图层蒙版命名的通道。在该通道里，黑色表示隐藏，白色表示显示，灰色表示半隐藏或半显示。

通道的透明度设置功能主要表现在蒙版的使用上，当蒙版被删除后，该蒙版通道也随之消失。

需要显示蒙版信息时，可以直接选中蒙版通道或按住 Alt 键单击蒙版。

（3）颜色通道

颜色通道数量和性质与图像的色彩模式有关。RGB 模式的通道有 R、G、B 三个，

CMYK 的通道有 C、M、Y、K 四个，Lab 的通道有三个，位图、单色调、灰度、双色调等仅有一个颜色通道。

多通道模式是指 RGB、CMYK 删除其中的一个或多个颜色通道，Lab 模式删除其中一个通道后，其余通道便为 Alpha 通道，原始图像中的颜色通道在转换后的图像中变为专色通道。

（4）专色通道

专色通道是指一种为彩色打印设置的特定彩色油墨，用以补充（CMYK）印刷色，包括明亮的橙色、荧光色、绿色、金属银色等。它具有 Alpha 通道的特点，也可以具有保存选区等功能。每个专色通道只可以灰度形式存储一种专色信息。

除位图模式以外，在其余所有色彩模式下都可以建立专色通道。建立专色通道的方式有很多种。第一种，单击【通道】面板旁边的三角形，选中【新专色通道】后，在弹出的对话框中输入专色通道的名称、颜色等建立通道；第二种，双击 Alpha 通道，出现一个对话框，在色彩指示中选择专色，并选择相应的颜色。

关于通道的应用，现举两个典型实例进行说明，见表 10.19。

表 10.19　通道的应用实例

实例	效果图	主要步骤
运用存储选区制作文字特效	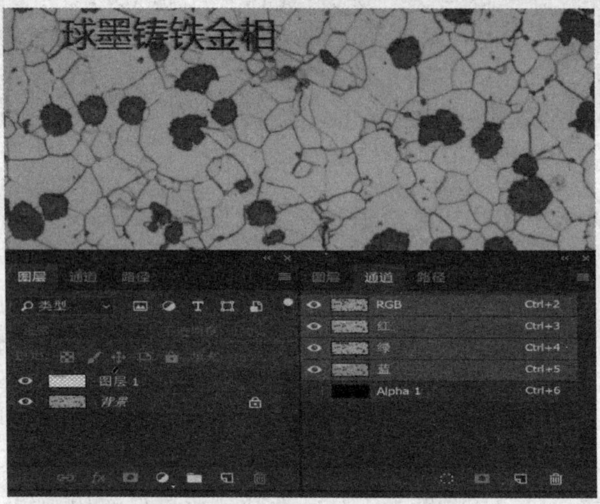	① 打开图片文件，新建透明图层 ② 在【通道】面板新建 Alpha1 通道 ③ 输入文字，填充为白色，取消选择 ④ 设置滤镜风格化——风 ⑤ 单击菜单【选择】-【载入选区】命令 ⑥ 返回透明图层，填充紫色，取消选择
运用通道透明度与蒙版制作特效	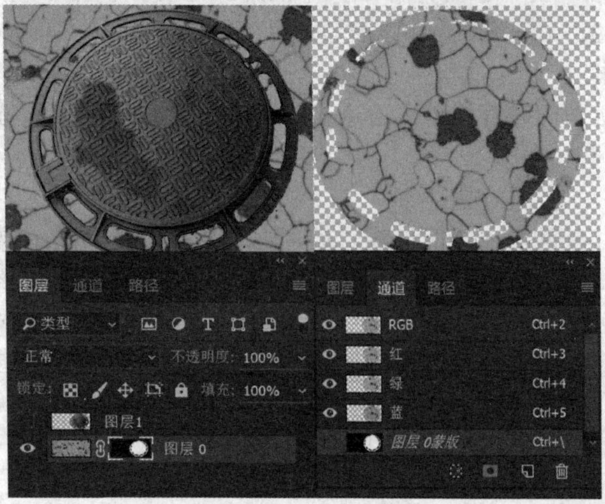	① 打开 Photoshop 2021，单击菜单【文件】-【打开】命令打开两张照片 ② 在一张照片中打开【图层】面板，使用鼠标右键单击图层，复制图层，在弹出的对话框中选择另一幅图作为目标 ③ 选择扇形图层，用魔棒工具选中井盖选区，关闭井盖图层，打开风景图层 ④ 在【图层】面板下面单击【添加图层面板】按钮 ⑤ 点开【通道】面板，出现新的通道

10.4 图像处理在化学化工中的应用

10.4.1 绘制红外光谱图

一般来说，样品的红外光谱图通过实验得到，该物质的标准图谱通过查阅文献得到，见图 10.11。现需要作两张图的堆叠图，以对比样品图谱与标准图谱的区别，要求样品图谱曲线颜色为蓝色。

① 抠图：打开 Photoshop 2021，打开标准图谱和样品图谱，通过抠图，把样品图谱复制到标准图谱中。

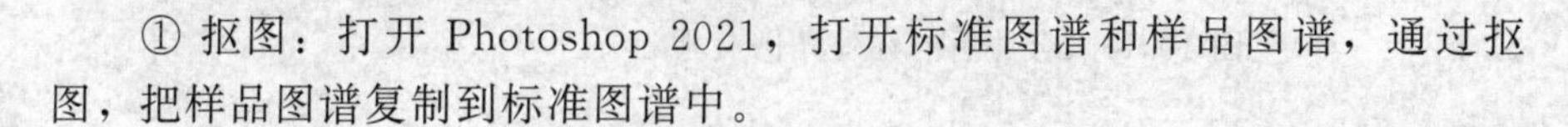

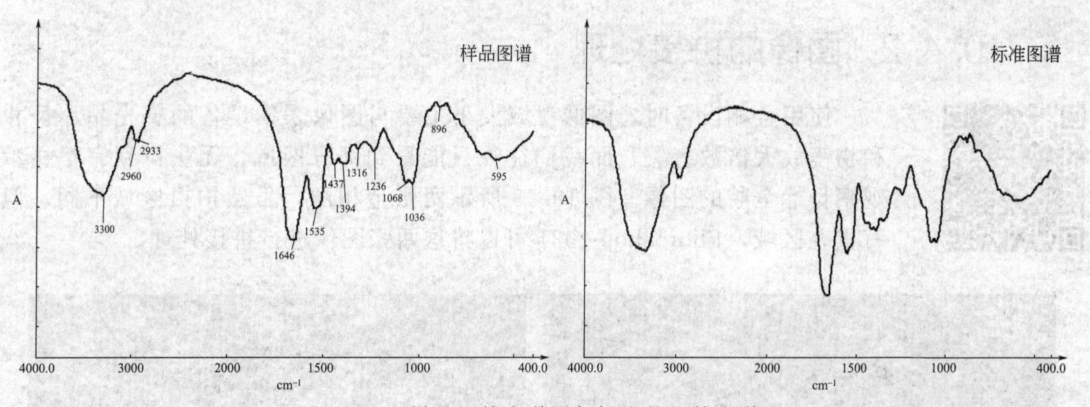

图 10.11 样品红外光谱图与标准的红外光谱图

② 调整标准图谱大小：打开标准图谱，打开【图层】面板，双击背景图层，解锁图层，单击框选工具，框选光谱图，不要选数据轴，选择好光谱图，单击菜单【编辑】-【自由变换】命令，将光谱图调整到合适的位置。

③ 抠图：打开样品图谱，打开【图层】面板，双击背景图层，解锁图层，单击橡皮擦工具，擦除峰值上的短线与数字标注。单击魔棒工具，点选图谱曲线，此时黑色像素都被选择；单击框选工具，设置【与选区交叉】选项，不要选数据轴，选择好光谱图；单击【编辑】-【拷贝】命令。

④ 复制并调整标准图谱：打开标准图谱，在【图层】面板中新建图层，粘贴，单击【编辑】-【自由变换】命令，将光谱图调整到合适的位置。

⑤ 更改颜色：单击菜单【编辑】-【填充】命令，颜色选择蓝色，实现颜色替换，按快捷键 Ctrl＋D 取消选择。

⑥ 添加文字：单击文字工具，在适当位置输入“标准图谱”与“样品图谱”，效果见图 10.12。

⑦ 保存：单击菜单【文件】-【储存为】命令，设置 JPG 格式保存文件。

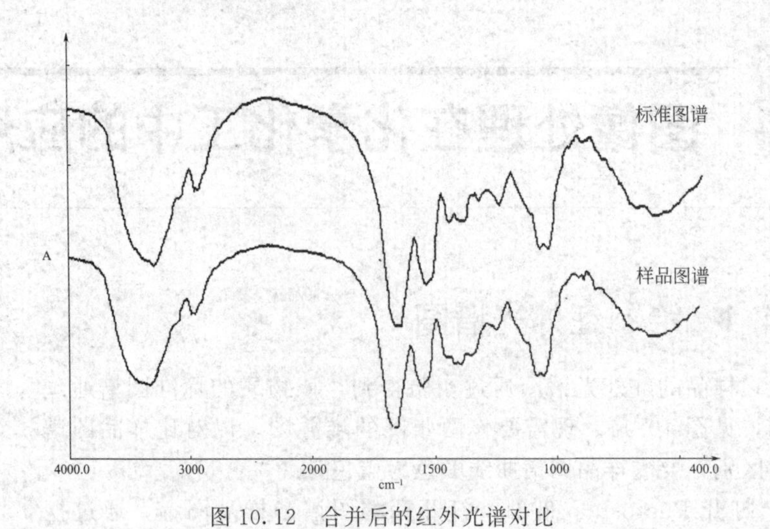

图 10.12　合并后的红外光谱对比

10.4.2　图像的拼接处理

使用金相设备时，图像视域大小主要与图像采集设备的感光晶片尺寸和物镜放大倍数有关，而我们往往只能看到部分区域，无法得到完整显示观察目标全貌的图像。图 10.13 所示两张金相图，虽然拍摄区域不同，但有重叠区域，Photoshop 2021 可以将这两张图像进行拼接处理。

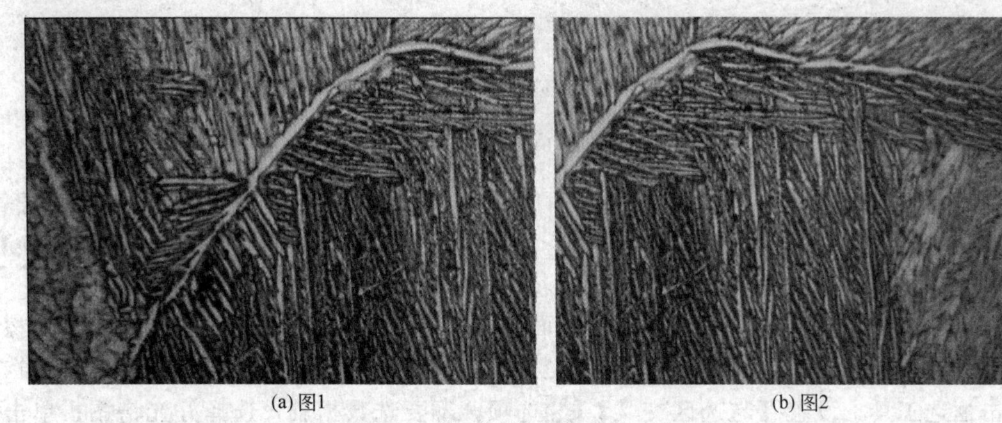

(a) 图1　　(b) 图2

图 10.13　有明显拼接痕迹的两张金相图

① 准备：打开 Photoshop 2021，打开图 1 和图 2，准备把图 2 复制到图 1 中去。

② 复制图 2：打开图 2，打开【图层】面板，双击背景图层，解锁图层，单击框选工具，框选全图，单击菜单【编辑】-【拷贝】命令，打开图 1，打开【图层】面板，新建图层，粘贴，图 2 被粘贴进图 1 中。

③ 调整画布大小：在图 1 中单击菜单【图像】-【画布大小】命令，打开【画布大小】对话框，将宽度、高度都调到原来的两倍，“定位”选项设置←，单击【确定】按钮。

④ 调整图 1 中图层 1 的位置：打开【图层】面板，选择图层 1，调整不透明度 70%，单击菜单【编辑】-【自由变换】命令，调整大小并移动，使图层 1 与图层 2 拼接痕迹重合。

⑤ 后期处理：运用橡皮擦工具和模糊工具，使两个图层尽量融合。选择图层 1，调整“不透明度”为 100%。

⑥ 裁剪：运用裁剪工具剪切出需要保留的图像，见图 10.14。

⑦ 保存：单击【文件】-【储存为】命令，设置 JPG 格式保存文件。

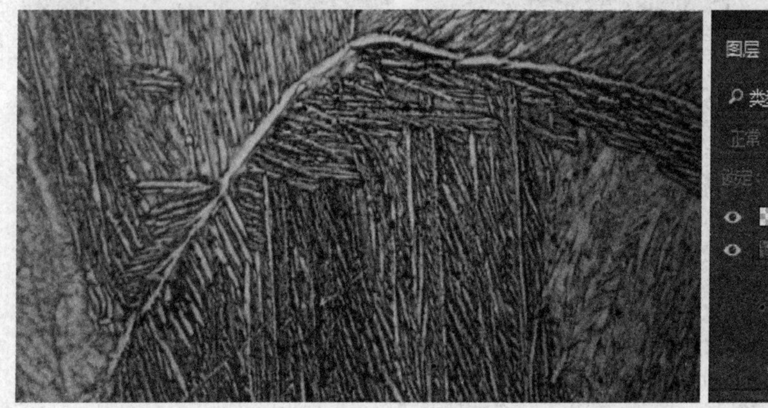
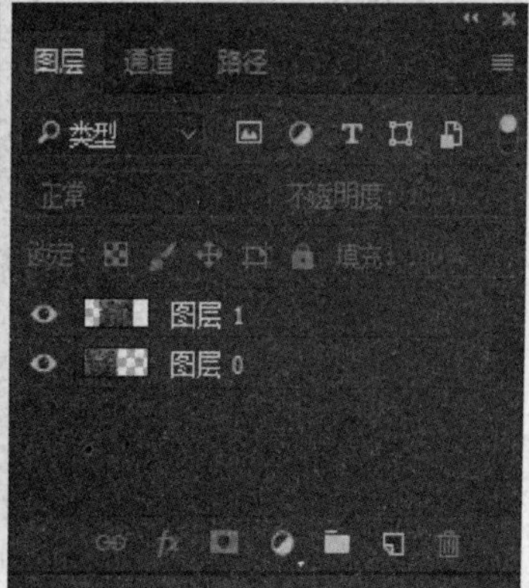

图 10.14　拼接后的结果图与【图层】面板

经过 Photoshop 2021 处理后，就得到一张真实自然的具有视域扩展效果的金相全貌图片，没有改变原有放大倍率，图片完整地展现了视界扩展的金相表面特征。

10.4.3　金相照片的景深扩展

景深又叫垂直分辨能力，准备的样品 20 不锈钢经过腐蚀剂浸蚀后，原来平坦的不锈钢表面呈现高低不平的层次，在显微镜光源的照射下形成错落的光影，在调焦过程中不能在全视场内得到清晰的图像。

利用 Photoshop 2021 脚本工具中的图层堆栈功能，可以制作出突破金相显微镜的景深物理限制的清晰的具有平坦视场的金相图片，实现景深扩展。如 3 张金相照片，由于拍摄焦距的不同，产生了不同位置清晰度的图（图 10.15），现需要通过景深扩展，得到平坦的清晰照片。

(a)

(b)

(c)

图 10.15　不同位置清晰度的金相图

① 将素材图片载入堆栈：打开 Photoshop 2021，单击【文件】-【脚本】-【将文件载入堆栈】命令，弹出【载入图层】对话框，单击【浏览】按钮选择 3 张图片，勾选“尝试自动对

齐源图像”复选框，单击【确定】按钮，Photoshop 2021 生成新文件，在【图层】面板中出现 3 张照片的 3 个图层，见图 10.16。

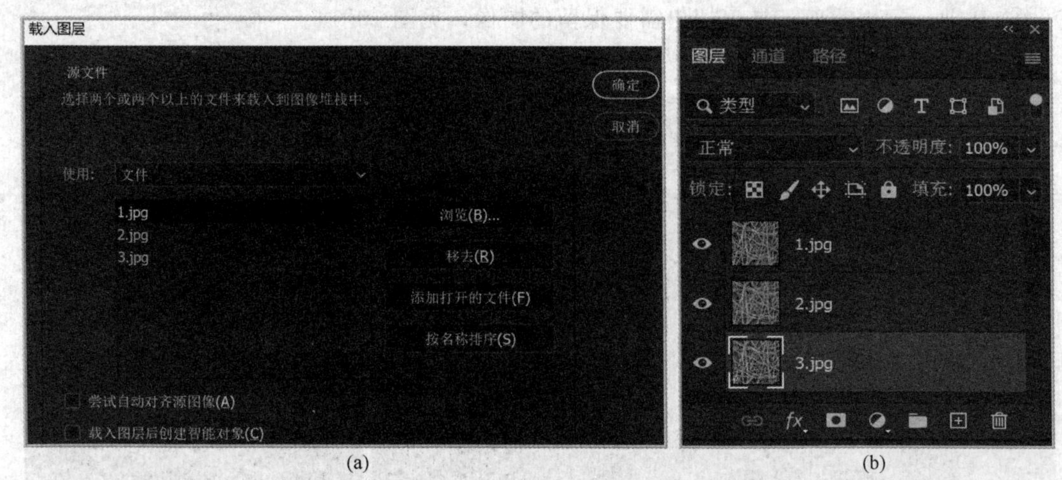

(a) (b)

图 10.16　将文件载入堆栈对话框及【图层】面板

② 自动混合图像：在【图层】面板中，按住 Ctrl 键，用鼠标指针点选所有图层，选择 3 个图层，单击【编辑】-【自动混合图层】命令，在弹出的【自动混合图层】对话框中，选择“堆叠图像”单选项，勾选“无缝色调和颜色”复选框，确定后软件将执行【创建无缝合成图像】和【基于内容自动混合图层】批处理命令，见图 10.17(a)，运行完以后，对应【图层】面板见图 10.17(b)，得到了一张清晰视场的景深效果图，见图 10.17(c)。

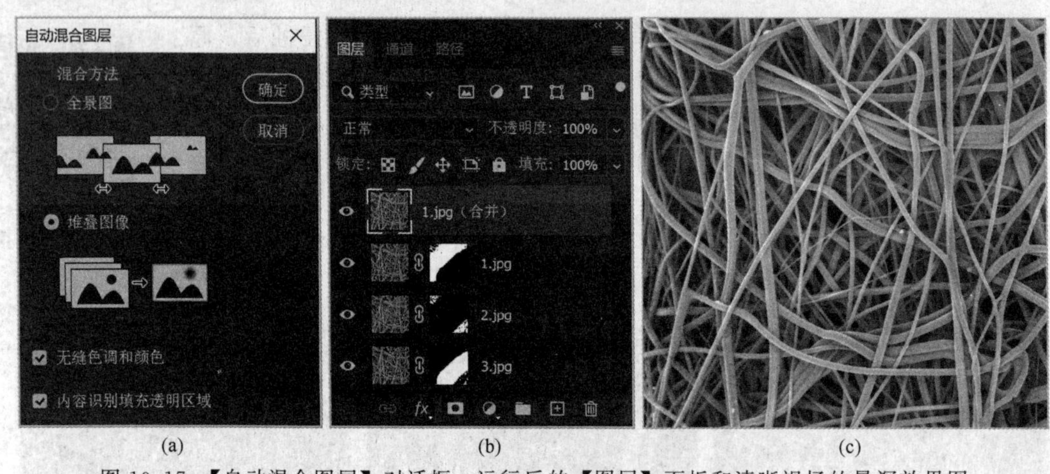

(a) (b) (c)

图 10.17　【自动混合图层】对话框、运行后的【图层】面板和清晰视场的景深效果图

③ 保存图像：此时图片文件为 Photoshop 专有的.psd 格式，单击菜单【文件】-【存储为】命令可以存储为 PSD 文件或转换为各种常见图片格式。

Photoshop 2021 脚本工具中的图层堆栈工具可以广泛应用于各种金相图片制作，包括脱碳层、表面热处理层、失效分析中断口的边缘、化学热处理层、渗金属层等。

10.4.4　处理划痕

金相照片如存在磨制痕迹、划伤痕迹等制样时造成的缺陷等［图 10.18(a)］会影响结

构分析。因此，必须对金相图片进行人工缺陷去除处理，使一张图片完整显示。

① 复制图层：打开 Photoshop 2021，打开金相图，打开【图层】面板，双击背景图层，解锁照片，拖动背景图片至【图层】面板下端的【新建图层】按钮上，复制图层（这是备用图层的一个习惯）。

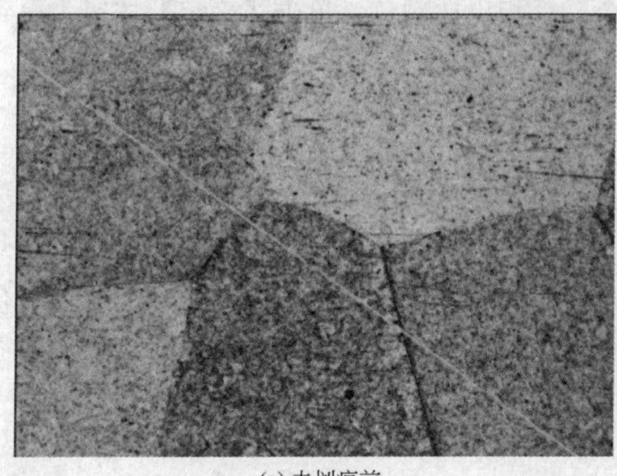

(a) 去划痕前

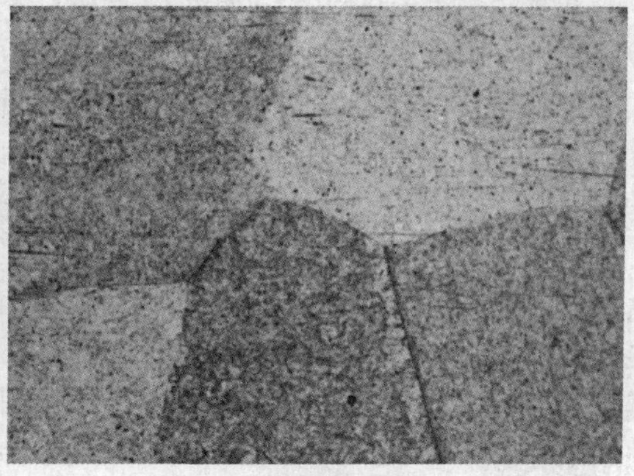

(b) 去划痕后

图 10.18 金相照片去划痕前与划痕处理后照片

② 仿制图章：按快捷键 Ctrl+“+”，将图像放大至合适大小以便进行细微处的编辑。点选工具栏上仿制图章工具，设置图章大小与线条宽度相适应。按住 Alt 键并单击鼠标指针，选择仿制源，放开 Alt 键，将鼠标指针移至线条上，按下鼠标左键将光标移至目标并沿目标移动，实现仿制图章，可以将制样缺陷去除，效果见图 10.18(b)。

③ 保存：单击【文件】-【储存为】命令，设置 JPG 格式保存文件。

10.4.5 阈值调整进行图像二值化处理

材料结构图像需要进行聚集态结构单元测量，图像处理需要分离出粒子，去除背景，进行图像二值化处理，得到包含特定目标的清晰照片。

对于图像粒子与背景灰度差别大的图像［图 10.19(a)］，适合用阈值调整进行图像二值化处理，通过阈值设置分离出背景。

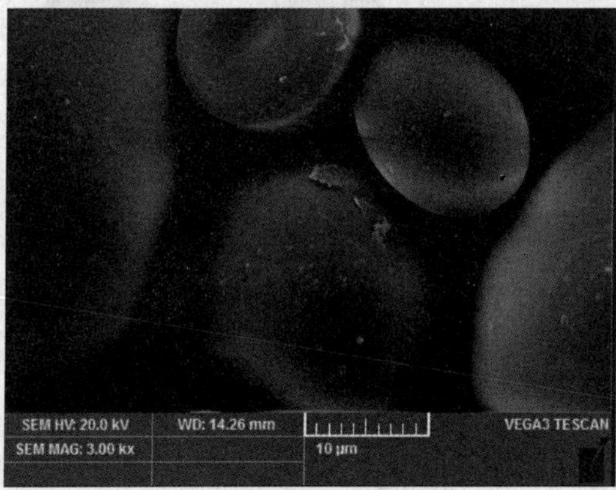

(a) 原图

(b) 二值化图像

图 10.19 调整阈值转化原图到二值化图像

① 复制图层：打开 Photoshop 2021，打开扫描电镜图，打开【图层】面板，双击背景图层，解锁照片，拖动背景图片至【图层】面板下端的【新建图层】按钮上，复制图层（这是备用图层的一个习惯）。

② 设置色阶：在【图层】面板中打开图层 1，单击【图像】-【调整】-【阈值】命令，设置适当的色阶，单击【确定】按钮。

③ 反相：单击【图像】-【调整】-【反相】命令，反相黑白颜色，单击【确定】按钮，得到粒子显示效果较好的二值化图像，见图 10.19(b)。

④ 保存：单击【文件】-【储存为】命令，设置 JPG 格式保存文件。

10.4.6 魔棒工具进行图像二值化处理

对于图像粒子与背景灰度差别不大的图像［图 10.20(a)］，设置阈值无法将图像与背景图像分离［图 10.20(b)］，此时使用魔棒工具，结合容差设置，可以将粒子分离开来。

① 解锁照片：打开 Photoshop 2021，打开扫描电镜图，打开【图层】面板，双击背景图层，解锁照片。

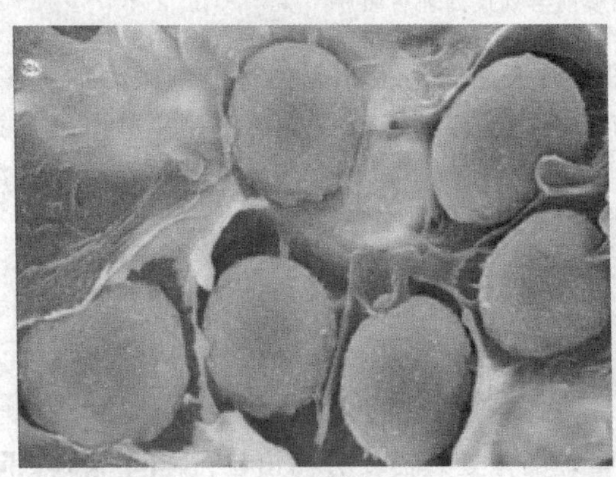

(a) 原图

(b) 通过阈值处理得到的二值化图

图 10.20 原图直接通过阈值处理得到二值化图

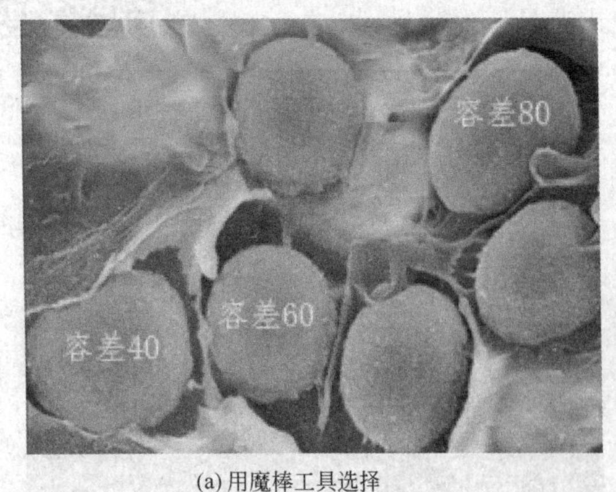

(a) 用魔棒工具选择

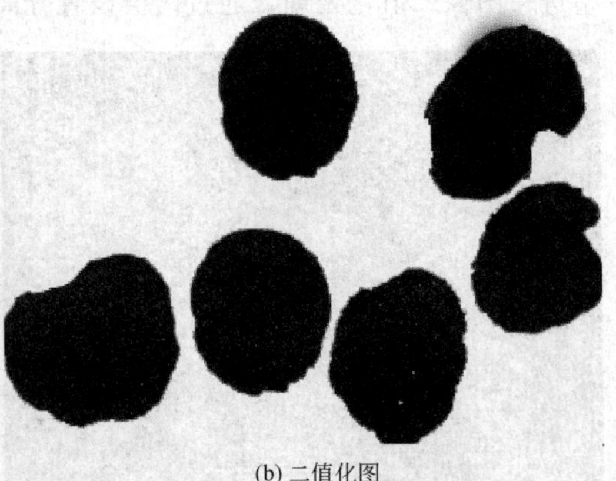

(b) 二值化图

图 10.21 魔棒工具选择后得到二值化图

② 魔棒选择：在【图层】面板中打开图层 1，单击魔棒工具，选项设置添加到选区，设置不同的容差，选择所有的粒子，见图 10.21(a)。

③ 删除背景：单击菜单【选择】-【反选】命令，按 Delete 键删除其余背景，单击菜单【选择】-【取消选择】命令。

④ 反相：单击【图像】-【调整】-【反相】命令，单击【确定】按钮。

⑤ 设置色阶：单击【图像】-【调整】-【阈值】命令，设置适当的色阶，单击【确定】按钮，得到粒子显示效果较好的二值化图像，见图 10.21(b)。

⑥ 保存：单击【文件】-【储存为】命令，设置 JPG 格式保存文件。

10.4.7 套索、快速蒙版工具进行图像二值化处理

当粒子图像的色彩分布十分复杂时，无法用阈值或魔棒工具直接进行二值化处理，可采用套索、磁性套索、多边形套索工具结合快速蒙版工具进行处理，每当选择好一个粒子后，用填充黑色的方法得到二值化图像。

① 解锁照片：打开 Photoshop 2021，打开扫描电镜图，打开【图层】面板，双击背景图层，解锁照片。

② 新建图层 1：设置白色背景，在【图层】面板中，单击下面【新建图层】按钮，新建图层 1，拖动图层 1 到最下层。

③ 图层蒙版选择：在【图层】面板中打开图层 1，单击快速蒙版工具，用白色画笔绘出单个的粒子，见图 10.22(a)。

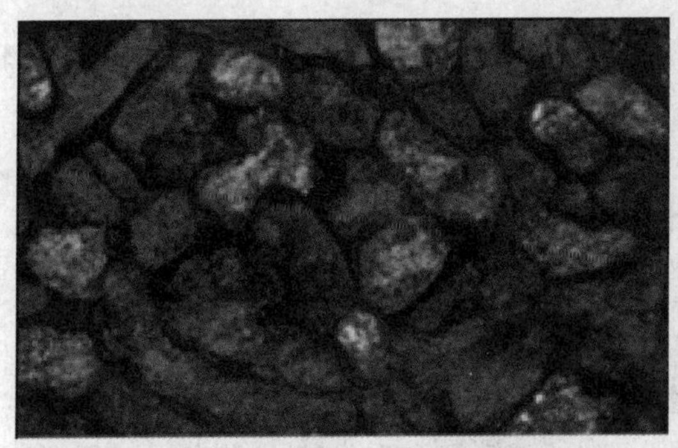

(a) 蒙版图

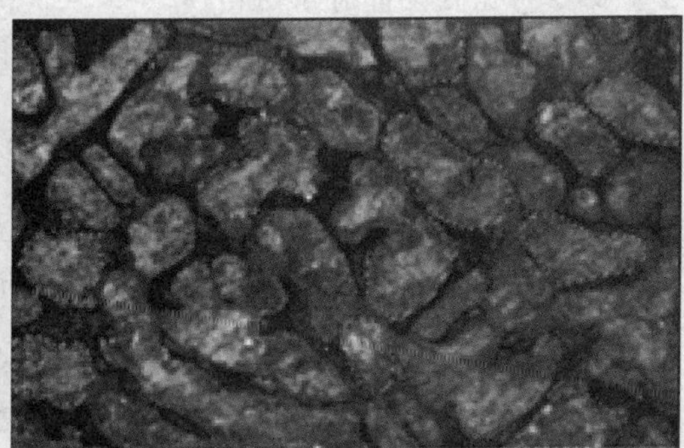

(b) 选择后的原图

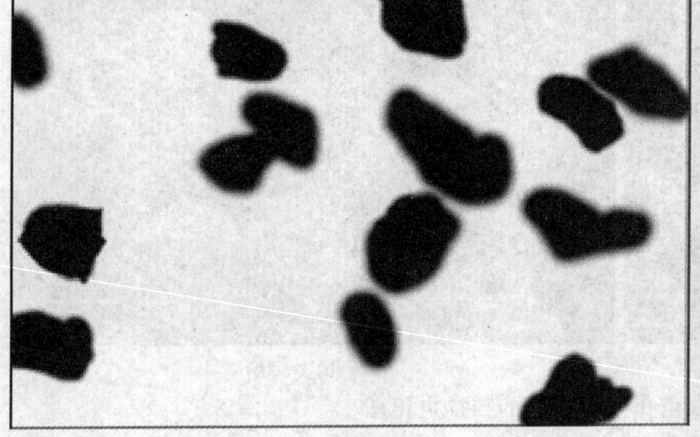

(c) 二值化效果图

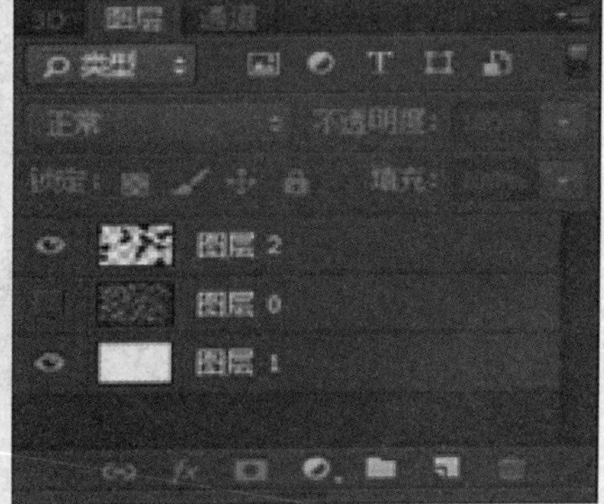

(d) 图层面板

图 10.22 利用快速蒙版工具进行二值化图像处理

④ 建立选区：绘完以后单击快速蒙版工具，建立选区，见图 10.22(b)。

⑤ 新建图层 2：在【图层】面板中，单击下面【新建图层】按钮，见图 10.22(d)，在新建的图层 2 中单击菜单【编辑】-【填充】命令，填充黑色，单击菜单【选择】-【取消选择】命令。

⑥ 关闭图层 0：在【图层】面板中关闭图层 0，得到粒子显示效果较好的二值化图像，见图 10.22(c)。

⑦ 保存：单击【文件】-【储存为】命令，设置 JPG 格式保存文件。

10.4.8 扫描电镜的规范化处理

扫描电镜得到的照片往往不符合规范，需要修改成如下参数。图像分辨率：300 dpi；图像颜色：灰度；图像尺寸：7cm 宽、5.5cm 高；标尺形式：12 磅纯白；输出文件：JPEG 图像文件，品质 10。

① 解锁照片：打开 Photoshop 2021，打开扫描电镜图，见图 10.23(a)，打开【图层】面板，双击背景图层，解锁照片。

② 复制标尺：选框工具，选择标尺区域，单击菜单【编辑】-【拷贝】命令，在【图层】面板中新建图层，将比例尺区域粘贴到照片中部。

③ 剪切去除下部说明：用剪裁工具裁去下部说明，只留下上部图像。

④ 调整大小：单击【图像】-【图像大小】命令将高度设置为 5.5cm，单击【图像】-【画布大小】命令将宽度设置为 8.0cm。

⑤ 空白区域右下角处理：单击【图像】-【图像旋转】-【水平翻转】命令，将左下部空白较多的部分调到右下方。

⑥ 标尺：使用画笔工具对照原标尺画标尺，添加标尺文字，并移动到画面右下方，添加标尺背景为黑色或白色方框，标尺定位，关闭原复制的标尺，效果见图 10.23(b)。

⑦ 保存：单击【文件】-【储存为】命令，设置 JPG 格式保存文件。

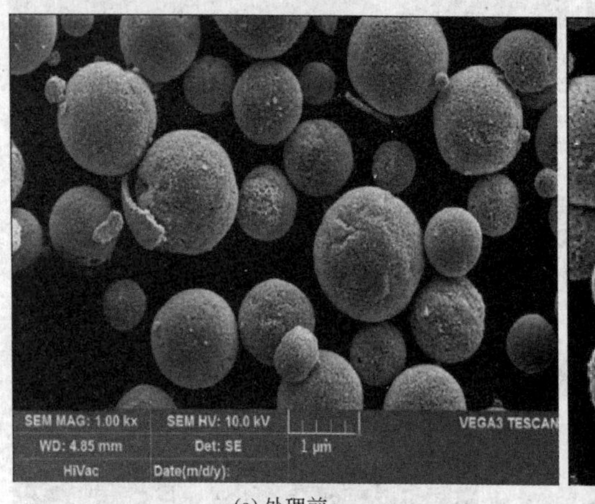

(a) 处理前

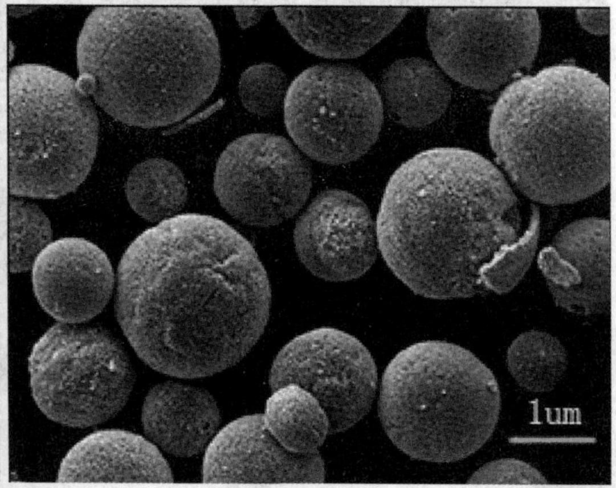

(b) 处理后

图 10.23 规范化处理前后的扫描电镜图

10.4.9　调整金相图的亮度与色调

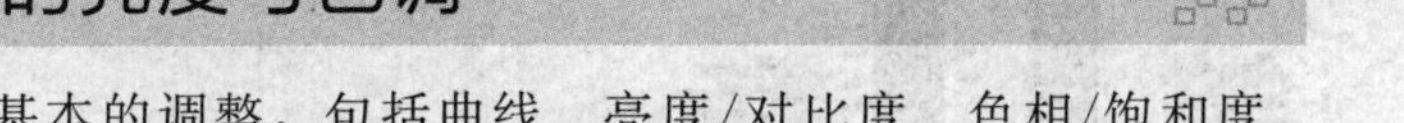

金相照片拍摄好以后，需要进行基本的调整，包括曲线、亮度/对比度、色相/饱和度、尺寸等，使照片呈现最佳效果。

① 解锁照片：打开 Photoshop 2021，打开金相图，见图 10.24(a)，打开【图层】面板，双击背景图层，解锁照片。

② 调整色相/饱和度：单击菜单【图像】-【调整】-【色相/饱和度】命令，将色相调整为108、饱和度调整为 40，效果见图 10.24(b)。

③ 调整色阶：单击菜单【图像】-【调整】-【亮度/对比度】命令，将亮度调整为 50、对比度调整为 100，效果见图 10.24(c)。

④ 保存：单击【文件】-【储存为】命令，设置 JPG 格式保存文件。

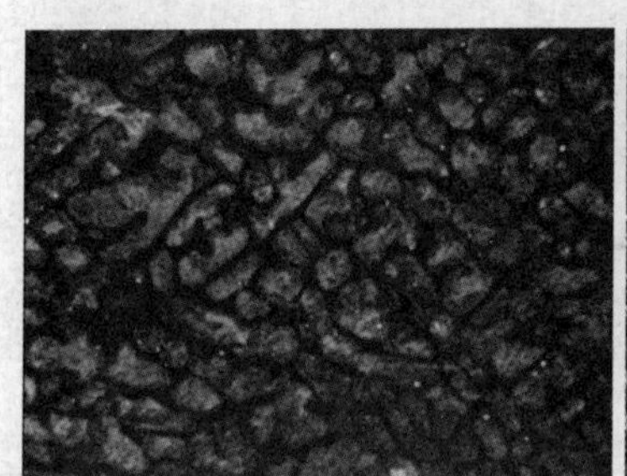

(a) 原图

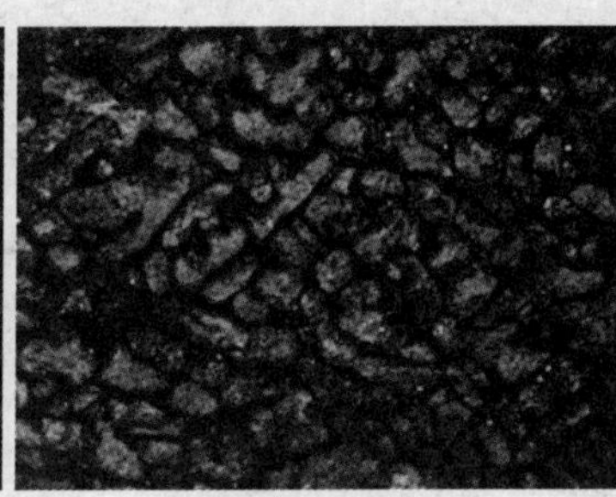

(b) 调整色相/饱和度图

(c) 调整亮度/对比度图

图 10.24　金相照片的调整处理

第11章 EndNote 20在文献管理及论文撰写中的应用

11.1 EndNote 功能简介

EndNote 20 是 SCI（Thomson Scientific 公司）的官方文献管理软件，它连接了上千个数据库，支持国际期刊 7000 种文献格式，提供通用的检索方式，我们下载的国外数据库均支持 EndNote。EndNote 能管理数十万条参考文献，自动下载全文，并对文献进行分析、分组和查重，准确编排图片和表格；快捷工具嵌入 Word 编辑器中，用户可以很方便地边编辑论文边插入参考文献，在转投其他期刊时，可迅速完成参考文献格式的转换。

11.2 EndNote 工作界面

EndNote 软件的工作界面布局除菜单栏以外，主要分为导航区域、搜索面板、文献记录窗口、文献摘要预览窗口及参考文献窗口，见图 11.1。

软件的功能分布体现在文献导入、文献管理和论文写作等方面：菜单栏、导航区域结合搜索面板可以实现文献的导入；导航区域结合文献记录窗口可以实现文献管理；运用嵌入 Word 的快捷工具可以实现论文文献的编撰。EndNote 界面主要功能见表 11.1。

表 11.1 EndNote 界面主要功能

序号	界面功能区	主要功能
1	菜单栏	EndNote 的主要功能都能通过菜单实现，其中，【File】提供打开、关闭及导入数据库；【Edit】提供复制、粘贴及样式设置等；【References】提供文献管理。此外还有【Groups】【Tools】等菜单

续表

序号	界面功能区	主要功能
2	导航区域	导航区域包括最近添加记录、未分类记录、所有文献记录、同步状态、个人分组、回收站、在线搜索常用数据库、查找全文
3	搜索面板	用于设置搜索选项，包括作者、年限、标题等选项，可以输入多个关键词进行检索
4	文献记录窗口	列出本地或在线搜索的文献，见图 11.1，包括文献是否已读状态标识（图 11.1 中①）；文献附件“回形针”标识（图 11.1 中②）；文献的重要程度星标评级（图 11.1 中③）；文献作者、期刊名、发表年限、文献标题、文献类别等。单击栏目名可以进行排序等操作
5	文献摘要面板	包括多个选项：文献附件详细信息（全文附件）；文献摘要预览窗口；参考文献格式；参考文献窗口

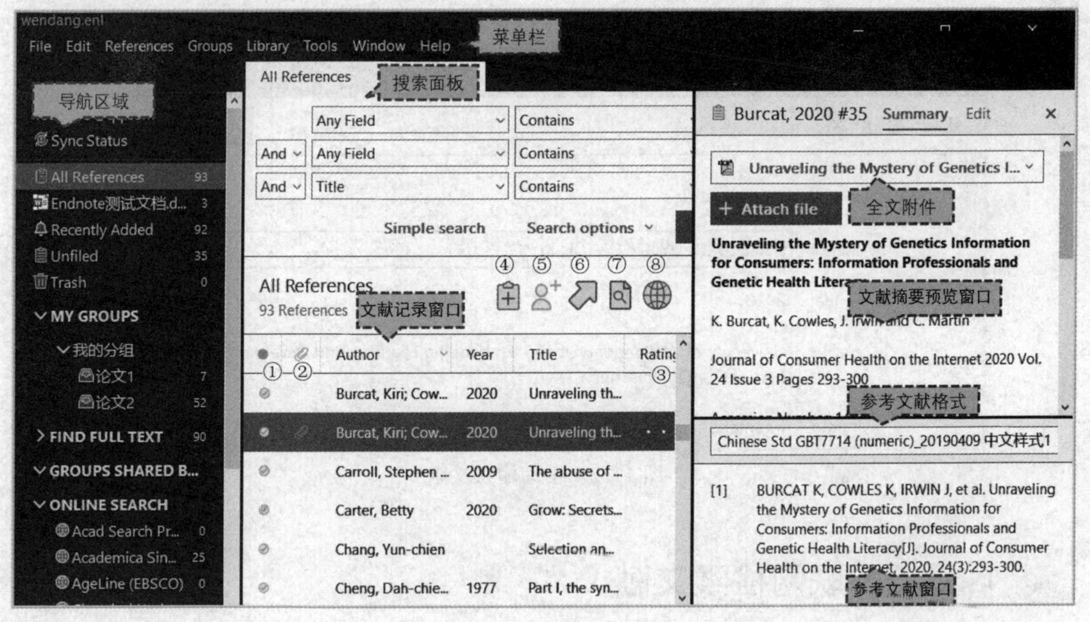

图 11.1　EndNote 工作界面

①—文献是否已读状态标识；②—文献附件“回形针”标识；③—文献的重要程度星标评级；④—新建参考文献；⑤—分享文献；⑥—输出参考文献格式；⑦—搜索全文；⑧—创建引用报告

11.3　建立文献数据库

新建文献数据库：打开 EndNote 20，新建文献数据库文件，单击菜单【File】-【New】命令，选择文件夹，输入数据库名。创建后将生成“数据库名.enl”和“数据库名.Data”文件夹。文件夹包括 3 个子文件夹：pdb 和 sdb 子文件夹用于存放文献信息；PDF 子文件夹用于保存下载的文献全文。

打开文献数据库：用户可以打开保存的数据库文件，单击菜单【File】-【Open Library】命令，选择文件夹，打开“数据库名.enl”文件。

数据库文件建立的方法包括手动输入文献、联网检索文献、数据库导入、导入PDF文件、网站输出等。

11.3.1 手动输入文献

单击菜单【References】-【New Reference】命令，或者单击文献记录窗口中按钮④，或按快捷键Ctrl+N，三种方式均可实现手动输入文献，弹出新建文献界面，见图11.2。

选择输入的参考文献类型，包括期刊、书籍、专利、图表等，这里选择常用的期刊论文（Journal Article），然后输入文献信息，保存即可输入文献。

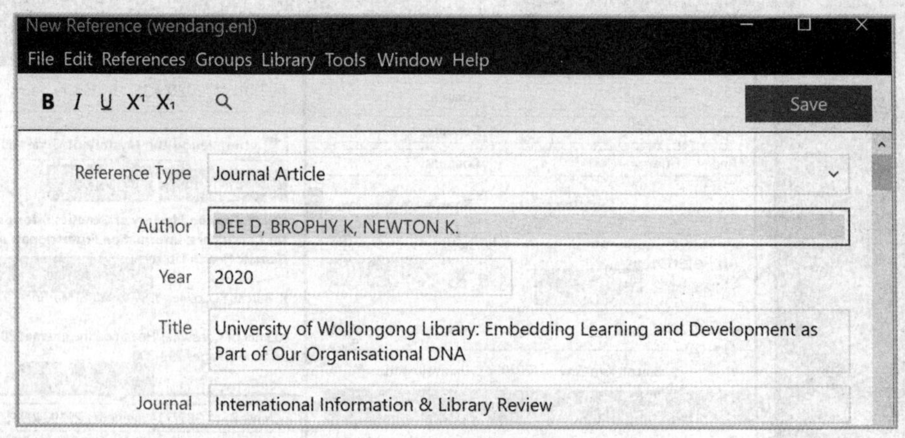

图11.2 手动输入文献

11.3.2 联网检索文献

添加参考文献常用联网检索法，在导航区域的【ONLINE SEARCH】选项下列出了常用数据库，检索的数据库必须要有访问权限，单击【more...】按钮可以添加数据库，检索的关键词的组合需要考虑逻辑关系。例如，在Academica Sinica数据库中搜索关键词“sinica”，将检索出500篇论文，选择前25篇，结果见图11.3。

不同的文献，表达式也有差异，如在Academica Sinica数据库检索文献，表达式为2019:2020，搜索时注意关键词的宽泛表达。

11.3.3 数据库导入

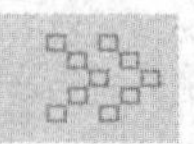

（1）ScienceDirect数据库导入

进入ScienceDirect数据库的搜索界面，输入关键词及检索条件进行检索，可得到相应的文献列表，新版数据库不支持批量导出，打开单篇文献记录，单击【Export】按钮，选择【Export citation to RIS】选项，保存文

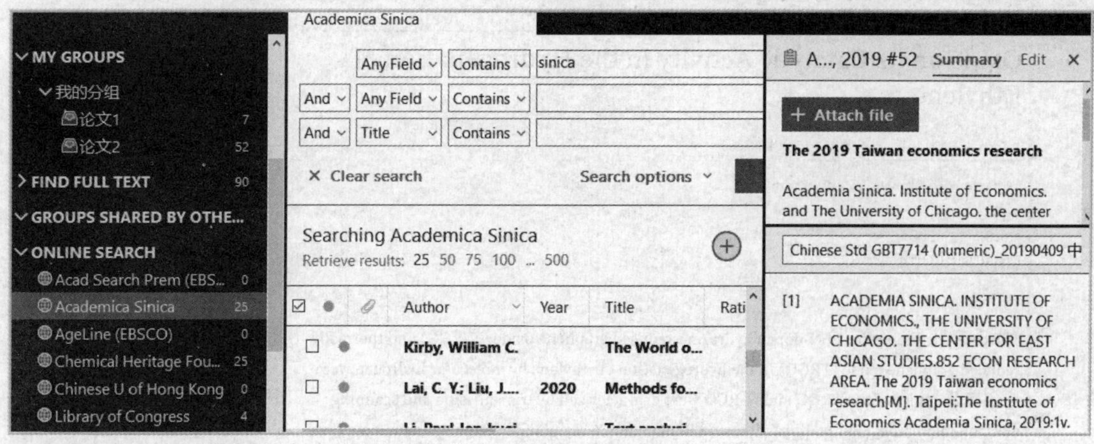
图 11.3 联网检索文献

献记录文件（.ris），见图 11.4；双击下载的文件，或在 EndNote 软件中单击菜单【File】-【Import】-【File】命令，将之导入 EndNote 文献中。

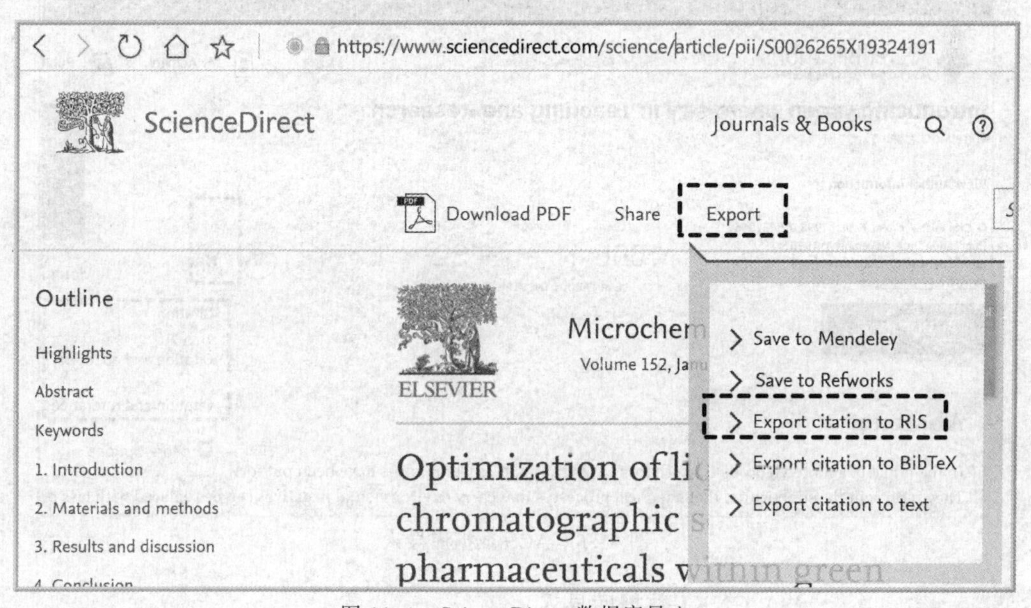

图 11.4 ScienceDirect 数据库导入

（2）Springer 数据库导入

同样，Springer 数据库只能单篇导出，进入文献记录页面，单击页面右边的【Cite article】选项，可以选择“.RIS”或“.ENW”导出，见图 11.5；双击下载的文件导入 EndNote 中。

（3）ACS 数据库导入

ACS（American Chemical Society，美国化学学会）数据库只能单篇导出，进入文献记录页面，单击【Export】-【Citation】命令，保存为.ris 文件，见图 11.6；双击下载的文件导入 EndNote 中。

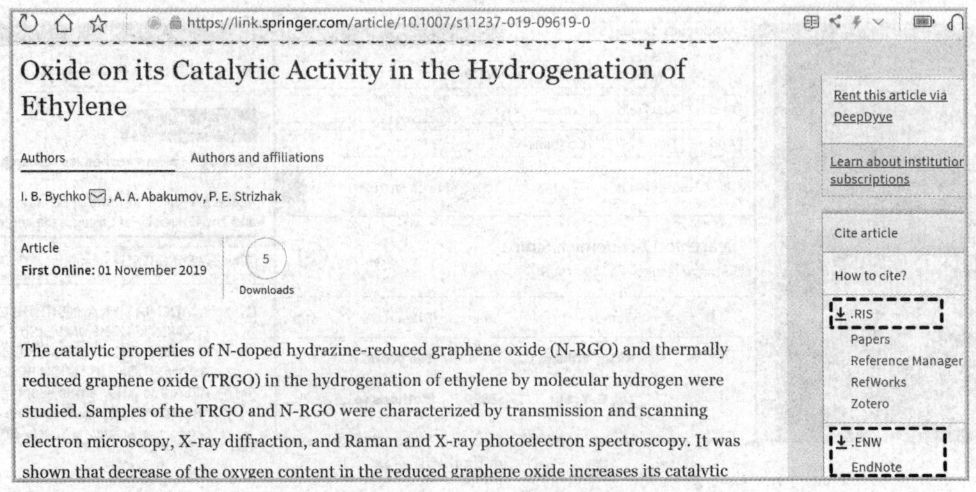

图 11.5　Springer 数据库导入

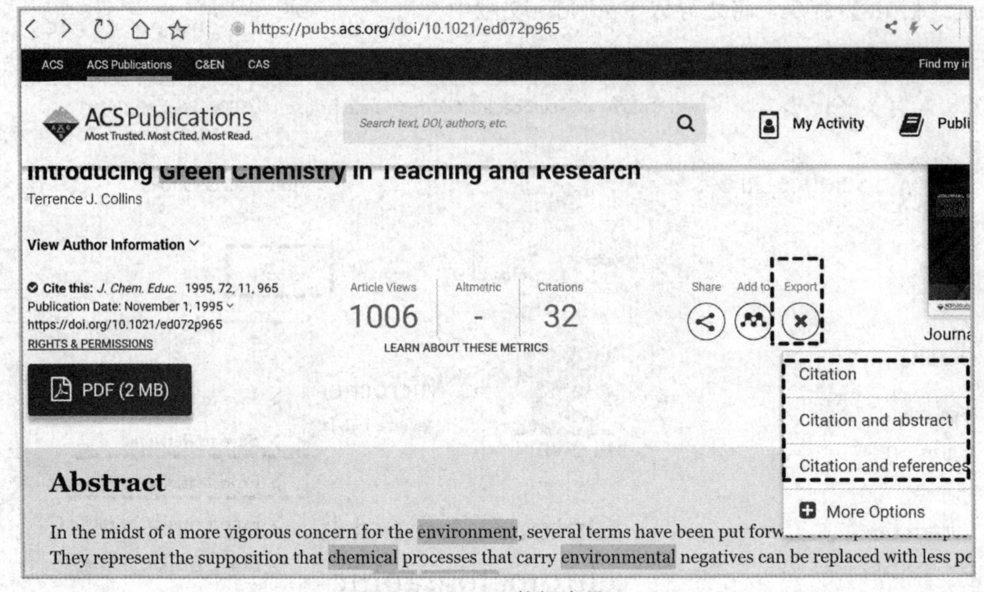

图 11.6　ACS 数据库导入

（4）CNKI 数据库导入

中国知网进行关键词检索，数据库支持批量导出，勾选列表前的复选框☑，单击【导出/参考文献】按钮，见图 11.7(a)，在弹出的页面左侧选择【EndNote】选项，单击右侧的【导出】按钮，将文件保存成 TXT 格式，见图 11.7(b)。单击 EndNote 菜单【File】-【Import】-【File】命令，选择下载的 TXT 文件导入，【Import Option】选择“Tab Delimited”，文献被导入当前数据库。

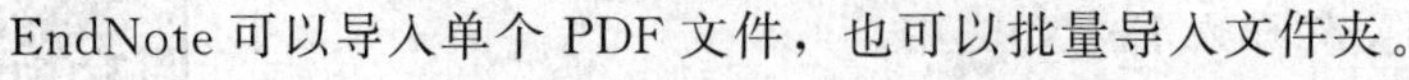11.3.4　导入 PDF 文件

EndNote 可以导入单个 PDF 文件，也可以批量导入文件夹。

① 导入单个 PDF 文件：单击菜单【File】-【Import】-【File】命令，选择需要导入的 PDF

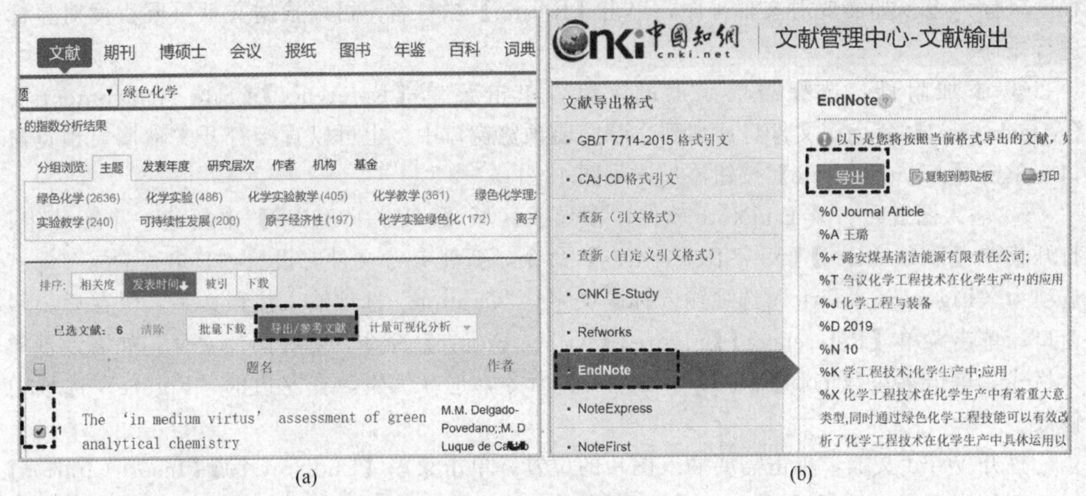

图 11.7　CNKI 数据库导入

文件。由于 EndNote 对中文文献的支持度不好，建议从 CNKI 等数据库直接导入。

② 导入文件夹：单击菜单【File】-【Import】-【Folder】命令，在弹出的输入文件对话框中，选择需要导入的文件夹，导入选项选择 PDF。

③ 同步文件夹导入：单击菜单【Edit】-【Preferences】-【PDF Handling】-【PDF Auto Import Folder】命令，选择文件夹。当同步文件夹中增加或删除文献时，软件会自动更新数据库。

11.4 文献管理

① 查找全文：检索出的文献如需查找全文，先选择文献，然后单击菜单【References】-【Find Full Text】命令；或单击文献记录窗口中的按钮；或使用鼠标右键单击，在弹出的快捷菜单中选择【Find Full Text】选项即可。

② 文献去重：通过网络检索、本地导入、数据库导入等方法向多种数据库中添加参考文献记录，不可避免地会有重复文献。单击菜单【Library】-【Find Duplicates】命令，打开对话框去除重复文献。

③ 分组管理：根据研究内容的不同，可以把文献分组。导航区域中的【MY GROUPS】选项能实现分组，选中列表区域文献记录，将之拖到分组中，使用鼠标右键单击【MY GROUPS】命令，可以执行创建、创建智能筛选组、删除组以及分享组等操作。

④ 创建引文报告：来自 U. S. National Library of Medicine 或 Web of Science 的文献记录分组后可以创建引文报告，查看引文报告能快速分析参考文献的影响力。首先创建文献分组，将相关文献拖到分组中，然后在分组上使用鼠标右键单击，在弹出的快捷菜单中单击【Create Citation Report】命令，打开 Web of Science 网页，完成分析报告。

⑤ 文献阅读及标星：图 11.1 所示界面，中间为文献记录窗口，根据阅读情况做相应的标记，其中，①—文献是否已读状态标识、②—文献附件“回形针”标识、③—文献的重要

程度星标评级。如需要对文献排序，单击【Rating】栏目名，可以根据文献重要程度对星标进行排序。

⑥ 添加附件：选择需要添加的文献，单击菜单【Reference】-【File Attachments】-【Attach Files】命令，文件将添加到文献摘要预览窗口中。也可以直接打开文献摘要预览窗口，单击【Attached File】按钮添加，见图 11.1。

⑦ 输入图表：打开 EndNote 软件，在导航区域【MY GROUPS】中新建一个图片组；打开菜单【References】-【New References】命令，新建参考文件，设置"References Type"选项为"Figure"，"Title"选项输入标题文字，"Caption"选项输入注释文字，保存后关闭窗口；单击菜单【References】-【Figure】-【Attace Figure】命令，选择图片文件。如需设置插入格式，单击菜单【Tool】-【Output Styles】命令，选择编辑，在左边的"Figure"选项中修改。

打开 Word 文档，单击需要插入图片的位置，单击菜单【EndNote 20】-【Insert Citation】右下角的小箭头，选择【Insert Figure】选项，选择需要插入的图片，单击【Insert】按钮，完成插入图表。

⑧ 数据同步：单击菜单【Edit】-【Preferences】-【Sync】命令，选择【Enable Sync】选项，这里需要提前注册，才会有【Sign Up】选项。单击导航区域中【Sync Status】选项设置。

⑨ 手稿匹配：EndNote 能分析文章引用以及来自 Web of Science 中的引文数据，帮助用户查找合适的投稿期刊。使用鼠标右键单击【导航区域】中【MY GROUPS】选项分组文献，选择【Manuscript Matcher】选项，或者在 Word 插件中单击【Tools】-【Manuscript Matcher】命令，根据提示查找合适的投稿期刊。

11.5 参考文献样式管理与编辑

① 样式选择：EndNote 20 参考文件样式存放于"安装目录\EndNote 20\Styles"下，默认有 500 多种，新的样式可以在网站下载。单击菜单【Tools】-【Output Styles】可选择样式，样式选择与管理菜单见图 11.8。

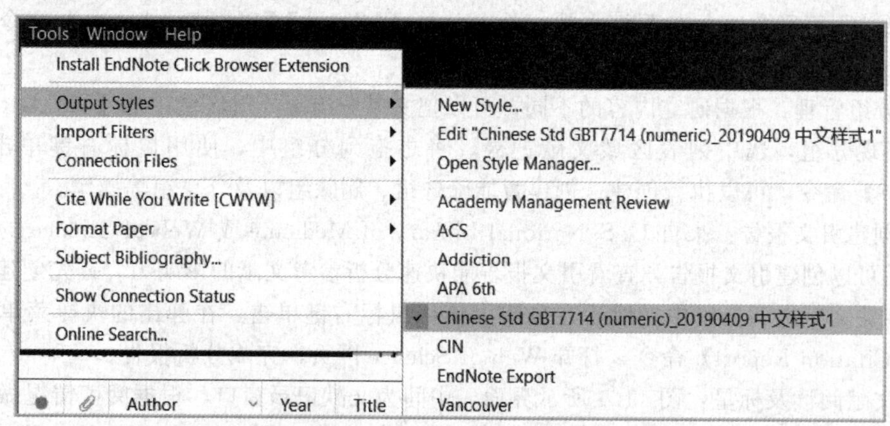

图 11.8　样式选择与管理菜单

② 样式管理：单击菜单【Tools】-【Output Styles】-【Open Style Manager】命令管理，弹出【EndNote Styles】对话框，见图 11.9(a)。单击【Edit】按钮，弹出样式编辑窗口，见图 11.9(b)。窗口的左侧菜单分为 4 个部分：期刊样式基本信息区（b1）；参考引用格式设置区（b2）；参考文献样式设置区（b3）；图和表样式设置区（b4）。图 11.9 所示为参考文献模板样式的设置操作，可依次在 b3 中设置作者、题目等。

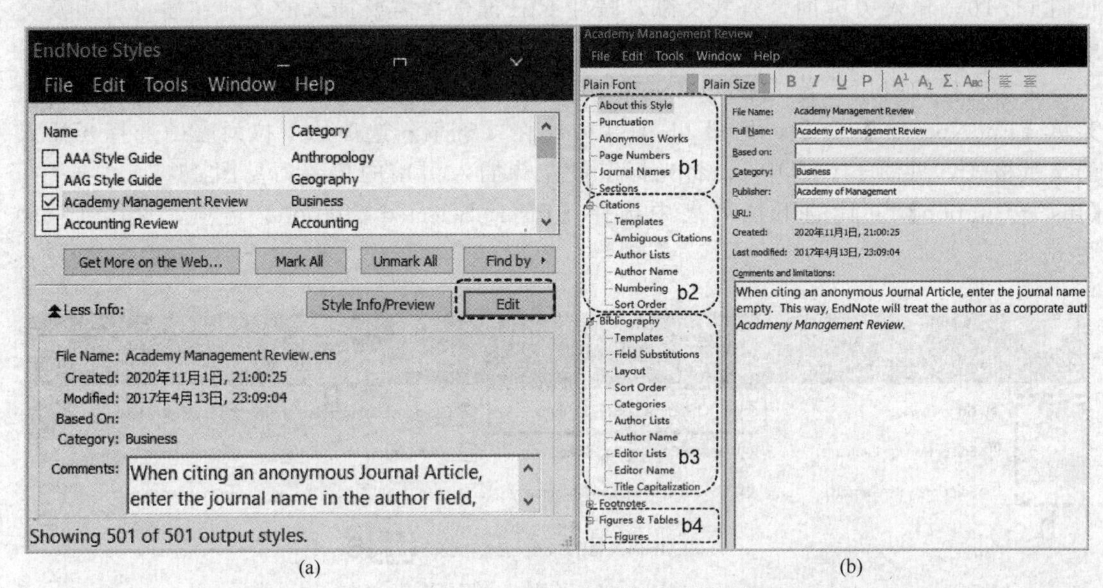

图 11.9　EndNote 20 样式管理菜单和样式编辑窗口

③ 符合国标的中文文献样式：新安装的 EndNote 20 没有中文文献样式，需要在网上下载顺序编码制［Chinese Std GBT7714(numeric).ens］或著者-出版年制［Chinese Std GBT7714(author-year).ens］的样式文件，将“.ens”文件复制到“安装目录\EndNote 20\Styles”下安装，重启 EndNote，单击菜单【Tools】-【Output Styles】命令选择中文样式，还可以对样式做一些修改，如将“et al.”与“等”进行切换等。

11.6 Word 中插入参考文献

运用 EndNote 20 软件及 Word 插件，可以快速有序地编排参考文献，软件提供了以下多种文献插入方式。

（1）复制粘贴

在 EndNote 的文献记录窗口中，使用鼠标右键单击需要插入的文献，在弹出的快捷菜单中选择“复制”选项，或者单击菜单【Edit】-【Copy】命令；打开 Word 文档，定位需要插入引用的位置，使用鼠标右键单击，在弹出的快捷菜单中选择“粘贴”选项，或者单击菜单【开始】-【粘贴】命令，插入引用及文末的参考文献。

（2）直接拖曳

在 EndNote 20 中选择文献，拖曳至 Word 待插入引用的位置也可实现文献插入。

（3）运用 Word 中的 EndNote 插件插入

插入引用：单击 Word 中的菜单【EndNote 20】命令，见图 11.10 中 a；在【Style】选项的下拉列表中选择要插入的文献格式，见图 11.10 中 c；将光标定位在待插入引用的位置，见图 11.10 中 e；单击【Insert Citation】工具，见图 11.10 中 b，弹出文献查找及选择对话框，见图 11.10，输入关键词，查找文献，按住 Ctrl 键选择需要插入的文献；插入引用及文献效果见图 11.10 中 e。

插入选择的引用：首先在 EndNote 20 软件中勾选需要插入的文献，单击 Word 中菜单【EndNote 20】命令，见图 11.10 中 a；在【Style】选项的下拉列表中选择要插入的文献格式，见图 11.10 中 c；将光标定位在待插入引用的位置，见图 11.10 中 e；在【Insert Citation】工具的下拉列表中选择【Insert Selected Citation】选项，见图 11.10 中 b。

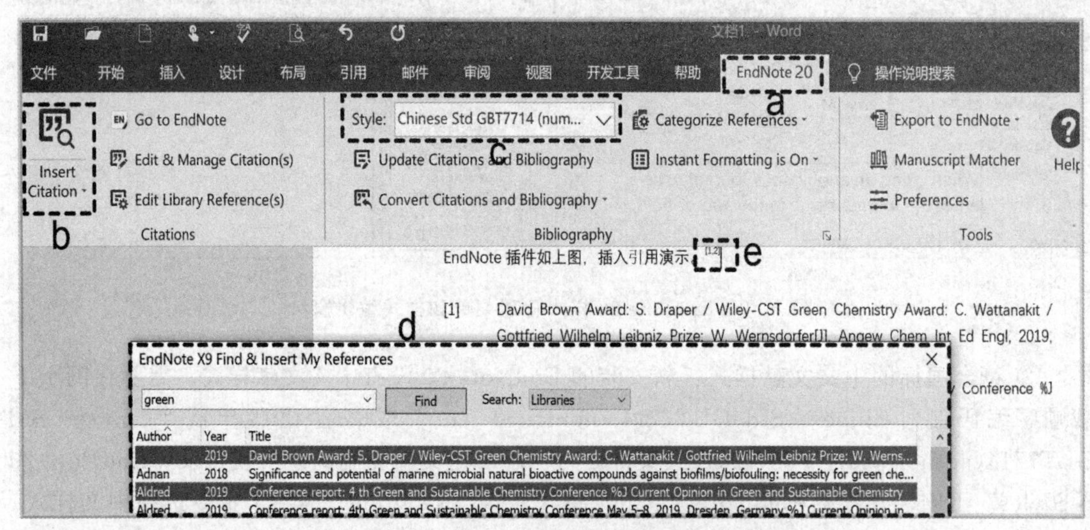

图 11.10　从 Word 中的 EndNote 20 插件插入

（4）插入图表

EndNote 可以插入图片，方便图片有序排版，图片的输入方法见 11.4 节中⑦；在 Word 中插入图片，首先将光标定位到需要插入的位置，在图 11.10 中 b 的【Insert Citation】工具的下拉列表中选择【Insert Figure】选项，在弹出的对话框中选择图片，将引用、图片、图名插入 Word 中。

11.7 参考文献的修改

（1）编辑引用文献

在 Word 中，单击菜单【EndNote 20】-【Citations】-【Edit & Manage Citation(s)】命令，可以对引用进行再次修改，包括调序、编辑参考文献、编辑引用等，见图 11.10。

（2）从 Word 中导出参考文献

单击菜单【EndNote 20】-【Tools】-【Export to EndNote】命令，可以将 Word 中的参考文献导出为 enl 文件。

（3）移除 EndNote 标记

论文投稿前，一般先要移除 EndNote 标记，在 Word 中，单击菜单【EndNote 20】-【Bibliography】-【Convert Citations and Bibliography】-【Convert to Plain Text】命令，确定后即可移除，复制版的论文需要保存。

（4）更换刊物投稿

论文投稿经常改投其他期刊，在 Word 中，单击菜单【EndNote 20】-【Bibliography】命令，在【Style】选项的下拉列表中，选择投稿期刊的样式，引文和参考文献将会自动更新。

第12章

Office Word 2021在科技论文撰写中的应用

在论文编辑过程中会用到 Word 的多种功能，主要包括参考文献的编号和引用、图表和公式的自动编号、页眉页脚的制作、样式与目录的制作、页码的制作等，本章将以 Office Word 2021 为例进行说明。

12.1 绘制三线表

绘制第 1、3 条线条：插入表格，选择整个表格，见图 12.1(a)，使用鼠标右键单击，在弹出的快捷菜单中单击【表格属性】-【表格】-【边框和底纹】命令，弹出图 12.1(b) 所示【边框和底纹】对话框，先单击①处取消所有线条；单击②处设置第 1、3 条线条宽度 1.5 磅；单击③、④处绘制三线表的第 1、3 条线条；设置后单击【确定】按钮，效果见图 12.1(c)。

绘制第 2 条线条：选择表格第一行，使用鼠标右键单击，在弹出的快捷菜单中单击【表格属性】-【表格】-【边框和底纹】命令，弹出图 12.1(b) 所示对话框，单击②处设置第 2 条线条宽度 0.75 磅；单击④处绘制三线表的第 2 条线条；设置后单击【确定】按钮，效果见图 12.1(d)。

	1	2	3
Propane	0.0129	0.0129	0
1-Butene	4.7403	4.7402	0.0001
I-Butane	0.6393	0.6393	0
N-Butane	196.2436	196.22	0.0188
Cis-2-Butene	1043.63	1042.5	1.0436
Trans-2-Butene	668.033	667.71	0.3198
2-Methylpropene	3.4606	3.4605	0.0001
N-Pentane	789.821	0.7898	789.03

(a) 原表格

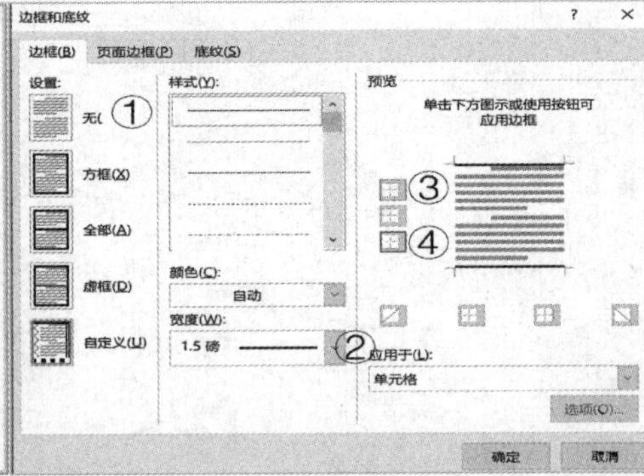

(b) 边框和底纹对话框

	1	2	3
Propane	0.0129	0.0129	0
1-Butene	4.7403	4.7402	0.0001
I-Butane	0.6393	0.6393	0
N-Butane	196.2436	196.22	0.0188
Cis-2-Butene	1043.63	1042.5	1.0436
Trans-2-Butene	668.033	667.71	0.3198
2-Methylpropene	3.4606	3.4605	0.0001
N-Pentane	789.821	0.7898	789.03

(c) 设置上下线条后效果

	1	2	3
Propane	0.0129	0.0129	0
1-Butene	4.7403	4.7402	0.0001
I-Butane	0.6393	0.6393	0
N-Butane	196.2436	196.22	0.0188
Cis-2-Butene	1043.63	1042.5	1.0436
Trans-2-Butene	668.033	667.71	0.3198
2-Methylpropene	3.4606	3.4605	0.0001
N-Pentane	789.821	0.7898	789.03

第1条线条
第2条线条
第3条线条

(d) 三线表

图 12.1　绘制三线表

12.2 输入公式

Word 的早期版本需要安装 Mathtype 才能输入公式，新版的 Word 自带公式编辑器，单击菜单【插入】-【符号】-【公式】命令，或单击$\underset{公式}{\pi}$工具，就可调出公式编辑器。单击【工具】中的【公式】按钮可以调出常见的内置模板；单击【墨迹公式】按钮可以手动输入公式，软件能自动识别公式；或者单击【结构】中的各按钮，自由输入公式，如图 12.2 所示。

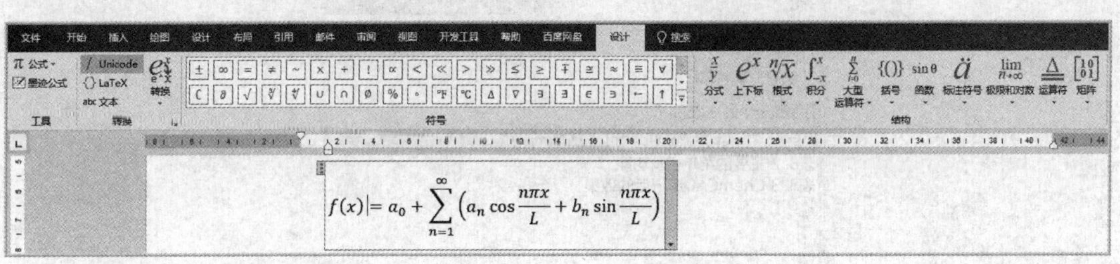

图 12.2　Word 2021 公式编辑器

12.3 图表和公式的自动编号

选中开始编号的第一张表格，单击菜单【引用】-【插入题注】命令，打开【题注】对话框，见图 12.3(a)，新建标签“表 8.”（如果无法输入中文，就先复制一个“表 8.”，再粘贴），表格位置设为“所选项目上方”，单击【确定】按钮，产生表格的标签文字和序号“表 8.1”，在序号后输入

表名，见图 12.3(b)。

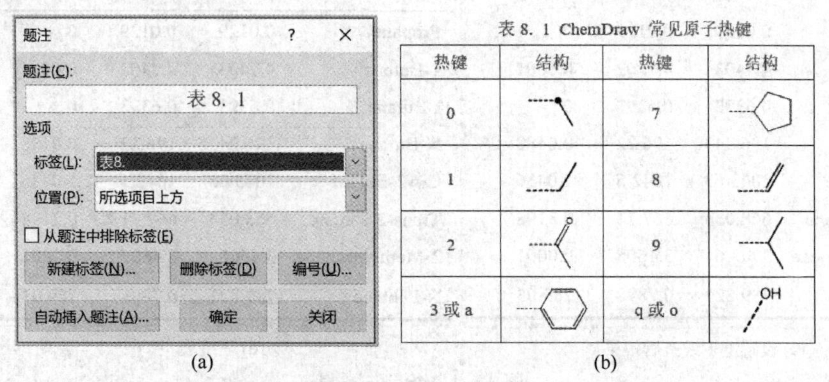

表 8.1 ChemDraw 常见原子热键

热键	结构	热键	结构
0		7	
1		8	
2		9	
3 或 a		q 或 o	OH

(a) (b)

图 12.3 新建表格题注对话框和表格标签

再次插入表格题注的方法与上述相同，单击菜单【引用】-【插入题注】命令，打开【题注】对话框，见图 12.3(a)，在“标签”下拉列表中选择“表 8.”，确定后即可产生“表 8.2、表 8.3……”，然后输入表名。

在文档正文中引用表编号，例如“见表 8.1”时，先将光标放在需要插入的地方，单击菜单【插入】-【交叉引用】命令，打开【交叉引用】对话框，在“引用类型”中选择前文的“表 8.”，“引用内容”选择“仅标签和编号”，在“引用哪一个题注”下的选择框中选择“表 8.1 ChemDraw 常见原子热键”，单击“插入”按钮完成图表编号的输入，见图 12.4。

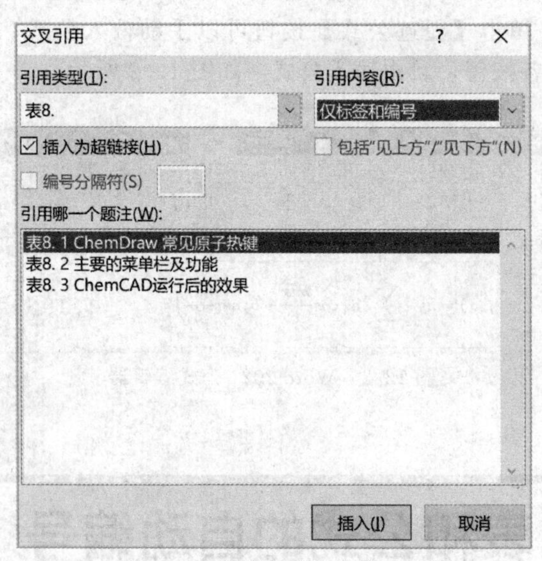

图 12.4 图表及公式的交叉引用

图的标签的插入方法与表的相同，注意标签位置为“所选项目下方”。

公式的标签的插入方法与表的相同，注意插入位置直接点公式的右边即可。

如果改变了图、表、公式的位置，单击图表编号，使用鼠标右键单击，在弹出的快捷菜单中选择【更新域】选项更新即可。

12.4 参考文献的编号和引用

论文末尾要列出参考文献，如果只有几篇参考文献，可采用直接输入的方式编写，如果有几十篇甚至上百篇参考文献，可以运用 EndNote 编辑，也可以运用 Office Word 2021 插入尾注的功能来实现。

（1）以尾注的方式插入参考文献

将光标定位于将要插入参考文献的位置，单击菜单【引用】-【脚注】右下角的箭头符号，在弹出的【脚注和尾注】对话框中选择“尾注”单选项，“编号格式”选择“1，2，3，…”，其他默认，见图 12.5。可以看到光标处插入了文献的编号，并且光标自动跳到文档尾部相应编号处，此时可以输入参考文献内容。这样可以连续插入参考文献，不管是在某参考文献的前面还是后面插入，Word 都会自动更新编号，见图 12.6。

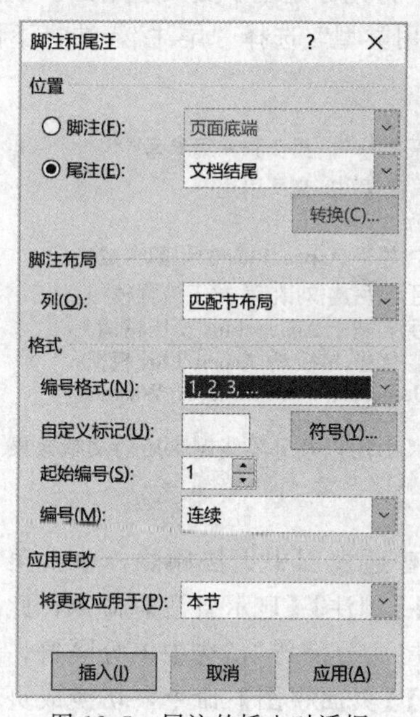

图 12.5 尾注的插入对话框

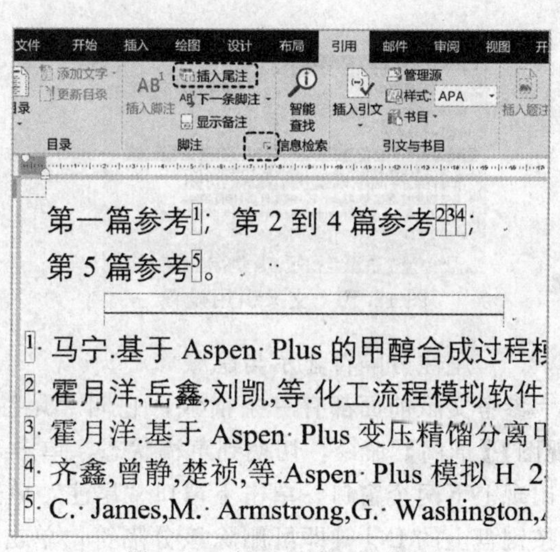

图 12.6 插入尾注后的效果

查找和替换
查找(D) 替换(P) 定位(G)
查找内容(N): ^e
选项: 区分全/半角
格式:
替换为(I): [^&]
格式: 上标
<< 更少(L) 替换(R) 全部替换(A)
搜索选项

图 12.7 替换窗口

（2）给插入的参考文献加中括号

用 Word 自动插入的参考文献是没有中括号的，单击【开始】-【替换】命令，打开【查找和替换】对话框，在“查找内容”中输入“^e”，“替换为”中输入“[^&]”，字体“格式”设置为“上标”，见图 12.7。这时不管是文章中还是尾注中的参考文献编号都加上了中括号。

正文参考文献都是上标的形式，尾注中不需要上标，修改方式和普通 Word 字体一样，先选中尾注文字，设置字体，将效果中上标项的对勾去掉，效果见图 12.8。

（3）连续编号隐藏

图 12.8 中的［2］、［3］、［4］是连续的编号，通常应改为［2-4］，在［2］［3］［4］中 4 的前加符号“_”，设置上标后“_”变为“-”，中间字符“］［3］［”需要隐藏，选中，设置字体为“隐藏”，效果见图 12.9；如果此处没有隐藏，需要修改设置，单击菜单【文件】-【选项】-【显示】命令，取消“隐藏文字”与“显示所有格式标记”复选框的勾选。

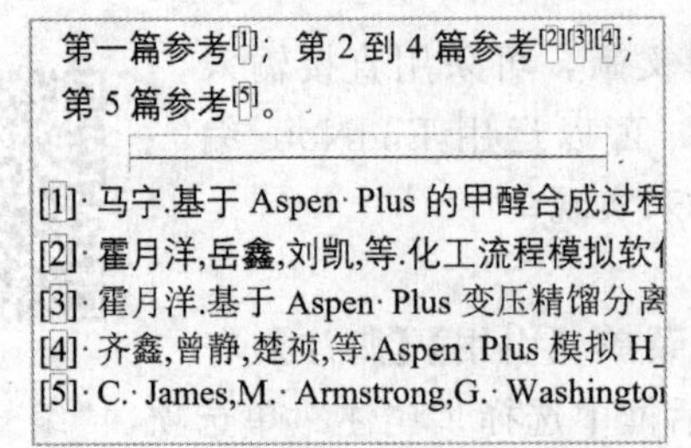

图 12.8　添加参考文献序号后效果

第一篇参考[1]；第 2 到 4 篇参考[2-4]；
第 5 篇参考[5].

[1] 马宁.基于 Aspen Plus 的甲醇合成过
[2] 霍月洋,岳鑫,刘凯,等.化工流程模拟
[3] 霍月洋.基于 Aspen Plus 变压精馏分
[4] 齐鑫,曾静,楚祯,等.Aspen Plus 模拟
[5] C. James,M. Armstrong,G. Washing

图 12.9　连续编号隐藏后的效果

（4）交叉引用

同一文献需要多次引用时，可利用【交叉引用】命令，将光标定位于交叉引用处，单击【引用】-【交叉引用】命令，弹出【交叉引用】对话框，“引用类型”选择“尾注”，选择下面的文献，见图 12.10，单击【插入】，效果见图 12.11。

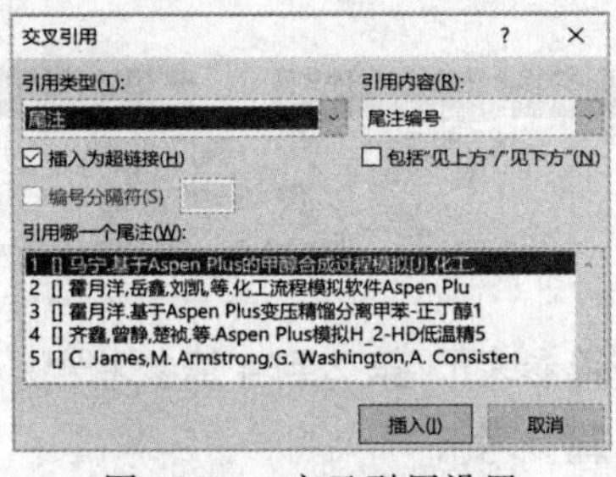

图 12.10　交叉引用设置

第一篇参考[1]；第 2 到 4 篇参考[2-4]；
第 5 篇参考[5]；**交叉引用[1]**

[1] 马宁.基于 Aspen Plus 的甲醇合成过
[2] 霍月洋,岳鑫,刘凯,等.化工流程模拟
[3] 霍月洋.基于 Aspen Plus 变压精馏分
[4] 齐鑫,曾静,楚祯,等.Aspen Plus 模拟
[5] C. James,M. Armstrong,G. Washing

图 12.11　交叉引用以及分隔线删除后的文献效果

（5）尾注分隔符显示与隐藏

参考文献前面都有一条横线，它叫“尾注分隔符”，普通视图中无法删除。单击菜单【视图】-【草稿】命令，切换到草稿状态，单击菜单【引用】-【脚注】-【显示备注】命令，此时会出现上下两个窗口，单击下窗口“尾注”单选框选择“尾注分隔符”，选中该分隔符，然后按键盘上的 Del 键即可删除该分隔符；单击菜单【视图】-【页面视图】命令，切换成页面视图，结果见图 12.11。

12.5 页眉和页脚的制作

文章分节：论文中每部分的页眉和页脚不同，需要分节，将光标移至每节的末尾，单击菜单【布局】-【分隔符】-【分节符 下一页】命令，从下一页开始新节，见图 12.12 中 a。依次在论文封面、摘要、目录末尾插入分节符，见图 12.12 中 c。

设置链接：用鼠标左键双击页眉，弹出【设计】菜单栏，见图 12.13，由于每节页眉不一样，单击【链接到前一条页眉】按钮，以断开当前节和上一节页眉的链接，为该节创建单独的页眉。

文字输入：在页眉输入文字，设置字体。页脚的设置方法与页眉相同。论文编写中，封面处不输入页眉、页脚，在摘要、目录、正文分节中分别输入页眉和页脚，见图 12.12 中 b。

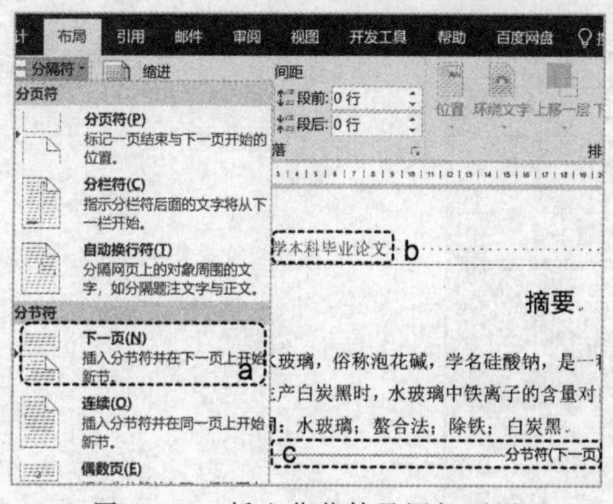

图 12.12　插入分节符及添加页眉

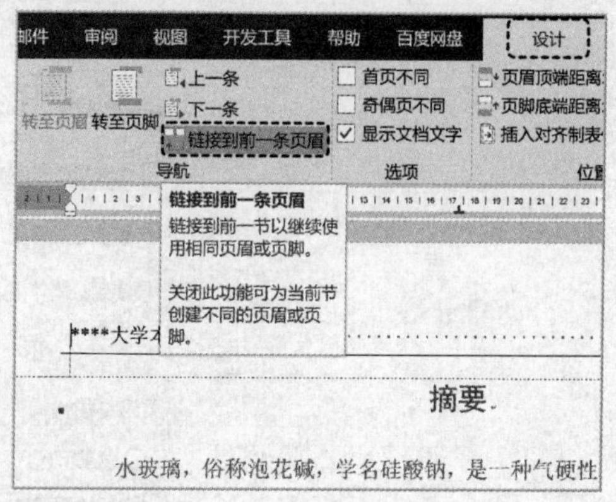

图 12.13　链接到前一条页眉选项

12.6 生成页码

文章分节：论文中每节设置页码不同，需要分节，分节方法与页眉和页脚设置相似，将光标移至每节的末尾，单击菜单【布局】-【分隔符】命令，选择【分节符 下一页】选项，见图 12.12 中 a，依次在论文封面、摘要、目录末尾处插入分节符。

设置链接：用鼠标左键双击页脚，弹出【设计】菜单栏，由于每节页码不一样，单击【链接到前一条页眉】按钮，见图 12.14 中 a，以断开当前节和上一节页码的连接，为该节创建新的页码。

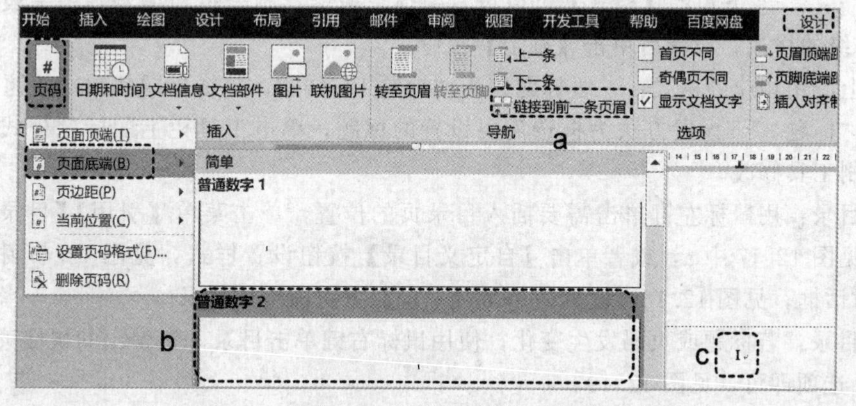

图 12.14　链接设置选项、添加页码和生成的页码

插入页码：用鼠标左键双击页脚，单击菜单【设计】-【页码】命令，一般选【页面底端】选项，设置居中样式，添加页码，见图 12.14 中 b。添加的页码编号如果不符合要求，可以修改，单击菜单【设计】-【页码】-【设置页码格式】命令，打开【页码格式】对话框，见图 12.15，设置“编号格式”与“起始页码”，单击【确定】按钮后生成页码，见图 12.14 中 c。

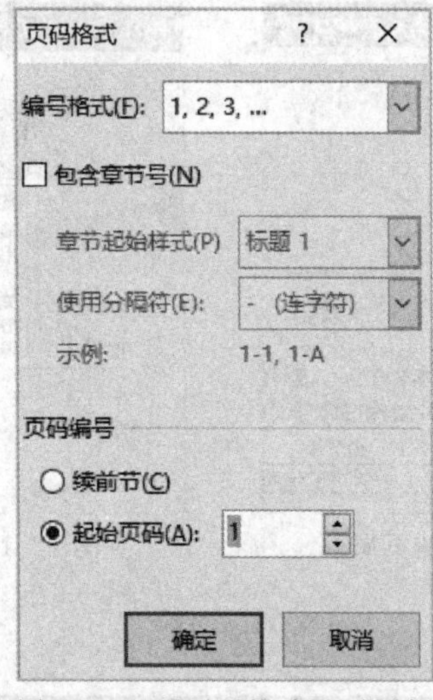

图 12.15 【页码格式】对话框

12.7 制作目录

标题样式的修改：在菜单栏【开始】-【样式】中有多种 Word 内置的样式，目录制作中需要用到 1～4 级标题样式，内置的标题样式通常不符合论文格式要求，需要手动修改，在样式上使用鼠标右键单击，在弹出的快捷菜单中选择【修改】选项，弹出【修改样式】对话框，见图 12.16，单击左下角的【格式】可以设置字体、段落、制表位和编号等，一般要求修改标题 1～3 级的格式，设置后单击【确定】按钮。

标题上应用相应的格式：一级标题使用“标题 1”样式，二级标题使用“标题 2”，三级标题使用“标题 3”。设置方法为框选需要设置的标题，单击工具栏上的标题样式；也可以运用格式刷工具修改。

生成目录：用鼠标左键单击需要插入目录页的位置，单击菜单【引用】-【目录】命令选择样式，见图 12.17 中 a，或者单击【自定义目录】按钮设置样式，见图 12.17 中 b，弹出【目录】对话框，见图 12.18，设置后单击【确定】按钮即生成目录。

更新目录：若标题或页码发生变化，使用鼠标右键单击目录，在弹出的快捷菜单中选择【更新域】选项即可，见图 12.19。

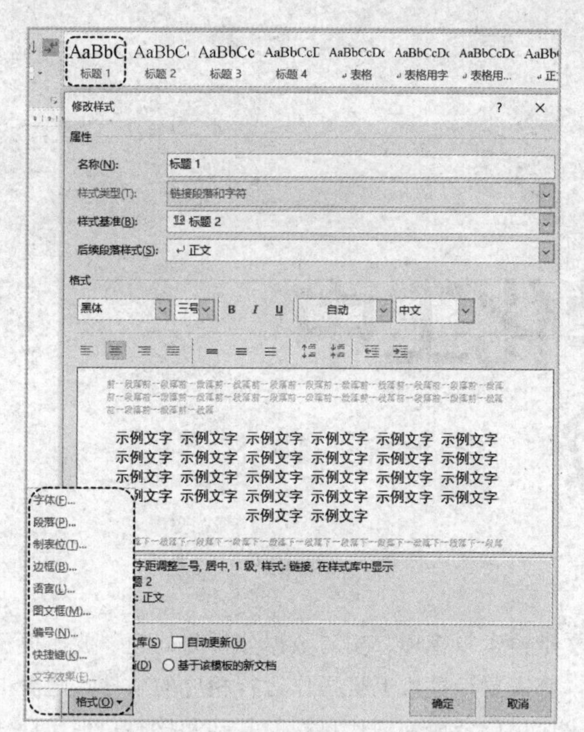

图 12.16　标题样式的修改界面

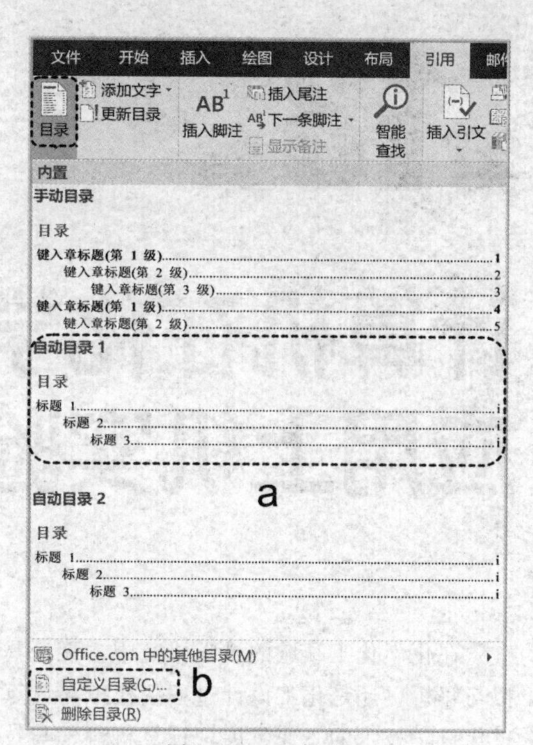

图 12.17　添加目录

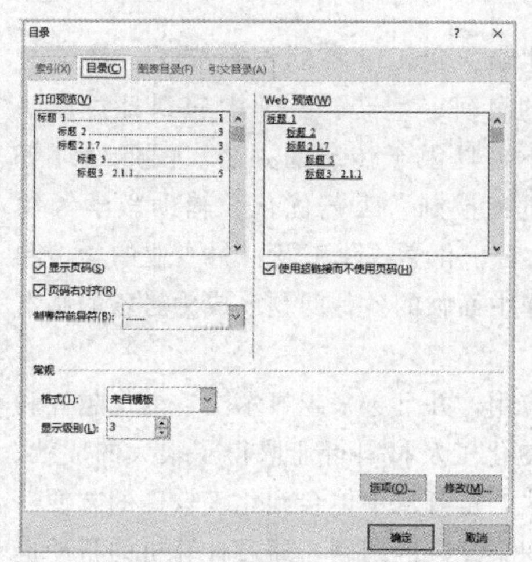

图 12.18　自定义目录对话框

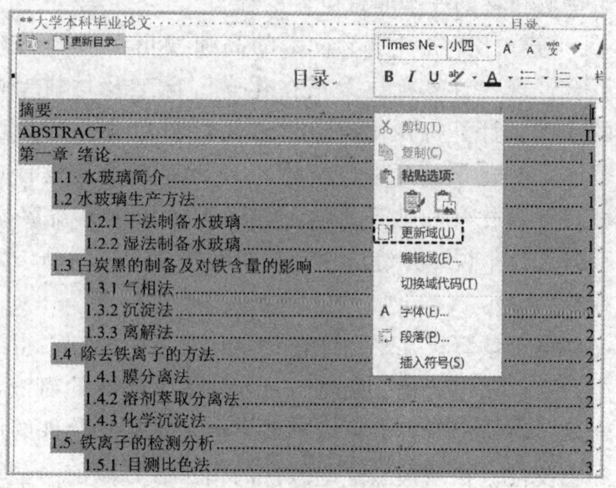

图 12.19　目录效果及更新域

第13章

计算机在化学化工中应用上机实验

在化学化工领域的科学研究中，无论是文献检索与管理、实验数据分析与处理、波谱模拟与解析，还是化工设计过程的模拟与计算，都需要计算机上机操作运行相应的软件。随着现代科学技术的飞速发展，计算机科学与技术应用已经成为现代科技的基础和核心。现代计算机技术在化学化工领域中的应用正以惊人的速度不断扩展，因此，上机课程已成为化学化工专业教育的一个非常重要的环节。

随着计算机科学与技术的高速发展及其与传统化学、化工学科的不断交叉、渗透与整合，现代计算机技术正在化学、化工及材料专业的科研、生产、教学中起到日益重要的作用。计算机在化学、化工及材料专业的应用已不再局限于传统的办公、图形处理等范围，在化学品开发、反应机理研究、设备设计、过程控制、工艺优化、辅助教学等领域，计算化学和计算化学工程的重要作用日益突显。对于化学、化工及材料专业的学生和科研人员来说，熟练应用计算机解决学习、科研、工作中面临的各种问题已成为必备的基本技能。

电子计算机几乎已经在化学化工各个领域内得到应用，并且越来越显示出它的优越性和生命力，这也给化工及材料行业注入了新鲜的血液，使化工及材料行业取得了很大的成就。通过学习这门课程，可以掌握一些基本化工软件的用法，也可从中体会到化工软件的方便性和重要性。在掌握了这些软件的用法后，以前一些看似很复杂的问题，通过计算机的帮助也不再是难题，可以减少很多麻烦。

化工软件在不断地更新完善，因此不仅仅需要学习它们的基本功能，还要学习更多的知识和应用。同时，我们也要运用自己的创新意识和计算机本领去开发更多的软件功能，使它们能够更好地为化工服务，帮助化工取得更大的进步。上机操作主要培训与化学化工相关软件的基本应用技能，使学生了解常用的化学化工软件，从而培养和提高学生的计算机专业应用能力。具体而言，就是提高利用互联网获取化学化工信息的能力，提高学生的实验数据处理能力、工程设计能力和专业图形图像绘制能力，提高学生利用计算机进行化工过程模拟与分析的能力。主要上机教学内容见表13.1（前四个实验项目为必修，带*的实验项目为选修，根据不同的专业三选二）。

表 13.1 计算机在化学化工中应用上机教学内容及学时分配

序号	实验项目	学分	学时	实验要求	实验类型
1	化学化工网络资源检索	0.20	2	必修	验证型
2	实验数据处理及绘图(SPSS、Origin 和 MATLAB)	0.30	4	必修	综合型
3	化工设备装配图的绘制(AutoCAD)	0.30	4	必修	综合型
4	工艺流程图的绘制(Visio 与 AutoCAD)	0.30	4	必修	综合型
5	分子结构及实验装置的绘制 *(ChemOffice 与 ChemWindow)	0.20	4	选修	验证型
6	化工过程模拟 *(Aspen 与 ChemCAD)	0.20	4	选修	综合型
7	化学化工中的计算机图像处理 *(Photoshop)	0.20	4	选修	综合型

13.1 实验 1 化学化工网络资源检索

① 实验类型：验证型（2 学时）。

② 每组人数：1 人。

③ 实验要求：掌握互联网化学化工资源（包括中外文期刊、杂志、专利、专著及其他数据库）的分类与检索方法。学会使用互联网上重要中外文检索工具。了解中外著名的期刊、杂志、数据库的互联网地址。

a. 学会使用化学化工科学专业搜索引擎，掌握在专利数据库上检索的方法。

b. 了解常用化学化工科学专业网站（包括常见协会网站、专业综合信息网站、研究机构网站、研究专题网站等）。

c. 掌握全文数据库上检索的方法（中国期刊网 CNKI 全文数据库、维普全文数据库等）。

④ 实验目的：熟悉互联网化学化工资源（包括中外文期刊、杂志、专利、专著及其他数据库）的分类与检索方法；熟练使用互联网上重要中外文检索工具。

学生能够熟练地在综合性学术论文数据库、专业数据库、CNKI 全文期刊数据库、重庆维普中文科技期刊数据库、EBSCO 西文数据库、CALIS 西文期刊目次数据库查阅文献，更好地服务于化学化工科研及教学工作。

⑤ 实验重点与难点：

a. 重点：互联网化学化工资源的分类与检索方法。

b. 难点：互联网化学化工资源的检索方法。

⑥ 实验内容：打开下面网上化学化工资源，查阅相关资料。

a. 查阅化学化工期刊外文数据库，运用搜索页面搜索关于“α-Ketoglutaricacid”的资料，外文数据库网址见表 13.2。

表 13.2 常见的化工期刊外文数据库及网址

序号	常见的化工期刊外文数据库	序号	常见的化工期刊外文数据库
1	Elsevier Science(爱思唯尔)数据库	5	Wiley(约翰威立)数据库
2	Springer(施普林格)数据库	6	SciFinder 化学文摘
3	ACS 美国化学学会数据库	7	Web of Science(SCI 数据库)
4	RSC 英国皇家化学学会数据库	8	EI 工程索引

b. 查阅化学化工期刊中文数据库，搜索关于 α-酮戊二酸（α-Ketoglutaricacid）相关资料。

中国知网 CNKI。

维普中文科技期刊数据库。

万方数据知识服务平台。

c. 查阅化学实用数据库网站，查阅后保留相关网站截图，见表 13.3。

表 13.3 常见的实用数据库网站及网址

序号	常见的实用数据库网站	主要数据
1	上海化学化工数据中心	上海有机化学研究所红外光谱数据
2	设计化学(Chemistry By Design)	主要提供有机全合成路线数据，由亚利桑那大学建立
3	有机化学门户网站(Organic Chemistry Portal)	该网站集中了非常多的全合成、人名反应、离子液体等资料
4	药物在线网站(Drugfuture)	提供药物信息资讯、全球药物研发信息、药物开发资源、药物科学数据库、专利信息检索下载等
5	有机化学综合资源(Organic Chemistry Data Collection)	它是一个网页集合，包含了生物化学、有机化学和药物化学方面信息
6	化学光谱数据库(WebSpectra)	网站提供核磁氢谱、核磁碳谱及红外光谱等，同时提供练习与解答

d. 参考教材，查阅外文及中文专利检索。

e. 登录网上图书馆，搜索与本专业相关的图书、论坛、网站等资料。

⑦ 作业：

a. 由中国知网（CNKI）查阅重氮甲烷的合成方法、性能和主要用途（写出有关化学反应式和主要操作步骤，提示：可以搜索硕士论文），完成一篇综述论文。

重氮甲烷一般可通过以下两种方法制备（主要查阅关于这两种合成方法的文献）。

亚硝基甲基脲的碱分解：在甲胺盐酸盐和脲的水溶液中加入亚硝酸钠，可生成 N-甲基-N-亚硝基脲，后者经碱作用，可分解产生重氮甲烷。

$$CH_3NH_2\cdot HCl + H_2N-\overset{\overset{\displaystyle O}{\|}}{C}-NH_2 \xrightarrow{NaNO_2} CH_3\underset{\underset{\displaystyle NO}{|}}{N}-\overset{\overset{\displaystyle O}{\|}}{C}-NH_2 \xrightarrow{NaOH} CH_2N_2 + NaNCO + 2H_2O$$

N-亚硝基-N-甲基对甲苯磺酰胺的碱分解：由 N-甲基对甲苯磺酰胺与亚硝酸作用生成 N-亚硝基-N-甲基对甲苯磺酰胺，再用氢氧化钾使后者分解，即可得到重氮甲烷。此方法产率较高。

$$CH_3C_6H_4SO_2NHCH_3 \xrightarrow{HNO_2} CH_3C_6H_4SO_2N(NO)CH_3 \xrightarrow{C_2H_5OH,\ KOH} \underset{(70\%)}{CH_2N_2} + CH_3C_6H_4SO_3C_2H_5$$

b. 运用外文期刊 Springer（施普林格）数据库电子期刊，搜索关键词 α-酮戊二酸（α-Ketoglutaricacid），查阅名为 *Accumulation of cadmium and zinc in evodiopanax innovans* 的文献。

c. 在中国国家知识产权局网站上搜索关于 α-酮戊二酸（α-Ketoglutaricacid）的相关专利，查询名为《一种生产 α-酮戊二酸的双酶共表达菌株》的一篇专利。

13.2　实验 2 实验数据处理及绘图（SPSS、Origin 和 MATLAB）

① 实验类型：综合型（4 学时）。

② 每组人数：1 人。

③ 实验要求：掌握实验数据的处理方法，根据实验数据绘制图表、进行曲线拟合与数据回归。能够利用 SPSS、Origin 和 MATLAB 软件进行简单数学运算。了解多条曲线求平均和插值的方法。了解三维图形的绘制其他形式，微分、积分、统计的方法。

a. 练习 SPSS、Origin 和 MATLAB 等软件基本操作，熟悉数据的输入、编辑与保存操作。

b. 能使用 SPSS、Origin 和 MATLAB 等软件处理实验数据（包括图表绘制、一般计算、统计处理、回归分析等）。

c. 能运用 SPSS、Origin 或 MATLAB 等软件进行数据绘图。

d. 能运用 SPSS、Origin 或 MATLAB 等软件进行方差分析、线性拟合等操作。

④ 实验目的：

a. 熟悉 SPSS、Origin 或 MATLAB 等软件的主要功能及操作。

b. 了解 SPSS、Origin 或 MATLAB 等软件在化工实验数据处理中的应用。

c. 掌握 SPSS、Origin 或 MATLAB 等软件常用数据处理方法（包括图表绘制、一般计算、统计处理、回归分析等）。

⑤ 实验内容：

a. 根据不同浓度的胆色素浓度标准溶液的吸光率（表 13.4），运用 Origin 绘制吸光率随胆色素浓度变化的图形。

表 13.4　不同浓度的胆色素浓度标准溶液的吸光率

胆色素浓度(mg/100mL)	50	75	100	125	150	175	200	225	250
吸光率	0.039	0.061	0.087	0.107	0.119	0.163	0.179	0.194	0.213

b. 运用 Origin 绘制下列函数，其中 x 值为 5～50。

$$y=\frac{\sin 3x+\sqrt{x}}{2x}$$

c. 导入 Origin 安装目录下的数据 \ Samples \ Graphing \ wind. dat，绘制双 Y 柱图形。

d. 测得铜导线在温度 T 下的电阻为 R，见表 13.5，求电阻 R 与温度 T 的近似函数关系（表 13.5），运用 SPSS、Origin 或 MATLAB 软件完成一元线性拟合，画出图形，写出方程、线性相关度。

表 13.5　电阻 *R* 与温度 *T* 的关系

n	1	2	3	4	5	6	7
T/℃	19.1	25	30.1	36	40	45.1	50
R/Ω	76.3	77.8	79.25	80.8	82.35	83.9	85.1

e. 根据表 13.6 所示 A（自变量）、B（因变量）行数据，运用 Origin 或 MATLAB 软件的立方样条插值法（CubicSpline），外推 C 行的插值。

表 13.6　*A*、*B*、*C* 数据

A	5	10	15	20	25	30	35	40	45	50
B	0.7966	1.3285	1.8299	1.7438	2.0693	1.731	2.2994	3.2274	2.9409	3.0497
C	5	7.5	10	12.5	15	17.5	20	22.5	25	27.5

⑥ 思考问题：

a. SPSS、Origin 和 MATLAB 软件主要应用于化学化工中的哪些方面？

b. Origin 和 MATLAB 软件曲线拟合包括哪些主要步骤？简述曲线方程的确定方法。

c. SPSS、Origin 和 MATLAB 软件在数据处理方面有哪些区别？

13.3 实验 3 化工设备装配图的绘制 (AutoCAD)

① 实验类型：综合型（4 学时）。

② 每组人数：1 人。

③ 实验要求：学习化工设备装配图的绘制方法，了解化工设备装配图的主要特点、标准、基本表示方法及绘图步骤。掌握 AutoCAD 软件绘图工具，并能绘制化工设备装配图、输入文字、调整格式。

④ 实验目的：

a. 了解 AutoCAD 在化学化工科学中的应用与重要性。

b. 巩固练习 AutoCAD 的基本操作。

c. 掌握 AutoCAD 制图的完整过程和方法。

⑤ 实验内容：

a. 练习 AutoCAD 的基本操作，绘制齿轮平面图（图 13.1）。使用【拉伸】命令，将平面图拉伸为三维实体，在创建三维实体的过程中，注意将齿轮边缘的线条转换为多段线对象。

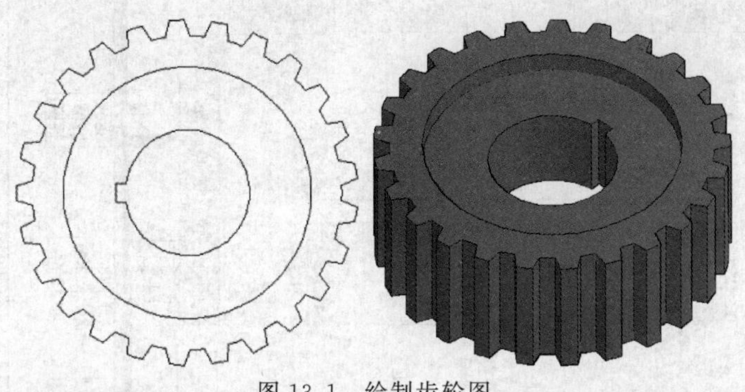

图 13.1　绘制齿轮图

b. 使用 AutoCAD 绘制化工工程零件部位图或化工设备装配图，在附录 1～附录 3 中选择一套装配图绘制。

13.4 实验 4 工艺流程图的绘制（Visio 与 AutoCAD）

① 实验类型：综合型（4 学时）。

② 每组人数：1 人。

③ 实验要求：掌握工艺流程图的绘制方法。了解工艺流程图的主要特点、标准、基本表示方法及绘图步骤。学会使用 Visio、AutoCAD 等软件的绘图工具，并能绘制图形、输入文字、调整格式。

a. 了解 Visio 或 AutoCAD 软件的基本操作。

b. 能使用 Visio 或 AutoCAD 软件绘制工艺流程图。

④ 实验目的：

a. 掌握工艺流程图绘制方法。

b. 了解 Visio 或 AutoCAD 软件的基本功能和基本操作。

c. 掌握 Visio 或 AutoCAD 软件绘制工艺流程图的方法。

⑤ 实验内容：

a. 练习 Visio 软件绘图工具的使用和图形操作，以及文字输入方法及其格式操作，完成图 13.2 所示实验室布置图。

b. 练习 Visio 软件的基本功能和基本操作，绘制工厂布局图，如图 13.3 所示。

c. 使用 Visio 软件绘制工艺流程图，绘制图 7.24 所示的某物料残液蒸馏处理方案流程图和图 7.33 所示某物料残液蒸馏处理的带控制点的工艺流程图。

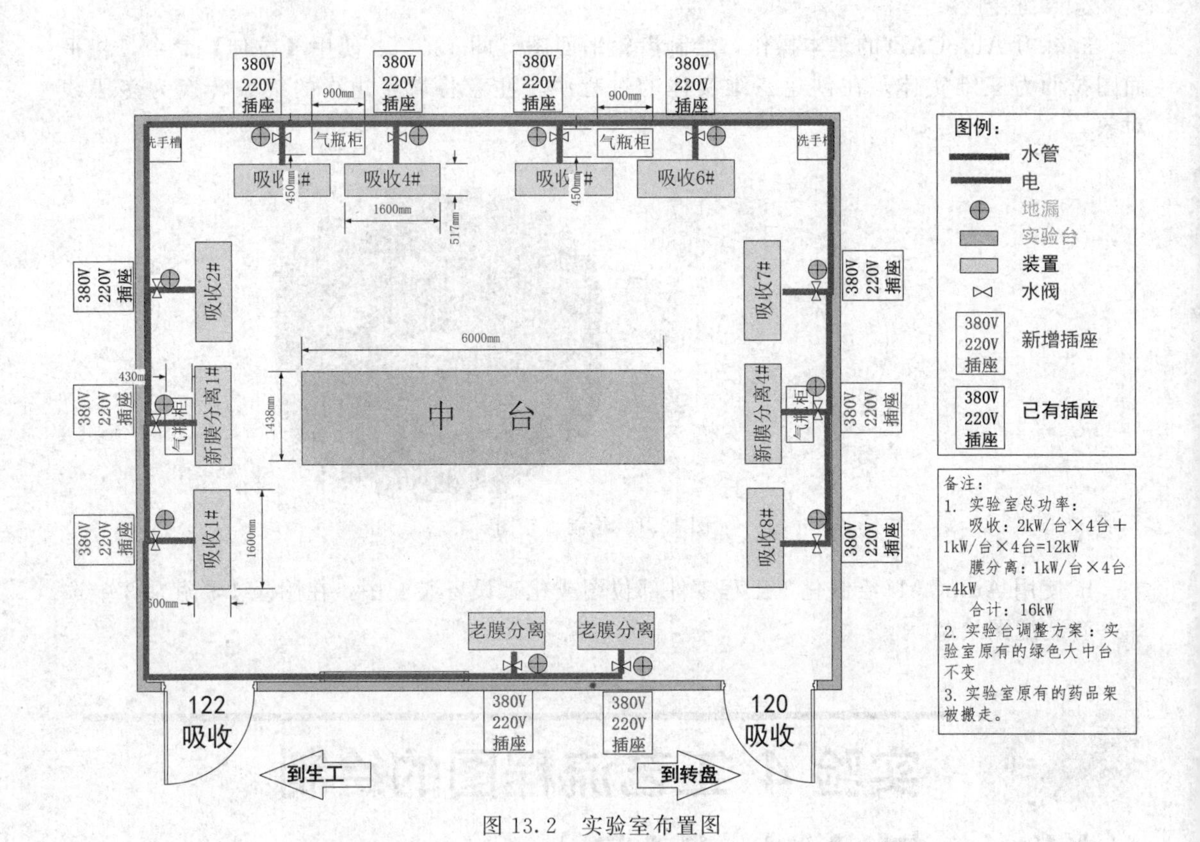

图 13.2　实验室布置图

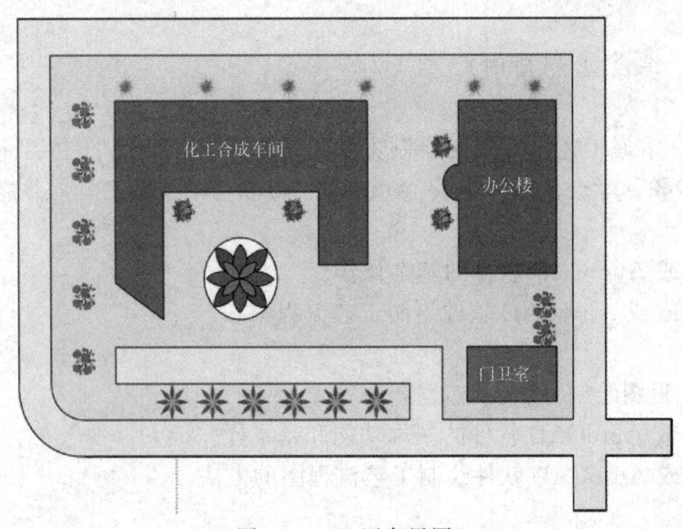

图 13.3　工厂布局图

参考步骤：a. 绘制图框；b. 绘出所有设备，包括相同型号的所有设备；c. 绘制物料管道，主要物料用粗实线，辅助物料用细实线；d. 绘制仪表及其与设备的连接线（细虚线）；e. 添加管道标记；f. 添加设备标记；g. 添加仪表标记；h. 添加图例和标题栏。

13.5 实验 5 分子结构及实验装置的绘制*（ChemOffice 与 ChemWindow）

① 实验类型：验证型（4 学时）。

② 每组人数：1 人。

③ 实验要求：选修。

④ 实验目的：

a. 熟悉 ChemWindow 或 ChemOffice 软件的主要组件及各组件的主要功能，包括化学键的绘制、与环有关的工具、与画箭头有关的工具、化学符号标记和文字说明、编辑工具、画框、括号及画线工具、原子标记符号、轨道符号、组合工具、其他工具等。

b. 掌握 ChemWindow 或 ChemOffice 软件的基本操作及其应用。

c. 能够利用 ChemWindow 或 ChemOffice 软件绘制化学结构式。

⑤ 实验内容：

a. 使用 ChemWindow 或 ChemOffice 软件绘制化学结构式并命名。

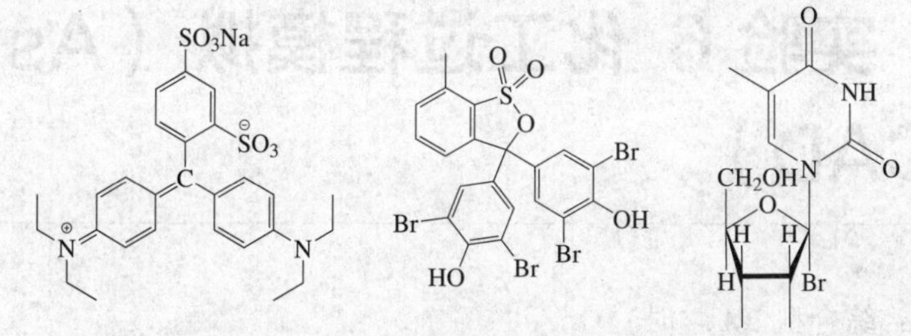

b. 使用 ChemWindow 或 ChemOffice 软件绘制反应式。

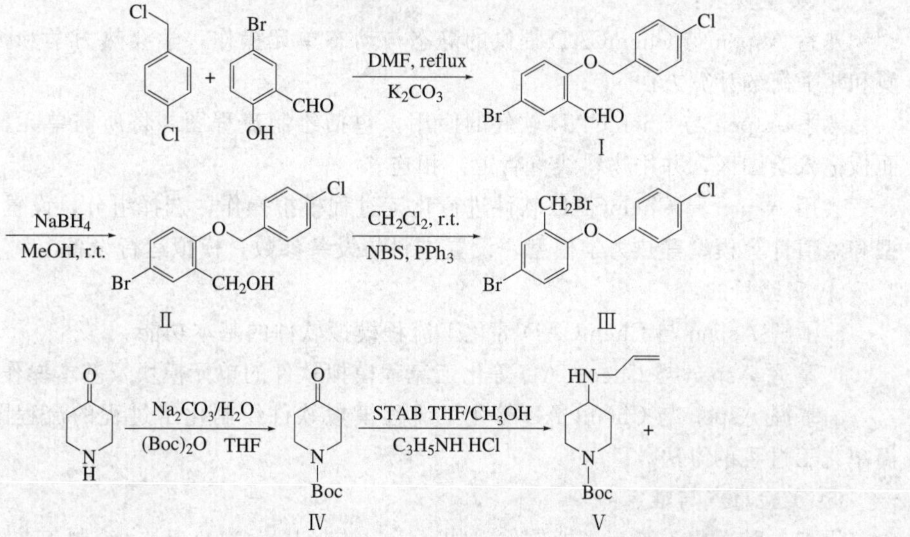

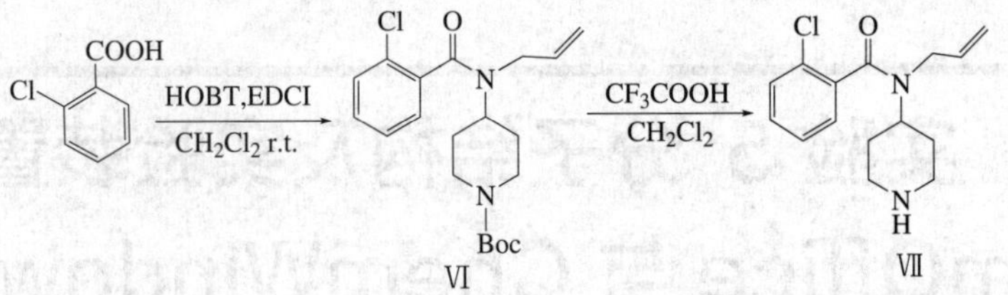

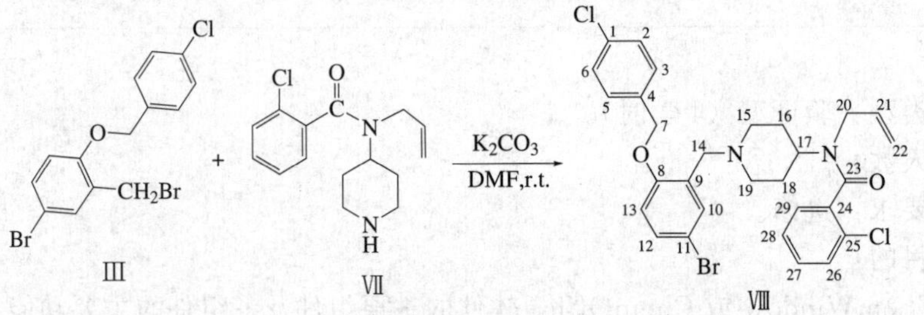

c. 已知化合物名称为 prop-1-ene，使用 ChemOffice 软件绘制其结构式，并预测其[1] HNMR、[13] CNMR、MS 光谱数据，查阅其熔点、分子量；使用 Chem3D 绘制出 3D 结构。

d. 使用 ChemWindow 软件的库文件绘制旋转蒸馏仪。

13.6 实验 6 化工过程模拟*（Aspen 与 ChemCAD）

① 实验类型：综合型（4 学时）。

② 每组人数：1 人。

③ 实验要求：

熟悉 Aspen 与 ChemCAD 提供的静态与动态单元操作，学会热力学和传递性质及热平衡和相平衡的计算方法。

熟悉 Aspen 与 ChemCAD 软件的使用，包括绘制流程图，将所需单元操作模块从制图面板拖入绘图区，并用物料线（管道）相连。

会用 Aspen 与 ChemCAD 软件进行化工过程模拟操作，选择组分，设置“K”值计算模型和焓值计算模型等热力学模型，设置进料与设备参数，模拟运行设备。

④ 实验目的：

a. 了解 Aspen 与 ChemCAD 等化工流程模拟软件的基本功能。

b. 掌握 Aspen 与 ChemCAD 等化工流程模拟软件的单元模块及基本操作。

c. 掌握 Aspen 与 ChemCAD 等化工流程模拟软件绘制化工过程的流程图以及模拟某些简单化工过程的方法。

⑤ 实验重点与难点：

重点：利用化工流程模拟软件（如 Aspen 与 ChemCAD 等），绘制工艺流程图并进行化工过程模拟。

难点：特定化工单元操作参数赋值。

⑥ 实验内容：

a. 利用流程模拟软件 ChemCAD 进行精馏实验的流程模拟，设计条件见表 13.7。

表 13.7 精馏实验的流程模拟设计条件

处理量(万吨/年)(8000h)	24($24\times10^7/8000=3\times10^4$ kg/h)
进料组成(质量分率)	50%(苯),50%(甲苯)
操作压力	常压
进料状态	露点
分离要求	塔顶苯含量≥95%,塔釜苯含量≤2%
运用软件	ChemCAD

b. 设计要求。

根据化工原理课程设计的要求，板式精馏装置的设计应包括以下主要内容。

设计方案的说明：论述选定的整个精馏装置的流程、操作条件和主要设备的形式。

精馏塔的设计计算：确定精馏塔所需的塔板数及塔的主要尺寸。

装置的辅助设备，进料泵、再沸器、冷凝器等的选择或计算。

编写板式塔精馏装置设计的说明书，描绘精馏装置的工艺流程图和精馏塔的设备工艺条件图。

c. ChemCAD 精馏实验模拟流程步骤如下。

开始新任务（单击菜单【File】-【New】命令，为新任务命名）。

选择合适的单元操作，创建流程图。

选择工程单位（单击菜单【Format】-【EngineeringUnits】命令）。

添加组分（单击菜单【Thermophysical】-【Components】命令）。

选择热力学性质计算模型，即“K”值模型和焓值模型（单击菜单【Thermophysical】-【K-Values/Enthalpy】命令）。

定义进料流股（单击菜单【Specifications】-【FeedStreams】命令）。

定义设备参数（单击菜单【Specifications】-【SelectUnitops】命令）。

运行模拟（单击菜单【Run】命令）。

查看结果（单击菜单【Results】命令）。

生成物料流程图/报告。

13.7 实验 7 化学化工中的计算机图像处理*（Photoshop）

① 实验类型：综合型（4 学时）。

② 每组人数：1 人。

③ 实验要求：掌握 Photoshop 软件处理软件的基本应用。

a. 练习 Photoshop 软件基本操作。

b. 图像的基本编辑与保存。

c. 图像的二值化处理。

④ 实验难点：图层、通道、图层蒙版、路径的使用。

⑤ 实验目的：

a. 了解图像处理的概念。

b. 了解图像处理的方法效果。

c. 学习使用 Photoshop 在化学化工科学研究中进行图像处理。

⑥ 实验内容：使用 Photoshop 软件处理 3 张金相照片和二值化处理一张图片，熟悉图像处理软件的基本操作，如图 13.4～图 13.7 所示。

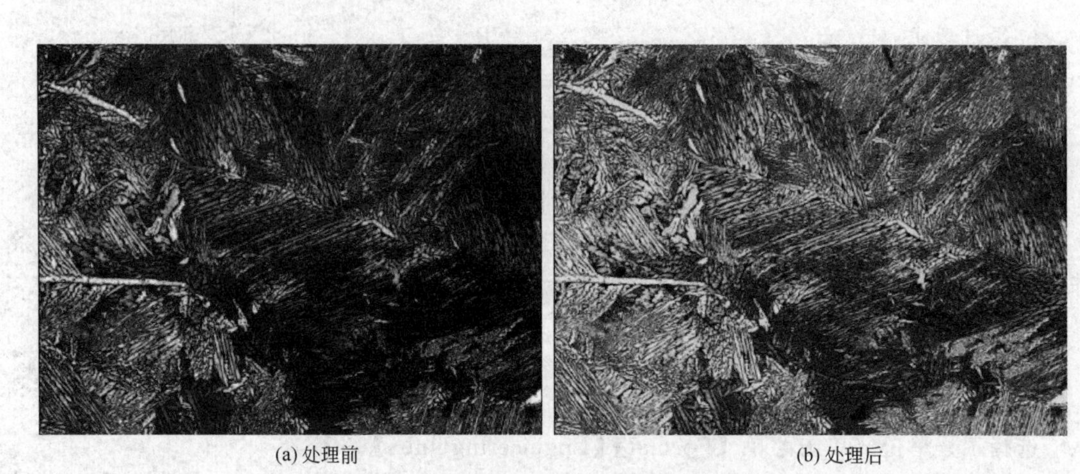

(a) 处理前　　(b) 处理后

图 13.4　Photoshop 处理前后的金相照片（一）

（处理过程：调整对比度、饱和度、亮度、颜色）

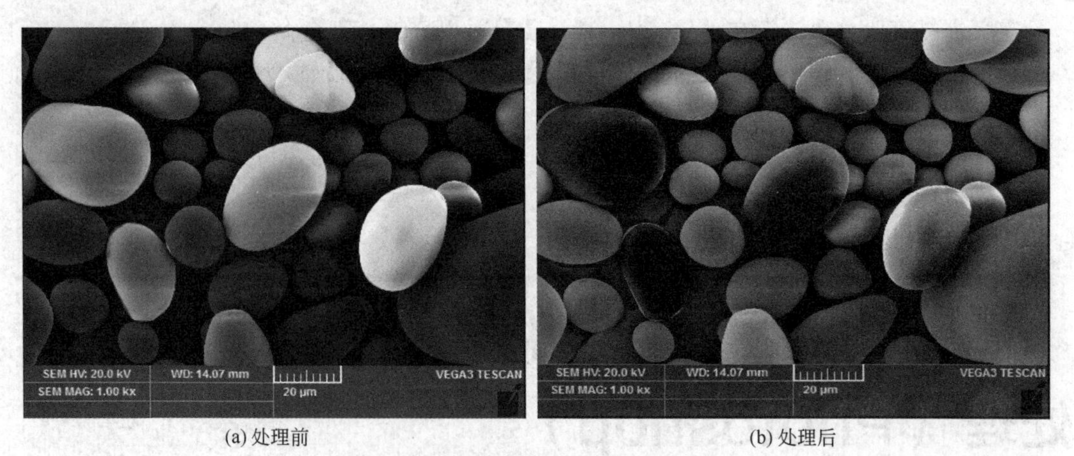

(a) 处理前　　(b) 处理后

图 13.5　Photoshop 处理前后的金相照片（二）

（处理过程：调整色相/饱和度、亮度）

(a) 处理前

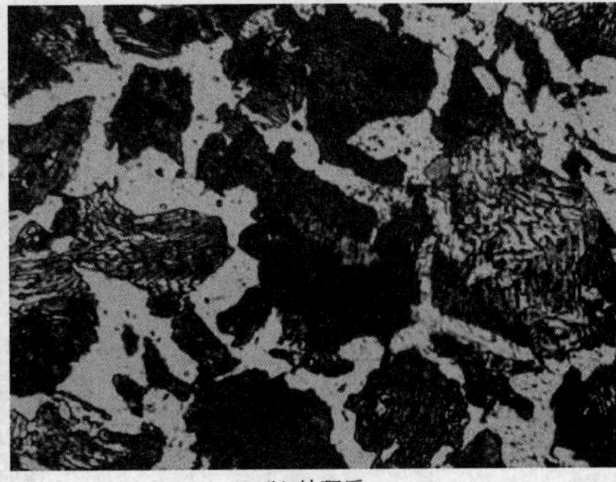
(b) 处理后

图 13.6　Photoshop 处理前后的金相照片（三）
（处理过程：调整对比度、曝光度、自然饱和度、亮度、颜色）

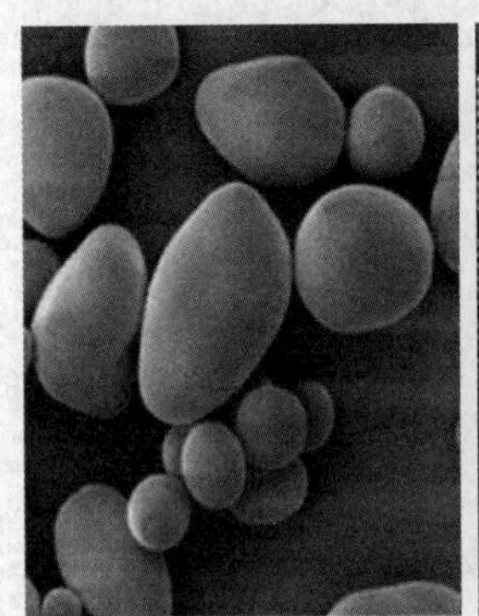
(a) 原图

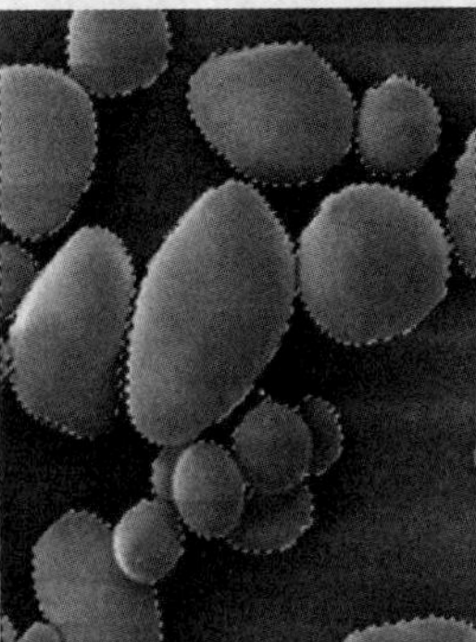
(b) 选区图

(c) 除去背景图

(d) 二值化图

图 13.7　Photoshop 处理前后的金相照片（四）
（处理过程：使用“魔术棒”工具进行图像二值化）

附录

附录 1　搪玻璃开式搅拌容器 6300L PNo. 3 DN1750 装配图

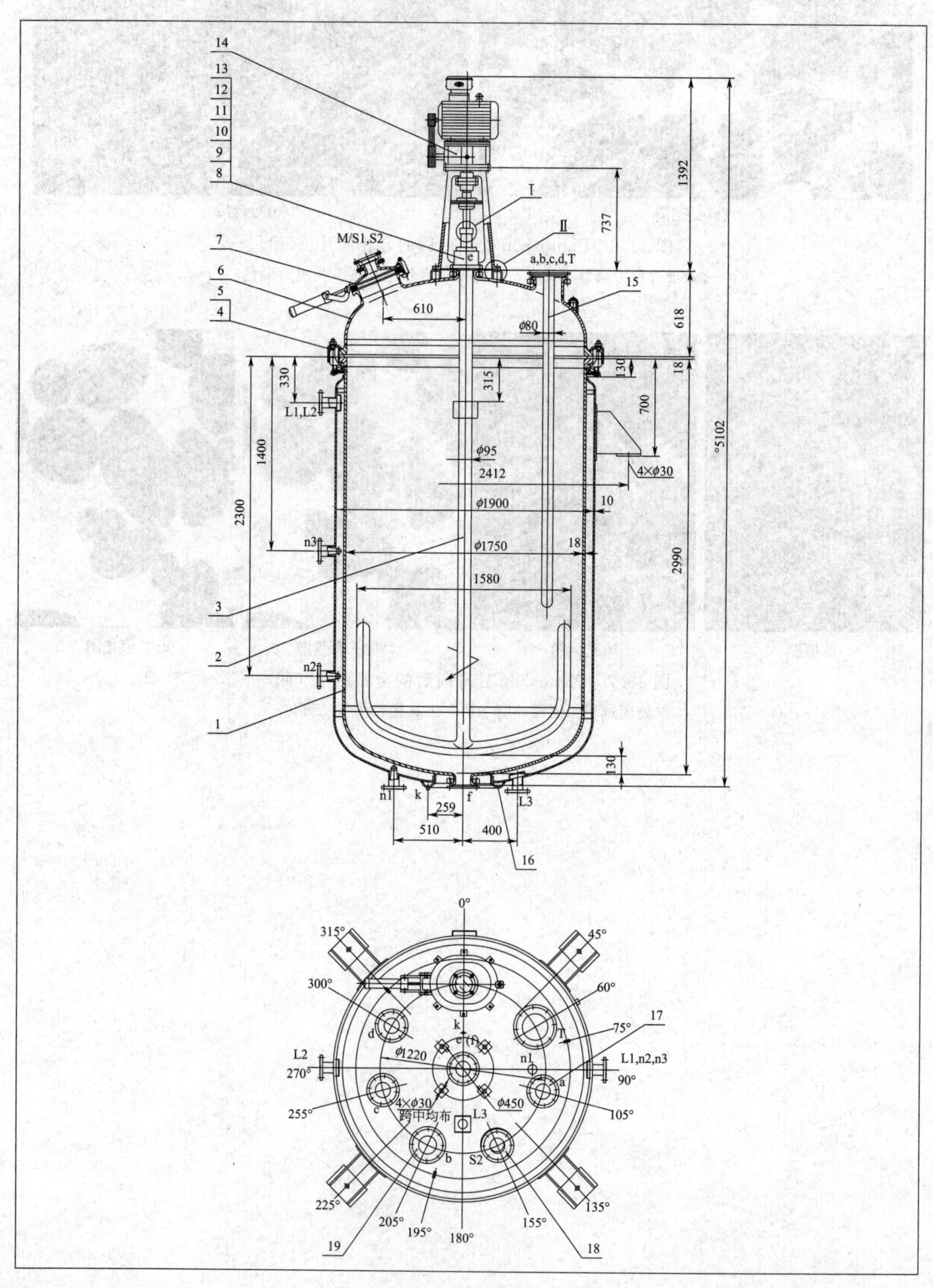

挂卡结构
未按比例

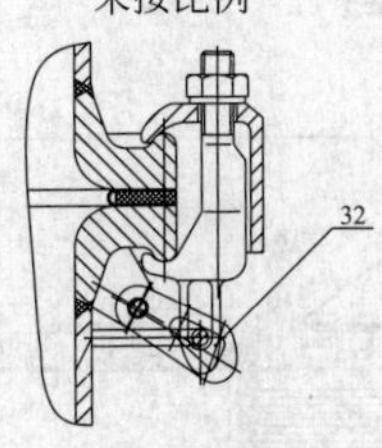

放净口K
未按比例

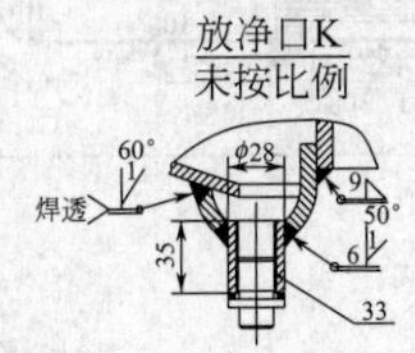

I
未按比例

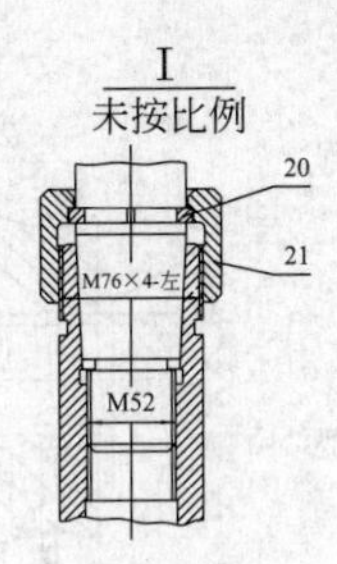

Ⅱ
未按比例

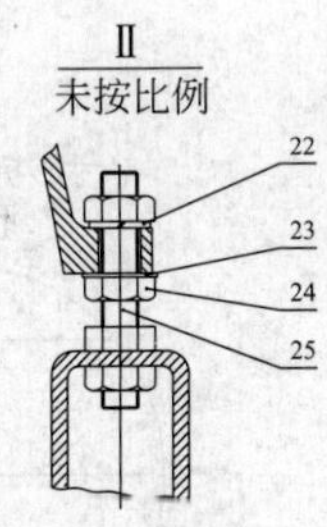

n1°3
未按比例

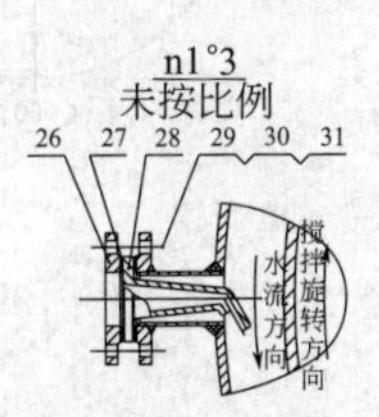

放气口g
未按比例

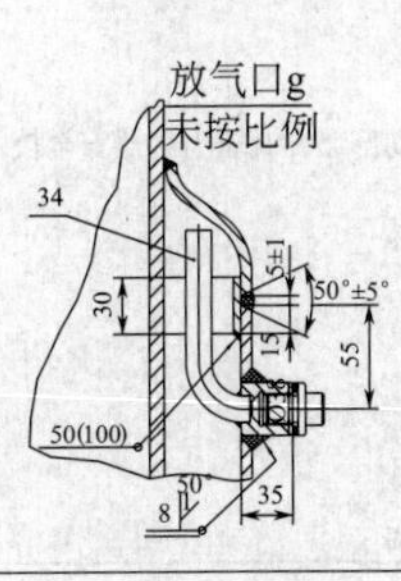

技术要求

1.本设备按GB 150—1998<<钢制压力容器>>和HG 2432—2001<<搪玻璃设备技术条件>>进行设计,制造,检验和验收,并接受<<压力容器安全技术监察规程>>的监督。
2.焊接采用手工焊或自动焊,手工焊焊条型号E4315或E4303;自动焊焊丝H08A,焊剂HJ431-H08A。
3.焊接接头形式除图中注明外,按HG 20593—1997《钢制化工容器结构设计规定》中的规定,对焊接接头为DU4或DU27;接管与壳体的焊接为G2;角焊缝的焊角尺寸按较薄板的厚度;法兰的焊接按相应法兰标准中的规定。
4.容器上的A,B类焊接接头应进行X射线探伤,其检测长度不得少于各条焊接接头长度的20%,且不小于250mm,符合JB/T 4730—2005《承压设备无损检测》规定中Ⅲ级合格。
5.罐身搪玻璃前,以0.40MPa作内筒水压试验;夹套组装后,再以0.75MPa做夹套水压试验.
6.设备总装后,搅拌传动装置以水代料试运转,不得有不正常的噪声震动。
7.0.8°, 2.3mm, 20kV。
8.搅拌旋转方向:单向(俯视图顺时针)。
9.管口及支座方位以俯视图为准,轴向位置以主视图为准。
10.碳钢外表面涂防锈漆及面漆各两遍。

注:所注封头名义厚度含冲压减薄量,磨光,喷砂和搪烧裕量。

技术特性表

参数	容器内	夹套内
工作压力 /MPa	0.2	0.4
工作温度 /℃	0~20	−19~80
设计压力 /MPa	0.3	0.60
设计温度 /℃	150	150
物料名称	二氯甲烷、丙酮、甲醇	−19度冷媒;80度热媒;蒸汽
腐蚀裕量 /mm	1.0	
焊接接头系数	0.85	
全容积 /m³	6.67	
换热面积 /m²	16.6	
主要材质	20g	
容器类别	二	
搅拌器形式及转数	0~90r/min	
温度计套形式	普通温度计套	
电机型号及功率/kW	YB132M-4-7.5kW EX-diiBT4 IP55	
传动装置型号	ZLZB-5-7.5-63-TB5	

管 口 表

符号	公称尺寸	连接尺寸标准	连接面形式	用途或名称
a	125	PN0.6DN125 HG/T 2105—91	平面	备用口
b	150	PN0.6DN150 HG/T 2105—91	平面	备用口
c	125	PN0.6DN125 HG/T 2105—91	平面	备用口
d	125	PN0.6DN125 HG/T 2105—91	平面	备用口
e	125	PN0.6DN125 HG/T 2105—91	平面	搅拌孔
f	125	PN0.6DN125 HG/T 2105—91	平面	放料口
g	G3/4"		管螺纹	放气口
k	G1/2"		管螺纹	放净口
L1,L2	65	PN1.0DN65 HG 20592—97	突面	蒸汽进口/液体出口
L3	65	PN1.0DN65 HG 20592—97	突面	凝水出口
n1	65	PN1.0DN65 HG 20592—97	突面	液体进口
T	200	PN0.6DN200 HG/T 2105—91	平面	温度计套口
M/S1	PN0.25 400×300/DN80		平面	带视镜人孔
S2	125	PN0.6DN125 HG/T 2105—91	平面	灯孔

序号	设备名称	设备编号	数量(台套)
27	结晶釜	R303ASU722	1
28	结晶釜	R303BSU722	1
29	结晶釜	R303CSU722	1
30	结晶釜	R303DSU722	1

:°5614kg

件号	图号或标准号	名称	数量	材料	单重/kg	总重/kg	备注
34	搪通04-09	放气口 G3/4"	1	组合件		0.59	
33	搪通04-10	放净口 G1/2"	1	组合件		0.16	
32	搪通04-15	A型卡子挂件	1	组合件		0.78	
31	GB 97.1—87	垫圈 16	12	140HV			
30	GB 41—86	螺母 M16	12	4级	0.04	0.48	
29	GB 5780—86	螺栓 M16×80	12	4.6级	0.15	1.8	
28	搪通04-11	喷嘴 40A	3	KTH350-10	0.6	1.8	
27		φ118/φ76×3	6	石棉橡胶板			
26	HG 20592-97	法兰 PL65-1.0RF	3	Q235-B	3.31	9.93	
25	搪通04-05	调正螺栓 M27×140	4	4.6级	0.75	3.0	
24	GB 41—86	螺母 M27	8	4级	0.05	0.2	
23	GB 97.1—85	垫圈 27	4	140HV	0.05	0.2	
22	GB 93—87	垫圈 27	4	65Mn	0.05	0.2	
21	搪通04-02	防松螺母 M76×4	1	Q235-A		0.9	
20	搪通04-04	φ52	1	Q235-A		0.3	
19	搪通04-17	木法兰盖 PN0.6 DN150	2	组合件	9.17	18.34	
18	搪通04-17	木法兰盖 PN0.6 DN125	3	组合件	8.12	24.36	
17	HG/T 2144—91	视镜 PN0.6 DN125	1	组合件		10.3	
16	搪通04-12	φ428	1	Q235-B		19.12	
15		温度计套 A0.6×80-2400	1	组合件		58	
14		传动装置 ZLZ-5-7.5-63-TB5	1	组合件		285	淄博华星
13	GB 93—87	垫圈 16	8	65Mn			
12	GB 41—86	螺母 M16	8	4级	0.04	0.32	
11	GB 5780—86	螺栓 M16×110	8	4.6级	0.19	1.52	
10	HG/T 2105—91	活套法兰 PN0.6 DN125	1	组合件		6.6	
9	HG/T 2050—91	垫片 BⅡPN0.6 DN125	1	组合件			
8	HG/T 2057—03	机械密封 212型-DN95	1	组合件			淄博三田
7	HG/T 2055.4—91	人孔 PN0.6-400×300	1	组合件		72.5	
6		罐盖 PN0.6 DN1750	1	组合件		689	
5	HG/T 2050—91	垫片 AⅡPN0.6 DN1750	1	组合件			
4	HG/T 2054—91	A型卡子 AM20	76	组合件	1.6	121.6	
3		锚式搅拌器 MⅢ95-3836	1	组合件		108	
2		夹套 DN1900×10	1	组合件		1613	
1		罐身 DN1750×18	1	组合件		2566	

		搪玻璃开式搅拌容器6300L PN0.3 DN1750 装配图		
制图			设计项目	
设计			设计阶段	
校核			图号	
审核				
		比例 1:15	第1张	共3张

附录 2　换热器装配图

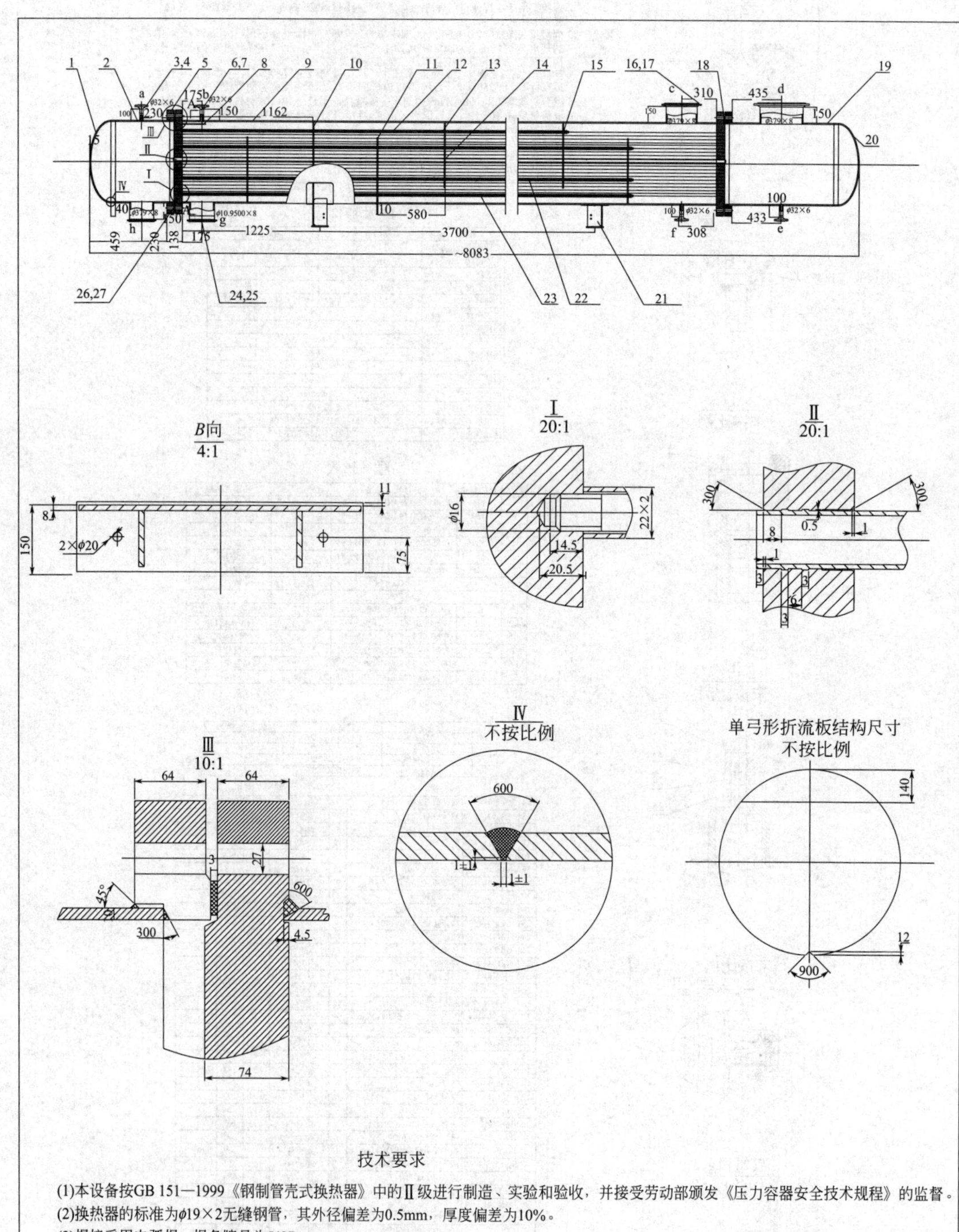

技术要求

(1)本设备按GB 151—1999《钢制管壳式换热器》中的Ⅱ级进行制造、实验和验收，并接受劳动部颁发《压力容器安全技术规程》的监督。

(2)换热器的标准为ϕ19×2无缝钢管，其外径偏差为0.5mm，厚度偏差为10%。

(3)焊接采用电弧焊，焊条牌号为J427。

(4)列管和管板采用胀接，管板密封面与壳体主线垂直，其公差为1mm。

(5)设备制造完毕后，管程以0.6MPa，壳程以4.0MPa进行液压试验。

(6)设备制造完毕彻底除锈后，涂红丹防锈漆2遍。

(7)管口及支座方位参照本图。

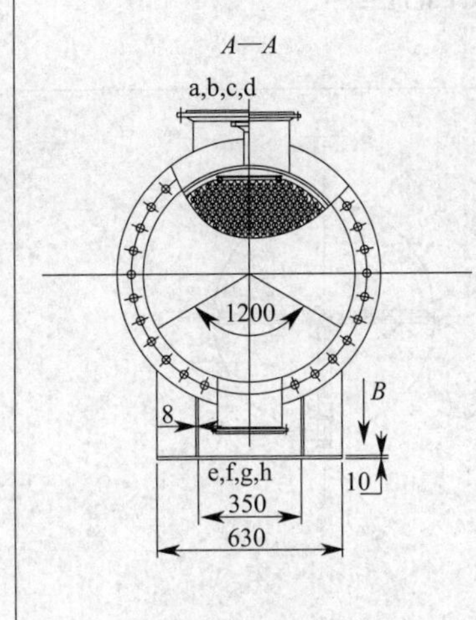

技术特性表			设计、制造、验收要求	
名称	管程	壳程	名称	内容
设计压力/MPa	0.6	4.0	设计规范	GB 150—2011
设计温度/℃	130	350		
顶部最高工作压力/MPa	0.3	3.1	制造,验收技术要求	GB 150—2011
操作温度/℃	124	330		
工艺介质	混合冷气体	混合热气体	安全检查	压力容器安全技术监察规程
水压试验压力/MPa	0.6	4.0	焊缝符号标准	HG 20583—2011
气密性试验压力/MPa			A、B类焊缝坡口形式	HG 20583—2011/DU3
腐蚀裕度/mm	2	2	C、D类焊缝坡口形式	HG 20583—2011/G2 法兰的焊接按HG 20592—2009
焊接接头系数壳体/封头	0.85	0.85	其余焊缝坡口形式	GB 985—2008
保冷层厚度/mm	50		焊接规范	JB/T 4709—2007
风压/Pa	450		焊后热处理	
地震烈度	7		其他	
管程质量/kg	3609.7		管口方位图	按工艺管口方位图
壳程质量/kg	5776.9		油漆,包装,运输要求	JB/T 4711—2003

带补强圈接管与筒体焊接详图

不按比例

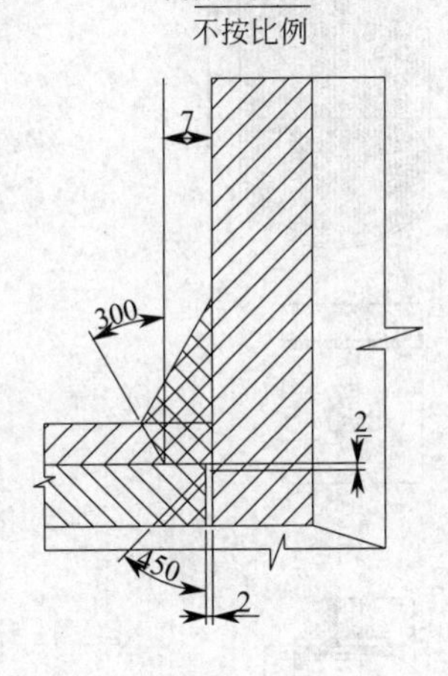

接管号	公称尺寸	连接尺寸标准	连接面形式	从主中心线计接管伸出长度	用途或名称
a	DN25	WN25-25 RF HG/T 20592—2009	RF	100	排气口
b	DN25	WN25-25 RF HG/T 20592—2009	RF	100	排气口
c	DN250	WN250-25 RF HG/T 20592—2009	RF	138	冷却水出口
d	DN350	WN350-25 RF HG/T 20592—2009	RF	137	混芳气体入口
e	DN25	WN25-25 RF HG/T 20592—2009	RF	100	排液口
f	DN25	WN25-25 RF HG/T 20592—2009	RF	100	排液口
g	DN200	WN200-25 RF HG/T 20592—2009	RF	140	冷却水入口
h	DN200	WN200-25 RF HG/T 20592—2009	RF	140	混芳气体出口

换热管排布

20:1

φ19

21.65

25

序号	图号或标准号	名称	数量	材料	单件质量/kg	总计质量/kg	备注
27	JB/T 6170—2000	螺栓M27×155	64	40MnB	0.38	24.32	
26	JB/T 6170—2000	螺母M27	64	35	0.06	3.84	
25	GB 9948—2006	接管	2	20	0.96	1.92	L=140
24	GB/T 20592—2009	法兰WN200 25 RF	2	20	1.48	2.96	
23		拉杆Ⅱ	3	20	7.56	22.68	L=5100
22	GB 9948—2006	定距管φ21×2	19	Q345R	8.2	155.8	L=590
21	JB/T 4712—2007	鞍座	2	Q245R	28	56	组合件
20	GB/T 25198—2010	前封头EHA700×15	1	Q345R	38.5	38.5	
19		后管箱	1	Q345R	137.6	137.6	
18	NB/T 47023—2012	垫片	2	缠绕垫	/	/	
17	GB 9948—2006	接管φ273×11.5	1	20	1.9	1.9	L=138
16	HG 20593—2009	法兰WN250-25 RF	1	20	1.8	1.8	
15	JB/T 6170—2000	螺母M16	8	40Mn	0.02	0.16	L=150
14	GB 9948—2006	换热管φ19×2	607	20	12.5	7587.5	L=6000
13	GB 9948—2006	定距管φ21×2	8	20	23	184	L=1180
12		拉杆	1	20	8.43	8.43	L=4700
11		折流板δ=10	5	Q235-B	8	40	
10		折流板δ=10	4	Q235-B	8	32	
9	GB 9948—2006	壳程筒体φ700×10	1	Q345R	658.4	658.4	
8		防冲挡板δ=8	1	Q245R	1.4	1.4	
7	GB 9948—2006	接管φ32×4	2	20	2.8	5.6	
6	HG/T 20592—2009	法兰WN25-25 RF	2	Q345R	1.5	3.0	
5		管板	2	Q345R	178	356	
4	GB 9948—2006	接管φ32×4	2	20	2.8	5.6	L=100
3	HG/T 20592—2009	法兰WN25-25 RF	2	20	1.5	3.0	
2		前管箱	1	Q345R	108.8	108.8	
1	GB/T 25198—2010	前封头EHA700×15	1	Q345R	38.5	38.5	

青春设计				工程名称	
职责	签字	日期	换热器装配图	工程项目	年产××万吨××项目
设计	周三	2016.7		工程阶段	初步设计阶段
制图	周三	2016.7		图号	版次
校核	李四	2016.7			
审核	王五	2016.7			
2016.7			比例 1:20	第1张	共1张

附录3　原料初分离塔装配图

I
不按比例

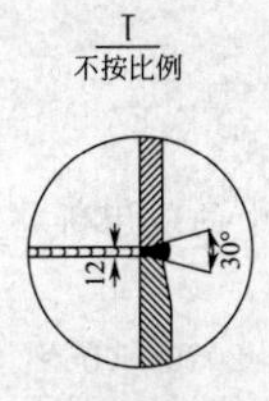

II
不按比例

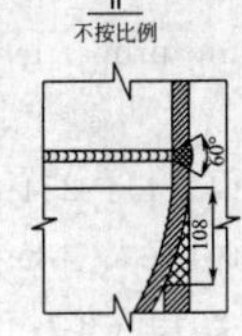

带补强圈接管与
筒体焊接详图
不按比例

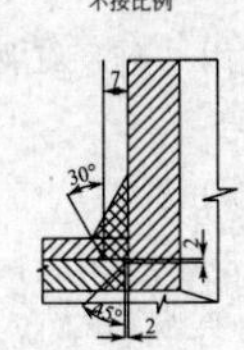

D向
不按比例

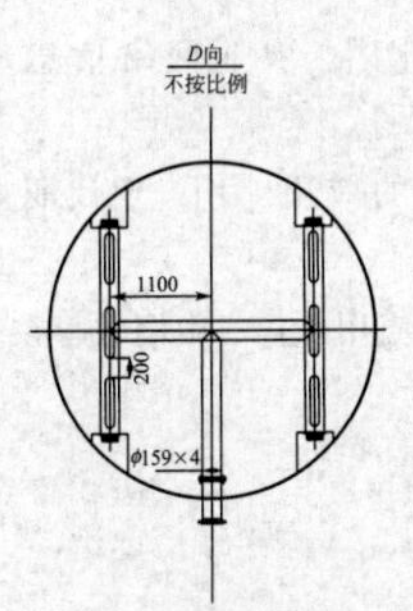

F向

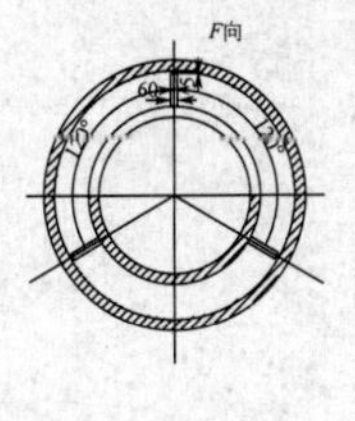

D向
不按比例

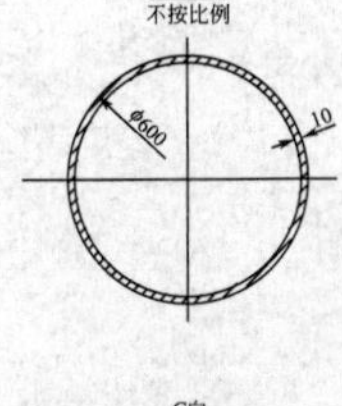

G向

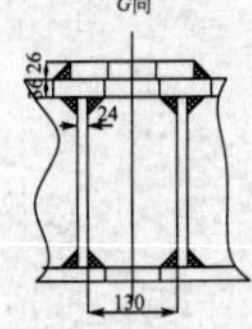

技术特性表		设计、制造、验收、要求	
名称	容器	名称	内容
设计压力/MPa	0.11	设计规范	GB 150—2011
设计温度/℃	150		
最高工作压力/MPa	0.1	制造、验收技术要求	GB 150—2011
操作温度/℃	145		
工艺介质	混合烃类	安全检查	压力容器安全技术监察规程
水压试验压力/MPa	0.8	焊接符号标准	HG 20583—2011
气密性试验压力/MPa		A、B类焊缝坡口形式	HG 20583—2011/DU3
腐蚀裕度焊接系数/mm	2	C、D类焊缝坡口形式	HG 20583—2011/G2
壳体/封头	1.0	其余焊缝坡口形式	GB 985—2008
保冷层厚度/mm	50	焊接规范	JB/T 4709—2007
风压/Pa	450	焊后热处理	
地震烈度	7	其他	
最大质量(充水)/kg	397545	管口方位图	按工艺管口方位图
设备净重/kg	187452	油漆、包装、运输要求	JB/T 4711—2003

接管号	公称尺寸	连接尺寸标准	连接面形式	从主中心线计接管伸出长度	用途或名称
a1-2	DN600	WN100-25 RF			裙座检查孔
b1-2	DN100		RF	100	放气口
c1-5	DN600	HG/T 20592—2009 WN1000-25 RF			筒体人孔
d	DN1000	WN80-25 RF HG/T 20592—2009	RF	250	气体入口管
e	DN80	WN150-25 RF HG/T 20592—2009	RF	100	放气管
f	DN150	WN150-25 RF HG/T 20592—2009	RF	200	回流管
g	DN150	WN800-25 RF HG/T 20592—2009	RF	100	进料管
h	DN800	WN125-25 RF HG/T 20592—2009	RF	335	蒸汽返回管
i	DN125	WN25-25 RF HG/T 20592—2009	RF	150	引出管
j1-4	DN25	WN25-25 RF HG/T 20592—2009	RF	30	差压计接管
k1-2	DN25	WN25-25 RF HG/T 20592—2009	RF	30	液位计接管
l1-2	DN25	WN25-25 RF HG/T 20592—2009	RF	30	压力表接管
m1-2	DN25	HG/T 20592—2009	RF	30	温度计接管

技术要求

(1)本设备按GB 150.1-150.4—2011《钢制压力容器》和HG/T 20584—2011《钢制压力容器制造技术要求》进行制造,实验和验收,并接受国家质量技术监督局颁发TSG-R0004《压力容器安全技术监察规程》的监督。

(2)焊接采用焊条电弧焊。

(3)焊接接头形式及尺寸除注明外,按HG 20593—2011《钢制压力容器结构设计规定》,所有搭接焊缝,带补强圈的焊缝均为连续焊缝,且按薄板的厚度,焊缝透视长度不少于总长度的10%。

(4)容器的A类和B类焊缝应进行无损探伤检查,探伤长度应≥20%,且不小于250mm,射线探伤或超声波探伤应符合JB/T 4730—2005《承压设备无损检测标准》规定中Ⅱ级为合格。

(5)塔体直接允许误差为23mm,塔体安装垂直高度允许误差为20mm.

(6)裙座(或支座)螺栓孔中心圆直径允许误差以及相邻两孔弦长允许误差为2mm。

(7)塔盘的制造安装按照JB 1205—2001《塔盘技术条件》进行;保温材料采用复合硅酸盐板,厚度为50mm,外保护层为0.8mm不锈钢薄板。

(8)设备制造完毕后彻底除锈后,涂红丹防锈漆两遍。

(9)管口方位见本图。

序号	代号	名称	数量	材料	单件质量/kg	总计质量/kg	备注
38		裙座站台	1		235	235	组合件
37	JB/T 4736—2002	补强圈dN125×4-E	1	Q345R	2.5	2.5	
36	GB 9948—2006	接管φ133×4	1	16MnDR	1.2	1.2	L=150
35	HG 20592—2009	法兰WN820-25RF	1	20	14.3	14.3	
34	JB/T 4736—2002	补强圈dN820×12-E	1	Q345R	167.8	167.8	
33	GB 8163—2006	再沸器入口管φ820×10	1	16MnDR	69	69	L=335
32	HG 20592—2009	法兰WN820-25RF	1	20	98.9	98.9	
31	GB 9948—2006	接管φ32×3.5	2	16MnDR	0.4	0.8	L=30
30	GB 9948—2006	接管φ32×3.5	4	16MnDR	0.25	1.0	L=30
29	JB/T 4736—2002	补强圈dN159×4.5-E	1	Q345R	2.5	2.5	
28	GB 8163—2008	进料管φ159×4.5	1	16MnDR	3.3	3.3	L=200
27	HG 20592—2009	法兰WN159-25RF	1	20	2.2	2.2	
26	JB/T 4736—2002	S=8 补强圈dN159×6-E	1	Q345R	1.2	1.2	
25	GB 9948—2006	接管φ159×4	1	Q245R	2.3	2.3	L=250
24	HG 20592—2009	法兰WN159-25RF	1	20	3.5	3.5	
23	GB 8163—2008	回流管φ159×4	1	16MnDR	7.8	7.8	
22	GB/T 25198—2010	上封头EHA3800×10	1	Q345R	576	576	
21	JB/T 4736—2002	补强圈dN80×4-E	1	Q345R	2.2	2.2	
20	GB 9948—2006	接管φ89×4	1	16MnDR	2.1	2.1	L=100
19	HG 20592—2009	法兰WN80-25RF	1	20	3.8	3.8	
18	JB/T 4736—2002	S=6 补强圈dN1020×12-E	1	Q345R	69.8	69.8	
17	GB 9948—2006	接管φ1020×10	1	16MnDR	68	68	L=250
16	HG 20592—2009	法兰WN1020-25RF	1	20	243	243	
15	HG/T 21639—2005	S=10吊柱	1	20	487	487	组合件
14	JB/T 4736—2002	补强圈dN600×12-E	9	Q345R	33.5	301.5	
13	HG/T 21519—2005	人孔DN=600	9	Q235-B	125	1125	
12	SH 3088—1998	浮阀塔盘B	38	0Cr18Ni9			组合件
11	SH 3088—1998	浮阀塔盘A	38	0Cr18Ni9			组合件
10		筒体φ3800×15	1	Q345R	58386	58386	L=50000
9		液封盘δ=10	1	16MnDR	63.4	63.4	
8	GB 9948—2006	接管φ32×3.5	5	16MnDR	0.5	2.5	L=100
7	GB/T 25198—2010	下封头EHA3800×15	1	Q345R	645	645	
6		排气孔φ108×4	4	20	1.2	4.8	L=100
5		裙座φ3800, δ=30	1	Q235-B	3686	3685	
4	HG 21519—2005	人孔DN=600	2	Q235-B	41.5	83	
3		盖板δ=36	1	Q235-B	15	15	
2		筋板δ=24	40	Q235-B	2.2	88	
1		基础环	1	Q235-B	460	460	

明天设计				工程名称	
职责	签字	日期	原料初分离塔装配图	设计项目	年产××万吨××项目
设计	周三	2016.7		设计阶段	初步设计
制图	周三	2016.7		图号	版次
校核	李四	2016.7			
审核	王五	2016.7			
2016.7		比例	1:40	第1张	总1张

参考文献

[1] 马宁．基于Aspen Plus的甲醇合成过程模拟［J］．化工设计通讯，2020，(10)：5-6．

[2] 霍月洋，岳鑫，刘凯，等．化工流程模拟软件 Aspen Plus 在化工原理实验教学中的应用研究［J］．浙江化工，2020，(08)：52-54．

[3] 霍月洋．基于Aspen Plus变压精馏分离甲苯-正丁醇共沸物的研究［J］．浙江化工，2020，(06)：28-31．

[4] 齐鑫，曾静，楚祯，等．Aspen Plus模拟 H _ 2-HD低温精馏分离［J］．山东化工，2020，(11)：251-255．

[5] C James，M Armstrong，G Washington，A Biaglow．Consistency of thermodynamic properties from CHEMCAD process simulations［J］．Chemical Data Collections，2020，27．100371．

[6] 樊立娜，舒辉，王希民．EI发展的主要特点及其网络检索方法［J］．化学世界，2014 (4)：254-256．

[7] 王嘉诚，万辉．基于MATLAB在化工原理绘图计算中的应用［J］．广东化工，2016 (06)：186-187．

[8] 张青瑞，刘凯，王伟文．MATLAB在化学反应工程中的应用［J］．教育教学论坛，2019 (30)：189-190．

[9] 程雷相．MATLAB在复杂化学反应优化中的应用［J］．中国建材科技，2019 (06)：78-79．

[10] 张治山，杨超龙．Aspen Plus在化工中的应用［J］．广东化工，2012 (3)：77-78．

[11] 孙卓，逯洋，杨雪晴．MATLAB在化学化工中的应用［J］．计算机与应用化学，2018 (12)：1012-1025．

[12] 石玲，苟高章，吴娜，等．Gaussian 09 和 ChemOffice 软件联用在化学教学中的应用［J］．红河学院学报，2020 (05)：117-120．

[13] 宋颖韬．计算机辅助计算在化工专业课程中的应用［J］．广东化工，2014 (23)：145-146．

[14] 窦立岩，汪丽梅．Matlab在化学领域中的应用［J］．山东化工，2020，49 (05)：183-184．

[15] 付家新．ChemOffice Ultra 11.0 在化学图形绘制中的应用［J］．长江大学学报（自然科学版）理工卷，2010，(03)：589-591．

[16] 吕东灿，袁帅，顿文涛，等．ChemOffice 软件在大学化学教学中的应用［J］．农业网络信息，2016 (01)：104-106．

[17] 王新兵，姚新成，秦冬梅，等．Chemoffice 软件在药物波谱解析课程教学中的应用［J］．现代职业教育，2018 (22)：99．

[18] 左丽丽，富校轶，王舒然，等．Endnote X7 文献管理软件在科技论文写作中的应用［J］．中国教育技术装备，2015 (6)：43-44．

[19] 张承红，陈国华．化工实验技术［M］．重庆：重庆大学出版社，2007．